BIM应用工程师丛书
中国制造2025人才培养系列丛书

机电BIM应用工程师教程

工业和信息化部教育与考试中心　编

机械工业出版社

本书是建筑信息模型（BIM）专业技术技能培训考试（中级）的配套教材。全书共分为三部分，以 Autodesk Revit 2019 及 Bentley AECOsim Building Designer CE 为操作平台，有条理地根据实际项目流程，结合实际案例循序渐进地讲解项目准备、项目样板制作、机电类族制作、模型搭建以及出量、出图、管线综合优化等应用。

同时，本书配有课后练习，使学习者能更好地巩固所学知识，书中穿插有大量的技术要点，旨在让学习者快速掌握模型搭建技巧，帮助学习者快速入门。

本书不仅可以作为建筑信息模型（BIM）专业技术技能培训考试用书，还可作为机电专业 BIM 知识的初学者，以及从事建筑工程行业多年、想学习了解 BIM 技术、重新“充电”的工程技术人员的学习参考用书。

图书在版编目（CIP）数据

机电 BIM 应用工程师教程／工业和信息化部教育与考试中心编. —北京：机械工业出版社，2019. 3
（BIM 应用工程师丛书. 中国制造 2025 人才培养系列丛书）
ISBN 978-7-111-61949-9

Ⅰ. ①机… Ⅱ. ①工… Ⅲ. ①机电设备-建筑设计-计算机辅助设计-应用软件-教材 Ⅳ. ①TU85-39

中国版本图书馆 CIP 数据核字（2019）第 021933 号

机械工业出版社（北京市百万庄大街 22 号 邮政编码 100037）
策划编辑：李 莉 责任编辑：李 莉 王靖辉 饶雯婧
责任校对：王明欣 封面设计：鞠 杨
责任印制：张 博
北京铭成印刷有限公司印刷

2019 年 3 月第 1 版 · 第 1 次印刷
184mm × 260mm · 22 印张 · 581 千字
标准书号：ISBN 978-7-111-61949-9
定价：88.00 元

凡购本书，如有缺页、倒页、脱页，由本社发行部调换

电话服务	网络服务
服务咨询热线：010-88361066	机 工 官 网：www. cmpbook. com
读者购书热线：010-68326294	机 工 官 博：weibo. com/cmp1952
010-88379203	金 书 网：www. golden-book. com
封面无防伪标均为盗版	教育服务网：www. cmpedu. com

丛书编委会

《机电BIM应用工程师教程》编委会

本书编委会主任：张连红　中国职工国际旅行社总社
张妍妍　上海益埃毕建筑科技有限公司

本书编委副主任：王加成　广东天元建筑设计有限公司
苏　庆　杭州金阁建筑设计咨询有限公司
赵顺耐　BENTLEY 软件（北京）有限公司
杜　宾　上海益埃毕建筑科技有限公司

本　书　编　委：钱洪亚　杭州金阁建筑设计咨询有限公司
孙　杰　杭州金阁建筑设计咨询有限公司
梁梓伟　广东天元建筑设计有限公司
房鲁宁　广东天元建筑设计有限公司
黎焕光　广东天元建筑设计有限公司
李　旭　上海益埃毕建筑科技有限公司
沈　斌　新疆新建联项目管理咨询有限公司
董洪柱　济宁职业技术学院
赵万里　上海益埃毕建筑科技有限公司
李维娅　浙江绿城建筑科技有限公司
张　涛　上海益埃毕建筑科技有限公司
左文星　新疆国运天成教育科技有限公司
晋　强　新疆农业大学
马海涛　中国职工国际旅行社总社
龙建旭　贵州交通职业技术学院
蒋中海　上海益埃毕建筑科技有限公司
周　波　上海益埃毕建筑科技有限公司
孙　瑞　上海益埃毕建筑科技有限公司
赖溯欣　广西建工集团第三建筑工程有限责任公司
裴会俊　广西盛丰建设集团有限公司

出版说明

为增强建筑业信息化发展能力，优化建筑信息化发展环境，加快推动信息技术与建筑工程管理发展深度融合，工业和信息化部教育与考试中心聘任 BIM 专业技术技能项目工作组专家（工信教［2017］84 号），成立了 BIM 项目中心（工信教［2017］85 号），承担 BIM 专业技术技能项目推广与技术服务工作，并且发布了《建筑信息模型（BIM）应用工程师专业技术技能人才培训标准》（工信教［2018］18 号）。该标准的发布为专业技术技能人才教育和培训提供了科学、规范的依据，其中对 BIM 人才岗位能力的具体要求标志着行业 BIM 人才专业技术技能评价标准的建立健全，这将有利于加快培养一支结构合理、素质优良的行业技术技能人才队伍。

基于以上工作，工业和信息化部教育与考试中心以《建筑信息模型（BIM）应用工程师专业技术技能人才培训标准》为依据，组织相关专家编写了本套 BIM 应用工程师丛书。本套丛书分初级、中级、高级。初级针对 BIM 入门人员，主要讲解 BIM 建模、BIM 基本理论；中级针对各行各业不同工作岗位的人员，主要培养运用 BIM 的技术技能；高级针对项目负责人、企业负责人，将 BIM 技术融入管理。本套丛书具有以下特点：

1. 整套丛书围绕《建筑信息模型（BIM）应用工程师专业技术技能人才培训标准》编写。要求明确，体系统一。
2. 为突出广泛性和实用性，编写人员涵盖建设单位、咨询企业、施工企业、设计单位、高等院校等。
3. 根据读者的基础不同，分适用层次编写。
4. 将理论知识与实际操作融为一体，理论知识以够用、实用为原则，重点培养操作能力和思维方法。

希望本套丛书的出版能够提升相关从业人员对 BIM 的认知和掌握程度，为培养市场需要的 BIM 技术人才、管理人才起到积极推动作用。

本丛书编委会

序

国务院办公厅在国办发［2017］19号文件中提出“加快推进建筑信息模型（BIM）技术在规划、勘察、设计、施工和运营维护全过程的集成应用，实现工程建设项目全生命周期数据共享和信息化管理，为项目方案优化和科学决策提供依据，促进建筑业提质增效。”国家发展和改革委员会（发改办高技［2016］1918号文件）提出支撑开展“三维空间模型（BIM）及时空仿真建模”。同时，住建部、水利部、交通运输部等部委，铁路、电力等行业，以及各地房管局、造价站、质监局等均在大力推进BIM技术应用。建筑业信息化是建筑业发展战略的重要组成部分，也是建筑业发展方式、提质增效、节能减排的必然要求。

工业和信息化部教育与考试中心依据当前建筑行业信息化发展的实际情况，组织有关专家，根据BIM人才培训标准，编写了本套BIM应用工程师丛书。希望本套丛书能为我国BIM技术的发展添砖加瓦，为广大建筑业的从业者和BIM技术相关人员带来实质性的帮助。在此，也诚挚地感谢各位BIM专家对此丛书的研发、充实和提炼。

这不仅是一套BIM技术应用丛书，更是一笔能启迪建筑人适应信息化进步的精神财富，值得每一个建筑人去好好读一读！

住房和城乡建设部原总工程师

姚兵

18/5/2018.

前　言

本书作为建筑信息模型（BIM）专业技术技能培训考试（中级）的配套教材之一，使用的软件版本为 Autodesk Revit 2019 和 Bentley AECOsim Building Designer CE。

全书分为三个部分。第一部分为机电 BIM 概述，介绍相关概念、BIM 应用架构及机电 BIM 应用流程。第二部分为 Autodesk Revit 案例实操及应用，以一个项目为案例，从项目介绍开始，之后是项目准备，通用项目样板的设置，暖通、给水排水、电气三个专业样板文件的设置和模型的创建，最后是管道的碰撞检测、出图等应用。第三部分讲解了如何使用 Bentley 软件进行机电 BIM 的相关工作，从通用操作讲起，为后期建筑设备类和建筑电气类对象创建与修改奠定基础，最后讲解数据管理、报表输出及图纸输出。

本书每章后面都有课后练习，可供读者检测自己的学习情况。本书为方便读者学习，还配套提供了书中需要用到的附件，读者可使用附件随书进行操作。习题答案和附件可登录 http://s.cmpedu.com/2019/0/9/BIMfujian.zip 下载或扫描以下二维码下载，咨询电话：010－88379375。

由于时间紧张，书中难免存在疏漏和不妥之处，还望各位读者不吝赐教，以期再版时改正。

编　者

目 录

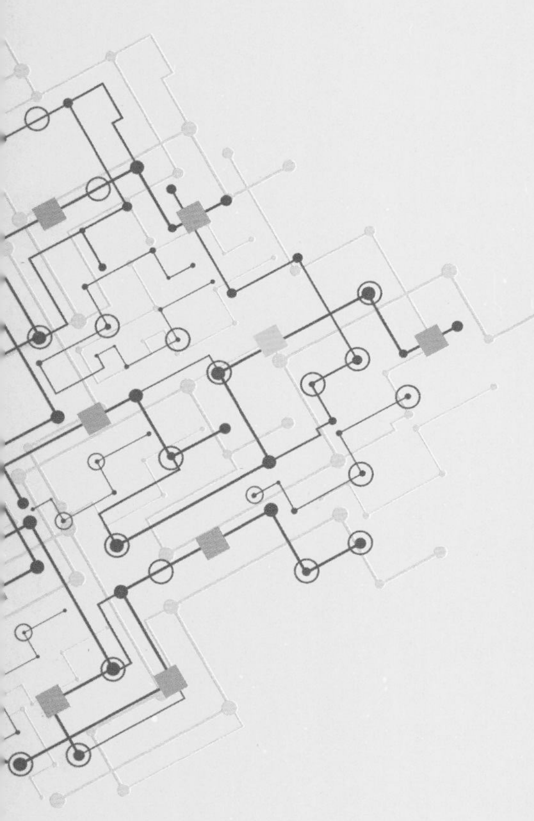

第一部分 机电 BIM 概述

PART 01

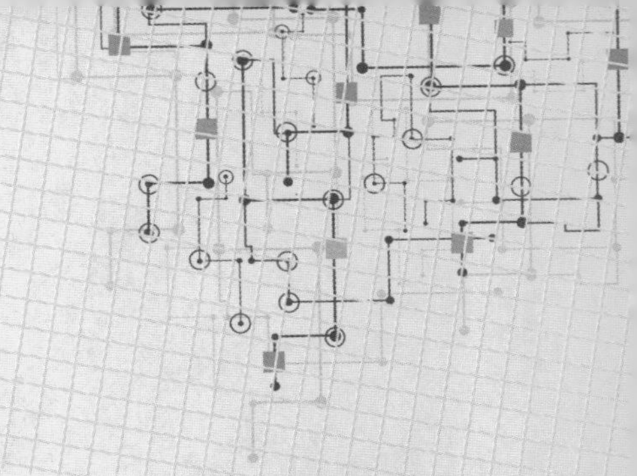

第一章　机电概述

第一节　机电工程

一、 机电工程概述

1. 机电工程的概念

机电工程是指按照一定的工艺和方法，将不同规格、型号、性能、材质的设备、管路、线路等有机组合起来满足使用功能要求的工程。设备是指各类机械设备、静置设备、电气设备、自动化控制仪表和智能化设备等。管路是指按等级使用要求，将各类不同型号、规格、材质的管道与管件、附件组合形成的系统。线路是指按等级使用要求，将各类不同型号、规格、材质的电线电缆与组件、附件组合形成的系统。

机电工程涵盖的专业工程技术多、涉及的专业面广、学科跨度大、技术复杂、工艺严格、关键工序多，还涉及技术、工艺、材料的创新与应用，因此，技术管理是机电工程的核心内容。本书主要介绍 BIM 在建筑机电工程中的应用。

2. 机电工程的分类

机电工程通常分为工业机电工程和建筑机电工程两大类。

工业机电工程包括通用工业设备安装工程、专用工业设备安装工程、管道工程、电气装置安装工程、自动化仪表安装工程、设备及管道防腐蚀工程、设备及管道绝热工程、工业炉砌筑工程、输变配电工程等。

建筑机电工程分为建筑给水排水及供暖工程、建筑电气工程、建筑通风与空调工程、建筑智能化工程、电梯工程五个分部工程。

1）建筑给水排水及供暖工程：包括室内给水、室内排水、室内热水供应系统、卫生器具安装、室内供暖系统、室外给水管网、室外排水管网、室外供热管网、建筑中水系统及游泳池系统、供热锅炉及辅助设备。

2）建筑电气工程：包括室外电气、变配电、供电干线、电气动力、电气照明、备用电源和不间断电源、防雷及接地。

3）建筑通风与空调工程：包括送排风系统、防排烟系统、防尘系统、空调系统、净化空调系统、制冷设备系统、空调水系统。

4）建筑智能化工程：包括通信网络系统、办公自动化系统、建筑设备监控系统、火灾报警及消防联动系统、安全防范系统、综合布线系统、智能化集成系统、电源与接地、环境（空间环境、空调环境、照明环境、电磁环境）、住宅（小区）智能化系统。

5）电梯工程：包括曳引式电梯、液压式电梯、自动扶梯、自动人行道工程。

二、建筑机电工程的实施程序

建筑机电工程要确保建成后能满足建筑物预期功能的需要，给人们提供一个合适的生活或工作环境。建筑机电工程项目实施分为策划决策、勘察设计、施工准备、项目施工、竣工验收五个阶段。

1. 策划决策阶段

在策划决策阶段，建设单位应明确整个工程的隶属关系、工程实施的目的及作用、工程的服务对象、建筑周边环境等，再根据自身的经济状况，制订机电工程的级别，选用材料等级，选用设计、施工单位的级别等。例如，一栋办公楼的机电工程，建设单位应首先明确其使用功能，其建筑设计对建筑机电是否有所要求，整个建筑的光线、照明、温度、交通、通信、供热、供暖、往来人员的流动情况、楼宇管控等因素都要在筹划阶段给予周全的考虑。在必要时甲方应请专家对此项目做详细的论证，以免在工程施工时有不必要的损失或决策性的错误。

2. 勘察设计阶段

勘察设计阶段一般是按照方案设计、扩初设计、施工图设计的顺序，将设计文件逐步深化和细化，形成工程建成后的实际范本，满足设备采购、非标设备的制作、材料采购、施工图预算的编制等的需要，同时还要增加安装详图、各类设备表、所有回路编号等。机电各专业不但要完成自己专业的设计，还要确保满足和实施其他专业提出的要求。

3. 施工准备阶段

施工准备阶段是指机电工程开工前必须完成的准备工作。施工人员在进入现场前必须进行严格的安全、质量、技术教育，通过培训，让进入现场的每一个施工人员都要树立起良好的质量、安全意识；熟悉与图纸相关的标准、规范，对重点部位、工序要通过综合深化设计来指导施工；根据现场实际情况组织作业班组，划分工作面，确定技术标准和工艺流程，安排施工进度以及设备、材料进场计划等。

4. 项目施工阶段

建筑机电工程的施工阶段是最关键的一个阶段，也是花费时间最长的一个阶段。各个专业通常是同时安装、交叉施工，各个工种需要相互配合、协调施工面、相互创造施工条件。机电安装工程要依据生产工艺流程及各类动力站（变配电所、热力站、泵房）的投运顺序来总体安排进度计划、按部就班地进行施工。

与其他专业配合时要严格控制标高，保证管沟的纵坡要求和管底标高要求；严格按照设计图纸布置所有预埋件、洞口，确保预埋件、洞口数量、规格、位置与设计要求一致，外露面的外形线形正确、顺畅、光洁、美观。

安装完毕后要进行调试和试运行，综合检验各个工序的施工质量，同时发现机电设备在设计、制造方面存在的缺陷，以便做最后的调整和修理。

5. 竣工验收阶段

承包单位进行工程竣工自检，监理单位进行竣工预验收并签署意见后，由建设单位组织竣工验收，交付工程。

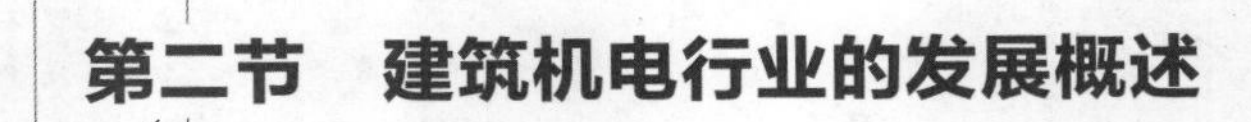

第二节　建筑机电行业的发展概述

一、 建筑机电行业

1. 概念

建筑机电行业是建筑业的一个细分行业，其包括电气安装、管道和设备安装以及其他建筑安装业三个细分行业，具体是指建筑物主体工程竣工后，建筑物内各种设备的安装活动，以及施工中的线路铺设和管道安装活动。从涵盖范围来说，建筑机电行业是围绕着建筑机电工程从事管理、设计、施工、设备生产、商业服务、科研、教育、外贸等经营业务活动的新型的综合行业。

2. 建筑机电行业的特点

1）设备制造的继续。建筑机电设备依附于建筑物本体，无法在工厂内组装成完整的设备，需将部件运抵现场进行组装和调整并进行测试，电梯就是典型的例子。

2）散件装置的组合。被安装的工程设备，每件都在工厂制造成具有独立功能的单体，包括动设备和静设备，运抵现场后安装就位固定，再将各单体间联系的管道、线缆及控制系统连接起来，使之具有工艺需要的功能。

3）制作与安装的结合。房屋建筑安装工程中通风与空调工程和非标准金属结构工程均需对建筑物实体进行测绘后才能制作精准，使安装方便正确。

4）特有的长途沿线作业。主要是长途的输水、输油、输气以及其他物料输送（如矿粉、煤灰）管路和长途输电线路（包括架空线路和埋地电缆线路），同时还包括途中的各类站点。

二、 机电行业的发展历程及发展方向

1. 机电行业的发展历程

机电行业是随着科学的发展而不断发展的。传统机电设备是以机械技术和电气技术应用为主要设备，虽然传统的机电设备也能实现自动化，但是自动化程度低、功能有限、耗材多、能耗大、设备的工作效率低、性能水平不高。

为了提高机电设备的自动化程度和性能，从 20 世纪 60 年代开始，人们将机械技术与电子技术结合，出现了许多性能优良的机电产品和机电设备。到了 20 世纪 70、80 年代，微电子技术获得了惊人的发展，这时人们自觉、主动地利用微电子技术的成果，开发新的机电产品或设备，使得机电产品或设备成为集机械技术、控制技术、计算机与信息技术等为一体的全新技术产品，到了 20 世纪 90 年代，机电一体化技术迅速发展，机电一体化产品或设备已经渗透到了国民经济和社会生活的各个领域。进入 21 世纪，尤其是近几年人工智能的发展，机电设备开始进入智能化时代。

2. 建筑机电行业的发展方向

1）工业化。参照国际上建筑安装业的发展过程，当国内生产总值达到人均 1000 ~ 3000 美元后，开发新型的机电安装的结构体系、实现工厂化生产，就成为克服传统安装业生产方式缺陷、促进安装业又好又快发展的主要途径。目前，安装业工业化结构体系在国外建筑安装领域的应用已相当成熟，尤其在发达国家，管线综合和施工图深化设计、管线工厂化预制已经覆盖了大部分建筑机电工程，在建筑安装市场中的占有率高达 70% 以上。世界建筑安装业发展的大趋势告诉我

们：我国已到了加快推进机电安装工业化的重要历史时期，唯有通过机电安装工业化，才能彻底告别高能耗、高污染、低效率、低效益的传统建筑安装业。

2）信息化。信息化建设是振兴安装业、提升安装业水平的有效措施。信息化在多个领域都日新月异地快速发展，对以劳务密集性为特征的建筑业来说，是一个很大的冲击。改变传统的管理方式，推进信息化建设是唯一出路。当前加快 BIM 技术推广应用已经刻不容缓，它既是项目深化设计的必然要求，也是企业实力的全面展现。尤其是要以工厂化预制、工业化施工的思路指导安装企业的转型升级，充分运用 BIM 技术与工厂化制作紧密结合，这对于提高工程质量、降低人工成本、减少现场人员、提升安全系数、实现文明生产、便于维护保养有着极为重要的意义。

3）绿色化。传统安装只注重按合同、图纸和技术要求、项目计划及项目预算完成项目各项目标，只关心质量、安全、工期和成本，未能充分采取切实有效的行动做到保护环境、节约资源，只是短期节约了施工成本。绿色安装在短期内可能会提升施工成本，但是从长远的社会、环境以及经济效益来看，其效果显著。绿色安装是在施工的每一个环节，积极寻找成本消耗的降低切入点，通过节能降耗为企业工程创优获取更大的利益。

4）多元化。传统机电安装行业科技含量不高，市场壁垒低，多数安装企业都能进入市场竞争中，导致了市场竞争白热化以及恶性低价竞争等不规范行为的产生，并不断蚕食机电行业等绩优企业的竞争优势。主动求变，转变发展方式，从一切有利于促进企业长远发展的角度思考问题，不断调整业务结构，延伸产业链，减少企业在低端项目中的竞争，在设备运行维护、备品备件、贸易等行业和领域，逐步成长为主业突出、产业链完整、产品多元化的综合型企业，实现规模和效益、速度和质量的健康协调发展。

课后练习

1. 在机电工程的分类中，下列不属于建筑机电工程的分部工程的是（　　）。
   A. 建筑给水排水及采暖工程　　B. 建筑电气工程
   C. 建筑装饰装修工程　　D. 建筑通风与空调工程
2. 机电工程涵盖的专业工程技术多、涉及的专业面广、学科跨度大、技术复杂、工艺严格、关键工序多，还涉及技术、工艺、材料的创新与应用，因此，（　　）是机电工程的核心内容。
   A. 设计　　B. 安装调试　　C. 运行维护　　D. 技术管理
3. 建筑机电工程项目建设的实施阶段工作不包括（　　）。
   A. 可行性研究报告　　B. 勘察设计　　C. 安装施工　　D. 竣工验收
4. 建筑机电工程最关键的阶段是（　　）。
   A. 策划阶段　　B. 设计阶段　　C. 施工阶段　　D. 调试阶段
5. 下列不属于建筑机电行业的发展方向的是（　　）。
   A. 工业化　　B. 信息化　　C. 绿色化　　D. 自动化
6. 下列不属于建筑机电行业的特点的是（　　）。
   A. 设备制造的继续　　B. 散件装置的组合　　C. 整体性的特点　　D. 制作与安装的组合

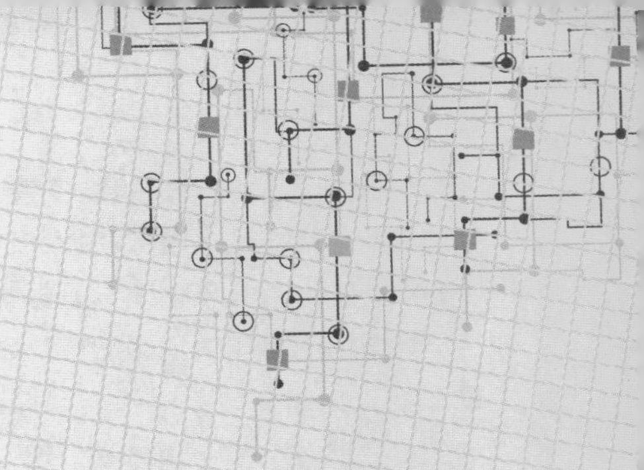

第二章 BIM应用架构

第一节 BIM技术在机电中的应用要求

一、机电BIM技术全过程应用内容

1. 建筑性能模拟分析

建筑性能模拟分析主要在机电初步设计、施工图设计阶段应用。在初步设计阶段，帮助设计师确定合理的机电设备布局及系统方案，例如通过能耗模拟分析对比不同空调系统方案的优劣，选择高效合理的空调系统形式。在施工图设计阶段，用于验证设计方案的合理性，并优化设计方案，例如通过室内空调气流组织模拟分析，优化送回风口的位置及气流参数，使室内空间的舒适性和系统的节能性达到最佳平衡；通过对火灾烟气和人员疏散的模拟分析，验证建筑消防设计的安全性。

2. 虚拟仿真漫游

虚拟仿真漫游在方案设计、初步设计、施工图设计、施工准备、施工实施阶段均有应用。在方案设计阶段，有助于设计师等相关人员进行方案预览和比选；在初步设计阶段，能进一步检查设备布置的匹配性、可行性、美观性以及干管排布的合理性；在施工图设计阶段，可以预览设计成果，帮助设计师分析、优化空间布置等；在施工准备阶段，有助于进行虚拟进度和实际进度的对比，从而合理控制工期、优化安装进度安排；在施工实施阶段，有助于模拟重要节点的施工方案和安装流程，从而优化施工方案和安装流程。

3. 碰撞检测

在综合模型中检查管线之间是否符合综合原则，在机电管线综合的基础上对保温、操作空间、检修空间等进行软硬件碰撞检测，检查是否符合相关技术规格，对碰撞检测结果及时进行调整。通过碰撞检测，可以提前发现机电不同专业之间的冲突点，专业分包人员可以提前进行沟通并解决问题，管理人员可以将更多的精力投入到各专业的协调管理分包及其他工作中，提高施工质量和建筑项目的品质。

4. 综合支吊架的设计与应用

根据BIM综合管线模型进行综合支吊架的设计，在满足各专业规范、现场施工要求的基础上，做到简洁美观，能承受各专业管线的静荷载及动荷载的安全性要求，节省材料，优化制作工艺，进行大批量工厂化生产。

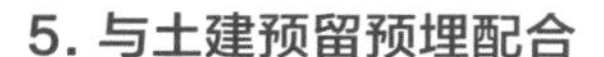

5. 与土建预留预埋配合

通过综合深化设计，确定预留预埋孔洞的位置，如现场已施工则复核孔洞的位置，及时调整管线走向；随项目施工进度配合确定二次结构和预留预埋孔洞的位置；对现场预留预埋工作中产生的误差要及时调整管线消除误差。

6. 三维可视化交底及指导施工

通过 BIM 软件优化后，整个项目的设计情况已实现三维可视，针对管道及设备布置复杂的地方，要采用三维图纸或视频进行交底，指导现场按照设计进行施工。使用三维模型的可视化功能，能够直观地把模型和实际的工程相比较，发现项目中实际与理论的差距以及不合理性，既直接又方便。

二、 机电 BIM 应用方案

BIM 技术应用模式根据阶段不同，一般分为以下两种：

1）全生命周期应用：方案设计、初步设计、施工图设计、施工准备、施工实施、运维的全生命周期 BIM 技术应用。

2）阶段性应用：上述提及的某一阶段的 BIM 应用。

在确定 BIM 应用模式后，项目应当编制 BIM 应用方案，通过 BIM 应用方案更好地协同各参与方，发挥 BIM 技术优势，并使工程设计和施工的错误降低到最小，控制投资，按时优质地完成项目建设和实施运维管理。

1. 基于全生命周期应用模式下的方案

1）详细描述全生命周期 BIM 应用的实施目标和实施方案；详细定义建立应用后的评估方式和数据化指标，进而对采用 BIM 后项目在节约成本、提升效率、缩短施工周期、降低返工等多方面进行论证。

2）详细定义全生命周期 BIM 应用的实施组织方式和管理组织构架，定义管理组织构架中的主要角色和岗位职责。

3）详细定义不同应用阶段的 BIM 主要实施方，定义不同阶段的 BIM 应用项和应用项具体内容，以及基于 BIM 技术的协同方法和数据传递的统一格式。

4）详细定义不同阶段应用项的交付成果、交付成果的管理与更新以及数据安全管理，说明成果交付时间及其要求，定义模型深度和数据格式以及文件的命名方式和原则。

5）详细定义 BIM 建模、应用和协同管理的软件选型，以及相应的硬件配置。

2. 基于阶段性 BIM 应用模式下的方案

1）详细定义所处的应用阶段和 BIM 主要实施方。

2）详细定义阶段性 BIM 应用的实施组织方式和管理组织构架，定义管理组织构架中的主要角色和岗位职责。

3）详细定义该阶段的 BIM 应用项和定义应用项的具体内容。

4）详细定义 BIM 应用项的模型深度，定义交付成果的管理与更新以及数据安全管理，定义交付成果的数据格式。

5）详细定义 BIM 建模、应用和协同管理的软件选型，以及相应的硬件配置。

第二节　项目组织架构与分工职责

机电 BIM 技术在项目实施过程中应建立以 BIM 模型和互联网的数字化远程同步功能为基础，以项目建设过程中采集的工程进度、质量、成本、安全等动态数据为驱动，各建设方、各管理层次实时参与、信息共享、相互协作的协同管理平台。

一、项目组织架构原则

1. 参与方职责范围一致性原则

BIM 技术在项目实施过程中，各参与方对 BIM 模型及 BIM 应用所承担的工作职责及工作范围，应与各参与方合同规定的项目承包范围和承包任务一致。

2. 软件版本及接口一致性原则

项目实施过程中，软件版本及不同专业软件的传递数据接口应满足数据交换的需求，以保证最终 BIM 模型数据的正确性及完整性。

3. BIM 模型维护与实际同步原则

BIM 应用在项目实施过程中，应与项目的实施进度保持同步。项目过程中的 BIM 模型和相关成果应及时按规定节点更新，以确保 BIM 模型和相关成果的一致性。

二、项目组织实施方式

项目组织实施方式按实施的主体不同分为建设单位 BIM 和承包商 BIM。

1. 建设单位 BIM

建设单位 BIM 是指建设单位为完成项目建设与管理，自行或委托第三方机构（有能力的设计、施工或咨询单位）应用 BIM 技术，实施项目全过程管理，有效实现项目的建设目标。典型的建设单位 BIM 实施模式的组织架构如图 2－1 所示。

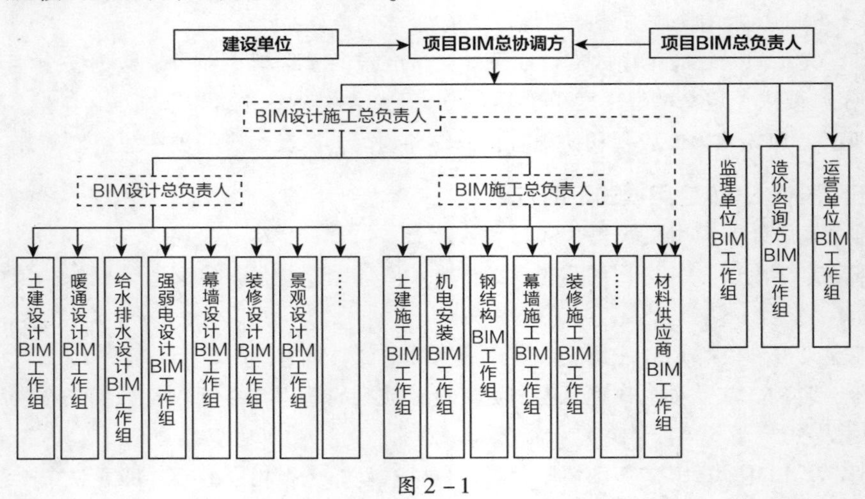

图 2－1

2. 承包商 BIM

承包商 BIM 是指设计、施工和咨询单位为完成自身承接的项目，自行应用 BIM 技术，也可委托第三方 BIM 咨询团队实施项目设计、施工或管理。典型的承包商 BIM 实施模式的组织架构如图 2－2 所示。

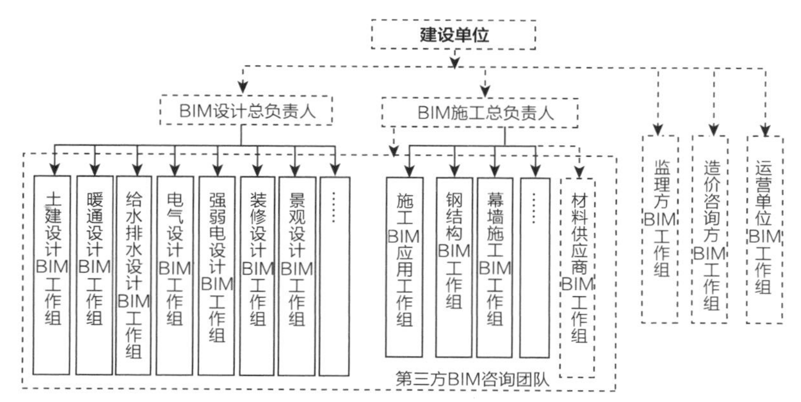

图 2－2

不同的实施组织方式应用 BIM 技术的内容和需求不同，通过对 BIM 技术应用价值分析，最佳方式是建设单位 BIM，由建设单位主导、各参与方在项目全生命周期协同应用 BIM 技术，可以充分发挥 BIM 技术的最大效益和价值。

三、 单位职责和人员职责

1. 单位职责

（1） 建设单位应履行的职责

1） 组织策划项目 BIM 实施策略，确定项目的 BIM 应用目标、应用要求，并落实相关费用。

2） 委托工程项目的 BIM 总协调方。BIM 总协调方可以为满足要求的建设单位相关部门、设计单位、施工单位或第三方咨询机构。

3） 按《项目 BIM 应用方案》与各参与方签订合同。

4） 接收通过审查的 BIM 交付模型和成果档案。

（2） BIM 总协调方应履行的职责

1） 制订《项目 BIM 应用方案》，并组织管理和贯彻实施。

2） BIM 成果的收集、整合与发布，并对项目各参与方提供 BIM 技术支持；审查各阶段项目参与方提交的 BIM 成果并提出审查意见，协助建设单位进行 BIM 成果归档。

3） 根据建设单位 BIM 应用的实际情况，可协助其开通和辅助管理并维护 BIM 项目协同平台。

4） 组织开展对各参与方的 BIM 工作流程的培训。

5） 监督、协调及管理各分包单位的 BIM 实施质量及进度，并对项目范围内最终的 BIM 成果负责。

（3） 监理单位应履行的职责

1） 审阅 BIM 模型，提出审阅意见。

2） 配合 BIM 总协调方，对 BIM 交付模型的正确性及可实施性提出审查意见。

（4） 设计单位应履行的职责

1） 配置 BIM 团队，并根据《项目 BIM 应用方案》的要求提供 BIM 成果，提高项目设计质量

和效率。

2）采用 BIM 技术在设计阶段建立 BIM 模型，根据《项目 BIM 应用方案》编写《项目设计 BIM 实施方案》，并完成《项目设计 BIM 实施方案》制订的各应用点。

3）设计单位项目 BIM 负责人负责内外部的总体沟通与协调，组织设计阶段 BIM 的实施工作，根据合同要求提交 BIM 工作成果，并保证其正确性和完整性。

4）接受 BIM 总协调方的监督，对总协调方提出的交付成果审查意见及时整改落实。

5）设计单位应结合 BIM 技术进行技术交底。

（5）施工总承包单位应履行的职责

1）配置 BIM 团队，并根据《项目 BIM 应用方案》的要求提供 BIM 成果，利用 BIM 技术进行节点组织控制管理，提高项目施工质量和效率。

2）接收设计 BIM 模型，并基于该模型完善施工 BIM 模型，且在施工过程中及时更新，保持适用性。

3）根据《项目 BIM 应用方案》编写《项目施工 BIM 实施方案》，并完成《项目施工 BIM 实施方案》制订的各应用点。

4）施工单位项目 BIM 负责人负责内外部的总体沟通与协调，组织施工阶段 BIM 的实施工作，根据合同要求提交 BIM 工作成果，并保证其正确性和完整性。

5）接受 BIM 总协调方的监督，对总协调方提出的交付成果审查意见及时整改落实。

6）根据合同确定的工作内容，统筹协调各分包单位的施工 BIM 模型，将各分包单位的交付模型整合到施工总承包的施工 BIM 交付模型中。

7）利用 BIM 技术辅助现场管理施工，安排施工顺序节点，保障施工流水合理，按进度计划完成各项工程目标。

（6）专业分包单位应履行的职责

1）配置 BIM 团队，并根据《项目 BIM 应用方案》和《项目施工 BIM 实施方案》的要求，提供 BIM 成果，并保证其正确性和完整性。

2）接收施工总承包单位的施工 BIM 模型，并基于该模型，完善分包施工 BIM 模型，且在施工过程中及时更新，保持适用性。

3）根据《项目 BIM 应用方案》和《项目施工 BIM 实施方案》编写《分包项目施工 BIM 实施方案》，并完成《分包项目施工 BIM 实施方案》制定的各应用点。

4）分包单位项目 BIM 负责人负责内外部的总体沟通与协调，组织分包施工 BIM 的实施工作。

5）接受 BIM 总协调方和施工总承包方的监督，并对其提出的审查意见及时整改落实。

6）利用 BIM 技术辅助现场管理施工，安排施工顺序节点，保障施工流水合理，按进度计划完成各项工程目标。

（7）造价咨询单位应履行的职责

1）采用 BIM 应用软件对工程量进行统计。

2）采用 BIM 技术辅助进行工程概算、预算和竣工结算工作。

3）根据合同要求提交 BIM 工作成果，并保证其正确性和完整性。

（8）运营单位应履行的职责

1）采用 BIM 模型及相关成果进行日常管理，并对 BIM 模型进行深化、更新和维护，保持适用性。

2）宜在设计和施工阶段提前配合 BIM 总协调方，确定 BIM 数据交付要求及数据格式，并在设

计 BIM 交付模型及竣工 BIM 交付模型交付时配合 BIM 总协调方审核交付模型，提出审核意见。

3）搭建基于 BIM 的项目运维管理平台。

4）接收竣工 BIM 交付模型，并基于该模型完善运营 BIM 模型，并保证其正确性和完整性。

5）根据需要协助建设单位向项目所在城市的数字化城市平台提供项目模型。

2. 人员职责

在实施全生命周期或多阶段应用时，实施单位应当设置 BIM 技术应用负责人和 BIM 技术工程师的职位。BIM 技术应用负责人是实施 BIM 应用的关键岗位。配置的人员应当具有足够的建设管理和 BIM 技术应用经验，宜由熟悉 BIM 技术应用的项目负责人担任，保证 BIM 技术应用和项目实施充分结合，保证应用成效。BIM 技术工程师是相应行业或专业的 BIM 技术人员，配合 BIM 技术应用负责人实施具体的 BIM 应用活动，应当具备专业领域实施 BIM 项目的经验。其基本职责如下：

（1）BIM 技术应用负责人

1）依据相关标准总体规划 BIM 应用方案，确定 BIM 应用项。

2）根据项目的建筑信息模型数据需求，确定不同阶段建筑信息模型的内容与深度。

3）根据项目的 BIM 应用需求，参与 BIM 软硬件方案决策，保证软硬件配置到位。

4）建立并管理 BIM 项目小组，确定小组各职责人员，划分并创建各人员的用户权限。

5）组织与 BIM 相关的会议及培训。

6）控制建筑信息模型及相关应用的质量及进度，并处理各方与 BIM 相关的协调工作。

7）负责组织审核与验收 BIM 应用的成果，管理并及时更新建筑信息模型。

（2）BIM 技术工程师

1）依据相关标准和参考指南，负责实施建筑信息模型在不同阶段和专业的 BIM 应用。

2）根据项目应用需求，策划或构建相应专业的建筑信息模型，并进行模型审核、整合与分析。

3）落实与 BIM 相关的软硬件资源。

4）支持 BIM 项目小组的活动，制订 BIM 实施细则，如文件夹结构、权限级别等。

5）参加与 BIM 相关的会议及培训。

6）维护建筑信息模型，并根据模型修改意见，及时协调并解决建筑信息模型的相关问题。

7）完成不同阶段和专业 BIM 应用实施，保证建筑信息模型及其应用成果的质量。

第三节　BIM 技术应用文件管理

一、模型深度和交付成果

BIM 技术的应用是建筑信息化数字化集成的过程，建筑信息模型深度应当以满足 BIM 应用过程的要求为准。

根据现行的工程建设管理体制，模型深度一般可以按照设计概算模型、施工图预算模型、竣工结算模型分别描述模型深度。预算模型至结算模型，通常依据相同的工程量计算规范与要求，随着项目推进，模型深度和信息深度不断完善与深化，具有很强的延续性，应当做好各阶段模型数据的衔接和传递，特别是设计模型和施工模型的衔接。企业宜根据工程量计算不同阶段模型应

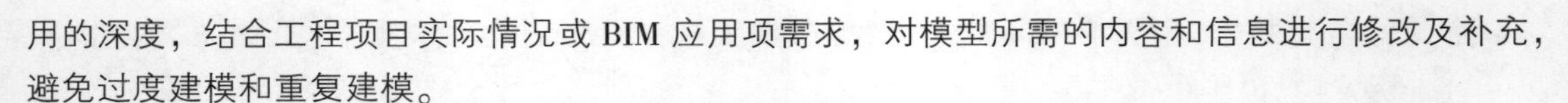

用的深度，结合工程项目实际情况或 BIM 应用项需求，对模型所需的内容和信息进行修改及补充，避免过度建模和重复建模。

对于实际项目的模型深度具体要求，建设单位宜在招标阶段和合同中约定。

对于工程量计算各阶段因软硬件条件或模型处理工作量过大的构件进行说明，在应用过程中可根据实际情况酌情考虑模型范围和深度。

每项 BIM 应用的交付成果除相应的建筑模型外，还应包括相应的报告，也包括由模型输出的二维图纸和三维视图，或者与模型相一致的二维图纸。

二、 模型共享与交换

建筑信息模型是 BIM 应用的基础，有效的模型共享与交换能够实现 BIM 应用价值的最大化。在建筑项目全生命周期的 BIM 应用过程中，建筑项目参与方宜建立模型共享与交换机制，以保证模型数据能够在不同阶段、不同主体之间进行有效传递。其中，对于与建筑信息模型及其应用有关的利益分配，建设单位宜根据合同的方式进行明确与约定，确定模型从设计阶段向施工阶段以及运维阶段的传递。

三、 模型名称及软件选用

模型的名称划分原则首先是根据项目所处的不同阶段、不同专业以及不同特殊用途进行划分的，其次确保原则上不会与我国工程领域现有的专业名称发生冲突。模型名称解读如下：

1）按照阶段划分的模型名称有：方案设计模型、初步设计模型、施工图设计模型、施工深化设计模型、竣工模型、运维模型等。

2）按照专业划分的模型名称有：建筑专业模型、结构专业模型、暖通专业模型、给水排水专业模型、电气模型等。

3）按照特殊用途划分的模型名称有：场地模型、性能化分析模型、施工作业模型、施工场地规划模型、施工过程演示模型、施工进度管理模型、施工设备与材料管理模型、预制构件模型、预制构件加工模型、预制构件施工演示模型、设计概算模型、施工图设计预算模型、施工过程造价管理模型、竣工结算模型等。

需要指出的是，一个单独的模型名称不代表要重新创建一个独立模型；为了强调模型的复用性，按照阶段划分和特殊用途划分的模型名称都有基本的内在逻辑，那就是模型的延续性使用和可传递性，例如：施工深化设计模型是在施工图设计模型的基础上深化完成的；施工图设计预算模型是在施工图设计模型的基础上深化完成的。

目前市场上存在多种 BIM 建模和应用软件，每种 BIM 软件都有各自的特点和适用范围。建筑项目所有参与方在选择 BIM 软件时，应根据工程特点和实际需求选择一种或多种 BIM 软件。当选择使用多种 BIM 软件时，建议充分考虑软件的易用性、适用性以及不同软件之间的信息共享和交换的能力；在技术层面上，建议考虑使用协同软件或平台，以保证项目协同管理，有效实现 BIM 应用的价值。

四、 BIM 文件管理

1）为了方便项目的协同及文件的快速查找和保存，企业宜根据自身工作习惯制订统一的文件命名规则。采用数字化交付审批审查的命名规则要遵守管理部门的文件命名规则。

2）应用 BIM 实施项目建设时，需要输出二维图纸，以满足工程实施和政府审批验收归档需要。二维图纸宜从三维模型中剖切形成。

3）丰富的构件库可提高三维建模效率，宜注重构件库的建立和维护，构件和设备等厂商应当提供符合标准和主流建模软件要求的模型，特别是为配合装配式建筑的发展，构件厂商应建立通用构件模型资源库。

4）使用统一的建筑信息模型进行设计和施工是发挥 BIM 价值的关键，实施单位宜将模型作为设计和施工的依据，及时修正和深化模型。其中，施工阶段要及时将施工模型或者施工深化模型与实体进行对比，确保模型的准确性和可对比性，并由此进行适当的施工调整。

课后练习

1. 下列不属于机电 BIM 技术全过程应用内容的是（　　）。
   A. 日照分析　　B. 能耗分析　　C. 管线综合优化　　D. 虚拟仿真漫游
2. 下列不属于机电 BIM 全生命周期应用内容的是（　　）。
   A. 建筑方案设计　　B. 设计阶段应用　　C. 施工阶段应用　　D. 运维阶段应用
3. 下列不属于机电 BIM 实施项目组织架构原则的是（　　）。
   A. 参与方职责范围一致性原则　　B. 软件版本及接口一致性原则
   C. BIM 模型维护与实际同步原则　　D. 以人为核心的原则
4. 不同组织实施方式应用 BIM 技术的内容和需求不同，通过 BIM 技术应用价值分析，最佳方式是（　　）。
   A. 建设单位 BIM　　B. 施工单位 BIM　　C. 设计单位 BIM　　D. 监理单位 BIM
5. BIM 模型根据阶段划分不包括（　　）。
   A. 方案设计模型　　B. 施工图设计模型　　C. 施工作业模型　　D. 运维模型
6. 下列关于 BIM 文件管理的说法错误的是（　　）。
   A. 企业宜根据自身工作习惯，制订统一的文件命名规则
   B. 应用 BIM 实施项目建设时，不需要输出二维图纸
   C. 为配合装配式建筑的发展，施工单位应建立通用构件模型资源库
   D. 实施单位宜将模型作为设计和施工的依据，不能修改

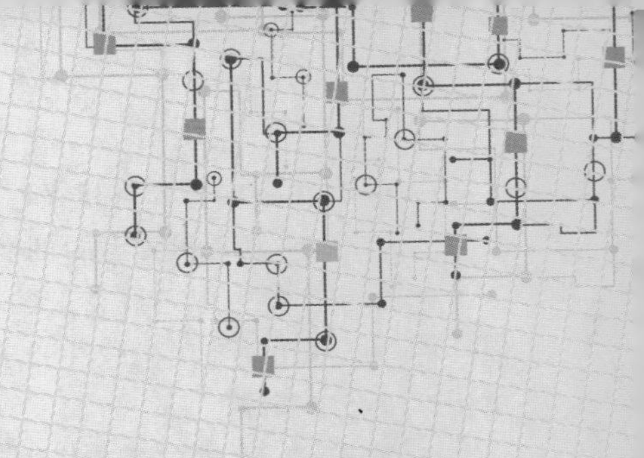

第三章　机电 BIM 应用流程

第一节　设计阶段 BIM 应用流程

一、设计阶段 BIM 应用内容

设计阶段可分为方案设计、初步设计和施工图设计三个阶段，机电专业模型的构建主要在初步设计和施工图设计阶段进行。

1. 初步设计阶段

初步设计阶段，机电专业模型构建的主要目的是配合建筑专业对建筑区域进行功能划分、重点区域进行优化工作。通过初步建立机电专业主管线模型，配合协调并优化机房及管井设置，优化主管线敷设路线，为施工图设计奠定基础。

2. 施工图设计阶段

施工图设计阶段的 BIM 应用是各专业模型构建并进行优化设计的复杂过程。各专业信息模型包括建筑、结构、给水排水、暖通、电气等专业。在此基础上，根据专业设计、施工等知识框架体系，进行碰撞检测、三维管线综合、竖向净空优化等基本应用，完成对施工图阶段设计的多次优化。针对某些会影响净高要求的重点部位进行具体分析并讨论，优化机电系统的空间走向排布和净空高度，表达建筑项目的设计意图和设计结果，并作为项目现场施工制作的依据。

二、传统机电设计与 BIM 正向设计的比较

建筑项目设计图是表达设计意图和设计结果的重要途径，并作为生产制作、施工安装的重要依据。相对于传统二维设计的分散性，三维设计强调的是数据的统一性、协同性和完整性，整个设计过程是基于同一个模型进行的。

1. 传统机电设计

传统机电设计工程项目从规划设计到完工要经历以下四个阶段。

（1）方案设计　在方案设计阶段，通常要讨论和决定整个建筑（群）的电力负荷、冷热负荷、用水量等基本信息，各类管线安装的大概位置，主要设备场所的面积和大概位置等。

（2）初步设计　在这个阶段首先是把前面的规划设计报告进一步深化和细化，确定设计依据（遵循的规范、标准、法规及建设单位的设计要求）、所要采用的设计方法，对各专业系统的设计描述；然后根据甲方对评审意见把前面的报告进一步深化和细化，完成各专业系统平面图的初步设计和专业设计说明书的初步设计。

（3）施工图设计　这个阶段主要是根据建设单位和其他专业的评审意见把初步设计阶段的设计文件进一步深化和细化，同时还要增加安装详图、各类设备表、所有系统的回路编号等。所有的设计细节都要在这个子阶段敲定落实，各专业不但要完成自己专业的设计还要确保其他专业提出的要求得到满足和实施。

（4）与其他专业的配合　以 CAD 二维绘图软件为绘图平台，将各专业的图纸叠加到一张图纸上，分区域综合协调。综合协调结束后，将各专业图纸分别分离出来反馈给自身的专业图纸中，并根据协调图中的位置调整自身专业图纸，最终完成单专业图纸的深化设计；创建机电综合平面图和剖面图，绘制机电管线综合预留预埋图，待机电专业进场时提供专业平面施工图，二次墙体综合留洞图，最后绘制机房大样图以及设备基础定位图。

2. BIM 正向设计

基于 BIM 的正向设计是以三维设计模型为基础，除了遵循传统机电设计的原则和要求外，还通过建筑性能模拟分析、虚拟仿真漫游等手段，碰撞检测及三维管线综合等方式帮助设计师确定合理的方案。

例如在初步设计阶段，帮助设计师确定合理的建筑内部功能布局及机电系统方案，通过能耗模拟分析对比不同空调系统方案的优劣，选择高效合理的空调系统形式。在施工图设计阶段，用于验证设计方案的合理性，并优化设计方案，例如通过室内空调气流组织模拟分析，优化送回风口的位置及气流参数，使室内空间的舒适性和系统的节能性达到最佳平衡；通过对火灾烟气和人员疏散的模拟分析，验证建筑消防设计的安全性。

虚拟仿真漫游有助于设计师等相关人员进行方案预览和比选；在初步设计阶段，能帮助进一步检查建筑结构布置的匹配性、可行性、美观性以及设备干管排布的合理性；在施工图设计阶段，可以预览设计成果，帮助设计师分析、优化空间布置等。

碰撞检测及三维管线综合的主要目的是基于各专业模型，应用 BIM 三维可视化技术检查施工图设计阶段的碰撞，完成建筑项目设计图纸范围内各种管线布设与建筑、结构平面布置和竖向高程相协调的三维协同设计工作，尽可能减少碰撞，避免空间冲突，避免设计错误传递到施工阶段，同时优化机电管线排布方案，对建筑物最终的竖向设计空间进行检测分析，并给出最优的净空高度。

三、专业间提资内容和要求

1）方案设计阶段建筑、结构专业初步设计模型。

2）方案设计阶段机电专业相关设计资料。

3）机电专业初步设计样板文件。样板文件的定制可由企业根据自身建模和作图习惯创建，包括统一的建模规则（命名规则、专业代码、系统代码、对象颜色等）和制图规则。

四、基于 BIM 的机电设计流程

1. 机电 BIM 的设计流程

1）收集数据，并确保数据的准确性。

2）采用机电专业样板文件，链接建筑、结构初步设计模型；建模应采用与建筑、结构模型一致的轴网和模型基准点。

3）对机电专业主管线进行设计建模。

4）配合建筑专业协调机房、管井等功能区域划分，确保主管线由可行性。

5）深化初步设计阶段的各专业模型，达到施工图模型深度，并按照统一命名原则保存模型文件。

6）将各专业阶段性模型等成果提交给建设单位确认，并按照其意见调整和完善各专业设计成果。

2. 碰撞检测及三维管线综合操作流程

1）收集数据，并确保数据的准确性。

2）整合建筑、结构、给水排水、暖通、电气等专业模型，形成整合的建筑信息模型。

3）设定碰撞检测及管线综合的基本原则，使用 BIM 三维碰撞检测软件和可视化技术检查发现建筑信息模型中的冲突和碰撞，并进行三维管线综合；编写碰撞检测报告及管线综合报告，提交给建设单位确认后调整模型。其中，一般性调整或节点的设计工作，由设计单位修改解决；较大变更或变更量较大时，宜由建设单位协调后确定解决调整方案。对于二维施工图难以直观表达的造型、构件、系统等，建议提供三维模型截图辅助表达。

4）逐一调整模型，确保各专业之间的碰撞问题得到解决；对于平面视图上管线综合的复杂部位或区域，宜添加相关联的竖向标注，以体现管线的竖向标高。

3. 净空优化操作流程

1）收集数据，并确保数据的准确性。

2）确定需要净空优化的关键部位，如公共区域、走道、车道上空等。

3）利用 BIM 三维可视化技术，调整各专业的管线排布模型，最大化提升净空高度。

4）审查调整后的各专业模型，确保模型准确。

5）将调整后的建筑信息模型以及优化报告、净高分析等成果文件，提交给建设单位确认。其中，对二维施工图难以直观表达的造型、构件、系统等，建议提供三维透视图和轴测图等三维施工图形式辅助表达，为后续深化设计、施工交底提供依据。

第二节　施工阶段 BIM 应用流程

施工实施阶段是指自工程开工至竣工的实施过程。本阶段的主要内容是通过科学有效的现场管理完成合同规定的全部施工任务，以达到验收、交付的条件。

基于 BIM 技术的施工现场管理，一般是将施工准备阶段完成的模型，配合选用合适的施工管理软件进行集成应用，其不仅是可视化的媒介，而且能对整个施工过程进行优化和控制，有利于提前发现并解决工程项目中的潜在问题，减少施工过程中的不确定性和风险。同时，按照施工顺序和流程模拟施工过程，可以对工期进行精确的计算、规划和控制，也可以对人、机、料、法等施工资源统筹调度、优化配置，实现对工程施工过程交互式的可视化和信息化管理。

一、施工阶段 BIM 技术应用内容

施工阶段 BIM 技术可用于施工深化设计、虚拟进度与实际进度对比、设备与材料管理、质量与安全管理、竣工模型的构建等。

1. 施工深化设计

施工深化设计的主要目的是提升深化后建筑信息模型的准确性、可校核性。将施工操作规范与施工工艺融入施工作业模型，使施工图深化设计模型满足施工作业指导的需求。

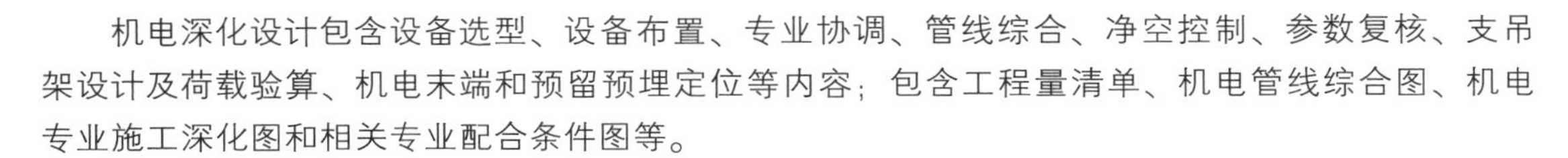
机电深化设计包含设备选型、设备布置、专业协调、管线综合、净空控制、参数复核、支吊架设计及荷载验算、机电末端和预留预埋定位等内容；包含工程量清单、机电管线综合图、机电专业施工深化图和相关专业配合条件图等。

2. 虚拟进度与实际进度对比

虚拟进度与实际进度对比主要是通过方案进度计划和实际进度的对比，找出差异，分析原因，实现对项目进度的合理控制与优化。

在项目施工管理过程中工作分解结构（WBS：Work Breakdown Structure），对项目范围进行逐级分解的层次化结构编码，将工程项目工作逐级分解成较小的、较易控制的管理单元或工作包，以便于项目计划的细化和编制以及责任的落实和监控。

进度计划的制订应根据项目特点和进度控制需求，按不同时间周期（周、月、季度等）进行编制，并将相关信息如工作分解结构、进度计划、资源信息和进度管理流程等信息与深化设计模型进行关联，辅助施工进度管理。同时，实时采集现场实际进度信息反馈至进度管理模型，进行分析对比，精准控制施工进度，及时采取纠偏措施。

进度计划管理过程中，可充分利用 BIM 技术与虚拟设计与施工、增强现实、三维激光扫描、施工监视及可视化中心等技术进行融合应用，提高进度管理的信息化水平，对施工进度进行有效的跟踪和控制。

3. 设备与材料管理

运用 BIM 技术达到按施工作业面配料的目的，实现施工过程中设备、材料的有效控制，提高工作效率，减少浪费。

利用 BIM 在信息集成上的优势，模型及信息可按照设计优化与相关变更进行动态调整，保证数据的实效性；通过条件查询和区域选择可实时统计、分类汇总施工作业面的设备和材料信息，快速准确地输出任一作业面和细部工作的消耗量标准，对设备和材料进行有效控制。

设备与材料管理模型基于深化设计模型创建，模型中应补充完善设备和材料的物流、施工、安装、产品信息等。

在设备与材料管理模型中应补充和完善造价、流水段、工序和时间等不同信息来实现及时准确地获得不同部位的工程量信息，有利于材料管理人员进行有效的限额领料控制。同时，可采用二维码、物联网等信息化手段实现设备的生产、运输、安装、调试等全过程的有效管理。

按照工程进展实时记录工程变更，形成动态的进度及变更模型，统计输出已完工工程量、自动计算变更工程量，从而及时准确地进行进度款申报，并完成对分包支付的控制等。

4. 质量与安全管理

基于 BIM 技术，对施工现场的人、物、环境构成的施工生产体系进行动态管理，可有效辨识危险源和施工难度区域，提前做好相应的安全策划工作，消除和减少不安全因素，确保工程项目的效益和安全目标得以实现。

质量与安全管理模型可基于施工图深化设计模型或预制加工模型创建，并以相关质量安全文件信息为依据创建模型，一般包括专项施工方案、技术交底方案、设计交底方案、危险源辨识计划、施工安全策划书以及其他的特定要求等。

运用 BIM 技术，依据施工现场的实际情况，实时更新施工安全设施配置模型，对危险源进行动态辨识和动态评价。通过对实际施工方案、实施过程等进行模拟和交底，直观展示各施工步骤、施工工序之间的逻辑关系，使现场技术人员、施工人员对工程项目的技术要求、质量要求、安全要求、施工方法等透彻理解，便于科学组织施工，避免技术质量事故的发生。同时，依据质量安

全管理模型进行有效的现场管理，采用互联网云技术及时将现场存在的问题反馈至模型，便于检查验收、整改责任认定、跟踪解决。

5. 竣工模型的构建

在建筑项目竣工验收时，将竣工验收信息添加到施工过程模型，并根据项目实际情况进行修正，以保证模型与工程实体的一致性，进而形成竣工模型。

竣工模型可基于施工过程模型，通过补充完善施工中的修改变更和相关验收资料信息等创建，包含施工管理资料、施工技术资料、施工进度及造价资料、施工测量记录、施工物资资料、施工记录、施工试验记录及检测报告、过程验收资料、竣工质量验收资料等。

相关资料应符合《建筑工程施工质量验收统一标准》（GB 50300—2013）、《建筑工程资料管理规程》（JGJ/T 185—2009）等相关规范、标准的要求。

竣工模型由总承包单位或其他单位统一整合时，各专业承包单位应对提交的模型数据信息进行审核、清理，确保数据的准确性与完整性。竣工资料的表达形式包括文档、表格、视频、图片等，宜与模型元素进行关联，便于检索查找。

竣工模型的信息应满足不同竣工交付对象和用途，模型信息宜按需求进行过滤筛选，不宜包含冗余信息。对运维管理有特殊要求的，可在交付成果里增加满足运行与维护管理基本要求的信息，包括设备维护保养信息、工程质量保修书、建筑信息模型使用手册、房屋建筑使用说明书、空间管理信息等。

二、基于 BIM 的协同管理与传统建造施工方式的比较

基于 BIM 的协同管理是以建筑信息模型和互联网的数字化远程同步功能为基础，以项目建设过程中采集的工程进度、质量、成本、安全等动态数据为驱动，结合固化了项目建设各参与方管理流程和职责的项目协同管理的过程。通过协同管理，改善目前项目管理工作界面复杂、与项目参与方信息不对称、建设进度管控困难等一系列问题。

基于 BIM 的协同管理与传统建造施工方式的不同之处在于：

1）资料管理。实现项目建设全过程的往来文件、图纸、合同、各阶段 BIM 应用成果等资料的收集、存储、提取及审阅等功能，以便于业主及时掌握项目投资成本、工程进展、建设质量等。

2）进度与质量管理。及时采集工程项目实际进度信息，并与项目计划进度对比，动态跟踪与分析项目的进展情况，同时，对该项目各参与方提交的阶段性或重要节点的成果文件进行检查与监督，严格管控项目设计质量，施工进度、质量等，从而有效缩短项目整体建设周期，严格控制项目建设质量。

3）安全管理。结合施工现场的监控系统，查看现场施工照片和监控视频，及时掌握项目实际施工动态，如实时定位施工人员，对施工现场进行实时监管。同时，应加强项目建设参与方之间的信息交流、共享与传递及信息的发布，当业主发现施工现场可能存在的施工安全隐患时，能够及时发布安全公告信息，对现场施工行为进行有效监督与管理。

4）成本管理。将项目的建筑信息模型与工程造价信息进行关联，有效集成项目实际工程量、工程进度计划、工程实际成本等信息，方便业主进行动态化的成本核算，及时控制工程的实际投资成本，掌握动态的合同款项支付情况以及实际的工程进展情况，确保项目能够在核准的预算时间内完成既定目标，提升业主对该项目的成本控制能力与管理水平。

基于 BIM 的协同管理具备相应的可拓展功能，实现与其他平台或新技术的融合与对接，更好地发挥平台的作用。该平台的可拓展功能宜包括以下几个方面：

1）与既有的企业 OA 管理平台、项目建设管理平台等进行对接。

2）基于云技术的数据存储、提取及分析等。

3）与 AR、VR 体感设备等终端互联。

4）与 GIS、互联网、智能化控制系统、智慧城市管理系统等多源异构系统集成。

三、专业间和工序间协同内容和要求

1. 施工深化设计协同内容及要求

1）修改系统信息：选型、施工工艺或安装要求，主要设备和管道实际实施过程信息、安装信息、连接信息等。

2）修改设备信息：选型、施工工艺或安装要求，增加主要设备、管道和附件产品材料参数、技术参数、生产厂家、出厂编号等。

3）修改管线、电缆信息：选型、施工工艺或安装要求、连接方式、增加主要设备、管道和附件采购供应商、计量单位、数量（如长度、体积等）、采购价格等。

2. 虚拟进度与实际进度对比协同内容和要求

1）施工深化设计模型。

2）编制施工进度计划的资料及依据。

3）施工过程演示模型。

3. 设备与材料管理协同内容和要求

1）施工深化设计模型。

2）设备与材料信息。

4. 质量与安全管理协同内容和要求

1）施工深化设计模型或预制加工模型。

2）质量管理方案、计划。

3）安全管理方案、计划。

5. 竣工模型的构建协同内容和要求

1）施工过程模型。

2）施工过程中新增、修改变更资料。

3）验收合格资料。

四、基于 BIM 应用的项目管理流程

1. 施工深化设计操作流程

1）收集数据，并确保数据的准确性。

2）施工单位依据设计单位提供的施工图和施工图设计模型，根据自身施工特点及现场情况、实际采用的材料设备、实际产品的基本信息对设计模型进行深化。

3）深化设计模型除包含施工图设计模型信息外，还应包括二次结构、预埋件和预留孔洞、节点、临时安装措施、支吊架、减震设施、套管等类型的模型信息，机电设备应有准确的尺寸大小、标高、定位、材质和精确形状，并应补充相关的规格型号、技术参数、施工方式、生产厂家等必要的专业信息和产品信息。

4）深化设计应进行多专业模型碰撞检测、综合协调、参数校核等，机电安装参数校核包括水泵的扬程及流量、风机风压及风量、管线截面尺寸、支架受力、冷热负荷、灯光照度等内容。

5）BIM 技术工程师结合自身专业经验或与施工技术人员配合，对建筑信息模型的施工合理性、可行性进行甄别，并进行相应的调整优化；同时，对优化后的模型实施碰撞检测。

6）施工深化设计模型通过建设单位、设计单位、相关顾问单位的审核确认，最终生成可指导施工的三维图形文件及二维深化施工图、节点图。

2. 虚拟进度与实际进度对比操作流程

1）收集数据，并确保数据的准确性。

2）根据不同深度、不同周期的进度计划要求，创建项目工作分解结构（WBS），分别列出各进度计划的活动（WBS 工作包）内容。根据施工方案确定各项施工流程及逻辑关系，制订初步施工进度计划。

3）将进度计划与模型关联生成施工进度管理模型。

4）利用施工进度管理模型进行可视化施工模拟，检查施工进度计划是否满足约束条件、是否达到最优状况。若不满足，需要进行优化和调整，优化后的计划可作为正式施工进度计划。经项目经理批准后，报建设单位及工程监理审批，用于指导施工项目实施。

5）结合虚拟设计与施工（VDC）、增强现实（AR）、三维激光扫描（LS）、施工监控及可视化中心（CMVC）等技术，实现可视化项目管理，对项目进度进行更有效的跟踪和控制。

6）在选用的进度管理软件系统中输入实际进度信息后，通过实际进度与项目计划间的对比分析，发现二者之间的偏差，分析并指出项目中存在的潜在问题。对进度偏差进行调整以及更新目标计划，以达到多方平衡，实现进度管理的最终目的，并生成施工进度控制报告。

3. 设备与材料管理操作流程

1）收集数据，并确保数据的准确性。

2）在深化设计模型中添加或完善楼层信息、构件信息、进度表、报表等设备与材料信息；建立可以实现设备与材料管理和施工进度协同的建筑信息模型。其中，该模型应可追溯大型设备及构件的物流与安装信息。

3）按作业面划分，从建筑信息模型输出相应的设备、材料信息，通过内部审核后提交给施工部门审核。

4）根据工程进度实时输入变更信息，包括工程设计变更、施工进度变更等。输出所需的设备与材料信息表，并按需要获取已完工程消耗的设备与材料信息以及下个阶段工程施工所需的设备与材料信息。

4. 质量与安全管理操作流程

1）收集数据，并确保数据的准确性。

2）根据施工质量、安全方案修改、完善施工深化设计或预制加工模型，生成施工安全设施配置模型。

3）利用建筑信息模型的可视化功能准确、清晰地向施工人员展示及传递建筑设计意图；同时，可通过施工过程模拟帮助施工人员理解、熟悉施工工艺和流程，并识别危险源，避免由于理解偏差造成施工质量与安全问题。

4）实时监控现场施工质量、安全管理情况，并更新施工安全设施配置模型。

5）对出现的质量、安全问题，在建筑信息模型中通过现场相关图像、视频、音频等方式关联到相应构件与设备上，记录问题出现的部位或工序，分析原因，进而制订并采取解决措施。同时，

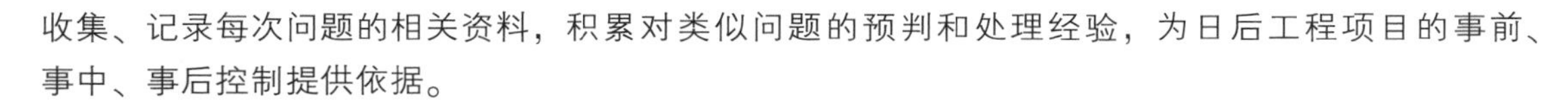

收集、记录每次问题的相关资料，积累对类似问题的预判和处理经验，为日后工程项目的事前、事中、事后控制提供依据。

5. 竣工模型的构建操作流程

1）收集数据，并确保数据的准确性。

2）施工单位技术人员在准备竣工验收资料时，应检查施工过程模型是否能准确表达竣工工程实体，如表达不准确或有偏差，应修改并完善建筑信息模型相关信息，以形成竣工模型。

3）验收合格资料、相关信息宜关联或附加至竣工模型，形成竣工模型。

4）竣工验收资料可通过竣工验收模型进行检索、提取。

5）按照相关要求进行竣工交付。

课后练习

1. 设计阶段 BIM 应用不包括（　　）。

　A. 方案设计　　B. 初步设计　　C. 施工图设计　　D. 图纸综合协调

2. 三维设计相对于二维设计的优势不包括（　　）。

　A. 分散性　　B. 统一性　　C. 协同性　　D. 完整性

3. 使用 BIM 三维碰撞检测软件和可视化技术检查发现建筑信息模型中的冲突和碰撞，重大变更由（　　）协调后进行。

　A. 建设单位　　B. 设计单位　　C. 施工单位　　D. 监理单位

4. 基于 BIM 的协同管理相对于传统建造施工方式的优势包括（　　）。

　A. 项目管理工作界面复杂　　B. 与项目参与方信息不对称

　C. 建设进度管控困难　　D. 易与其他平台或新技术融合与对接

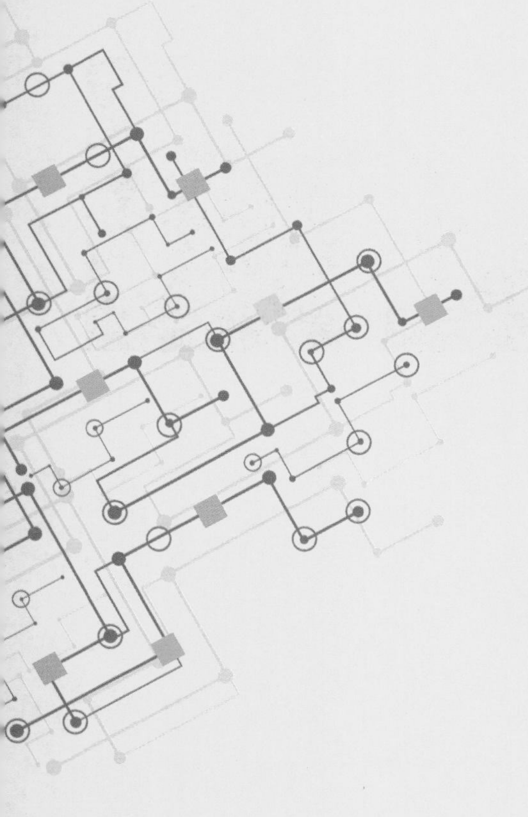

第二部分 Autodesk Revit 案例实操及应用

PART 02

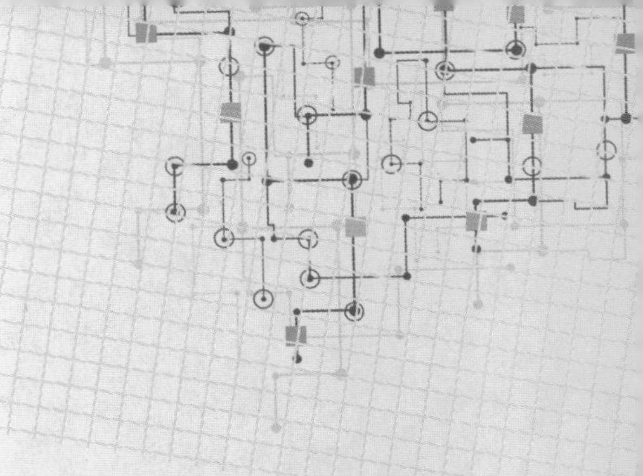

第四章　案例项目

第一节　案例项目概况

从本章到第 14 章我们将以下面所述项目为载体，讲解 BIM 在机电工程中的应用。

本案例项目为杭州某综合楼项目，建筑类型为三层综合楼，建筑功能包括办公、商业及配套车库，项目占地面积约为 945 ㎡，建筑面积约为 3500 ㎡。其中：一层建筑面积约 $1850m^2$，层高 4.5m；二层建筑面积约 $826m^2$，层高 3.9m；三层建筑面积约 $824m^2$，层高 4.5 ~ 9.6m。本项目建筑耐火等级为二级，车库耐火等级为一级，建筑结构安全等级为二级，主体结构设计使用年限为 50 年；结构类型为现浇钢筋混凝土框架结构，抗震设防烈度为 6 度。

图 4－1

本项目效果图如图 4－1 所示。

第二节　设计要求

一、设计阶段

本案例设计阶段为施工图设计。

二、所涉专业

设计所涉专业为建筑、结构、给水排水、电气、暖通空调专业。

三、施工图设计文件

（1）所涉专业的设计图纸　所涉专业的设计图纸包括图纸总封面、图纸目录、说明、设备材料表、各专业图纸等。

（2）工程预算书

（3）各类专业计算书

四、给水排水施工图深度与要求

1. 建筑给水排水专业设计文件

建筑给水排水专业设计文件包括图纸目录、施工图设计说明、设计图纸、设备及主要材料表、计算书。

2. 图纸目录

图纸目录按图纸编号排列结构施工图图纸，先列新绘制图纸，后列选用的标准图或重复利用图。

3. 设计总说明

设计总说明可分为设计说明、施工说明两部分，主要内容有：

1）设计依据。

2）工程概况。

3）设计范围。

4）给水排水系统简介。

5）说明主要设备、管材、器材、阀门等的选型。

6）说明管道敷设、设备、管道基础，管道支吊架及支座，管道、设备的防腐蚀、防冻和防结露、保温，管道、设备的试压和冲洗等。

7）专篇中如建筑节能、节水、环保、人防、卫生防疫等给水排水所涉及的内容。

8）绿色建筑设计。

9）需专项设计及二次深化设计的系统应提出设计要求。

10）凡不能用图示表达的施工要求，均应以设计说明表述。

11）有特殊需要说明的可分列在有关图纸上。

4. 给水排水总平面图

1）各建筑物的外形、名称、位置、标高、道路及其主要控制点坐标、标高、坡向，指北针（或风玫瑰图）、比例。

2）绘制给水排水管网及构筑物的位置（坐标或定位尺寸），备注构筑物的主要尺寸。

3）对较复杂工程，可将给水、排水（雨水、污废水）总平面图分开绘制，以便于施工。

4）标明给水管管径、阀门井、水表井、消火栓（井）、消防水泵接合器（井）等。

5）排水管标注主要检查井编号、水流坡向、管径，标注管道接口处市政管网（检查井）的位置、标高、管径等。

5. 建筑室内给水排水图纸

（1）平面图

1）应绘出与给水排水、消防给水管道布置有关各层的平面图，内容包括主要轴线编号、房间名称、用水点位置，注明各种管道系统编号（或图例）。

2）应绘出给水排水、消防给水管道平面布置、立管位置及编号，管道穿剪力墙处定位尺寸、标高、预留孔洞尺寸及其他必要的定位尺寸，管道穿越建筑物地下室外墙或有防水要求的构（建）

筑物的防水套管形式、套管管径、定位尺寸、标高等。

3）当采用展开系统原理图时，应标注管道管径、标高，在给水排水管道安装高度变化处用符号表示清楚，并分别标出标高（排水横管应标注管道坡度、起点或终点标高），管道密集处应在该平面中画横断面图将管道布置定位表示清楚。

4）底层（首层）等平面应注明引入管、排出管、水泵接合器管道等管径、标高及与建筑物的定位尺寸，还应绘出指北针；引入管应标注管道设计流量和水压值。

5）标出各楼层建筑平面标高（如卫生设备间平面标高不同时，应另加注或用文字说明）和层数，建筑灭火器放置地点（也可在总说明中说清楚）。

6）若管道种类较多，可分别绘制给水排水平面图和消防给水平面图。

7）需要专项设计（含二次深化设计）时，应在平面图上注明位置，预留孔洞，设备与管道接口位置及技术参数。

（2）系统图　系统图可按系统原理图或系统轴测图绘制。

1）系统原理图。对于给水排水系统和消防给水系统等，采用原理图或展开系统原理图将设计内容表达清楚时，绘制（展开）系统原理图。

图中标明立管和横管的管径、立管编号、楼层标高、层数、室内外地面标高、仪表及阀门、各系统进出水管编号、各楼层卫生设备和工艺用水设备的连接，排水管还应标注立管检查口，通风帽等距地（板）高度及排水横管上的竖向转弯和清扫口等。

2）系统轴测图。对于给水排水系统和消防给水系统，也可按比例分别绘出各种管道系统轴测图。图中标明管道走向、管径、仪表及阀门、伸缩节、固定支架、控制点标高和管道坡度（设计说明中已说明者，图中可不标注管道坡度）、各系统进出水管编号、立管编号、各楼层卫生设备和工艺用水设备的连接点位置。

复杂的连接点应局部放大绘制；在系统轴测图上，应注明建筑楼层标高、层数、室内外地面标高；引入管道应标注管道设计流量和水压值。

3）当自动喷水灭火系统在平面图中已将管道管径、标高、喷头间距和位置标注清楚时，可简化绘制从水流指示器至末端试水装置（试水阀）等阀件之间的管道和喷头。

4）简单管段在平面上注明管径、坡度、走向、进出水管位置及标高、引入管设计流量和水压值，可不绘制系统图。

（3）局部放大图　对于给水排水设备用房及管道较多处，如水泵房、水池、水箱间、热交换器站、卫生间、水处理间、游泳池、水景、冷却塔布置、冷却循环水泵房、热泵热水、太阳能热水、雨水利用设备间、报警阀组、管井、气体消防贮瓶间等，当平面图不能说明清楚时，应绘出局部放大平面图；可绘出其平面图、剖面图（或轴测图、卫生间管道也可绘制展开图），或注明引用的详图、标准图号。管径较大且系统复杂的设备用房宜绘制双线图。

6. 设备及主要材料表

给出使用的设备、主要材料、器材的名称、性能参数、计数单位、数量、备注等。

7. 计算书

根据初步设计审批意见进行施工图阶段设计计算。

8. 室外排水管道高程表或纵断面图

9. 自备水源取水工程

10. 雨水控制与利用及各净化建筑物、构筑物平面图、剖面图及详图

11. 水泵房平面图、剖面图

12. 水塔（箱）、水池配管及详图

13. 循环水构筑物的平面图、剖面图及系统图

14. 污水处理

15. 当采用装配式建筑技术设计时，应明确装配式建筑设计给排水专项内容

五、 建筑电气施工图深度与要求

1. 建筑电气专业设计文件图纸

建筑电气专业设计文件图纸包括图纸目录、设计说明、设计图、主要设备表，电气计算部分出计算书。

2. 图纸目录

图纸目录分别以系统图、平面图等按图纸序号排列，先列新绘制图纸，后列选用的重复利用图和标准图。

3. 设计说明

1）工程概况。

2）设计依据。

3）设计范围。

4）设计内容（应包括建筑电气各系统的主要指标）。

5）各系统的施工要求和注意事项。

6）设备主要技术要求。

7）防雷、接地及安全措施。

8）电气节能及环保措施。

9）绿色建筑电气设计。

10）智能化设计。

11）其他专项设计、深化设计。

4. 图例符号

图例符号包含设备选型、规格及安装等信息。

5. 电气总平面图（仅有单体设计时，可无此项内容）

1）标注建筑物、构筑物名称或编号、层数，注明各处标高、道路、地形等高线和用户的安装容量。

2）标注变、配电站位置、编号；变压器台数、容量；发电机台数、容量；室外配电箱的编号、型号；室外照明灯具的规格、型号、容量。

3）架空线路应标注：线路规格及走向，回路编号，杆位编号，档数、档距、杆高、拉线、重复接地、避雷器等（附标准图集选择表）。

4）电缆线路应标注：线路走向、回路编号、敷设方式、人（手）孔型号、位置。

5）标注比例、指北针。

6）图中未表达清楚的内容可随图作补充说明。

6. 配电、照明设计图

1）配电箱（或控制箱）系统图，应标注配电箱编号、型号，进线回路编号；标注各元器件型号、规格、整定值；配出回路编号、导线型号规格、负荷名称等（对于单相负荷应标明相别），对有控制要求的回路应提供控制原理图或控制要求；当数量较少时，上述配电箱（或控制箱）系统内容在平面图上标注完整的，可不单独出配电箱（或控制箱）系统图。

2）配电平面图应包括建筑门窗、墙体、轴线、主要尺寸、房间名称、工艺设备编号及容量；布置配电箱、控制箱，并注明编号；绘制线路始、终位置（包括控制线路），标注回路编号、敷设方式（需强调时）；凡需专项设计场所，其配电和控制设计图随专项设计，但配电平面图上应标注预留的配电箱，并标注预留容量；图纸应有比例。

3）照明平面图应包括建筑门窗、墙体、轴线、主要尺寸、标注房间名称、绘制配电箱、灯具、开关、插座、线路等平面布置，标明配电箱编号，干线、分支线回路编号；凡需二次装修部位，其照明平面图及配电箱系统图由二次装修设计，但配电或照明平面图上应相应标注预留的照明配电箱，并标注预留容量；图纸应有比例。

4）图中表达不清楚的，可随图作相应说明。

7. 防雷、接地及安全设计图

1）绘制建筑物顶层平面图，应有主要轴线号、尺寸、标高、标注接闪杆、接闪器、引下线位置；注明材料型号规格、所涉及的标准图编号、页次；图纸应标注比例。

2）绘制接地平面图（可与防雷顶层平面图重合），绘制接地线、接地极、测试点、断接卡等的平面位置，标明材料型号、规格、相对尺寸等涉及的标准图编号、页次，图纸应标注比例。

3）当利用建筑物（或构筑物）钢筋混凝土内的钢筋作为防雷接闪器、引下线、接地装置时，应标注连接方式、接地电阻测试点、预埋件位置及敷设方式，注明所涉及的标准图编号、页次。

4）随图说明可包括：防雷类别和采取的防雷措施（包括防侧击雷、防雷击电磁脉冲、防高电位引入）；接地装置形式、接地极材料要求、敷设要求、接地电阻值要求；当利用桩基、基础内钢筋作接地极时，应采取的措施。

5）除防雷接地外的其他电气系统的工作或安全接地的要求，如果采用共用接地装置，应在接地平面图中叙述清楚，叙述不清楚的应绘制相应图纸。

8. 电气消防

1）电气火灾监控系统。

2）消防设备电源监控系统。

3）防火门监控系统。

4）火灾自动报警系统。

5）消防应急广播。

9. 主要电气设备表

主要电气设备表应注明主要电气设备的名称、型号、规格、单位、数量。

10. 计算书

1）用电设备负荷计算。

2）变压器、柴油发电机选型计算。

3）典型回路电压损失计算。

4）系统短路电流计算。

5）防雷类别的选取或计算。

6）典型场所照度值和照明功率密度值计算。

7）各系统计算结果尚应标示在设计说明或相应图纸中。

8）因条件不具备不能进行计算的内容，应在初步设计中说明，并应在施工图设计时补算。

11. 变、配电站设计图（本案例不涉及该项设计）

12. 建筑设备控制原理图（本案例不涉及该项设计）

13. 智能化各系统设计（本案例不涉及该项设计）

14. 当采用装配式建筑技术设计时，应明确装配式建筑设计电气专项内容

六、暖通空调施工图深度与要求

1. 暖通空调专业设计文件

暖通空调专业设计文件应包括图纸目录、设计与施工说明、设备表、设计图纸、计算书。

2. 图纸目录

图纸目录按图纸编号排列建筑施工图图纸，先列新绘制图纸，后列选用的标准图或重复利用图。

3. 设计说明

1）设计依据。

2）施工说明。

3）设计内容和范围。

4）室内外设计参数。

5）供暖。

6）空调。

7）通风。

8）监测和控制要求。

9）防排烟。

10）空调通风系统的防火、防爆、防腐、保温措施。

11）节能设计。

12）绿色建筑设计。

13）废弃排放处理措施。

14）设备降噪、减振要求，风管和风道减振做法要求等。

15）需专项设计及二次深化设计的内容应提出设计要求。

4. 图例

5. 设备表

施工图阶段性能参数栏应注明详细的技术数据。

6. 平面图

1）绘出建筑轮廓、主要轴线号、轴线尺寸、室内外地面标高、房间名称，底层平面图上绘出指北针。

2）供暖平面绘出散热器位置，注明片数或长度、供暖干管及立管位置、编号、管道的阀门、

放气、泄水、固定支架、伸缩器、入口装置、管沟及检查孔位置，注明管道管径及标高。

3）通风、空调、防排烟风道平面用双线绘出风道，复杂的平面应标出气流方向。标注风道尺寸（圆形风道标注管径、矩形风道标注宽×高）、主要风道定位尺寸、标高及风口尺寸，各种设备及风口安装的定位尺寸和编号，消声器、调节阀、防火阀等各种部件位置，标注风口设计风量（当区域内各风口设计风量相同时也可按区域标注设计风量）。

4）风道平面应表示出防火分区，排烟风道平面还应表示出防烟分区。

5）空调管道平面单线绘出空调冷热水、冷媒、冷凝水等管道，绘出立管位置和编号，绘出管道的阀门、放气、泄水、固定支架、伸缩器等，注明管道管径、标高及主要定位尺寸。

6）多联式空调系统应绘制冷媒管和冷凝水管。

7）需另做二次装修的房间或区域，可按常规进行设计，宜按房间或区域标出设计风量。风道可绘制单线图，不标注详细定位尺寸，并注明按配合装修设计图施工。

8）与通风空调系统设计相关的工艺或局部的建筑使用功能未确定时，设计可预留通风空调系统设置的必要条件，如土建机房、井道及配电等。在工艺或局部的建筑使用功能确定后再进行相应的系统设计。

7. 通风、空调、制冷机房平面图和剖面图

1）机房图应根据需要增大比例，绘出通风、空调、制冷设备（如冷水机组、新风机组、空调器、冷热水泵、冷却水泵、通风机、消声器、水箱等）的轮廓位置及编号，注明设备外形尺寸和基础距离墙或轴线的尺寸。

2）绘出连接设备的风道、管道及走向，注明尺寸和定位尺寸、管径、标高，并绘制管道附件（各种仪表、阀门、柔性短管、过滤器等）。

3）当平面图不能表达复杂管道、风道相对关系及竖向位置时，应绘制剖面图。

4）剖面图应绘出对应机房平面图的设备、设备基础、管道和附件，注明设备和附件编号以及详图索引编号，标注竖向尺寸和标高，当平面图设备、风道、管道等尺寸和定位尺寸标注不清时，应在剖面图标注。

8. 系统图、立管或竖风道图

9. 通风、空调剖面图和详图

1）风道或管道与设备连接交叉复杂的部位，应绘剖面图或局部剖面图。

2）绘出风道、管道、风口、设备等与建筑梁、板、柱及地面的尺寸关系。

3）注明风道、管道、风口等的尺寸和标高，气流方向及详图索引编号。

4）供暖、通风、空调、制冷系统的各种设备及零部件施工安装，应注明采用的标准图、通用图的图名图号。凡无现成图纸可选，且需要叙述设计意图的，均需绘制详图。简单的详图，可就图引出，绘制局部详图。

10. 计算书

采用计算程序计算时，计算书应注明软件名称、版本及鉴定情况，打印出相应的简图、输入数据和计算结果。计算书内容包括：

1）供暖房间耗热量计算及建筑物供暖总耗热量计算，热源设备选择计算。

2）空调房间冷热负荷计算（冷负荷按逐项逐时计算），并应有各项输入值及计算汇总表；建筑物供暖供冷总负荷计算，冷热源设备选择计算。

3）供暖系统的管径及水力计算，循环水泵选择计算。

4）空调冷热水系统最不利环路管径及水力计算，循环水泵选择计算。

5）必须有满足工程所在省、市有关部门要求的节能设计、绿色建筑设计等的计算内容。

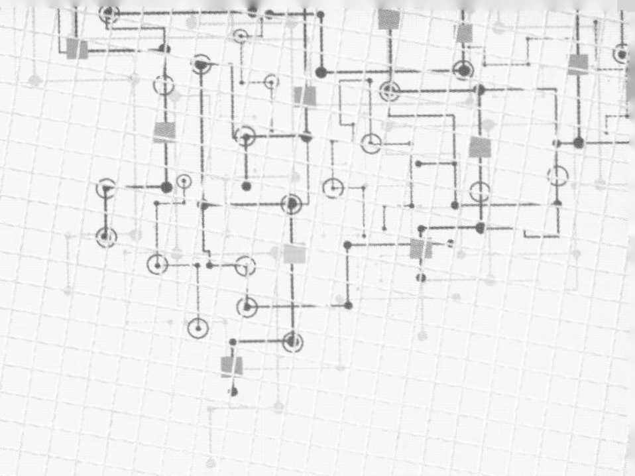

第五章　项目准备

第一节　BIM 设计实施导则

一、软件硬件配置

与基于 CAD 的传统二维应用技术不同，BIM 是以建筑三维信息模型为基础的新技术应用，BIM 技术依托于三维软件平台，对计算机硬件、网络带宽的速度有较高的要求，本项目软硬件配置如下，以供参考。

1. 建模人员标准硬件配置

1）操作系统：Microsoft Windows 10 SP1 64 位。

2）CPU：Intel Core i7-6700 四核处理器（4GHz，8MB 缓存）或性能相当的 AMD 处理器。

3）内存：16GB，最大 64GB。

4）视频显示：1920×1080 真彩色显示。

5）视频适配器：NVIDIA GeForce GTX 1060M 显卡或显存 4GB 并支持 DirectX R10 及 Shader Model 的显卡。

6）硬盘：256GB SSD + 1000GB HDD。

2. 模型整合工作站硬件配置

1）操作系统：Microsoft Windows 10 SP1 64 位。

2）CPU 类型：IntelCorei7-8700k。

3）内存：16GB 以上，最大支持 512GB。

4）视频显示：1920×1200 真彩色显示。

5）视频适配器：显存 4GB，并支持 DirectX R10 及 Shader Model B 的显卡。

6）硬盘：2000GB HDD。

3. 移动办公硬件配置

1）操作系统：Microsoft Windows10 SP1 64 位。

2）CPU：Intel Core i7-6700HQ 处理器（2.6GHz，6MB 三级缓存）。

3）内存：8GB，最大支持 16GB。

4）视频显示：1920×1200 真彩色显示。

5）视频适配器：NVIDIA GeForce GTX 1060M 显卡。

6）硬盘：256GB SSD + 500GB HDD。

因为 Revit 软件具有采用单线程绘图运算的特点，大部分运算均只调用单线程，因此选择 CPU 时要看重其单核性能，即工作频率，一般需选择 CPU 主频为 3.6GHZ 以上的台式机进行建模。

二、BIM 设计准备

1. BIM 设计策划

在设计阶段使用 BIM 受软硬件环境等影响，为了保证模型的可持续使用和修改，对建模的方法提出了较高要求。为了指导设计者更高效的工作及保证模型的一致性，BIM 设计应用在介入项目初期时，就要做好 BIM 设计策划。项目开始前，可根据项目的类型和需求，由 BIM 经理统筹确定 BIM 应用标准、BIM 设计协同方式、应用点、模型拆分原则、出图方式、绘图进度及工作安排等内容。

（1）项目信息概况

1）项目位置、面积、高度等项目信息。

2）楼栋编号及使用性质。

3）建筑、结构类型。

4）机电设计条件。

（2）参考标准　确定项目使用的 BIM 建模标准、机电设计的相关国家标准、规范、措施、图集、业主标准等；设计中均需按照统一的国标进行设计和建模，确保输出图纸满足国家审图机构的要求。

（3）确定协同方式　协同工作的方式分为两种，一种是机电多专业采用工作集方式，另一种是分专业进行模型链接的方式。

（4）模型拆分　模型拆分的主要目的在于使每个设计者能够合理分工，清楚自己所负责的专业内容，同时通过减小模型大小的方式增加项目运行效率。以边界清晰、个体完整的原则进行拆分，一般项目前期由 BIM 经理根据工程的特点有针对性地制订拆分原则。

可通过以下方式进行模型拆分：

1）地下部分创建：参考建筑专业，可整体或分层创建地下部分模型。

2）地上首层及二层商业网点、裙房创建：考虑该类位置处于地上与地下的衔接位置，机电管线相对复杂，可单独建立该部分模型。

3）塔楼标准层创建：分楼层创建标准层、设备层、避难层等楼层的机电管线。

4）屋面创建：创建屋面机电设备及相应管线等。

5）对于地上部分，参照建筑专业拆分情况，对机电进行拆分。

控制模型拆分后每个区域的机电模型大小控制在 100M 以内为宜。

（5）确定 BIM 应用点　项目开始时，是否确定好项目的应用点直接影响到项目的目标和成果，BIM 经理可预先对项目要求和资源配置等因素综合考虑。

1）BIM 设计软件应用规划。根据项目特点，确定项目中所需要应用的软件以及软件之间的工作方式，规划好软件应用的接入点和数据接口等。

2）BIM 绿色、性能化分析应用规划。根据项目特点和要求确定是否使用性能化分析，从而考虑模型的建模深度以及介入的时间节点。

3）BIM 工程量应用规划。因 BIM 计算工程量对模型的建模深度和建模方式均有特殊要求，所以前期确定是否进行工程量统计对确定模型深度十分重要。模型深度为所创建模型中构件的详细程度，包括构件尺寸、形状、材质以及型号参数等，可根据用途确定建模精度。

4）其他应用规划。综合管线排布、净高分析、装配式建筑、幕墙深化、视频动画展示，BIM5D 等应用。

2. 模型准备

（1）创建项目通用文件夹 为了项目协同工作需求、资源共享，可根据 BIM 标准创建通用的文件夹，按照项目类型、年份以及工作内容等进行划分，并将项目的相关资料、建筑相关文件以及与建设单位往来等资料归档到对应的文件夹中，如图 5 - 1 所示。

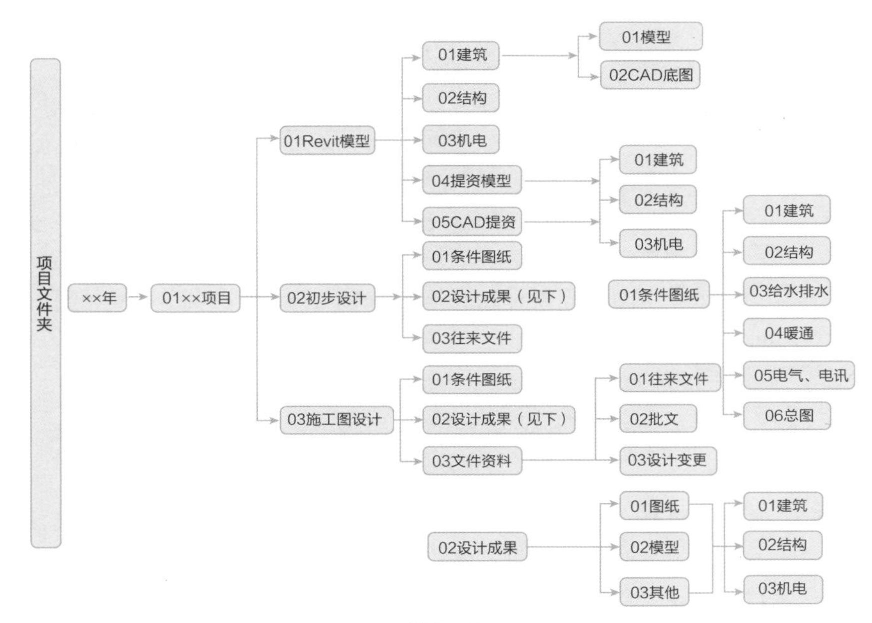

图 5 - 1

其中输入和输出资料放入对应文件夹后，不得擅自打开和修改，只可以通过只读模式查看。初步设计阶段的专业提资为 CAD 软件绘制，施工图阶段提资可以是 CAD 图纸和 BIM 模型两种形式，并严格放在对应文件夹中。以上文件夹为通用项目文件夹，考虑文件的安全性需增加文件夹权限，确保无关人员无法进入，未经 BIM 经理同意不能擅自拷贝外传。

文件命名方式以相应的施工图信息命名，如："01 项目" 应以实际项目图纸名确定。BIM 模型文件的命名方式为：项目名 - 专业代码，如建筑 - A、结构 - S、机电 - MEP。

（2）软件"选项"设置 项目创建前，需对软件设置进行调整，确认软件自动保存路径、默认族文件夹路径以及自动保存时间等，如图 5 - 2 所示。

单击"文件"→"选项"。

1）常规：①修改保存时间；②修改用户名；③修改共享同步频率等。

2）用户界面：①修改软件选项卡设置；②修改快捷键等。

3）图形：①图形显示效果；②图形颜色；③临时标注文字外观等。

4）硬件：是否启用硬件加速等设置。

5）文件位置：①修改样本文件默认路径；②调整链接文件默认路径；③修改族库及族样板默认路径等。

6）其他设置：渲染、检查拼写、SteeringWheels、ViewCube、宏等。

（3）创建协同项目（详见第五章第二节）

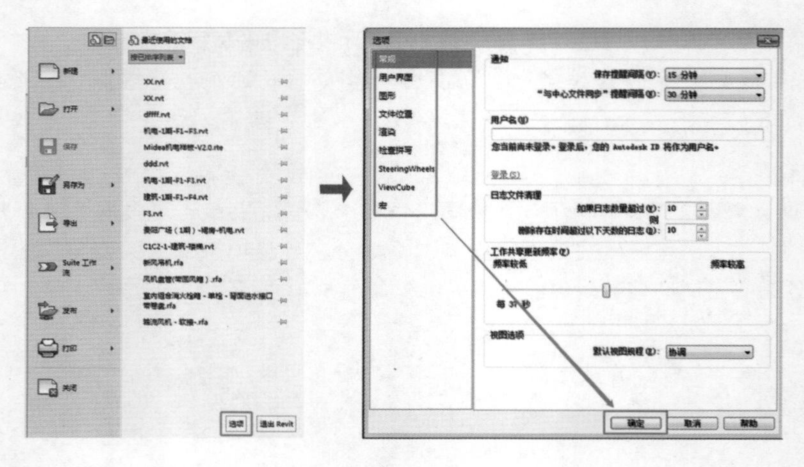

图 5－2

（4）链接各专业 CAD 图纸　根据项目情况，若前期已经用二维做初步设计，可采用链接 CAD 文件的方式直接翻模，但链接前需对 CAD 图纸进行简化处理，删除无关内容，只保留轴网及本专业内容，保证链接到 Revit 中的文件轻量化，处理底图命名方式以专业－子项－楼层确定，如：M－通风 －1F。

三、 人员架构及职责

1. 人员架构

BIM 技术打破专业间的壁垒，在设计阶段提高设计质量，减少变更问题。因其涵盖功能范围广，涉及项目的多个方面，模型创建及协同过程较复杂，需要团队分工协作共同完成。团队架构的合理与否在一定程度上影响了项目实施及成果质量，多环节的把控是协同工作的关键。

BIM 正向设计应用的前提需要专业的人员团队支撑，需设立 BIM 经理、BIM 专业主管、BIM 工程师等职位，具体人员架构划分如图 5－3 所示。

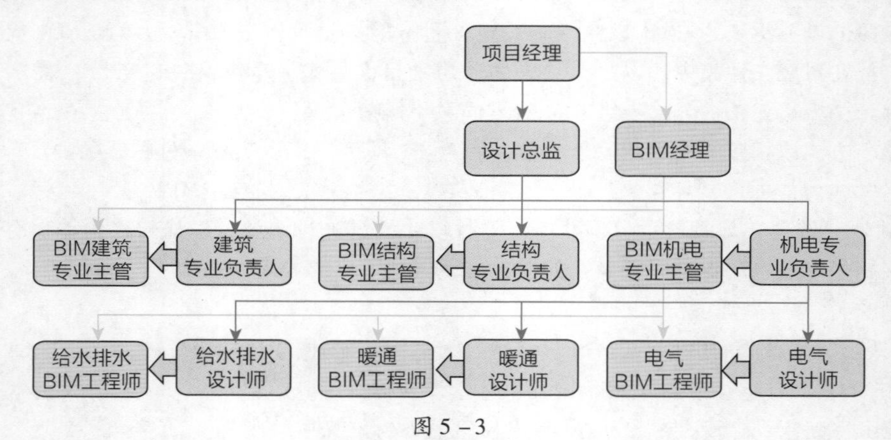

图 5－3

注：当同一阶层人员同时具有传统设计能力和 BIM 技术能力时，可为同一人。

2. BIM 成员职责

（1）BIM 经理　BIM 经理主要配合项目经理完成项目的承接等工作，并统筹团队制订项目 BIM 技术指导书以及实施细则；需协调工作环境和资源，对 BIM 项目的实施制订把控要点以及软

件技术等总体策划；施工图阶段需协助设计总监完成专业间 BIM 协同工作，审核项目 BIM 交付成果，并组织创建技术方案与管理企业族库等 BIM 资源。

（2）BIM 专业主管　协助 BIM 经理与对应专业负责人开展 BIM 实施的相关工作，针对各专业 BIM 应用要点进行技术指导，对其专业内人员进行 BIM 技术培训；协助 BIM 经理完成 BIM 技术导则与实施细则，根据各专业应用需求进行技术研发与资源的管理与创建。

（3）BIM 工程师　根据设计意图、项目要求等因素完成项目设计、建模、族的制作等工作。对模型进行二维注释出图，协助创建项目族库与模型管理等工作。

四、BIM 设计流程

BIM 设计流程的制订需要综合考虑项目实际情况，针对其面积、层高、复杂程度综合评估，因地制宜地制订相应的设计流程方案。由于机电内部分为给水排水、暖通、电气、电讯、智能化等多专业，BIM 设计流程必须简单、高效，才能有针对性地解决 BIM 设计的效率和质量问题。

1. 设计深度及方式

按照建筑类型以及各专业 BIM 应用情况对 BIM 设计深度进行划分，先确定项目类型再确定应用 BIM 正向设计的专业，从而达到让项目的设计流程更加匹配项目的作用。

（1）根据各专业难易确定正向设计方式　根据 Revit 软件的功能和各专业采用 BIM 的难度，整理了以下五种不同的 BIM 正向设计方式，见表 5－1。根据市场环境和软件成熟度等因素，目前常用第 2、3 种 BIM 正向设计方式。

表 5－1

方式	设计团队	BIM 团队	目标	备注
1	CAD	BIM	通过后期创建 BIM 模型完成设计审查和交付要求	团队分工明确
2	建筑专业用 BIM 正向设计 其他专业用 CAD	支持建筑 BIM 正向设计 支持其他专业后 BIM	建筑 BIM 设计与出图 用 BIM 协调管线排布、审核模型	建筑 BIM 相对成熟，且人员较容易上手
3	建筑/给水排水/暖通用 BIM 正向设计 电气专业桥架、变配电室等用 BIM 结构/电气（桥架除外）用 CAD	支持建筑/水/暖/电气 BIM 正向设计 支持结构后 BIM	建筑/给水排水/暖通 BIM 设计与出图 电气部分 BIM 设计与出图 用 BIM 协调管线排布、审核模型	建筑/给水排水/暖通 BIM 成熟度较高
4	建筑/结构/给水排水/暖通用 BIM 正向设计 电气专业桥架、变配电室等用 BIM 正向设计	支持建筑/结构/给水排水/暖通/电气 BIM 正向设计	建筑/结构/给水排水/暖通 BIM 设计与出图 电气部分 BIM 设计与出图 用 BIM 协调管线排布、审核模型	电气部分内容出图难度较大

（续）

方式	设计团队	BIM 团队	目标	备注
5	全专业 BIM 设计制图	打通各专业正向设计通道	全部内容 BIM 设计与出图并协调管线排布、审核模型	

（2）根据项目类型确定 BIM 正向设计深度及流程　根据项目业态稳定性、复杂程度、设计时间来制订机电设计深度，见表 5－2。

表 5－2

序号	建筑位置	项目情况	备注
1	地下室部分	业态较稳定和时间充足	地下部分为车库、设备用房，后续因外部原因修改量较少。同时管线较复杂，净高容易出现问题，建议按照初模、中模、终模流程进行 BIM 正向设计
2	裙楼商业部分	业态不稳定或时间不充足	由于商业存在二次机电深化、时间紧张，采用 CAD 出图及管综，待业态较稳定后，BIM 再介入。裙楼屋顶为重点关注区域，BIM 提前介入
3	塔楼部分	业态稳定和时间充足	避难层、屋顶、标准层平面较稳定，且层数较多，为重点关注区域。考虑到平面较简单，执行初模、终模完成 BIM 正向设计

2. 设计步骤

BIM 设计的步骤分为初步设计阶段、施工图设计阶段（分为施工图初模阶段、施工图中间模阶段、施工图终模阶段）、出施工图纸三个阶段，如图 5－4 所示。

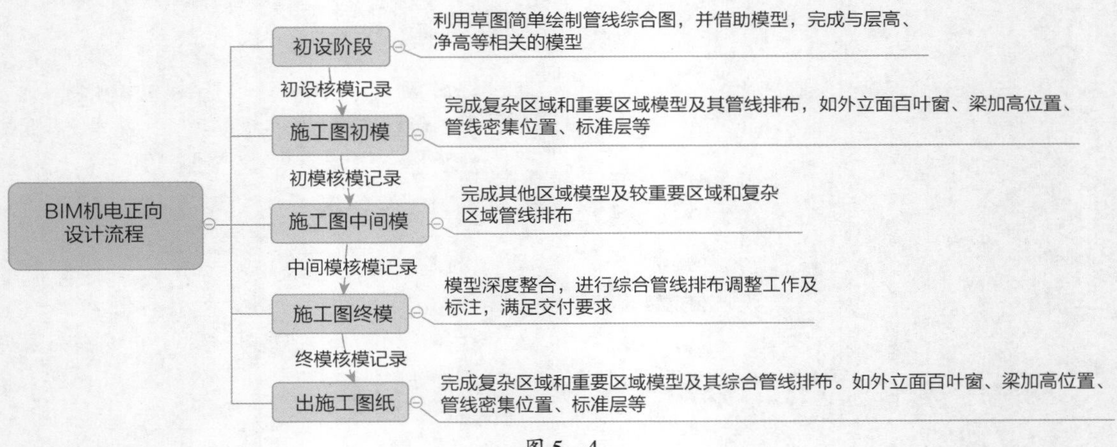

图 5－4

3. 成果跟进

BIM 设计与传统二维设计不同，它可以贯穿项目的全生命周期，所以模型及成果在设计阶段–施工阶段–运维阶段的传递，需要过程的跟踪和不断完善。

其中从设计阶段输出到施工阶段过程中，施工单位往往按照外审盖章图纸进行施工。由于出图时间紧张，通常会在送审后才开始 BIM 模型管综调整；加上设计与施工存在差异，设计人员对施工工艺缺少了解等因素，导致设计阶段完成的模型只适用于指导施工而不能完全满足安装模型的施工要求。因此需要由施工单位对设计 BIM 成果进行施工深化，同时设计人员需要对模型进行跟踪，了解模型在现场的应用情况并及时更新原设计模型。

五、设计深度

1. 初步设计阶段

初步设计阶段机电专业主要配合建筑、结构专业完成条件提资，利用二维草图简单创建管综，并借助模型完成层高、净高等相关内容，对建模无较多要求。该阶段主要工作为配合建筑查看模型，确保方案可行性。

（1）给水排水深度要求　给水排水专业初步设计阶段各建筑形式的深度要求见表 5－3。

表 5－3

阶段：初步设计		专业：给水排水	
建筑形式		设计内容	模型深度
住宅	住宅地上部分	1. 水管井位置提资 2. 提给水排水专业强弱电条件 3. 屋面雨水排水设计 4. 标准层给水排水立管设计 5. 根据初步设计深度要求，出二维 CAD 初步设计图	1. 创建屋面雨水排水管主管 2. 创建标准层消火栓箱、给水排水立管
住宅	住宅地下部分	1. 专业内计算、系统设计、设备选型 2. 机房、水池位置及尺寸提资 3. 提给水排水专业强弱电条件 4. 根据最新提资条件及初步二维管综结果创建模型 5. 根据初步设计深度要求，出二维 CAD 初步设计图	1. 布置机房内设备 2. 创建地下部分消火栓箱及重要区域和复杂区域给水排水管道
公建	公建地上部分	1. 专业内计算、系统设计、设备选型 2. 水管井位置提资 3. 提给水排水专业强弱电条件 4. 根据最新提资条件及初步二维管综结果创建模型 5. 根据初步设计深度要求，出二维 CAD 初步设计图	1. 创建屋面雨水排水管主管 2. 创建标准层消火栓箱、给水排水立管
公建	公建地下部分	1. 专业内计算、系统设计、设备选型 2. 机房、水池位置及尺寸提资 3. 提给水排水专业强弱电条件 4. 根据最新提资条件及初步二维管综结果完成主管线模型创建 5. 根据初步设计深度要求，出二维 CAD 初步设计图	1. 布置机房内设备 2. 创建地下部分消火栓箱及重要、复杂区域给水排水管道

本阶段给水排水专业需建立标准层立管、消火栓以及屋面的主要管线，完成条件提资、模型审核和问题记录。

（2）暖通深度要求　暖通专业初步设计阶段各建筑形式的深度要求见表 5－4。

表 5 -4

<table>
<tr><th colspan="2">阶段：初步设计</th><th colspan="2">专业：暖通</th></tr>
<tr><th colspan="2">建筑形式</th><th>设计内容</th><th>模型深度</th></tr>
<tr><td rowspan="2">住宅</td><td>住宅地上部分</td><td>1. 确定防排烟方式
2. 专业内计算、系统设计、设备选型
3. 提暖通专业强弱电条件
4. 核心筒风井位置、面积等提资
5. 根据初步设计深度要求，出二维 CAD 初步设计图</td><td>1. 创建空调，通风套管，确定其高度位置
2. 创建地上区域设备及复杂、重要管线</td></tr>
<tr><td>住宅地下部分</td><td>1. 确定防排烟方式
2. 专业内计算、系统设计、设备选型
3. 提暖通专业强弱电条件
4. 风井位置、面积等提资
5. 确定各机房、风井及外立面百叶窗条件，必要时反馈需求
6. 根据最新提资条件及初步二维管综结果完成主管线模型创建
7. 根据初步设计深度要求，出二维 CAD 初步设计图</td><td>1. 布置机房设备
2. 创建地下部分复杂区域和重要区域通风、空调、防排烟等相关管道
3. 创建风井外立面百叶窗</td></tr>
<tr><td rowspan="2">公建</td><td>公建地上部分</td><td>1. 确定防排烟方式
2. 专业内计算、系统设计、设备选型
3. 核心筒风井位置、面积等提资
4. 提暖通专业强弱电条件
5. 确定各机房、风井及外立面百叶窗条件，必要时反馈需求
6. 根据最新提资条件及初步二维管综结果完成主管线模型创建
7. 根据初步设计深度要求，出二维 CAD 初步设计图</td><td>1. 创建空调，通风套管，确定其高度位置
2. 创建地上区域设备及复杂、重要管线</td></tr>
<tr><td>公建地下部分</td><td>1. 确定防排烟方式
2. 专业内计算、系统设计、设备选型
3. 提暖通专业强弱电条件
4. 风井位置、面积等提资
5. 确定各机房、风井及外立面百叶窗条件，必要时反馈需求
6. 根据最新提资条件及初步二维管综结果完成主管线模型创建
7. 根据初步设计深度要求，出二维 CAD 初步设计图</td><td>1. 布置机房设备
2. 创建地下部分复杂区域和重要区域通风、空调、防排烟等相关管道
3. 创建风井外立面百叶窗风口</td></tr>
</table>

本阶段暖通专业主要配合建筑提资，完成机房、风井等提资内容，确定通风方式并考虑空间

要求，完成主要管线的建模工作等。

（3）电气深度要求　电气专业初步设计阶段各建筑形式的深度要求见表5-5。

表5-5

<table>
<tr><th colspan="2">阶段：初步设计</th><th colspan="2">专业：电气</th></tr>
<tr><td colspan="2">建筑形式</td><td>设计内容</td><td>模型深度</td></tr>
<tr><td rowspan="2">住宅</td><td>住宅地上部分</td><td>1. 初步计算并对电井位置、大小提资
2. 初步计算确定复杂区域桥架大致尺寸是否满足安装要求
3. 根据初步设计深度要求，出电气、电讯二维CAD初步设计图</td><td>创建架空层、转换层的复杂区域和重要区域主要桥架</td></tr>
<tr><td>住宅地下部分</td><td>1. 初步计算并对变配电房、柴油发电机房、弱电机房提资
2. 根据最新提资条件及初步二维管综结果完成电气、电讯主干桥架模型的创建
3. 根据初步设计深度要求，出电气、电讯二维CAD初步设计图</td><td>创建地下部分电气、电讯主干桥架</td></tr>
<tr><td rowspan="2">公建</td><td>公建地上部分</td><td>1. 初步计算并对电井位置、大小提资
2. 根据最新的上游专业提资条件及初步二维管综结果对电气、电讯主干桥架模型进行建模及调整
3. 根据初步设计深度要求，出电气、电讯二维CAD初步设计图</td><td>创建裙房的复杂区域和重要区域主干桥架</td></tr>
<tr><td>公建地下部分</td><td>1. 初步计算并对变配电房、柴油发电机房、弱电机房提资
2. 根据最新的上游专业提资条件及初步二维管综结果对电气、电讯主干桥架模型进行建模及调整
3. 根据初步设计深度要求，出电气、电讯二维CAD初步设计图</td><td>创建地下部分电气、电讯主干桥架</td></tr>
</table>

本阶段电气专业需要对地下部分的一些主要管线进行建模，住宅类的项目还需对公区桥架和住户的配电箱进行定位并建模，以及模型审核和问题记录。

2. 施工图设计阶段

施工图设计阶段在初步设计阶段的基础上进行深化设计，达到施工图标准要求，完善平、立、剖等图纸的绘制内容。以前期策划方案为目标对模型进行深化建模，完成管线调整及标注，满足交付要求。施工图设计分为初模、中模、终模三个阶段，每一阶段都需进行模型审核并记录。

（1）初模

1）给水排水深度要求。给水排水专业施工图设计初模阶段各建筑形式的深度要求见表5-6。

表 5-6

<table>
<tr><th colspan="2">阶段：施工图
(初模)</th><th colspan="2">专业：给水排水</th></tr>
<tr><td colspan="2">建筑形式</td><td>设计内容</td><td>模型深度</td></tr>
<tr><td rowspan="2">住宅</td><td>住宅地上部分</td><td>1. 复核并深化水管井位置、大小
2. 复核并深化屋面雨水排水位置、路由、大小
3. 复核消火栓箱位置
4. 复核并深化标准层给水排水管道
5. 协调给水排水管道能否穿剪力墙、梁等
6. 协调并根据公共区域综合管线排布，对给水排水管道进行创建、调整</td><td>1. 创建标准层及商业网点给水排水管道
2. 创建标准层及商业网点等地漏、卫浴等末端</td></tr>
<tr><td>住宅地下部分</td><td>1. 复核并深化水管井位置、大小
2. 复核并深化机房设备选型、位置等，考虑管线路由
3. 复核消火栓箱布置
4. 协调给水排水管道能否穿剪力墙、梁等
5. 完成重要区域和复杂区域模型及管线排布，并根据综合管线排布，对给水排水管道进行调整</td><td>1. 创建地下部分较复杂区域和可能影响净高的给水排水管道(除喷淋支管及喷头)
2. 按项目要求考虑是否创建机房内管道
3. 完成地漏等给水排水末端的创建，以及管道与设备之间的连接（确认管道系统是否正确）</td></tr>
<tr><td rowspan="2">公建</td><td>公建地上部分</td><td>1. 复核并深化水管井位置、大小
2. 复核并深化屋面雨水排水位置、路由、大小
3. 复核消火栓箱位置
4. 复核并深化标准层给水排水管道
5. 协调给水排水管道能否穿剪力墙、梁等
6. 完成重要区域和复杂区域模型及管线排布，并根据综合管线排布，对给水排水管道进行调整</td><td>1. 创建标准层所有给水排水管道；创建裙房较复杂区域和影响净高的给水排水管道
2. 创建标准层及裙房地漏、卫浴等末端，并与管道连接</td></tr>
<tr><td>公建地下部分</td><td>1. 复核并深化水管井位置、大小
2. 复核并深化机房设备选型、位置等，考虑管线路由
3. 复核消火栓箱布置
4. 协调给水排水管道能否穿剪力墙、梁等
5. 完成重要区域和复杂区域模型及管线排布，并根据综合管线排布，对给水排水管道进行调整</td><td>1. 创建地下部分较复杂区域和可能影响净高的给水排水管道(除喷淋支管及喷头)
2. 按项目要求考虑是否创建机房内管道
3. 完成地漏等给水排水末端的创建，以及管道与设备之间的连接（确认管道系统是否正确）</td></tr>
</table>

本阶段给水排水专业需建立标准层给水排水管道，消火栓以及各系统的管线，完成地下部分复杂区域管线的深化协调，确定最终机房设备位置并做好管线路由的可行性方案，确保排布合理，满足净高要求，做好模型审核及问题记录。

2）暖通深度要求。暖通专业施工图设计初模阶段各建筑形式的深度要求见表 5-7。

表 5 -7

阶段：施工图（初模）		专业：暖通	
类型		设计内容	模型深度
住宅	住宅地上部分	1. 空调、供暖、通风及防排烟等计算、设备选型计算 2. 复核标准层核心筒风井位置、面积等 3. 协调冷热水管、通风风管及风口等穿剪力墙、梁位置 4. 复核地上部分重要区域和复杂区域的管线，并根据管线协调对暖通专业进行调整	1. 创建并布置商业网点空调、风机等设备 2. 创建商业网点重要区域和复杂区域管线
	住宅地下部分	1. 复核所有机房、风井位置、面积等 2. 供暖、通风及防排烟计算、设备选型计算 3. 确定各机房、风井及出地下部分外立面百叶窗条件，必要时反馈 4. 协调冷热水管、通风风管及风口等穿剪力墙、梁位置 5. 复核地下部分重要区域和复杂区域管线，并根据管线协调对暖通专业进行调整	1. 创建并布置地下部分空调、风机等设备 2. 创建商业网点重要区域和复杂区域管线 3. 创建出地下部分外立面百叶窗
公建	公建地上部分	1. 复核标准层核心筒风井位置、面积等 2. 空调、供暖、通风及防排烟计算、设备选型计算 3. 协调冷热水管、通风风管及风口等穿剪力墙、梁位置 4. 复核地上部分重要区域和复杂区域管线，并根据管线协调对暖通专业进行调整	1. 创建并布置裙房空调、风机等设备 2. 创建标准层及裙房重要区域和复杂区域管线
	公建地下部分	1. 复核所有机房、风井位置、面积等 2. 空调、供暖、通风及防排烟计算、设备选型计算 3. 确定各机房、风井及出地下部分外立面百叶窗条件，必要时反馈 4. 协调冷热水管、通风风管及风口等能否穿剪力墙、梁位置 5. 复核地下部分重要区域和复杂区域管线，并根据管线协调对暖通专业进行调整	1. 创建并布置地下部分空调、风机等设备 2. 创建商业网点重要区域和复杂区域管线 3. 创建出地下部分外立面百叶窗

本阶段暖通专业在初步设计的基础上开展施工图，与各专业配合风井、空调水井的位置，并复核建筑条件的落实情况，必要时再次进行提资。此阶段完成负荷计算，设备选型及建模，做好模型审核及问题记录等。

3）电气深度要求。电气专业施工图设计初模阶段各建筑形式的深度要求见表 5 -8。

表 5－8

阶段：施工图（初模）		专业：电气	
类型		设计内容	模型深度
住宅	住宅地上部分	1. 复核电井位置、大小，并考虑是否满足电箱安装空间 2. 根据最新提资深化并创建公区桥架，并根据管线协调	完善架空层、转换层及标准层的强、弱电桥架
	住宅地下部分	1. 复核设备位置、尺寸、净高 2. 复核地下部分电气用房、电井位置及尺寸 3. 根据最新提资深化并创建重要区域和复杂区域桥架，并根据管线协调对电气专业进行调整	完善地下部分重要区域和复杂区域的强、弱电桥架
公建	公建地上部分	1. 复核电井位置、大小，并考虑是否满足电箱安装空间 2. 根据最新提资深化并创建重要区域和复杂区域桥架，并根据管线协调对电气专业进行调整	完善地上部分重要区域和复杂区域的强、弱电桥架
	公建地下部分	1. 复核设备位置、尺寸、净高 2. 复核地下部分电气用房、电井位置及尺寸 3. 根据最新提资深化并创建重要区域和复杂区域桥架，并根据管线协调对电气专业进行调整	完善地下部分重要区域和复杂区域的强、弱电桥架

本阶段电气专业主要做好与建筑等各专业的配合；确定电气专业的管井、设备用房等的位置、尺寸与初步设计是否一致，并对电气专业进一步评估，确定管井和设备用房的尺寸、净高、层高等是否满足相关要求。如需调整需尽快与相关专业配合，并做好模型审核记录。

（2）中间模

1）给水排水深度要求。给水排水专业施工图设计中间模阶段各建筑形式的深度要求见表 5－9。

表 5－9

阶段：施工图（中间模）		专业：给水排水	
类型		设计内容	模型深度
住宅	住宅地上部分	1. 终提给水排水强弱电条件 2. 深化地下部分给水排水管道，完善预留套管及洞口大小、定位等 3. 完成所有区域的管线建模，并调整管综，确认管道高度、平面定位等 4. 根据项目情况，对新工艺建筑（铝模、装配式等）进行管道设计调整	1. 完成所有区域的给水排水管道创建并与末端装置连接、定位，对管道敷设方式进行确认等 2. 创建管道附件、管件并完善套管及洞口大小和定位 3. 完成商业网点及屋顶机房内部管线的创建（依据“项目目标”确定是否深化） 4. 连接消防管道与消火栓箱 5. 创建并提资屋面水箱等设备的位置、大小、基础高度等并连接管道 6. 完善屋面雨水排水位置、路由、大小

（续）

阶段：施工图（中间模）		专业：给水排水	
类型		设计内容	模型深度
住宅	住宅地下部分	1. 终提给水排水强弱电条件 2. 深化地下部分给水排水管道，完善预留套管及洞口大小、定位等 3. 完成所有区域的管线设计并对管综进行调整，确认管道高度、平面定位等 4. 根据项目情况，对新工艺建筑（铝模、装配式等）进行管道设计调整	1. 完成所有区域的给水排水管道创建并与末端装置连接、定位，对管道敷设方式进行确认等 2. 创建管道附件、管件并完善套管及洞口大小和定位 3. 完成地下部分机房内部管线的创建（依据“项目目标”确定是否深化） 4. 连接消防管道与消火栓箱 5. 创建并提资屋面水箱等设备的位置、大小、基础高度等并连接管道 6. 完善屋面雨水排水位置、路由、大小
公建	公建地上部分	1. 终提给水排水强弱电条件 2. 深化地下部分给水排水管道，完善预留套管及洞口大小、定位等 3. 完成所有区域的管线建模，并调整管综，确认管道高度、平面定位等 4. 根据项目情况，对新工艺建筑（铝模、装配式等）进行管道设计调整	1. 完成所有区域的给水排水管道创建并与末端装置连接、定位，对管道敷设方式进行确认等 2. 创建管道附件、管件并完善套管及洞口大小和定位 3. 完成商业网点及屋顶机房内部管线的创建（依据“项目目标”确定是否深化） 4. 连接消防管道与消火栓箱 5. 创建并提资屋面水箱等设备的位置、大小、基础高度等并连接管道 6. 完善屋面雨水排水位置、路由、大小
	公建地下部分	1. 终提给水排水强弱电条件 2. 深化地下部分给水排水管道，完善预留套管及洞口大小、定位等 3. 完成所有区域的管线设计并对管综进行调整，确认管道高度、平面定位等 4. 根据项目情况，对新工艺建筑（铝模、装配式等）进行管道设计调整	1. 完成所有区域的给水排水管道创建并与末端装置连接、定位，对管道敷设方式进行确认等 2. 创建管道附件、管件并完善套管及洞口大小和定位 3. 完成地下部分机房内部管线的创建（依据“项目目标”确定是否深化） 4. 连接消防管道与消火栓箱 5. 创建并提资屋面水箱等设备的位置、大小、基础高度等并连接管道 6. 完善屋面雨水排水位置、路由、大小

本阶段暖通专业在之前各阶段模型基础上复核本专业所需条件是否满足要求，进一步深化模型。在此阶段水管井按相应的规范要求以及施工合理性创建立管，进一步确认管井面积是否满足要求，做好模型审核记录。

2）暖通深度要求。暖通专业施工图设计中间模阶段各建筑形式的深度要求见表 5－10。

表 5 – 10

阶段：施工图（中间模）		专业：暖通	
类型		设计内容	模型深度
住宅	住宅地上部分	1. 最终确认标准层核心筒风井位置、面积，并提资建筑专业 2. 深化屋顶风机位置及管道排布并提资 3. 暖通强弱电条件最终提资 4. 空调、通风、燃气、餐饮等系统所需套管和洞口的位置、尺寸最终提资 5. 完成所有区域的管线建模并排布管线，确认管道高度、平面定位等	1. 创建地上商业网点通风、空调、防排烟所有管线，并完成与设备之间的连接 2. 完善所有区域预留洞及套管大小、定位 3. 按照交付要求确定是否创建机房部分及独立功能房间等区域的模型
	住宅地下部分	1. 最终确认风机房、风井及外立面百叶窗位置、面积等并提资建筑专业 2. 暖通强弱电条件最终提资 3. 地下部分出地面风井百叶窗尺寸最终提资 4. 通风、防排烟、餐饮等系统所需套管和洞口的位置、尺寸最终提资 5. 完成所有区域的管线建模并排布管线，确认管道高度、平面定位等	1. 创建地下部分通风、空调、防排烟所有管线，并完成与设备之间的连接 2. 完善所有区域预留洞及套管大小、定位 3. 按照“项目目标”确定是否创建机房部分及独立功能房间等区域的模型
公建	公建地上部分	1. 最终确认标准层核心筒风井位置、面积，并提资建筑专业 2. 深化屋顶风机位置及管道排布并提资 3. 暖通强弱电条件最终提资 4. 空调、通风、燃气、餐饮等系统所需套管和洞口的位置、尺寸最终提资 5. 完成所有区域的管线建模并排布管线，确认管道高度、平面定位等	1. 创建地下部分通风、空调、防排烟所有管线，并完成与设备之间的连接 2. 完善所有区域预留洞及套管大小、定位 3. 按照“项目目标”确定是否创建机房部分及独立功能房间等区域的模型 4. 创建风管、水管等穿剪力墙、梁的套管
	公建地下部分	1. 最终确认风机房、风井及外立面百叶窗位置、面积等并提资建筑专业 2. 暖通强弱电条件最终提资 3. 地下部分出地面风井百叶窗尺寸最终提资 4. 空调、通风、防排烟、餐饮等系统所需套管和洞口的位置、尺寸最终提资 5. 完成所有区域的管线建模并排布管线，确认管道高度、平面定位等	1. 创建地下部分通风、空调、防排烟所有管线，并完成与设备之间的连接 2. 完善所有区域预留洞及套管大小、定位 3. 按照“项目目标”确定是否创建机房部分及独立功能房间等区域的模型 4. 创建风管、水管等穿剪力墙、梁的套管

本阶段暖通专业在之前各阶段模型基础上复核本专业所需条件是否满足要求，进一步深化模

型，注意校核管井面积、百叶窗面积与位置、剪刀墙开洞面积及位置是否合理等。

根据已建立的模型进一步完善主要管线的建模和设备位置，提资强、弱电等条件。放置设备时注意采用多视图的方法，确定设备放置合理。

3）电气深度要求。电气专业施工图设计中间模阶段各建筑形式的深度要求见表5－11。

表5－11

阶段：施工图（中间模）		专业：电气	
类型		设计内容	模型深度
住宅	住宅地上部分	1. 最终确认电井位置、大小并深化电井电箱和管线排布（根据项目需求为最终电井深化图做准备 2. 完成所有区域的桥架建模并调整管综，确认桥架高度、平面定位等 3. 电气、电讯桥架和母线等所需套管和洞口位置、尺寸提资	1. 完成所有电气、电讯桥架的创建 2. 完成办公室、商铺等分配电箱、非装修区域的灯具的模型 3. 完成电井内电箱及桥架深化（依据交付要求确定是否深化） 4. 创建桥架穿剪力墙、梁的套管
	住宅地下部分	1. 最终确认地下部分电气用房位置及尺寸，并完成电气、电讯用房内桥架和母线的建模，管线排布 2. 最终确认用电设备位置及尺寸、净高、层高 3. 完成所有区域的桥架建模并调整管综，确认桥架高度、平面定位等 4. 电气、电讯桥架和母线等所需套管和洞口位置、尺寸提资	1. 完成所有电气、电讯桥架的创建 2. 创建设备房内电气、电讯用房内桥架、母线模型 3. 创建设备房内配电柜、配电箱、电缆沟 4. 完成配电间配电箱、设备房配电箱、配电柜、车库、通道区域的灯具模型 5. 创建桥架穿剪力墙、梁的套管
公建	公建地上部分	1. 最终确认电井位置、大小并深化电井电箱和管线排布（根据项目需求为最终电井深化图做准备） 2. 完成末端点位的配合建模、确定定位 3. 完成所有区域的桥架建模并调整管综，确认桥架高度、平面定位等 4. 电气、电讯桥架和母线等所需套管和洞口位置、尺寸提资	1. 完成所有电气、电讯桥架的创建 2. 完成办公室、商铺等分配电箱、非装修区域的灯具的模型 3. 完成电井内电箱及桥架深化（依据交付要求确定是否深化） 4. 创建桥架穿剪力墙、梁的套管
	公建地下部分	1. 最终确认地下部分电气用房位置及尺寸，并完成电气、电讯用房内桥架和母线的建模，管线排布 2. 最终确认用电设备位置及尺寸、净高、层高 3. 完成所有区域的桥架建模并调整管综，确认桥架高度、平面定位等 4. 电气、电讯桥架和母线等所需套管和洞口位置、尺寸提资	1. 完成所有电气、电讯桥架的创建 2. 创建设备房内电气、电讯用房内桥架、母线模型 3. 创建设备房内配电柜、配电箱、电缆沟 4. 完成配电间配电箱、设备房配电箱、配电柜、车库、通道区域的灯具模型 5. 创建桥架穿剪力墙、梁的套管

本阶段电气专业需要对标准层公共区域、裙房、地下部分其他所有管线进行建模，还需考虑新工艺对安装方式的影响，其中线管的建模可根据项目要求制订或创建某一标准层样板。按照项

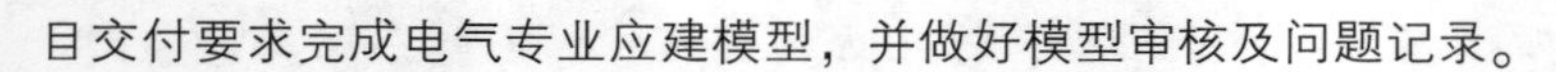
目交付要求完成电气专业应建模型，并做好模型审核及问题记录。

（3）终模

给水排水、暖通、电气专业施工图设计终模阶段各建筑形式的深度要求见表5－12。

表 5－12

阶段：施工图（终模）		专业：给水排水、暖通、电气	
类型		设计内容	建模深度
住宅	住宅地上部分	1. 校核前一阶段模型问题并进行修改 2. 电气专业需最终确认其他专业的强弱电提资条件，并相应修改 3. 模型深度整合，由专业总工进行最后审核，确认模型符合要求 4. 根据管综协调结果，对给水排水、暖通、电气专业模型深化调整并标注，合理排布管道，满足标准层公共区域、首二层商业等重要区域的净高要求 5. 根据项目要求分类创建平、立、剖视图，并做好标注 6. 根据施工图设计深度要求，绘制并导出相关施工图	1. 管综最终协调 2. 补充完善管件、阀门等构件 3. 调整族构件二维图例及剖切面图例等 4. 支吊架建模（根据交付要求确定） 5. 设备相关出厂信息录入（根据交付要求确定）
	住宅地下部分	1. 校核前一阶段模型问题并进行修改 2. 电气专业需最终确认其他专业的强弱电提资条件，并相应修改 3. 模型深度整合，由专业总工进行最后审核，确认模型符合要求 4. 根据管综协调结果，对给水排水、暖通、电气专业模型深化调整并标注，合理排布管道，满足地下部分走道、车位等重要区域的净高要求 5. 根据项目要求分类创建平、立、剖视图，并做好标注 6. 根据施工图设计深度要求，绘制并导出相关施工图	1. 管综最终协调 2. 补充完善管件、阀门等构件 3. 调整族构件二维图例及剖切面图例等 4. 支吊架建模（根据交付要求确定） 5. 设备相关出厂信息录入（根据交付要求确定）
公建	公建地上部分	1. 校核前一阶段模型问题并进行修改 2. 电气专业需最终确认其他专业的强弱电提资条件，并相应修改 3. 模型深度整合，由专业总工进行最后审核，确认模型符合要求 4. 根据管综协调结果，对给水排水、暖通、电气专业模型深化调整并标注，合理排布管道，满足标准层公共区域、裙房重要区域的净高要求 5. 根据项目要求分类创建平、立、剖视图，并做好标注 6. 根据施工图设计深度要求，绘制并导出相关施工图	1. 管综最终协调 2. 补充完善管件、阀门等构件 3. 调整族构件二维图例及剖切面图例等 4. 支吊架建模（根据交付要求确定） 5. 设备相关出厂信息录入（根据交付要求确定）

（续）

阶段：施工图（终模）		专业：给水排水、暖通、电气	
类型		设计内容	建模深度
公建	公建地下部分	1. 校核前一阶段模型问题并进行修改 2. 电气专业需最终确认其他专业的强弱电提资条件，并相应修改 3. 模型深度整合，由专业总工进行最后审核，确认模型符合要求 4. 根据管综协调结果，对给水排水、暖通、电气专业模型深化调整并标注，合理排布管道，满足地下部分走道、车位等重要区域的净高要求 5. 根据项目要求分类创建平、立、剖视图，并做好标注 6. 根据施工图设计深度要求，绘制并导出相关施工图	1. 管综最终协调 2. 补充完善管件、阀门等构件 3. 调整族构件二维图例及剖切面图例等 4. 支吊架建模（根据交付要求确定） 5. 设备相关出厂信息录入（根据交付要求确定）

本阶段机电专业在之前各阶段模型基础上进一步深化模型，对机房设备、管线布置等进行完善，最终确认其他专业提资条件，根据管综结果完善模型，并按施工图深度做好出图准备，做好模型审核及问题记录。

3. 出施工图纸

完成最终模型的调整，通过 BIM 经理、专业负责人审核后将专业和管综等图纸（PDF 彩图/CAD 图纸）导出，放入项目文件夹“设计成果”文件夹内。

六、 核模要点审查表

“核模要点审查表”是指设计人员根据二维、三维核模要点修改设计、建模，同时为做好项目过程中的质量把控，确保交付成果质量、内容等符合要求，审核人根据审核要点对交付成果进行评分，并以“核模要点审查表”中的问题作为项目质量考核依据。其内容按照二维设计问题和三维模型问题两方面进行审核，以达到督促人员和提高质量的效果。

BIM 核模要点的内容编制主要分为两部分：

1）深度要求：针对单专业模型建模深度是否满足项目成果要求和模型准确性制订，对模型通性问题进行把控，避免重大问题的产生。

2）协同要求：在协同工作中，对人员的工作流程及方法是否按照规定执行以及其过程记录是否齐全进行审核，督促在各专业协同设计时能够多方面考虑管道、设备等空间关系。

模型审核要点可参考表 5－13。

表 5－13

模型审核要点		
核查类型		检查要点
深度要求	不满足交付深度要求	查看是否满足交付深度要求
	图纸内容与模型不一致，但不影响审核记录	模型构件高度是否与实际高度相符

（续）

模型审核要点		
核查类型		检查要点
深度要求	图纸内容与模型不一致，无法核对与砖砌墙碰撞等问题	梁、柱、井、楼梯、墙、门、窗、洞、百叶窗等尺寸或定位与图纸是否一致
		设备、管线穿越门、窗、洞定位或尺寸与图纸是否一致
	图纸内容与模型不一致，无法核对结构碰撞、净高等重大问题	标准层的设备、管线、土建是否存在漏项或尺寸与图纸是否一致
		首层转换的设备、管线、土建是否存在漏项或尺寸与图纸是否一致
		地下转换相连的设备、管线、土建是否存在漏项或尺寸与图纸是否一致
		管线密集处、梁高增加处的设备、管线、土建是否存在漏项或尺寸与图纸是否一致
	模型图面问题	是否删除旧 CAD 图纸
		是否处理 CAD 图纸中的无用资料
	没有及时更新模型	是否导致其他专业无法按照节点审核模型
		是否导致其他专业审核模型结论出错
协同要求	审核记录表达不清楚发现的问题	楼层、轴号、模型截图、CAD 截图是否齐全
	未用审核模型记录核对或核错与门、窗、砖砌墙碰撞等问题	管线是否经过门、窗、套管、洞尺寸或位置是否碰撞
		机房尺寸或位置是否合理
		外百叶窗尺寸或位置是否有误
	未用审核模型记录核对或核错与结构碰撞等重大问题	管道转换与梁、外墙、承重墙是否碰撞（转换层、地下顶板）
		结构大洞位置、尺寸是否有误
		管线与梁高增加位置是否碰撞
		梁、承重墙与楼梯间、管井交接是否合理
		降板区域是否有误
	未用审核模型记录核对或核错净高等重大问题	模型净高是否满足现场实际安装净高要求
	专业间碰撞，影响交付模型效果	轻量化模型成果是否满足建设单位要求
		Fuzor 软件模拟，效果是否满足要求
	综合管线做法不合理	管线综合布置是否满足管线排布原则
		管线是否存在较大优化空间

通过审核模型要点，能够帮助审核人快速、有针对性地直接对重大问题进行审核，大大提高了模型的质量，减少了常规问题的发生，能够让设计师有倾向性地保证重要区域的模型质量和设计问题等。

第二节 BIM 设计协同原则

一、 协同项目的建立

1. 新建项目

新建项目时选择合适的企业样板文件。企业内部定制的样板文件均应放置在共享固定文件夹下，供所有参与人员使用，统一绘图标准。如图 5－5 所示。

图 5－5

新建的项目中已包含项目样板中的管道绘制标准、颜色、标注、样板族和其他相关设置（详见第六章），供 BIM 工程师参考使用（可在新建项目后删除），避免其重新载入。

2. 链接建筑、 结构等专业的中心文件

BIM 工程师创建模型时按照所需专业进行文件链接，链接文件时应当以共享坐标进行参照，链接后需检验其轴网和标高是否正确。

3. 复制链接中建筑标高及轴网

完成各专业文件的链接后，单击“协作”→“复制/监视”→“选择链接”，选择标高、轴网后单击要绘制的轴网进行“复制”即可。因样板文件为通用文件，应以实际项目为准，如图 5－6 所示。

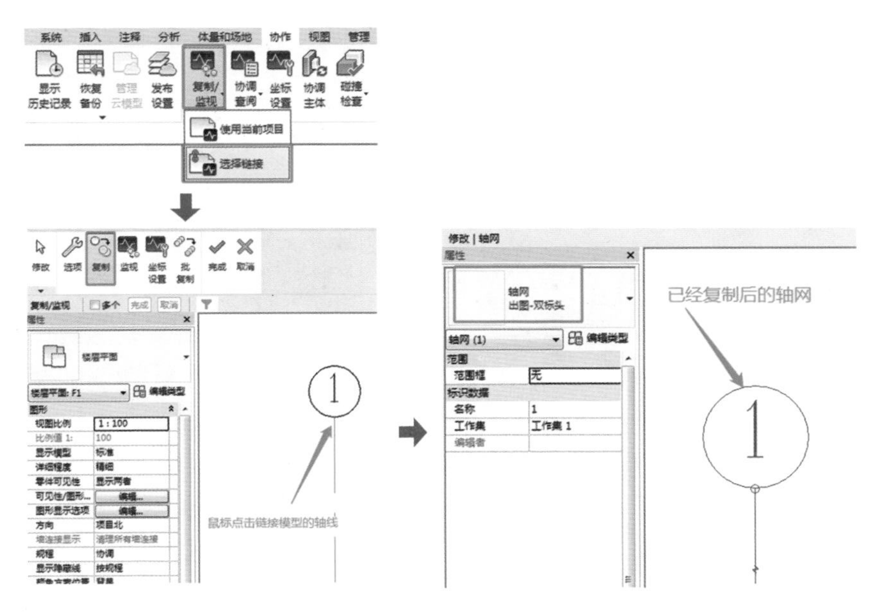

图 5－6

通过“复制/监视”的方式在复制标高、轴网的同时又与复制的标高、轴网和链接模型中的原始标高、轴网之间建立了监视的关系。当建筑链接模型标高、轴网发生调整时，打开项目文件就

会显示变更警告，绘图人员可根据警告对本项目标高、轴网进行修改。（注：标高在立面中复制，轴网在平面中复制。需要复制的图元较多时，可勾选选项栏中“多个”命令，对所要复制的图元进行多个选择后进行复制，减少重复性工作）

4. 创建工作集

单击“应用程序菜单” R 按钮→“选项”→“常规”→“用户名”（图 5－7）。

用户名命名方式和工作集使用者是一致的，为进行协同工作提供方便，所以命名可按照如下方式：给水排水专业可将用户名修改为“P－xxx”，暖通为“M－xxx”，电气为“E－xxx”。

单击“协作”→“工作集”，单击确定，打开“工作共享”对话框，显示默认的用户创建的工作集，如果需要也可以重命名工作集。单击“确定”后，将显示“工作集”对话框，进入工作集编辑页面进行工作集的创建，整个流程如图 5－8 所示。

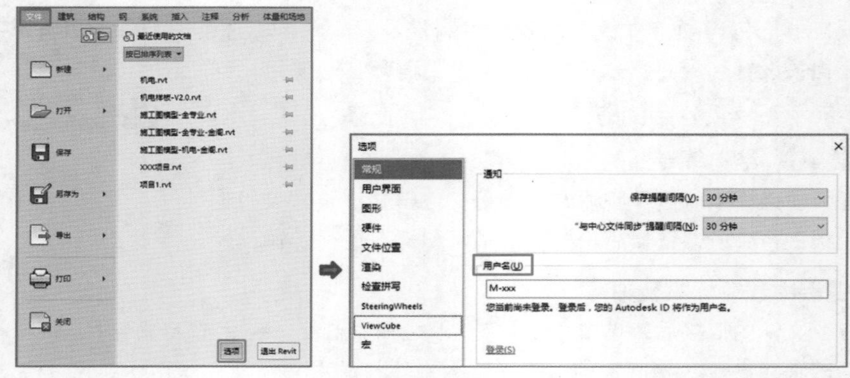

图 5－7

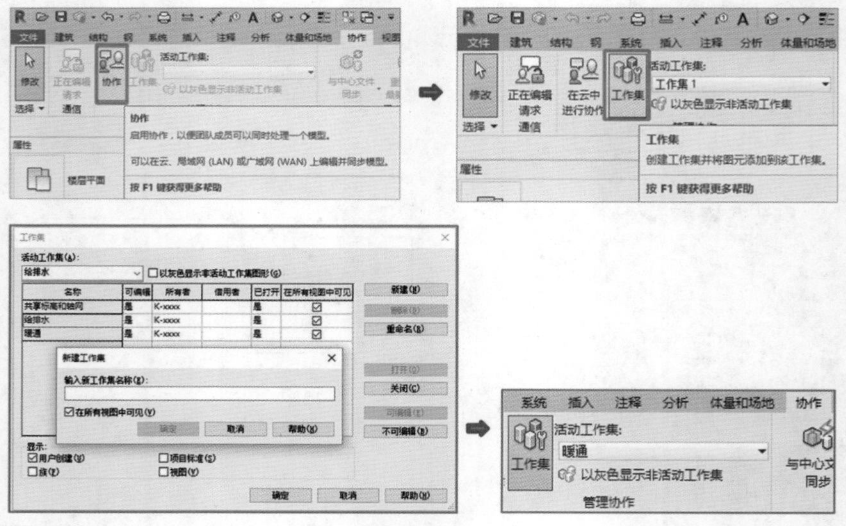

图 5－8

单击“文件”→“另存为”→“项目”，打开“另存为”对话框；指定中心文件位置和目录位置，把文件保存在各专业都能读写的服务器上，单击“选项”按钮，打开“文件保存选项”对话框，勾选“保存后将此作为中心模型”，如图 5－9 所示（注意如果是启用工作共享后首次进行保存，此选项在默认情况下是勾选的，且无法进行修改）。在“文件保存选项”对话框中，设置在本地打开中心文件的工作集默认设置。在“打开默认工作集”列表中进行选择。单击“确定”，在“另存为”对话框中，单击“保存”，该文件就是项目的中心文件。建好的中心文件在指定目录中会有两个文件夹（xx_backup 和 Revit_temp）和一个 rvt 文件。

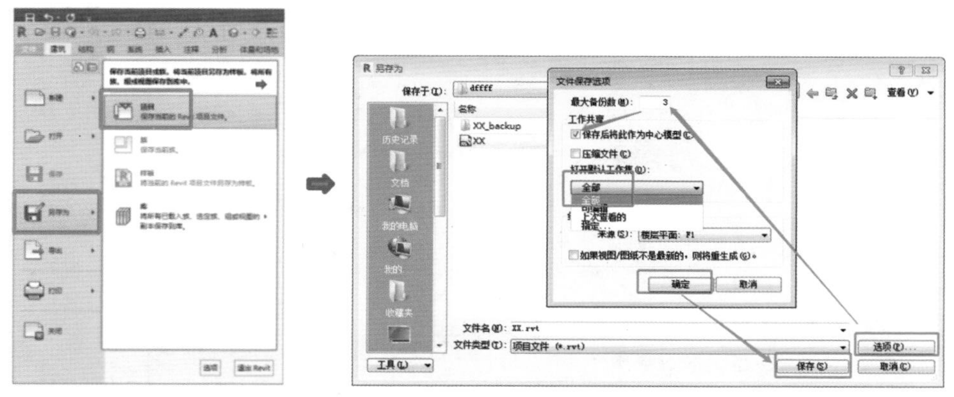

图 5－9

工作集协同方式的基本原则如下：

1）除 BIM 负责人外，不得直接打开或者修改中心文件。

2）设计人/建模人可通过与服务器中心文件同步数据的方式对中心文件进行修改，应按要求管理本地文件，所有对模型的操作均在本地文件进行。

3）本地文件不在中心文件服务器网络环境下，严禁进行同步更新。

4）对本地文件进行任何操作前，必须确认所有者名称。

5）工作集名称禁止使用用户名划分，应根据专业、工作性质或者子项区域划分。

6）所有非项目人员查看项目文件后，应确认完全释放权限并退出。

5. 工作集设置

借助“工作集”机制，多个用户可以通过一个“中心”文件和多个同步的“本地”副本同时处理一个模型文件。工作集机制可大幅提高大型、复杂项目的建模效率（建模时务必保证模型始终是在“活动工作集”对应的工作集中绘制的）。

为了提高硬件性能，仅应打开必要的工作集。如果在打开的工作集中进行变更，并且在模型重新生成的过程中影响到关闭的工作集中的图元，Revit 也会自动更新关闭的工作集中的图元。

在做好中心文件并放置于共享文件夹，且用户均可通过网络对其进行读取和写入的准备工作后，就可以设置项目文件的工作集，具体步骤如下：

1）绘制模型期间可通过单击“协作”→“与中心文件同步”即可完成本地模型与中心文件的数据同步（图 5－10）。

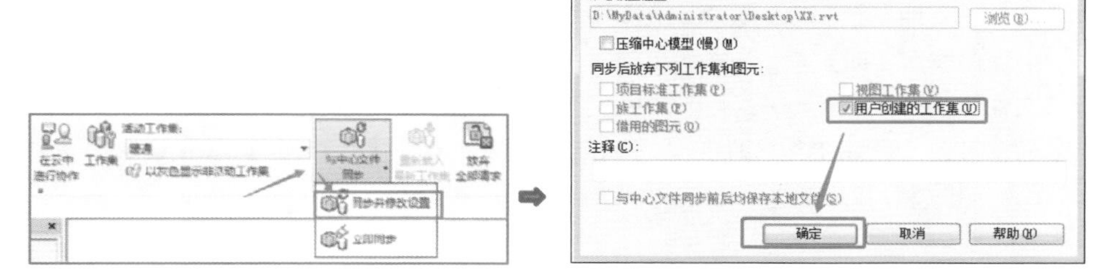

图 5－10

2）在利用工作集实现模型文件的多用户协作时，可使用两种方法："借用图元"和"获取工作集"。当需要修改他人的工作集时，改动模型会提示"无法编辑图元"，然后单击"放置请求"，对应工作集的所有者就会收到编辑请求，并决定是否同意，若同意后即可完成模型的修改，如图5－11所示。

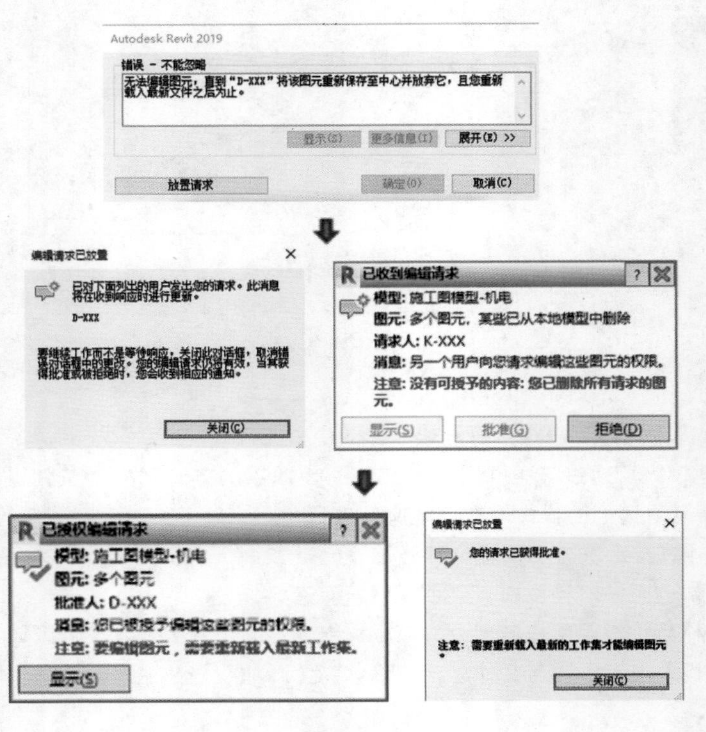

图 5－11

以上方法只适用单一图元的借用，在管线综合调整阶段改动较大会导致协调效率较低，此时应采用"获取工作集"的方式，步骤如下：

①各专业同步最新修改至中心文件后，放弃工作集权限。

②综合管道排布人员需要同时获取所有专业的工作集权限，同时进行调整，调整时不能打乱原工作集内的内容。

③综合管道排布人员在完成管综调整后放弃工作集权限，交回各专业设计人员。

6. 新建本地文件

完成中心文件后，BIM 工程师都应建立自己工作空间的本地文件进行编辑，不可编辑中心文件内容。水、暖、电三个专业的本地文件分开创建，通过协同的方式同步到中心模型中，即可完成专业协同。本地文件在绘制期间设置自动间隔 1 小时，本地文件应同步一次，或做出较大调整时应立即同步，确保模型实时更新。

单击"文件"→"打开"→"项目"后，在列表中选择刚刚创建的"XX"项目的中心文件，系统模型在下方勾选"新建本地文件"即可完成本地文件的创建，路径为 Revit 设置"选项"中设置的默认路径，如图 5－12 所示。

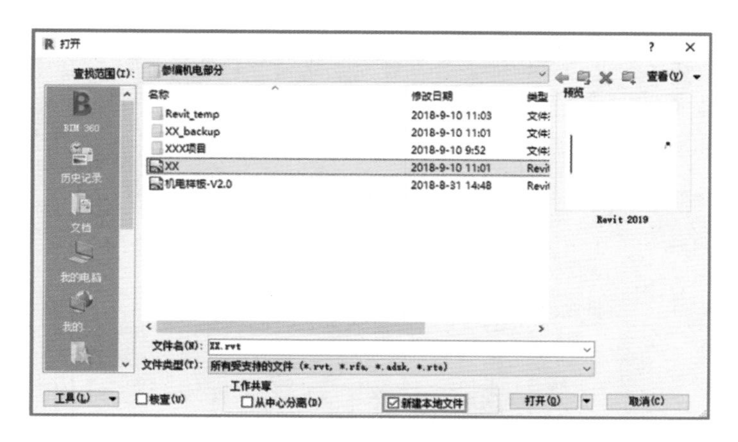

图 5－12

二、 工作集协同和链接文件

1. 协同工作的方式

协同工作的方式有两种，一种是创建包含机电多个专业设计内容的工作集协同方式，另一种是创建只包含某个专业设计内容的链接文件。

例如，因给水排水的喷淋支管道及喷头数量较多，如项目需要建议将管径小于 *DN*80 的管道及喷头单独创建中心文件与其他专业链接协同，具体如下：

1）工作集协同方式：建立一个机电专业的中心文件，水、暖、电各专业共同使用该中心文件建模，如图 5－13 所示。

2）链接文件方式：水、暖、电各专业分别建立各自的文件，再以链接模型的方式进行协同，如图 5－14 所示。

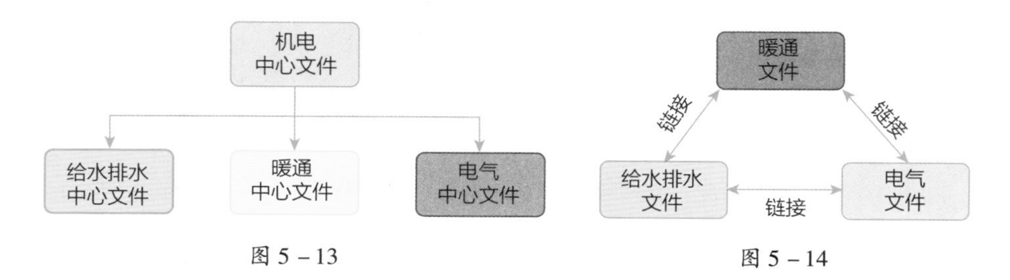

图 5－13　　　　图 5－14

以上两种方式可根据项目大小及硬件环境等因素进行选择，若硬件配置不足，使用方式一般会使中心文件较大，此时建议选用方式二。在硬件满足要求时，正向设计通常采用方式一，便于模型的综合协调。

2. 链接 Revit 模型

待各专业如建筑（A）、结构（S）、机电（MEP）的中心文件创建后即可进行各专业的模型链接。在 Revit 中，使用“链接”功能，链接所需专业模型，配合使用 Revit 的碰撞检测功能完成构件间碰撞检测等设计质量控制的内容。

读者应转换角色为项目设计人员，以审核和校对模型设计问题的视角来理解 Revit 带来的价值。

如图 5－15 所示，在“插入”选项卡中单击“链接 Revit”，在弹出的“导入/链接 RVT”对话框中，指定对应需链接模型的路径，选择定位方式后打开即可。

然后，可单击链接的模型任意构件查看，若无法选中，将图元选择控制栏的选择链接开启即可选中，如图 5－16 所示。也可以在“管理”选项卡的“管理链接”面板下，使用“添加”命令，进行链接模型的载入。

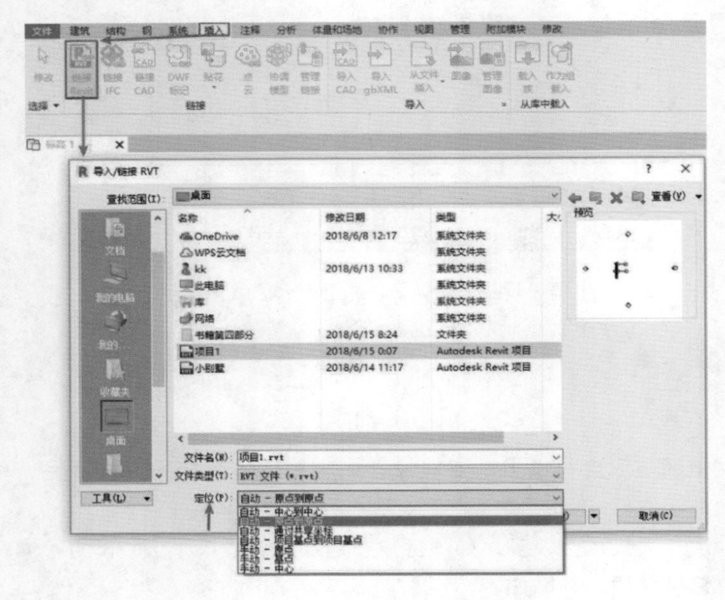

图 5－15

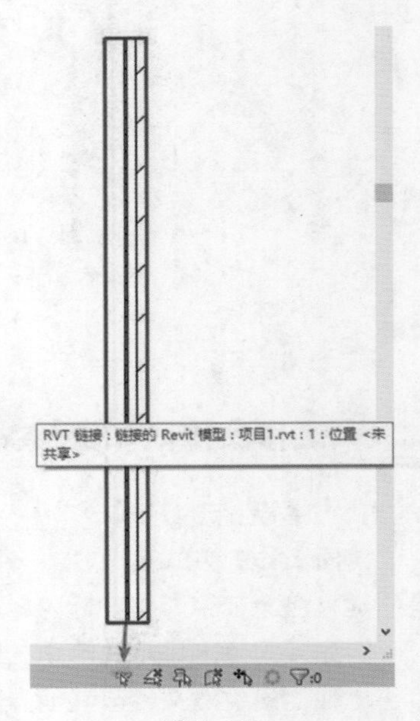

图 5－16

注意：链接模型仅作为参照不可修改，机电专业可直观地了解建筑、结构、空间高度等信息，便于排布管线。链接的建筑等文件可在其做出调整后自动进行更新，绘图中不可随意解绑。

3. 管理链接模型

Revit 软件中支持附着型和覆盖型两种不同类型的参照方式，两种方式的区别在于如果导入的项目中包含链接时（嵌套链接），链接文件中覆盖型的链接文件将不会显示在当前主项目文件中。链接时应该选择覆盖型，避免其他模型随同链接文件进入到当前主模型中，形成循环链接。

Revit 软件可以记录链接文件的路径类型为相对路径或绝对路径。如果使用相对路径，当项目和链接文件一起移至新目录时，链接关系保持不变，Revit 软件尝试按照链接模型相对于工作目录的位置来查找链接模型；如果使用绝对路径，当项目和链接文件一起移至新目录时，模型间将不再链接，Revit 依然在指定目录中查找链接模型。

“管理”选项卡的“管理链接”命令，可对项目中链接的 Revit 模型、IFC 文件、CAD 等文件进行信息查看，链接卸载、添加、删除等操作，如图 5－17 所示。

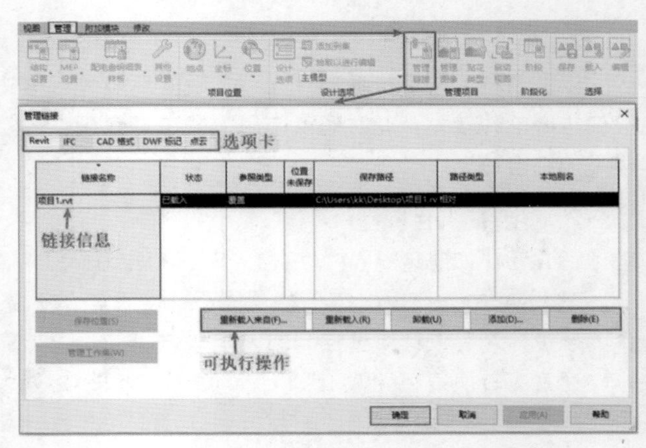

图 5－17

（1）参照类型　在将主体模型链接到其他模型中时，将显示（附着）还是隐藏

（覆盖）嵌套链接。

1）**附着**：如图5－18所示，将项目A的“参照类型”设置为“附着”，则将项目B导入到项目C中时，嵌套链接（项目A）将会显示。

2）**覆盖**：如图5－19所示，显示项目A被链接到项目B中（因此，项目B是项目A的父模型）。项目A的“参照类型”设置为项目B的“覆盖”。当项目B导入到项目C中时，项目A将不会显示。

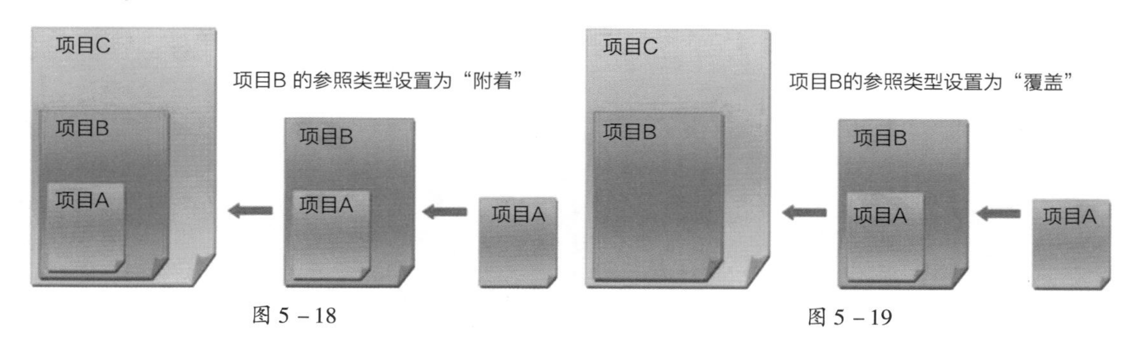

图5－18　　　　图5－19

（2）路径类型　每次打开链接到文件的项目时，Revit会检索最新保存的链接文件版本。如果Revit软件找不到链接文件，将显示最近检索的链接文件版本的路径。

4. 链接模型可见性

当项目中有链接模型时，在“可见性/图形替换”对话框中会出现“Revit链接”一栏，以便控制链接模型的显示，如图5－20所示。

（1）显示设置　显示当前链接模型的显示设置状态，其中的选项可用于替换当前主体中链接模型的其他显示设置。

1）按主体视图。链接模型以及嵌套模型中的图元都将按主体视图的过滤器设置显示。

2）按链接视图。链接模型和嵌套模型根据指定链接视图的定义而显示。

3）自定义。自行定义链接模型和嵌套模型的可见性和图形设置。

（2）嵌套链接可见性　嵌套链接可使用“按父链接”或“按链接视图”两种形式显示模型，如图5－21所示。

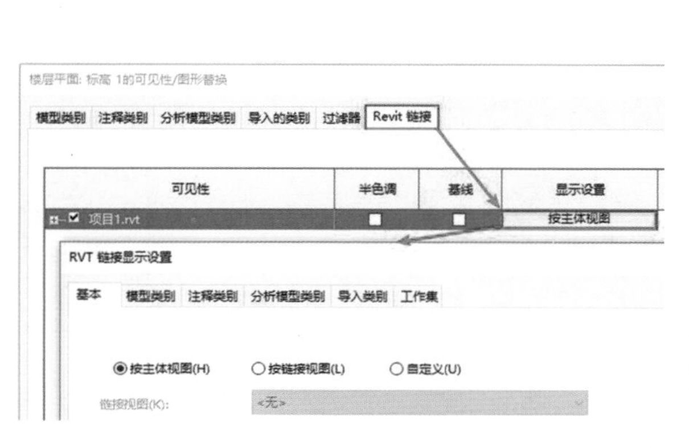

图5－20

图5－21

5. 绑定链接

考虑到模型整合通过复制方式可能会导致定位不准和构件丢失，所以 Revit 软件自带“绑定链接”功能。单击“绑定链接”工具，可以将当前文件中链接的任意专业模型直接整合到该项目中，构件及位置信息不变，并以“组”的形式保留在当前文件中。绑定后的文件不再与原链接文件相关联，无法根据原链接文件同步更新。

在当前项目中选择要绑定的链接文件，然后单击“修改/RVT 链接”选项卡→“绑定链接”，在“绑定链接选项”对话框中选择是否附带“附着的详图”“标高”“轴网”，单击“确定”，如图 5－22 所示。

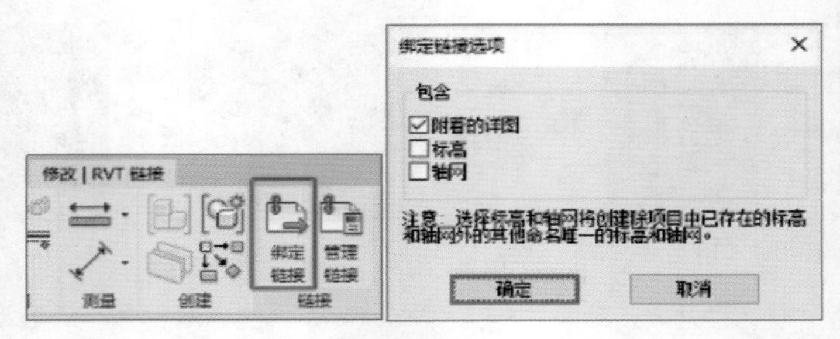

图 5－22

也可以将项目中的组转换为链接文件，把组重新指定链接文件，选择要转换的“组”。单击“修改 1 模型组”面板中的“链接工具”，弹出“转换为链接”对话框，可以将已选择的“组”文件另存为一个新的项目，用一个指定组文件的链接替代原“组”实例，也可以将所选择的“组实例”删除并使用新的链接文件代替原来的“组”文件，如图 5－23 所示。

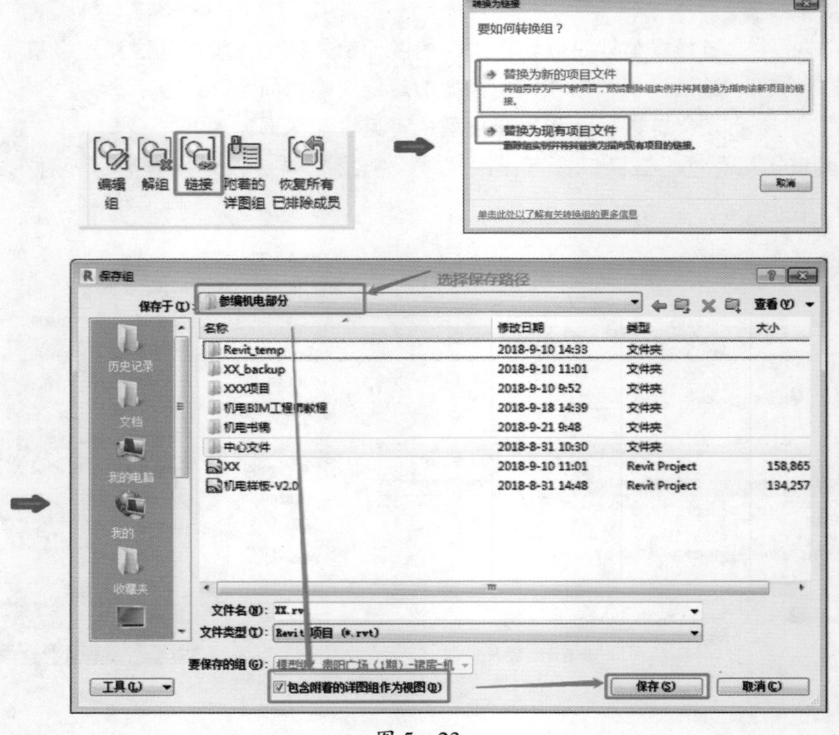

图 5－23

三、管线排布原则

管线排布是机电协同设计的重要组成部分，其原则应结合以上软件协同方式才能充分发挥软件的协调效果，输出完善设计成果。

1. 总原则

1）权利：无压管（重力管）>管道群>大管（难翻越）>贵管>小管。

2）连贯性：确定某位置管线安装高度时，需同时考虑该管线在其他区域的安装高度。

3）常温管避让高温、低温管。

4）可弯管避让不可弯管、支管避让主干管。

5）电气管线避热避水，在热水管、蒸气管上方及水管的垂直下方不宜布置电气线路。

6）避免管线从防火卷帘处通过，如必须经过，需从卷帘盒（高度≥500mm）上方墙体通过。

7）满铺管设置在局部敷设的管线上方。

8）水管外壁（含保温）间距约120mm，管外壁（含保温）与墙间距约200mm，管径越大，需要的安装间距越多。

9）管线阀门应错开位置安装，若需并列安装，需根据阀门尺寸确定净距并不宜小于250mm。如立管设置阀门，也需要考虑阀门安装及检修空间。

10）管线尽量少设置弯头；无关管线不要穿设备房、管道井、前室、楼梯、消防控制室。

2. 结构专业

1）在剪力墙上穿洞时，一般对于尺寸小于300mm×300mm的洞口，结构专业不另外表示，但提资时各专业需要表示。

2）对于人防区域顶板、临空墙上留套管，无论套管大小，均需要结构专业确认，并在结构图上表示。

3）设备管道如果需要穿梁，则开洞尺寸必须小于1/3梁高度，而且框架梁高度小于250mm，连梁高度小于300mm；开洞位置位于梁高度的中心处，在平面的位置，位于梁跨中的1/3处；穿梁定位需要经过结构专业确认，并同时在结构图上表示。

4）设备专业留洞，需要注意留在墙的中心位置，不要靠近墙边或者拐角处，避免碰到暗柱，如图5-24所示。

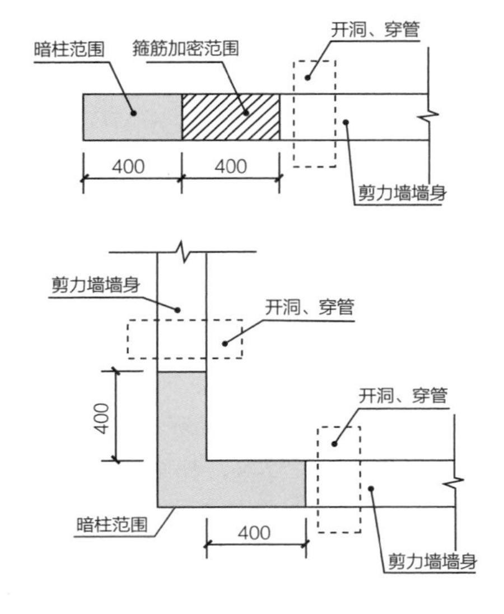

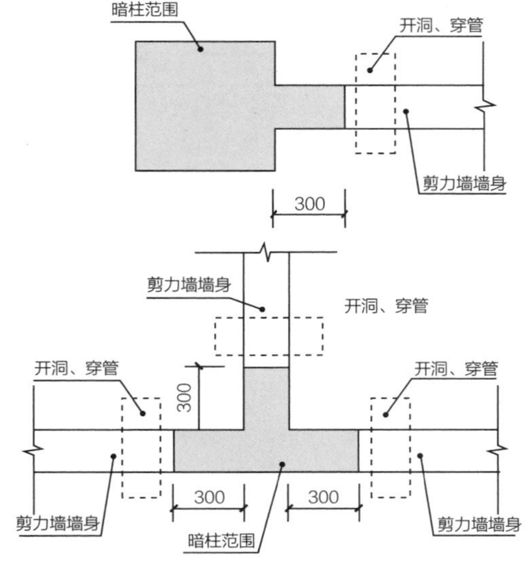

图5-24

5）柱帽范围的结构楼板上，不可开洞。

6）框架梁截面高度一般可取计算跨度的1/14～1/12；悬挑梁高度一般可取计算跨度的1/6～1/4，大跨度梁高度一般可取计算跨度的1/14～1/8。管线避免通过较高结构梁。

3. 给水排水专业

1）给水管宜安装在排水管上方，保温管道宜安装在不保温管上方。

2）喷淋管外壁与吊顶上部面层间距不小于100mm。

3）污水排水、雨水排水、废水排水等重力水管线不可上翻，且有坡道要求，详见表5－14、表5－15。

表5－14　建筑物内生活排水铸铁管道的最小坡度和最大设计充满度

管径/mm	通用坡度	最小坡度	最大设计充满度
50	0.035	0.025	0.5
75	0.025	0.015	
100	0.020	0.012	
125	0.015	0.010	
150	0.010	0.007	0.6
200	0.008	0.005	

表5－15　建筑排水塑料管排水横管的最小坡度、通用坡度和最大设计充满度

外径/mm	通用坡度	最小坡度	最大设计充满度
50	0.025	0.0120	0.5
75	0.015	0.0070	
110	0.012	0.0040	
125	0.010	0.0035	
160	0.007	0.0030	0.6
200	0.005	0.0030	
250	0.005	0.0030	
315	0.005	0.0030	

4. 暖通专业

1）保证冷凝水管坡度不小3‰，并尽量避免无压管与其他管道交叉及叠加以控制层高。

2）较大风管和较大的母线桥架，一般安装在最上方，减少空间压迫感。

3）风管顶部至少距离结构梁底50～100mm的间距。

4）风管安装空间不足时，可考虑调整风管形状，但需保证风管断面面积没减少，或改变其路由，便于提高标高。

5）为保证风口的进排风效果，带风口的风管最好安装在最下方。当风口与风管间无法用铁皮管连接时，才考虑用软管连接。软管需要保证满足耐火要求，且因阻力较大，软管长度不能过长。

6）空调冷冻水管、空调风管、吊顶内的排烟风管均需设置保温，其保温厚度约30～50mm；冷凝水管均有防结露层，厚度为19mm，详见设计说明；风管法兰宽度一般可按35mm考虑。

7）排烟管采用50mm玻璃棉隔热，且与可燃物距离不小于150mm。

8）穿越防火分区的风管、设置在机房外的加压风管一般需设置防火板保护，安装厚度按50mm考虑。

9）梁板结构的地下车库、风管尽量与梁水平距离≥300mm，便于其他专业管道翻越。

5. 电气专业

1）在没有吊顶的区域，线槽和桥架顶部距离顶棚或其他障碍物不宜小于200mm；在吊顶内设置时，线槽盖板开启面应保持≥100mm的垂直净空。

2）两组电缆桥架的平行间距可按照不小于200mm处理，方便金属线管从桥架两侧接出。

3）电缆桥架多层安装时，控制电缆桥架间距不小于150mm，电力电缆桥架间水平距离不小于200mm，当电缆桥架为不小于30°的夹角交叉时，该间距可适当减小到100mm。

4）为防止磁场干扰，弱电电缆与电力电缆间不小于500mm，如有屏蔽盖可减少到300mm，桥架上部距离顶棚或其他障碍不小于300mm。

5）电缆桥架不宜敷设在腐蚀性气体管道和热力管道的上方及各种水管的下方，且电缆桥架不宜与上述管道在走廊中同侧布置。

6）桥架上下翻时要放缓坡，角度控制在45°以下，桥架与其他管道平行间距≥100mm。

6. 后期创建BIM模型管线综合过程中的注意事项

1）与业主协商各空间净高要求。

2）检查各专业是否有缺少图纸情况，阅读任务书、设计说明，对项目情况有初步了解。

3）在开始建模前，先用CAD核对专业问题，并对重要、复杂的区域进行管综排布。

4）熟悉施工顺序，增加综合支吊架。

5）模型中管线的路由根据管综排布的结果需要发生较大改变时，要与设计方确认。遇到空间特别紧张又有吊顶净高限制的管廊，如需要改变某些管道的截面尺寸，需事先征得设计师的同意。

6）若无足够安装空间时，可与设计师协商调整管线路由，例如水管全改成竖向系统，不走水平管，甚至个别水管穿越结构梁。

四、管线安装高度优化及估算

1. 管线安装高度估算

一个合理的建筑平面的机电管线布置，应该是各主机房位于负荷区中心，吊顶内管线基本均匀满铺。

一般以最不利点作为计算管线安装高度的依据。如果管线布置合理，最不利点由暖通管线造成，且此区域其他专业管线较少，那么只要计算出暖通管线需要的安装高度，就可以得出管线安装高度。

以地下车库为例，其中“无空调水管”为一般住宅项目，“有空调水管”为较复杂项目，地下控制水管较多，难以与风管共用一层敷设。

（1）梁板结构

1）无空调水管：H＝上方翻越（50mm）＋风管（400mm）＋喷淋（100mm）＝550mm。

2）有空调水管：H＝水管（管径350mm＋保温100mm＋支吊架100mm）＋风管（400mm）＋下方喷淋（100mm）＝1050mm。

（2）无梁楼盖

1）无空调水管：H＝上方法兰（50mm）＋风管（400mm）＋下方交叉（200mm）＋支吊架

(50mm) = 700mm。

2）有空调水管：H = 水管(管径 350mm + 保温 100mm + 支吊架 100mm) + 风管(400mm) + 下方翻越(250mm) = 1200mm。

2. 减少管线不利区域

一般在消防水泵房、变配电室、制冷机房、风井、风机房、空调机房附近会存在较多、较大的管线，因此平面布置时，应尽量错开，布置原则建议如下：

1）水泵房，尤其消防水泵房与变配电室、制冷机房分开。

2）风井与其他风井、水井、电井分开。

3）各风机房、空调机房分开。

4）风机房、空调机房与水井、电井分开。

5）风管避开较高结构梁。

6）管线避开防火卷帘。

7）减少管线铺设的层数。

8）留有管道交叉、支管安装的空间。

课后练习

1. 下列阶段不属于正向设计流程的具体步骤的是（　　）。

　A. 初步设计阶段　　B. 项目施工阶段　　C. 施工图阶段　　D. 出图阶段

2. 正向设计项目的人员架构组织中，下列说法正确的是（　　）。

　A. BIM 工程师和专业设计师不能为同一人

　B. BIM 主管主要配合项目经理完成项目的承接等工作，并统筹团队制订针对项目的 BIM 技术指导书以及实施细则，协调工作环境及资源，对 BIM 项目的实施制订把控要点以及软件技术等总体策划

　C. BIM 项目的人员架构无须项目初期制订，待初步设计阶段完成后制订即可

　D. 可根据项目大小适当选择是否制订人员架构，规模小的项目可不采用该方式

3. BIM 正向设计中机电专业常采用的协同方式是（　　）。

　A. 给水排水、暖通、电气专业之间采用工作集的协同方式

　B. 给水排水、暖通、电气专业采用链接文件方式

　C. 给水排水、暖通、电气专业采用复制各专业模型进行参考的方式进行协同

　D. 因为机电专业内容较少，可视项目情况选择不采用协同方式

4. 下列关于工作集的创建步骤不正确的是（　　）。

　A. 创建工作集前需在“选项”设置中按要求修改“用户名”

　B. 所有非项目人员查看项目文件后，保存权限并退出

　C. 工作集创建时会默认“活动工作集”作为所要绘制内容的工作集

　D. 创建工作集后，需要实时与中心文件进行内容同步，确保绘制内容实时更新

5. 下列关于链接文件的说法不正确的是（　　）。

　A. 进行专业间的拆分，文件相互链接，这样能减少单一文件的大小

B. 链接文件中的内容，可通过鼠标点击方式查看构件详细信息

C. 可通过链接文件的可见性设置对其图元隐藏/显示

D. 当前期建筑未创建轴网时，机电专业此时建模可自建轴网，等建筑建立轴网后再通过移动的方式与之对齐

6. 下列关于管道综合排水的总规则说法错误的是（　　）。

A. 管线阀门应错开位置安装，若需并列安装，需根据阀门尺寸确定净距并不宜小于250mm。如立管设置阀门，也需要考虑阀门安装及检修空间

B. 电气管线避热避水，在热水管、蒸气管上方及水管的垂直下方不宜布置电气线路

C. 管线可穿越设备房、管道井、前室、楼梯、消防控制室

D. 可弯管避让不可弯管、支管避让主干管

7. 下列关于在后 BIM 管线综合过程中的注意事项说法错误的是（　　）。

A. 检查各专业是否有缺少图纸情况，阅读任务书、设计说明，对项目情况有大概了解

B. 在开始建模前，先用 CAD 核对专业问题，并对重要、复杂的区域进行管综排布

C. 模型中管线的路由根据管综排布的结果需要发生较大调整时，直接修改不需与设计方协调

D. 若无足够安装空间时，可与设计师协商调整管线路由

8. 下列关于管线优化中减少管线不利区域的说法错误的是（　　）。

A. 水泵房，尤其消防水泵房应与变配电室、制冷机房分开

B. 风机房、空调机房与水井、电井不需分开布置

C. 风管路由应避开较高的结构梁

D. 尽量避免管线在防火卷帘上方布置

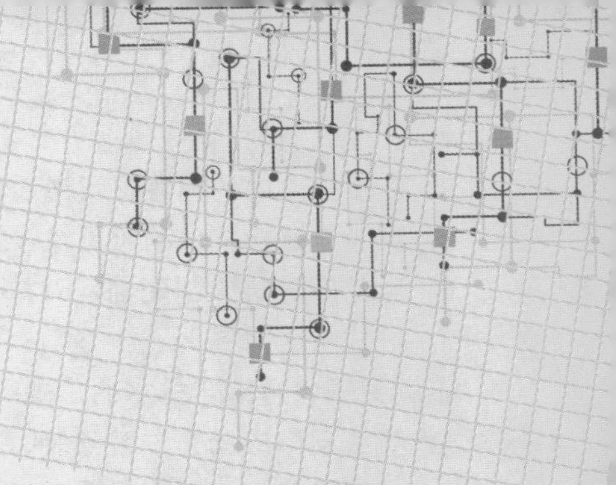

第六章　通用项目样板的设置

项目样板为项目设计提供统一的设计基础环境，对项目的设计质量和效率的提高有直接影响。

项目样板设置内容较多，主要包含项目信息、项目单位、线型图案、线样式、线宽、对象样式、填充样式、材质、标题栏、视口类型、系统族、可载入族、明细表、项目浏览器组织、视图样板、常用过滤器、常用视图及图纸、项目参数及共享参数等。

因为本项目为协同模式，各专业在同一模型中进行建模和出图工作，所以各专业应在通用样板的基础上添加本专业的样板内容，最终形成完整的全专业的项目样板文件。各专业的样板设置内容具体详见各专业篇章。

本项目（第四章的案例项目）通用项目样板设置以 Revit 2019 自带的建筑样板文件为基础进行设置操作。

第一节　项目组织设置

一、项目单位设置

根据项目及各专业的要求设置单位格式及其精度。

1）以 Revit 自带的建筑样板为样板文件，新建项目样板文件。

2）单击“管理”选项卡下“设置”面板中的“项目单位”，可看到项目单位按“规程”成组，如图 6－1 所示。

3）在“项目单位”对话框默认的“公共”规程下，单击“长度”右侧“格式”，在弹出的“格式”对话框中按需设置，如图 6－2 所示。（本项目中使用默认设置）

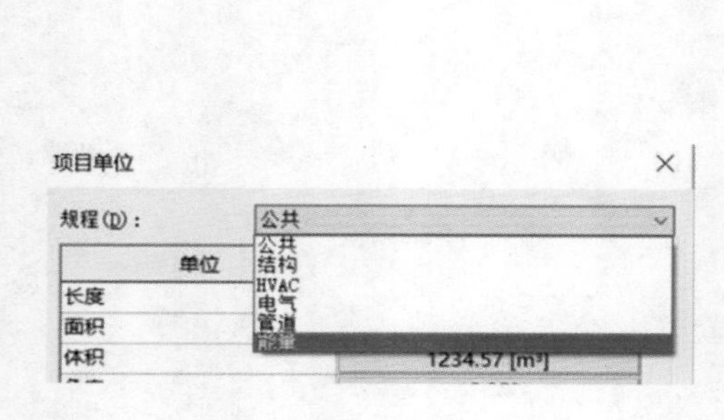

图 6－1

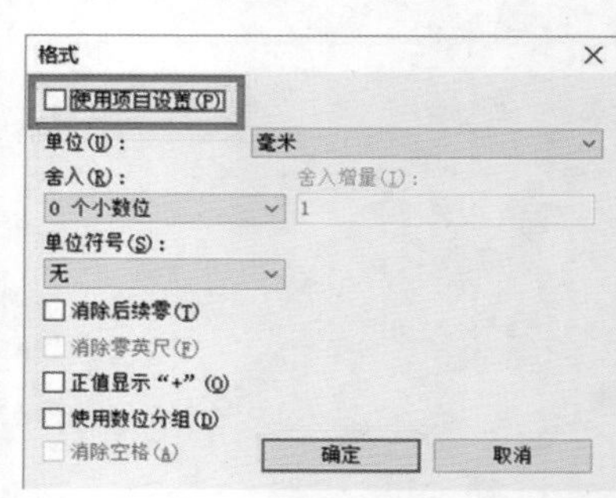

图 6－2

尺寸标注、注释、标记的单位格式，可以勾选“使用项目设置”，也可自行生成所需设置（不勾选“使用项目设置”）。

二、项目参数、共享参数设置

项目参数是定义后添加到项目多类别图元中的信息容器。项目参数可以是本项目中的参数，也可以是共享参数。共享参数的信息可用于多个族或项目，并出现在相应的明细表中。共享参数保存在文本文件中，允许其他项目访问。

通过共享参数创建项目参数，首先删除现文件中不需要的项目参数。单击“管理”选项卡下“设置”面板中的“项目参数”，将“项目参数”对话框左边的参数全部删除，如图6－3所示。

1. 创建共享参数文件

单击“管理”选项卡下“设置”面板中的“共享参数”，单击“创建”，在指定位置新建文件名为“GB－共享参数.txt”的文件，如图6－4所示。

图6－3

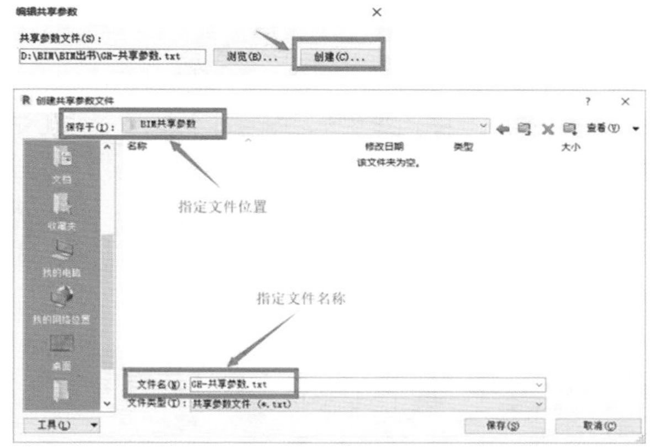

图6－4

2. 创建共享参数

按图6－5单击“组”下的“新建”，在弹出的“新参数组”对话框中创建“名称”为“项目信息”的组，然后单击“参数”下的“新建”，在弹出的“参数属性”对话框中，创建“参数类型”为“文字”，“名称”为“工程负责”的参数（图6－6）。

图6－5

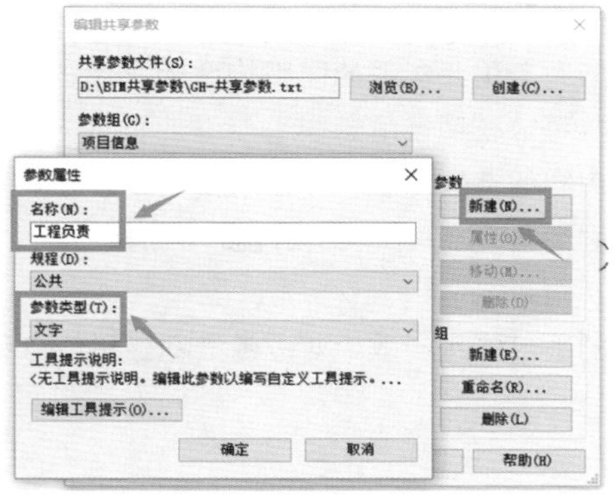

图6－6

在同一组中再次创建“建筑顾问单位”和“子项名称”的参数，“参数类型”同样为“文字”，如图 6－7 所示。

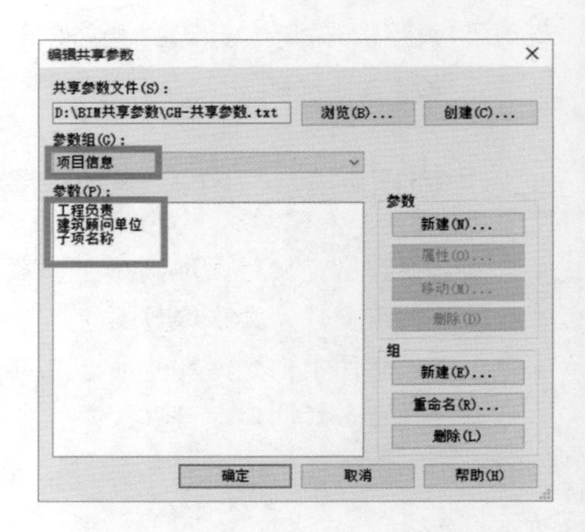

图 6－7

3. 添加项目参数

单击“管理”选项卡下“设置”面板中的“项目参数”，按图 6－8 所示为工程添加共享参数“工程负责”，同样方法再添加“建筑顾问单位”和“子项名称”的共享参数，完成如图 6－9 所示。

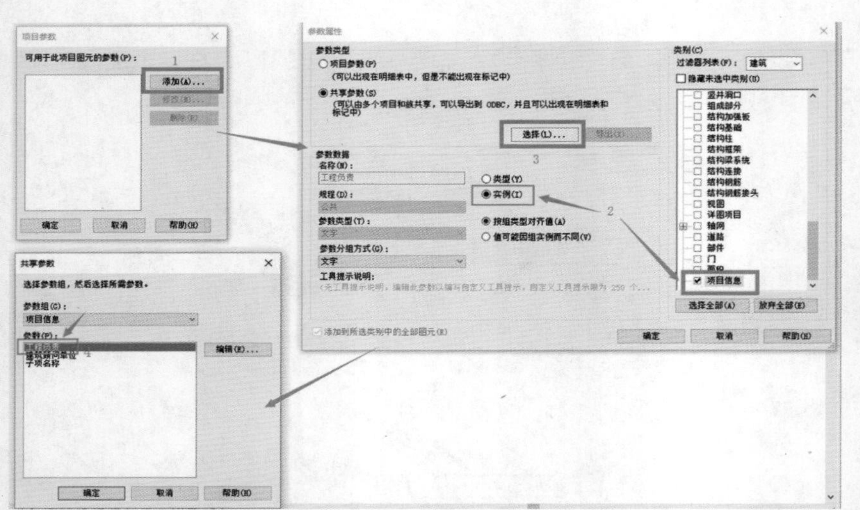

图 6－8

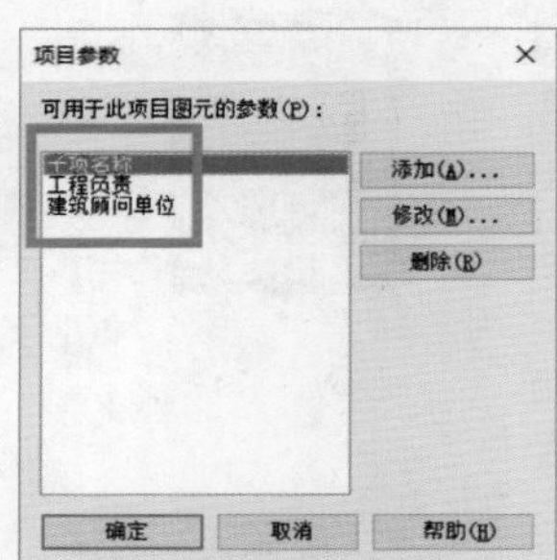

图 6－9

上述 3 个共享参数类别均为项目信息，它们在项目信息和图纸标题栏设置中均要用到。共享参数的名称及分组名称可根据使用者的实际情况调整。

三、 项目信息设置

项目信息主要是针对整个项目而设置的信息，大多会出现在图纸标题栏中，如项目信息的参数修改，所有引用此参数的图纸均会随之更改调整。按此原则，工程负责、子项名称、建筑顾问单位等参数可放在项目信息中；而专业负责人、校对、设计、制图等属性参数在不同图纸上可能会有不同内容的参数信息，不应放在项目信息中。

单击“管理”选项卡下“设置”面板中的“项目信息”，查看项目信息内容，如图6－10 所示。

内置的项目信息参数中对应图纸标题栏信息见表 6－1。

表 6 – 1

分组名称	项目信息中的参数名称	对应的图纸标题栏内容
其他	客户姓名	建设单位
	项目名称	工程名称
	项目编号	工程号

新添加的共享参数对应图纸标题栏信息见表 6 – 2。

表 6 – 2

分组名称	项目信息中的参数名称	对应的图纸标题栏内容
文字	工程负责	工程负责
	子项名称	子项
	建筑顾问单位	建筑顾问单位

将相关信息输入“项目信息”对话框，如图 6 – 11 所示。

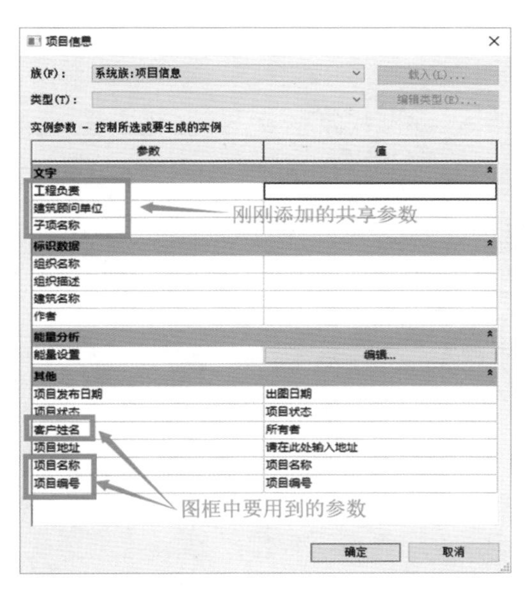

图 6 – 10

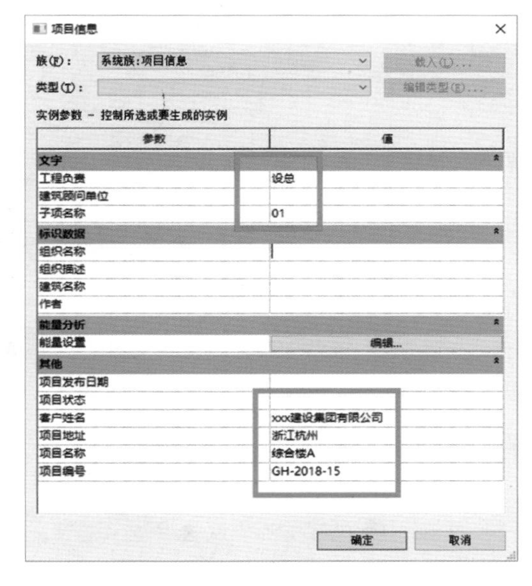

图 6 – 11

四、 项目定位设置

项目可从三方面进行位置设置：项目所在地设置、项目正北设置、项目基点坐标设置。

1. 项目所在地设置

单击“管理”选项卡下“项目位置”面板中的“地点”，在“项目地址”栏中输入“杭州市”，单击“搜索”按钮（图 6 – 12），“项目地址”栏显示为“浙江省杭州市”，单击“确定”设置完成，如图 6 – 13 所示。也可通过拖动定位点到地图上的项目位置，并在项目地址中给出自定义名称来确定项目所在地。

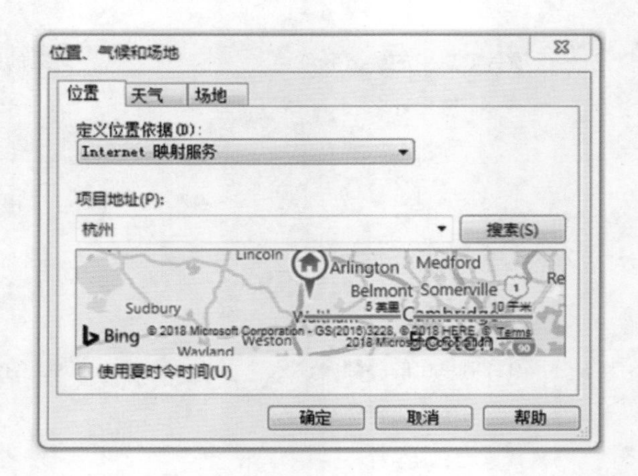

图 6－12

图 6－13

2. 项目正北设置

1）更改视图方向：在“属性”选项板上，选择“正北”作为“方向”。

2）单击“管理”选项卡下“项目位置”面板中的“位置”下拉列表中的“旋转正北”，以图形方式将模型旋转到“正北”，即模型里南北方向与视图 Y 轴方向平行。

3）将场地视图的“方向”重置为“项目北”。

注：本项目的正北方向即项目北的方向。

3. 项目基点坐标设置

项目基点的确定：本项目基点水平方向确定为 1 轴和 A 轴的交点，竖直方向确定为正负零标高所在平面。设计中项目基点处的场地坐标为［168.000（南北），666.000（东西），20.000］，单位为米。

单击“管理”选项卡下“项目位置”面板中的“坐标”下拉列表中的“在点上指定坐标”，在场地视图中单击项目基点，在弹出的“指定共享坐标”对话框中做如下设置（图 6－14），同时检查确认立面中项目基点位于正负零标高所在平面，如图 6－15 所示。

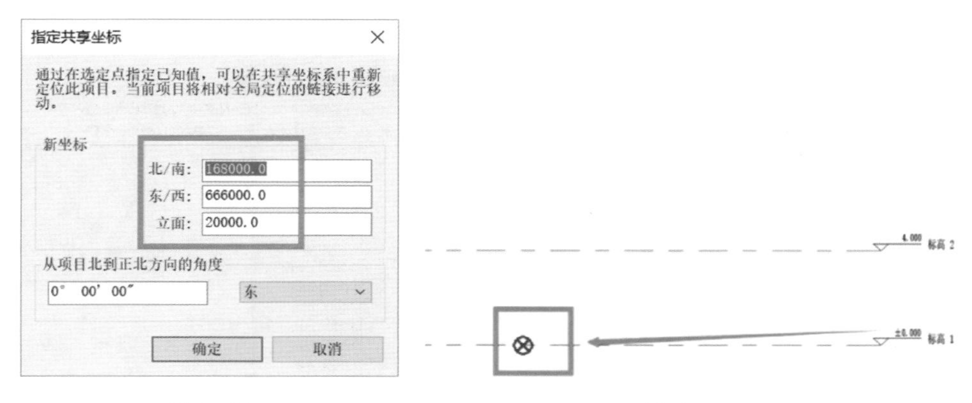

图 6－14　　　　图 6－15

在场地视图可关闭测量点，以便于选中项目基点。坐标单位输入时要转换成毫米，且注意南北和东西数值的先后顺序。

第二节　样式设置

一、线宽、线型图案、线样式设置

1. 设置线宽

模型线、透视视图线、注释线均可设置线宽。线宽在不同比例的视图中可以有不同的粗细设置。可使用“对象样式”对话框，为图元类别（如墙、窗和标记）指定线宽。

模型线可以指定正交视图中模型构件（如门、窗和墙）的线宽。线宽取决于视图的比例。透视视图线可以指定透视视图中模型构件的线宽，一般用于透视图图形替换。注释线可以控制注释对象（如剖面线和尺寸标注线）的线宽。

单击“管理”选项卡下“设置”面板中的“其他设置”下拉列表中的“线宽”☰，在“线宽”对话框中，分别单击“模型线宽”（图 6－16）“透视视图线宽”（图 6－17）“注释线宽”（图 6－18）选项卡。根据本项目需求可按图示设定线宽。注释符号的宽度与视图比例无关。

线宽

模型线宽　透视视图线宽　注释线宽

模型线宽控制墙与窗等对象的线宽。模型线宽根据视图比例而定。

模型线宽共有 16 种。每种都可以根据每个视图比例指定大小。单击单元可以修改线宽。

	1:10	1:20	1:50	1:100	1:200	1:500
1	0.1800 mm	0.1800 mm	0.1800 mm	0.1000 mm	0.1000 mm	0.1000 mm
2	0.2500 mm	0.2500 mm	0.2500 mm	0.1800 mm	0.1000 mm	0.1000 mm
3	0.3500 mm	0.3500 mm	0.3500 mm	0.2500 mm	0.1800 mm	0.1000 mm
4	0.7000 mm	0.5000 mm	0.5000 mm	0.3500 mm	0.2500 mm	0.1800 mm
5	1.0000 mm	0.7000 mm	0.6000 mm	0.5000 mm	0.3500 mm	0.2500 mm
6	1.4000 mm	1.0000 mm	1.0000 mm	0.7000 mm	0.5000 mm	0.3500 mm
7	2.0000 mm	1.4000 mm	1.4000 mm	1.0000 mm	0.7000 mm	0.5000 mm
8	2.8000 mm	2.0000 mm	2.0000 mm	1.4000 mm	1.0000 mm	0.7000 mm
9	4.0000 mm	2.8000 mm	2.8000 mm	2.0000 mm	1.4000 mm	1.0000 mm
10	5.0000 mm	4.0000 mm	4.0000 mm	2.8000 mm	2.0000 mm	1.4000 mm
11	6.0000 mm	5.0000 mm	5.0000 mm	4.0000 mm	2.8000 mm	2.0000 mm
12	7.0000 mm	6.0000 mm	6.0000 mm	5.0000 mm	4.0000 mm	2.8000 mm
13	8.0000 mm	7.0000 mm	7.0000 mm	6.0000 mm	5.0000 mm	4.0000 mm
14	9.0000 mm	8.0000 mm	8.0000 mm	7.0000 mm	6.0000 mm	5.0000 mm
15	9.0000 mm	9.0000 mm	9.0000 mm	8.0000 mm	7.0000 mm	6.0000 mm
16	9.0000 mm	9.0000 mm	9.0000 mm	9.0000 mm	8.0000 mm	7.0000 mm

添加(D)...　删除(E)

确定　取消　应用(A)　帮助

图 6－16

图 6－17

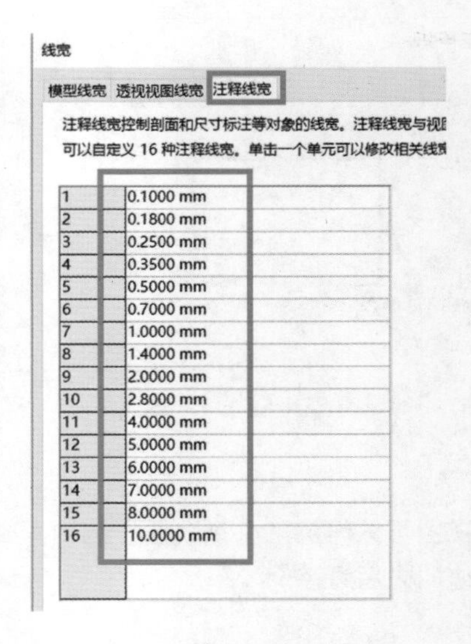

图 6－18

2. 设置线型图案

各专业可分别根据需求设置并命名各自的线型图案。创建线型图案“轴网线”的步骤为：单击“管理”选项卡下“设置”面板中的“其他设置”下拉列表中的“线型图案”，在“线型图案”对话框中单击“新建”，在“线型图案属性”对话框中，按图 6－19 进行设置，并单击“确定”，如图 6－19 所示。如果线型图案属性中有圆点，其自动以 1.5mm 的间距绘制。

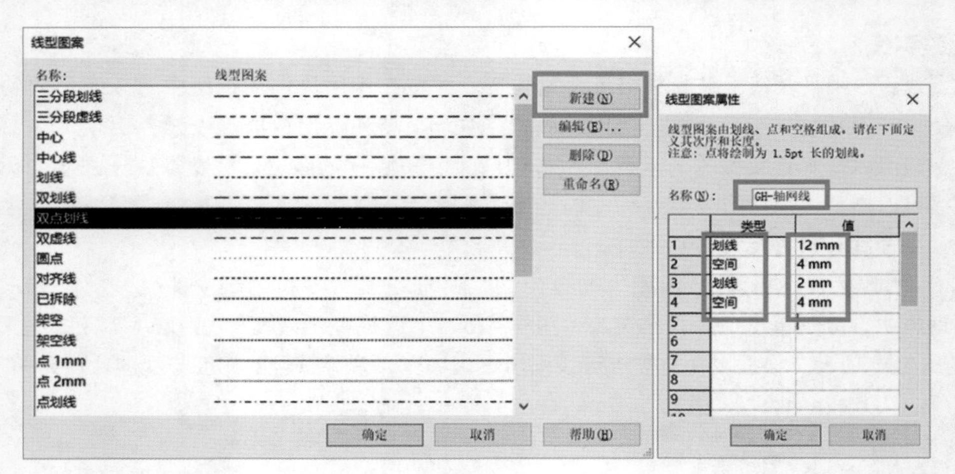

图 6－19

3. 设置线样式

每一种线样式均由线宽、线颜色和线型图案三部分组成，用于表现模型线和详图线的效果，各专业可分别根据各自需求设置各自的线型图案，并分别命名。

1）单击“管理”选项卡下“设置”面板中的“其他设置”下拉列表中的“线样式”。

2）在“线样式”对话框中，单击“新建”，输入“名称”为“1－架空线”，单击“确定”，该名称会在“线样式”对话框的“类别”下显示，进行线样式设置后单击“确定”，完成线样式创建，如图 6－20 所示。

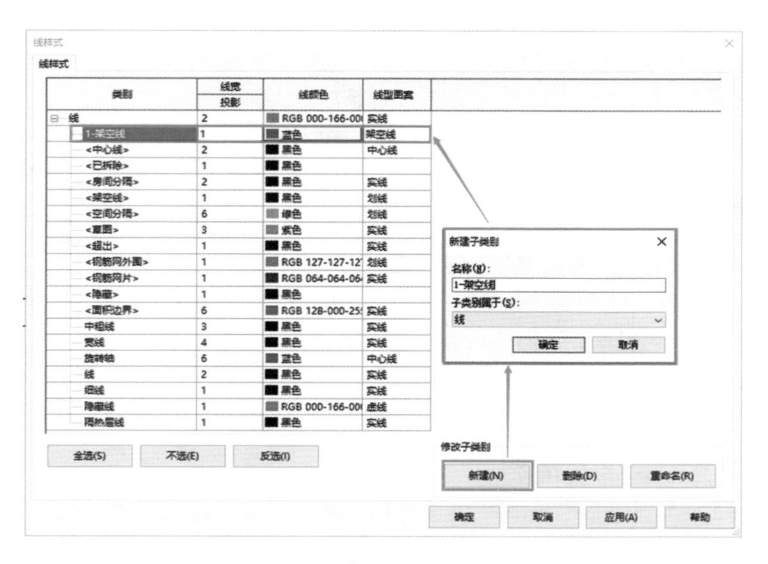

图 6－20

二、填充样式设置

1. 填充样式的应用

1）材质“图形”属性中的“表面填充图案”和“截面填充图案”，如图 6－21 所示。

2）“类型属性”对话框中的注释“填充区域”中的“填充样式”，如图 6－22 所示。

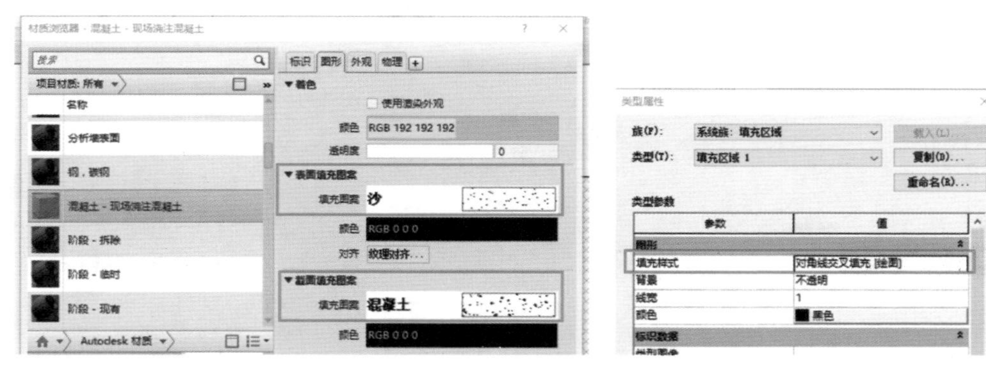

图 6－21　　　　　　图 6－22

3）“可见性/图形替换”中的“投影/表面”填充图案和“截面”填充图案，如图 6－23 所示。

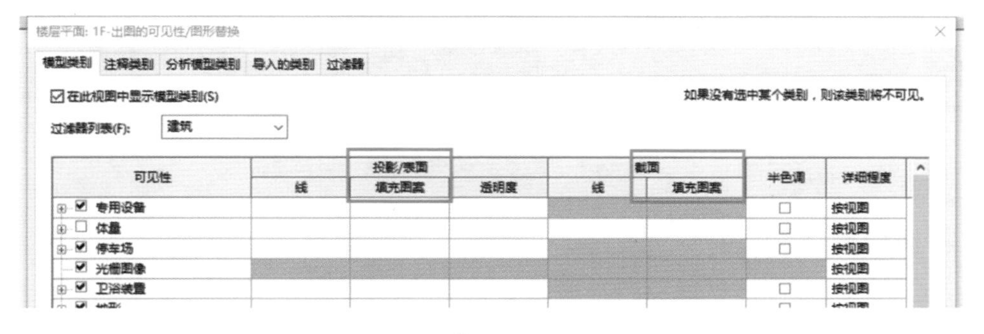

图 6－23

在视觉样式的真实模式下填充图案无显示。

2. 填充样式的分类

填充样式分为绘图填充图案及模型填充图案两种。绘图填充图案相对于图纸关系固定，模型填充图案相对于模型构件图元关系固定。

3. 填充样式的设置原则

1）模型填充图案可以进行拖拽、对齐、移动和旋转操作，主要用于表示建筑专业的构件外观。

2）截面填充图案只能以绘图填充图案形式表示。

3）各专业可根据各自需求设置各自的填充图案，并分别命名。

4. 创建绘图填充图案：交叉填充线

1）单击“管理”选项卡下“设置”面板中的“其他设置”下拉列表中的“填充样式”。

2）在“填充样式”对话框的“填充图案类型”下，根据需要选择“绘图”或“模型”，单击，新建填充图案（图6－24）。

3）按图6－25显示完成操作，并单击“确定”。

5. 创建自定义填充图案（模型）木纹

1）单击“管理”选项卡下“设置”面板中的“其他设置”下拉列表中的“填充样式”。

2）在“填充样式”对话框的“填充图案类型”下，根据需要选择“绘图”或“模型”，单击“新建”。

3）按图6－26显示操作，单击“导入”按钮，选择自带文件中的“revit metric. pat”文件，并在“导入”按钮右侧的菜单栏中选择“Wood_ 5”，单击“确定”。

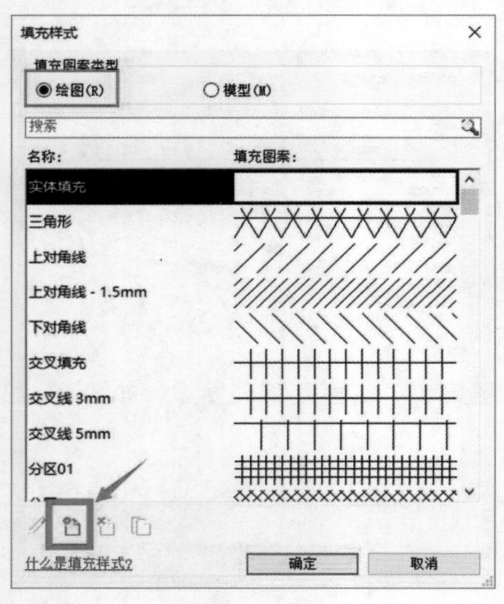

图6－24

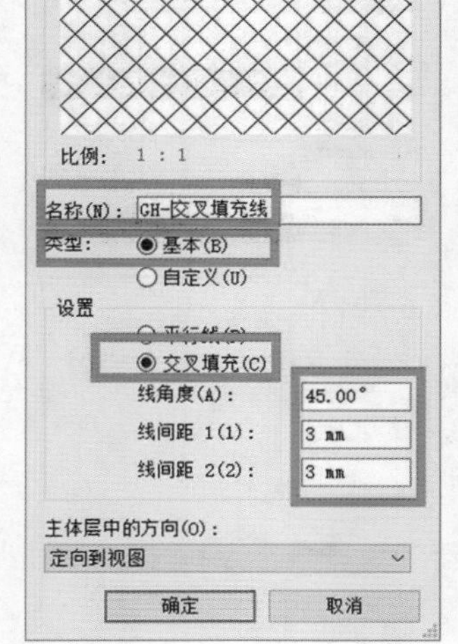

图6－25

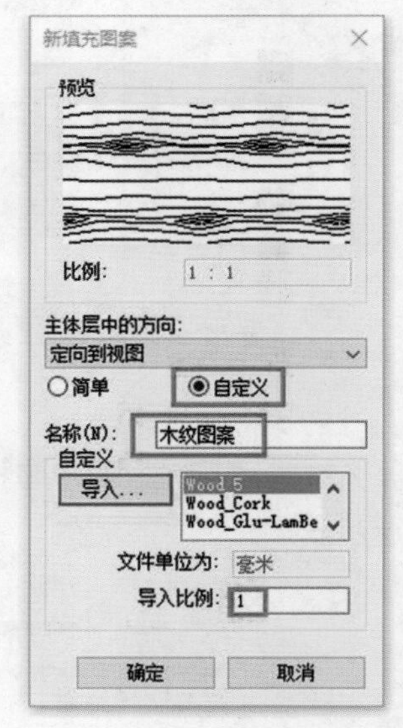

图6－26

三、材质设置

材质设置决定模型图元在视图和渲染图像中的显示方式。创建新材质的方法有两种，一种是复制现有的类似材质，另一种是创建新的材质。建议尽量用第一种方法创建新材质，然后按需编辑名称和其他属性，这样一些相同的属性特征可以保留或微调；如果没有可用的类似材质，再创建新的材质。

在样板文件设置好常用的材质中，大量的材质可以建立专有的材质库以方便调用。外观尽量在 Revit 提供的内置资源中选取，如不能满足需求，可在选取的外观基础上进行调整。

在“材质编辑器”面板中，单击 ⊞ “添加资源”，按图 6－27 操作可为材质添加“物理”资源。同样方式可将“热资源”添加到材质中。

图 6－27

四、对象样式设置

“对象样式”对话框可为“模型对象”“注释对象”“分析模型对象”和“导入对象”指定线宽、线颜色、线型图案和材质。模型图元在类别下还设有子类别，可以分别指定其样式，如图 6－28所示。

对象样式

模型对象　注释对象　分析模型对象　导入对象

过滤器列表(E):　建筑

对象样式分类

类别	线宽 投影	线宽 截面	线颜色	线型图案	材质
⊞ 电气装置	1		黑色	实线	
⊞ 电气设备	1		黑色	实线	
⊟ 窗	1	1	黑色	实线	
修剪	1	1	黑色	实线	
平面打开方向	1	1	黑色	实线	
框架/竖梃	1	3	黑色	实线	
洞口	1	3	黑色	实线	
浇筑	1	3	黑色	实线	
玻璃	1	3	黑色	实线	玻璃
窗台/盖板	1	2	黑色	实线	
立面打开方向	1	1	黑色	实线	
隐藏线	2	2	RGB 000-000-1	划线	
⊞ 竖井洞口	1		黑色		
⊞ 组成部分	1	2	黑色		

类别

子类别

图 6－28

项目视图中的“可见性/图形替换”，可以控制图元的显示样式，以及模型对象类别和子类别在本视图的可见性，如图 6－29 所示。

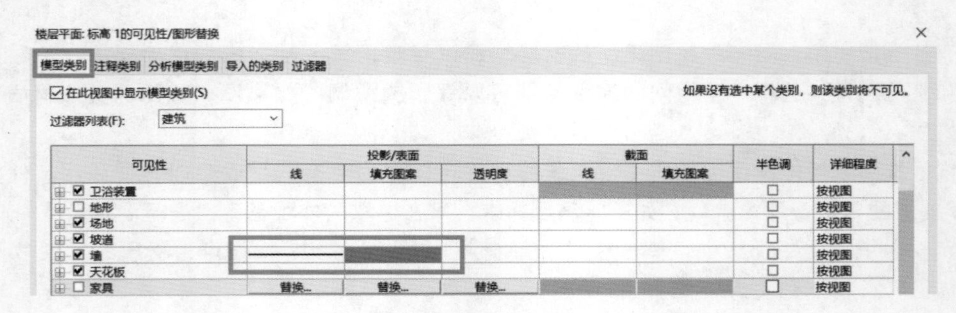

图 6－29

各专业可先在“对象样式”中进行样式设置，然后根据视图的具体显示需求在项目视图中的“可见性/图形替换”中进一步设置。

对象样式

模型对象 注释对象 分析模型对象 导入对象

过滤器列表(F): <多个>

类别	线宽		线颜色	线型图案	材质
	投影	截面			
结构基础	1	3	黑色	实线	
结构柱	1	5	黑色	实线	钢筋混凝土
结构桁架	1		RGB 000-127-	划线	

图 6－30

1）在对象样式中更改结构柱的显示样式。单击“管理”选项卡下“设置”面板中的“对象样式”，按图 6－30 输入。

2）在视图中的“可见性/图形替换”中再次修改结构柱的显示样式，在标高 1 的平面视图属性中按图 6－31 调整截面填充图案。

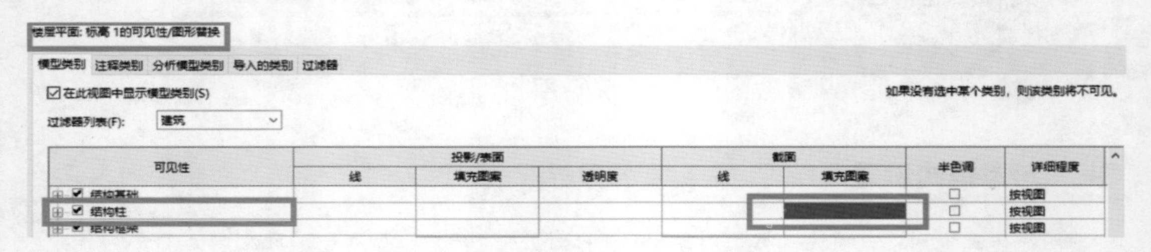

图 6－31

图 6－32 左边为其他平面视图的结构柱隐藏线显示效果，右边为标高 1 视图结构柱的隐藏线显示效果。左边结构柱属性的材质设为“按类别”才会有此效果。如果结构柱另设材质，则按另设材质显示效果。

图 6－32

第三节　视图与图纸的相关设置

一、浏览器组织设置

可以使用浏览器组织工具对视图、图纸进行编组和排序。项目浏览器默认显示所有视图（按视图类型）、所有图纸（按图纸编号和图纸名）。浏览器组织方式不唯一，下面提供常用的分类方式。

1. 分类方式

（1）按视图类型分类　单击“管理”选项卡下“设置”面板中的“项目参数”，在“项目参数”对话框中单击“添加”，在“参数属性”对话框中按图 6－33 输入。

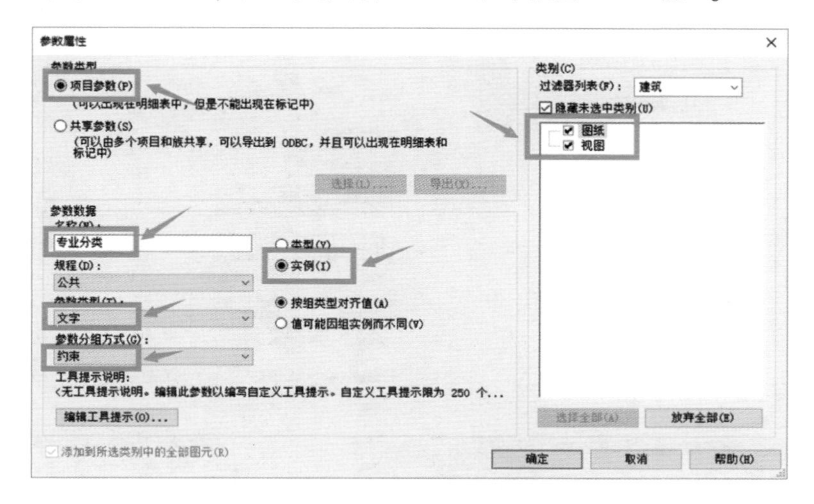

图 6－33

完成后在视图属性栏和图纸属性栏中的“约束”分组中会出现“专业分类”参数。

添加“专业分类”参数的目的是为了在协同操作的设计环境中，将建、结、水、电、暖各专业专属的视图和图纸更明晰地归类。

（2）添加视图浏览器组织方案：视图－专业　单击“视图”选项卡下“窗口”面板中的“用户界面”下拉列表中的“浏览器组织”。在弹出的“浏览器组织”对话框中按图 6－34 操作。

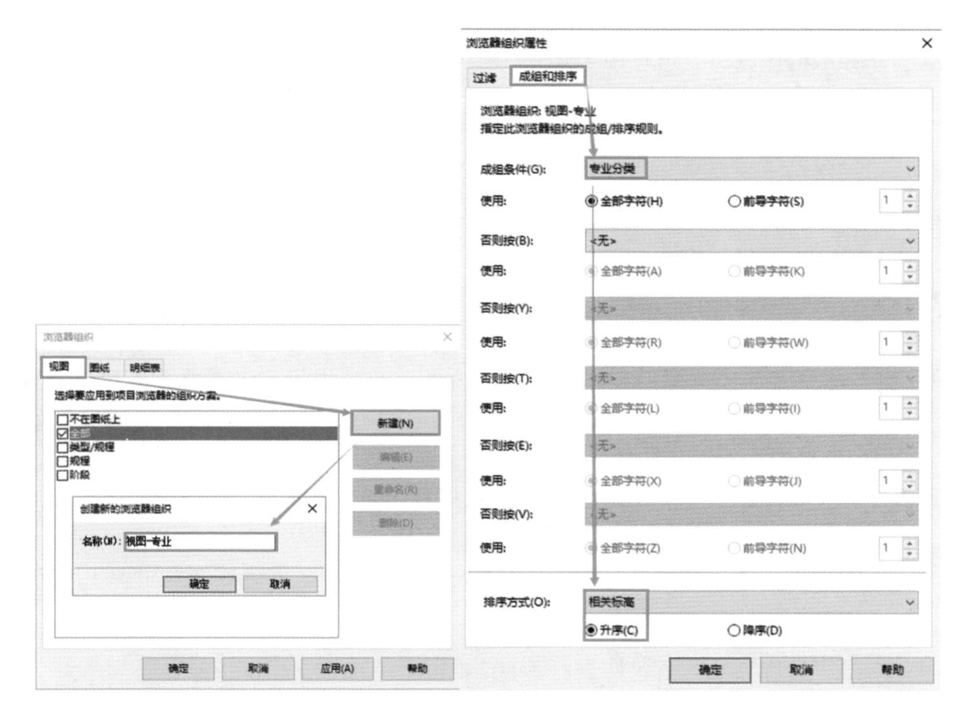

图 6－34

按上述方法组织的视图浏览器可按专业进行分类，前提是每张视图的“专业分类”参数均按

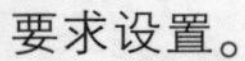

要求设置。

(3) 添加图纸浏览器组织方案：图纸 – 专业　按上述同样的方式为图纸添加浏览器组织方案，具体方法如图 6 – 35 所示。

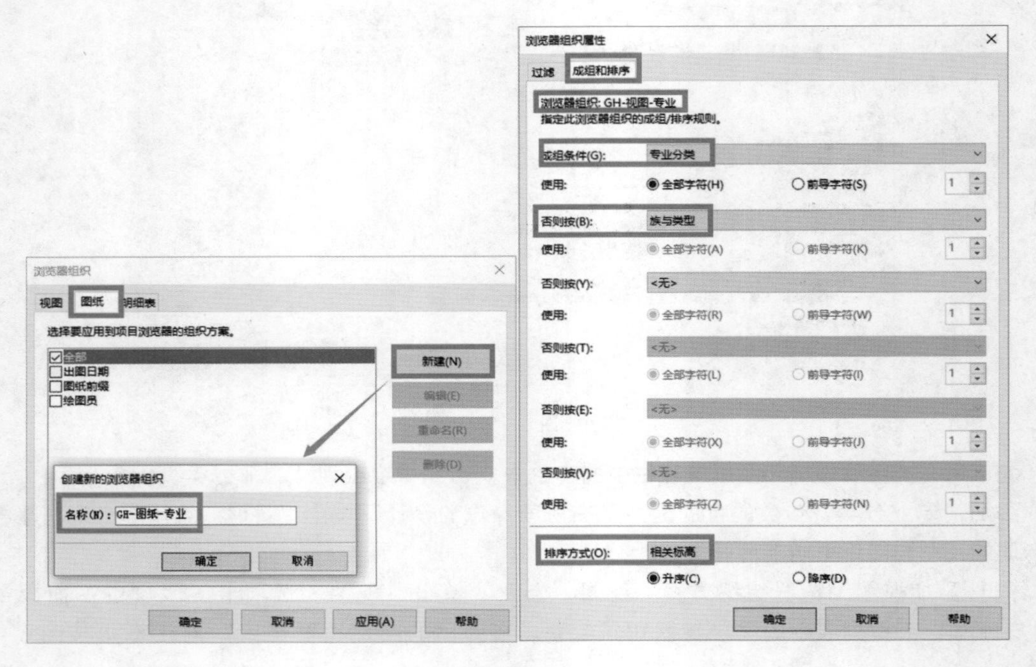

图 6 – 35

按上述方法组织的图纸浏览器可按专业进行分类，前提是每张图纸的“专业分类”参数均按要求设置。

(4) 分组和命名规则　完成视图和图纸的浏览器组织后，需要按一定的规则进行视图和图纸的分组和命名，指定以下规则。

1) 视图和图纸的“专业分类”实例参数按专业赋予文字名称：01 – 建筑、02 – 结构、03 – 给排水、04 – 电气、05 – 暖通。

2) 平、立、剖面视图生成“建模”和“出图”两个视图类型。三维视图和详图视图可按原样板默认类型。

3) 视图名称命名方法：在视图本体名称前加上专业及应用代码，专业符号为 A（建筑）、S（结构）、P（给水排水）、E（电气）、M（暖通），应用代码为 P（出图）、M（建模），如 AP – 1F 为建筑专业出图 1F 平面。

平立剖面“建模”和“出图”视图类型可根据需要灵活使用，同位置的平、立、剖视图不一定均生成“建模”和“出图”两个视图。

以上规则和参数设置使用者可根据实际工作进行变化，目的是准确便捷地建模和出图。

2. 新建视图

视图按以上规则分类后便可新建视图，以验证视图分类是否正确，步骤如下：

(1) 建立新平面类型　在“标高 1”的“属性”面板中单击“编辑类型”，在打开的“类型属性”对话框中按图 6 – 36 操作，添加“出图”类型。同理，添加“建模”类型。

图 6－36

（2）给视图和图纸的“专业分类”赋值　单击“标高 1”视图，在视图“属性”面板中给“专业分类”参数赋值为“01－建筑”，如图 6－37 所示。同理，可给各专业的视图按“序号＋专业名称”的方式赋值，完成后的显示如图6－38所示。

（3）按规则规范视图名称　将视图名称“标高 1”改为“AP－1F”，最终完成后，项目浏览器上的显示样式如图 6－39 所示。视图名称的命名规则能保证所有同一视图类别中的视图名称不会重复。

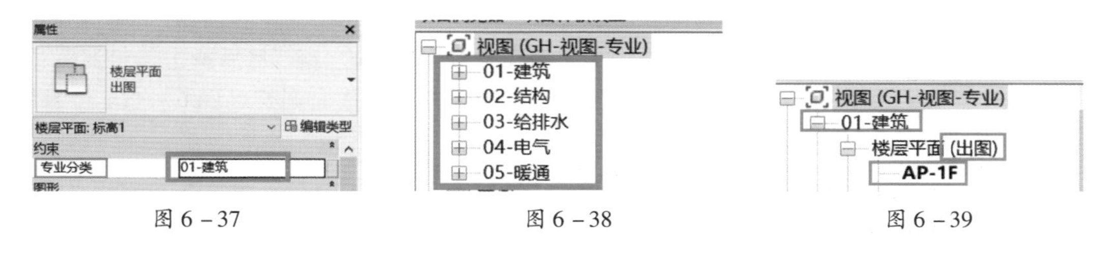

图 6－37　　　　图 6－38　　　　图 6－39

二、 视图过滤器设置

视图过滤器可以控制视图中共享公共属性的图元的可见性和图形显示，可以将多个过滤器应用于同一视图，也可以将一个选择过滤器应用于多个视图。

1. 创建关于墙属性的过滤器

打开视图平面“AP－1F”，现有墙体如图 6－40 所示。

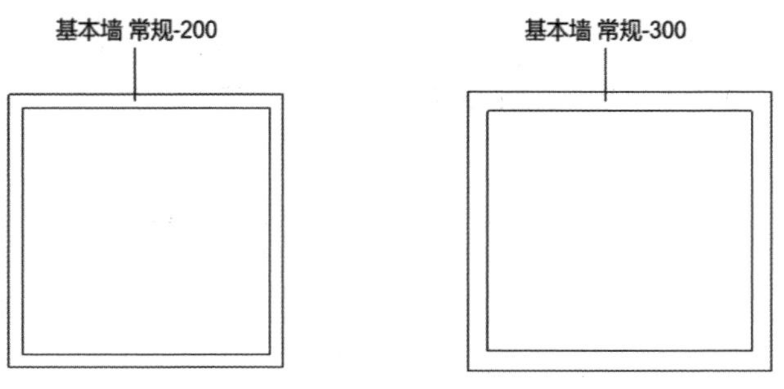

图 6－40

单击“视图”选项卡下“图形”面板中的“过滤器”，在“过滤器”对话框中按图 6－41 操作，生成名称为“墙－200 厚”的过滤器。

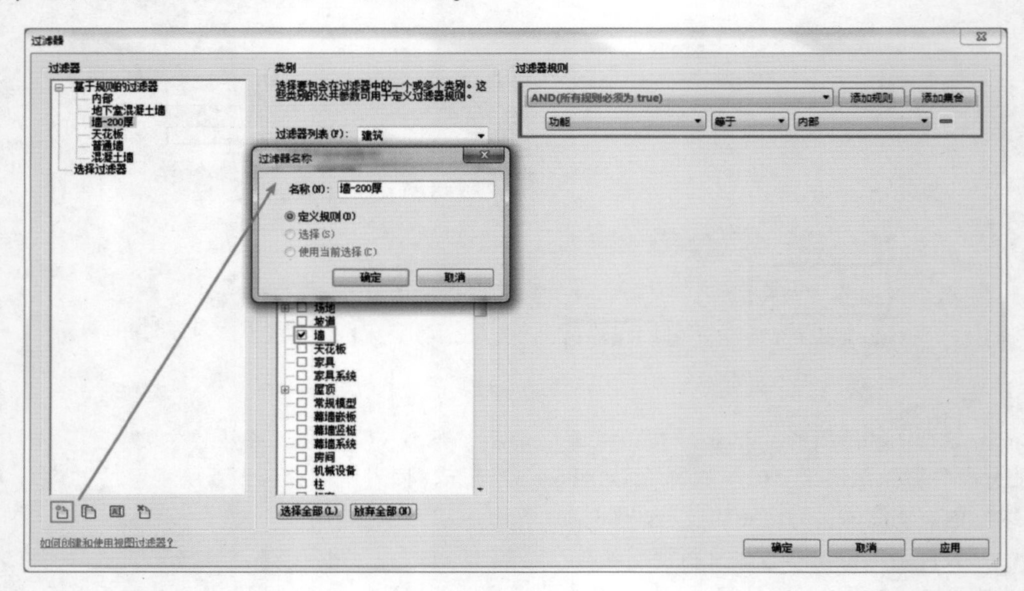

图 6－41

2. 在视图中应用过滤器

单击“视图”选项卡下“图形”面板中的“可见性/图形替换”，然后单击“过滤器”选项卡，按图 6－42a 添加名称为“墙－200 厚”的过滤器，并进行截面调整（图 6－42b 和图 6－42c）。完成后的墙体对比效果如图 6－43 所示。

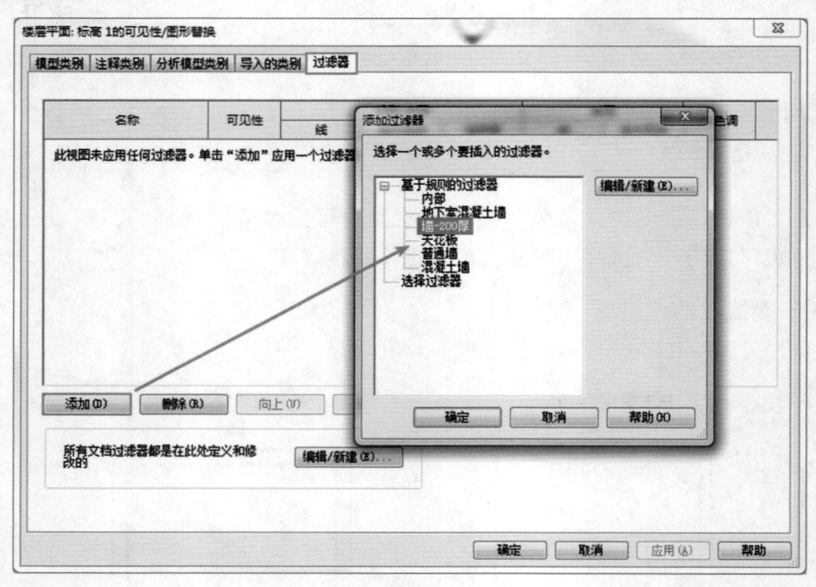

a)

图 6－42

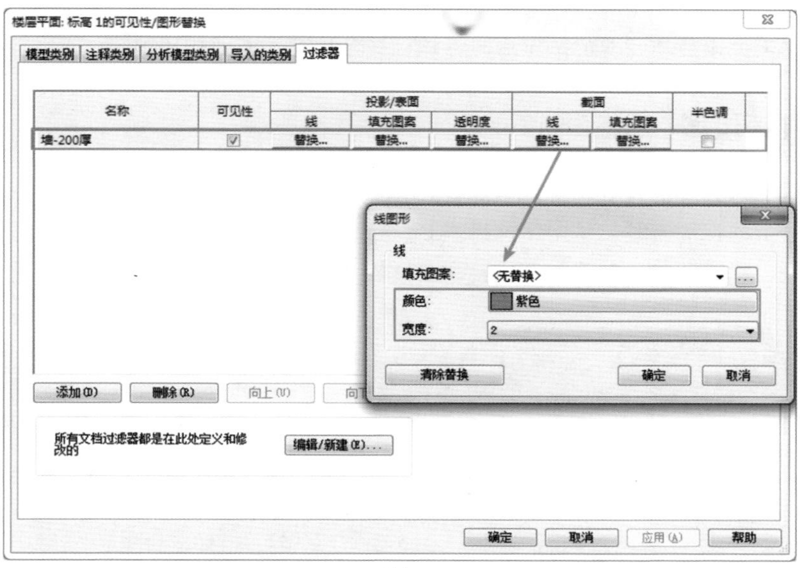

b)

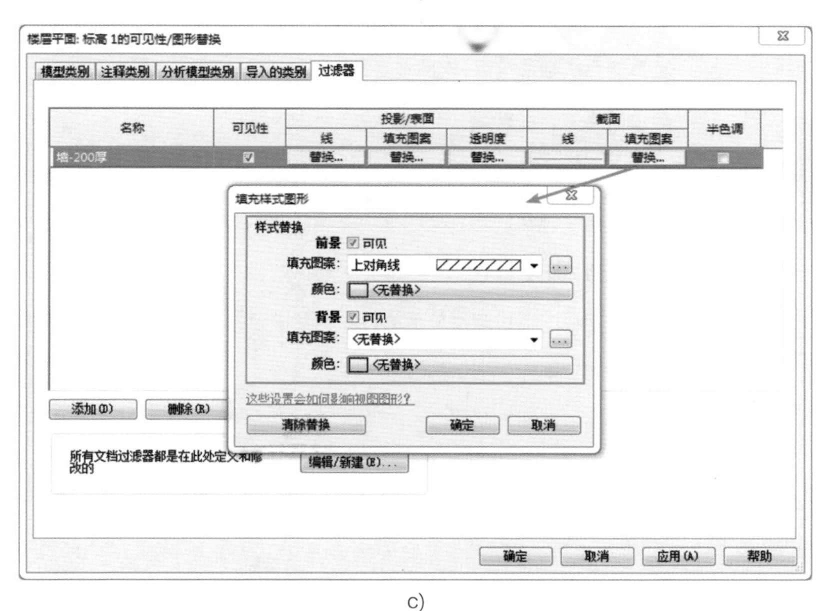

c)

图 6－42（续）

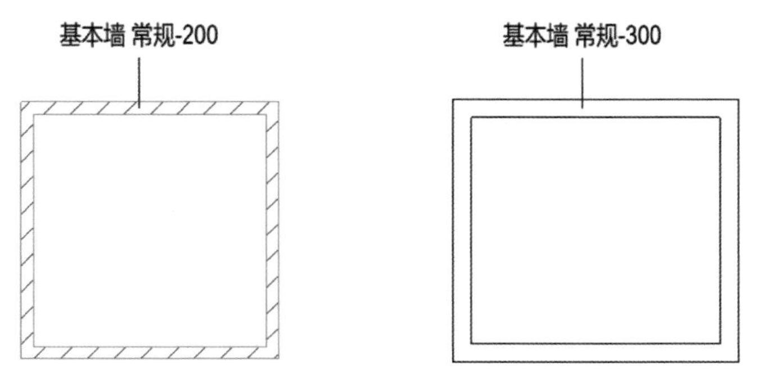

图 6－43

各专业根据需要设置本专业的浏览器时，建议在名称前加专业代码前缀。

三、视图样板设置

视图样板是一系列视图属性的标准设置。使用视图样板可以确保设计文档的一致性。视图样板可以控制相当多的视图属性，常用属性见表 6 - 3。可通过对现有的视图样板进行复制、修改来创建新视图样板，也可通过当前视图创建新视图样板。

表 6 - 3

名称	说明
视图比例	指定视图的比例，如果选择“自定义”，则可以编辑“比例值”属性
比例值 1:	指定来自视图比例的比率，例如，如果视图比例为 1:100，则比例值为长宽比 100/1 或 100。选择“视图比例”属性的“自定义”时可以编辑此值
详细程度	将详细程度设置应用于视图中
V/G 替换模型	定义模型类别的可见性/图形替换
V/G 替换注释	定义注释类别的可见性/图形替换
V/G 替换过滤器	定义过滤器的可见性/图形替换
V/G 替换工作集	定义工作集的可见性/图形替换
模型显示	定义表面（视觉样式，如线框、隐藏线等）、透明度和轮廓的模型显示选项
阴影	定义视图的阴影设置
背景	对于三维视图，指定要显示的背景，其中包括天空、渐变色或图像
远剪裁	对于立面和剖面，指定远剪裁的平面设置
视图范围	定义平面视图的视图范围
方向	将项目定向到项目北或正北
规程	确定规程专有图元在视图中的显示方式
颜色方案位置	指定是否将颜色方案应用于背景或前景
颜色方案	指定应用到视图中的房间、面积、空间或分区的颜色方案
系统颜色方案	指定管道和风管的颜色方案
截剪裁	指定平面视图的深度剪裁平面设置

1. 创建视图样板

通过复制现有视图样板创建新视图样板，并应用到视图中。

单击“视图”选项卡下“图形”面板中的“视图样板”下拉列表中的“管理视图样板”，在弹出的“视图样板”对话框中按图 6 - 44 操作，在“视图属性”面板中按需进行修改。

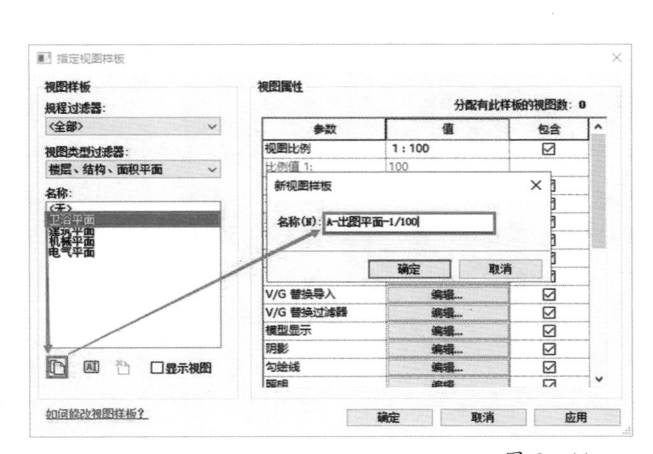

视图属性

分配有此样板的视图数: 0

参数	值	包含
视图比例	1 : 100	☑
比例值 1:	100	
显示模型	标准	☐
详细程度	中等	☑
零件可见性	显示原状态	☑
V/G 替换模型	编辑...	☑
V/G 替换注释	编辑...	☑
V/G 替换分析模型	编辑...	☑
V/G 替换导入	编辑...	☑
V/G 替换过滤器	编辑...	☑
V/G 替换工作集	编辑...	☑
模型显示	编辑...	☐
阴影	编辑...	☐
勾绘线	编辑...	☐
照明	编辑...	☐
摄影曝光	编辑...	☐
基线方向	俯视	☐
视图范围	编辑...	☑
方向	项目北	☐
阶段过滤器	全部显示	☐
规程	建筑	☐
显示隐藏线	按规程	☑
颜色方案位置	背景	☐
颜色方案	<无>	☐
系统颜色方案	编辑...	☐
截剪裁	不剪裁	☐
专业分类		☑

图 6－44

2. 将视图样板指定给视图

单击平面视图“AP－1F”视图“属性”中“视图样板”右侧的“〈无〉”按钮，如图6－45所示，在弹出的“指定视图样板”对话框中选择名称为“A－出图平面－1/100”的样板，单击“确定”关闭对话框。

另一种方式是将对应视图设置修改好后，在“项目浏览器”中单击鼠标右键，选择“通过视图创建视图样板”命令新建视图样板，然后在需要应用该样板的视图中选择“应用样板属性”，选择该样板即可，具体命令如图6－46所示。

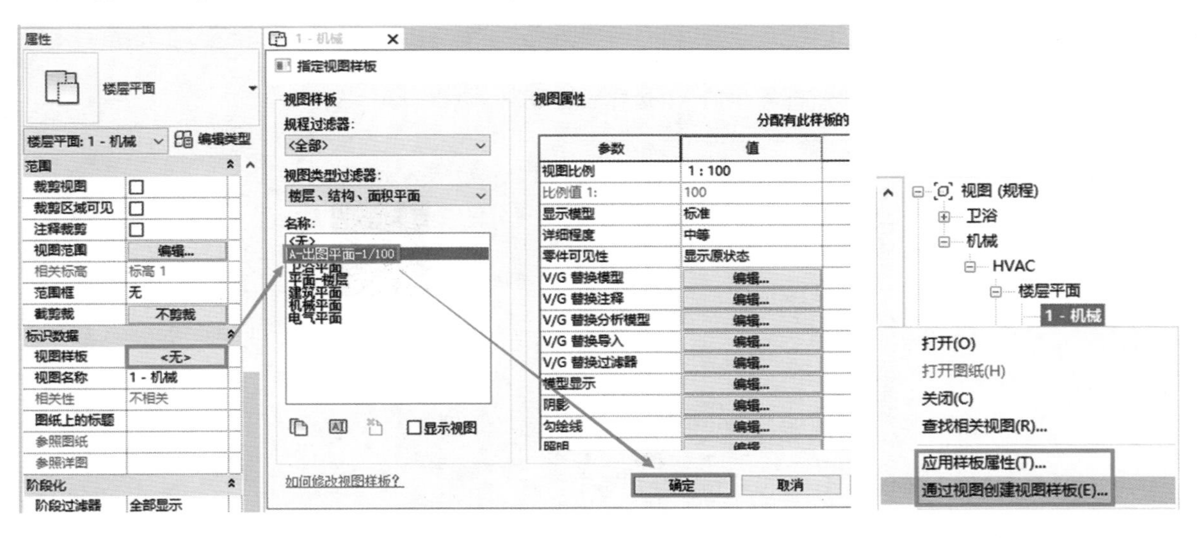

图 6－45　　　　　　　　　　图 6－46

具体视图设置参照相关章节，视图样板在指定给视图后样板内容仍可修改，所有已指定此视图样板的视图均会按修改后的视图样板进行显示。

四、 标题栏制作

标题栏是一个图纸样板，定义了图纸的大小、外观和其他信息。可以使用族编辑器创建标题栏族。标题栏一般包含以下两种类型的信息：① 项目专有信息，应用于项目中的所有图纸。② 图纸专有信息，对于项目中的每张图纸，此信息可能会各不相同。

创建 A1 图纸标题栏的步骤如下：

1. 创建标题栏

单击“文件”选项卡下“新建”中的“标题栏”，在“新标题栏”对话框中，选择“A1 公制. rft”，如图 6－47 所示，单击“打开”。

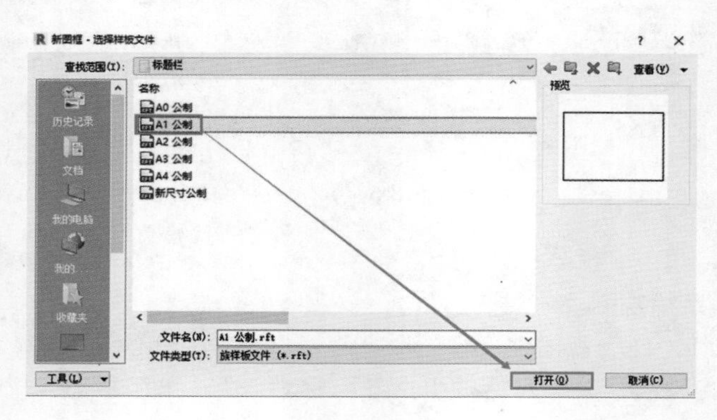

图 6－47

2. 导入 CAD 标题栏

1）单击“插入”选项卡下“导入”面板中的“导入 CAD 格式”。

2）在“导入 CAD 格式”对话框中，定位并选择 CAD 文件“图框底图 CAD. dwg”。

3）按图 6－48 指定所需的导入选项，单击“打开”。

4）移动导入的文件与族编辑器中的 A1 边界线重合。

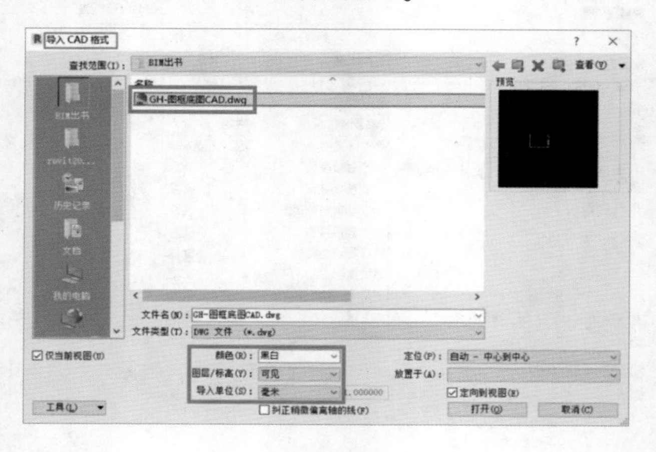

图 6－48

3. 添加宽线

1）单击“管理”选项卡下“设置”面板中的“对象样式”，在“对象样式”对话框中，新建图框子类别“TK－1.4”，如图6－49所示。

图框及子类别的样式设置在项目样板文件中完成，无须在族编辑器中设置。

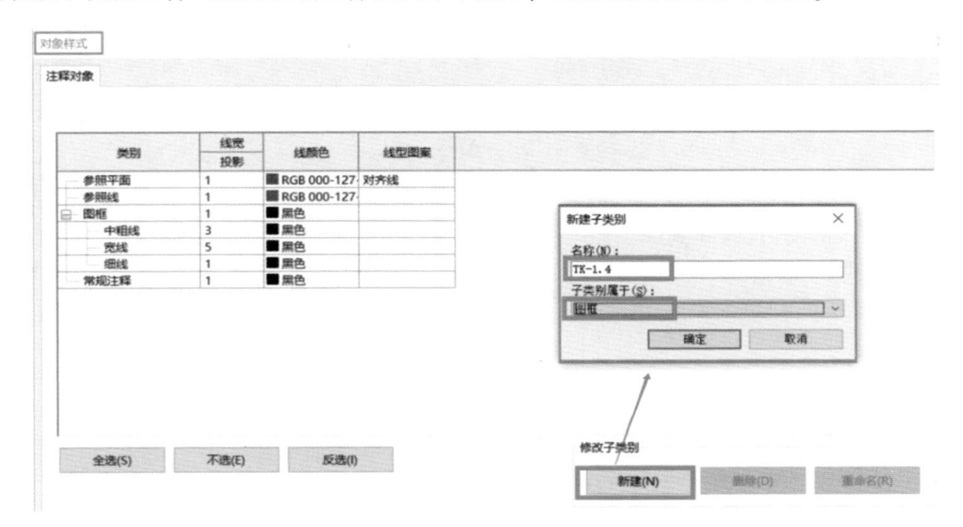

图6－49

2）单击“创建”选项卡下“详图”面板中的“线”，在“修改丨放置线”选项卡中选取“子类别”为“TK－1.4”（图6－50a），在图6－50b所示位置画线。

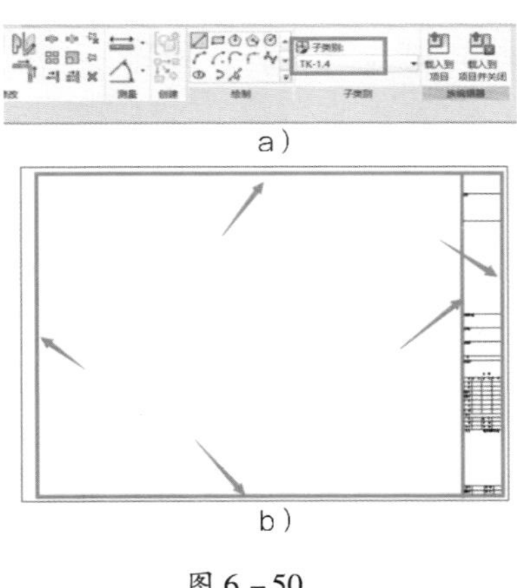

a）

b）

图6－50

4. 完善自定义字段所需的信息

（1）项目专有信息　项目专有信息在项目文件中出现在“项目信息”内，具体详见“本章第一节”。

（2）图纸专有信息　图纸专有信息在项目文件中出现在图纸实例属性中，利用的内置参数和需添加的共享参数如下。

1）图纸实例属性中内置的参数对应的图纸专有信息见表6－4。

表6－4

分组名称	图纸中的参数名称	对应的图纸标题栏内容
标识数据	审核者	审核
	设计者	设计
	绘图员	制图
	图纸名称	图纸名称
	图纸编号	图号

2）需添加到图纸实例属性的共享参数对应的图纸专有信息见表6－5。

表 6-5

分组名称	图纸中的参数名称	对应的图纸标题栏内容
文字	修改版次	修改版次
	工种负责	工种负责
	图别	图别
	校对	校对

添加共享参数的方法参见本章第一节。

5. 将自定义字段添加到标题栏中

在相应位置添加标签，编辑标签对应的参数名称，设置标签类型属性（字体、大小和宽度系数等），完成后如图 6-51 所示。

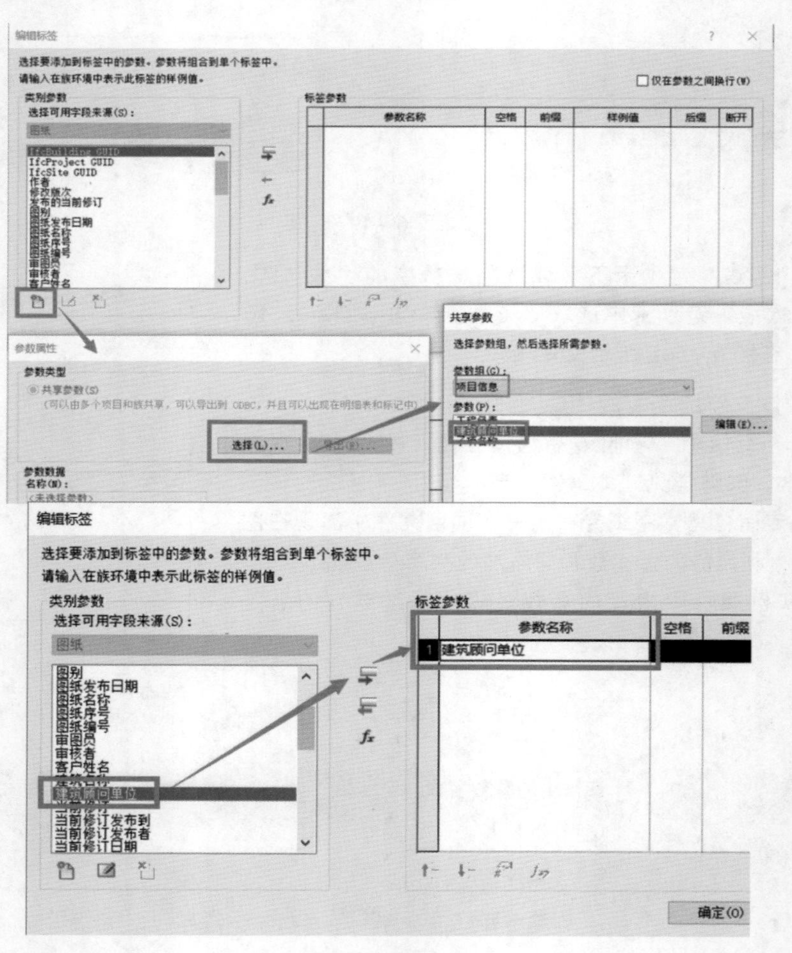

图 6-51

同理，将其他自定义字段添加到标题栏中，完成后如图 6-52 所示。

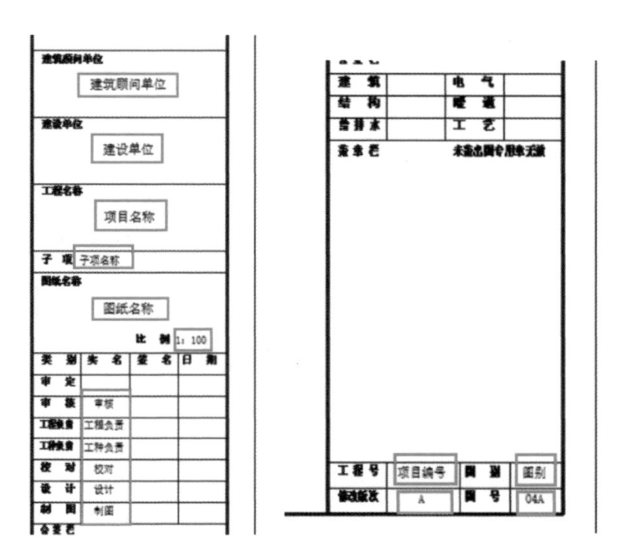

图 6－52

本项目标题栏共有 16 个自定义字段，其中项目信息字段 6 个，图纸信息字段 9 个，视图信息字段 1 个（比例）（图 6－52）。

6. 将标题栏载入到项目样板文件中

1）保存此文件，名称为“定制 A1 图框”，载入到项目样板文件中。

2）加载图纸专有信息的共享参数。

3）添加图纸：单击“视图”选项卡下“图纸组合”面板“图纸”，在“选择标题栏”中选择“定制 A1 图框”创建新图纸（图 6－53）。可以看到原来项目样板中设置好的信息已出现在新生成图纸中，可根据需要修改相关信息，如图 6－54 所示。

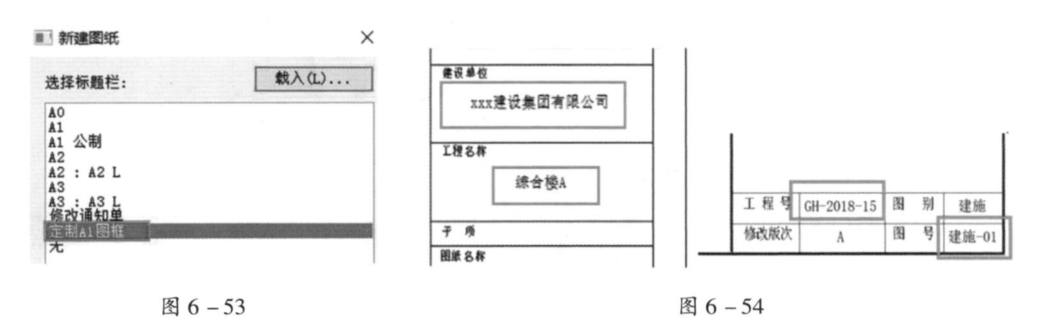

图 6－53　　　　图 6－54

第四节　常用注释设置

一、文字注释设置

说明性的文字可以通过文字注释添加到图形中。文字注释会随视图比例的变化自动调整大小，以确保其在图纸中的字高统一。在将文字注释添加到图形中时，可以控制引线、文字换行和文字格式的显示。

单击“注释”选项卡下“文字”面板中的 ↘ “文字类型”图标，在“类型属性”对话框中，任意“复制”一种类型，命名为“GH－仿宋－2.5－0.7”并按图 6－55 调整数值。

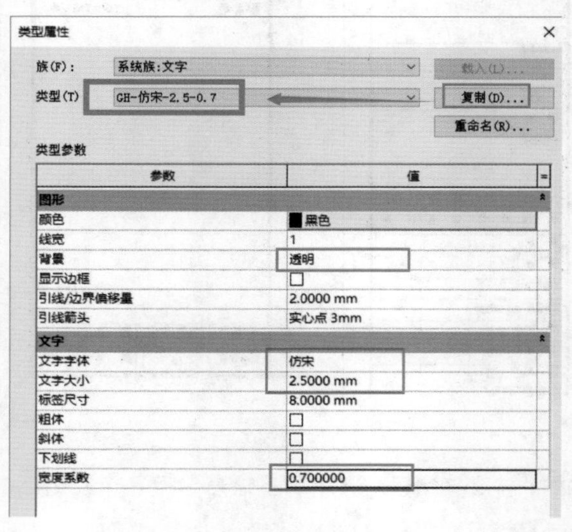

图 6－55

建议文字类型的命名方法为“（字体名称）－（文字大小）－（宽度系数）”。从 Revit2017 开始，文字大小开始使用大写字母高度进行报告，如图 6－56 所示。汉字高度与大写字母的比例为4:3。

图 6－56

二、 尺寸标注设置

尺寸标注在项目中显示测量值，包括对齐标注、线性标注、角度标注、半径标注、直径标注、弧长标注、高程点标注、高程点坐标、高程点坡度。以上标注均为系统族，可为每个标注系统族建立所需类型。

1）单击“管理”选项卡下“设置”面板中的“其他设置”下拉列表中的“箭头” ⇄，在“类型属性”对话框中“复制”任意类型，按图 6－57 输入，生成新箭头类型“标注斜线”。

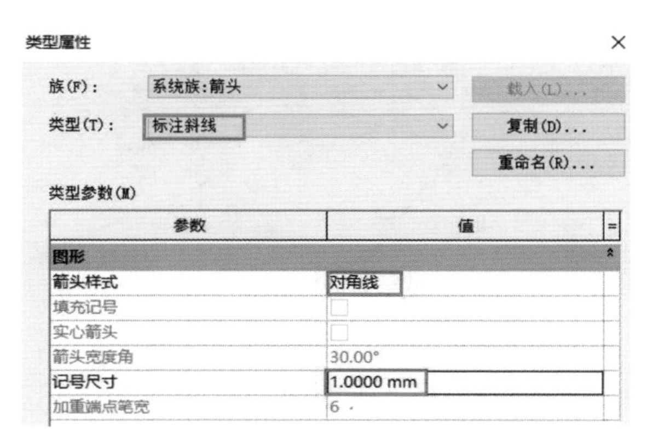

图 6－57

2）单击“注释”选项卡下“尺寸标注”面板下拉列表，然后选择“线性尺寸标注类型”，“复制”任意类型，按图6－58输入，生成新线性尺寸标注类型“线性标注”。

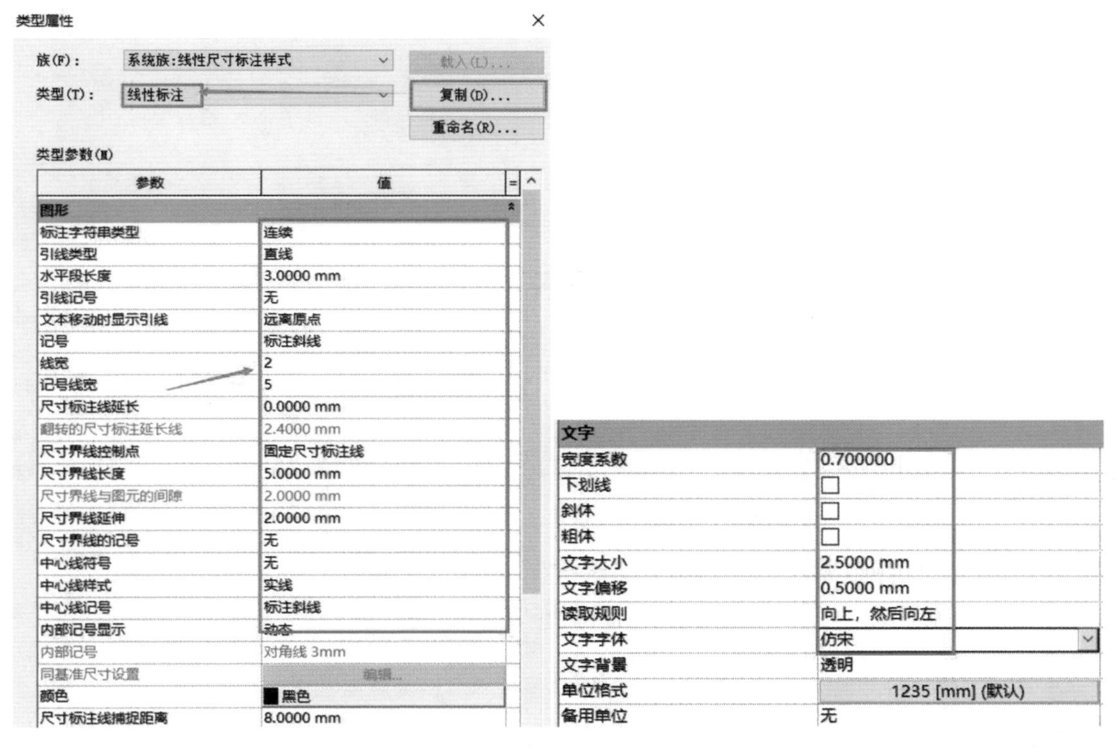

图 6－58

可参考上述操作按需生成或修改其他尺寸标注类型。

三、视图标记设置

视图标记主要分为立面标记、剖面标记和详图索引标记。每个视图标记都对应着一张视图。

如图6－59所示，在“视图”选项卡中分别单击“创建”面板中的“剖面”“详图索引”“立面”，使用样板中自带的类型，在视图中适当位置生成“剖面标记”“详图索引标记”“立面标记”。

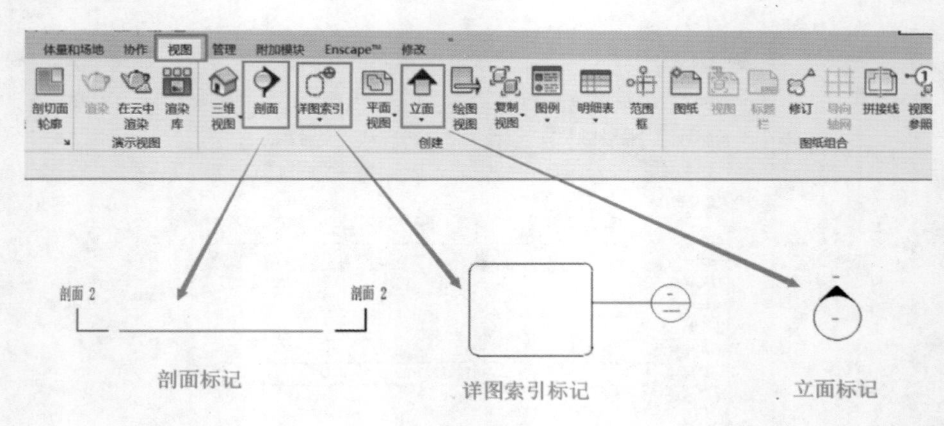

图 6－59

只有当详图视图放置于图纸中时，详图标记才会显示“详图编号”和所在图纸编号。详图编号的值可以更改，且在同一张图纸中应是唯一值，如图 6－60 所示。立面视图也是如此。

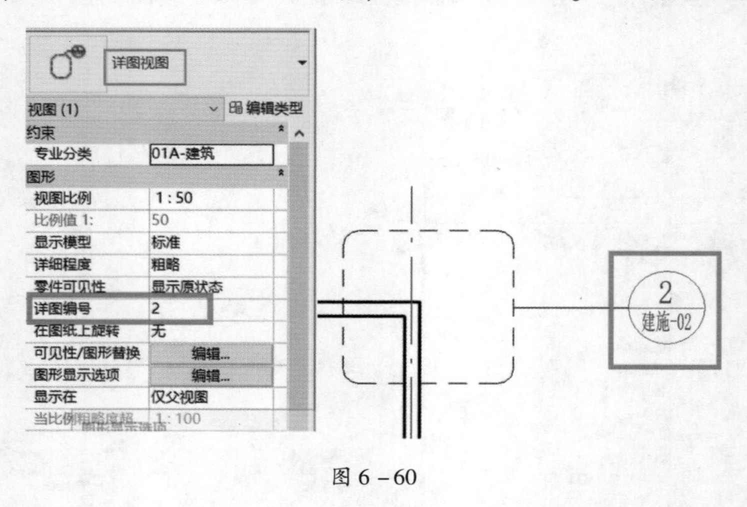

图 6－60

四、 图纸视图标题

将视图放置到图纸上时，默认情况下 Revit 会显示一个视图标题。可为视图标题指定文字属性，定义要包含在视图标题中的信息，或从图纸中略去视图标题。可为图纸上的各个视图标题定义这些属性，还可定义视图标题类型并使用这些类型将标准设置应用于视图标题。具体设置参见第十四章第五节。

五、 注释符号

注释符号是应用于族的标记或符号。与文字注释一样，注释符号会随视图比例的变化自动调整大小，使其在图纸上的大小统一。

标记一般指标记族，是用于识别图元的注释，可将标记族附着到选定图元，标记也可以包含出现在明细表中的属性。标记族可以根据图元的不同属性自由创建，常用的有门标记、窗标记、房间标记等，如图 6－61 所示。

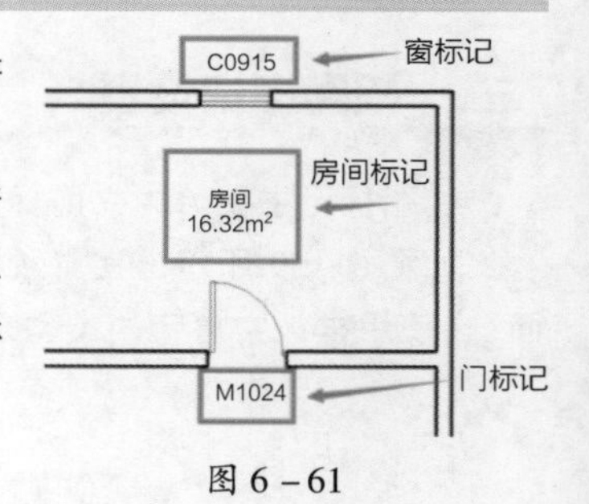

图 6－61

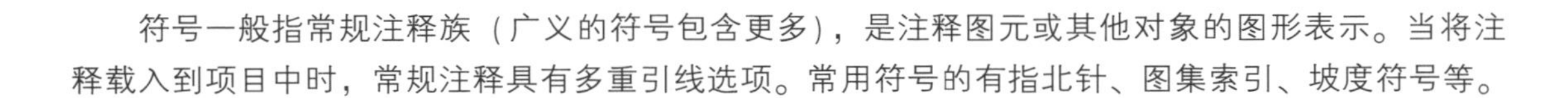

符号一般指常规注释族（广义的符号包含更多），是注释图元或其他对象的图形表示。当将注释载入到项目中时，常规注释具有多重引线选项。常用符号的有指北针、图集索引、坡度符号等。

六、注释族制作

使用平面出图时需要对平面视图进行注释，这里讲解机电出图的注释族的制作。在 Revit 族库中，注释族分为"标记族"和"符号族"，标记族可以标识模型构件的属性，如图 6－62 所示的风管尺寸标记；符号族不能读取模型属性，仅仅是作为一个独立的注释图形，如图 6－63 所示的无压水管的水流方向指示。

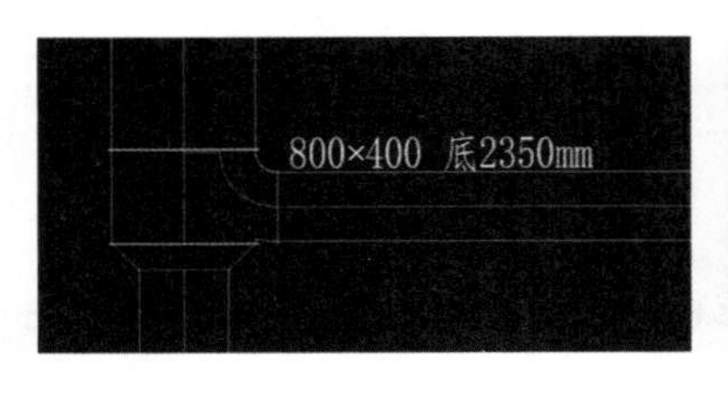

图 6－62

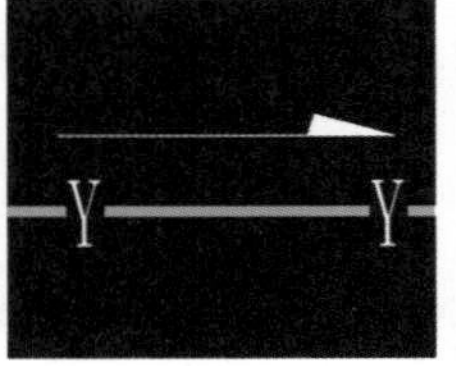

图 6－63

1. 新建标记族

以创建水管标注为例，首先新建一个常规标记族。在功能区"文件"中依次选择"新建""族"，如图 6－64所示。

在弹出的"新族－选择样板文件"对话框中采用"Chinese"库，再选择"注释"里的"公制常规标记"，单击"打开"进入到新建的标记族编辑环境中，如图 6－65所示。

图 6－64

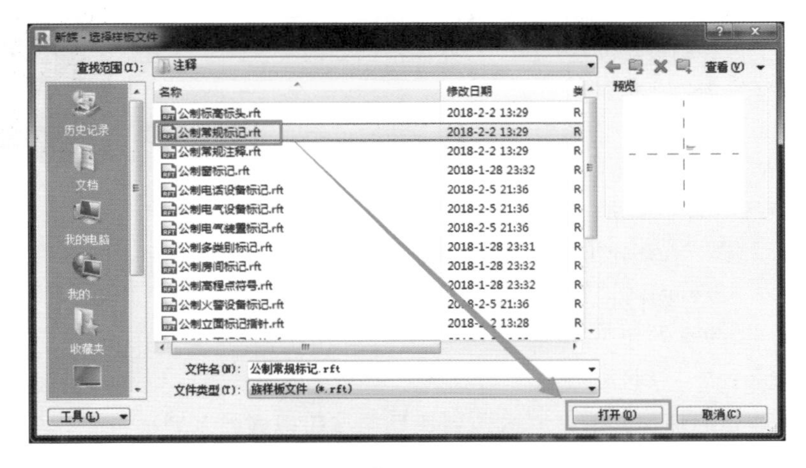

图 6－65

2. 定义族的标记类别

打开标记族编辑环境可以看到有几行族编辑前的注意事项提醒，浏览完注意事项后删除即可。打开新的标记族样板文件后，首先要定义标记族的标记类别，单击"修改"选项下"属性"面板中的图标，打开“族类别和族参数”对话框，选择“管道标记”，单击“确定”，如图 6－66 所示。

3. 创建标签

1）完成标记族在功能区中依次选择“创建”、选项卡下“文字”面板中的“标签”，如图 6－67 所示。在靠近原点的地方单击鼠标左键放置标签，此时会弹出“编辑标签”的对话框，在左边的“类别参数”字段中双击需要标记的管道参数到右边的“标签参数”中，如“开始偏移”“系统缩写”“直径”，如图 6－68 所示。

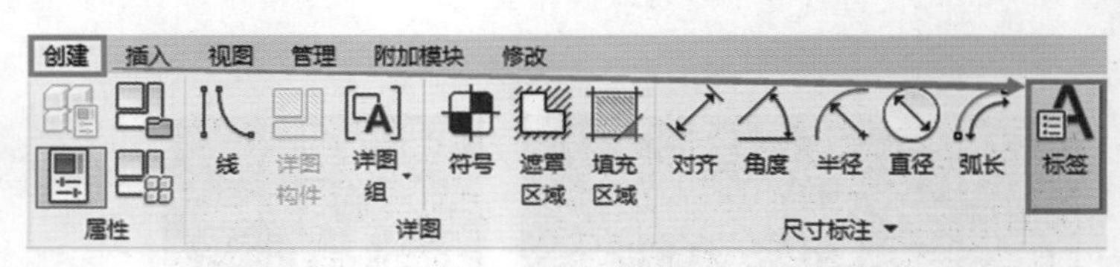

图6－67

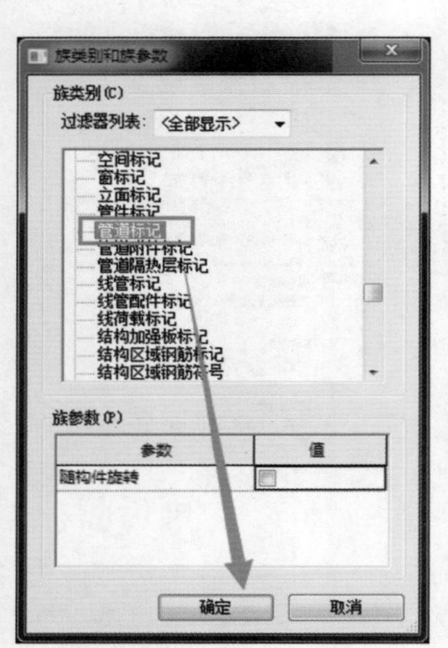

图 6－66

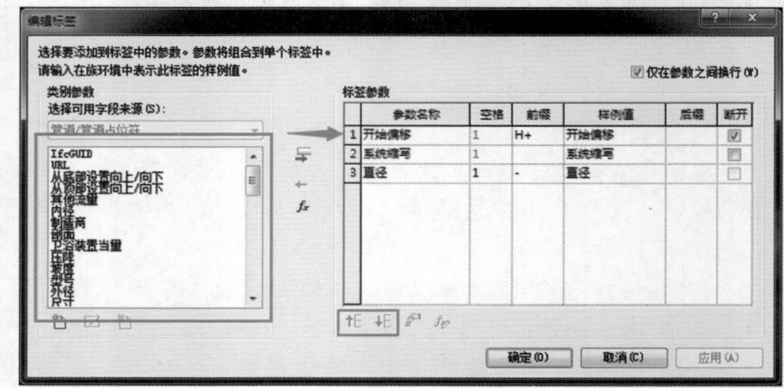

图 6－68

2）把字段添加后，需要调整标签参数的位置，选中某一个标签参数，单击可上下移动参数位置，在“开始偏移”项的“前缀”添加“H＋”，在“直径”项的“前缀”添加“－”，并且需要在“开始偏移”后分行，则应勾选“开始偏移”项的“断开”，然后单击“确定”完成标签编辑，如图 6－68 所示。创建的标签如图 6－69 所示。

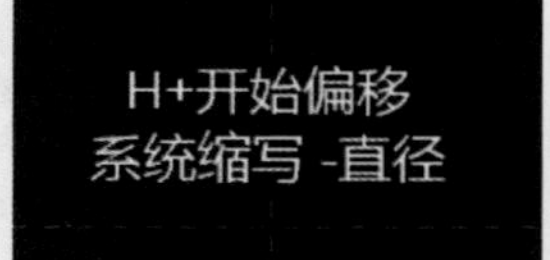

图 6－69

3）添加完标签后对字体进行调整，在“修改 | 标签”的“属性”面板中单击“编辑类型”，在弹出的“类型属性”对话框中单击“复制”，然后重新命名，比如根据文字大小命名为“3.5mm”，“文字字体”选择“宋体”，“文字大小”为“3.5mm”，“宽度系数”为“0.7”，如图 6－70 所示。最后单击“确定”，完成编辑。

4. 标记族的使用

完成标记族编辑后保存，单击“载入到项目”按钮把族载入到项目中。单击“注释”选项下“标记”面板中的“按类别标记”，再单击需要标记的管道，此时就会自动读取管道的标高、系统缩写以及管径信息，如图 6－71 所示。点选标注可以移动位置，并且在选项栏可以选择是否有引线等。对于风管、水管、桥架的标记族的做法及使用方式大致相同。

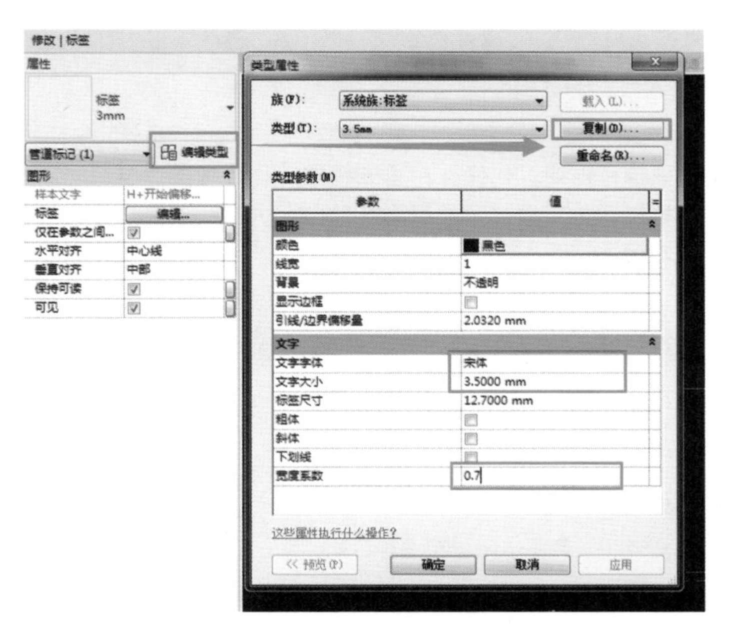

图 6－70

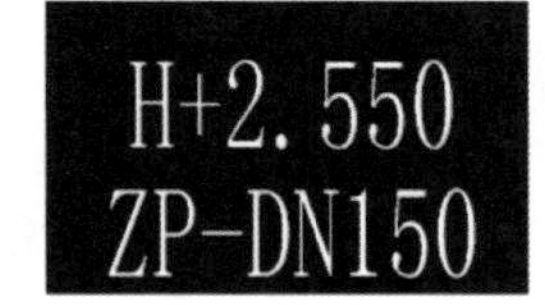

图 6－71

第五节 构件准备

一、构件添加

由于单个构件独立于整体框架，可事先进行准备。

若是已具备满足使用要求的构件，即可载入到样板中直接使用。通过“插入”选项卡中的“载入族”命令，在对应构件存放路径下选择所需要载入的族即可。软件安装完成后，会有默认族库供使用，若有符合要求的族，也可直接载入到项目中进行使用，如图 6－72 所示。

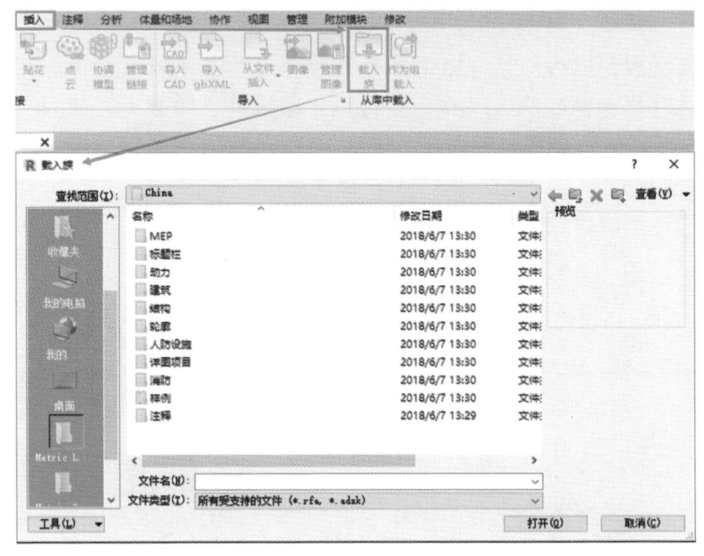

图 6－72

二、族样板分类

若是没有符合要求的构件则需要自行创建。创建构件首先需要选择合适的族样板。不同的样板除了对应的族类别不一样以外，根据其放置的灵活程度将其分为两大类：一类是有主体的族样板，一类是没有主体的族样板，见表 6－6。

表 6－6

分类	类别	样板名称
有主体的族样板	面	基于面的公制常规模型
	墙	基于墙的公制机械设备
		基于墙的公制专用设备
		基于墙的公制卫浴装置
		基于墙的公制电气装置
		基于墙的公制照明设备
		基于墙的公制聚光照明设备
		基于墙的公制线性照明设备
	楼板	基于楼板的公制常规模型
	天花板	基于天花板的公制常规模型
		基于天花板的公制机械设备
		基于天花板的公制电气装置
		基于天花板的公制照明设备
		基于天花板的公制聚光照明设备
		基于天花板的公制线性照明设备

分类	类别	样板名称
没有主体的族样板	MEP	公制专用设备
		公制风管 T 形三通
		公制风管过渡件
		公制风管四通
		公制风管弯头
		公制卫浴装置
		公制机械设备
		公制电气装置
		公制电气设备
		公制电话设备
		公制电话设备主体
		公制火警设备
		公制火警设备主体
		公制数据配电盘
		公制数据设备
		公制数据设备主体
	通用	公制常规模型

使用有主体的族样板创建构件，样板中会带有所基于的主体以供参考。例如，使用“基于墙的公制照明设备”作为样板新建族，族样板中提供一段墙体作为参考，并且会示明该照明设备的放置边，如图 6－73 所示。此类构件在放置时，必须有对应的主体供拾取才可放置，若非相应主体，则显示禁止放置的符号。

其中基于面的构件可以对放置的方式进行选择，如图 6－74 所示。

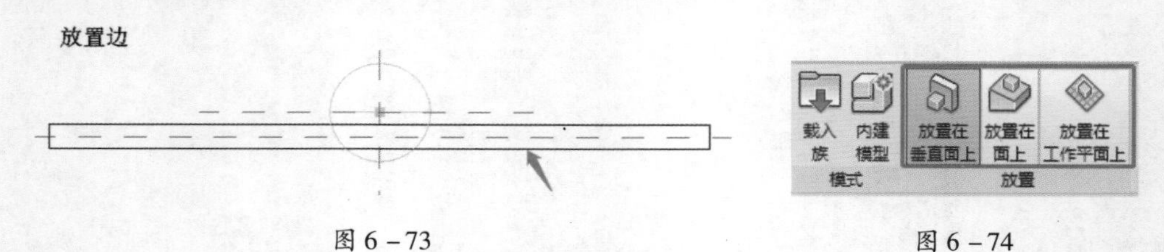

图 6－73　　图 6－74

使用没有主体的族样板所创建的族在放置时不受约束，较为灵活。

若选不到合适的族样板，可使用“公制常规模型”新建族，然后根据实际需要修改族类别即可，如图 6－75 所示。

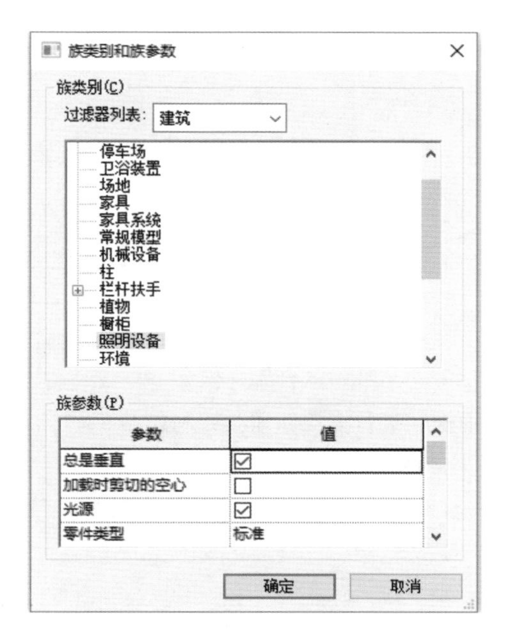

图 6－75

三、构件制作

下面以尺寸为 1800mm × 700mm × 200mm 的明装组合式单栓消火栓箱为例，进行构件参数化制作。

消火栓箱一般放置在墙体上，类别属于机械设备，族样板可以从“基于墙的公制机械设备”“公制机械设备”“基于墙的公制常规模型”“基于面的公制常规模型”中选用。为后期方便放置及区分类别，在此选用“基于墙的公制机械设备”族样板。

根据项目需求，主要制作明装可调整尺寸的箱体、箱门上的字体、管道连接口以及对应的平面表达。

1）使用“基于墙的公制机械设备”族样板新建族，首先根据构件放置方式及插入点决定构件绘制位置，族样板默认插入点为“中心（左/右）”及“中心（前/后）”参照平面的交点，如图 6－76 所示。

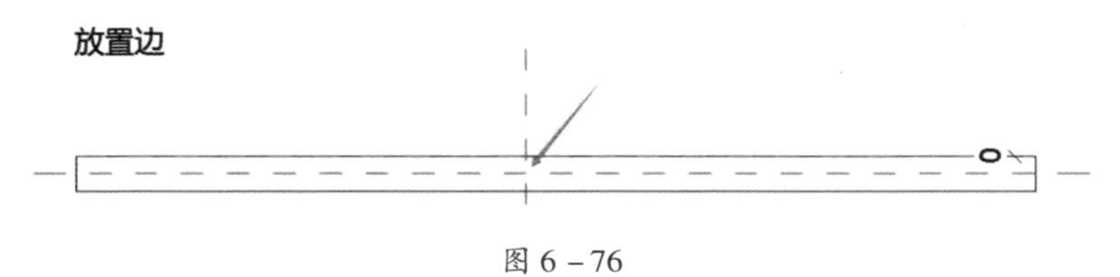

图 6－76

插入点可根据实际需要进行更换。通常消火栓箱捕捉角点放置比较方便，所以此处修改插入点为“后”与“中心（左右）”参照平面的交点，如图 6－77 所示，选中参照平面“后”，勾选“属性”面板中的“定义原点”即可。一个族中只可定义一个插入点。如定义新的插入点，原插入点会自动取消。

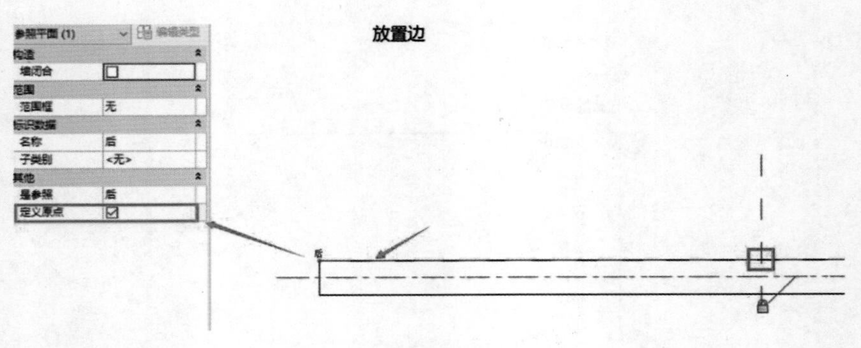

图 6－77

2）切换至“放置边”立面视图进行模型创建。绘制如图 6－78 所示的三个参照平面，以便为消火栓箱体的长度以及高度添加参数。

为参照平面添加尺寸标注，如图 6－79 所示选择对应标注，在功能区添加“箱体总高度”参数。

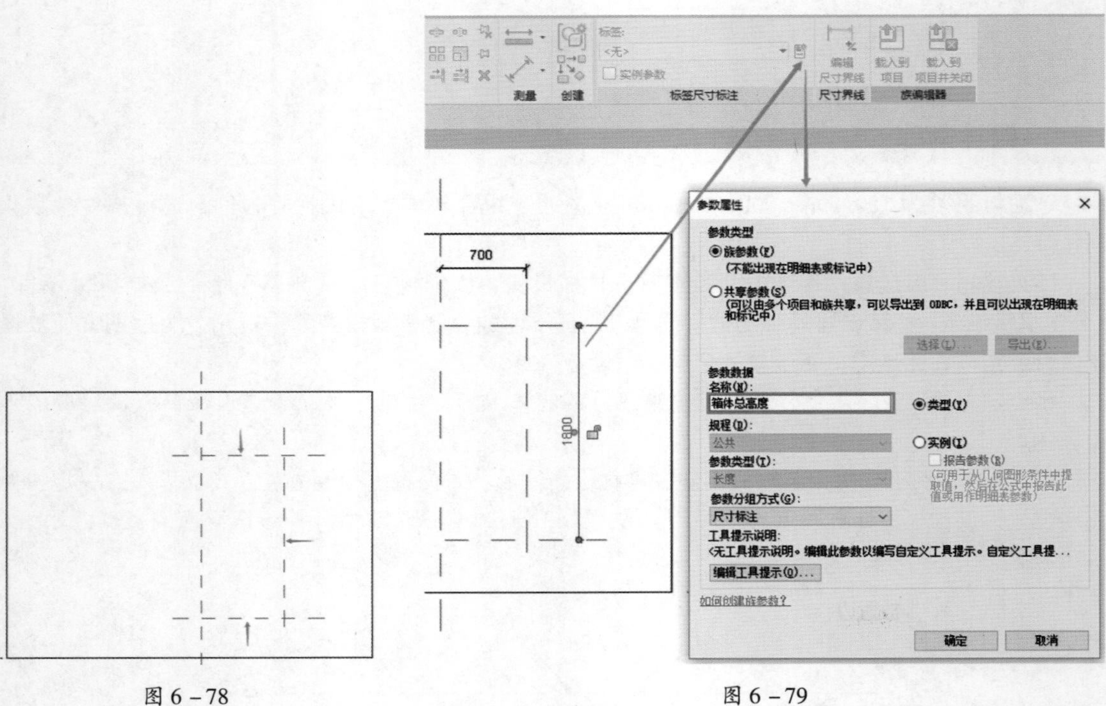

图 6－78　　　　　　　　　　　　　　　图 6－79

同样的方式添加“箱体宽度”参数。考虑后期需要调整箱体安装高度，同样的方式，在箱体下边线的参照平面与参照标高之间添加“距地高度”参数，如图 6－80 所示。

参数添加完成后，建议先在“族类型”对话框中调整参数数值查看是否可正常参变，没有问题再继续创建，如图 6－81 所示后期添加参数建议使用同样的方式进行检查，无误后再继续创建。

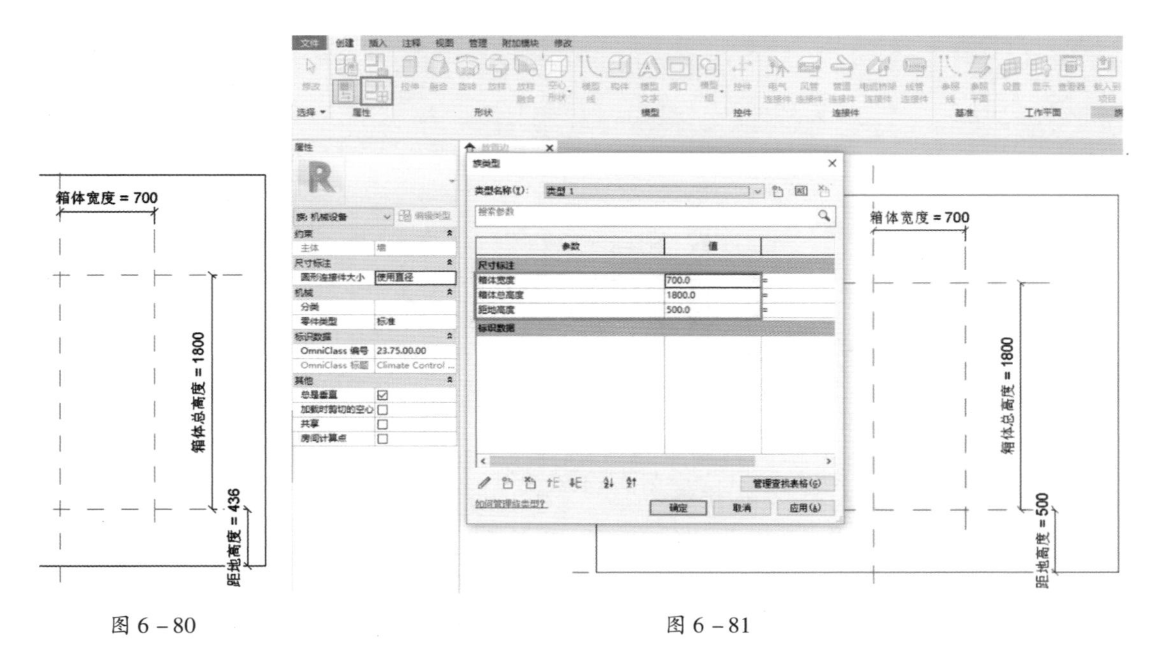

图 6 – 80　　　　　　　　　　　　图 6 – 81

3）使用“拉伸”命令创建箱体侧面板，板厚度为 1.2mm。绘制时可先使用矩形绘制方式绘制外侧边，将其四边与参照平面进行锁定关联，然后可修改偏移值为“ – 1.2”来绘制内侧轮廓，如图 6 – 82 所示。

绘制完成并将轮廓锁定关联参照平面后，同样可调整参数查看是否关联正确。

4）添加箱体厚度参数。切换至“参照标高”视图，以相同的方式添加参照平面，并在其与参照平面“后”之间添加“箱体厚度”参数，绘制另外一条参照平面作为面板的边界，添加尺寸标注并锁定，以保证箱体厚度改变时，外边框及对应面板可以正常参变，如图 6 – 83 所示。

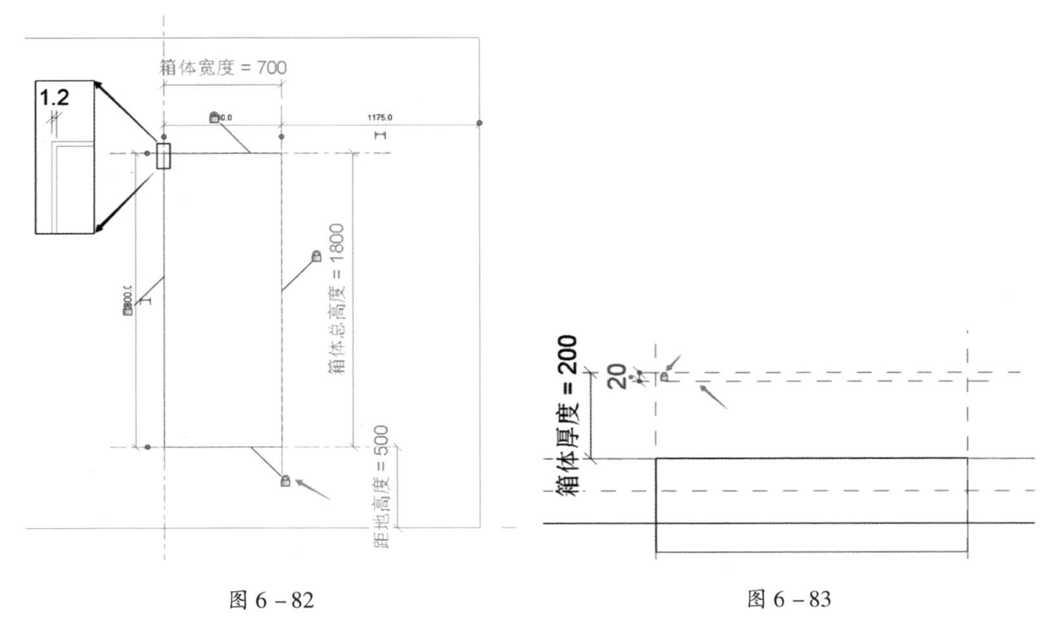

图 6 – 82　　　　　　　　　　　　图 6 – 83

使用“对齐”命令，先选择所对齐的参照平面，再选择要对齐的边，并将其锁定关联（图 6 – 84）。完成后可切换至三维视图查看形状，如图 6 – 85 所示。

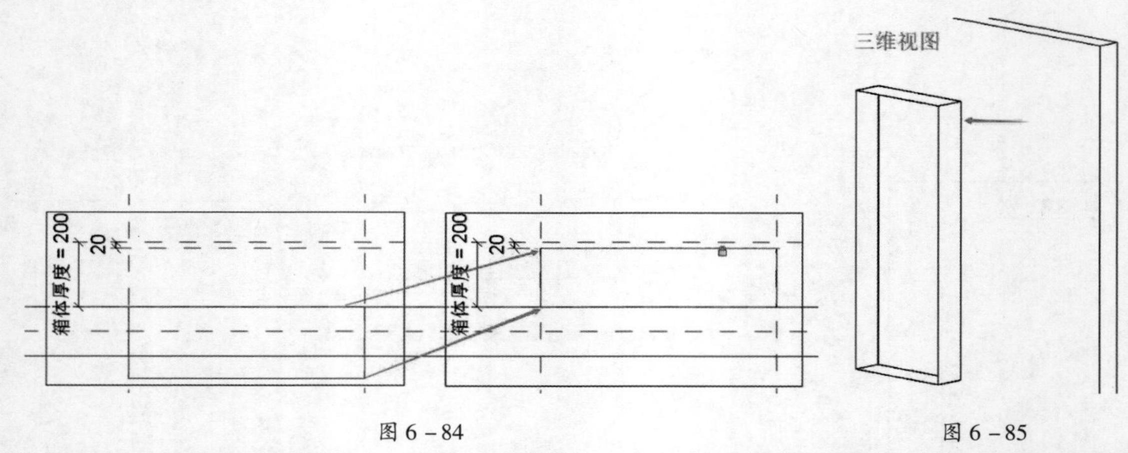

图 6－84　　　　图 6－85

5）绘制背板，同样切换至“放置边”视图，沿侧面板内侧绘制背板轮廓，并将其四边与对应侧面板内侧边进行锁定，如图 6－86 所示。

完成后回到“参照标高”视图，修改其厚度。可根据参照的工作平面，修改其“拉伸起点”“拉伸终点”来确定其厚度，如图 6－87 所示。

6）以同样的方式在“参照标高”平面创建隔板，隔板位置沿侧面板及背板内边绘制，并与相关参照平面及板边进行对齐锁定，如图 6－88 所示。

切换至“放置边”立面视图，修改隔板厚度为“1.2”，并添加“隔板高度”参数，如图 6－89所示。

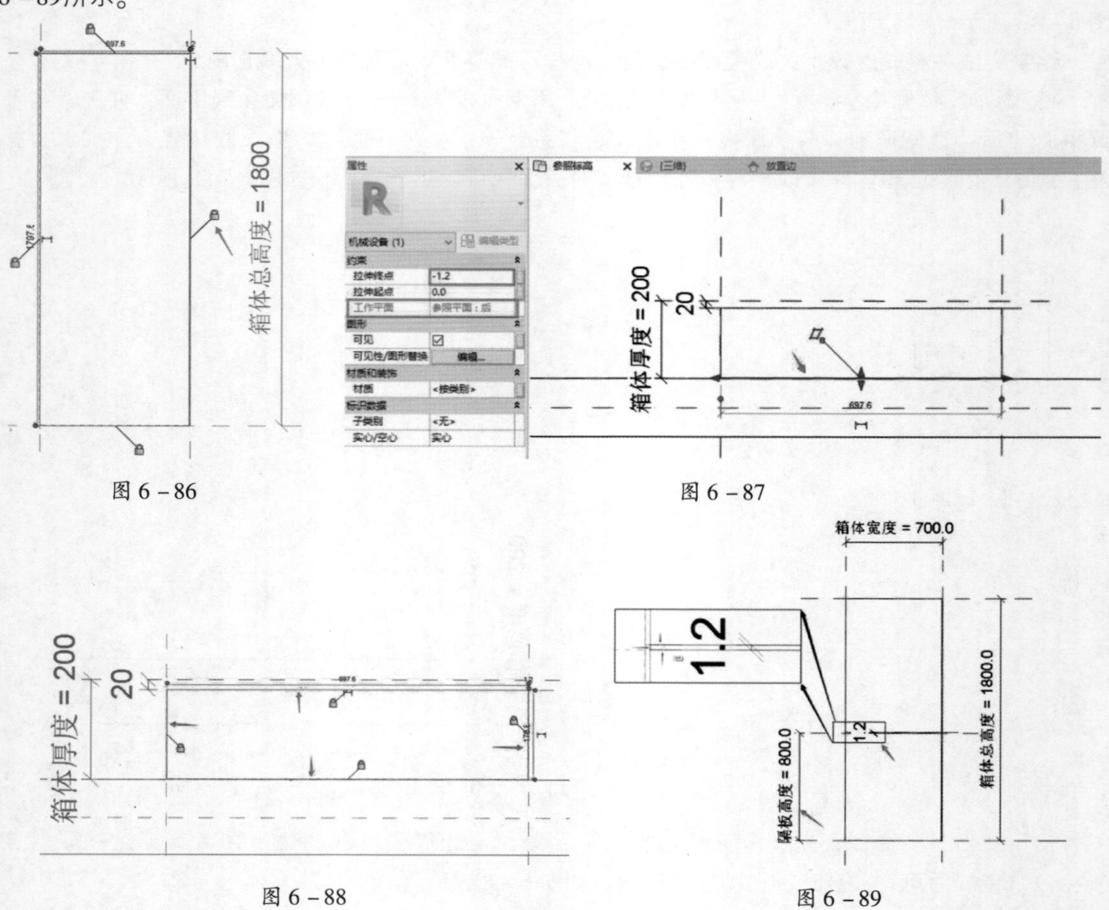

图 6－86　　　　图 6－87

图 6－88　　　　图 6－89

7）箱体完成后，创建门外边框。使用“拉伸”命令创建，可先在“参照标高”平面设置箱体前侧为工作平面（图6-90），然后转到“放置边”立面绘制轮廓。

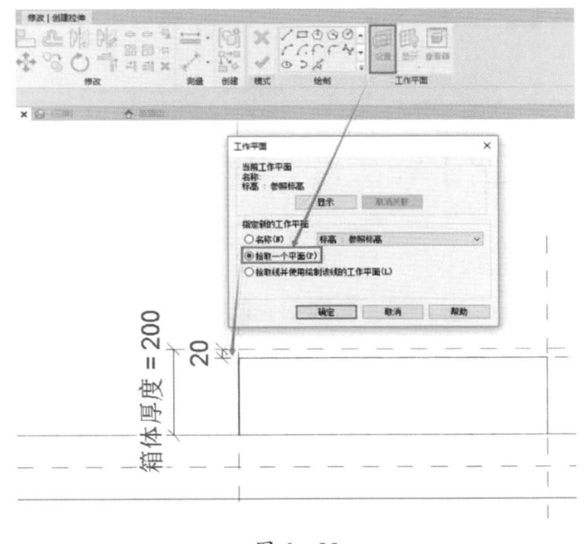

图6-90

外边框轮廓如图6-91所示，将最外侧边线与“箱体总高度”及“箱体宽度”参数所在的参照平面进行锁定。拉伸终点改为“-20”，完成外边框创建。

8）由于中框截面轮廓较为复杂，所以使用“放样”命令进行绘制。首先绘制上方中框，放样路径与外边框内边界锁定，完成路径绘制，如图6-92所示。

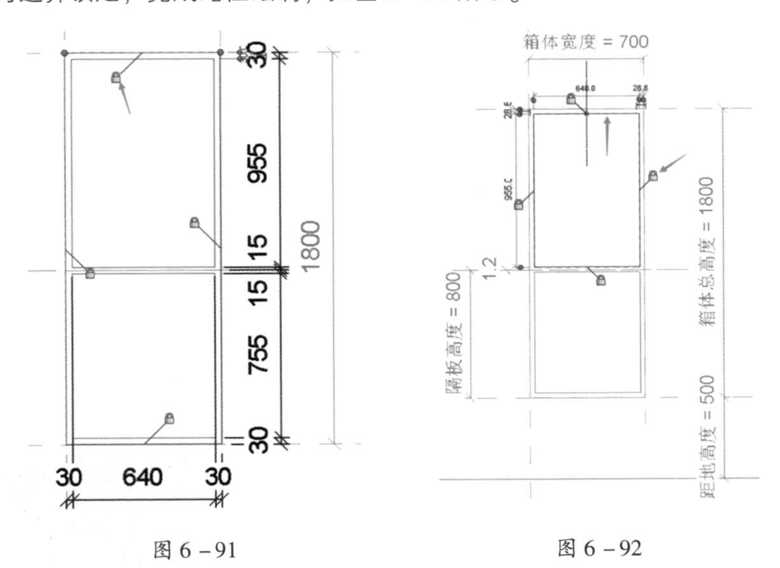

图6-91　　图6-92

跳转至“左”立面视图，参照放样路径起点及外边框位置绘制轮廓，如图6-93所示。然后以同样的方式绘制下箱体的中框。

9）中框完成后，切换至“放置边”立面视图绘制门扇玻璃。为方便锁定门扇玻璃的边界，可先将视觉样式调整为“线框”模式。拾取相应边框绘制玻璃轮廓，并进行锁定，如图6-94所示。

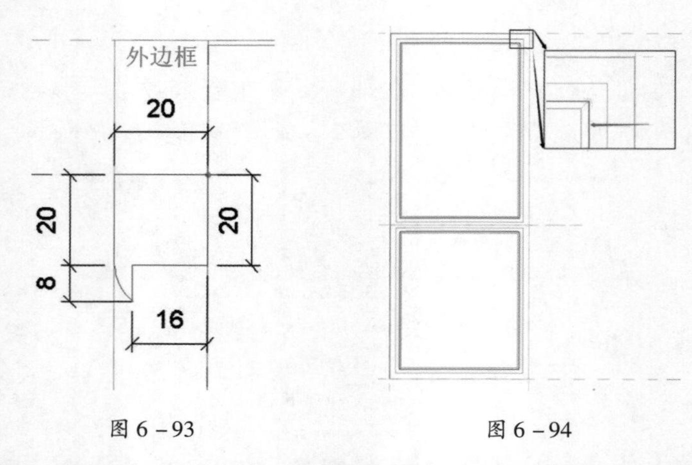

图 6－93　　　　图 6－94

完成轮廓绘制后，切换至“参照标高”平面视图修改其厚度为 4mm，并将上边线与中框对应边线锁定，如图 6－95 所示。

10）门把手简单示意即可，切换至“放置边”立面，绘制参照平面，并添加平分标注以控制门把手高度，如图 6－96 所示。

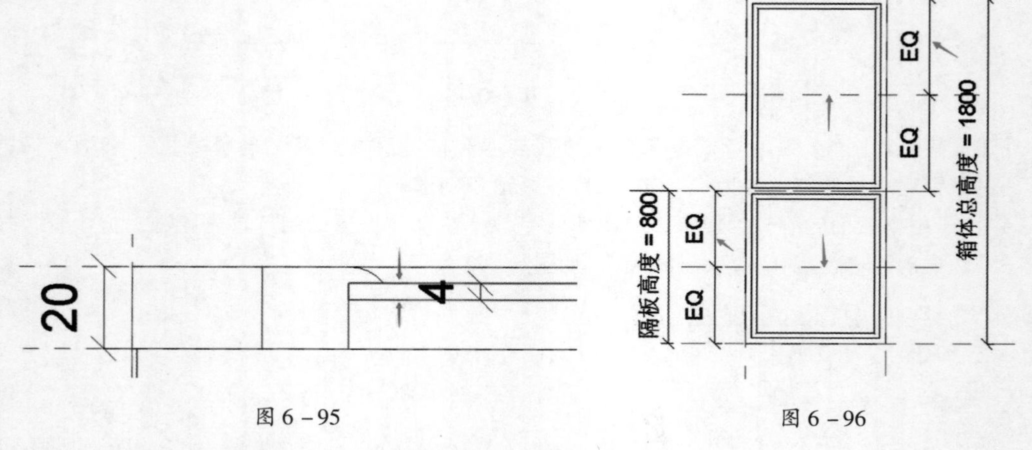

图 6－95　　　　图 6－96

使用“拉伸”命令绘制门把手即可，如图 6－97 所示。

切换至“参照标高”平面修改其厚度，并将其边线与中框边界进行锁定，如图 6－98 所示。

11）为消火栓箱添加材质：箱体——红色喷塑烤漆钢板；外边框、中框、门把手——铝合金；门扇——玻璃，最终效果如图 6－99 所示。

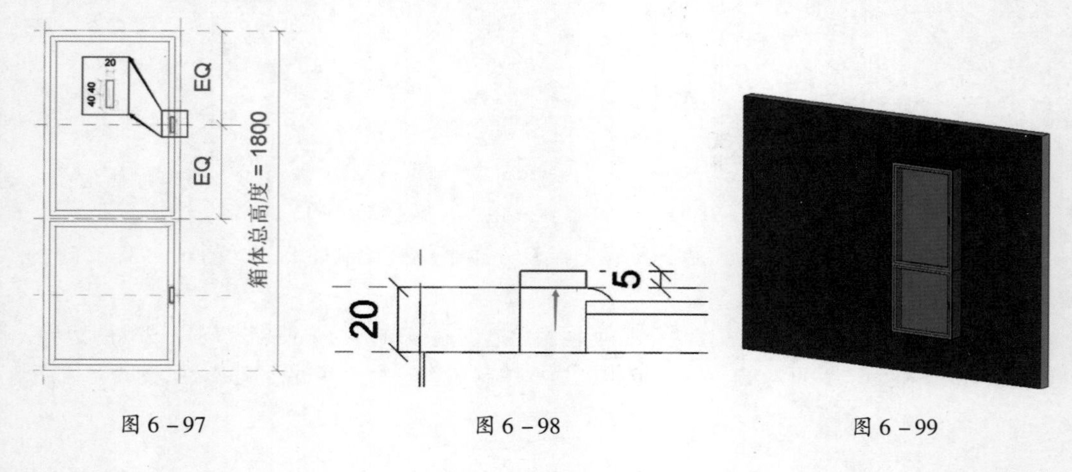

图 6－97　　　　图 6－98　　　　图 6－99

四、 嵌套族-模型文字

由于箱门上的字需要在三维视图中可见，所以采用模型文字进行创建。由于消火栓箱是可以参变的，调整箱体总高度和箱体宽度时，模型文字也需要随着一起变化，所以首先定好模型文字的位置参照，水平位置绘制如图 6－100 所示的参照平面，并添加平分标注，上下位置与门把手位置关联即可。

使用模型文字直接锁定其位置，调整“箱体宽度”参数时，如图 6－101 所示会提示“不满足约束”。

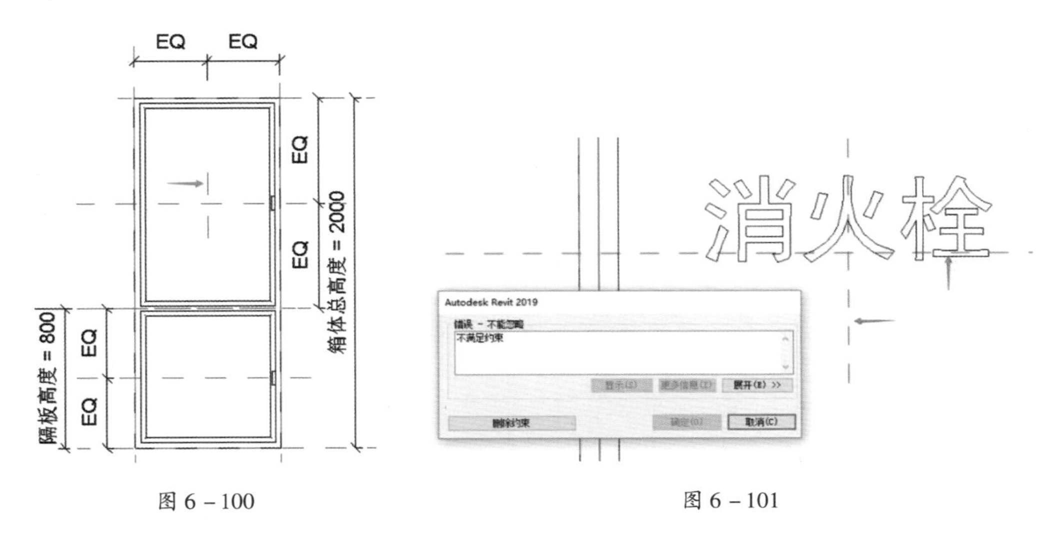

图 6－100　　　　图 6－101

此处采用嵌套的方式创建模型文字。为方便放置，使用“基于面的常规模型样板”新建族。根据《消火栓箱》（GB14561—2003）要求，字体高度不得小于 100mm，宽度不得小于 80mm，所以此处文字大小取合理值即可，厚度取 2mm。完成后将其对应位置与参照平面锁定，如图 6－102 所示。

将模型文字赋予“红色涂料”材质，载入到消火栓族中，自行调整其方向及位置，并将其对应位置与之前做好的参照平面进行锁定，如图 6－103 所示。

以同样方式创建下方箱体的模型文字“火警 119”，如图 6－104 所示。

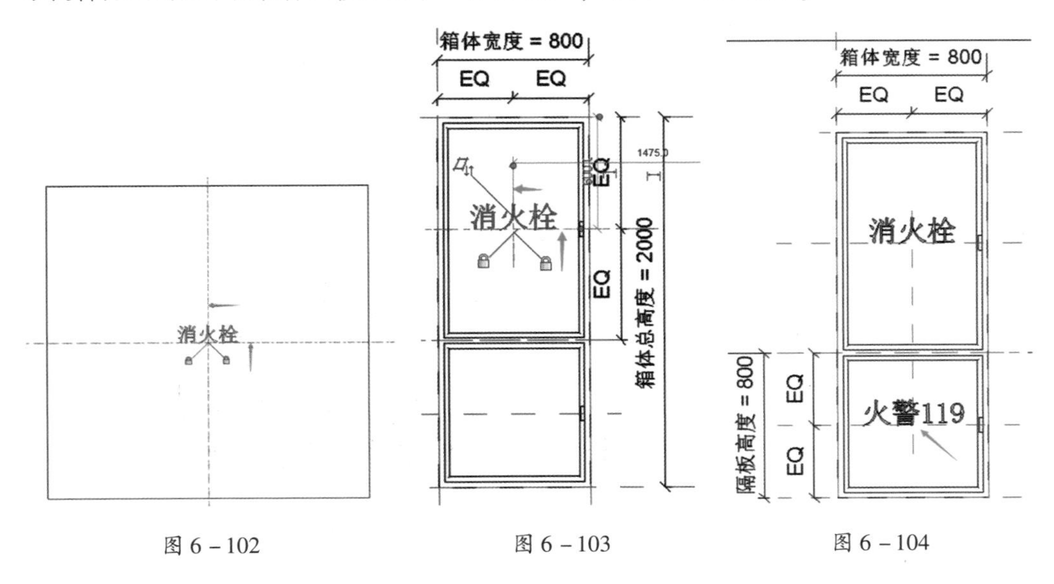

图 6－102　　　　图 6－103　　　　图 6－104

五、 嵌套族–平面表达

按照出图要求，消火栓箱平面表达样式如图 6－105 所示。

为方便平面表达尺寸与消火栓箱体一致，此处同样使用嵌套方式制作平面表达。使用“公制详图项目”样板新建族。

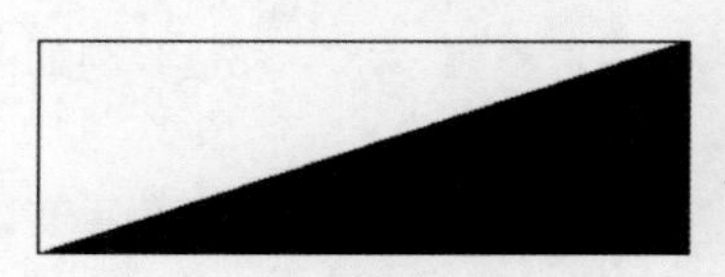

图 6－105

1）首先使用参照平面进行定位以及添加“宽度”及“厚度”参数，如图 6－106 所示。

2）使用“遮罩区域”命令创建如图 6－107 所示的矩形轮廓，并将对应边线与参照平面进行锁定。

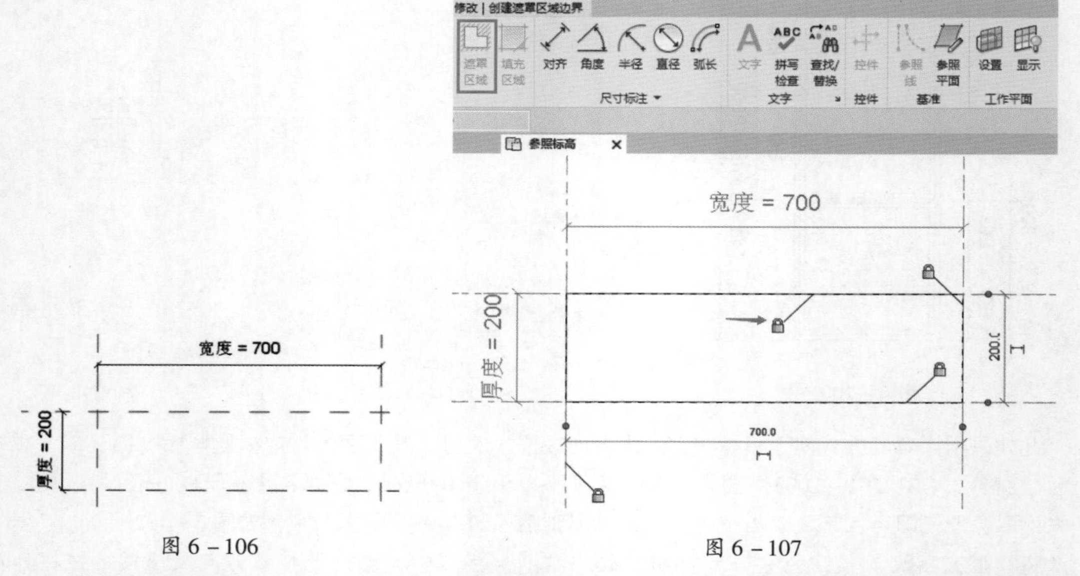

图 6－106　　图 6－107

3）使用“填充区域”命令，选择“实体填充－黑色”绘制如图 6－108 所示的轮廓，并将三角形对边、邻边与对应边线对齐锁定，右上角顶点与矩形上边线对齐锁定。

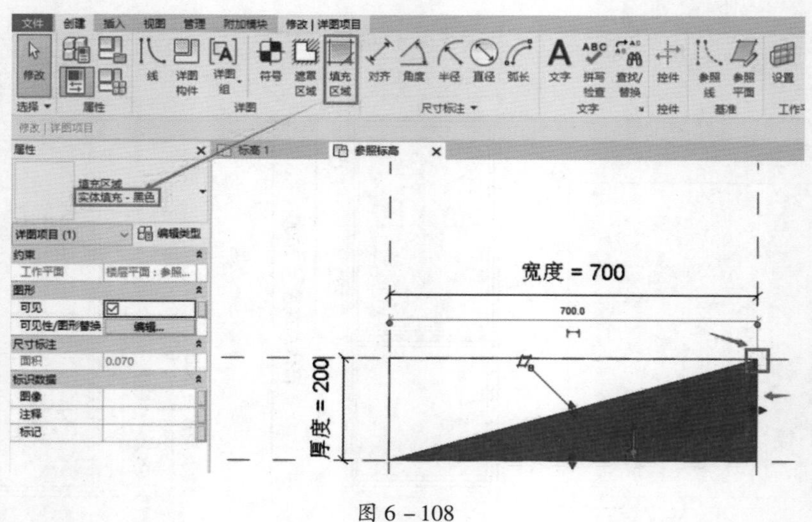

图 6－108

4）平面表达完成后载入到消火栓箱族中，放置到对应位置并进行锁定，如图 6－109 所示。

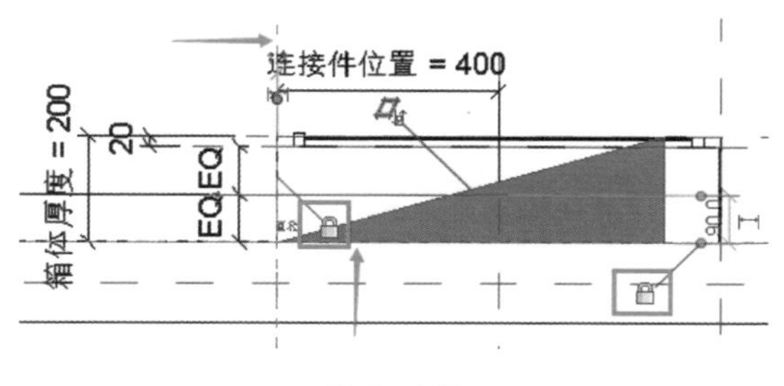

图 6－109

5）将平面表达尺寸参数与消火栓箱参数进行关联。选中平面表达，在“属性”面板“编辑类型”中，选择厚度参数后方“关联族参数”，与“箱体厚度”进行关联，如图 6－110 所示。同样的方式，将平面表达“宽度”参数与“箱体宽度”参数关联。

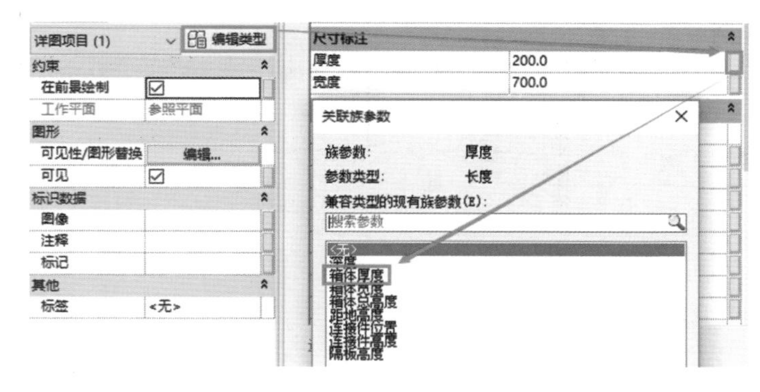

图 6－110

6）将门把手可见性进行修改，使其除三维视图外只在“前/后视图”“精细”模式下显示，如图 6－111 所示。

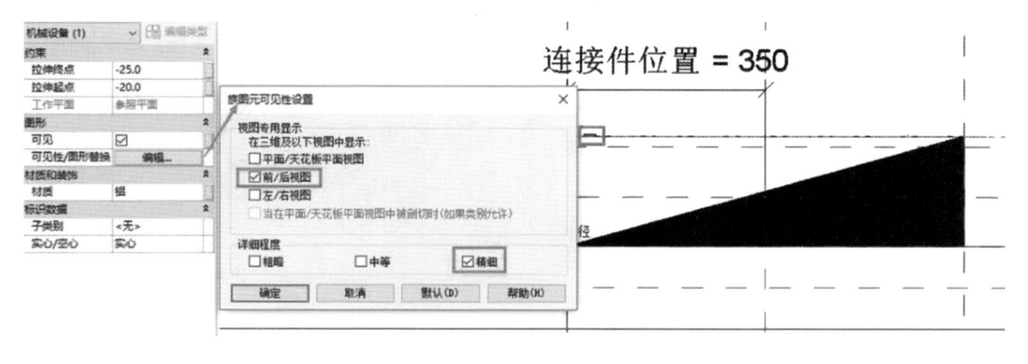

图 6－111

六、连接件

1. 连接件布置

消火栓箱总体完成后为消火栓箱添加管道连接件。在项目中，系统的逻辑关系和数据信息是通过族的连接件传递的。

由于消火栓箱分为左接、右接，所以需要给连接件添加角度参数以控制其接口位置及方向，且连接件需要基于面放置，综合以上要求，使用参照线辅助控制连接件的位置。

1）首先确定参照线所要放置的平面，添加参照平面及“连接件高度”参数，如图 6 – 112 所示。

2）拾取该参照平面作为工作平面，切换至“参照标高”平面视图，以箱体厚度的中心位置为准绘制参照平面，添加平分标注，以确定参照线旋转中心。绘制任意长度及角度参照线，将其中一个端点与旋转中心进行锁定，如图 6 – 113 所示。(为方便后期操作，将平面表达进行临时隐藏)。

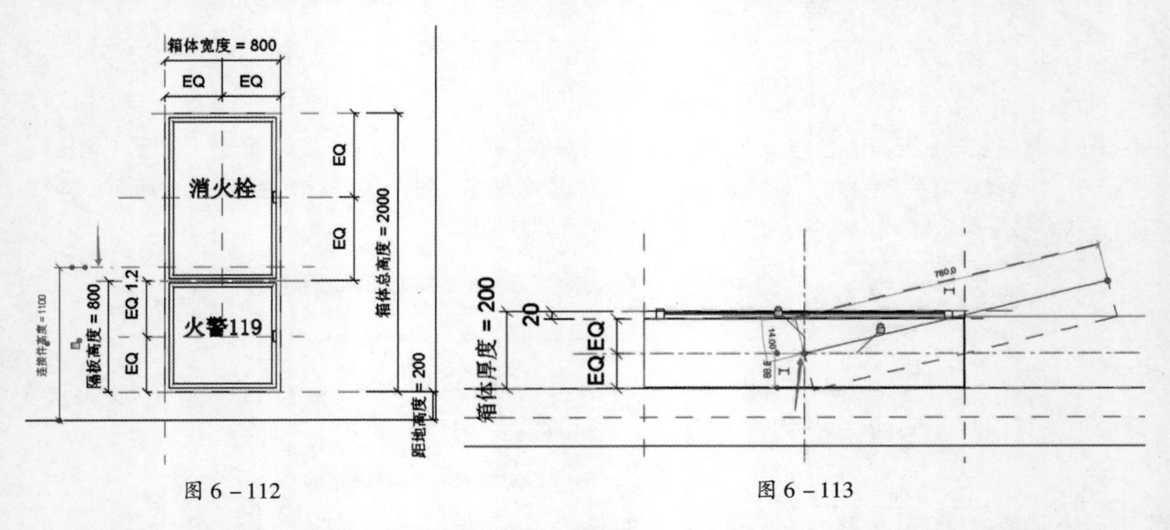

图 6 – 112　　　　图 6 – 113

3）添加“角度”实例参数，调试是否可以正常参变，如图 6 – 114 所示。(将角度添加为实例参数，方便后期调节左接、右接)。

4）为方便放置连接件，先不调整参照线长度。切换至三维视图，放置管道连接件，选择“放置在工作平面上”，然后选择参照线一端放置，如图 6 – 115 所示。

5）放置成功后，可继续完成参照线长度的修改。切换回“参照标高”平面视图，选择参照线添加标注后，设置参数“连接件位置”，如图 6 – 116 所示。

6）打开“族类型”为“连接件位置”添加公式：“连接件位置 = 箱体宽度/2”，如图 6 – 117 所示。完成后位置如图 6 – 118 所示。

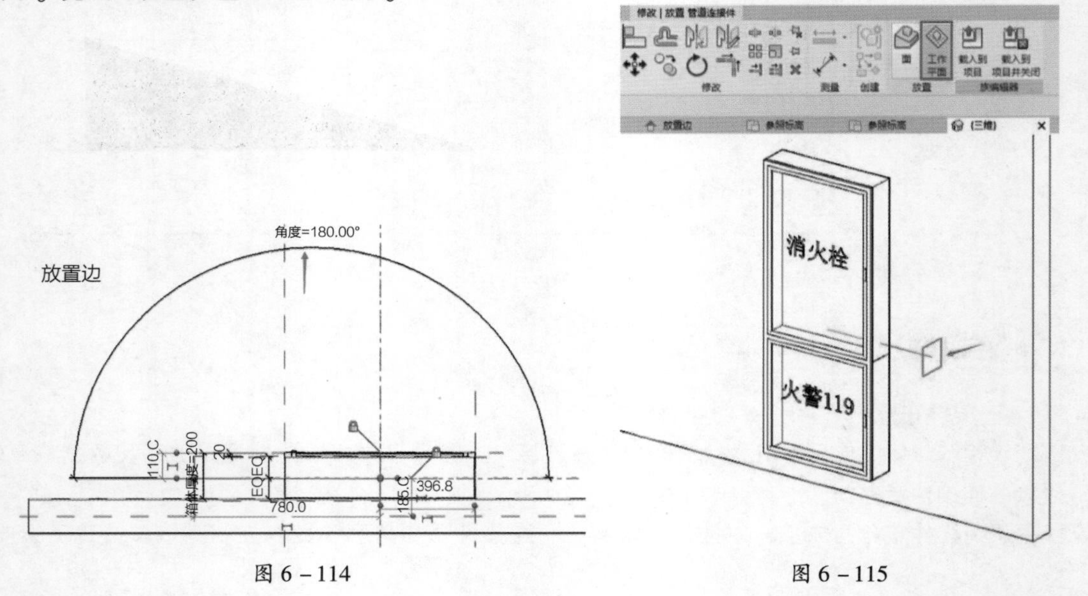

图 6 – 114　　　　图 6 – 115

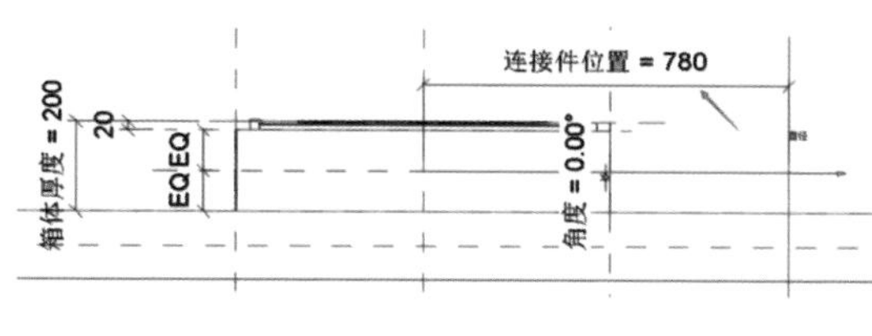

图 6－116

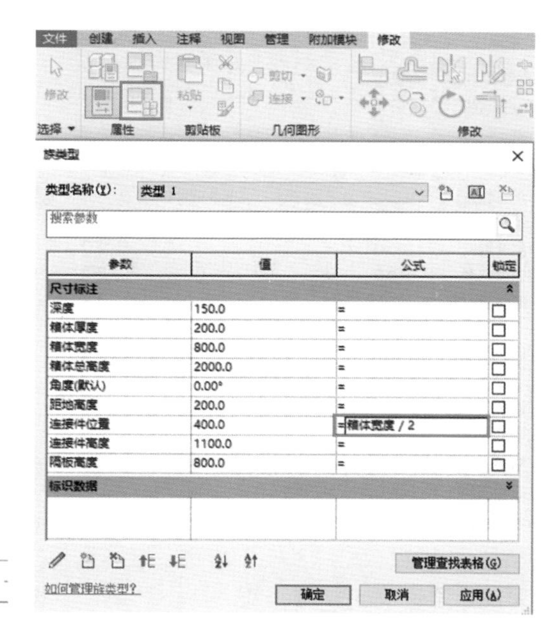

参数	值	公式	锁定
尺寸标注			
深度	150.0	=	☐
箱体厚度	200.0	=	☐
箱体宽度	800.0	=	☐
箱体总高度	2000.0	=	☐
角度(默认)	0.00°	=	☐
距地高度	200.0	=	☐
连接件位置	400.0	=箱体宽度 / 2	☐
连接件高度	1100.0	=	☐
隔板高度	800.0	=	☐
标识数据			

图 6－117

7）为方便使用族调节左接、右接，此处添加“是/否”参数来直接控制连接件的位置。在族类型中直接添加实例参数“名称”为“左接”，“参数类型”为“是/否”，如图 6－119 所示。

8）使用“if”参数控制角度，添加公式：“角度 = if（左接，180°，0°）”，完成后可勾选或取消勾选“左接”参数后的复选框进行调试查看，如图 6－120 所示。

输入公式时，符号均需要使用英文符号，使用中文符号会提示“下列参数不是有效参数”，如图 6－121 所示。

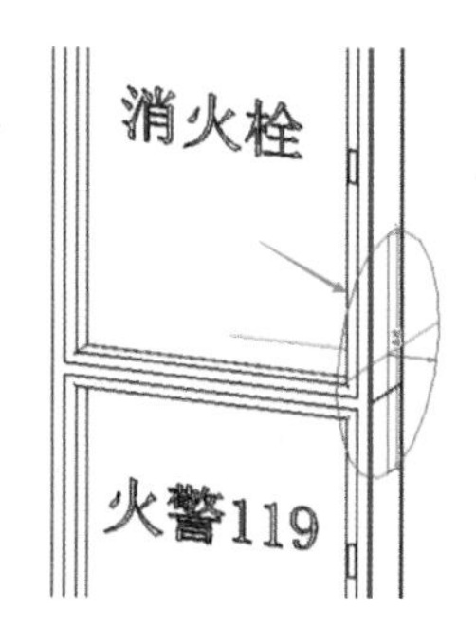

图 6－118

参数	值	公式	锁定
尺寸标注			
深度	150.0	=	☐
箱体厚度	200.0	=	☐
箱体宽度	800.0	=	☐
箱体总高度	2000.0	=	☐
角度(默认)	180.00°	=	☐
距地高度	200.0	=	☐
连接件位置	400.0	=箱体宽度 / 2	☐
连接件高度	1100.0	=	☐
隔板高度	800.0	=	☐
标识数据			

参数属性
参数类型
◉族参数(F)
(不能出现在明细表或标记中)
○共享参数(S)
(可以由多个项目和族共享，可以导出到 ODBC，并且可以出现在明细表和标记中)
选择(L)... 导出(E)...
参数数据
名称(N): 左接
○类型(Y)
规程(D): 公共
◉实例(I)
参数类型(T): 是/否
☐报告参数(R)
(可用于从几何图形条件中提取值，然后在公式中报告此值或用作明细表参数)
参数分组方式(G): 其他
工具提示说明:
<无工具提示说明。编辑此参数以编写自定义工具提示。自定义工具提...
编辑工具提示(O)...
如何创建族参数?
确定 取消

图 6－119

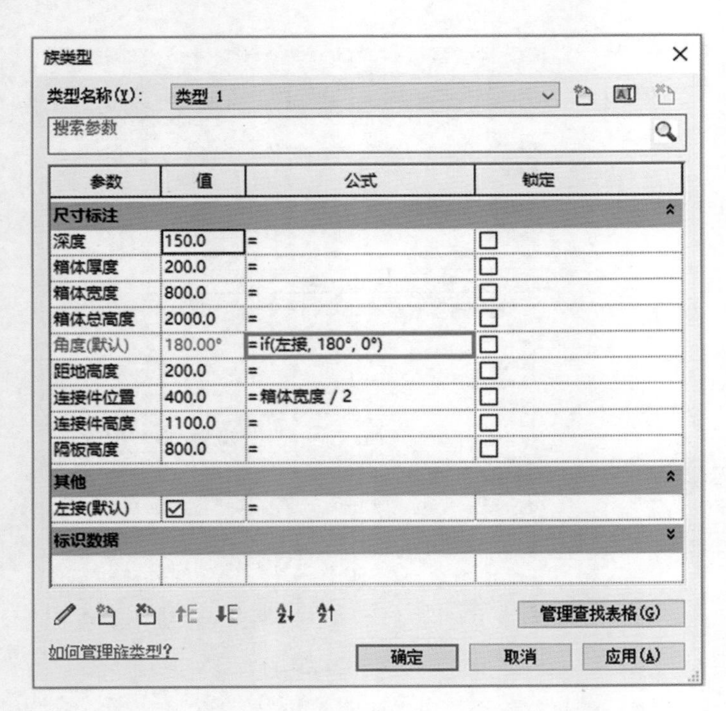

图 6－120

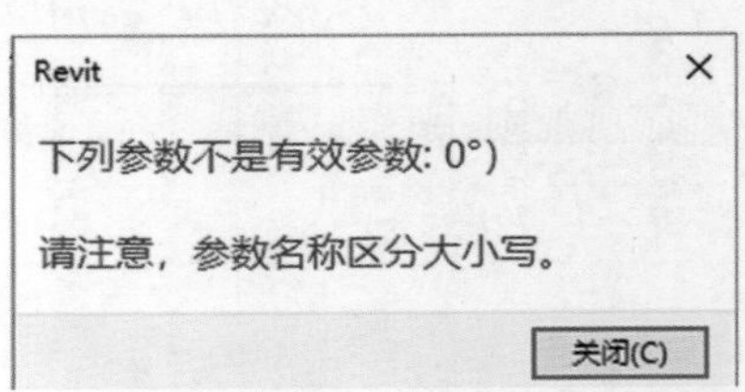

图 6－121

9）根据消火栓接口属性，选中连接件在属性面板中定义连接件参数，此处定义值如图 6－122 所示。

2. 连接件属性

Revit 支持 5 种连接件：电气连接件、风管连接件、管道连接件、电缆桥架连接件、线管连接件，如图 6－123 所示。选择任一个连接件命令，拾取一个面或工作平面，将连接件附着在面的中心，如图 6－124 所示。放置连接件后可在“属性”面板中定义其相关参数，如图 6－125 所示。

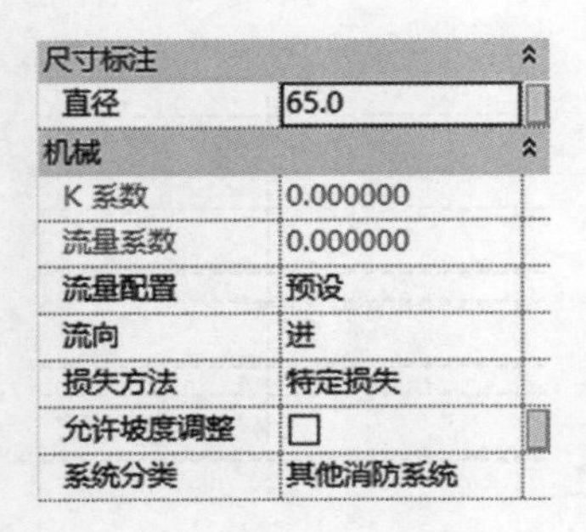

图 6－122

图 6－123

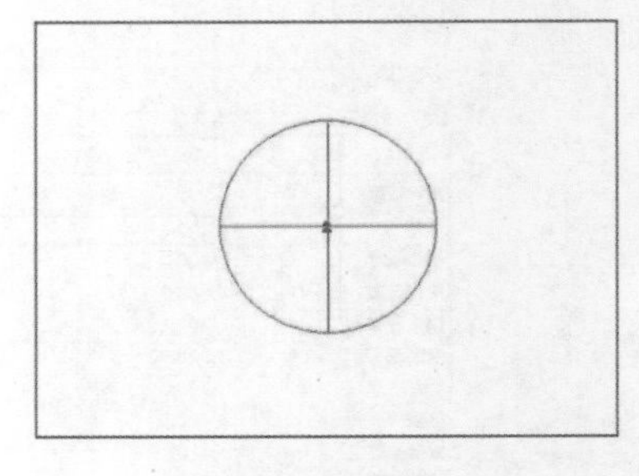

图 6－124

（1）电气连接件　电气连接件支持九种系统分类：数据、电力-平衡、电力-不平衡、电话、安全、火警、护理呼叫、控制、通讯。电力-平衡和电力-不平衡主要用于配电系统，其余七种主要应用于弱电系统。

1）配电系统。电力-平衡和电力-不平衡这两种系统的区别在于相位 1、2、3 上的“视在负荷”是否相等，相等为电力-平衡，不相等则为电力-不平衡，如图 6－126 所示，其对应参数含义见表 6－7。

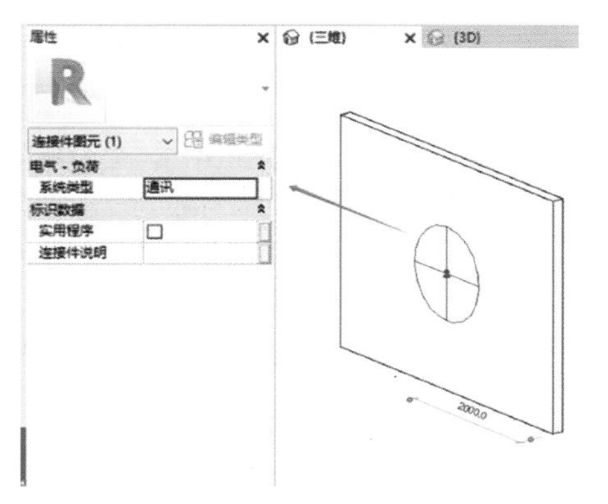

图 6－125

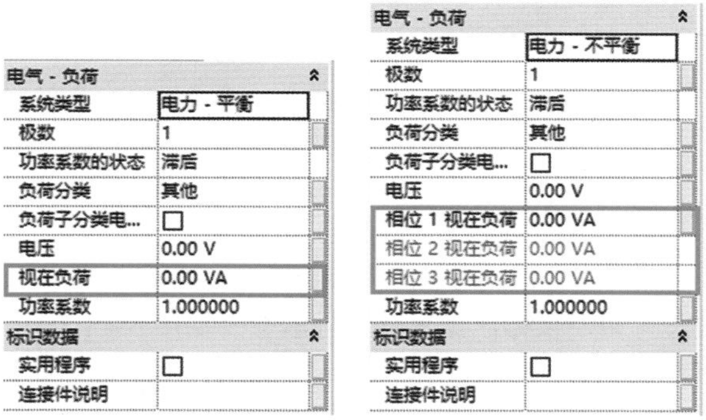

图 6－126

表 6－7

参数名称	含义
极数、电压、视在负荷	表征用电设备所需配电系统的极数、电压和视在负荷
功率系数的状态	提供滞后和超前两种选项，默认值为“滞后”
负荷分类和负荷子分类电动机	主要用于配电盘明细表/空间中负荷子的分类和计算。只有当设备中含有电动机时，才勾选“负荷分类电动机”
功率系数	又称功率因数，负荷电压与电流间相位差的余弦值的绝对值，取值范围为 0～1，默认值为 1

2）弱电系统。数据、电话、安全、火警、护理呼叫、控制、通讯主要应用于建筑弱电系统，弱电连接件只需在“属性”面板选择对应系统即可。

（2）电缆桥架连接件　电缆桥架连接件主要应用于连接电缆桥架，其参数如图 6－127 所示，参数含义见表 6－8。

图 6－127

表 6－8

参数名称	含义
角度	定义连接件的倾斜角度，当连接件无角度倾斜时，使用默认值“0.00°”；当连接件有倾斜时，可直接输入数值，或与角度参数相关联；常使用在弯头等配件族中
高度、宽度	定义连接件尺寸，可直接输入数值或者与“族类型”对话框中定义的尺寸参数相关联

（3）线管连接件　线管连接件分为两种类型：单个连接件和表面连接件（图 6－128a）。单个连接件通过连接件可以连接一根线管；表面连接件可在连接件附着的表面任何位置连接一根或多根线管。其参数如图 6－128b 所示，参数含义见表 6－9。

表 6-9

参数名称	含义
半径/直径	定义连接件尺寸，可直接输入数值或与尺寸参数相关联
角度	定义连接件的倾斜角度，当连接件无角度倾斜时，使用默认值“0.00°”；当连接件有倾斜时，可直接输入数值，或与角度参数相关联；常使用在弯头等配件族中

(4) 风管连接件

1) 尺寸造型，用于定义连接件形状，有 3 种可供选择：矩形、圆形、椭圆形。对应形状下有对应尺寸限制供修改或关联尺寸参数，如图 6-129 所示。

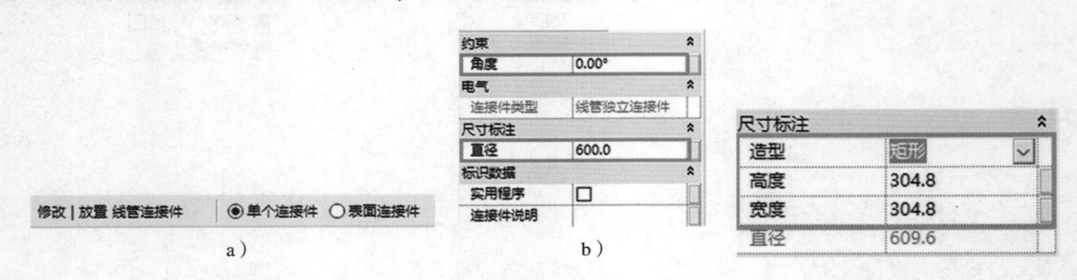

a) b)

图 6-128 图 6-129

2) 流量配置，定义通过该连接件的流量和上下游设备的关系，有计算、预设、系统三种方式，见表 6-10。

表 6-10

流量配置	说明	例子
计算	用来指定为其他设备提供资源或者服务的连接件，或者传输设备的连接件。表明通过连接件的流量需要根据被提供服务的设备流量计算求和	组合式空调箱为送风散流器提供处理后空气，并根据送风散流器所需的风量进行求和确定送风量 送风散流器连接件的“流量配置”设置为“预设”；组合式空调箱的送风口连接件的“流量配置”设置为“计算”
预设	用于指定需要其他设备提供资源或者服务的连接件，表明通过连接件的流量由自身决定	
系统	功能与“计算”雷同，当系统中有几个属性相同的设备的连接件为其他设备提供资源或者服务，表明通过该连接件的流量等于系统流量乘以“流量系数” 选择“系统”时，“流量系数”选项将被激活，流量系数应小于等于 1	两台通风机并联作为传输设备，风机的进出口连接件的“流量配置”设置为“系统”，并联风机的流量等于系统总风量

3) 流向，定义流体通过连接件的方向。当流体通过连接件流进族时，流向为“进”，反之，则流向为“出”；当流向不明确时，流向为“双向”。

4) 系统分类。风管连接件支持六种系统分类：送风、回风、排风、其他通风、管件、全局，如图 6-130 所示。族中不支持添加新的系统分类。常见系统及构件应正确指定系统分类，见表 6-11。

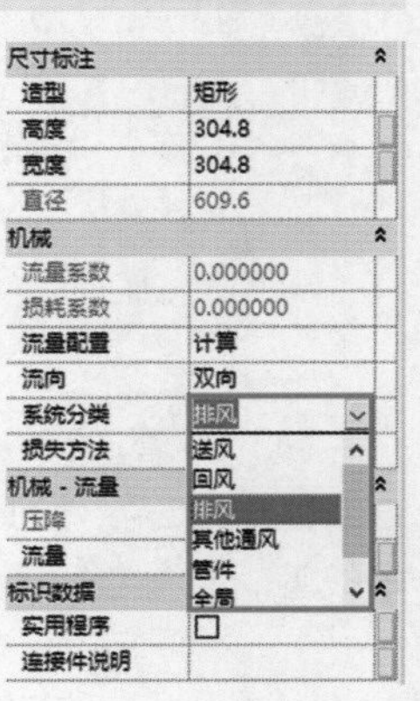

图 6-130

表 6－11

系统分类	使用系统	使用构件
送风	送风系统	风机盘管送风出口连接件
回风	回风系统	回风百叶出口连接件
排风	排风/烟系统	排风口连接件
其他通风	未包括的系统（不建议使用）	暂无
管件	风管管件	弯头、三通等所有风管配件
全局	可能被应用在多种系统当中	风机、风阀

5）损失方法，定义通过该连接件的局部损失，包含：未定义、系数、特定损失，具体说明见表 6－12。

表 6－12

损失方法	说明
未定义	不考虑通过连接件处的压力损失
系数	可定义流体通过连接件的局部损失系数，选择损失方法为“系数”后，可激活“损耗系数”
特定损失	可直接定义流体通过连接件的压力损失值或与压降参数相关联

当流体通过构件时，需设置其中一个连接件的损失方法，否则会重复计算流体通过该构件的压力损失。如阀门，可将进口连接件设置为“未定义”，出口连接件设置为“特定损失”。

6）流量，定义通过连接件的流量，可直接输入数值或与流量参数相关联。

（5）管道连接件

1）直径/半径，定义连接件接管尺寸。可直接输入数值或与尺寸参数相关联，如图 6－131 所示。未选择任何图元的情况下，在“属性”面板中可切换“使用半径”“使用直径”，如图 6－132 所示。

图 6－131

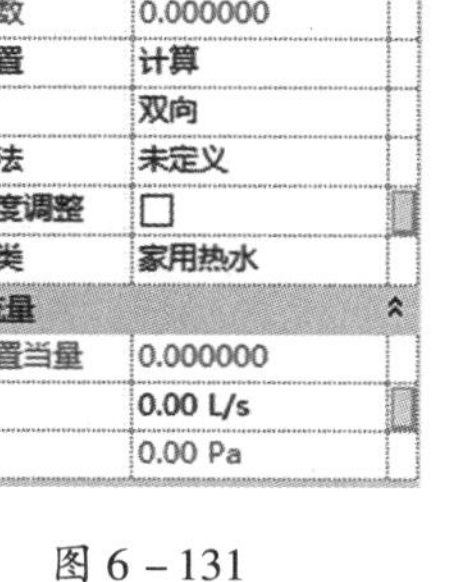

图 6－132

2）流量配置，定义通过该连接件的流量和上下游设备的关系，有计算、系统、预设、卫浴装置当量四种方式，具体说明及案例见表 6－13。

表 6－13

流量配置	说明	例子
计算	用来指定为其他设备提供资源或者服务的连接件，或者传输设备的连接件。表明通过连接件的流量需要根据被提供服务的设备流量计算求和	单台水泵作为系统的传输设备，连接件的“流量配置”设置为“计算” 系统使用两台并联水泵作为传输设备，水泵的进出水口连接件的“流量配置”设置为“系统”，两台并联水泵的流量等于系统总水量乘以各自的“流量系数”
系统	功能与“计算”雷同，当系统中有几个属性相同的设备的连接件为其他设备提供资源或者服务，表明通过该连接件的流量等于系统流量乘以“流量系数” 选择“系统”时，“流量系数”选项将被激活，流量系数应小于等于 1	
预设	用于指定需要其他设备提供资源或者服务的连接件，表明通过连接件的流量由自身决定	热水器需要水箱提供冷水，则该冷水进口连接件的“流量配置”设置为“预设”
卫浴装置当量	与“预设”雷同，用于指定卫浴设备连接件。表明通过连接件的流量由自身决定	马桶进水的连接件

3）流向，定义流体通过连接件的方向。当流体通过连接件流进族时，流向为“进”，反之，则流向为“出”；当流向不明确时，流向为“双向”。

4）损失方法，定义通过该连接件的局部损失，包含：未定义、表中 K 系数、K 系数、特定损失，具体说明见表 6－14。

表 6－14

损失方法	说明
未定义	不考虑通过连接件处的压力损失
表中 K 系数	激活“表中 K 系数”选项，用以定义通过连接件的局部损失系数
K 系数	激活“K 系数”选项，用以定义通过连接件的局部损失系数
特定损失	激活“压降”选项，用以定义通过连接件的压力损失值或与压降参数相关联

当流体通过构件时，需设置其中一个连接件的损失方法，否则会重复计算流体通过该构件的压力损失。如阀门，可将进口连接件设置为“未定义”，出口连接件设置为“特定损失”。

5）系统分类，管道连接件支持 13 种系统分类：循环供水、循环回水、卫生设备、通气管、家用热水、家用冷水、其他、湿式消防系统、干式消防系统、预作用消防系统、其他消防系统、管件、全局，如图 6－133 所示。族中不支持添加新的系统分类。具体对应参数含义见表 6－15。

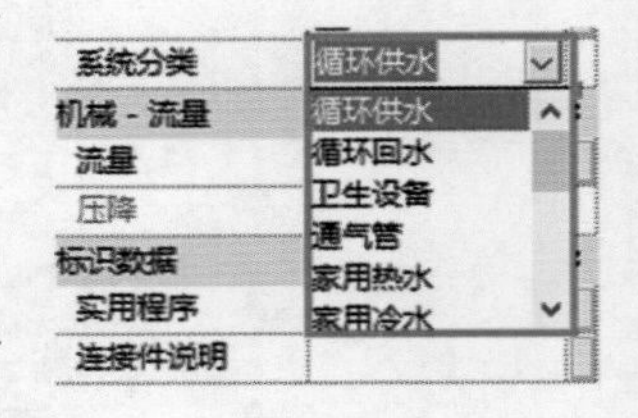

图 6－133

表 6－15

系统分类	使用系统	使用构件
循环供水	闭合的水循环系统	冷水机组
循环回水		

（续）

系统分类	使用系统	使用构件
卫生设备	卫生器具	洗脸盆
家用热水		
家用冷水		
通气管		
湿式消防系统	对应三种喷淋系统	喷头、报警阀
干式消防系统		
预作用消防系统		
其他消防系统	除喷淋以外的消防系统，如消火栓系统	消火栓
管件	管道管件	弯头
全局	可能被应用于多种系统当中	阀门、水泵
其他	以上未包括的系统，如气体、冷剂系统	天然气接口

6）流量，定义通过连接件的流量，可直接输入数值或与流量参数相关联。

七、保存及测试

消火栓箱族制作完成，进行保存选项设置，为方便后期查看使用族，将“缩略图预览”修改为“三维视图”，并且勾选“如果视图/图纸不是最新，则将重生成”，命名为“明装组合式单栓消火栓箱”保存，如图 6－134 所示。需要时载入到项目中使用。

消火栓完成后三维效果如图 6－135 所示。

可将其载入到项目中，绘制墙体进行放置，调整相关参数检查是否可正常参变，如图 6－136 所示。测试无误后，可将该族载入至项目样板中，留待后期建模时使用；或放入自行创建的族库中，后期使用时可与其他族批量载入使用。

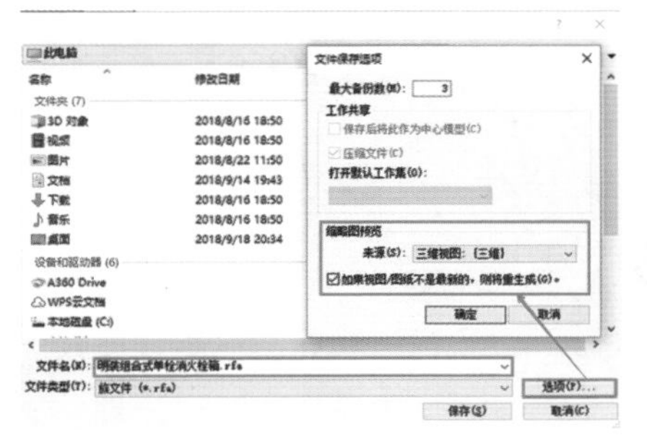

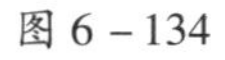

图 6－134

图 6－135

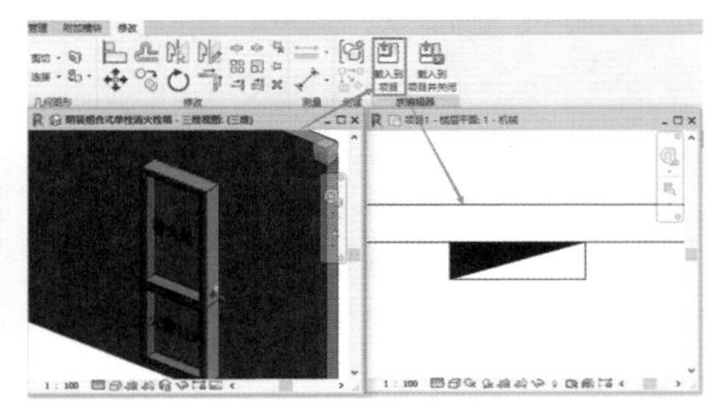

图 6－136

课后练习

1. 在使用 Revit 软件进行正向设计时，下列关于项目样板设置说法不正确的是（　　）。

A. 项目样板为项目设计提供统一的设计基础环境，对项目的设计质量和效率的提高有直接影响
B. 项目样板的设置包含项目组织设置、样式设置、视图与图纸的相关设置、常用注释设置和构件准备
C. 项目信息、项目单位、视口类型和 Revit 软件选项设置属于项目样板设置
D. 各专业应在通用样板的基础上添加本专业的样板内容才是完整的全专业的项目样板文件

2. 在使用 Revit 软件进行正向设计时，下列不属于项目组织设置的是（　　）。
A. 项目单位　B. 族参数　C. 项目信息　D. 项目定位

3. 在使用 Revit 软件进行正向设计时，项目样板样式设置不包含（　　）。
A. 线宽、线型图案、线样式的设置　B. 填充样式的原理和设置
C. 材质的选择　D. 对象样式和视图可见性/替换的设置

4. 在 Revit 软件中，下列关于线宽、线型图案、线样式的说法正确的是（　　）。
A. 模型线、透视视图线可设置线宽，注释线不可设置线宽
B. 线宽在“管理”选项卡下“设置”面板中“其他设置”下拉列表中进行设置
C. 每一种线样式均由线宽、线颜色两部分组成
D. “对象样式”只能为模型图元指定线宽、线颜色、线型图案和材质

5. 在使用 Revit 软件进行正向设计时，浏览器组织设置的步骤包含（　　）。
A. 添加项目参数“专业分类”　B. 添加视图浏览器组织方案，例如视图 - 专业
C. 添加图纸浏览器组织方案，例如图纸 - 专业　D. 以上都是

6. 下列关于视图与图纸分类设置的说法不正确的是（　　）。
A. 视图与图纸分类设置的步骤有建立新平面类型、给视图和图纸的“专业分类”赋值和按规则规范视图名称
B. 视图名称的命名规则能保证所有同一视图类别中的视图名称不会重复
C. 视图过滤器可以控制视图中共享公共属性的图元的可见性和图形显示
D. 可通过对现有的视图样板进行复制修改来创建新视图样板，但不可通过当前视图中创建新视图样板

7. 在 Revit 软件中，常用注释设置中不包含（　　）。
A. 文字注释设置　B. 尺寸标注设置　C. 视图比例设置　D. 注释符号

8. 使用 Revit 制作项目样板，其中构件准备阶段不包含（　　）。
A. 构件添加　B. 构件制作　C. 连接件　D. 构件分类

9. 使用 Revit 设置填充样式，下列不属于填充样式的设置原则的是（　　）。
A. 模型填充图案可以进行拖拽、对齐、移动和旋转操作，主要用于表示建筑专业的构件外观
B. 截面填充图案只能以绘图填充图案形式表示
C. 各专业可根据各自需求设置各自的填充图案，并分别命名，以防重复
D. 平、立、剖面视图生成“建模”和“出图”两个视图类型。三维视图和详图视图可按原样板默认类型

10. 下列关于连接件的说法不正确的是（　　）。
A. Revit 支持电气连接件、风管连接件、管道连接件、电缆桥架连接件、线管连接件五种连接件
B. 电气连接件支持九种系统分类：数据、电力 - 平衡、电力 - 不平衡、电话、安全、火警、护理呼叫、控制、通讯
C. 线管连接件分为两种类型：单个连接件和表面连接件
D. 风管连接件支持送风、回风、排风、管件、全局五种系统分类

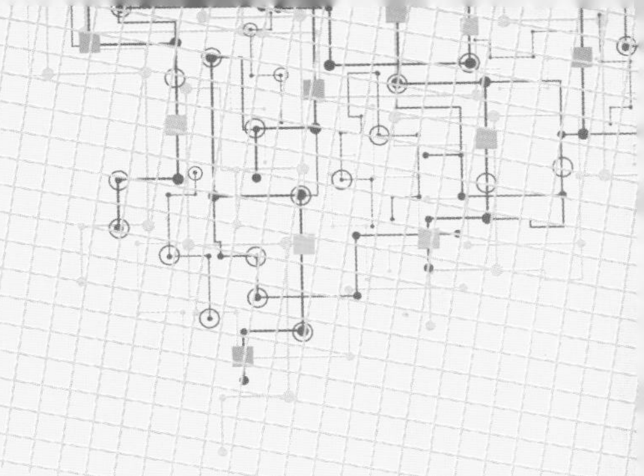

第七章　暖通样板文件的设置

第一节　机械设置

一、风管规格、材质等添加

将常用风管规格、材质添加入项目样板，主要是一些非标常用规格，以便于后期建模时直接选取使用。单击“管理”选项卡下“设置”面板中的“MEP 设置”下拉列表中的“机械设置”，如图 7 – 1 所示。

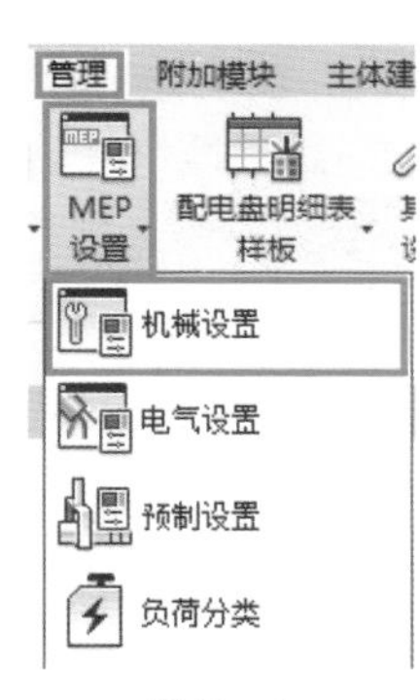

图 7 – 1

在弹出的“机械设置”对话框中，选取“风管设置”，如需增加矩形风管则单击“矩形”，图 7 – 2 为国标常用矩形风管尺寸。如需增加非标尺寸，单击“新建尺寸”，在“风管尺寸”对话框中可根据要求输入非标常用矩形风管尺寸，如输入“1400”，如图 7 – 3 所示。单击“确定”后会在“尺寸”栏显示出“1400” mm 的风管尺寸，后期建模时可直接选取，如图 7 – 4 所示。

图 7 – 2

图 7 – 3

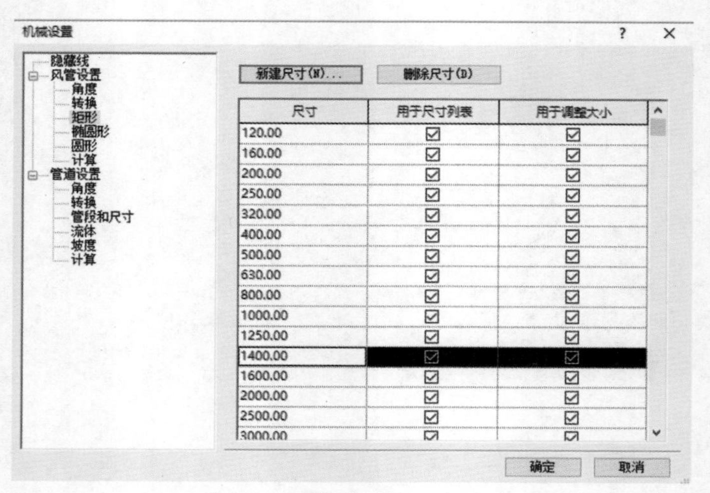

图 7-4

同样道理，如需增加风管其他形状（圆形、椭圆形）的尺寸，可在“风管设置”下方选择“圆形”或“椭圆形”后单击“新建尺寸”，添加常用所需的非标风管尺寸。

二、管道规格、材质等添加

将常用暖通专业管道类型、规格添加入项目样板，在“机械设置”对话框中单击“管道设置”下的“管段和尺寸”后，选择“管段（S）”右侧的“新建管段”命令进行新建，如图 7-5 所示。

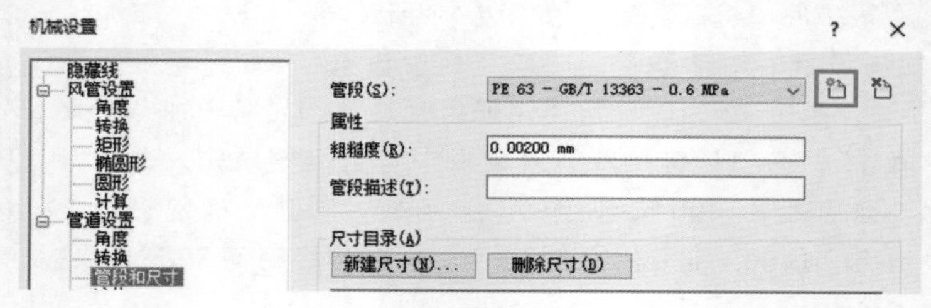

图 7-5

新建暖通专业常用管段的材质及规格，一般暖通专业管道有铜管、镀锌钢管、焊接钢管、UPVC 管等。图 7-6 为新建“内外热镀锌钢管-丝接”，如图 7-6 所示。添加后从“管段”中直接选择“内外热镀锌管-丝接”，将“粗糙度”改为 0.15mm，如图 7-7 所示。此处添加的管道，在后期“管道类型”中创建类型，设置“布管系统配置”时可直接选用，如图 7-8 所示。

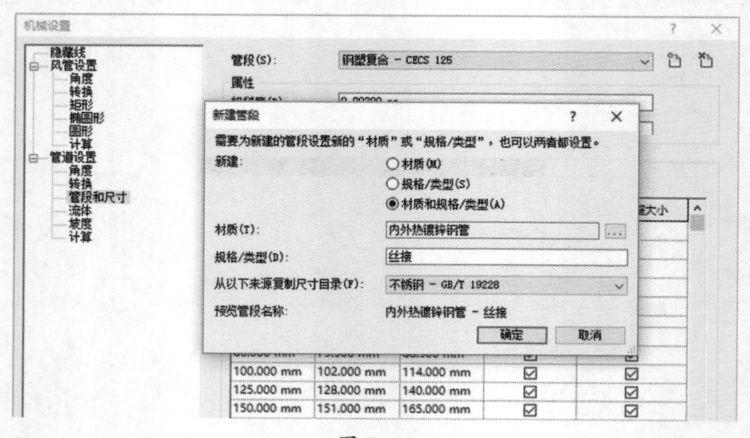

图 7-6

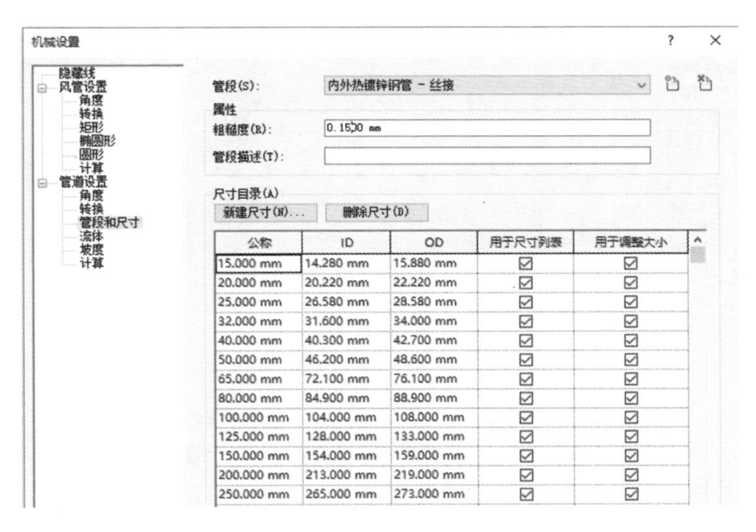

图 7 – 7

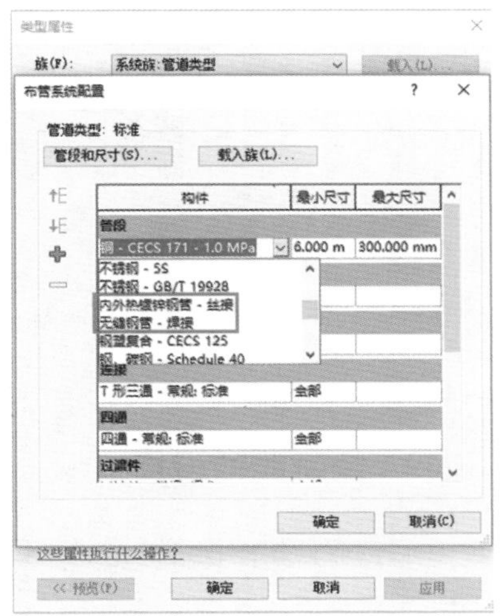

图 7 – 8

采用以上方式可增加其他常用管段（铜管、镀锌钢管、焊接钢管、UPVC 管等）。“管道尺寸”信息无法在表中编辑。如实际工程中采用管道的内外径值需要修改，可以添加和删除管道尺寸，但不能编辑现有管道尺寸的属性。要修改现有尺寸的设置，必须替换该现有管道（删除原始管道尺寸，然后添加具有所需设置的管道尺寸），如图 7 – 9 所示。

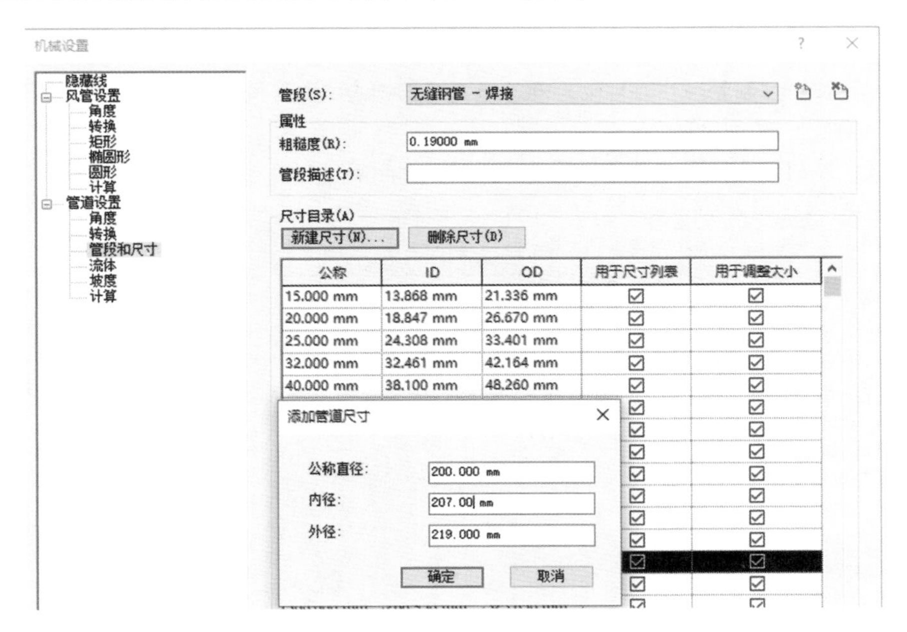

图 7 – 9

三、 坡度值的添加

将常用暖通专业管道常用坡度添加入项目样板，在“机械设置”对话框中单击“管道设置”下的“坡度”，如图 7 – 10 所示。单击“新建坡度”添加暖通专业常用坡度值，一般暖通专业管道常用的坡度值为 0.3%、0.5%、1%。

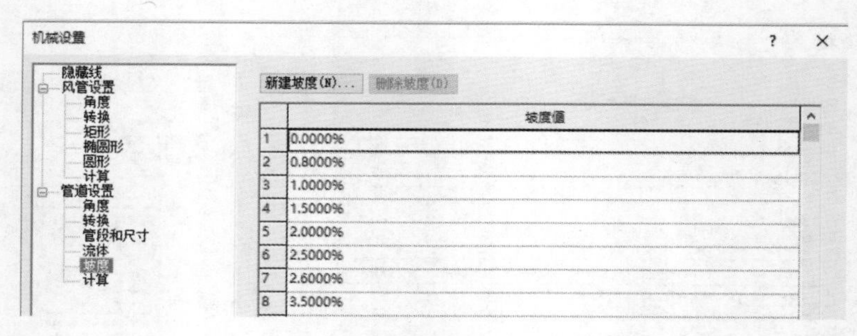

图 7－10

四、隐藏线的设置

目前暖通出图视图的“模型显示”中的“视觉样式”基本都选择“隐藏线”，此模式下，在双线图纸中会显示交叉风管和管段，这样最远端平面中表示分段的线会以不同的样式显示，以表示它们被前景中的分段隐藏，而未连接到该分段。暖通专业目前常用的隐藏线设置如图 7－11 所示。

1）绘制 MEP 隐藏线：选中该选项时，会使用为隐藏线指定的线样式和间隙绘制风管或管道。

2）线样式：控制管道被构件遮挡后显示的线样式。实际出图时，建议在“线样式”设置中新建一种线样式，如“P－遮挡管线－粗实线”，线宽按管道线宽设置，线型图案按实线设置，以便被遮挡的管线显示与其余管线统一。

3）内部间隙：控制管道在遮挡物内部管道到遮挡物边线断开间隔尺寸。如果选择了“细线”，将不会显示间隙。

4）外部间隙：控制管道在遮挡物外部管道到遮挡物边线断开间隔尺寸。如果选择了“细线”，将不会显示间隙。

5）单线：控制单线视图中管道与管道遮挡时断开间隔尺寸。间隙值可根据打印要求设置。

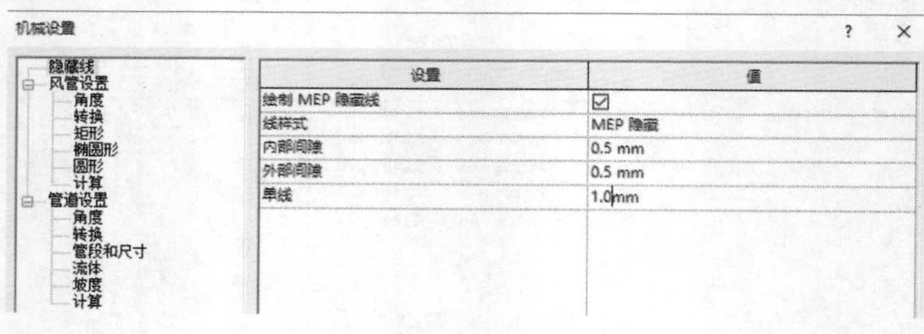

图 7－11

第二节　系统设置

一、专业常用族的添加

因项目类型的不同，机械设备族无通用性，建议待空调系统类型确定后再行载入，而常用管道管件、风管管件、风管附件、风道末端等可提前在项目样板中设置，以便后期直接选用，特别是管道管件及风管管件族，在设置“管道类型”及“风管类型”时需要载入。

因作图需要，目前软件自带的管件族不一定满足接管要求，此时需要自行做一些满足不同使用要求的族库。比如，风管的三通，因接管空间限制，需要考虑不同曲率半径、水平对齐方式、垂直对齐方式，此时就需要自行建立族库。

二、暖通管道

将暖通专业的常用管道类型、管道系统提前做好，可提高后期建模、系统检查、材料统计时的效率。

1. 管道类型设置

（1）增加管道类型　双击“项目浏览器”下方“族”后的“管道”，可见初始项目样板中“管道类型”下方仅有“标准”一项（图7－12），因此为了后期材料表的提取，需要创建常用暖通管道类型。

例如创建“M－镀锌钢管－丝接”，在“标准”的位置单击鼠标右键，“复制”后再“重命名”，生成新的管道类型名称为“M－镀锌钢管－丝接”，如图7－13所示。

（2）增加的管道类型设置

1）管段和管件设置。双击新建的“M－镀锌钢管－丝接”，在弹出的“类型属性”对话框中单击“布管系统配置”右侧的“编辑”，在弹出的“布管系统配置”对话框中对各构件进行选择，“管段”的可选项为“MEP机械设置”阶段设置的管段内容，如图7－14所示。

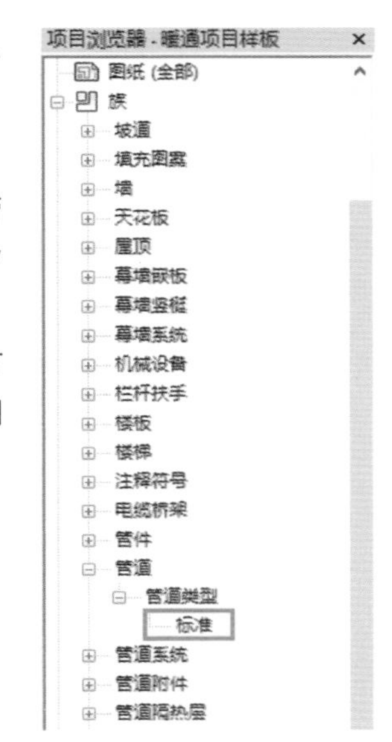

图7－12

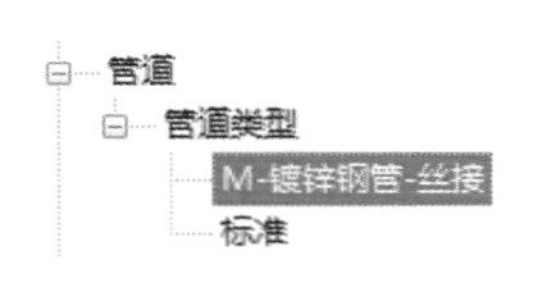

图7－13

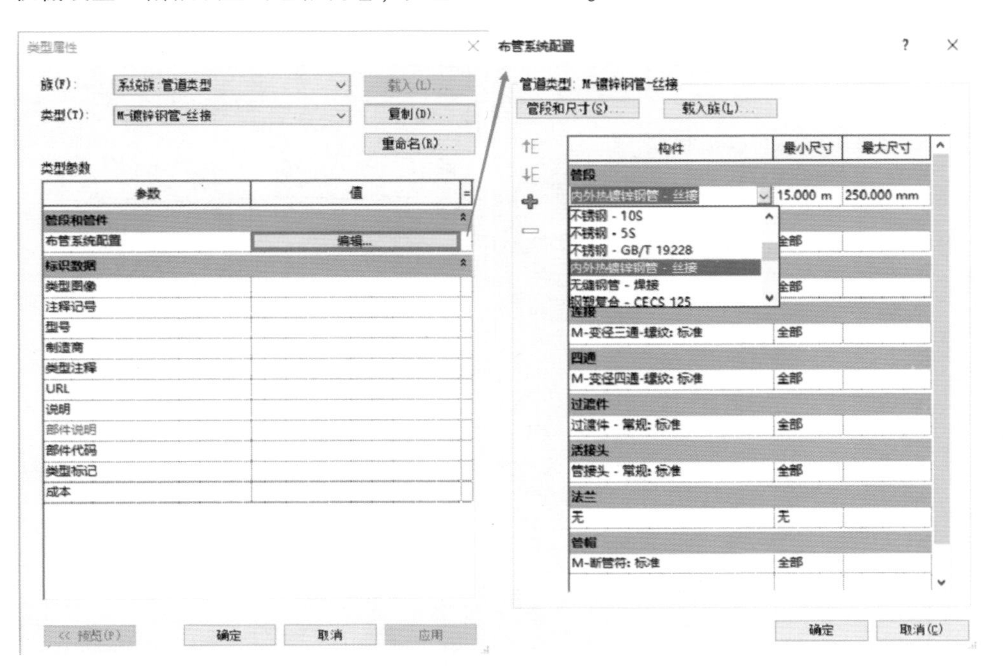

图7－14

2）管件设置。各管件中的可选择项为“专业常用族的添加”时插入的常用“管件”族，如图 7－15 所示。

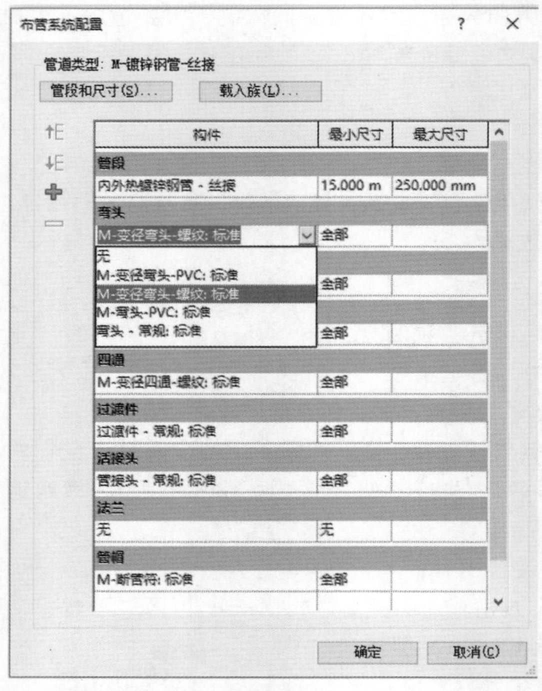

图 7－15

3）其余设置。“布管系统配置”对话框中的“最小尺寸”“最大尺寸”设置的相关要求按《通风与空调工程施工质量验收规范》（GB 50234—2016）、《建筑给水排水及采暖工程施工质量验收规范》（GB 50242—2002）及《多联机空调系统工程技术规程》（JGJ 174—2010）中的有关规定设置，完成后单击“确定”即可完成一个新的“管道类型”的设置，如图 7－16 所示。

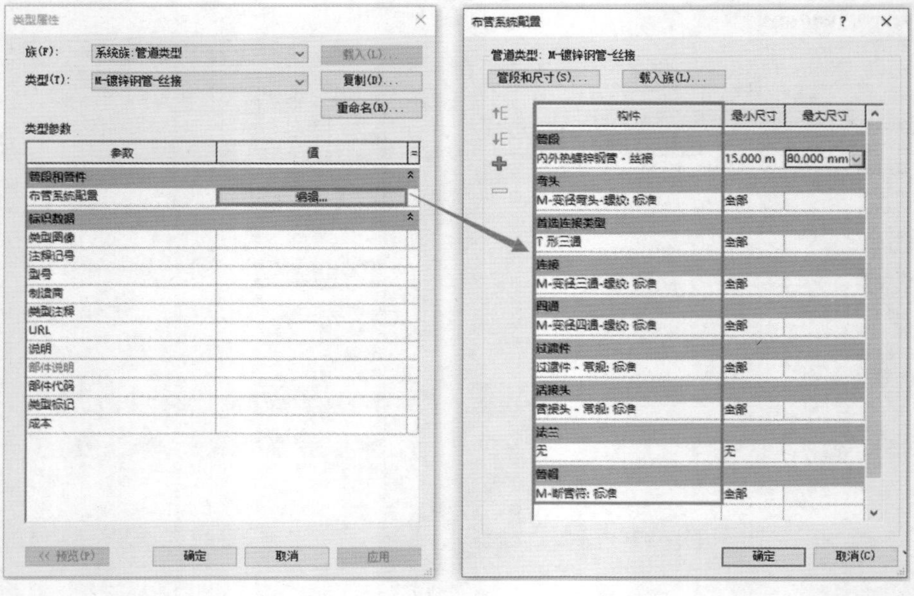

类型属性
族(F)：系统族：管道类型
类型(T)：M-镀锌钢管-丝接
载入(L)...
复制(D)...
重命名(R)...
类型参数
参数
值
管段和管件
布管系统配置
编辑...
标识数据
类型图像
注释记号
型号
制造商
类型注释
URL
说明
部件说明
部件代码
类型标记
成本
<< 预览(P)
确定
取消
应用

布管系统配置
管道类型：M-镀锌钢管-丝接
管段和尺寸(S)...
载入族(L)...
构件
最小尺寸
最大尺寸
管段
内外热镀锌钢管 - 丝接
15.000 m
80.000 mm
弯头
M-变径弯头-螺纹：标准
全部
首选连接类型
T 形三通
全部
连接
M-变径三通-螺纹：标准
全部
四通
M-变径四通-螺纹：标准
全部
过滤件
过滤件 - 常规：标准
全部
活接头
管接头 - 常规：标准
全部
法兰
无
无
管帽
M-断管符：标准
全部
确定
取消(C)

图 7－16

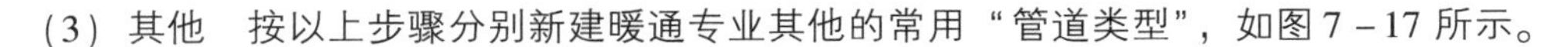

（3）其他　按以上步骤分别新建暖通专业其他的常用“管道类型”，如图7－17所示。

2. 管道系统设置

（1）增加管道系统　双击“项目浏览器”下方“族”后的“管道系统”，可见如图7－18所示的初始项目样板中软件自定义的管道系统。此时未细分专业，为了后期材料表的提取及图面表达效果，需要创建常用暖通管道系统。

例如创建“M－冷媒系统”，在“其他”的位置单击鼠标右键，“复制”后再“重命名”，生成新的管道系统名称为“M－冷媒系统”，如图7－19所示。

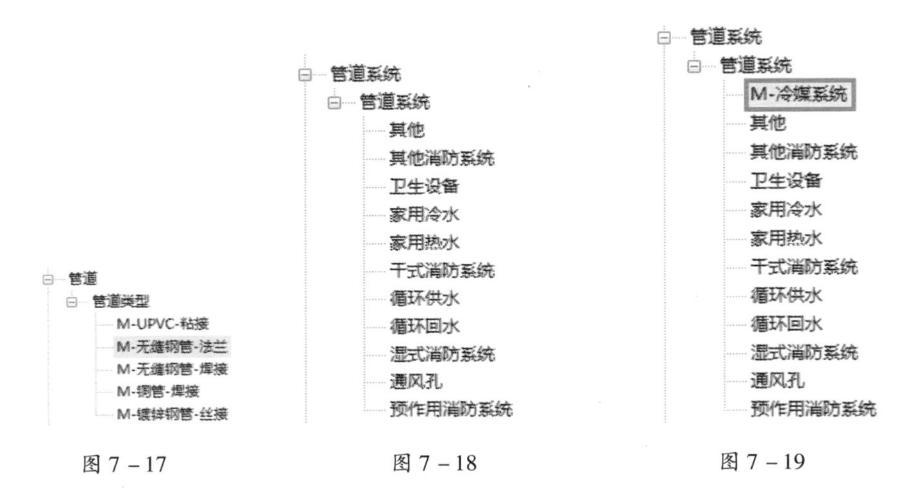

图7－17　　图7－18　　图7－19

（2）增加的管道系统设置

1）图形设置。双击新建的“M－冷媒系统”，在弹出的“类型属性”对话框中单击“图形替换”右侧的“编辑”，在弹出的“线图形”对话框中可给选择的管道系统设定系统颜色，如“颜色”为“无替换”（图7－20），则系统颜色为“管理”选项下“对象样式”内的默认颜色，如图7－21所示。

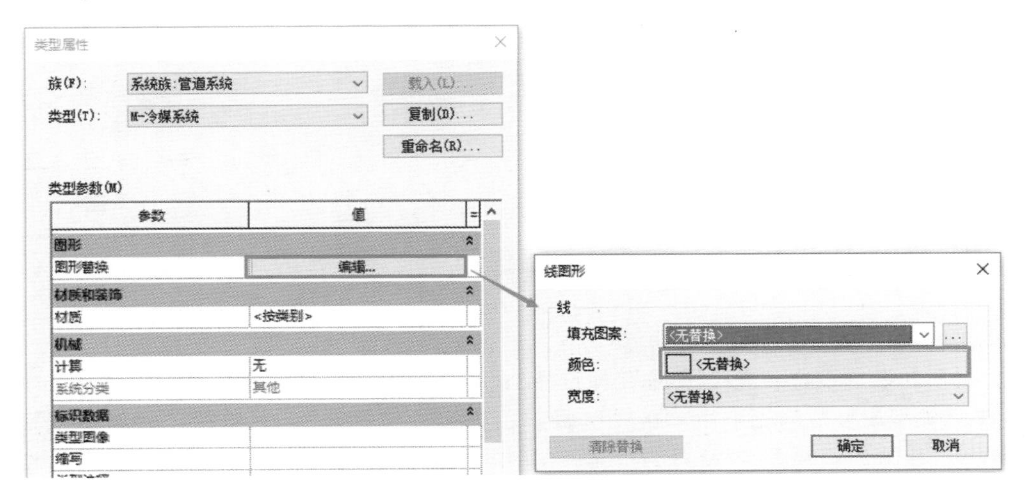

图7－20

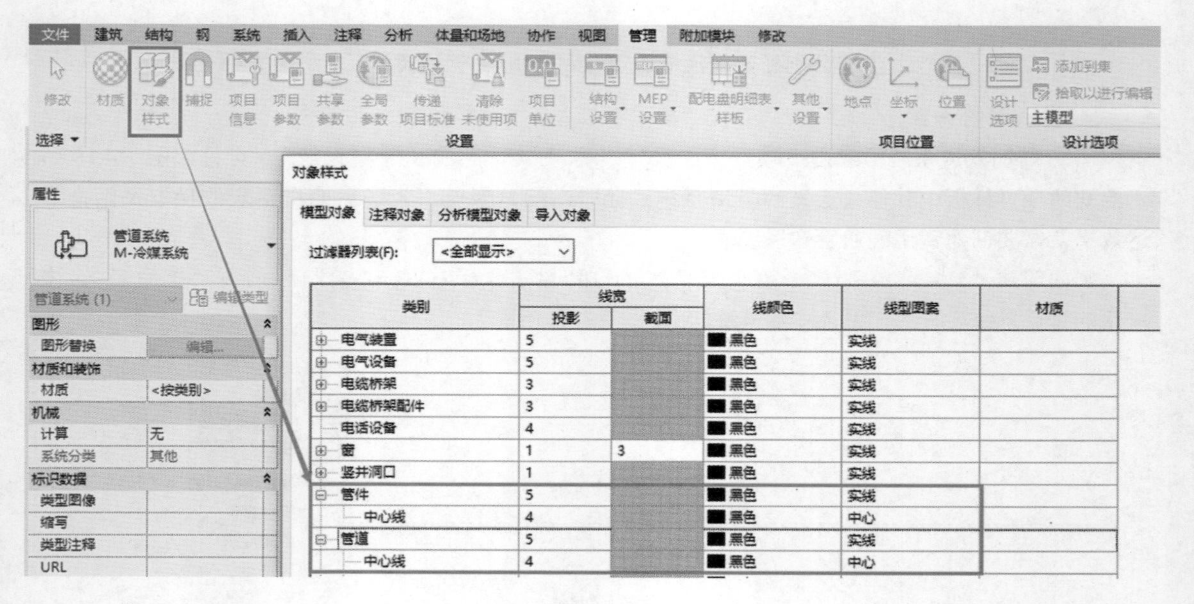

图 7－21

因管道系统校对，除暖通专业外还有给水排水专业系统，因此需对“管道系统”设置颜色，在“颜色”处单击“无替换”后选择该系统颜色，如图 7－22 所示。单击“确定”后即可完成该系统的颜色设置。此时，可见先绘制的冷媒管道颜色，已从“对象样式”中默认颜色改为设置的系统颜色，如图 7－23 所示。

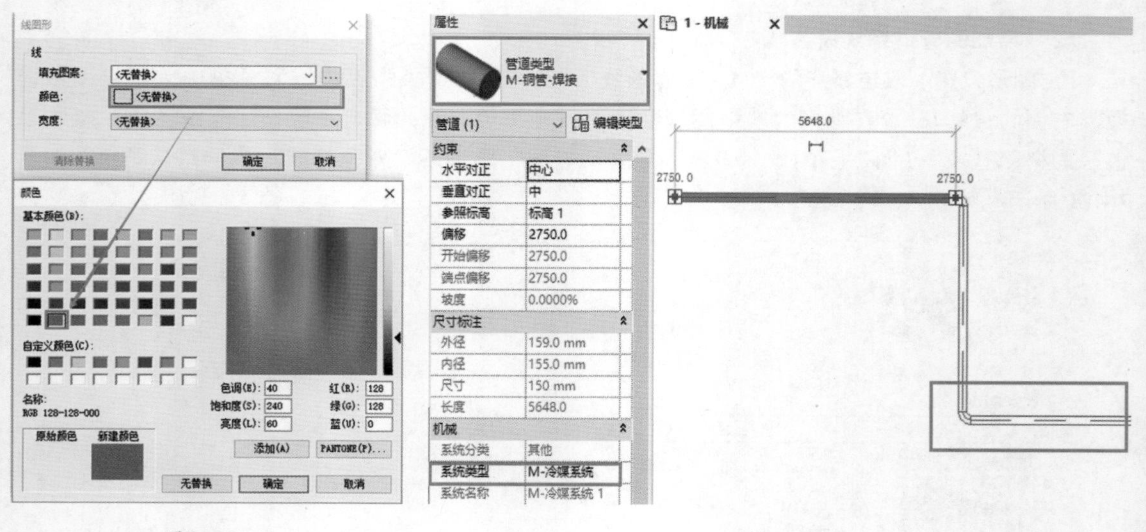

图 7－22　　图 7－23

2）材质和装饰设置。完成“图形”设置后，对“材质”进行设置。双击“M－冷媒系统”，在“类型属性”对话框中单击“材质”右侧的“按类别”，之后在“材质浏览器”中选择材质，右侧的“图形”设置为“着色”模式显示时的颜色，也可同步设置到位，如图 7－24所示。

图 7－24

其他的物理性质的设置，可采用前述“材质”中的设置，如图 7－25 所示。

图 7－25

3）其余设置。完成“材质”设置后，添加“缩写”设置，设为“LM”，并对“上升/下降”各项进行设置，如图 7－26 所示。

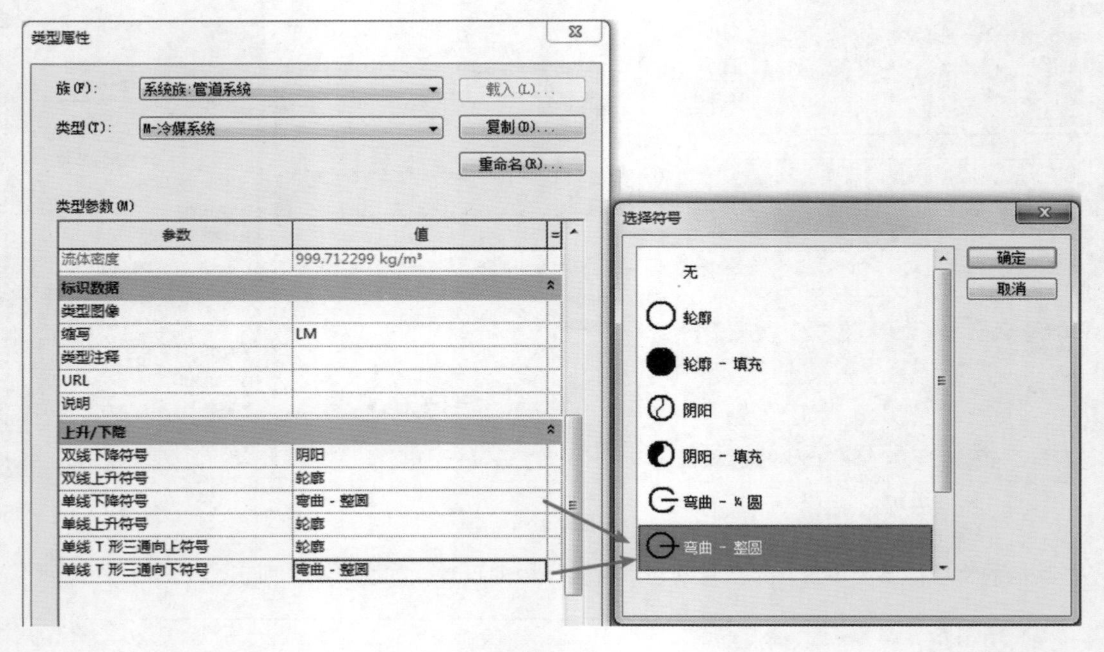

图 7－26

待以上项全部完成后单击“确定”，即可完成“M－冷媒系统”的“管道系统”设置。

(3) 其他　按以上步骤分别新建暖通专业其他的常用“管道系统”，如图 7－27 所示。

管道系统中的系统缩写、材质等设置可根据国家相关制图标准的要求设置。

3. 管道隔热层设置

(1) 增加隔热层类型　双击“项目浏览器”下方“族”后的“管道隔热层”，软件自带隔热层类型为“矿棉”及“酚醛泡沫体”，如图 7－28 所示。

目前暖通专业管道系统常用的隔热层材料不仅于此，因此复制“管道隔热层”下的“矿棉”，新建管道隔热层类型为“M－离心玻璃棉”，如图 7－29 所示。

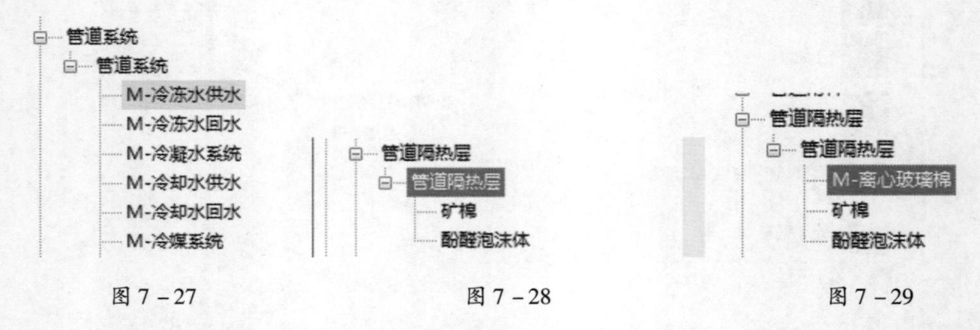

图 7－27　　图 7－28　　图 7－29

(2) 增加管道隔热层的设置　双击新建的“M－离心玻璃棉”，在弹出的“类型属性”对话框中对“材质”进行设置，修改为“隔热层－离心玻璃棉”，如图 7－30 所示。单击“确定”后完成隔热层材质设置，如图 7－31 所示。

图 7－30

（3）其他 根据以上方式，可复制管道隔热层的“酚醛泡沫体”后重命名为“M－橡塑”，以此完成常用暖通专业管道隔热层的创建，如图 7－32 所示。

管道隔热层材质中“物理”“热度”等参数的相关设置可根据国家相关节能规范的要求设置。

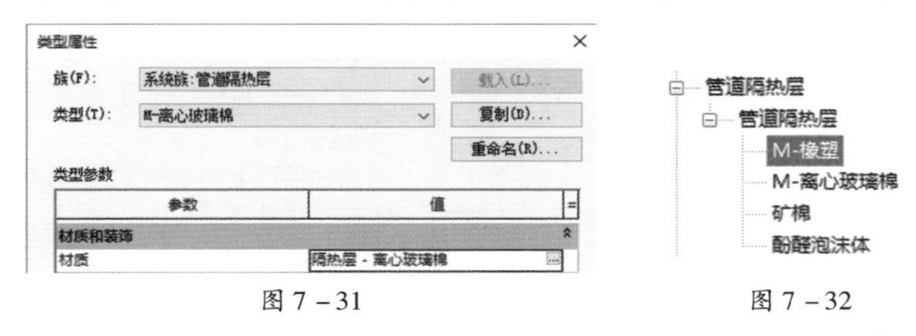

图 7－31　　　　图 7－32

三、风管

1. 风管类型设置

（1）增加风管类型 双击项目浏览器下方“族”后的“风管”，可见初始项目样板中“矩形风管”下方仅有现有的默认风管类型，为方便后期建模，创建常用暖通管道类型，如图 7－33 所示。

例如创建“M－半径弯头/T 形三通－中心对齐”，在“半径弯头/T 形三通”的位置单击鼠标右键“复制”后再“重命名”，生成新的风管类型名称为“M－半径弯头/T 形三通－中心对齐”，如图 7－34 所示。

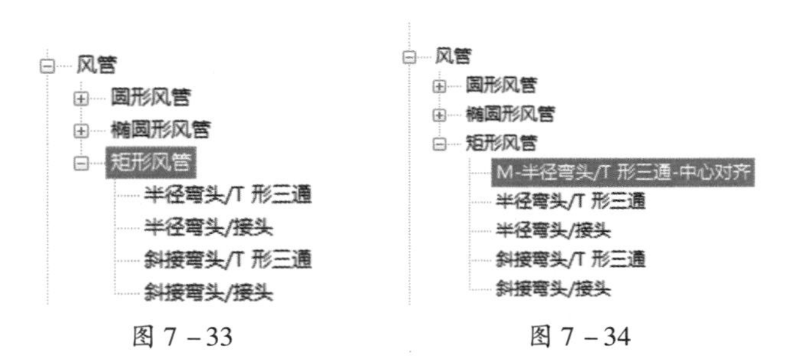

图 7－33　　　　图 7－34

（2）增加的风管类型设置

1）构造设置。“类型属性”对话框中“构造”下的“粗糙度”用于定义风管粗糙度，它会影响压降计算。如需做完整的系统压降计算，除本处对风管粗糙度进行设置外，还需对风管管件、末端风口做相应设计，而粗糙度值可以根据选用风管的材质类型赋值。此处，假设采用镀锌铁皮风管，采用的粗糙度值设为“0.0001m”，如图 7－35 所示。

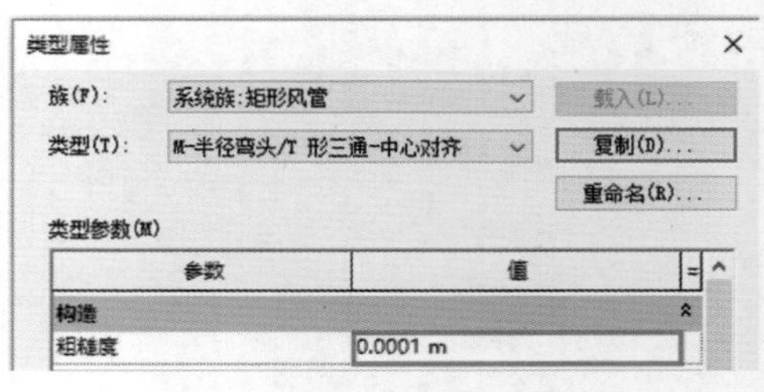

图 7－35

2）管件设置。在类型为“M－半径弯头/T 形三通－中心对齐”的矩形风管下“布管系统配置”中的构件选择，如图 7－36 所示。“风管尺寸”的可选项为“MEP 机械设置”阶段设置的风管尺寸，如图 7－37 所示。

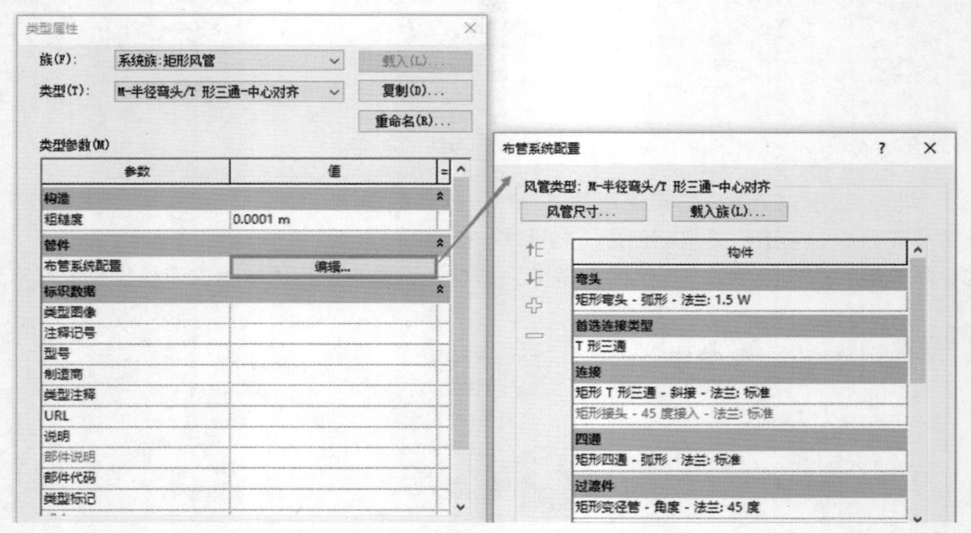

图 7－36

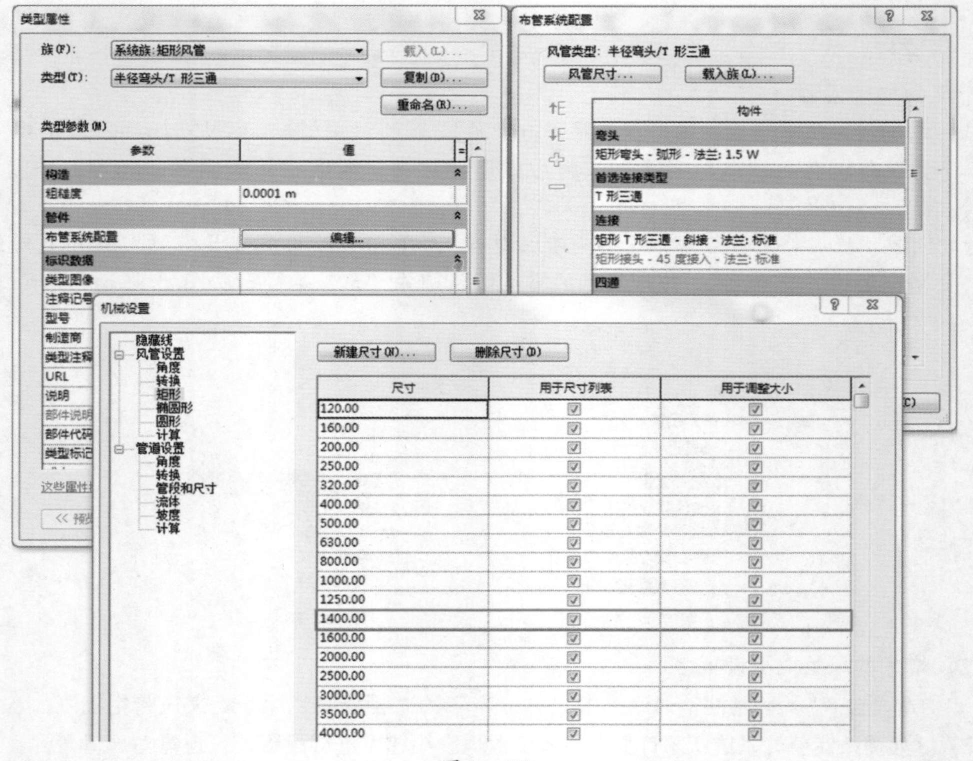

图 7－37

此时，“构件”内所有风管管件的可选项即为添加的“专业常用族”。“三通”“四通”等构件按对应的风管类型名称设置，比如，此处类型为“M－半径弯头/T形三通－中心对齐”，则对应的三通、四通等构件都选择为中心对齐。

所有构件按对应的风管类型名称设置后单击“确定”即可完成增加的风管类型设置。

(3) 管件设置技巧　目前在“布管系统配置”对话框中的“首选连接类型”仅有“T形三通”及“接头”两个可选项，如图7－38所示。但实际建模布管时，三通连接的“Y形三通”也常用到，如增加风管类型“M－半径弯头/Y形三通－中心对齐”，此时，在“连接”下方看不到“Y形三通”的构件。为能将“Y形三通”直接设置于布管系统配置，可在做“Y形三通”的族时，将族的“零件类型”选择为“T形三通”，如图7－39所示。按以上零件类型设置后的“Y形三通”，载入到项目中后，可在“布管系统配置”对话框中选择。

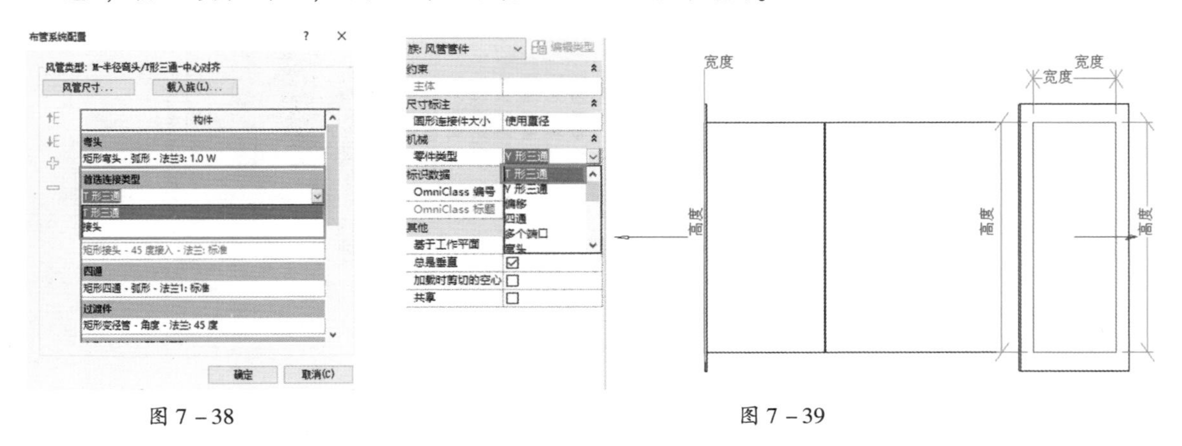

图7－38　　　　　　　　　　　　图7－39

依次选择其他“布管系统配置”中的管件后单击“确定”，即可完成风管类型“M－半径弯头/Y形三通－中心对齐”的设置。

(4) 其他　按以上步骤分别新建暖通专业其他的常用“风管类型”，如图7－40所示。

2. 风管系统设置

(1) 增加风管系统　双击项目浏览器下方“族”后的“风管系统”，可见初始项目样板中“风管系统”下方有以下三种风管系统，如图7－41所示。此时未细分系统，为了后期图面表达效果，需要创建常用暖通风管系统。

例如创建“SF送风（KT）”，在“送风”的位置单击鼠标右键，“复制”后再“重命名”，生成名称为“SF送风（KT）”的风管系统，如图7－42所示。

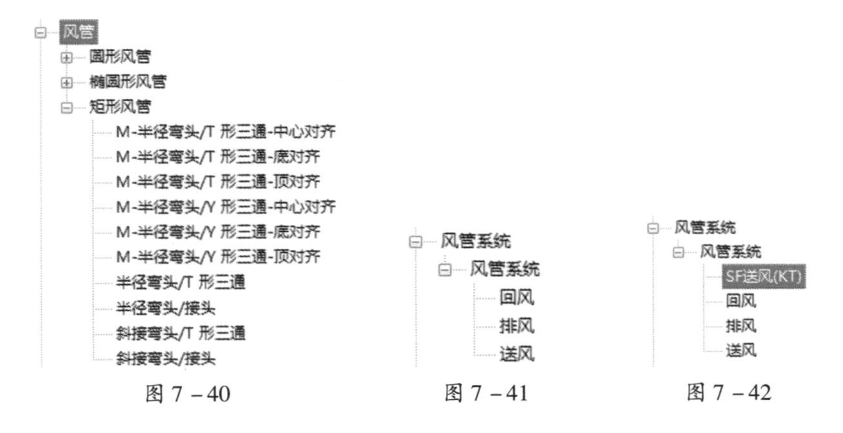

图7－40　　　　图7－41　　　　图7－42

（2）增加的风管系统设置

1）图形设置。因风管系统较多，为便于区分系统及后期出图表达，对不同风管系统设置不同颜色。双击新建的风管系统“SF 送风（KT）”，在“类型属性”对话框的“图形替换”中进行修改，单击“确定”后即可完成“SF 送风（KT）”系统的颜色设置。此时，当绘制该系统下风管时，风管“线”“颜色”为设置的系统颜色（此处默认为“蓝色”），如图 7－43 所示。

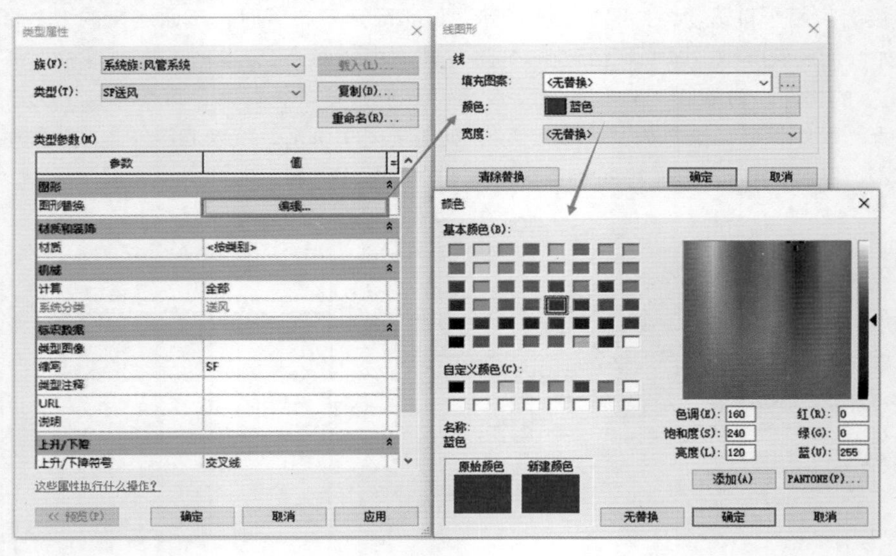

图 7－43

2）材质和装饰设置。完成“图形”设置后，对“材质”进行设置，材质名可取对应的风管系统名，其他的物理性质的设置，可采用前述“材质”中的设置，如图 7－44 所示。

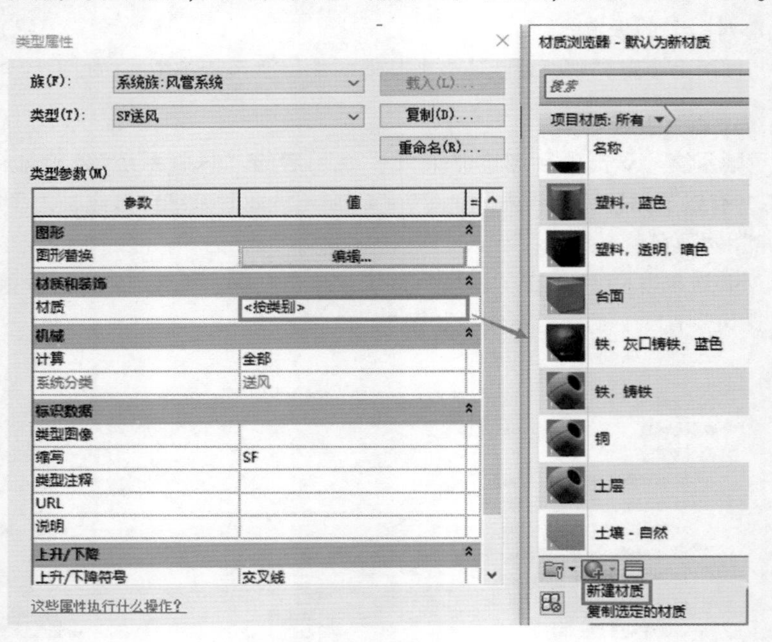

图 7－44

3）其余设置。完成“材质”设置后，添加“缩写”设置，设为“SF（KT）”，并对“上升/

下降”各项进行设置，如图 7－45 所示。

待以上项全部完成后单击“确定”，即可完成“SF 送风（KT）”的“风管系统”设置。

（3）其他　按以上步骤分别新建暖通专业其他的常用“风管系统”，如图 7－46 所示。

图 7－45　　　　图 7－46

风管系统中的系统缩写、材质等的设置可根据国家相关制图标准的要求设置。

3. 风管隔热层设置

（1）增加隔热层类型　双击项目浏览器下方“族”后的“风管隔热层”，软件自带隔热层类型为“纤维玻璃”及“酚醛泡沫体”，如图 7－47 所示。

目前暖通专业管道系统常用的隔热层材料不仅于此，因此复制“风管隔热层”下的“纤维玻璃”，新建管道隔热层类型为“M－离心玻璃棉”，并修改其材质为“隔热层－离心玻璃棉”，如图 7－48 所示。

单击“确定”后完成增加风管隔热层的设置。

（2）其他　根据以上方式，可复制风管隔热层的“酚醛泡沫体”后重命名为“M－橡塑”，以此完成常用暖通专业风管隔热层的创建，如图 7－49 所示。

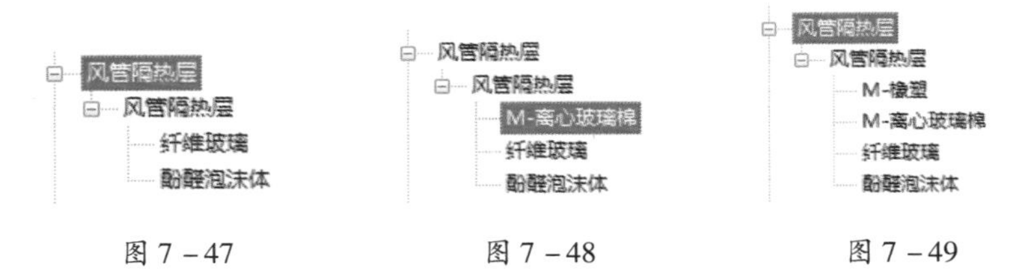

图 7－47　　　　图 7－48　　　　图 7－49

风管隔热层材质中“物理”“热度”等参数的相关设置可根据国家相关节能规范要求设置。

第三节　过滤器

一、过滤器的应用方式及原则

对于在视图中共享公共属性的图元，过滤器提供了替换其图形显示和控制其可见性的方法。

若要基于参数值控制视图中图元的可见性或图形显示，可创建“基于规则的过滤器”，为图元类别参数定义规则进行过滤。目前采用的过滤器基本都是此类。

单击“视图”选项卡下“图形”面板中的“过滤器”，在弹出的“过滤器”对话框中单击“新建”，此时，新建的过滤器即为“基于规则的过滤器”，如图 7－50 所示。

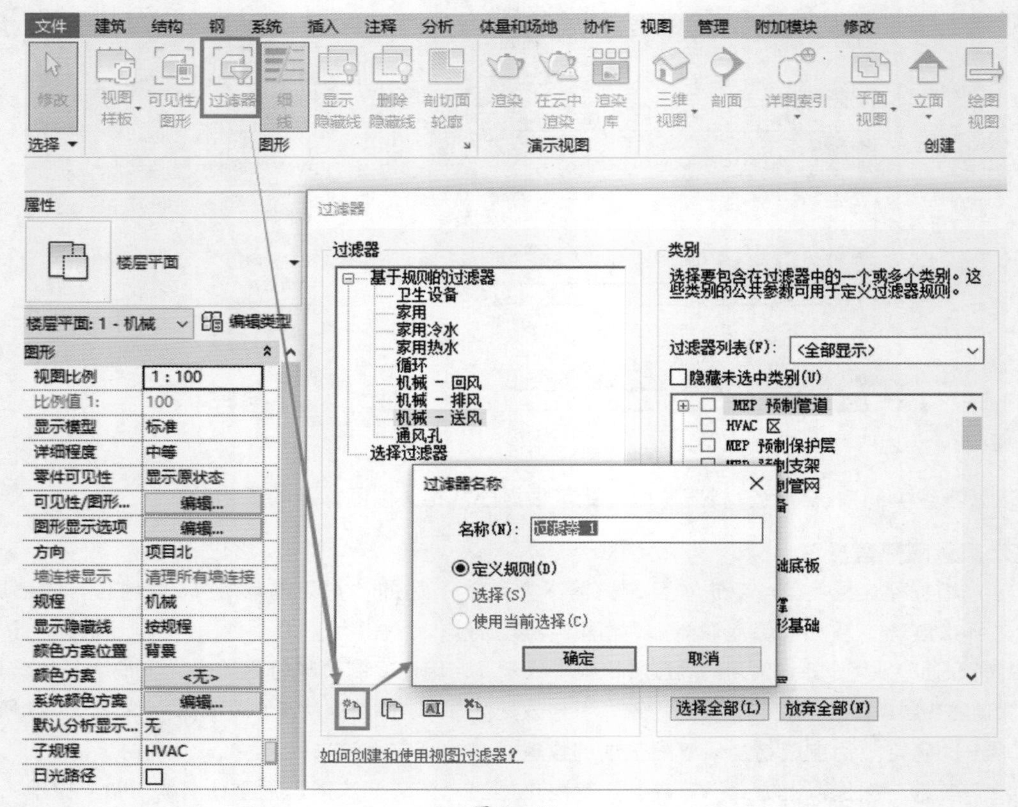

图 7－50

在绘图区域中选择一个或多个图元，在当前视图工具栏最右上角单击“保存”，即可新建“选择过滤器”，如图 7－51 所示。

在“保存选择”对话框中对新建的选择过滤器命名，单击“确定”后完成新建，如图 7－52 所示。

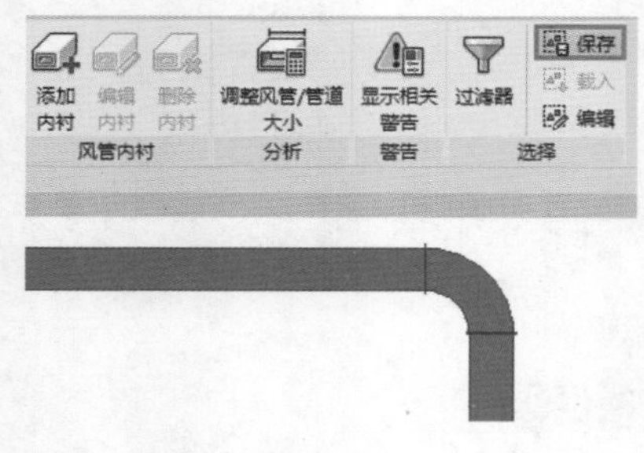

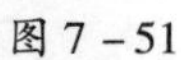

图 7－51

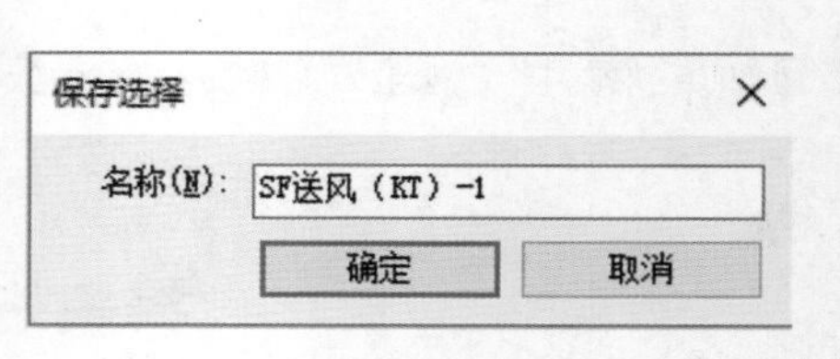

图 7－52

此类过滤器可以选择集中使用过滤器隔离、隐藏或应用图元的图形设置，可随时加载过滤器。过滤器主要应用于各视图，可以将多个选择过滤器应用于同一视图。如果将多个选择过滤器应用于同一视图，则它们的列出顺序可表示优先顺序，距列表顶部最近的选择过滤器优先。

二、 过滤器具体设置

1. 本专业出图设置

专业出图时，一般对于设备、管道、管件、附件、末端均有不同颜色要求，此时需按不同的构件类型设置过滤器。

（1）以构件为单位按不同系统设置过滤器　例如对“SF 送风（KT）”系统设置出图表达时所用的过滤器，单击“视图”选项卡下的“过滤器”，在弹出的“过滤器”对话框中选择“机械－送风”后“复制”该过滤器，如图 7－53 所示。将其“重命名”为“SF 送风系统（KT）（风管＋管件）”，在“类别”项勾选“风管”“风管管件”，过滤条件选择“系统类型”“等于”“送风”，如图 7－54 所示。单击“确定”后，即可完成新建过滤器的具体设置。

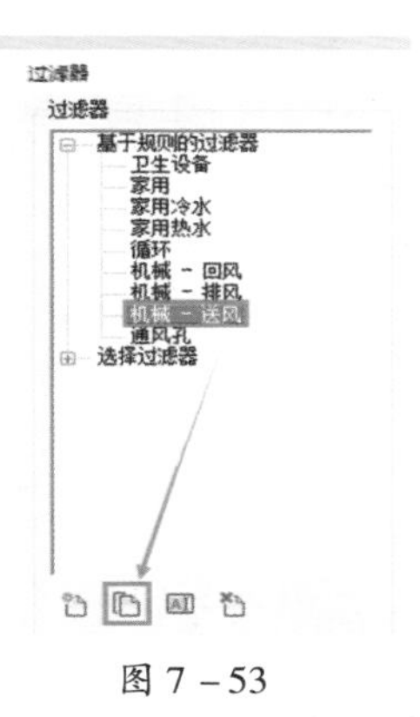

图 7－53

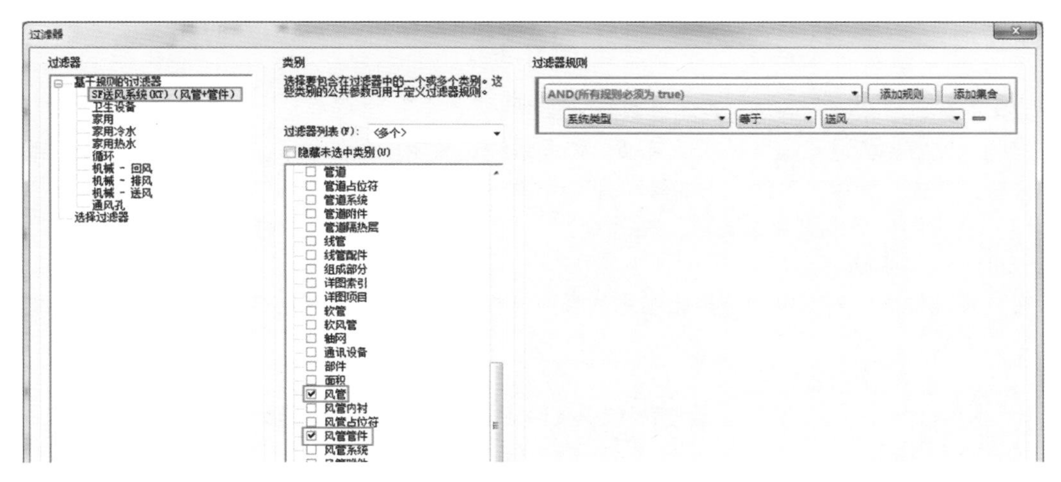

图 7－54

重复以上步骤，新建过滤器“SF 送风系统（KT）（附件）”（图 7－55）和“SF 送风系统（KT）（末端）”（图 7－56）。

图 7－55

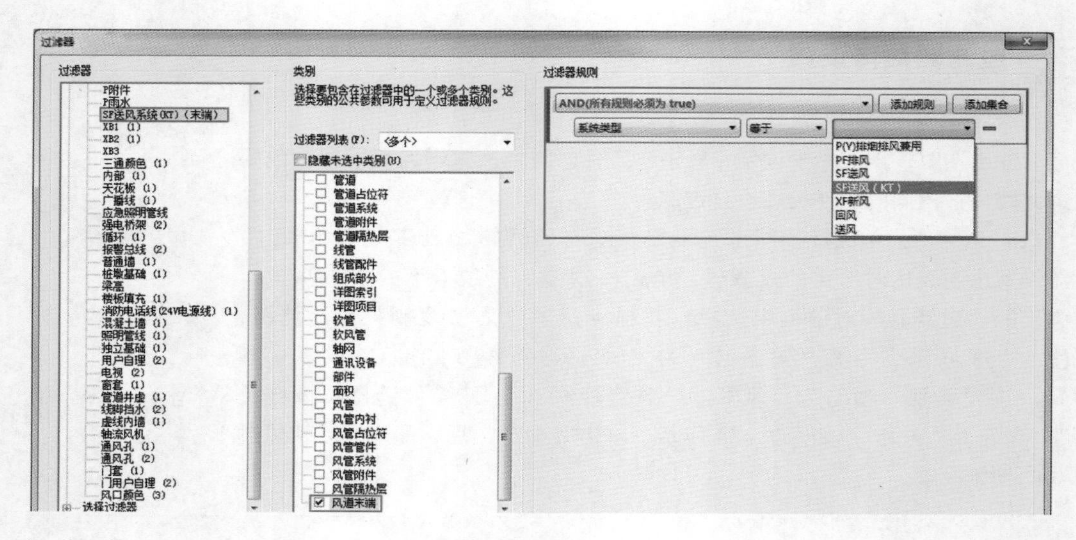

图 7－56

综上所述，一个完整的风管系统过滤器设置完毕。

复制已设置完的过滤器，对其他风管、管道系统设置出图过滤器，完成后每个风管、管道系统的风管、管道、管件、附件、末端等均有了相应的过滤器，如图 7－57 所示。

(2) 在视图样板中设置过滤器　在“视图”选项卡下选择“视图样板”中的“管理视图样板”，如图 7－58 所示。

在“视图样板”对话框中选择出图用的视图样板，“编辑”该视图样板下的“替换过滤器”，如图 7－59 所示。

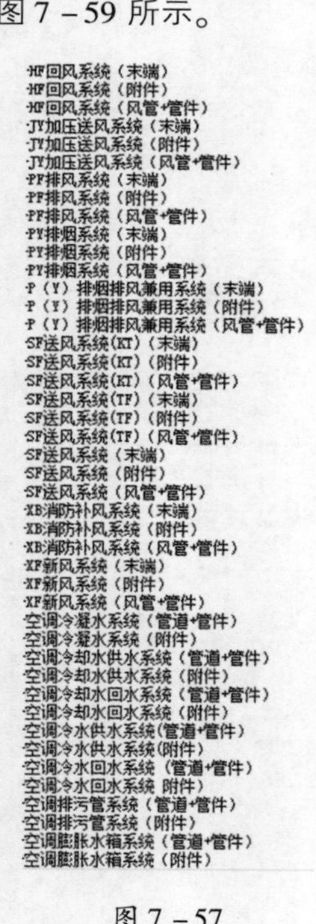

图 7－57

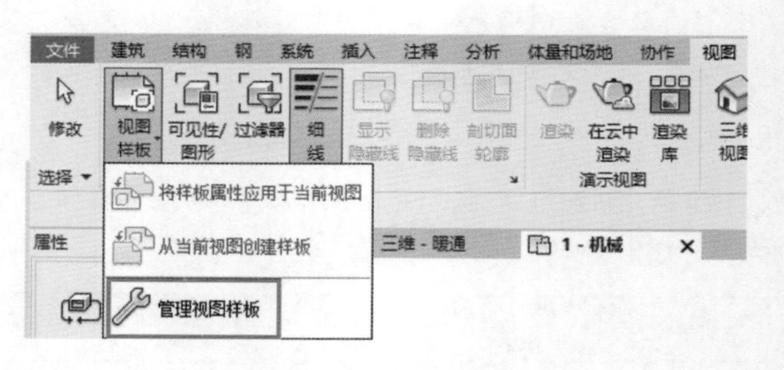

图 7－58

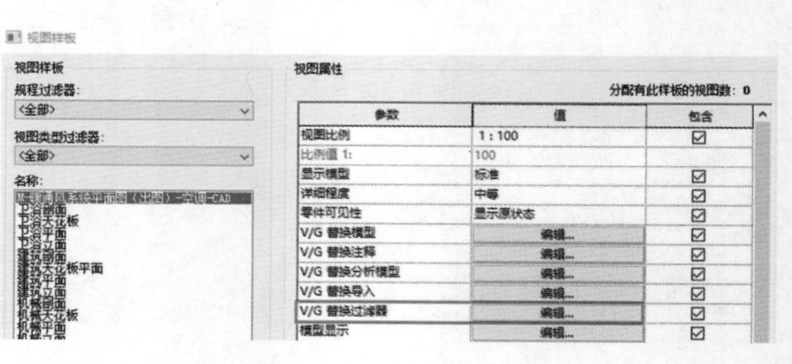

图 7－59

视图样板中初始内置的过滤器如不需要可删除，在该页面下“添加”已建完的风管系统过滤器，如图 7－60 所示。

单击“确定”后，前期设的各系统过滤器将全部添加到该视图样板下的过滤器内，此时的“投影/表面”下“线”“填充图案”“透明度”都为默认值，单击“线”下方的“替换”，此时的“填充图案”“颜色”“宽度”均为“无替换”，即为对应风管系统类型下“图形”设置内的默认值，如图 7－61 所示。

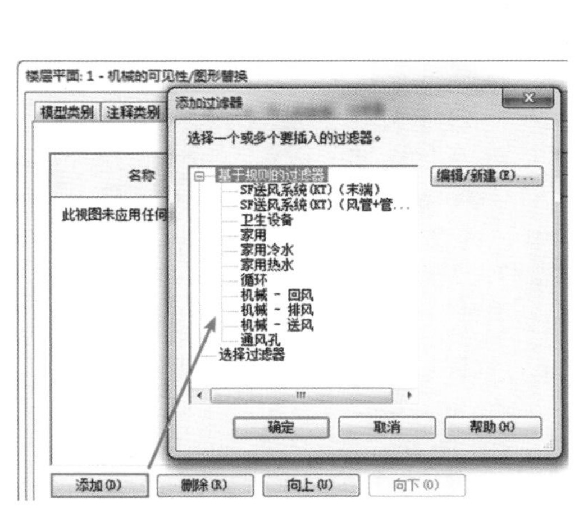

图 7－60

图 7－61

因各专业系统颜色在设置时综合考虑了其他机电专业的颜色，为避免颜色重复，处理碰撞时不直观，有些系统颜色采用比较冷门的颜色，但在实际出图时，各专业均分开出图，可不综合考虑其他专业的颜色。因不同单位对出图时的线型颜色要求不一样，可以将“线”颜色替换为各单位要求的颜色，如图 7－62 所示。

图 7－62

对于不同视图样板，设置过滤器的“可见性”，如图 7－63 所示。

图 7－63

按以上步骤，分别设置不同视图样板下的过滤器各项值，以完成不同出图表达要求的视图样板的“过滤器”设置。

（3）制图技巧　对于复杂项目，同一类型的风管系统需分开出图。例如，同为“SF 送风（KT）”系统，需要出几张图，每张图只显示指定的几个空调系统，此时，可以创建“选择集”作为过滤器选项，此时图 7－64 中右侧的“类别”“过滤器规则”均为灰显，选项都不可编辑。

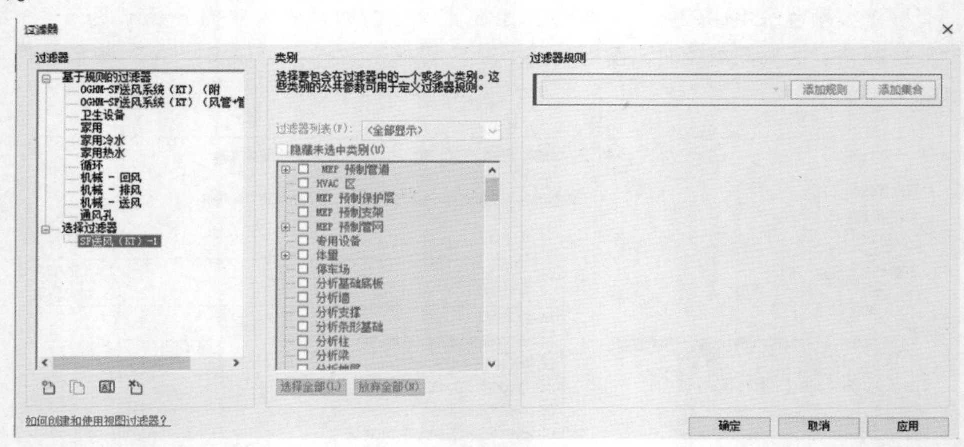

图 7－64

（4）其他　将常用的出图视图样板内的过滤器设置到位，不同项目出图时可通过“管理”选项卡下“传递项目标准”命令直接传递视图样板。

传递过来的“过滤器”项下的“可见性”“投影/表面”“半色调”等值，均不会传递。而选择传递“视图样板”的话，可将“过滤器”项下的“可见性”“投影/表面”“半色调”等值均传递到位，如图 7－65 所示。

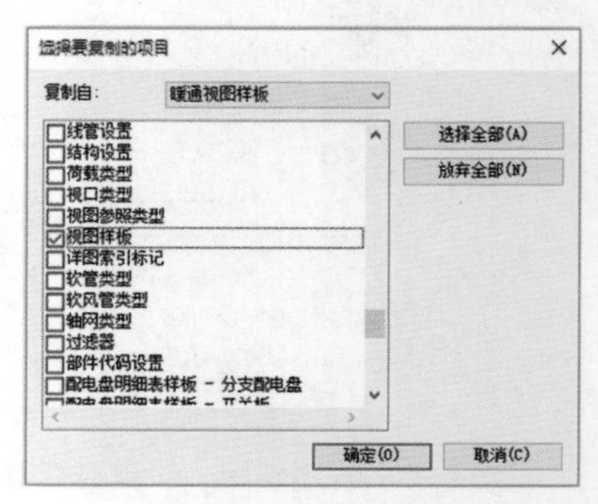

图 7－65

2. 其他专业提资

（1）以系统为单位新建过滤器　因提资阶段不涉及出图表达要求，基本为可见性的设置，此时的过滤器一般以系统为单位设置，不用细分到管件、附件、末端，如图 7－66 所示。

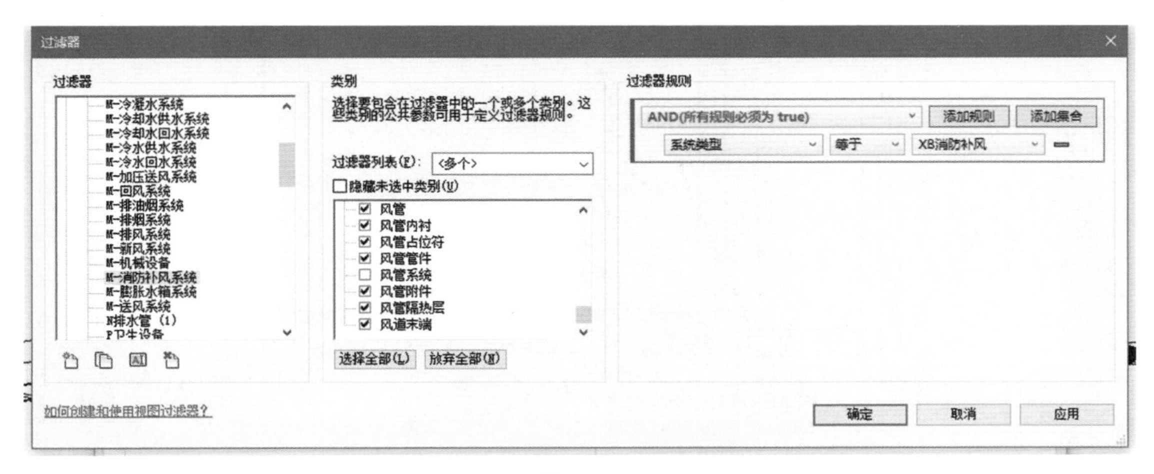

图 7－66

设备过滤器，如文件为中心文件的协同模式制图，建议以“工作集”为过滤条件，如图 7－67 所示。

如无“工作集”过滤条件，建议在放置机械设备时，在其“类型参数”下方的“类型注释”中添加参数值为“M－设备”，如图 7－68 所示。

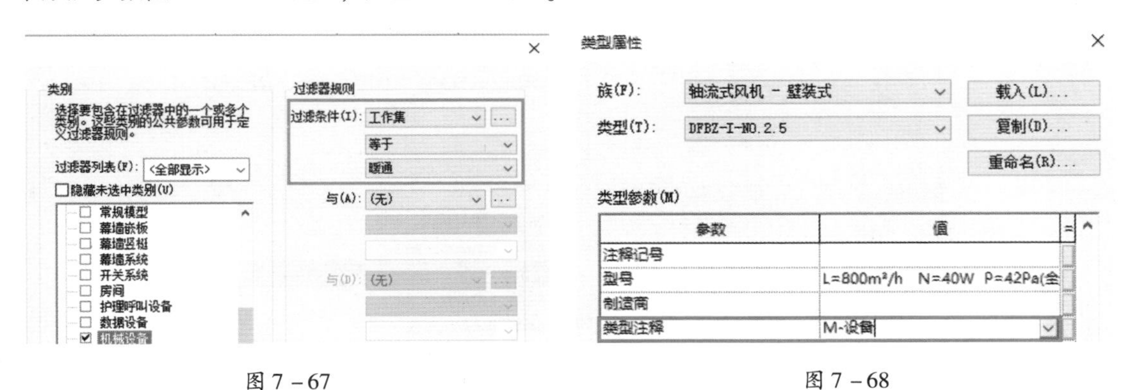

图 7－67　　　　图 7－68

以“类型注释”的内容设置过滤器的过滤条件，如图 7－69 所示。

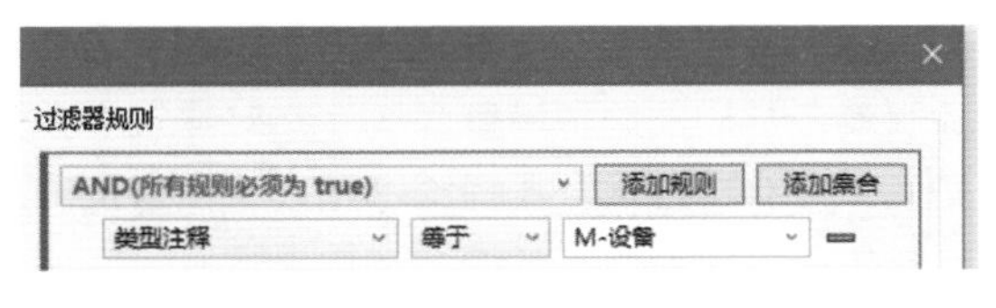

图 7－69

（2）在视图样板中设置过滤器　在“视图”选项卡下选择“视图样板”中的“管理视图样板”，单击打开后的页面中，选择提资用的视图样板，单击“V/G 替换模型”后的“编辑”，进行该视图样板下的过滤器设置，视图样板中初始内置的过滤器如不需要可删除，在该页面下添加入已建完的暖通专业管道系统过滤器，如图 7－70 所示。

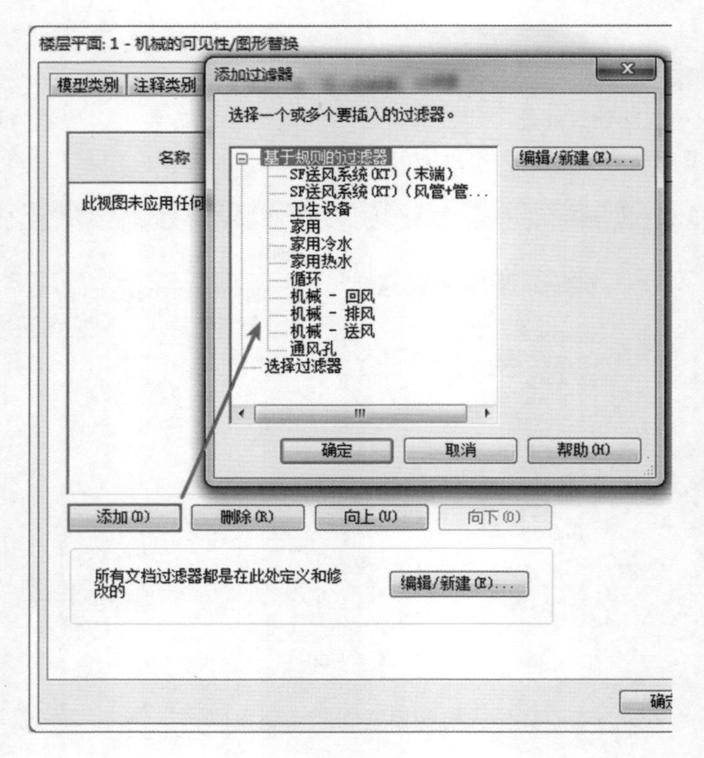

图 7－70

根据相应的提资视图样板要求，对添加的过滤器设置可见性，如图 7－71 所示。

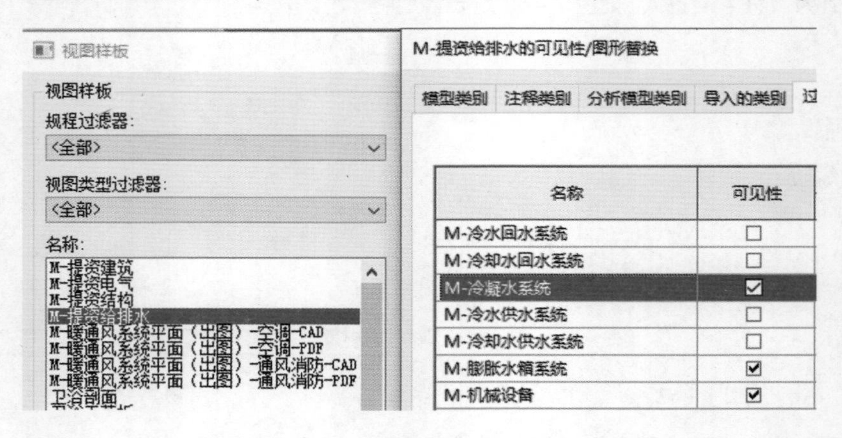

图 7－71

（3）其他　按以上步骤设置其他相关提资样板的过滤器，暖通专业的提资常用的是对结构专业提设备基础及结构墙留洞条件，对建筑专业提砖墙留洞条件，对电气专业提用电量及系统控制条件，对给水排水专业提给水管接口位置及冷凝水排水管接口位置条件，不仅限于此，具体以满足施工图要求为准。

设置完成后可保存，后期建模进行使用，详细设置可查看附件“施工图模型样板”。

课后练习

1. 下列关于 Revit 软件中机械设置的说法不正确的是（　　）。
   A. 机械设置中可以添加和删除风管和管道的尺寸
   B. 机械设置中可以对风管和管道不同系统的干管、支管偏移值进行设置
   C. 机械设置中可以新建风管和管道的坡度值
   D. “管道尺寸”信息可以在管道“类型属性”中的“布管系统配置”对话框中进行编辑
2. 下列关于 Revit 软件中暖通管道设置的说法不正确的是（　　）。
   A. 在绘制管道时不需要提前对管件进行设置
   B. 创建新的管道系统可以复制现有的系统进行修改
   C. 为系统设置不同的颜色是为了方便在建模时区分不同的系统
   D. 设置系统的颜色需要在“项目浏览器”找到“族”中的“管道系统”，在不同系统的类型属性中进行设置
3. 在使用 Revit 软件进行正向设计时，设计暖通管道前的设置不包含（　　）。
   A. 管道类型设置　B. 管道系统设置　C. 管道隔热层设置　D. 管件的载入
4. 下列关于 Revit 软件中增加的风管类型设置的说法不正确的是（　　）。
   A. “构造”下的“粗糙度”用于定义风管粗糙度，会影响压降计算
   B. 提前设置风管管件的作用是为了方便在绘制风管时自动生成管件进行连接
   C. 要做完整的系统压降计算，除了对风管粗糙度进行设置外，还需对风管管件、末端风口做相应设计
   D. 赋予风管不同系统不同材质只是为了好看
5. 在使用 Revit 软件进行正向设计时，下列关于过滤器的说法不正确的是（　　）。
   A. 对于在视图中共享公共属性的图元，过滤器提供了替换其图形显示和控制其可见性的方法
   B. 要基于参数值控制视图中图元的可见性或图形显示，可创建“基于规则的过滤器”，即可基于类别参数定义规则的过滤器
   C. 不可以选择集中使用过滤器隔离、隐藏或应用图元的图形设置
   D. 过滤器主要应用于各视图，可以将多个选择过滤器应用于同一视图
6. 过滤器的具体设置包含本专业出图设置和（　　）。
   A. 其他专业出图设置　B. 本专业提资
   C. 其他专业提资　D. 以上都不是
7. Revit 软件中，管道类型设置不包含（　　）。
   A. 增加管道类型　B. 管段和管件的设置
   C. 增加管道系统　D. 管道高度以及坡度的设置
8. 下列关于 Revit 软件中风管设置的说法错误的是（　　）。
   A. 因风管系统较多，为便于区分系统及后期出图表达，对不同风管系统设置不同颜色
   B. 区分风管系统的颜色在系统的类型属性中设置添加图形替换颜色
   C. 风管系统的材质添加和图形替换设置效果一样
   D. 风管隔热层的材质需要在类型属性中添加

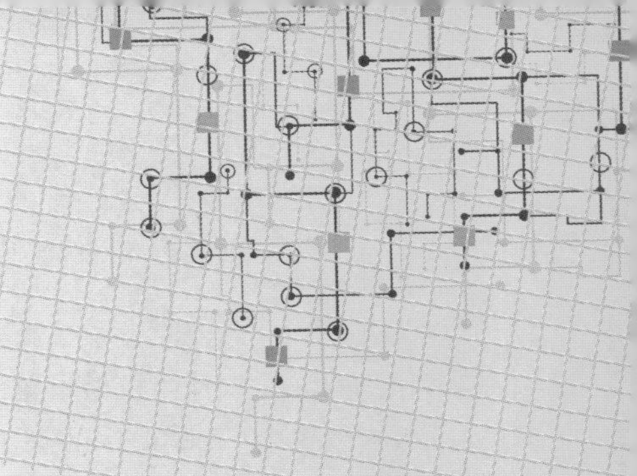

第八章　暖通模型

Revit 为暖通设计提供了快速、准确的计算分析功能：内置的冷热负荷计算工具，可帮助用户进行能耗分析并生成负荷报告；风管和管道尺寸计算工具，可根据不同算法确定干管、支管乃至整个系统的管道尺寸；检查工具及明细表，可帮助用户自动计算压力和流量等系统信息，检查系统设计的合理性。

同时 Revit 直观地反映设计布局，实现所见所得。用户可以直接在屏幕上拖放设计元素进行设计，任一视图的修改均与其他视图同步，始终保持准确唯一的设计及文档，有效提高用户的设计效率和质量。

第一节　创建建模视图

使用第七章完成的样板新建项目。根据建模需求，首先创建对应视图，并应用项目样板中已提前设置好的暖通建模视图样板。

进入新建的平面视图，在“属性”面板中将其楼层平面类型改为“A－建模”，“规程”改为“机械”，“标识数据”栏中“视图样板”选择已创建的“暖通平面”视图样板，如图 8－1 所示。

其他视图以同样方式创建，如图 8－2 所示。

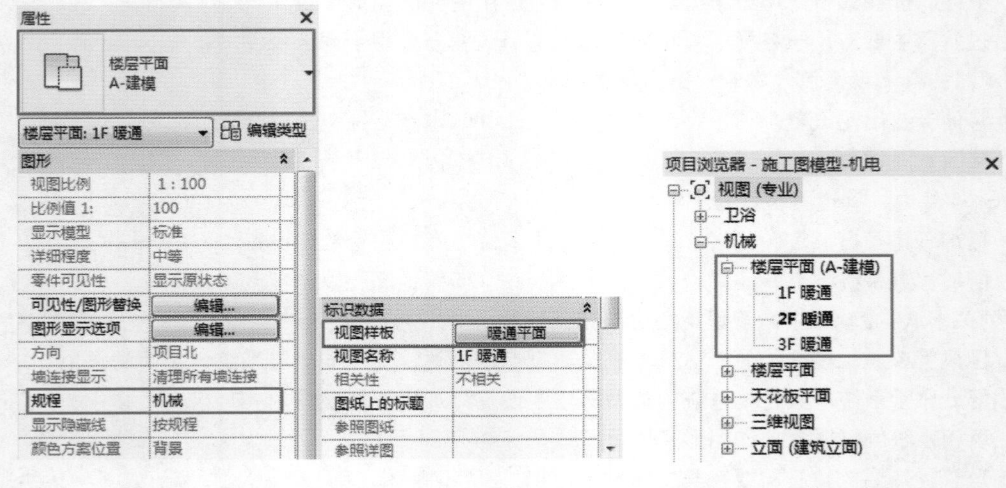

图 8－1　　　　图 8－2

第二节　专业计算

Revit 中的负荷计算工具是基于美国 ASHRAE 的负荷计算标准，并采用热平衡法（HB）和辐射时间序列法（RTS）相结合进行负荷计算。该工具可以自动识别建筑模型信息，读取建筑构件的面积、体积等数据并进行计算。

一、基本设置

设置项目所处的地理位置、建筑类型和构造类型等基本信息。

1. 地理位置

根据地理位置确定气象数据可以影响到负荷计算，具体设置在第六章中进行讲解。

2. 建筑/空间类型设置

单击“管理”选项卡下“设置”面板中“MEP 设置”下拉按钮中的“建筑/空间类型设置”，弹出“建筑/空间类型设置”对话框，如图 8－3 所示。

“建筑/空间类型设置”对话框中列出了不同建筑类型及空间类型的能量分析参数，如室内人员散热、照明设备的散热及同时使用系数的参数等，可以根据不同国家、不同地区的规范标准及实际项目的设计要求，对各个能量分析参数进行调整，以确保负荷计算结果的准确性。

空间类型是指不同功能的房间，如大厅、宿舍、自习室等，如图 8－4 所示。空间类型与建筑类型的区别在于空间类型不包含开放时间、关闭时间和未占用制冷设定点三个参数。

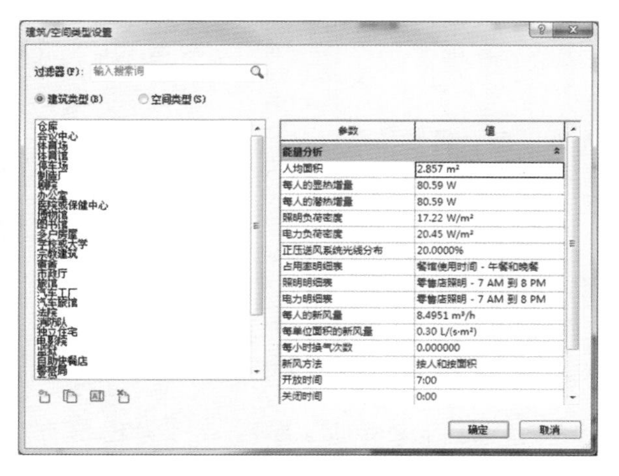

图 8－3

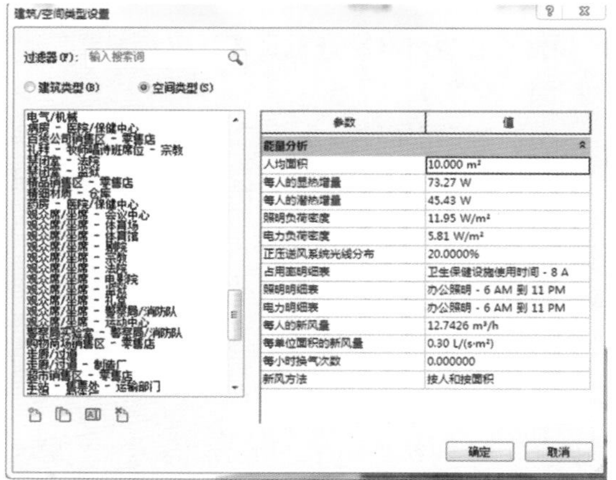

图 8－4

二、空间

Revit 通过放置“空间”可自动获取建筑模型中不同房间的信息，如周长、面积、体积、朝向、门窗的位置及门窗的面积等。通过设置“空间”属性，定义建筑物围护结构的传热系数，房间人员负荷等能耗分析参数，布置空间后即可进行负荷计算。

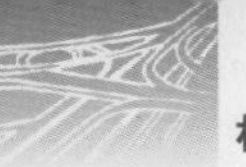

可链接配套文件中的“建筑专业模型”进行实操。

1. 空间放置

(1) 手动放置　切换至平面视图，单击“分析”选项卡下“空间和分区”面板中的“空间”命令，如图 8-5 所示。将鼠标移动至建筑模型，自动拾取房间边界，单击进行放置。

(2) 自动布置　按照手动布置的方式单击“空间”命令，再单击“修改 | 放置 空间”上下文选项卡“空间”面板中的“自动放置空间”，软件会自动布置空间并命名，如图 8-6 所示。

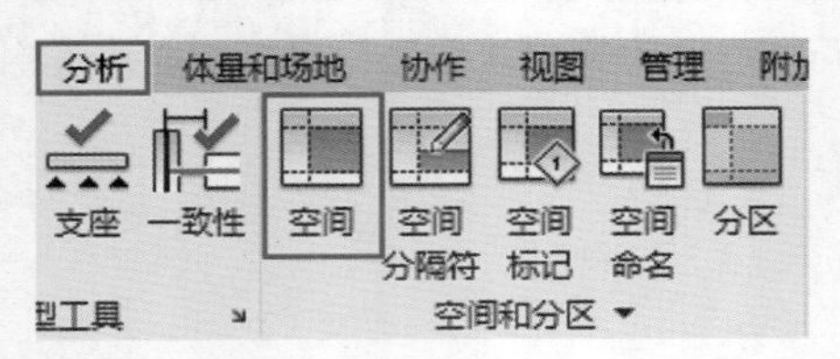

分析
体量和场地
协作
视图
管理
附加
支座
一致性
空间
空间分隔符
空间标记
空间命名
分区
型工具
空间和分区

图 8-5

修改 | 放置 空间
测量
创建
自动放置空间
高亮显示边界
空间
在放置时进行标记
标记

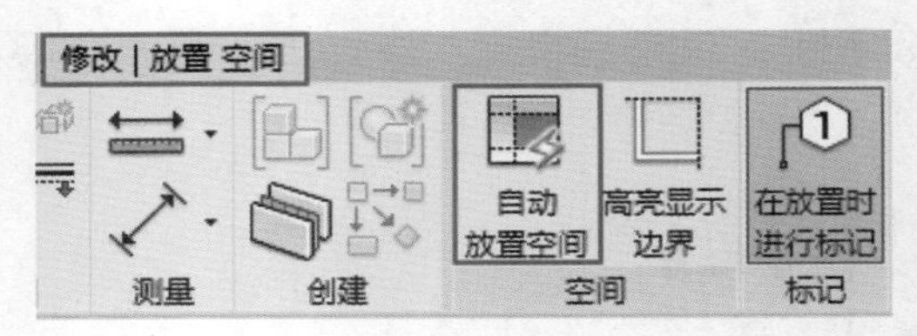

图 8-6

1) 在放置空间之前，需将“可见性/图形替换”中的空间设为可见。

2) 空间布置完成后，需要添加标记标注空间信息。标记空间方法有“在放置时进行标记”和手动放置两种。“在放置时进行标记”是指放置空间时，在“修改 | 放置 空间”上下文选项卡中单击“标记”面板中的“在放置时进行标记”命令，在放置空间时自动进行标记。手动放置空间标记是指在放置完成空间未进行标记的情况下，单击“分析”选项卡下“空间和分区”面板中的“空间标记”命令，可逐个空间进行标记。

2. 空间设置

空间布置完成之后，需要对各个空间能量分析的相关参数进行设置。空间能量分析的参数设置有两种方式：一是选中空间，在“属性”面板对参数进行设置，二是创建空间明细表，在明细表中进行设置。

能量分析
分区　默认
正压送风系统
占用
条件类型　加热和制冷
空间类型　<建筑>
构造类型　<建筑>
人员　编辑...
电气负荷　编辑...
新风信息　从分区
每人的新风量　0.0000 m³/h
每单位面积的新...　0.00 L/(s·m²)
每小时换气次数　0.000000
新风方法　按人和按面积
计算的热负荷　未计算
设计热负荷　0.00 W
计算的冷负荷　未计算
设计冷负荷　0.00 W

图 8-7

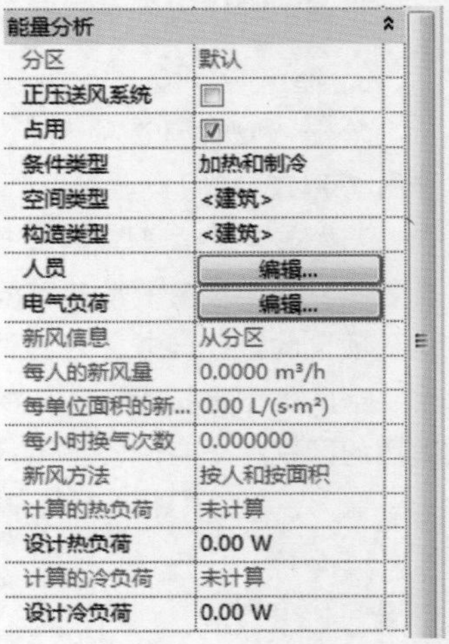

(1) 空间属性面板　选中已经布置的某一空间，在“属性”面板的“能量分析”栏中进行能量分析参数设置，如图 8-7 所示，具体含义见表 8-1。

表 8-1

名称	含义
分区	在所选空间未指定到某一分区的情况下，显示“默认”，否则显示该空间所属分区的名称
正压送风系统	空调上方的非空调区域。当从多个来源获得热量，例如墙和屋顶传导、来自空间下方照明以及回风的热量情况下，勾选此项，如吊顶空间、架空地板夹层等地方
占用	如果空间是空调区域，勾选“占用”，反之不勾选，如建筑中的竖井、墙槽或者公共卫生间等
条件类型	确定热负荷和冷负荷的计算方式，可选择加热、制冷、加热和制冷、无条件的、通风孔和仅自然通风

（续）

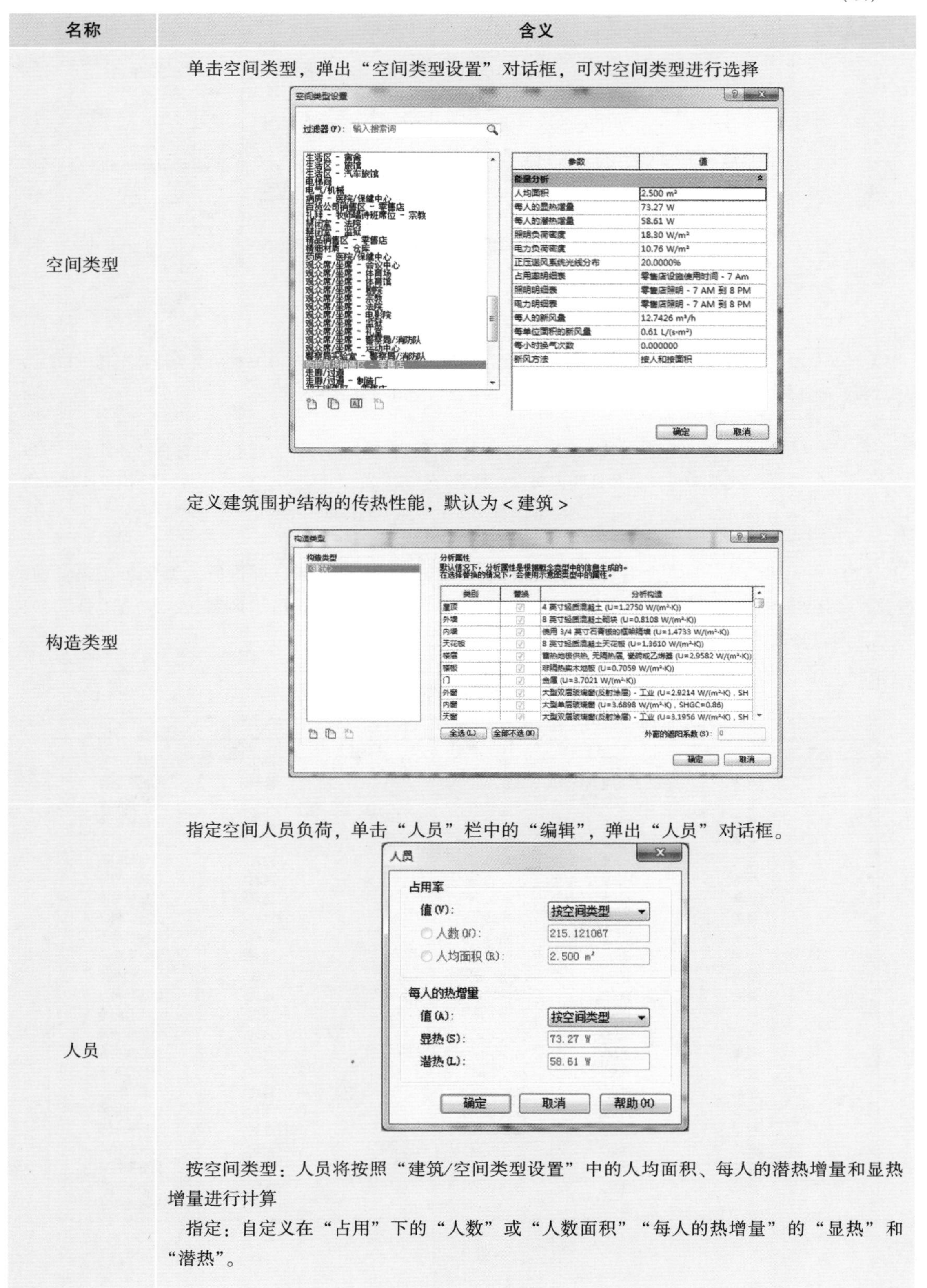

名称	含义
空间类型	单击空间类型，弹出“空间类型设置”对话框，可对空间类型进行选择
构造类型	定义建筑围护结构的传热性能，默认为 < 建筑 >
人员	指定空间人员负荷，单击“人员”栏中的“编辑”，弹出“人员”对话框。 按空间类型：人员将按照“建筑/空间类型设置”中的人均面积、每人的潜热增量和显热增量进行计算 指定：自定义在“占用”下的“人数”或“人数面积”“每人的热增量”的“显热”和“潜热”。

（续）

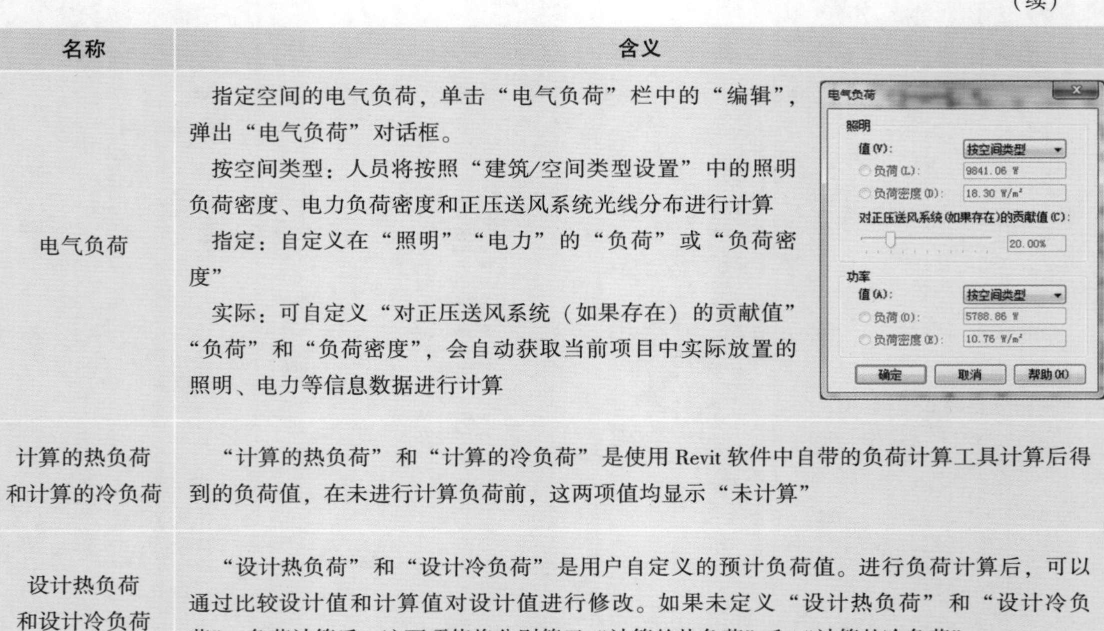

名称	含义
电气负荷	指定空间的电气负荷，单击“电气负荷”栏中的“编辑”，弹出“电气负荷”对话框。 按空间类型：人员将按照“建筑/空间类型设置”中的照明负荷密度、电力负荷密度和正压送风系统光线分布进行计算 指定：自定义在“照明”“电力”的“负荷”或“负荷密度” 实际：可自定义“对正压送风系统（如果存在）的贡献值”“负荷”和“负荷密度”，会自动获取当前项目中实际放置的照明、电力等信息数据进行计算
计算的热负荷和计算的冷负荷	“计算的热负荷”和“计算的冷负荷”是使用 Revit 软件中自带的负荷计算工具计算后得到的负荷值，在未进行计算负荷前，这两项值均显示“未计算”
设计热负荷和设计冷负荷	“设计热负荷”和“设计冷负荷”是用户自定义的预计负荷值。进行负荷计算后，可以通过比较设计值和计算值对设计值进行修改。如果未定义“设计热负荷”和“设计冷负荷”，负荷计算后，这两项值将分别等于“计算的热负荷”和“计算的冷负荷”

（2）空间明细表　通过创建空间明细表的方式将空间统计出来，并进行能量分析相关参数的设置，如图 8－8 所示。例如添加编号、名称、空间类型、面积、正压送风系统、构造类型和条件类型，通过修改明细表中的参数可以对空间的参数进行修改。

<空间明细表>

A	B	C	D	E	F	G
编号	名称	空间类型	面积	正压送风系统	构造类型	条件类型
1	空间	购物商场销售区	537.80 m²	☐	<建筑>	加热和制冷
2	空间	会议室/多功能	88.88 m²	☐	<建筑>	加热和制冷
3	空间	办公室 - 封闭	87.78 m²	☐	<建筑>	加热和制冷
6	空间	办公室 - 封闭	317.32 m²	☐	<建筑>	加热和制冷
4	空间	办公室 - 封闭	85.18 m²	☐	<建筑>	加热和制冷
8	空间	办公室 - 封闭	87.78 m²	☐	<建筑>	加热和制冷
9	空间	办公室 - 封闭	89.70 m²	☐	<建筑>	加热和制冷
7	空间	会议室/多功能	88.88 m²	☐	<建筑>	加热和制冷
10	空间	办公室 - 封闭	405.50 m²	☐	<建筑>	加热和制冷
5	空间	<建筑>	91.60 m²	☐	<建筑>	加热和制冷
13	空间	<建筑>	4.86 m²	☐	<建筑>	加热和制冷
14	空间	<建筑>	1.96 m²	☐	<建筑>	加热和制冷
15	空间	<建筑>	2.93 m²	☐	<建筑>	加热和制冷
16	空间	<建筑>	3.75 m²	☐	<建筑>	加热和制冷
17	空间	<建筑>	1.96 m²	☐	<建筑>	加热和制冷
18	空间	<建筑>	9.27 m²	☐	<建筑>	加热和制冷
19	空间	<建筑>	16.43 m²	☐	<建筑>	加热和制冷
20	空间	<建筑>	27.53 m²	☐	<建筑>	加热和制冷
21	空间	<建筑>	24.59 m²	☐	<建筑>	加热和制冷
22	空间	<建筑>	1109.35 m²	☐	<建筑>	加热和制冷
23	空间	<建筑>	4.74 m²	☐	<建筑>	加热和制冷
24	空间	<建筑>	5.74 m²	☐	<建筑>	加热和制冷
25	空间	<建筑>	11.59 m²	☐	<建筑>	加热和制冷

图 8－8

三、 分区

分区是各空间的集合。分区由一个或者多个空间组成，创建分区是用来统一定义具有相同环境（温度、湿度）和设计需求的空间。先创建空间，后创建分区。新创建的空间会自动分配在“默认”分区下。在负荷计算前，需先为空间指定分区。不在同一标高的空间也可以添加到同一分区中。

1. 分区放置

单击“分析”选项卡下“空间和分区”面板中的“分区”，如图 8－9 所示。

图 8－9

在“编辑分区”选项卡下，单击“添加空间”（图 8－10），选择空间，将具有相同环境和设计需求的空间逐个添加到分区中。

图 8－10

2. 分区查看

分区添加完成后，可以通过以下两种方式来检查分区。

（1）系统浏览器　在“视图”选项卡下“窗口”面板中的“用户界面”下拉按钮中，勾选“系统浏览器”，在弹出的“系统浏览器”对话框中选择“视图”下的“分区”，可以查看分区状态。单击“列设置”按钮，在弹出的“列设置”对话框中选择要查看的分区中空间查看信息，如图 8－11 所示。

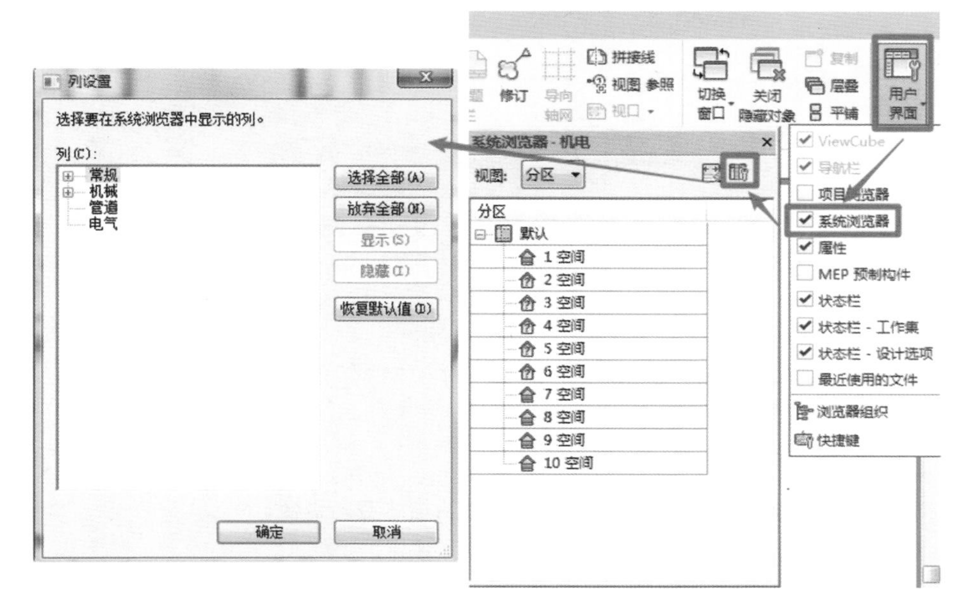

图 8－11

（2）“颜色方案”功能　通过分区的名称、面积或者计算冷负荷的不同，对各个分区进行颜色

填充，在视图上直观了解分析各个分区的信息。

单击“分析”选项卡下“颜色填充”面板中的“颜色填充图例”，在视图中单击图例放置的位置，软件将根据分区的名称生成颜色图例。

3. 能量分析参数

在“系统浏览器”中选中“分区”单击鼠标右键选择“属性”，或者在选择当前视图中的分区单击鼠标右键选择“属性”，在“属性”面板的“能量分析”栏下定义分区的“设备类型”“制冷信息”“加热信息”和“新风信息”等参数，如图 8 – 12 所示。

（1）设备类型　选择分区使用的加热、制冷或加热制冷设备类型。用户可在下拉菜单中按照设计要求选择空调设备类型，如图 8 – 13 所示。

（2）盘管旁路　制造商的盘管旁路系数是用来衡量效率的参数，表示通过盘管但未受盘管温度影响的风量。

（3）制冷信息（图 8 – 14）

1）制冷设定点：分区中所有空间要达到并保持的制冷空调温度，每个分区只能指定一个设定点，因为默认每个分区使用一个温度调节装置控制所有空间。

2）制冷空气温度：分区中所有空间进行制冷的送风温度。

3）湿度控制：勾选后，计算热负荷。

4）除湿设定点：分区中的所有空间维持的相对湿度（%）。

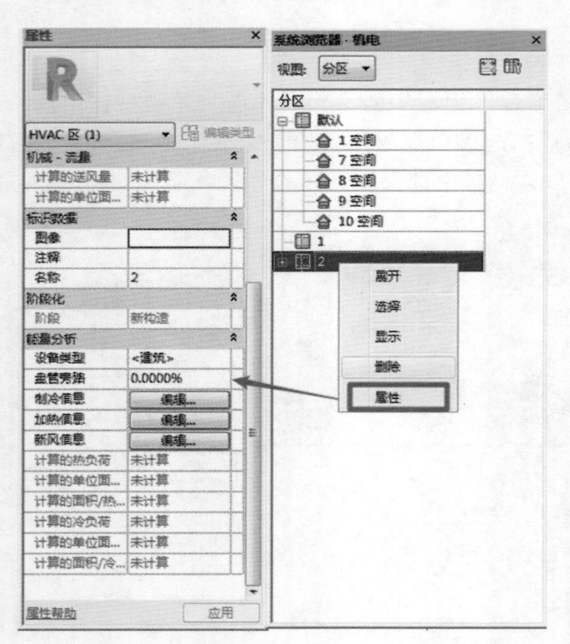

图 8 – 12

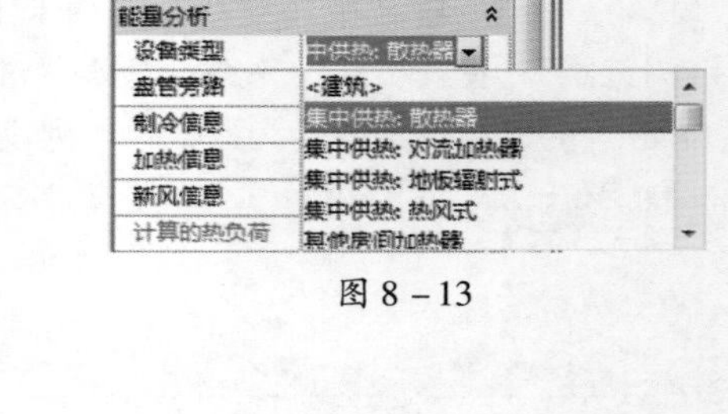

图 8 – 13

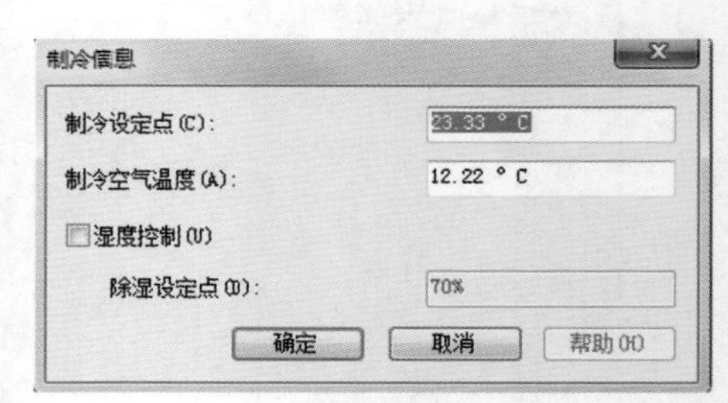

图 8 – 14

（4）加热信息（图 8 – 15）

1）加热设定点：分区中所有空间要达到并保持的加热空调温度。

2）加热空气温度：分区中所有空间进行加热的送风温度。

3）湿度控制：勾选后，计算热负荷。

4）湿度设定点：分区中的所有空间维持的相对湿度（%）。“制冷信息”中的“除湿设定点”不能低于“加热信息”中的“湿度设定点”。

（5）新风信息（图8－16）

1）每人新风量：分区中所有空间每人所需的最小新风量。

2）单位面积新风量：分区中所有空间每平方米所需的最小新风量。

3）每小时换气次数：分区中所有空间的每小时最小换气次数。

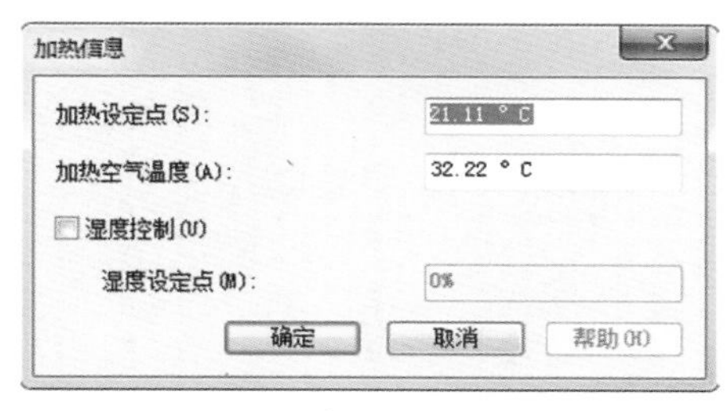

图8－15

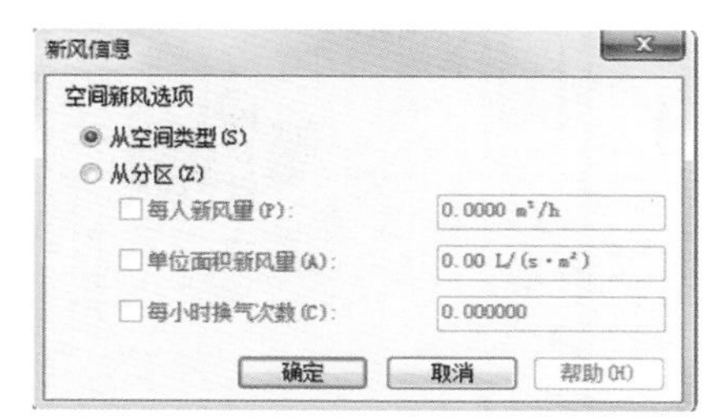

图8－16

四、热、冷负荷计算

单击“分析”选项卡下“报告和明细表”面板中的“热负荷和冷负荷”，打开“热负荷和冷负荷”对话框，包含“常规”和“详细信息”两个选项栏，如图8－17所示。

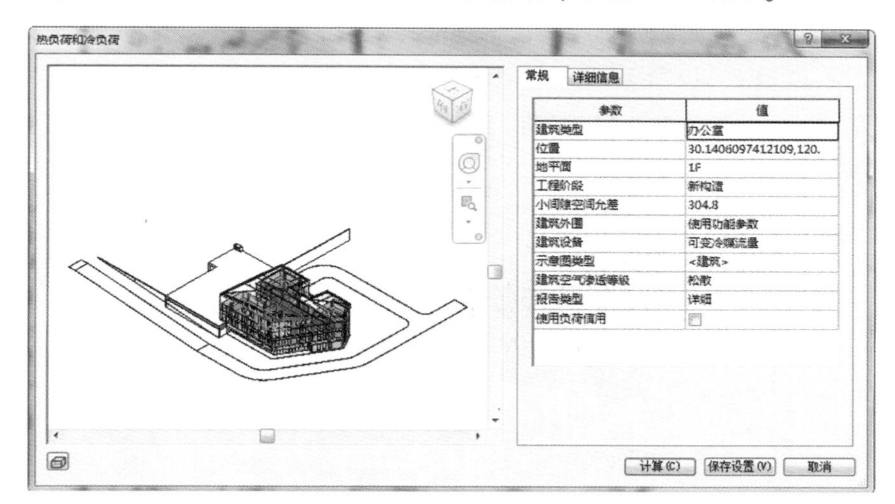

图8－17

1. 常规

建筑常规信息数据如图8－17所示，包含的信息有建筑类型、位置、地平面、工程阶段、小间隙空间允差、建筑外围、建筑设备、示意图类型、建筑空气渗透等级、报告类型和使用负荷信用。

2. 详细信息

详细信息包含“空间”和“分析表面”信息。

（1）空间　包含分区信息和空间信息。

当选择“空间”时，“热负荷和冷负荷”对话框中右侧窗口显示对应的空间和分区信息，如图8－18所示。

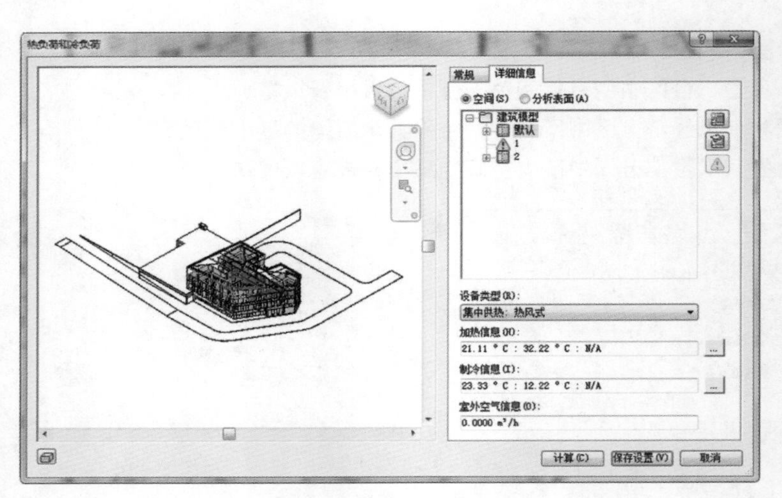

图 8－18

1）分区信息：所含信息与分区“属性”对话框中的“能量信息”一致。如果在分区的“属性”中已经完成设置，这里可以进行核查，如有需要可再次编辑。

2）空间信息：所含信息与空间“属性”对话框中“能量分析”信息一致。如果在分区的“属性”中已经完成设置，这里可以进行核查，如有需要可再次编辑。

在“详细信息”下选择一个分区或者空间，单击“隔离”按钮，可以在左侧窗口中隔离显示该分区或者空间，如图 8－19 所示。

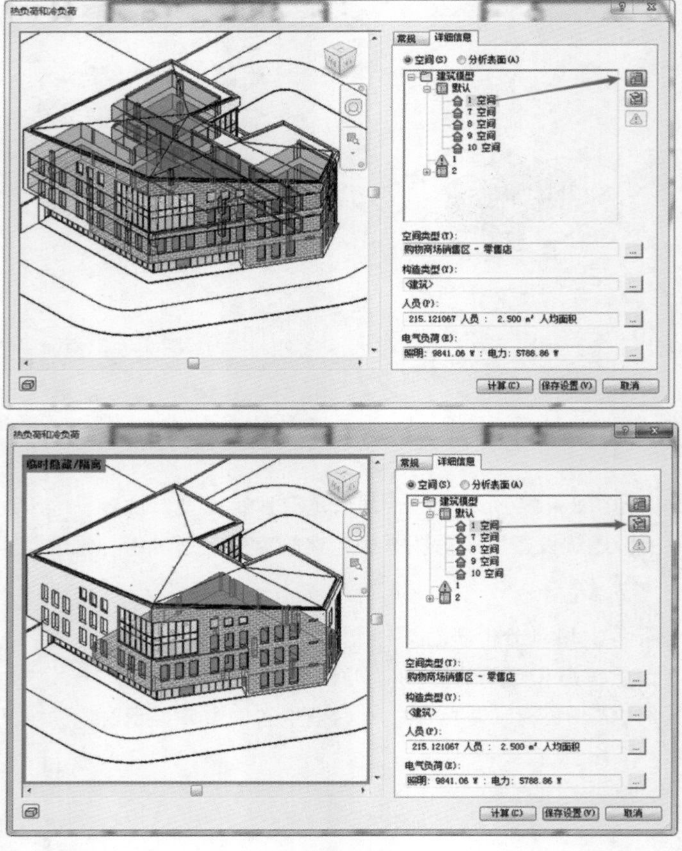

图 8－19

在进行负荷计算前，为得到精准的计算结果，尽量处理所有的警告。在建筑模型中的空间存在问题的情况下，“警告”按钮会高亮显示。选择与警告相关的空间，单击“显示相关警告”，打开“警告”对话框，可以查看警告原因，如图8－20所示。

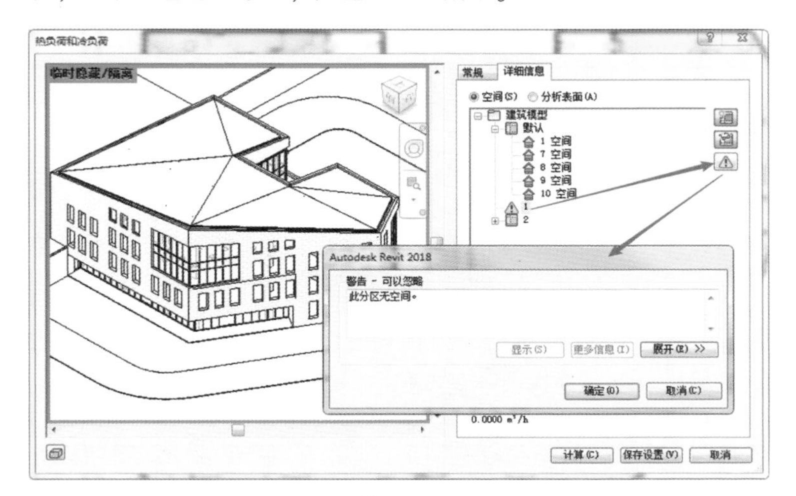

图8－20

（2）分析表面　分析表面包含分区信息、空间信息以及建筑围护结构。

分区信息与空间信息的设置与选择“空间”时相同。当选择“分析表面”时，“热负荷和冷负荷”对话框中左侧窗口显示包括外墙、内墙、板、气隙等构件的分析表面模型，如图8－21所示。

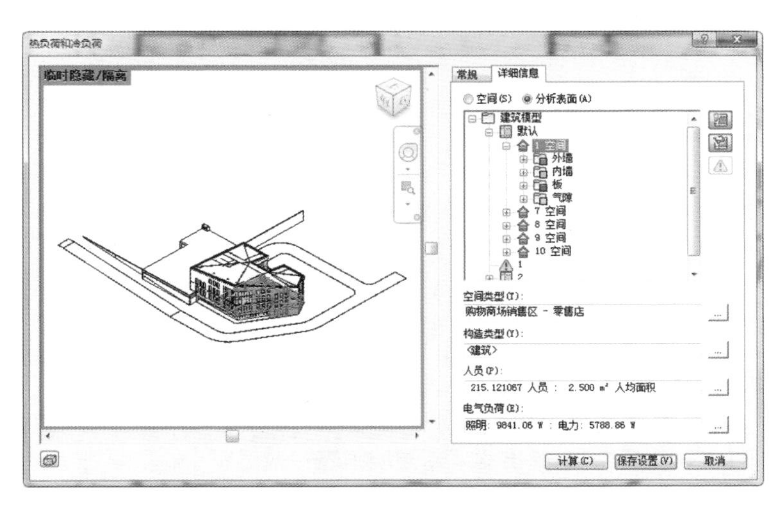

图8－21

（3）复核报告　上述设置都核查或编辑完成后，单击“计算”即可生成负荷报告，或者不执行计算，单击“保存设置”保存更新。

完成该楼层平面的负荷计算后，在“项目浏览器”的“报告”的下拉菜单中双击“负荷报告”，可以查看负荷报告，如图8－22所示。

Project Summary

位置和气候	
项目	杭州某综合楼
地址	浙江杭州
计算时间	2018年9月18日 13:34
报告类型	详细
纬度	30.14061°
经度	120.10037°
夏季干球温度	36 °C
夏季湿球温度	28 °C
冬季干球温度	-2 °C
平均日较差	8 °C

Building Summary

输入	
建筑类型	办公室
面积 (m^2)	1,880.42
体积 (m^3)	5,353.88
计算结果	
峰值总冷负荷 (W)	252,735
峰值制冷时间(月和小时)	七月 15:00
峰值显热冷负荷 (W)	201,622
峰值潜热冷负荷 (W)	51,113
最大制冷能力 (W)	252,848
峰值制冷风量 (m^3/h)	53,654.1
峰值热负荷 (W)	112,509
峰值加热风量 (m^3/h)	18,786.2
校验和	
冷负荷密度 (W/m^2)	134.40
冷流体密度 ($L/(s \cdot m^2)$)	7.93
冷流体/负荷 ($L/(s \cdot kW)$)	58.97
制冷面积/负荷 (m^2/kW)	7.44
热负荷密度 (W/m^2)	59.83
热流体密度 ($L/(s \cdot m^2)$)	2.78

图 8－22

五、 通风、防排烟量计算

暖通设计中，房间的通风量可以通过换气次数来计算，作为选择通风机的依据。解决方案为：在需要计算通风量的房间放置空间，并在空间明细表中添加用于定义换气次数的项目参数和计算通风量的计算值，根据空间的体积和用户输入的换气次数，计算出需要的通风量。在 Revit 软件中具体操作步骤如下：

1. 布置空间

单击“分析”选项卡下“空间和分区”面板中的“空间”，将空间布置在需要计算通风量的房间区域。

2. 创建空间明细表

单击“分析”选项卡下“报告和明细表”面板中的“明细表/数量”，在弹出的“新建明细表”对话框中，“类别”栏中选择“空间”，单击“确定”，如图 8－23 所示。

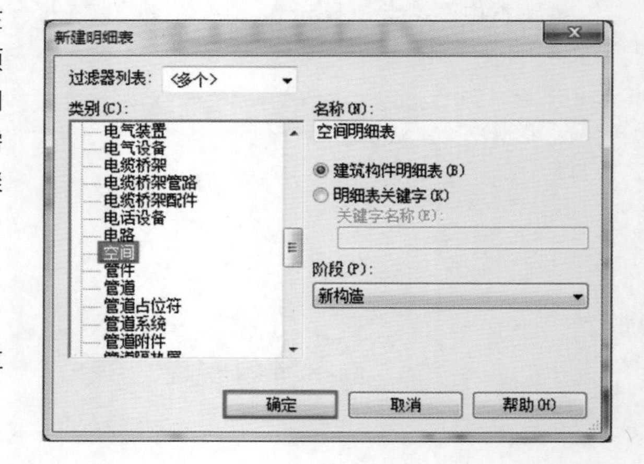

图 8－23

在弹出的“明细表属性”对话框中，添加“名称”“体积”字段。单击“新建参数”，在弹出的“参数属性”对话框中将“参数数据”下的“名称”修改为“换气次数”，“参数类型”修改为“整数”，单击“确定”，如图 8－24 所示。

单击“添加计算参数”，在弹出的“计算值”对话框中，将“名称”修改为“通风量”，“规程”选择为“HVAC”，“类型”选择为“风量”，计算“公式”设置为“体积 * 换气次数/3600s”，单击“确定”，如图 8－25 所示。

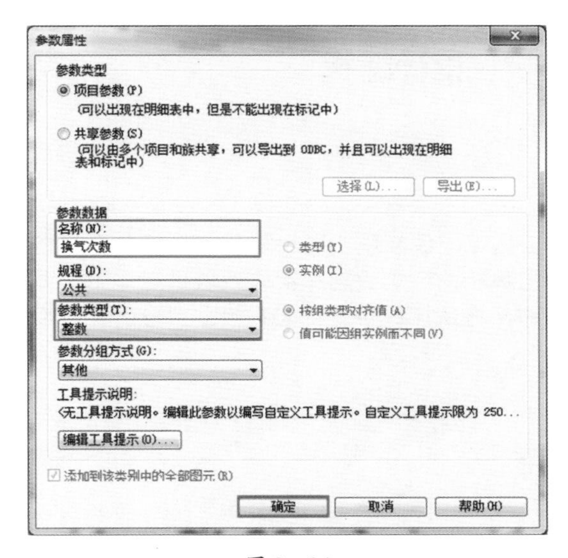

图 8－24

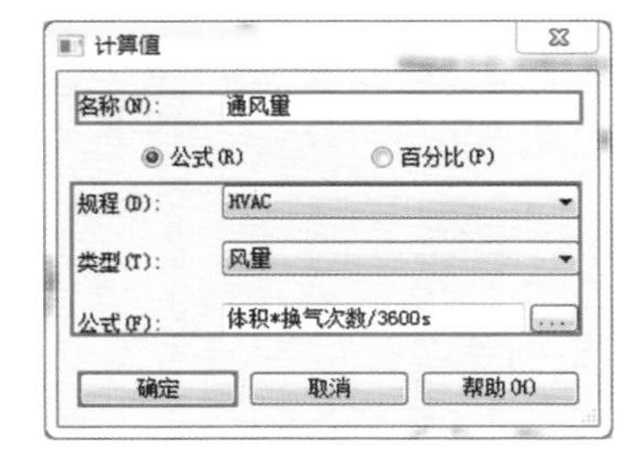

图 8－25

设置完成后如图 8－26 所示，单击“确定”，生成的空间明细表如图 8－27 所示。

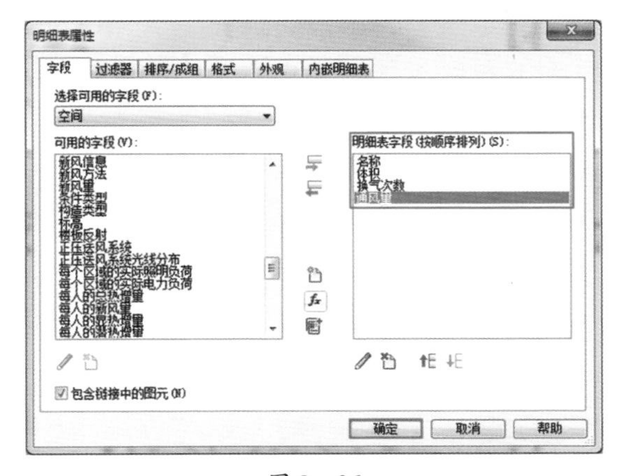

图 8－26

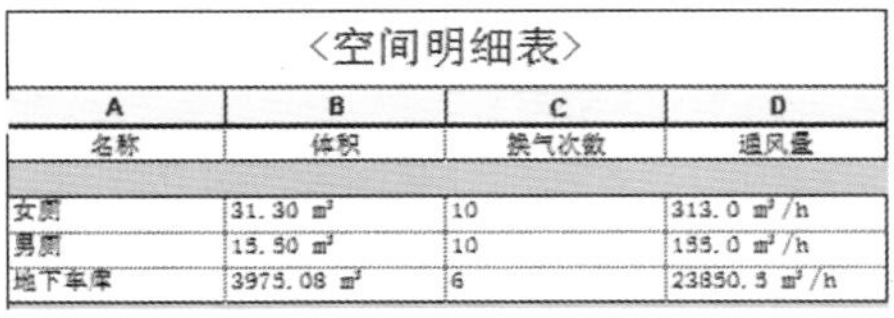

<空间明细表>			
A	B	C	D
名称	体积	换气次数	通风量
女厕	31.30 m³	10	313.0 m³/h
男厕	15.50 m³	10	155.0 m³/h
地下车库	3975.08 m³	6	23850.5 m³/h

图 8－27

由于“换气次数”被定义为了整数，实际上换气次数单位应该为“次/小时”，所以公式中要“/3600s”。通过“/3600s”，可以保证换气次数与“体积”的乘积为一个风量单位，而不是体积单位，匹配之前对于“通风量”参数的定义。

六、同第三方负荷计算软件的交互

Revit 负荷计算采用的能量分析参数和方法均基于 ASHRAE 手册，可以将建筑模型从 Revit 导出 gbxml 文件，输入符合当地规范和计算标准的第三方负荷计算软件进行计算。

gbxml 能导入 IES、GBS、Ectotect 等第三方软件进行负荷计算。Revit 中还实现同国内鸿业负荷计算软件的交互，在项目中放置好空间、分区，并且在导出 gbxml 之前，处理掉所有警告信息，然后把导出的 gbxml 文件放到本地硬盘。

导入鸿业负荷计算软件后，用户就可以对项目模型进行负荷计算。现阶段为保持跟建筑模型的一致性，不建议用户对导入的数据做任何修改。用户只需直接单击菜单栏上的“重新计算”即可，最后用鸿业软件导出计算书、负荷曲线图。

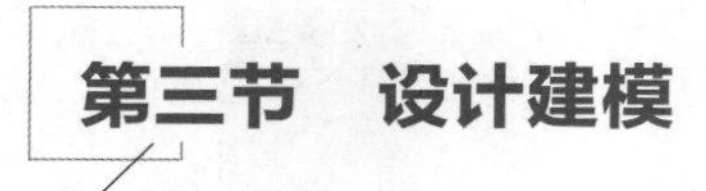

第三节　设计建模

一、主机及末端设备选型、布置

根据负荷计算结果和空间系统形式，办公区域空调系统主要由吊顶式风机盘管加空气处理机组和送风口组成，选用吊顶卧室暗装带底部回风箱的风机盘管和新风处理机组作为主要空气处理设备，选用方形送风散流器为送风口。根据布局将送风口布置在天花板上，吊顶式风机盘管布置在吊顶内，新风机组安装在空调机房内。

二、风管系统

1. 风管的绘制

单击“系统”选项下“HVAC”面板中的“风管”命令，在“属性”面板中选择设置好的风管类型，定义其风管系统（具体设置详见第七章），对风管的实例参数进行设置，如图 8－28 所示。

图 8－28

在“修改 | 放置 风管”上下文选项卡中选择“放置工具”以及“在放置时进行标记”（选择“在放置时进行标记”的情况下，可以在选项栏中对标记的方向以及是否添加引线），在“修改 | 放置　风管”选项栏中，可以对风管尺寸的高度、宽度以及偏移进行设置，如图 8－29 所示。

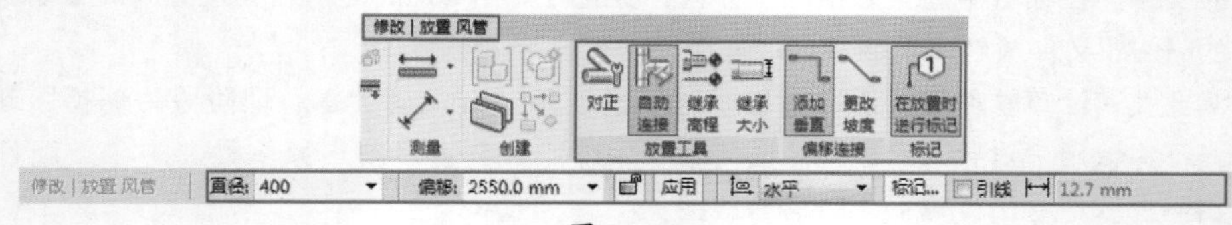

图 8－29

（1）对正 “对正”命令用于指定风管的对齐方式，此功能在立面视图和剖面视图中不可用。单击“对正”，打开“对正设置”对话框，如图 8－30 所示。

1）水平对正。以风管的“中心”“左”或“右”边缘与参照线或风管的中心对齐。“水平对正”的效果与面管方向有关，自左向右绘制风管时，选择不同“水平对正”方式的绘制效果，如图 8－31 所示 。水平偏移。是指指定风管绘制的位置与实际风管位置之间的偏移距离，该功能多用于指定风管和墙体等参考图元之间的水平偏移距离。“水平偏移”的距离与“水平对正”设置以及画管方向有关。设置“水平偏移”值为 100mm，自左向右绘制风管，不同“水平对正”方式下的风管绘制效果如图 8－32所示。

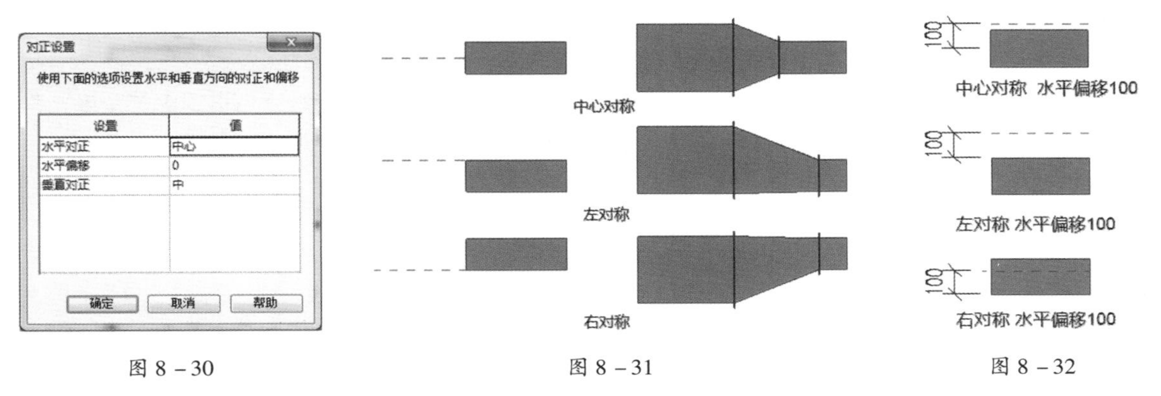

图 8－30　　图 8－31　　图 8－32

2）垂直对正。以风管的“中”“底”或“顶”边缘与对接风管的中心对齐。不同“垂直对正”方式下，偏移量为 2750mm 时绘制风管的效果如图 8－33 所示。

（2）自动连接 “放置工具”面板中的“自动连接”命令用于某一段风管管路开始或结束时自动捕捉相交风管，并添加风管管件完成连接。一般情况下，这一选项是默认选中的。如绘制两段正交风管，将自动添加风管管件完成连接，如图 8－34 所示。

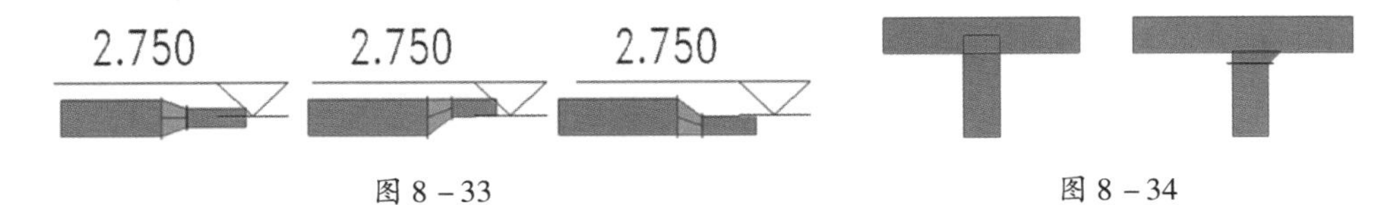

图 8－33　　图 8－34

（3）“继承高程”和“继承大小” 一般情况下，这两项不是默认选中的。如果选择“继承高程”，新绘制的风管将继承与其连接的风管或设备连接件的高程。如果选择“继承大小”，新绘制的风管将继承与其连接的风管或设备连接件的尺寸。

将鼠标移至绘图区域，单击鼠标指定风管起点，移动至终点位置再次单击，完成一段风管的绘制。可以继续移动鼠标绘制下一管段，风管将根据管路布局自动生成在“布管系统配置”中预设好的风管管件。绘制完成后，按〈Esc〉键或者右击鼠标，单击快捷菜单中的“取消”，完成风管绘制命令。

2. 风管管件的使用

风管管路中包含大量连接风管的管件。下面将介绍绘制风管时风管管件的使用方法和注意事项。

（1）添加风管管件

1）自动添加。绘制某一类型的风管时，通过风管“类型属性”对话框中“管件”指定的风管管件，可以根据风管布局自动加载到风管管路中。

对于自动加载到风管中的“三通”或“四通”等管件，如果同时满足以下两个条件，可以在项目中自由拖动支管改变支管的倾斜角度，如图 8 – 35 所示。

风管管件模型满足任意角度参变。风管管件的族类别必须设置成“三通”或“四通”。

2）手动添加。在“类型属性”对话框中的“管件”列表中无法指定的管件类型，如偏移、Y 形三通、斜 T 形三通、斜四通、裤衩管、多个端口（对应非规则管件），使用时需要手动插入到风管中或者将管件放置到所需位置后引出风管。

对于不能自动加载到风管中的管件，如 Y 形三通或斜三通等，即使族文件中的模型满足任意角度参变，在项目中，该管件仍然无法实现通过拖动支管改变支管的倾斜角度。以添加支管角度可变的 Y 形三通为例，使用该类管件时，需要遵循以下步骤：画好干管后将管件插入到所需位置，通过管件“属性”对话框将支管“角度”调整到所需值，如 45°，最后手动接好支管，如图 8 – 36 所示。支管接好后，将无法再调整支管的角度。所以使用这类管件时，需要先指定支管角度，再连接支管。

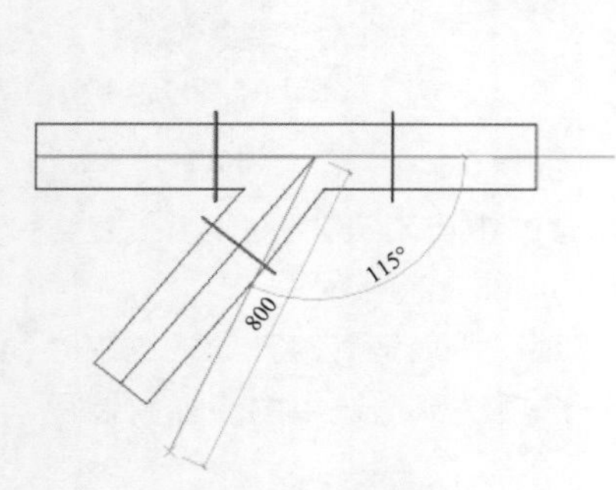

图 8 – 35

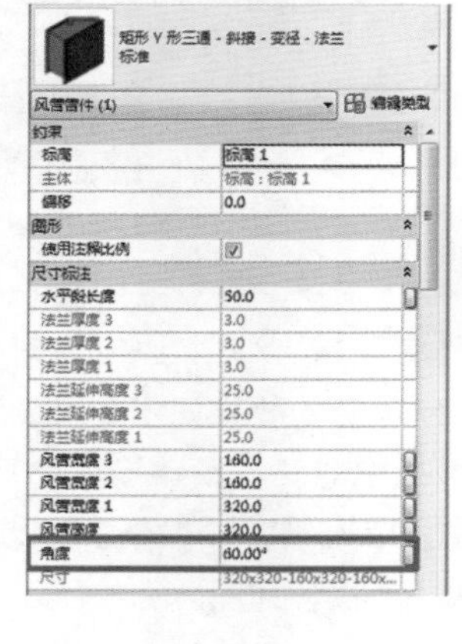

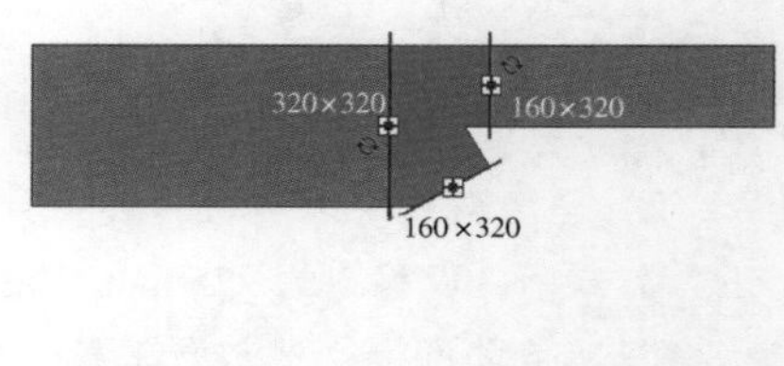

图 8 – 36

（2）编辑管件　单击管件，管件周围会显示一些管件控制柄，如图 8 – 37 所示。

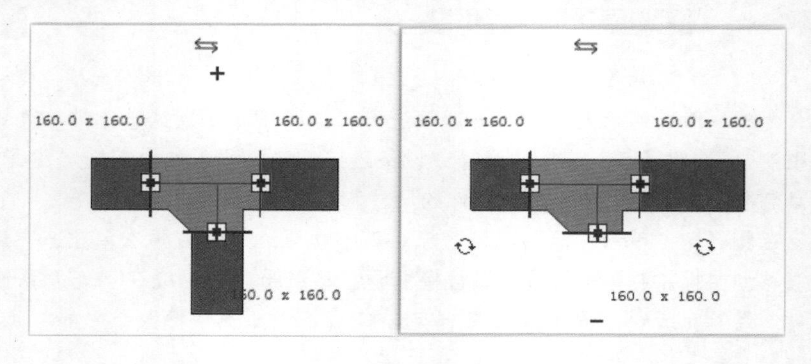

图 8 – 37

1）在没有连接风管时，可单击尺寸标注改变管件尺寸。

2）单击方向控件，管件会沿符号方向水平翻转 180°。

3）单击旋转符号可以旋转管件，当管件连接了风管后，该符号不再出现。

4）当管件的所有连接件都连接风管时，可能会出现“+”，表示该管件可以升级。例如，弯头可以升级为三通，三通可以升级为四通。

5）当管件有一个未使用连接风管的连接件，可能会出现“－”，表示该管件可以降级。例如，带有未使用连接件的四通可以降级为T形三通；带有未使用连接件的T形三通可以降级为弯头等。当管件上有多个未使用的连接件，不会显示加减号。

6）“管帽开放端点”功能可以批量为未设置堵头的风管添加堵头。选择多个风管，单击“管帽开放端点”，即可为风管添加堵头（图8－38）。当选中图元中有其他类型图元时，不能添加堵头，可利用过滤器，只选择风管和风管管件即可。

3. 风管附件放置

在平面视图、立面视图、剖面视图和三维视图中均可放置风管附件。单击“系统”选项卡下“HVAC”面板中的“风管附件”，在“属性”对话框中选择需要插入的风管附件，捕捉到风管中，如图8－39所示。

也可以在“项目浏览器”下的“族”中找到“风管附件”，选择需要的附件直接拖到绘图区域，如图8－40所示。

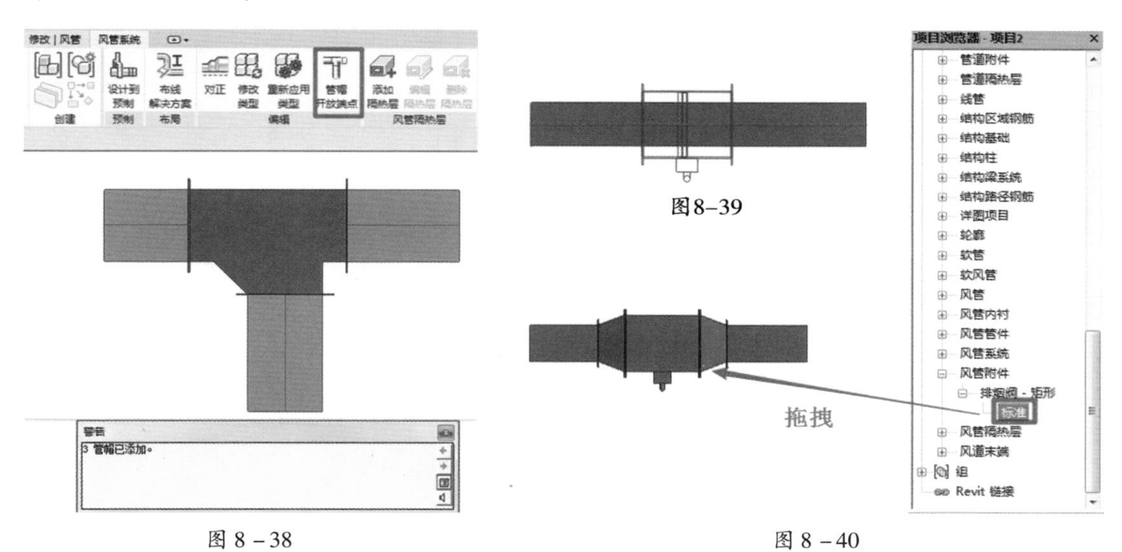

图8－38　　　　图8－40

4. 软风管绘制

在平面视图和三维视图中可绘制软风管。

（1）绘制软风管　有两种方式激活绘制“软风管”命令。第一种是单击“系统”选项卡下“HVAC”面板中的“软风管”，如图8－41所示。第二种是右击连接件，单击快捷菜单中的“绘制软风管”选项直接绘制软风管。

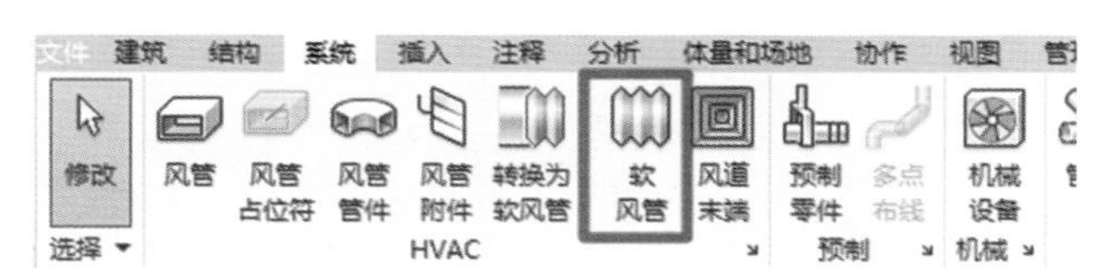

图8－41

按照以下步骤手动绘制软风管，如图8－42所示：

1）在软风管“属性”对话框面中选择所需要绘制的风管类型。

2）点击“修改|放置　软风管”选项栏上“宽度”或“高度”的下拉按钮，选择在“机械设置”

中设定的风管尺寸，可以在下拉列表中选择需要的尺寸，也可以直接在“宽度”和“高度”输入尺寸。

3）“偏移”是指软风管中心线相对于当前平面标高的距离。在“偏移”选项中单击下拉按钮，可以选择项目中已经用到的软风管或风管偏移量，也可以直接输入自定义的偏移数值，默认单位为 mm。

4）在绘图区域中，单击指定软风管的起点，沿着软风管的路径在每个拐点单击，最后在软管终点单击〈Esc〉键或右击鼠标选择“取消”。如果软风管的终点是连接到某一风管或某一设备的风管连接件，可以直接单击所要连接的连接件，以结束软管绘制。

（2）修改软风管　在软风管上拖拽两端连接件、顶点和切点，可以调整软风管路径，如图 8－43 所示。

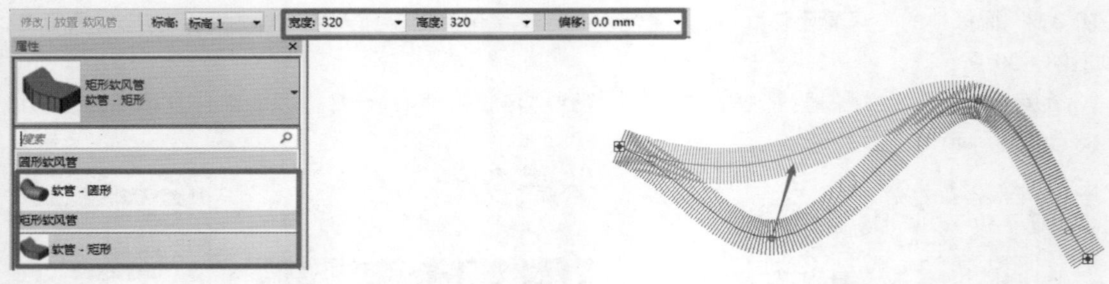

图 8－42　　　　图 8－43

1）连接件：出现在软风管的两端，可以重新定位软管的端点。通过拖拽连接件，可以将软管与另一构件的风管连接件连接起来，或断开与该风管连接件的连接。

2）顶点：沿软风管的走向分布，可以修改软风管的拐点。在软风管上单击鼠标右键，在快捷菜单中可以“插入顶点”或“删除顶点”。在平面视图中拖拽顶点可以水平方向修改软风管的形状，在剖面视图中或立面视图中拖拽顶点可以修改垂直方向的形状。

3）切点：出现在软管的起点和终点，允许调整软风管的首个和末个拐点处的连接方向。

（3）转换为软风管（图 8－44）

1）单击“系统”选项卡下“HVAC”面板中的“转换为软风管”。

2）在选项栏中输入软风管的长度上限。

3）选择风道末端，连接风道末端部分转换为软风管。

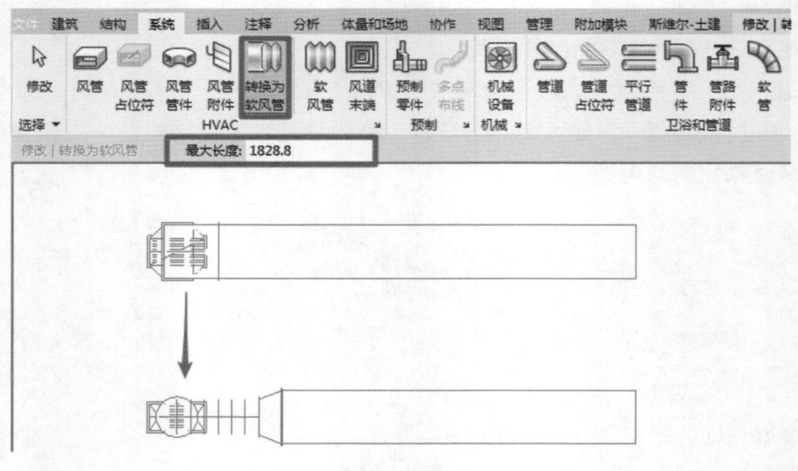

图 8－44

5. 设备接管

设备的风管连接件可以连接风管和软风管。设备接管的四种方法包括：

1）单击设备，右击设备的风管连接件，单击“绘制风管”，如图 8－45 所示。

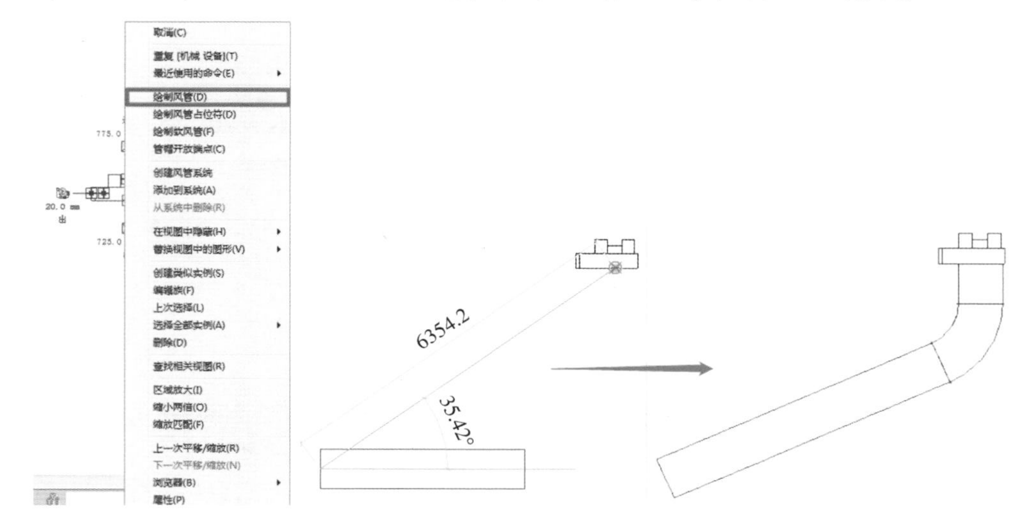

图 8－45

2）直接拖动风管连接到设备的连接件上，自动完成连接。

3）利用“连接到”命令为设备连接风管。选中一个需要连管的设备，单击“连接到”命令，如果设备包含一个以上的连接件，将打开“选择连接件”对话框，选择需要连接风管的连接件，单击“确定”，然后单击该连接件所要连接到的风管，完成设备与风管的自动连接，如图 8－46 所示。

不能使用“连接到”命令将设备连接到软风管上。

4）选中设备，单击创建风管图标，即可绘制风管，如图 8－47 所示。

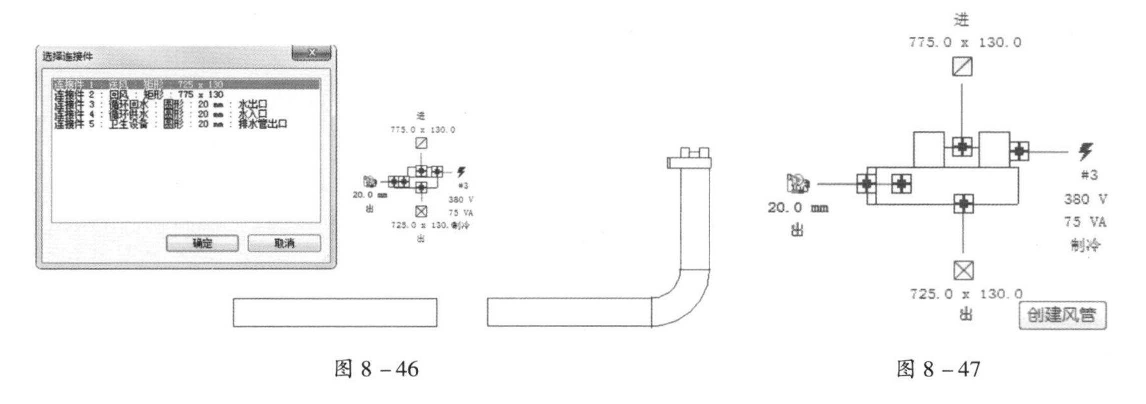

图 8－46　　图 8－47

6. 风管的隔热层和内衬

选中所要添加隔热层/衬层的管段，激活功能区“风管隔热层”“风管内衬”选项卡，如图 8－48所示。

1）添加隔热层：单击“添加隔热层”，打开“添加风管隔热层”对话框，选择需要的隔热层类型，输入厚度，单击“确定”。如果没有需要的隔热层类型可单击“编辑类型”，复制命名，添加材质。

2）添加内衬：单击“添加内衬”，打开“添加风管内衬”对话框，选择需要的内衬类型，输入厚度，单击“确定”。如果没有需要的内衬可单击“编辑类型”，复制命名，添加材质。

3）选中已添加隔热层和内衬的风管，在“修改｜风管”选项卡会激活“编辑隔热层”“删除隔热层”“编辑内衬”“删除内衬”命令。

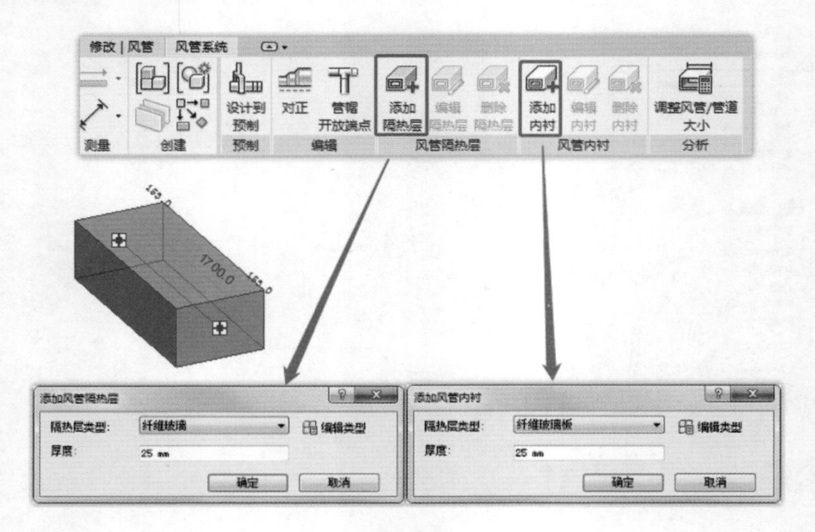

图 8－48

在3D视图中，当风管添加隔热层/内衬后，可以通过设置“可见性/图形替换”对话框中“风管”“风管内衬”和“风管隔热层”的“透明度”选项，更直观地显示风管隔热层和内衬，如图8－49所示。

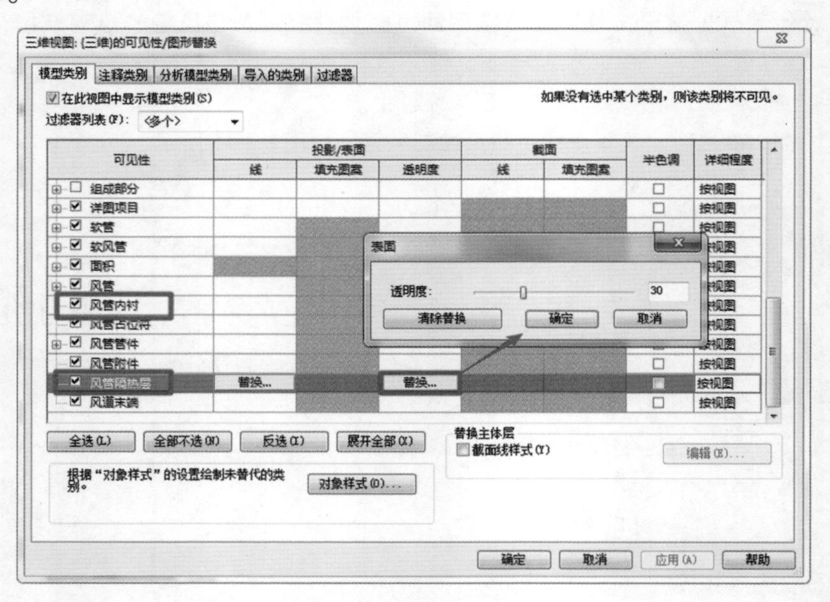

图 8－49

三、 空调水系统

空调水系统通常包含两部分：冷冻水系统和冷却水系统。不同空调水系统在 Revit 中对应的管道系统分类不同，见表8－2。项目文件中的管道系统分类与族文件连接设置的系统形式相对应。

表 8-2

采暖专业常用水系统	Revit 管道系统分类	特点
冷却水/冷冻水/供暖的供水	循环供水	介质为水、蒸汽、制冷剂等闭式系统
冷却水/冷冻水/供暖的回水	循环回水	介质为水、蒸汽、制冷剂等闭式系统
冷剂供/回、蒸汽供/回、燃气供/回	其他	介质为燃气等流体
冷水排水、泄水	卫生设备	介质为水，开式系统
补水	家用冷水	介质为水，开式系统
可用于多种系统	全局	介质不限，可用于多种系统形式泵等加压传输设备等管路附件

在 Revit 中，空调水的设计流程和方法与给水排水的设计流程和方法大致相同，将在相关章节（第九章、第十章）中进行详细讲解，这里不再赘述。

管道的连接方法和风管类似，可在创建逻辑系统后使用自动布局，也可以手动绘制。在此基础上，介绍一个绘制空调水系统的技巧：使用标准组快速创建平面重合、高程不同的供回水管。

如果项目中含有标准层，可以先绘制标准层中的图元和管道系统，选中标准层的管道系统定义成组，然后将模型组应用到其他层，实现快速绘制模型。

选择标准层中的所有管道系统，单击“修改”选项卡下“创建”面板中的“创建组”命令，将组“名称”命名为“标准层－冷凝水系统”，如图 8-50 所示。

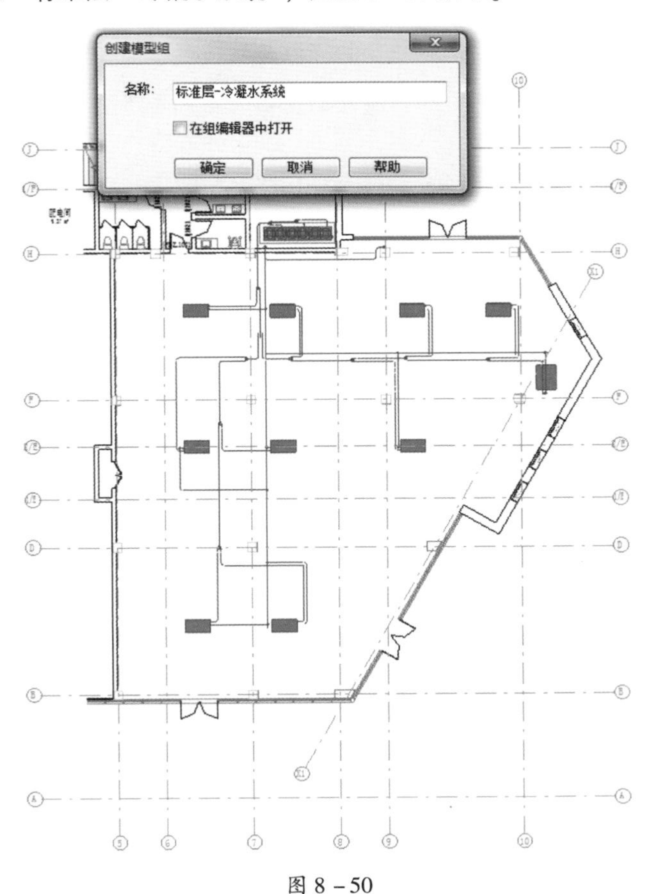

图 8-50

切换到其他平面，在“项目浏览器”中找到“组”，放置在相应位置即可，如图 8-51 所示。

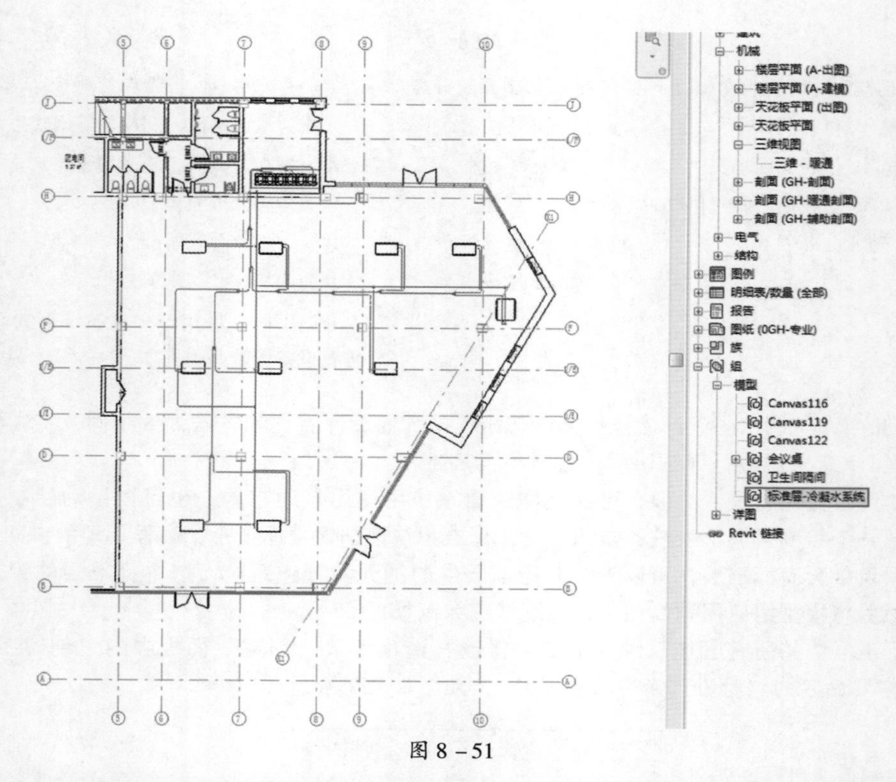

图 8 – 51

当模型组应用到其他楼层平面时，组内图元的逻辑关系和系统类型保持不变，并创建逻辑系统，系统名称将使用默认名称。

四、手动绘制管道

管道设计可采用手动绘制。

1. 弯头

在绘图区域，沿顺时针方向绘制两段管道，相交且不平行，会根据之前的设置自动生成弯头连接管件，如图 8 – 52 所示。

2. 三通

水平方向绘制一段管道，再在其管道水平中心任意位置向下绘制一段管道，会自动生成三通连接管件，如图 8 – 53 所示。

3. 四通

水平方向绘制一段管道，再在其垂直向下方向绘制另一段相交的管道，会自动生成四通连接管件，如图 8 – 54 所示。

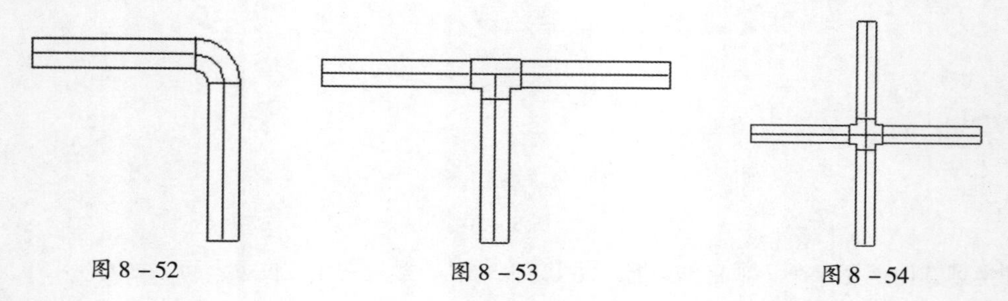

图 8 – 52　　图 8 – 53　　图 8 – 54

4. 管道上翻

选项栏设置“偏移”为200mm，水平方向绘制一段管道，再将“偏移”设置为1000mm并双击“应用”，会自动生成上翻管道，并添加弯头连接管件，如图8－55所示。

5. 管道下翻

选项栏设置“偏移”为1000mm，水平方向绘制一段管道，再将“偏移”设置为0mm并双击“应用”，会自动生成下翻管道，并添加弯头连接管件，如图8－56所示。

6. 管道变径

选择管径为150mm的管道，在绘图区域水平方向绘制一段管道，此时在选项栏中将“管径”修改为200mm，再向同一方向绘制一段管道，会根据之前设置自动生成过渡件，如图8－57所示。

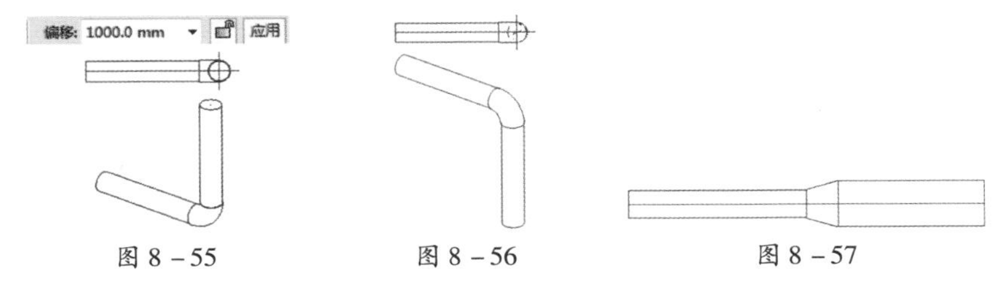

图8－55　　图8－56　　图8－57

7. 创建平行管道

平行管道是基于现有的管道进行偏移，不能直接进行绘制。通过拾取已有管道并控制“水平数”“水平偏移”或者“垂直数”“垂直偏移”来实现绘制。

单击“系统”选项卡下“卫浴和管道”面板中的“平行管道”，如图8－58所示。

在“修改丨放置平行管道”上下文选项卡下“平行管道”面板中可以对平行管道的数量及偏移进行设置，如图8－59所示。

图8－58

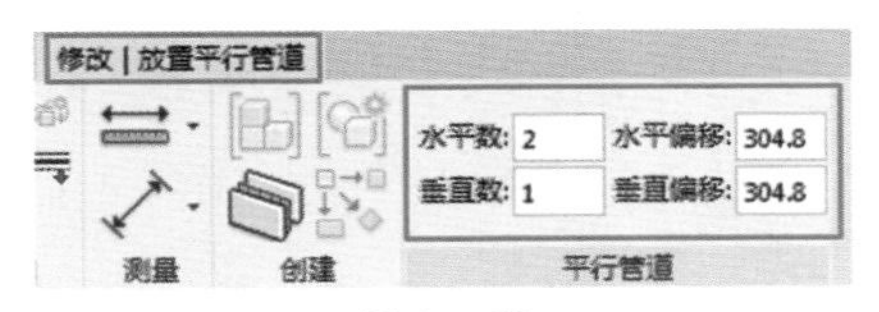

图8－59

拾取已有管道生成平行管道，如图8－60所示。

“水平数”和“垂直数”可以同时设置，同时生成，例如，水平数为2，垂直数也为2，如图8－61所示。

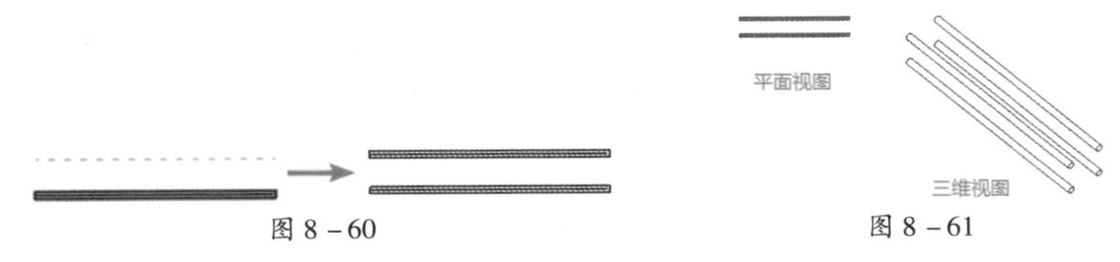

图8－60　　图8－61

管道在连接的时候，同样可以使用“修剪/延伸”的命令使其连接。

五、管道修改

1. 修剪/延伸为角

在水平和竖直方向分别绘制一段管道，使用“修剪/延伸为角”命令，分别单击两段管道，自动连接并形成弯头，如图8－62所示。

2. 修剪/延伸单个图元

在水平和竖直方向分别绘制一段管道，使用“修剪/延伸单个图元”命令，先单击水平方向的管道，后单击竖直方向的管道，自动连接并形成三通，如图 8－63 所示。

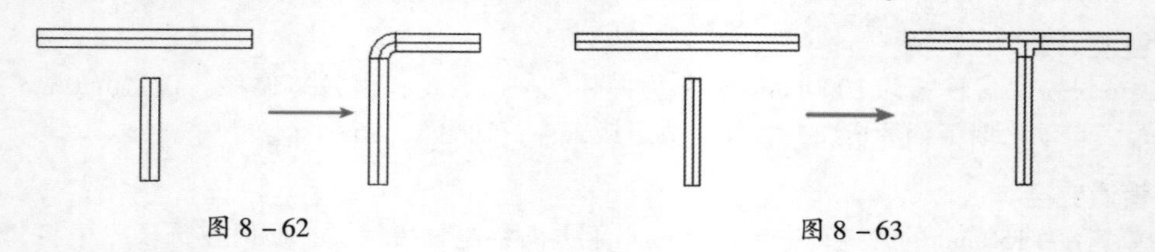

图 8－62　　图 8－63

3. 修剪/延伸多个图元

在水平方向绘制一段管道、竖直方向绘制三段管道，使用“修剪/延伸多个图元”命令，先单击水平方向的管道，后单击竖直方向的管道，自动连接并形成三通，如图 8－64 所示。

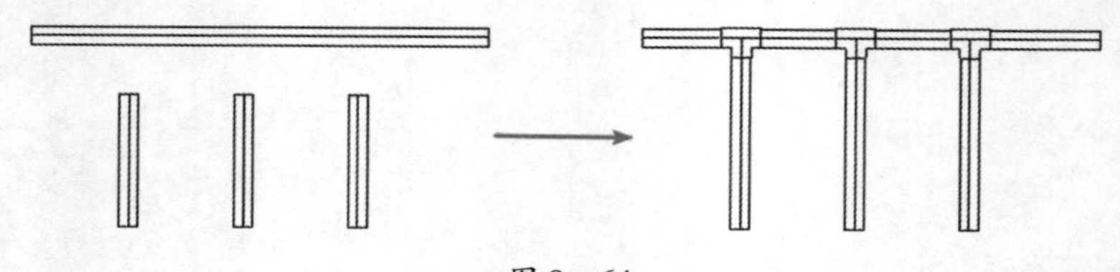

图 8－64

不同高程的管道同样可以使用“修剪/延伸”命令使管道连接，并形成对应的管件，如图 8－65 所示。

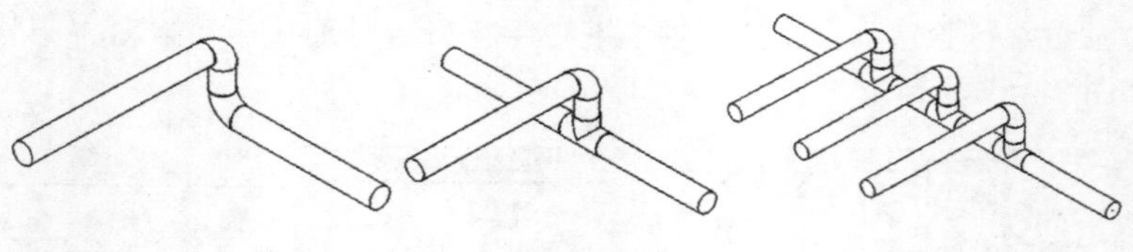

图 8－65

可使用任何样板进行练习，具体管道设计可参考附件“施工图模型”。

六　供暖系统

供暖系统的基本工作原理：低温热媒在热源中被加热，吸收热量后变为高温热媒（高温水或蒸汽），经输送管道送往室内，通过散热设备放出热量，使室内的温度升高；散热后温度降低，变成低温热媒（低温水），再通过回收管道返回热源，进行循环使用。如此不断循环，从而不断将热量从热源送到室内，以补充室内的热量损耗，使室内保持一定的温度。

1. 设备选择

在创建供暖系统之前，必须选择相对应的供暖设备，以 Revit 软件中自带的散热器为例，散热器实例“属性”如图 8－66 所示。由于“施工图模型”案例中未设置供暖，此处采用附件中的“供暖模型”案例进行讲解。

可以通过修改散热器的数量来控制散热量，将散热器“数量”修改为“8”，观察散热量变化，如图 8－67 所示。

2. 设备布置

布置散热器时，要考虑到房间面积、布置是否合理、房间热负荷值以及散热器散热量的搭配。

将散热器布置到各个房间。在放置散热器时，“属性”面板中“立面”可以控制散热器的底面高度，

“离墙距离”可以控制散热器距离墙面的位置。此处假设办公室热负荷值为 8.5kW，会议室热负荷值为 11.5kW，设计办公室放置 3 个 8 片的散热器，会议室放置 6 个 8 片的散热器，如图 8－68 所示。

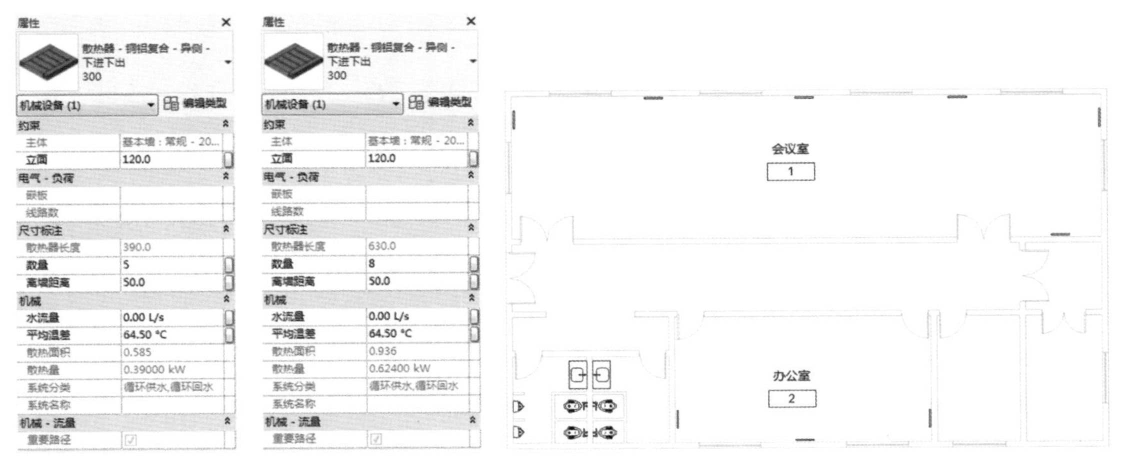

图 8－66　　图 8－67　　图 8－68

3. 系统创建

选中所有散热器，单击“修改丨机械设备”上下文选项卡下“创建系统”面板中的“管道”，弹出“创建管道系统”对话框，“系统类型”选择为“循环供水”，“系统名称”命名为“供暖供水”，单击“确定”，如图 8－69 所示。

供暖系统的管道连接有手动绘制管道和自动布管应用，详细步骤可以参考本章第三节和第十章第二节相关内容。布管完成之后，如图 8－70 所示。

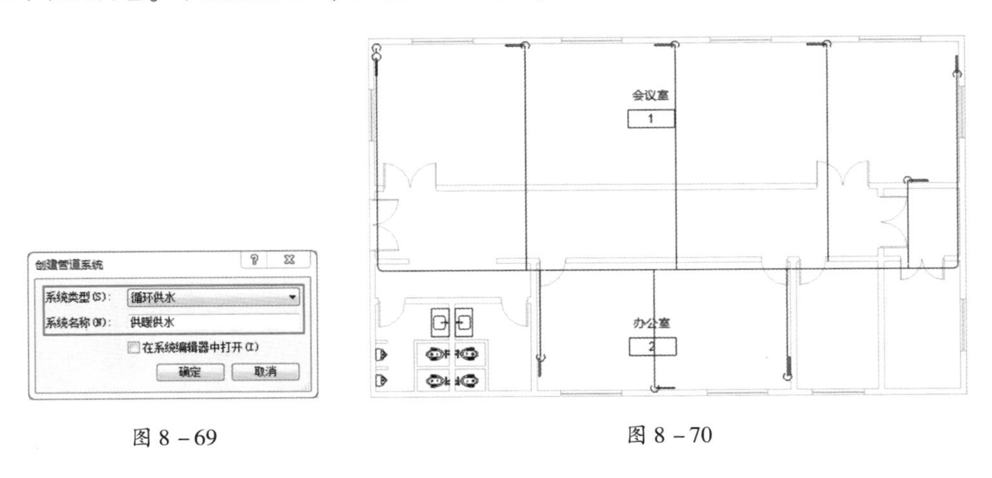

图 8－69　　图 8－70

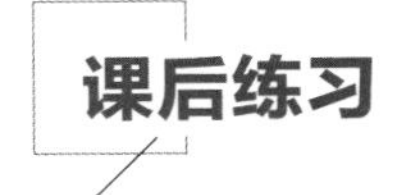

1. 下列不属于 Revit 为暖通设计计算分析功能的是（　　）。

A. 冷热负荷计算工具　　B. 管道占位符功能

C. 检查工具及明细表　　D. 风管和管道尺寸计算工具

2. 在暖通建模过程中，下列关于 Revit 软件中空间和分区关系理解错误的是（　　）。

A. 分区是各空间的集合　　B. 先创建空间，后创建分区

C. 新创建的空间会自动分配在“默认”分区下

D. 不在同一标高的空间不可以添加到同一分区中

3. Revit 通过放置（　　）可自动获取建筑模型中不同房间的信息，如周长、面积、体积、朝向、门窗的位置及门窗的面积等。

A. “房间”　　B. “空间”　　C. “分区”　　D. “空间标记”

4. Revit 为暖通设计提供了快速、准确的计算分析功能：内置的冷热负荷计算工具，可以帮助用户进行能耗分析并生成（　　）。

A. 图纸　　B. 模型　　C. 明细表　　D. 负荷报告

5. 在使用 Revit 进行暖通建模过程中，分区添加完成后，需要检查分区。下列关于检查分区的方法说法不正确的是（　　）。

A. 检查分区的方法有通过“系统浏览器”查看分区和给分区添加颜色方案

B. 在“视图”选项卡下“用户界面”下拉按钮中，勾选“系统浏览器”，在“系统浏览器”中选择“视图”下的“分区”，可以查看分区状态

C. 通过分区的名称、面积或者计算冷负荷的不同，对各个分区进行颜色填充，在视图上直观了解和分析各个分区的信息

D. 单击“分析”选项卡下“颜色填充”面板中的“颜色填充图例”，在视图中单击图例放置的位置，但软件不自动生成颜色图例，需要手动修改

6. 在绘制管道时，下列关于 Revit 中的命令理解不正确的是（　　）。

A. 对正：用于指定风管的对齐方式，此功能在立面和剖面视图中也可以使用

B. 继承高程：新绘制的风管将继承与其连接的风管或设备连接件的高程

C. 继承大小：新绘制的风管将继承与其连接的风管或设备连接件的尺寸

D. 自动连接：用于某一段风管管路开始或结束时自动捕捉相交风管，并添加风管管件完成连接

7. 使用 Revit 搭建模型时，如果项目中含有标准层，可以利用（　　）来实现快速绘制模型。

A. 复制粘贴　　B. 复制视图　　C. 样板属性　　D. 模型组

8. Revit 软件中，建筑类型与空间类型的区别不包括（　　）。

A. 开放时间　　B. 关闭时间

C. 人均面积　　D. 未占用制冷设定点

9. 下列关于 Revit 软件中的空间属性面板，能量分析中的属性解释不正确的是（　　）。

A. 分区是指在所选空间未指定到某一分区的情况下，显示“默认”，否则显示该空间所属分区的名称

B. 正压送风系统是指空调上方的非空调区域，如吊顶空间、架空地板夹层等地方

C. 计算的热负荷和计算的冷负荷是使用 Revit 软件中自带的负荷计算工具不经过计算得到的负荷值

D. 设计热负荷和设计冷负荷是用户自定义的预计负荷值

10. 下列关于 Revit 软件的描述不正确的是（　　）。

A. 在立面视图不可放置风管附件

B. 设备的风管连接件可以连接风管和软风管

C. 空调水系统通常包含两部分：冷冻水系统和冷却水系统

D. “管帽开放端点”功能可以批量为未设置堵头的风管添加堵头

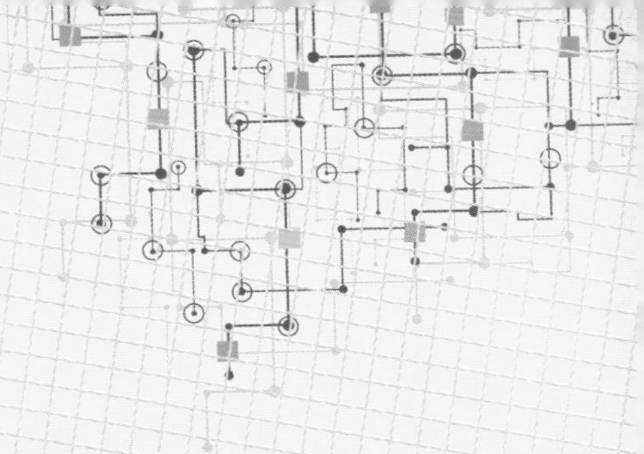

第九章　给水排水样板文件的设置

由于机电分为暖通、给水排水、电气等专业，实际建模时也是分专业进行的，因此各专业将在第六章完成的通用样板基础上进行各专业样板文件设置。

第一节　机械设置

一、管道设置

在“机械设置”对话框中单击“管道设置”，右侧界面跳转到“管道设置”界面，为了出图需要，这里主要调整管件、管道附件注释尺寸及立管升降符号尺寸，具体设置如图 9－1 所示。

“管道设置”界面中勾选“为单线管件使用注释比例”后，在项目中新建的管件、管道附件都将默认勾选属性中的“使用注释比例”参数（图 9－2）。修改该设置时不会改变已在项目中的管件和附件。

“管道设置”界面中“管件注释尺寸”的设置值，控制单线视图中的管件、附件注释符号的显示尺寸，显示尺寸＝视图比例×“管件注释尺寸”值。例如：当比例视图为 1:100，“管件注释尺寸”值为 3.0mm，显示大小为 300mm，如图 9－3 所示。

机械设置

- 隐藏线
- 风管设置
  - 角度
  - 转换
  - 矩形
  - 椭圆形
  - 圆形
  - 计算
- 管道设置
  - 角度
  - 转换
  - 管段和尺寸
  - 流体
  - 坡度
  - 计算

设置	值
为单线管件使用注释比例	☑
管件注释尺寸	3.0 mm
管道尺寸前缀	
管道尺寸后缀	
管道连接件分隔符	-
管道连接件允差	5.00°
管道升/降注释尺寸	3.0 mm
顶部扁平	FOT
底部扁平	FOB
设置为上	SU
设置为下	SD
中心线	=

确定　取消

图 9－1

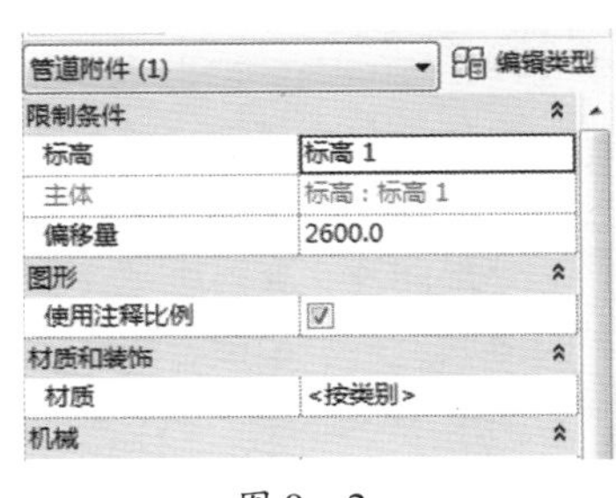

图 9－2

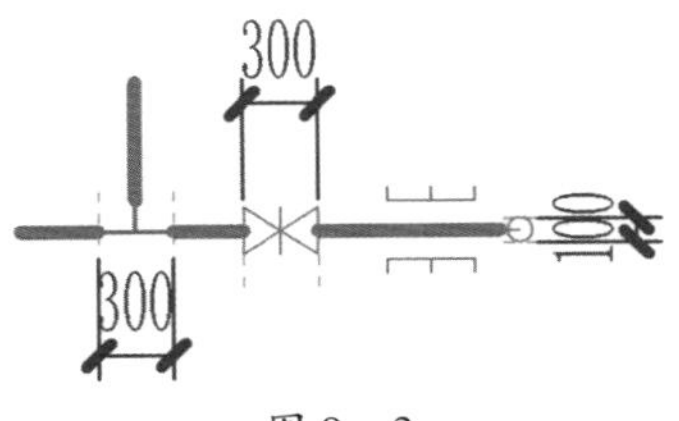

图 9－3

二、 管段和尺寸

具体方式详见第七章第一节，根据需要创建给水排水所需管道的管段以及尺寸。

例如：后期使用设备输出管径为“50mm”，软件默认不含有公称直径为“50mm”的 PVC 管道，所以需要添加。单击“新建尺寸”，设置公称直径为“50mm”，管道内径为“46mm”，管道外径为“54mm”，如图 9－4 所示。

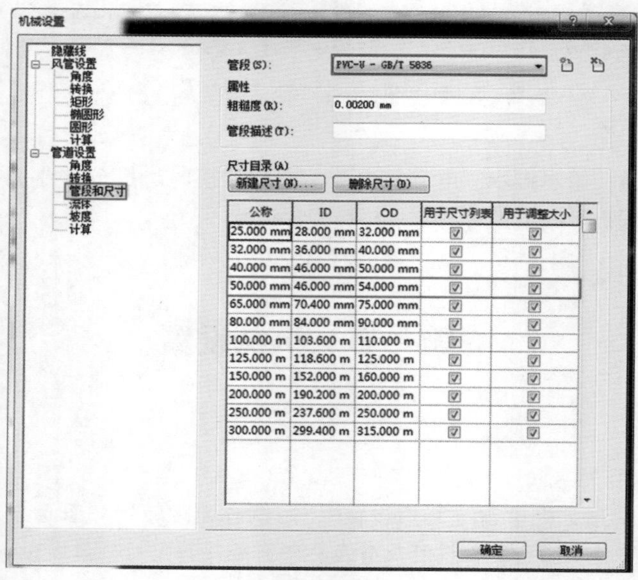

图 9－4

三、 坡度值

坡度值设置详见第七章第一节，根据需要添加常用坡度值。

四、 隐藏线

具体设置方式详见第七章第一节，给水排水建模常用线如下。

内部间隙：实际出图，建议值为 0.0mm。

外部间隙：实际出图，建议值为 0.0mm。

单线：实际出图，建议值为 0.75～1.0mm。

实际出图按建议值调整后效果如图 9－5 所示。

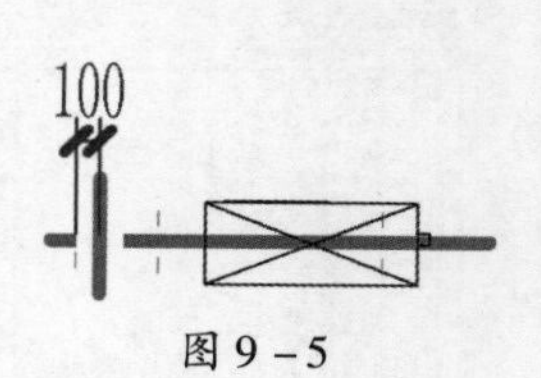

图 9－5

第二节 管道系统设置

一、 管道系统的应用

根据实际使用需要增加常用的给水、排水、消防等管道系统，且增加的管道系统应进行分类。例如：“生活给水系统、直饮水系统、中水给水系统”等的系统分类属于“家用冷水”；“空调冷却塔循环给水系统”的系统分类属于“循环供水”；“空调冷却塔循环回水系统”的系统分类属于“循环回水”；“热给水系统、热回水系统”等的系统分类属于“家用热水”；“污水系统、废水系统、雨水系统、压力排水系统、压力废水系统、压力污水系统、压力雨水系统、冷凝水系统”等的系统分类属于“卫生设备”；“室内消火栓给水系统、室外消火栓给水系统、自喷给水系统”等的系统分类属于“湿式消防系统”。

根据管道系统相应的系统分类，复制对应的基础管道系统进行修改，以增加需要的管道系统。具体操作详见第七章第二节。创建完成后的系统如图9－6所示。

其他消防系统
冷媒系统
家用冷水
家用热水
干式消防系统
循环供水
排水-冷凝水系统
排水-卫生设备
排水-废水系统
排水-污水系统
排水-雨水系统
消防-ZP主管系统
消防-ZP支管系统
消防-消火栓系统
湿式消防系统
空调冷凝水系统
给水-家用冷水
通气管
预作用消防系统

图9－6

二、系统颜色设置

在“线图形”对话框中，修改污水系统“颜色”为紫色，“宽度”和“填充图案”均按“无替换”，如图9－7所示。设置管道系统的颜色可以在视图中让管道系统的管线按各自的颜色显示，方便绘制管线。

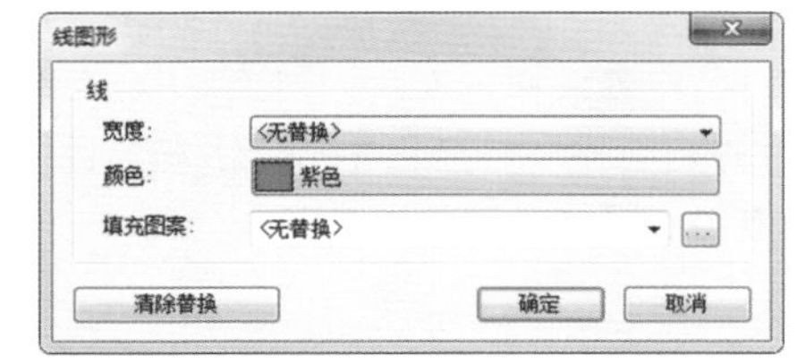

图9－7

在“管道系统”的“线图形”设置中，建议仅修改管道系统的颜色，线宽（管道线的宽度）和填充图案（管道线样式）均按“无替换”。管道线宽一般均为全局性的，由对象样式中指定最为方便，且对象样式可以设置立管、管线按不同线宽显示。如果个别视图中管道线宽有单独要求，可以在“可见性/图形替换”对话框中，进行替换。

三、管线上下翻符号设置

在管道系统的“类型属性”对话框中，在“类型参数”中调整上升/下降符号。上升/下降符号仅为管道立管在视图中相应的显示符号，按给水排水的制图标准，“单线上升符号”和“单线T形三通向上符号”均按“轮廓”设置，“单线下降符号”指定为“弯曲－整圆”，“单线T形三通向下符号”指定为“T形三通－整圆”。单线符号在“粗略”和“中等”模式下，控制管道立管相应的显示符号。双线符号在“精细”模式下，控制管道立管相应的显示符号，如图9－8所示。

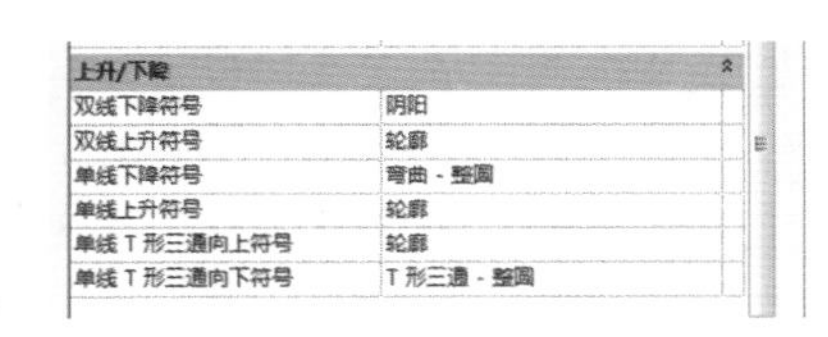

图9－8

四、系统缩写设置

在管道系统的“类型属性”对话框的“类型参数”中指定管道系统的缩写，用于管道标记族的提取，以便得到较理想的管道标记，例如“污水系统”缩写为“W”，如图9－9所示。

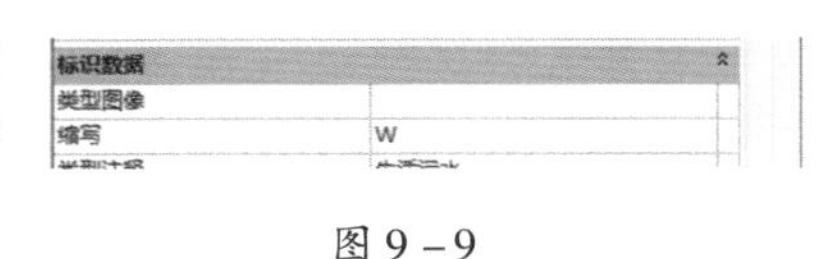

图9－9

五、标记应用

本专业一般会用到管道标记、管道附件标记、机械设备标记。给水排水标注中，主要利用管道标记提取管道不同的管道属性，制作成不同的管道标记族，在视图中标注相应的管道。

例如，在管道标记族中提取“系统缩写”“直径”“开始偏移”（图 9－10），并修改“开始偏移”的数值格式，如图 9－11 所示。

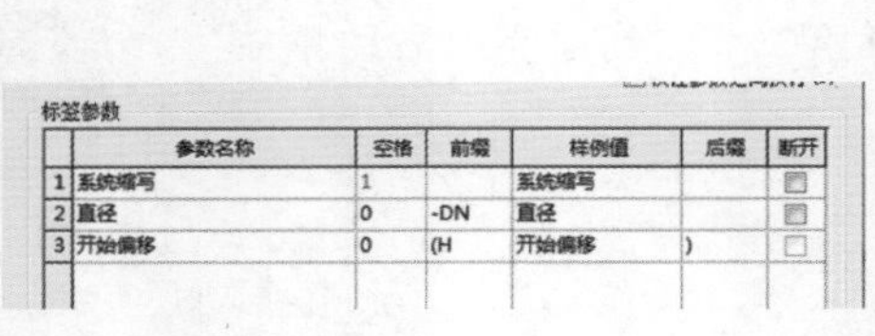
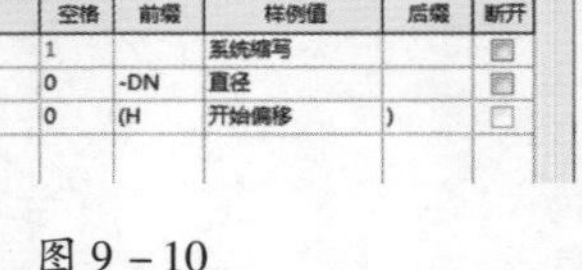

标签参数

	参数名称	空格	前缀	样例值	后缀	断开
1	系统缩写	1		系统缩写		
2	直径	0	-DN	直径		
3	开始偏移	0	(H	开始偏移	)	

图 9－10

图 9－11

将管道标记族载入到项目中，标记管道时可以得到“W－DN100（H＋1.500）”格式的标记。“开始偏移”为管道中心距参照标高的偏移量，利用各层的建筑标高作为参照标高，则可以得到管道中心距楼层建筑面的高度。

第三节　管道类型设置

一、管道设置

管道的设置有两种方式可供选择，一种按管道的使用性质进行分类命名（给水管、消火栓管、喷淋管、排水管、压力排水管等），在管道“布管系统配置”中可以按使用需要配置两种及以上的管段类型，绘制管道时，按照管道系统选择相应管道类型。另一种按管道的材质进行分类命名（PVC－U 管、镀锌钢管、无缝钢管、钢塑复合管等），在管道“布管系统配置”中可以按材质需要配置一种管段类型，绘制管道时，按照管道系统所需要的管道材质选择相应管道类型。

在“项目浏览器”→“族”→“管道”→“管道类型”下可以看到现有管道类型，默认仅“标准”一种管道类型，需要添加项目需要的管道类型。之后需要对管道的“布管系统配置”进行设置，修改管道的管段类型、管道尺寸，并配置相应的管件，以符合使用要求。具体设置详见第七章第一节。

二、管材类型

为本章第二节新添加的管道修改其所需管段及材质，操作详见第七章第一节。

例如，按使用性质分类时，管道类型“生活给水管” *DN*50 以下用 PPR 管，*DN*50 及以上采用钢塑复合管，则在“管段”中添加两种管段，分别选择 PPR 管、钢塑复合管，并将其尺寸进行限制，如图 9－12 所示。

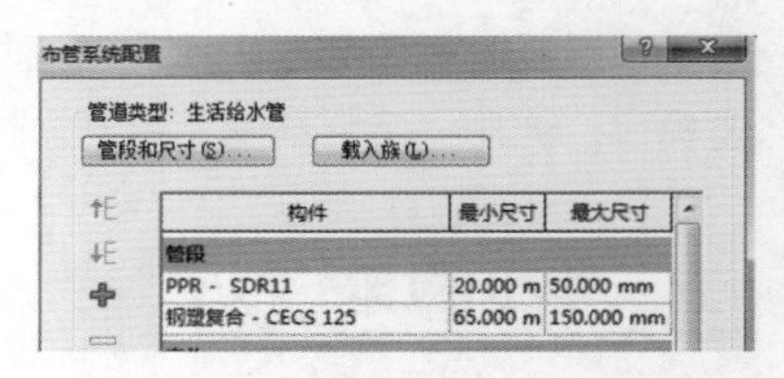

图 9－12

按此管道类型绘制管道时，*DN*20～*DN*50 的管道自动按 PPR 管段类型绘制，*DN*65～*DN*150 的管道自动按钢塑复合管类型绘制。

三、管径范围

在“机械设置”→“管段和尺寸”→“尺寸目录”中指定管段在 Revit 中可供使用的管径。勾选“用于尺寸列表”多选框，该管径在整个 Revit（包括管道布局编辑器和管道修改编辑器）的各列表中显示，用于修改管径，如果被清除，该管径将不在这些列表中出现。勾选“用于调整大小”多选框，该管径将被“管道调整大小”功能调用，基于计算的系统流量来修改管道管径，如果被清除，该管径不能用于调整大小的算法。

在管道的“布管系统配置”对话框中添加的管段可以指定“最小尺寸”和“最大尺寸”，限制该管道类型绘制时该管段的管径范围。

四、管道设置

管道设置中需为管道指定所需要的管件，以保证绘制管道时，管道连接能自动生成所需的管件。在管道的“布管系统配置”界面中可为管道指定弯头、首选连接类型、连接、四通、过渡件、活接头、法兰、管帽。其中法兰、活接头可根据需要来指定是否设置，其余均应设置。当一种管道有多种连接类型时，可以为每种管件类型指定多个管件族，并设置各管件族使用的尺寸范围，从而让 Revit 自动按设置生成指定的管件族。

首选连接类型：指支管与主管连接时的连接方法，给水排水专业均为三通连接方式。

法兰：当管道连接方式为法兰连接时，才指定法兰管件族。指定有法兰管件时，在管道与管件、管道附件、机械设备连接时，在连接处的管道末端将自动生产法兰管件。

当所需的管件下拉框中没有时，则可以单击“载入族”按钮来添加所需的管件族。

例如，按材质分类时，管道类型“镀锌钢管”*DN*65 及以下采用丝接，*DN*65 以上采用卡箍连接。在“布管系统配置”界面中按尺寸范围 *DN*15～*DN*65 与 *DN*65 以上分别指定丝接管件族和卡箍管件族，则用“镀锌钢管”绘制管道时，Revit 将自动按管道管径 *DN*65 以上生成卡箍管件，其余生成丝接管件，如图 9－13所示。

构件	最小尺寸	最大尺寸
管段		
内外热镀锌钢管 - CECS 125	15.000 mm	350.000 mm
弯头		
P-变径弯头-螺纹: 标准	15.000 mm	65.000 mm
P-变径弯头-卡箍: 标准	80.000 mm	350.000 mm
首选连接类型		
T 形三通	全部	
连接		
P-变径三通-螺纹: 标准	15.000 mm	65.000 mm
P-变径三通-卡箍: 标准	80.000 mm	350.000 mm
四通		
P-变径四通-螺纹: 标准	15.000 mm	65.000 mm
P-变径四通-卡箍: 标准	80.000 mm	350.000 mm

图 9－13

第四节　过滤器

一、过滤器的应用方式及原则

在视图中可以利用过滤器对构件的颜色、线宽、线样式、填充图案、透明度进行替换，可以按过滤器控制视图中模型构件的显隐，构件的颜色、线样式、填充图案、透明度等可以利用过滤器进行替换。

给水排水专业常用过滤利用方式及原则：

为每个管道系统建立过滤器（此过滤器应包含管道、管件、附件、管道占位符、管道隔热层、

软管)，在视图中控制各个管道系统的显隐，或替换管道系统颜色、管道系统的线样式；若管道的线宽利用过滤器替换时，需为管道添加共享参数，区分水平管和立管，建立过滤条件。

为卫浴装置、机械设备、管道附件建立过滤器（此过滤器仅针对单项构件）控制线宽，当单项构件中，线宽显示有不同要求时，为该单项构件设置多个过滤器，区分不同的单个构件，分别替换线宽。

当构件的自带属性参数过滤条件不满足过滤要求时，可增加共享参数，利用共享参数进行过滤。一般有特殊要求的均可利用共享参数进行过滤，如专业间的提资。

例如，将管道系统的过滤器添加到“可见性/图形替换”的“过滤器”中，单击刚添加的过滤器，在“线”的位置会出现“替换…”按钮，如图 9－14 所示。

过滤器中线图形设置对象为过滤器选择的对象，且仅影响当前视图。一般在这里设置管线的线样式，线宽度设置将影响立管线宽，故建议不在含管道的过滤器中设置线宽。当必须替换管道线宽时，应增加共享参数区分水平管道和立管。

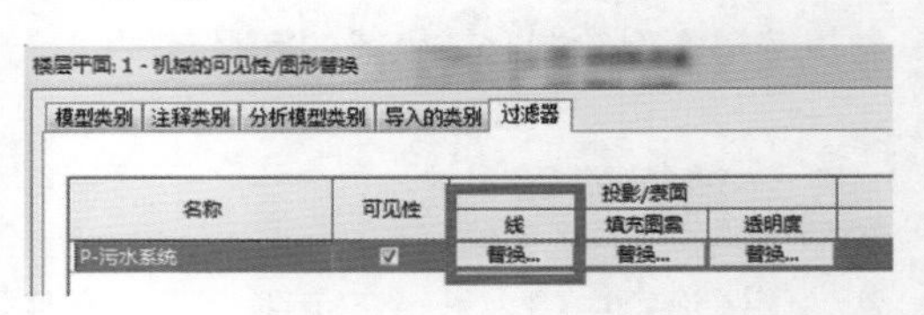

图 9－14

二、过滤器具体设置

（1）建模视图过滤器设置　建模视图一般仅需要控制管道系统的显隐，故仅按管道系统设置过滤器，将过滤器添加到相应视图样板即可。当建模视图采用“精细”模式显示视图时，还可以替换线宽，使所有管线均按细线显示，图形显示更加清晰。当与其他专业颜色重复时，可以替换管道系统颜色或调整管道系统的颜色设置。

例如，“精细”模式下仅显示生活给水排水管道，按表 9－1 设置。

表 9－1

过滤器名称	包含构件	可见性	颜色	线宽	线样式
给水管道系统	管道、管件、管道附件、管道占位符、管道隔热层、软管	可见	无替换	细线	无替换
热水管道系统	管道、管件、管道附件、管道占位符、管道隔热层、软管	可见	无替换	细线	无替换
热回水管道系统	管道、管件、管道附件、管道占位符、管道隔热层、软管	可见	无替换	细线	无替换
污水管道系统	管道、管件、管道附件、管道占位符、管道隔热层、软管	可见	无替换	细线	无替换
废水管道系统	管道、管件、管道附件、管道占位符、管道隔热层、软管	可见	无替换	细线	无替换
雨水管道系统	管道、管件、管道附件、管道占位符、管道隔热层、软管	可见	无替换	细线	无替换
冷凝水管道系统	管道、管件、管道附件、管道占位符、管道隔热层、软管	可见	无替换	细线	无替换
喷淋管道系统－主管	管道、管件、管道附件、管道占位符、管道隔热层、软管	不可见	无替换	细线	无替换

（续）

过滤器名称	包含构件	可见性	颜色	线宽	线样式
喷淋管道系统 - 支管	管道、管件、管道附件、管道占位符、管道隔热层、软管	不可见	无替换	细线	无替换
室内消火栓管道系统	管道、管件、管道附件、管道占位符、管道隔热层、软管	不可见	无替换	细线	无替换

可以将上述过滤器添加到视图样板中，并将视图样板命名为“建模 - 生活给水排水视图”，同理可以调整过滤器的可见性等属性设置，增加“建模 - 消防视图”“建模 - 所有管道视图”等。

（2）出图视图过滤器设置　出图视图一般需控制管道的显隐、颜色、线样式，还需要控制管道附件、机械设备、卫浴装置等的显隐、颜色、线宽。因此除按管道系统建立过滤器外，还需要增加管道附件、机械设备、卫浴装置等过滤器。

例如，给水排水出图平面视图，按表 9 - 2 设置。

表 9 - 2

过滤器名称	包含构件	可见性	颜色	线宽	线样式
机械设备（非水专业）	机械设备	不可见	黑色	细线	实线
卫浴装置	卫浴装置	可见	黑色	细线	实线
管道附件	管道附件	可见	黑色	细线	实线
堵头	管件	可见	黑色	细线	实线
管帽	管件	可见	黑色	细线	实线
给水管道系统	管道、管件、管道附件、管道占位符、管道隔热层、软管	可见	黑色	无替换	实线
热水管道系统	管道、管件、管道附件、管道占位符、管道隔热层、软管	可见	黑色	无替换	双点画线
热回水管道系统	管道、管件、管道附件、管道占位符、管道隔热层、软管	可见	黑色	无替换	长单点画线
污水管道系统	管道、管件、管道附件、管道占位符、管道隔热层、软管	可见	黑色	无替换	虚线
废水管道系统	管道、管件、管道附件、管道占位符、管道隔热层、软管	可见	黑色	无替换	虚线
雨水管道系统	管道、管件、管道附件、管道占位符、管道隔热层、软管	可见	黑色	无替换	短单点画线
冷凝水管道系统	管道、管件、管道附件、管道占位符、管道隔热层、软管	可见	黑色	无替换	短双点画线
喷淋管道系统 - 主管	管道、管件、管道附件、管道占位符、管道隔热层、软管	不可见	黑色	无替换	实线
喷淋管道系统 - 支管	管道、管件、管道附件、管道占位符、管道隔热层、软管	不可见	黑色	无替换	实线
室内消火栓管道系统	管道、管件、管道附件、管道占位符、管道隔热层、软管	不可见	黑色	无替换	实线

可以将上述过滤器添加到视图样板中，并将视图样板命名为“出图－生活给水排水视图”，同理可以调整过滤器的可见性等属性设置，增加“出图－消防给水排水视图”等。

实际工程中，机械设备、管道附件等需根据实际情况增加、调整相应的过滤器，以便达到控制线宽的需要。

（3）专业提资　给水排水专业给建筑专业提资，需要提供立管、消火栓、地漏、雨水斗等的位置及尺寸等；给水排水专业给结构专业提资，需要提供设备基础位置及尺寸、设备重量、管道穿梁位置及尺寸等；给水排水专业给电气专业提资，需要提供用电设备位置、用电量、电压、有电信号的管道附件位置、需配电的管道附件、需电加热的管道等。

给其他专业提资一般均采用共享参数，在共享参数中输入特定文字（如提电、提建筑、提结构、提暖通）作为过滤条件，进行统一过滤控制构件的显隐。利用标记族读取相应提资用共享参数的信息数据，提供给其他专业查看或使用。

设置完成后可保存，后期建模进行使用，详细设置可查看附件“施工图模型样板”。

课后练习

1. 在 Revit 软件中，下列对机械设置面板中“隐藏线”的参数解释不正确的是（　　）。
   A. 线样式：控制管道被构件遮挡后显示的线样式
   B. 内部间隙：控制管道在遮挡物内部管道到遮挡物边线断开间隔尺寸
   C. 外部间隙：控制管道在遮挡物内部管道到遮挡物边线断开间隔尺寸
   D. 单线：控制单线视图中管道与管道遮挡时断开间隔尺寸
2. 在 Revit 软件中，下列关于“管道设置”的说法不正确的是（　　）。
   A. “管道设置”界面中“为单线管件使用注释比例”的复选框，勾选后，在项目中新建的管件、管道附件都将默认勾选属性中的“使用注释比例”参数
   B. “管道设置”界面中“管件注释尺寸”的设置值，控制单线视图中的管件、附件注释符号的显示尺寸，显示尺寸 = 视图比例 × “管件注释尺寸”值
   C. “管道设置”界面“管线升/降注释尺寸”的值，控制管道立管尺寸为符号圆的直径，控制单线视图中的立管升/降符号的显示尺寸，显示尺寸 = 视图比例 × 管件注释尺寸
   D. 修改“为单线管件使用注释比例”设置时会改变已在项目中的管件和附件
3. 在 Revit 软件中，下列关于“机械设置”中“管段和尺寸”设置解释不正确的是（　　）。
   A. 当现有管段类型不满足需求时，可以单击“新建管段”图标来增加新的管段类型
   B. 不可以删除现有的管道尺寸
   C. 单击“新建管段”，在弹出的“新建管段”对话框中，可以指定新建管段的材质、规格、类型
   D. 当材质库中没有所需材质时，可以手动添加材质，或从其他 Revit 文件中导入材质
4. 下列关于管道系统分类的说法不正确的是（　　）。
   A. “生活给水系统、直饮水系统、中水给水系统”等的系统分类属于“家用热水”
   B. “空调冷却塔循环给水系统”的系统分类属于“循环供水”
   C. “空调冷却塔循环回水系统”的系统分类属于“循环回水”
   D. “污水系统、废水系统、雨水系统、压力排水系统、压力废水系统、压力污水系统、压力雨水系统、冷凝水系统”等的系统分类属于“卫生设备”

5．在 Revit 软件中，下列关于增加新的管道系统的说法正确的是（　　）。

A．根据管道系统相应的系统分类，复制对应的基础管道系统进行修改，以增加需要的管道系统

B．增加新的管道系统类型只能在管道系统“类型属性”对话框中进行复制

C．管道系统创建完成后名称不可以修改

D．实际使用需要增加常用的给水、排水、消防等管道系统，增加的管道系统不需要进行分类

6．在 Revit 软件中，管道系统设置包含（　　）。

A．系统颜色设置

B．管道上翻下翻符号设置

C．系统缩写设置

D．以上都是

7．在 Revit 软件中，下列关于给水排水管道类型设置中“管道设置”的说法不正确的是（　　）。

A．管道命名设置的方式有按管道的使用性质进行分类命名和按管道的材质进行分类命名

B．按管道的使用性质进行分类命名：要求在管道“布管系统配置”中可以按使用需要配置一种及以上的管段类型

C．按管道的材质进行分类命名：要求在管道“布管系统配置”中可以按材质需要配置一种管段类型

D．创建新的管道类型的方法是通过复制现有管道类型得到新管道类型，再对其进行重命名

8．在 Revit 软件中，下列关于给水排水专业常用过滤器的方式及原则不正确的是（　　）。

A．为每个管道系统建立过滤器，只是为了在视图中控制各个管道系统的显隐，

B．若管道的线宽利用过滤器替换时，需为管道添加共享参数，区分水平管和立管，建立过滤条件

C．为卫浴装置、机械设备、管道附件建立过滤器控制线宽，当单项构件中，线宽显示有不同要求时，为该单项构件设置多个过滤器，区分不同的单个构件，分别替换线宽

D．当构件的自带属性参数过滤条件不满足过滤要求时，可增加共享参数，利用共享参数进行过滤

9．在 Revit 软件中，下列关于建模视图过滤器设置和出图视图过滤器设置的说法不正确的是（　　）。

A．建模视图一般仅需要控制管道系统的显隐，故仅按管道系统设置过滤器，将过滤器添加到相应视图样本即可

B．出图视图一般需控制管道的显隐、颜色、线样式，还需要控制管道附件、机械设备、卫浴装置等的显隐、颜色、线宽。因此除按管道系统建立过滤器外，还需要增加管道附件、机械设备、卫浴装置等过滤器

C．当建模视图采用“精细”模式显示视图时，不可以替换线宽

D．实际工程中，机械设备、管道附件等需根据实际情况增加、调整相应的过滤器，以便达到控制线宽的需要

10．下列关于给水排水专业提资说法不正确的是（　　）。

A．给水排水专业给建筑专业提资，需要提供立管、消火栓、地漏、雨水斗等的位置及尺寸

B．给水排水专业给结构专业提资，不需要提供设备基础位置及尺寸、设备重量、管道穿梁位置及尺寸

C．给排水专业给电气专业提资，需要提供用电设备位置、用电量、电压、有电信号的管道附件位置、需配电的管道附件、需电加热的管道

D．给其他专业提资一般均采用共享参数，在共享参数中输入特定文字作为过滤条件，进行统一过滤控制构件的显隐

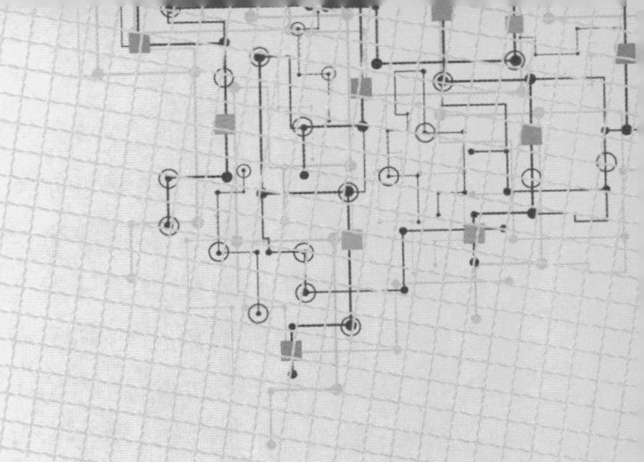

第十章　给水排水模型

第一节　创建各楼层的视图

使用第九章完成的样板创建给水排水模型，首先创建建模视图并应用第九章中所做“建模－所有管道视图”视图样板。

单击“视图”选项卡下“创建”面板中的“平面视图”下拉列表中的“楼层平面”，在弹出的“新建楼层平面”对话框中，取消勾选“不复制现有视图”，“类型”选择为“P－建模”，单击“编辑类型”，在“标识数据”栏“查看应用到新视图的样板”中选择“建模－所有管道视图”，如图10－1所示。选中所要创建的楼层平面，单击“确定”。

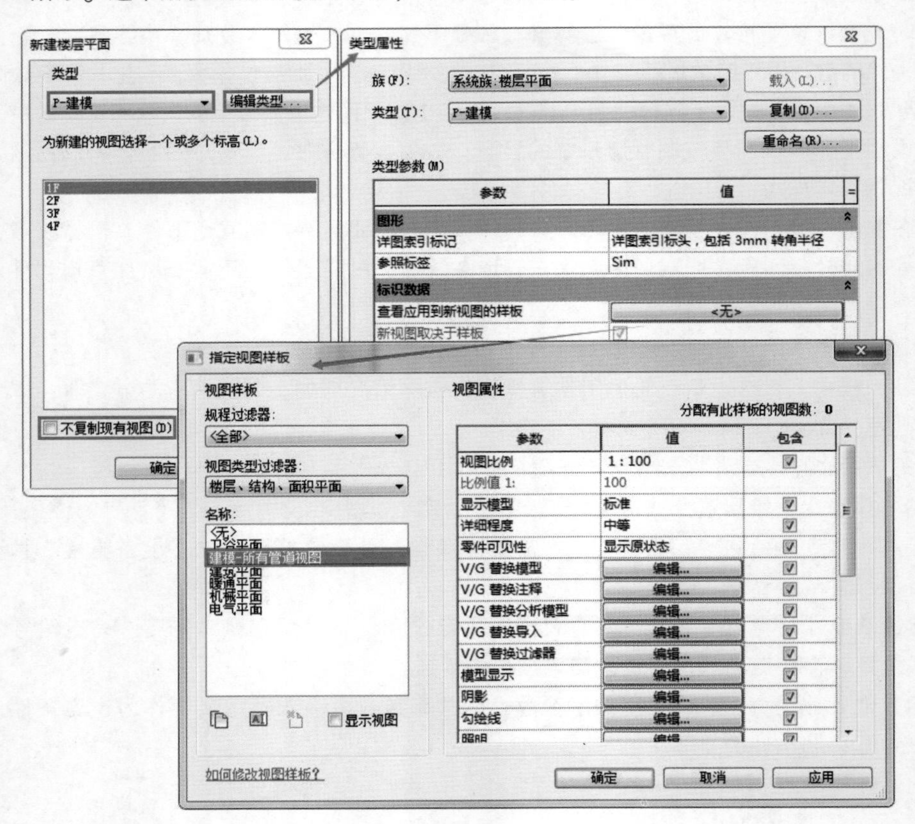

图 10－1

第二节　管道绘制及修改

一、 手动绘制管道

单击“系统”选项卡下“卫浴和管道”面板中的“管道”命令，可以在“属性”面板中选择管道的类型，以及对管道的参数进行设置，如图 10 – 2 所示。

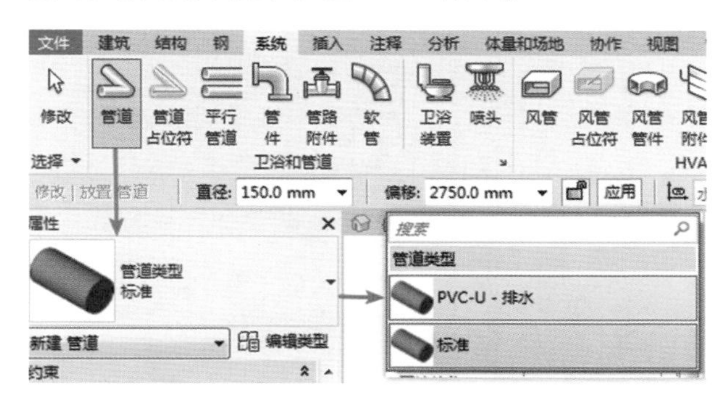

图 10 – 2

可以在“修改 | 放置 管道”上下文选项卡中选择“放置工具”“偏移连接”“带坡度管道”以及“在放置时进行标记”，如图 10 – 3 所示。

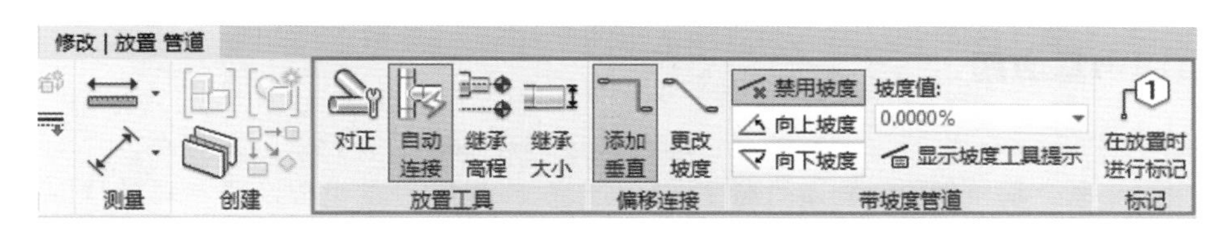

图 10 – 3

在选项栏中，可以对管道的“直径”“偏移”以及“标记”进行设置（选择“在放置时进行标记”的情况下，可在选项栏中对标记的方向进行调整，以及确定是否添加“引线”），如图 10 – 4 所示。

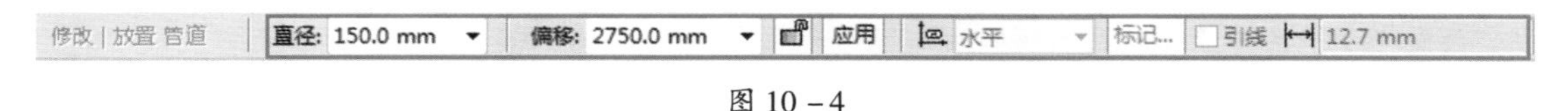

图 10 – 4

在绘制管道之前需要提前对“布管系统配置”进行设置，方便在绘制管道过程中自动生成相应的管件，否则无法自动生成管件。例如未添加弯头，鼠标显示禁止符号，无法绘制管道，如图 10 – 5 所示。

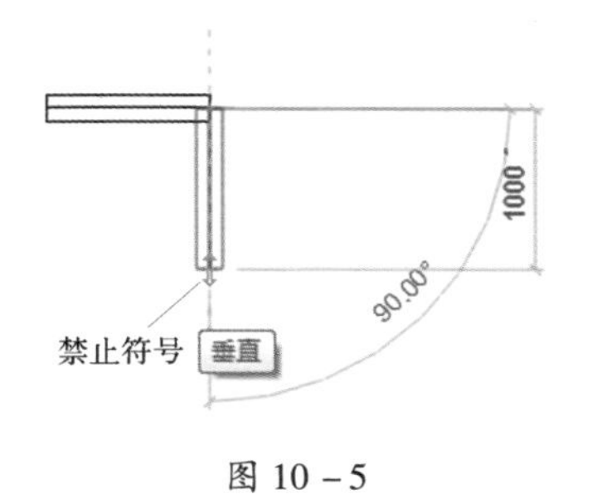

图 10 – 5

单击“属性”面板中的“编辑类型”，在弹出的“类型属性”对话框的“管段与管件”栏中，单击“布管系统配置”后的“编辑”，在弹出的“布管系统配置”对话框中，可以对所选管道进行预先设置，如图 10 – 6 所示。

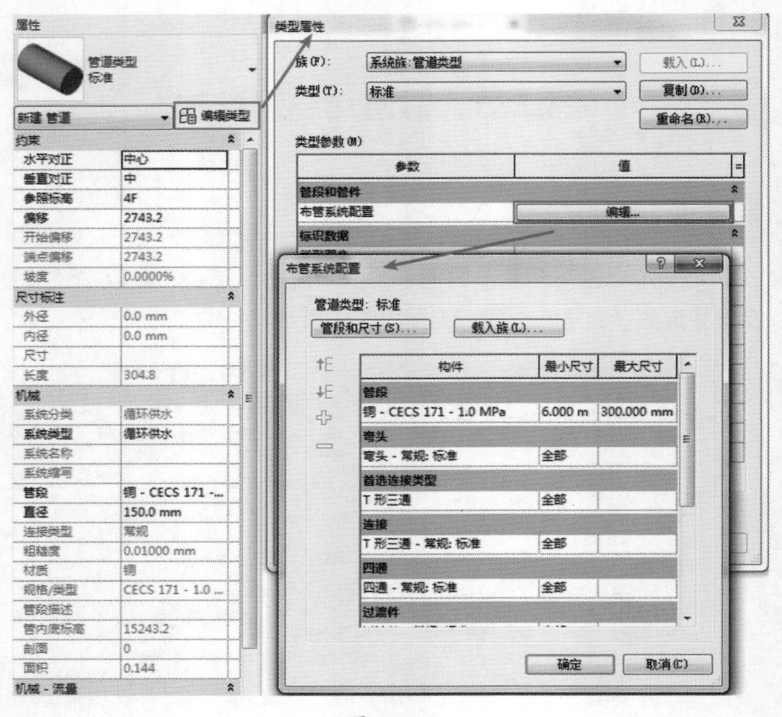

图 10－6

相应参数设置完成后，就可以开始设计管道，具体管道绘制及修改详见第八章第三节。

二、 自动布管应用

除手动绘制管道外，还可自动布管。自动布管应用是指在已有设备的基础上，自动布置管道连接。在自动布管之前，需要对管道的高度进行预设。在弹出的“机械设置”对话框中，对“管道设置”栏中的“转换”选项进行设置，选择“系统分类”为“卫生设备”，将干管“偏移”设置为“－640mm”，支管“偏移”设置为“－640mm”，单击“确定”，如图 10－7 所示。

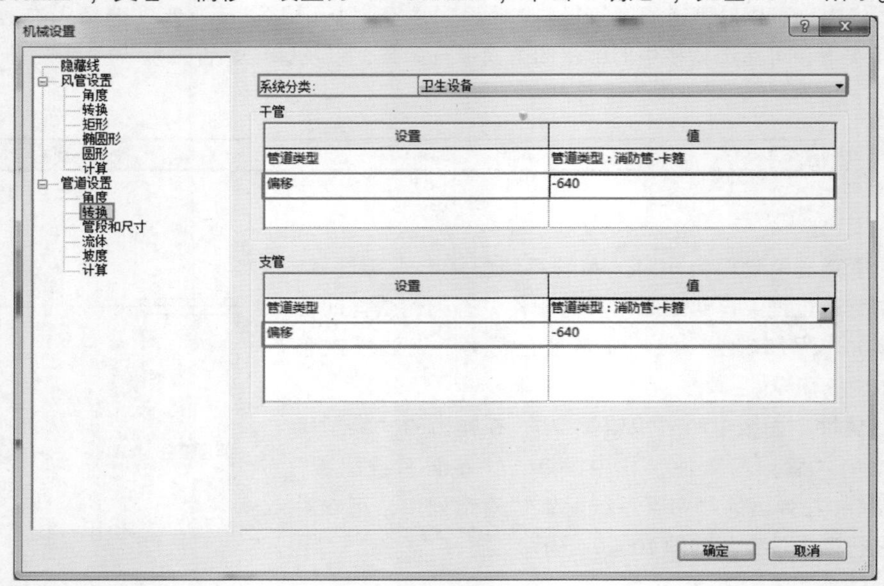

图 10－7

以选取附件机电专业模型“卫生间”中的洗脸盆、地漏为例进行讲解，如图 10－8 所示。

先选择所有洗脸盆创建系统，再将地漏连接到主管，形成“排水-污水系统”。选中卫生间中的所有洗脸盆，单击“修改｜选择多个”上下文选项卡下“创建系统”面板中的“管道”命令，弹出“创建管道系统”对话框，将“系统名称”修改为“W 1”，单击“确定”，如图 10－9 所示。

单击“修改｜管道系统”上下文选项卡下“布局”面板中的“生成布局”，如图 10－10 所示。

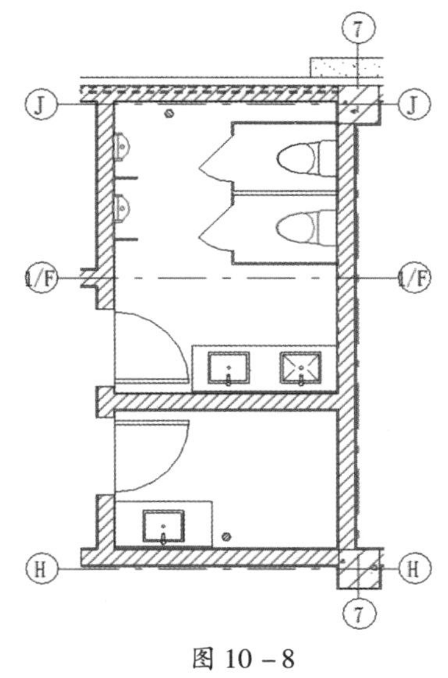

图 10－8

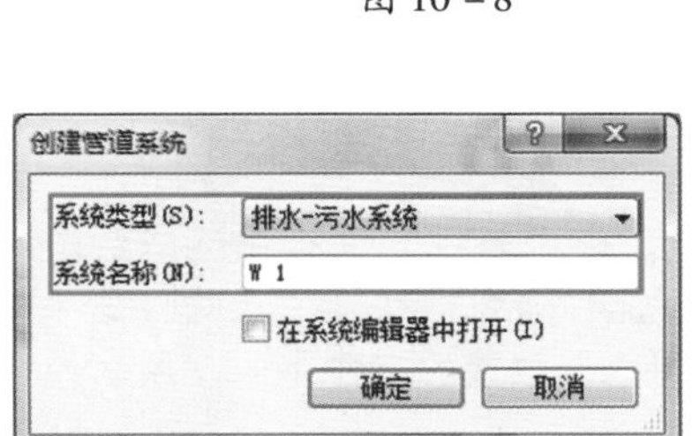

图 10－9

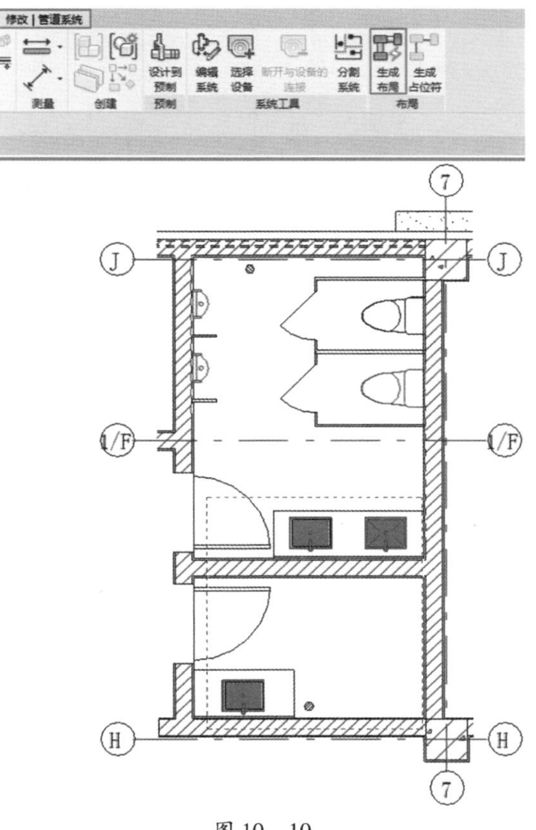

图 10－10

自动跳转到“生成布局”上下文选项卡，单击“放置基准”命令确定管道来源或者出口，自动跳转到“修改基准”命令，将其“偏移”设置为“－800mm”，“直径”设置为“75mm”（图 10－11），在 J 轴上方放置，选择“坡度值”为“1.0000%”。单击“修改布局”面板中的“解决方案”命令，在选项栏中，可以选择“解决方案类型”（根据不同的情况，布置管道的解决方案类型数量也是不一样的），在选择“解决方案类型”的时候同样可以在选项栏中对干管和支管的偏移进行设置，其中有“管网”“周长”“交点”三种类型，如图 10－12 所示。选择合适的“解决方案类型”后，效果如图 10－13 所示。

图 10－14 中默认蓝色管道为干管；绿色管道为支管；橘黄色管道为管道连接有误的位置，需要手动调整。

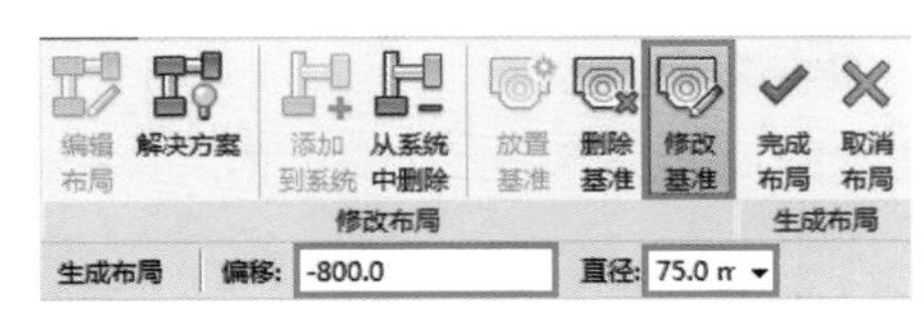

图 10－11

图 10－12

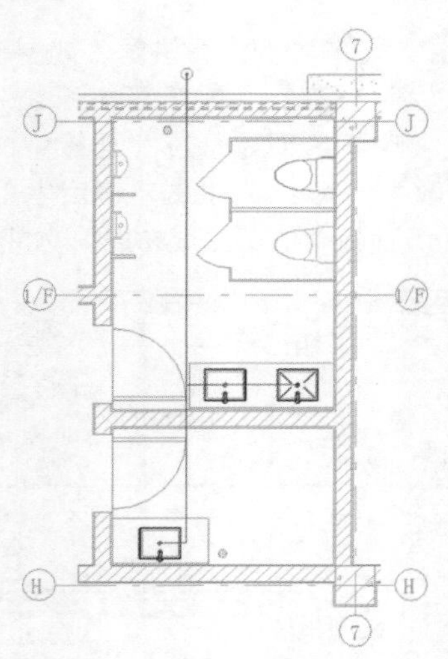

图 10－13

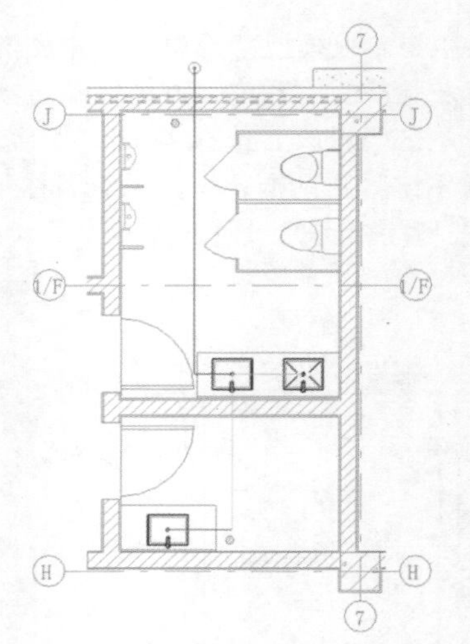

图 10－14

选择地漏，使用“连接到”命令将地漏连接到管道上，完成“排水-污水系统”的创建。

根据不同的情况，选择不同的布局方案。选择“解决方案类型”完成后，单击“生成布局”面板中的“完成布局”，三维效果如图 10－15所示。

在“生成布局”时，可单击“编辑布局”命令，可以对管线布置进行手动调整。

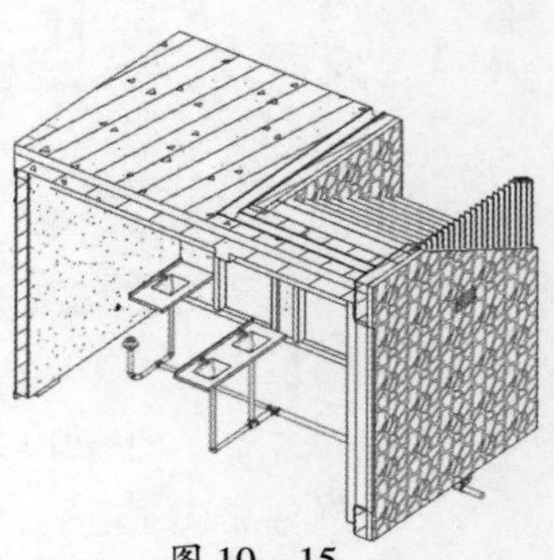

图 10－15

三、 消火栓布置

单击“系统”选项卡下“机械”面板中的“机械设备”，在“属性”面板中选取合适的消火栓箱，例如可使用附件中的“室内组合消火栓箱－单栓－侧面进水接口带卷盘”，此时在“修改 | 放置 机械设备”上下文选项卡下，会出现“放置”面板，可选择放置的工作平面，默认为“放置在垂直面上”，如图 10－16 所示。

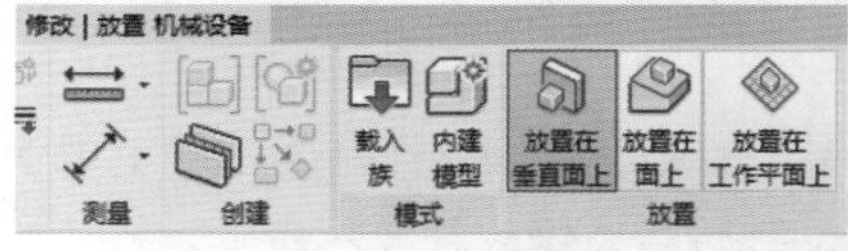

图 10－16

绘制任意长度墙体，选择墙外部边的面进行布置，消火栓箱的布置分为三种，在“属性”面板中“尺寸标注”栏中可选择明装、半暗装、暗装等方式，具体见表 10－1。

表 10－1

尺寸标注	效果图
明装	
半暗装	
暗装	

例如，在绘图区域放置一个消火栓箱以及绘制一根直径为 100mm、偏移为 2750mm 的消防系统管道，如图 10－17 所示。

选中消火栓箱，在“修改 | 机械设备”上下文选项卡中，单击“布局”面板中的“连接到”命令，再选择绘制的管道，自动生成连接管道，如图 10－18 所示。使用“连接到”命令时，同样可能有布管不合理、不经济、不美观的缺点，也需要手动调整。

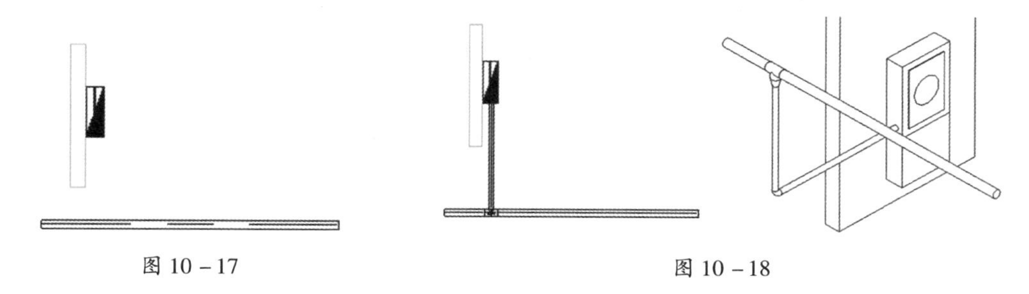

图 10－17　　图 10－18

四、 喷头布置与连管

单击“系统”选项卡下“卫浴和管道”面板中的“喷头”，以附件中“喷淋头-ELO型-闭式-直立型”为例在绘图区域进行放置，如图 10－19 所示。

在放置时，可以通过设置“属性”面板中的标高和偏移，来设置其高度，也可以通过创建相应标高，形成视图平面进行放置。在放置喷头的过程中，可以使用绘制参照平面和对齐命令的方式，来快速对喷头水平方向的位置做出调整。

喷头布置完成之后，需要对其进行连接，同样有两种方法：

1. 自动生成布局

选中所有已布置的喷头，单击“创建系统”面板中的“管道”，并命名“系统名称”为“ZP 1”，如图 10－20 所示。

再单击“布局”面板中的“生成布局”命令，选择合适的“解决方案类型”，单击“完成布局”，进行布管，如图 10－21 所示。

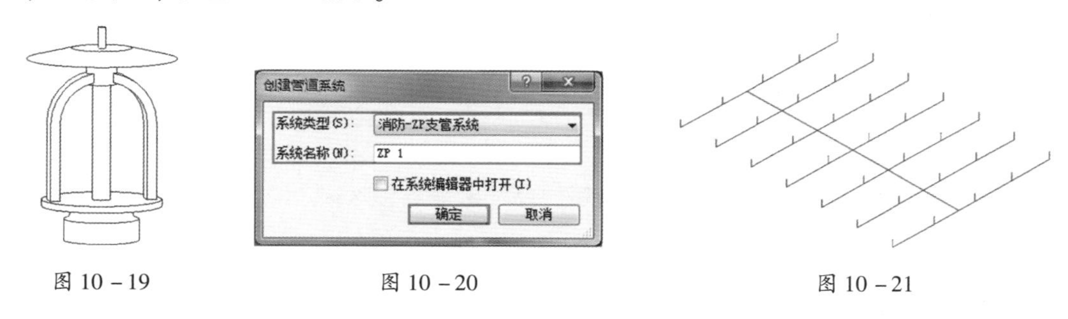

图 10－19　　图 10－20　　图 10－21

2. 手动布置管道

对于小空间的喷淋管道的布置来说，自动布局生成的解决方案不满足需求时，需要手动修改的工程量较大，此时采用手动绘制较为合适。可以分别绘制水平干管和支管，将喷头一一连接到管道上，同样可以使用“连接到”命令，将喷头连接到管道上。

五、 管道修改

在卫生间中通常会将通气立管与排污立管相连接，以有效地排除废气。例如，绘制两根相互平行的立管，在绘制连接管道时，分别单击两根立管，将会自动布置三通管件，如图 10－22 所示。

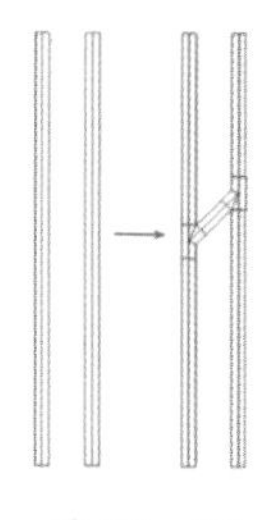

图 10－22

第三节　管道计算及应用

管道计算的目的：

1）根据已知的物料流量计算常用流速，决定管道直径。

2）根据已有的管道直径和压力校核管道流量。

3）根据已有的管道流量和管道经济压力降决定管道直径。

管道计算附件主要应用在布管完成后，通过默认公式计算管道流量来自动调整合适的管径。下面以卫生间家用冷水系统为例进行讲解。

打开附件中“公共卫生间”模型，选择要调整管径大小的部分，例如卫生间家用冷水系统中的所有部件，如图 10－23 所示。

单击“修改|选择多个”上下文选项卡下“分析”面板中的“调整风管/管道大小”命令，在弹出的“调整管道大小”对话框中可以选择计算方式，如图 10－24 所示。

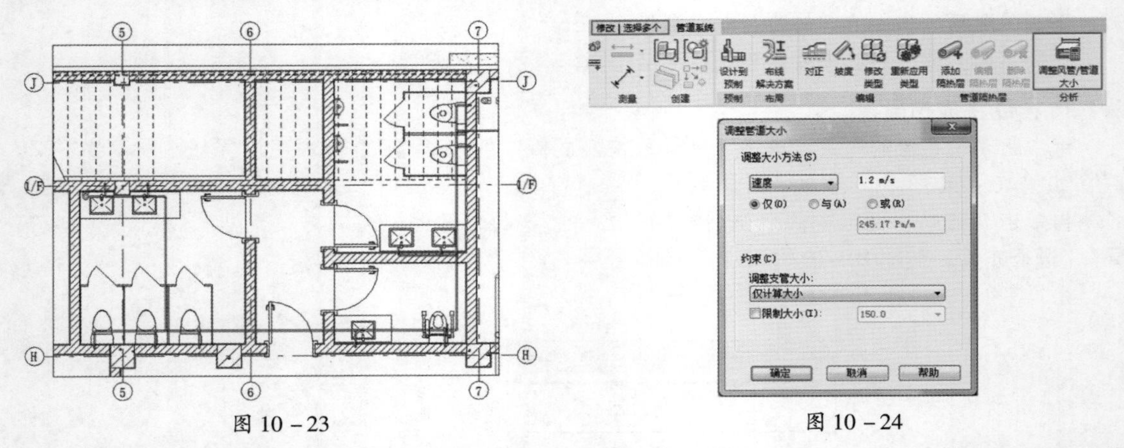

图 10－23　　　　图 10－24

在“调整大小方法”栏中，可选择“速度”或“摩擦”。例如选择“与”的情况下，两个调整大小方法同时作用于管道。

在“约束”栏中，“调整支管大小”可选择“仅计算大小”“匹配连接件大小”或“连接件与计算值之间的较大值”。勾选“限制大小”，可以限制计算结果中支管的最大值不能超过设定值。

设置完成后，单击“确定”，软件通过默认计算公式，自动改变管道大小，结果如图 10－25 所示。

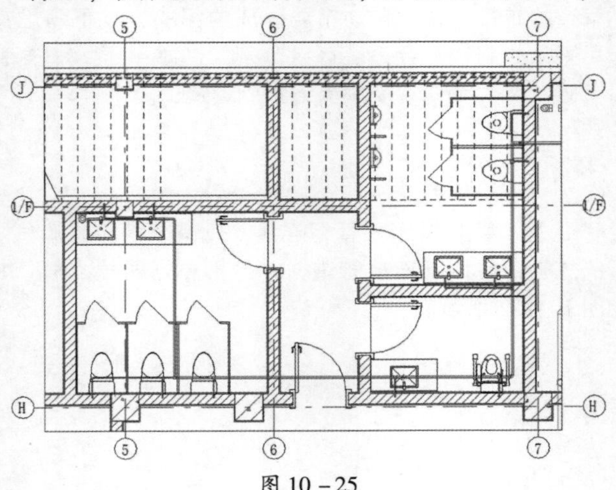

图 10－25

第四节　管路附件添加

生活中的管道需要添加一些管路附件，比如阀门、仪表、水力警铃等。

一、添加水平管道附件

绘制一段水平管道，单击“系统”选项卡下“卫浴和管道”面板中的“管路附件”命令，选择需要放置的管道附件，例如闸阀，如图 10－26 所示。

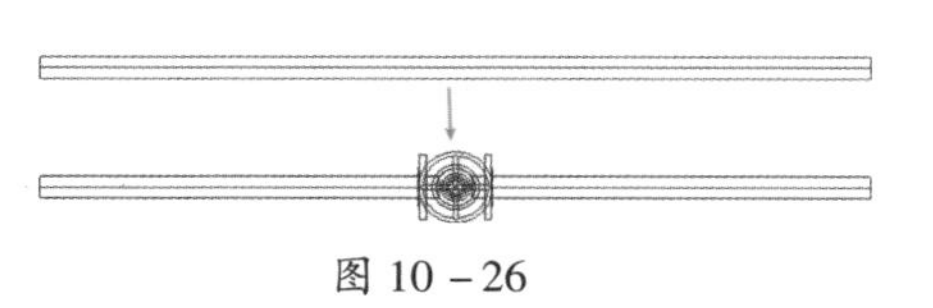

图 10－26

添加管道附件，将管道附件放置在管道上，管道附件会自动识别管道方向，完成管道和管道附件的连接。

二、添加垂直管道附件

绘制一段立管，切换至立面视图或所对应的剖面视图，单击“系统”选项卡下“卫浴和管道”面板中的“管路附件”命令，选择需要放置的管道附件，例如截止阀，如图 10－27 所示。

添加管道附件，将管道附件放置在管道上时，管道附件会自动识别管道方向，完成管道和管道附件的连接。

图 10－27

三、布置地漏和雨水斗

地漏，一般放置在卫生间、水房等需要地面排水的房间，是连接排水管道系统与室内地面的重要接口，作为住宅中排水系统的重要部件，它的性能好坏直接影响室内空气的质量。

雨水斗一般放置在屋顶，与天沟、落水管搭配使用。雨水斗属于金属落水系统分支，设在屋面雨水由天沟进入雨水管道的入口处。雨水斗有整流格栅装置，能迅速排除屋面雨水，格栅具有整流作用，避免形成过大的漩涡，稳定斗前水位，减少掺气，迅速排除屋面雨水、雪水，并能有效阻挡较大杂物。

Revit 软件中，地漏和雨水斗都是基于主体进行放置，所以在放置地漏和雨水斗时，“修改”面板中会多出“放置”面板，有三种放置方式进行选择，分别是“放置在垂直面上”“放置在面上”“放置在工作平面上”，如图 10－28 所示。

图 10－28

1）地漏和雨水斗一般不会放置在垂直面上。

2）选择“放置在面上”的放置方式，需要有适当的主体，例如楼板、天花板、屋顶等，如图 10－29 所示。

3）选择“放置在工作平面上”的放置方式，可将地漏和雨水斗放置在绘图区域任意位置，如图 10－30 所示。

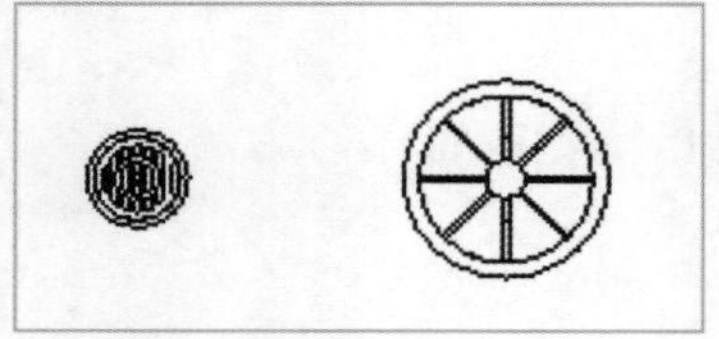

图 10－29

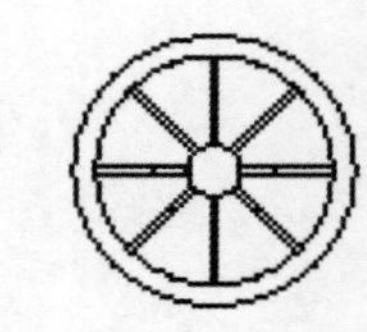

图 10－30

四、 添加存水弯

存水弯是在卫生器具排水管上或卫生器具内部设置一定高度的水柱，防止排水管道系统中的气体窜入室内的附件，存水弯内一定高度的水柱称为水封。存水弯分为 S 形存水弯，P 形存水弯，U 形存水弯，S、P、U 可以很形象地说明存水弯的形状。

放置一个坐便器，并在坐便器下方向下延伸一段管道。单击“系统”选项卡下“卫浴和管道”面板中的“管件”命令，选择“存水弯”，单击管道下方即可完成存水弯布置，如图 10－31 所示。

单击存水弯，通过“连接到”命令将存水弯与管道进行连接，如图 10－32 所示。

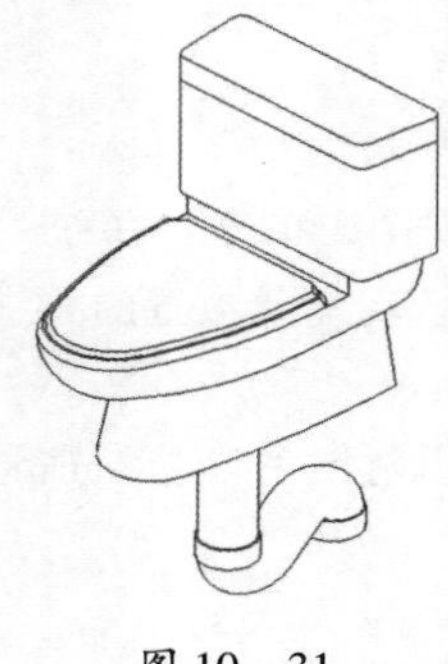

图 10－31

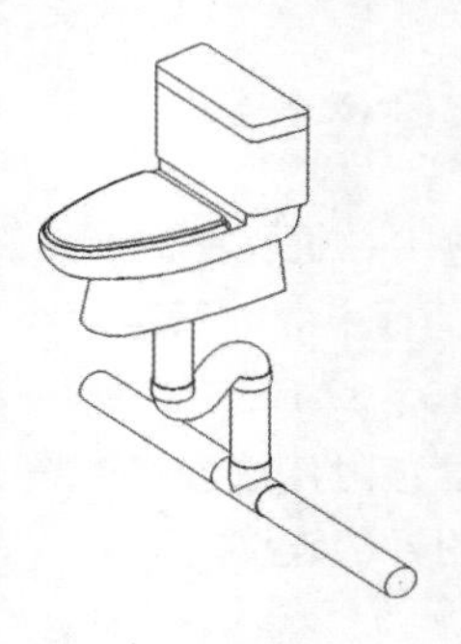

图 10－32

五、 机械设备

机械设备包含驱动装置、变速装置、传动装置、工作装置、制动装置、防护装置、润滑系统、冷却系统等部分。建模过程需要布置很多机械设备，例如消火栓箱、水泵接合器等。

此处以“水泵接合器－A 型－地上式”为例，将附件中“水泵接合器－A 型－地上式”载入到项目中，单击“机械”面板中的“机械设备”命令，选择“水泵接合器－A 型－地上式”进行放置。选中水泵接合器可使用“连接到”命令与管道连接，也可以使用手动绘制的方式与其他管道连接，如图 10－33 所示。

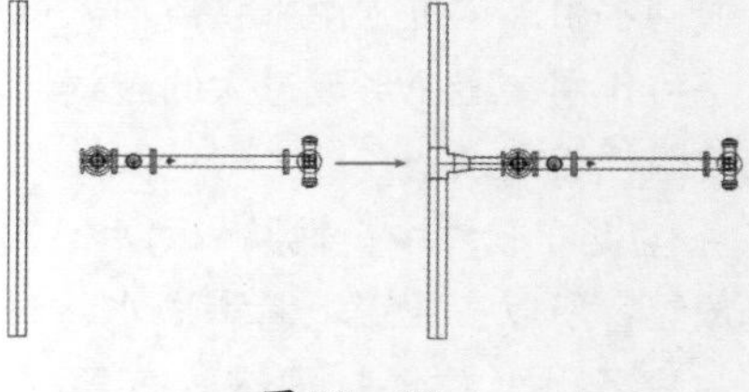

图 10－33

其他具体管道设计可参考附件中“施工图模型”。

第五节 管道系统检查

“检查管道系统”命令可以用来检查已创建的管道系统是否正确指定到相应系统中，并确认是否有未连接管道。

利用本章第二节“自动布管应用”中创建的模型，单击“分析”选项卡下“检查系统”面板中的“检查管道系统”，视图中会出现“显示MEP系统的相关警告”。单击“显示MEP系统的相关警告”，有问题的管件或者设备以黄色显示，并弹出黄色“警告”对话框，提示系统中出现的问题，如图10－34所示。

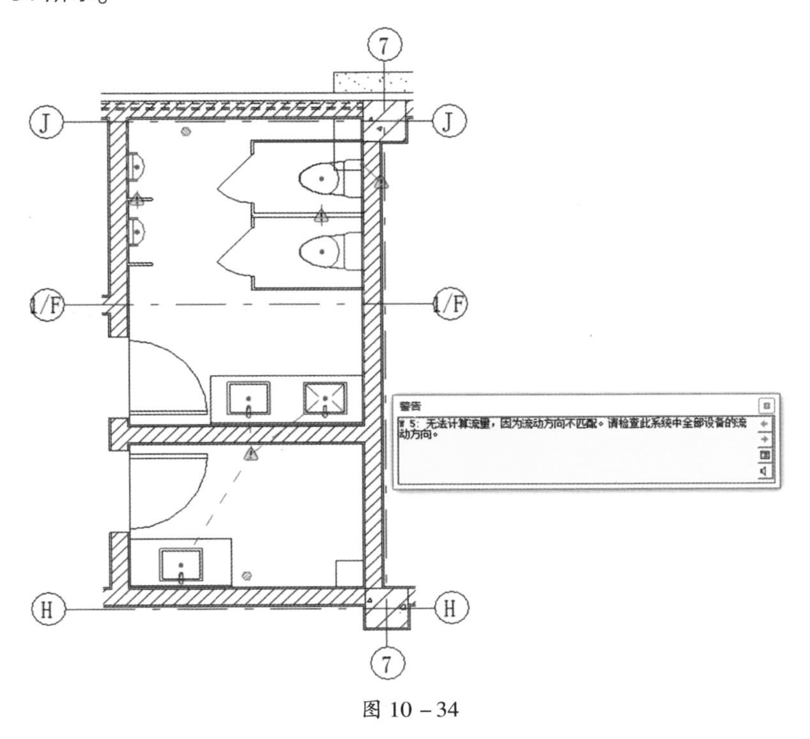

图10－34

单击“展开警告对话框”，可以查看警告信息的详细内容及构件位置，如图10－35所示。

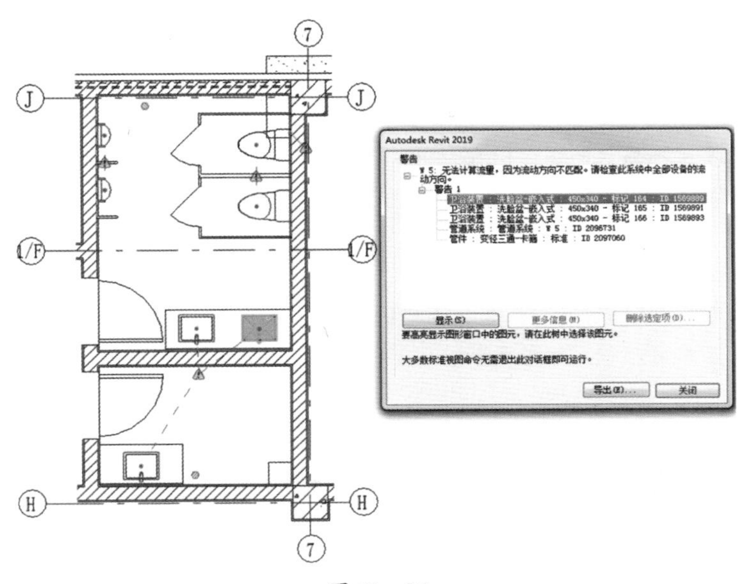

图10－35

关闭“检查管道系统”命令，单击“显示隔离开关”，弹出“显示断开连接选项”对话框，勾选“管道（P）”，并单击“确定”，此时模型中会显示“此图元具有一个打开的连接件”，如图10－36所示。

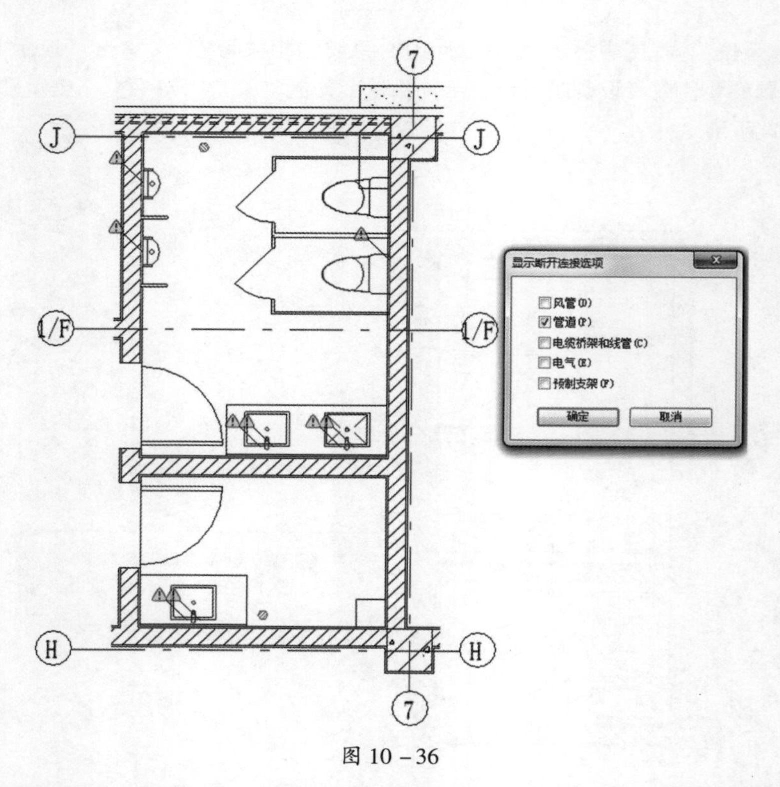

图 10－36

单击“此图元具有一个打开的连接件”，弹出“警告”对话框，单击“展开警告对话框”，可以查看警告信息的详细内容及构件位置。

第六节　预留洞口提资与其他专业互提条件

管道中提资主要是指与其他专业相互配合，更好地完成项目，具体操作如下：

1）管道穿结构梁、墙、板、吊顶等构件，或设备暗装于墙等要提供建筑结构或建筑专业相应留洞条件。

2）消火栓、地漏独立出来提供给建筑。

3）消火栓、水流指示器等有电信号或用电的设备、附件等提供给电气。

具体操作步骤请参考第十二章第五节。

课后练习

1. 在 Revit 软件中，下列关于创建视图的操作步骤的说法不正确的是（　　）。

A. 创建不同规程的视图复制任意高度视图均可

B. 创建同一高度、不同规程的平面视图时，在“新建楼层平面”对话框中需要取消勾选“不复制现有视图”

C. 创建同一高度、不同规程的平面视图时，在楼层平面“类型属性”对话框中需要在“查看引用到新视图的样板”中选择任意视图样板
D. 在新建楼层平面的时候可以选择多个平面视图同时创建，并统一修改名称

2. 在 Revit 软件中，下列关于绘制管道的操作步骤的说法不正确的是（　　）。
A. 管道的绘制方式有手动绘制管道和自动布管应用两种
B. 绘制管道时需要提前设置布管系统配置
C. 管道变径时，可以直接变径，不需要提前设置过渡件
D. 管道上翻和管道下翻是通过输入不同的偏移值并单击“应用”来完成

3. 下列不属于使用 Revit 软件进行自动布管应用的步骤的是（　　）。
A. 提前在“机械设置”中对干管、支管的偏移进行设置
B. 布置合适的设备，并创建对应的系统
C. 生成布局时，可以设置坡度值、偏移、管道直径
D. 生成布局后不能利用编辑布局命令对布局进行修改

4. 下列不属于消火栓的安装方式的是（　　）。
A. 明装　　B. 暗装
C. 半暗装　　D. 放置在垂直平面上

5. 在 Revit 软件的修改工具中，下列不可以将管道进行连接的是（　　）。
A. 修剪/延伸为角　　B. 修剪/延伸单个图元
C. 修剪/延伸多个图元　　D. 对齐

6. 在 Revit 软件中，管道计算的目的不包含（　　）。
A. 根据已知的物料流量计常用流速，决定管道直径
B. 根据已有的管道直径和压力校核管道流量
C. 根据已有的管道流量和管道经济压力降决定管道直径
D. 利用继承高程命令可以自动拾取对应点的高程作为第二段管道的高程

7. 在 Revit 软件中，调整支管大小不包含（　　）。
A. 限制大小　　B. 仅计算大小
C. 连接件与计算值之间的较大值　　D. 匹配连接件大小

8. 下列关于使用 Revit 软件进行管道检查的说法不正确的是（　　）。
A. “检查管道系统”命令可以用来检查已创建的管道系统是否正确指定到相应系统中，并确认是否连接
B. “显示 MEP 系统的相关警告”开启后，有问题的管件或者设备会变黄色，并弹出黄色“警告”对话框
C. 管道检查命令是在“分析”选项卡下“检查系统”面板中的“检查管道系统”
D. 管道检查结果不能直观地查看有问题的构件

9. 下列关于预留洞口提资说法不正确的是（　　）。
A. 管道穿结构梁、墙、板、吊顶等构件，或设备暗装于墙等要提供建筑结构或建筑专业相应留洞条件
B. 消火栓、地漏独立出来提供给建筑
C. 消火栓、水流指示器等有电信号或用电的设备、附件等提供给电气
D. 预留洞口提资作用于本专业，与其他专业无关

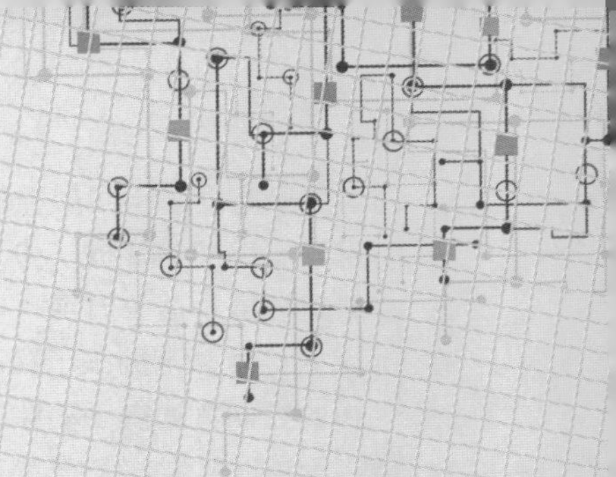

第十一章　电气样板文件的设置

由于机电分为暖通、给排水、电气等专业，实际建模时也是分专业进行的，因此各专业将在第六章完成的通用样板基础上进行各专业样板文件设置。

第一节　电气设置

单击“管理”→“MEP 设置”→“电气设置”，弹出“电气设置”对话框。

一、配线设置

1. 常规（图 11－1）

“常规”窗格包含下列设置：

1）电气连接件分隔符：指定用于分隔装置的“电气数据”参数的额定值的符号。

2）电气数据样式：电气构件“属性”选项板中的“电气数据”参数指定样式。

3）线路说明：指定导线实例属性中的“线路说明”参数的格式。

4）按相位命名线路-相位（A、B、C）标签：只有在使用“属性”选项板为配电盘指定按相位命名线路时才使用这些值，A、B 和 C 是默认值。

5）大写负荷名称：指定线路实例属性中的“负荷名称”参数的格式。

6）线路序列：指定创建电力线的序列，以便能够按阶段分组创建线路。

7）线路额定值：指定在模型中创建回路时的默认额定值。

8）线路路径偏移：指定生成线路路径时的默认偏移。

电气设置

隐藏线
常规
角度
配线
导线尺寸
校正系数
地线
配线类型
电压定义
配电系统
电缆桥架设置
升降
单线表示
双线表示
尺寸
线管设置
升降
单线表示
双线表示
尺寸
负荷计算
配电盘明细表

设置	值
电气连接件分隔符	-
电气数据样式	连接件说明电压/极数 – 负荷
线路说明	480V-3P/30A
按相位命名线路 - 相位 A 标签	A
按相位命名线路 - 相位 B 标签	B
按相位命名线路 - 相位 C 标签	C
大写负荷名称:	从源参数
线路序列:	数值 (1,2,3,4,5,6,7,8,9,10,11,12)
线路额定值	20 A
线路路径偏移	2750

图 11－1

2. 角度（图 11－2）

使用本窗格以指定在添加或修改电缆桥架或线管时要使用的管件角度。

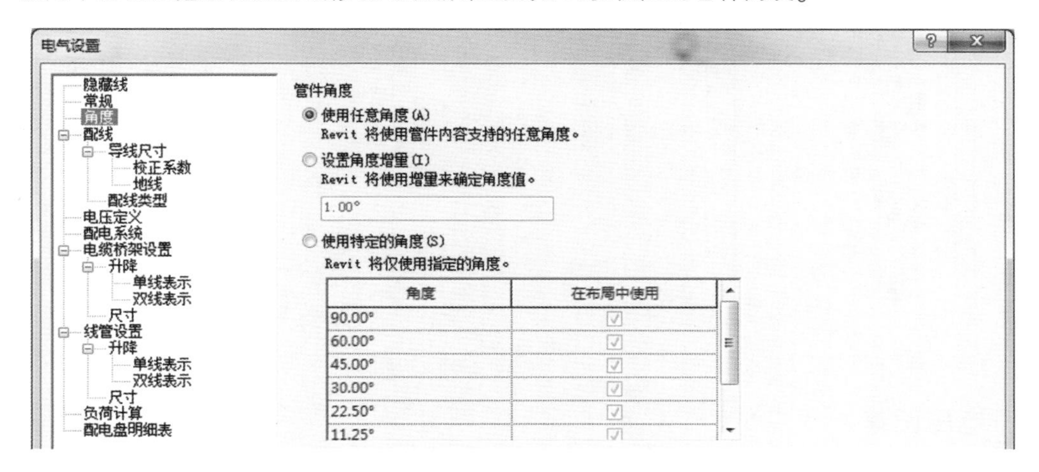

图 11－2

3. 配线（图 11－3）

配线表中的设置决定了 Revit 对于导线尺寸的计算方式以及导线在项目电气系统平面图中的显示方式。其中，调整“配线交叉间隙”的数值可以控制相交导线的打断间距。

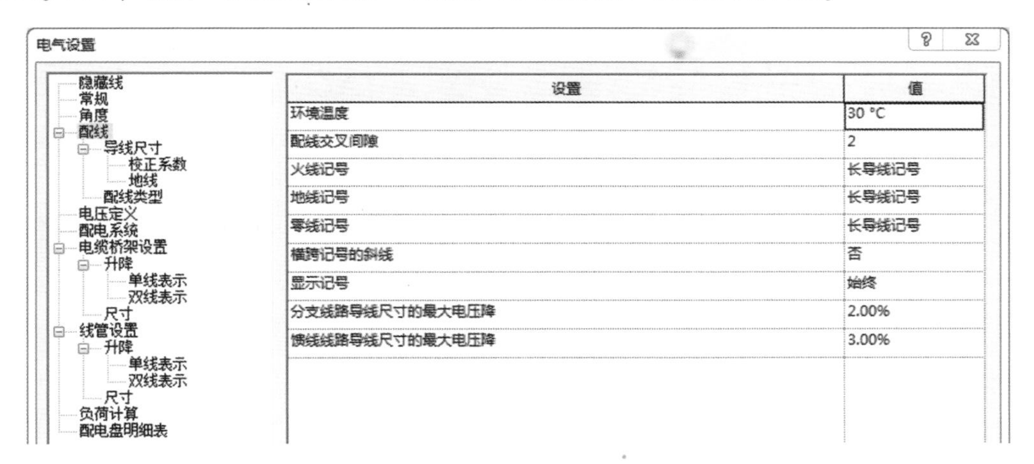

图 11－3

4. 隐藏线（图 11－4）

“隐藏线”窗格包含下列设置：

1）绘制 MEP 隐藏线：指定是否按为隐藏线所指定的线样式和间隙来绘制电缆桥架和线管。

2）线样式：指定桥架段交叉点处隐藏段的线样式。

3）内部间隙：指定在交叉段内部显示的线的间隙。

4）外部间隙：指定在交叉段外部显示的线的间隙。

5）单线：指定在段交叉位置处单隐藏线的间隙。

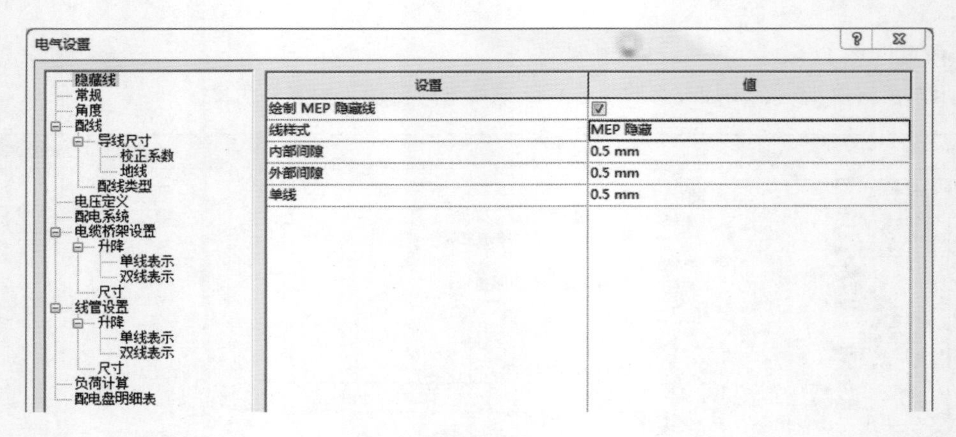

图 11－4

二、 电压设置

1. 电压定义（图 11－5）

“电压定义”表定义了可以指定给项目中的可用配电系统的电压范围。

每个电压定义都被指定为一个电压范围，以便适应各个制造商的装置的不同额定电压。例如，220V 配电系统上使用的装置可能具有 220～250V 的额定电压。

用户可以创建电压定义，并且可以删除当前未在任何配电系统中使用的定义。

电气设置

隐藏线 / 常规 / 角度 / 配线（导线尺寸：校正系数、地线；配线类型）/ 电压定义 / 配电系统 / 电缆桥架设置（升降：单线表示、双线表示；尺寸）/ 线管设置（升降：单线表示、双线表示；尺寸）/ 负荷计算 / 配电盘明细表

	名称	值	最小	最大
1	10000	10000.00 V	10000.00 V	12000.00 V
2	120	120.00 V	110.00 V	130.00 V
3	208	208.00 V	200.00 V	220.00 V
4	220	220.00 V	210.00 V	240.00 V
5	240	240.00 V	220.00 V	250.00 V
6	277	277.00 V	260.00 V	280.00 V
7	380	380.00 V	360.00 V	410.00 V
8	480	480.00 V	460.00 V	490.00 V

图 11－5

2. 配电系统（图 11－6）

“配电系统”表定义了项目中可用的配电系统。

1）名称：用于标识配电系统的唯一名称。

2）相位：“三相”或“单相”，从下拉式列表中进行选择。

3）配置：单击该值之后，可以从下拉式列表中选择“星形”或“三角形”（仅限于三相系统）。

4）导线：此参数指定导线的数量（对于三相，为 4 或 5；对于单相，为 2 或 3）。

5）L－L 电压：单击该值之后，可以选择一个电压定义，以表示在任意两相之间测量的电压。此参数的规格取决于“相位”和“导线”的选择。例如，L－L 电压不适用于单相二线系统。

6）L－G 电压：单击该值之后，可以选择一个电压定义，以表示在相和地之间测量的电压。

提示：在创建电力系统的过程中，首先需要为配电盘指定相应的配电系统。

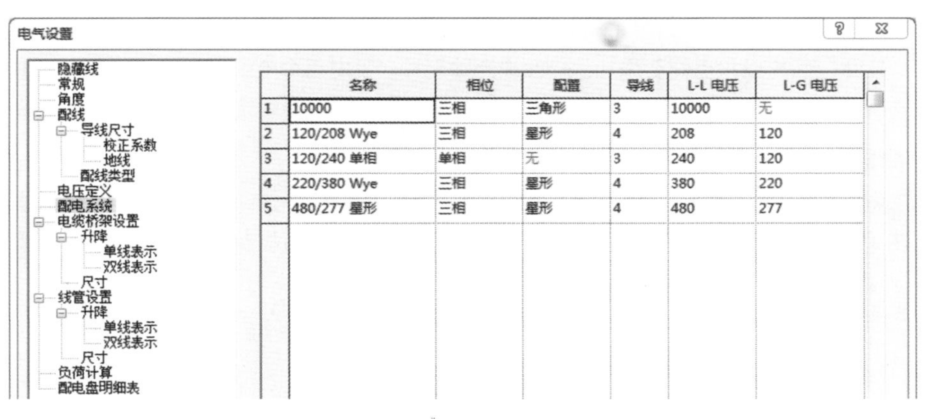

	名称	相位	配置	导线	L-L 电压	L-G 电压
1	10000	三相	三角形	3	10000	无
2	120/208 Wye	三相	星形	4	208	120
3	120/240 单相	单相	无	3	240	120
4	220/380 Wye	三相	星形	4	380	220
5	480/277 星形	三相	星形	4	480	277

图 11－6

三、电缆桥架设置

1. 电缆桥架设置内容（图 11－7）

“电缆桥架设置”窗格包含下列设置：

1）为单线管件使用注释比例：指定是否按照“电缆桥架配件注释尺寸”参数所指定尺寸绘制电缆桥架管件。修改该设置时并不会改变已在项目中放置的构件的打印尺寸。

2）电缆桥架配件注释尺寸：指定在单线视图中绘制的管件的打印尺寸。无论图纸比例为多少，该尺寸始终保持不变。

3）电缆桥架尺寸分隔符：指定用于显示电缆桥架尺寸的符号。例如，如果使用 ×，则宽度为 200mm、高度为 100mm 的电缆桥架将显示为 200mm×100mm。

4）电缆桥架尺寸后缀：指定附加到电缆桥架尺寸之后的符号。

5）电缆桥架连接件分隔符：指定用于在两个不同连接件之间分隔信息的符号。

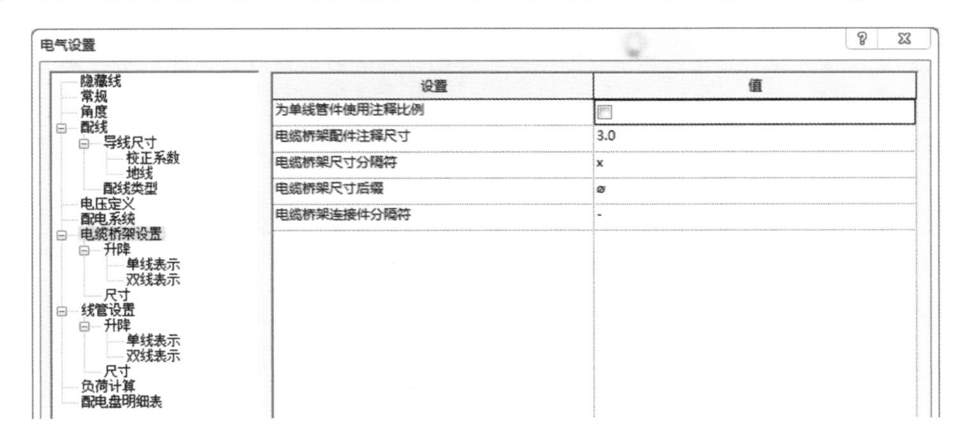

设置	值
为单线管件使用注释比例	☐
电缆桥架配件注释尺寸	3.0
电缆桥架尺寸分隔符	x
电缆桥架尺寸后缀	ø
电缆桥架连接件分隔符	-

图 11－7

2. 升降

1）电缆桥架升/降注释尺寸：指定在单线视图中绘制的升/降符号的打印尺寸。无论图纸比例为多少，该尺寸始终保持不变。

2）单线表示：指定在单线视图中使用的升符号和降符号。

3）双线表示：指定在双线视图中使用的升符号和降符号。

3. 尺寸

使用“尺寸”表可以根据需要添加、修改或删除尺寸。针对每个电缆桥架尺寸，勾选“用于尺寸列表”，指定该尺寸将显示在整个 Revit 内的列表中，包括电缆桥架布局编辑器和电缆桥架修改编辑器。

4. 桥架配件设置

选中任意桥架，在“属性”栏点击“编辑类型”按钮（图 11－8），弹出桥架“类型属性”对话框（图 11－9）。“类型属性”对话框的“管件”一栏内，为桥架指定配件族（桥架配件族需提前载入到项目中）。

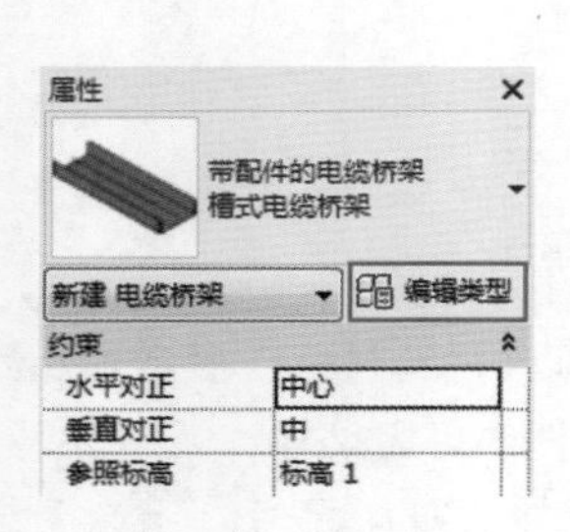

图 11－8

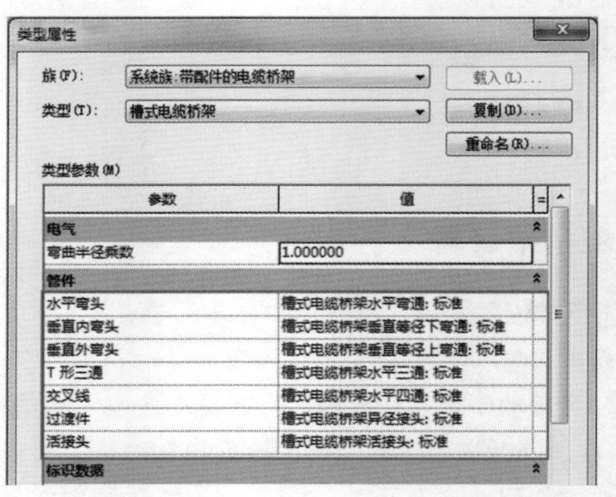

图 11－9

四、线管设置

1. 线管设置内容（图 11－10）

1）为单线管件使用注释比例：指定是否按照“线管配件注释尺寸”参数所指定的尺寸绘制线管管件。修改该设置时并不会改变已在项目中放置的构件的打印尺寸。

2）线管配件注释尺寸：指定在单线视图中绘制的管件的打印尺寸。无论图纸比例为多少，该尺寸始终保持不变。

3）线管尺寸前缀：指定线管尺寸前面的符号。

4）线管尺寸后缀：指定附加到线管尺寸之后的符号。

5）线管连接件分隔符：指定用于在两个不同连接件之间分隔信息的符号。

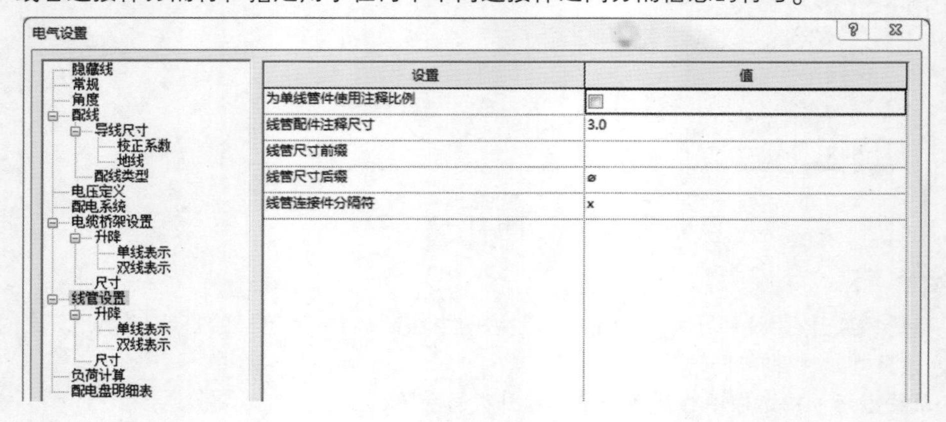

图 11－10

2. 升降

1）线管升/降注释尺寸：指定在单线视图中绘制的升/降符号的打印尺寸。无论图纸比例为多少，该尺寸始终保持不变。

2）单线表示：指定在单线视图中使用的升符号和降符号。

3）双线表示：指定在双线视图中使用的升符号和降符号。

3. 尺寸

使用“尺寸”表可以指定能在项目中使用的线管标准（类型）和相关的管线尺寸。用户可以根据需要添加或修改标准，以及添加、修改或删除尺寸。

对于每个线管尺寸，尺寸表指定下列参数：规格、内径（ID）、外径（OD）、最小弯曲半径和用于尺寸列表。勾选“用于尺寸列表”，指定该尺寸将显示在整个 Revit 内的列表中，包括线管布局编辑器和线管修改编辑器。

4. 线管配件设置

选中任意线管，在“属性”栏点击“编辑类型”按钮（图 11－11），弹出线管“类型属性”对话框（图 11－12）。在“类型属性”对话框的“管件”一栏内，为线管指定配件族（线管配件族需提前载入到项目中）。

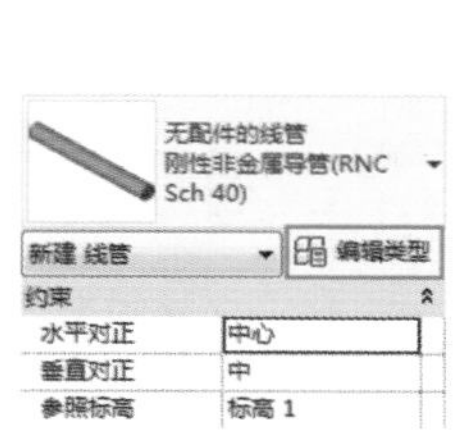

图 11－11

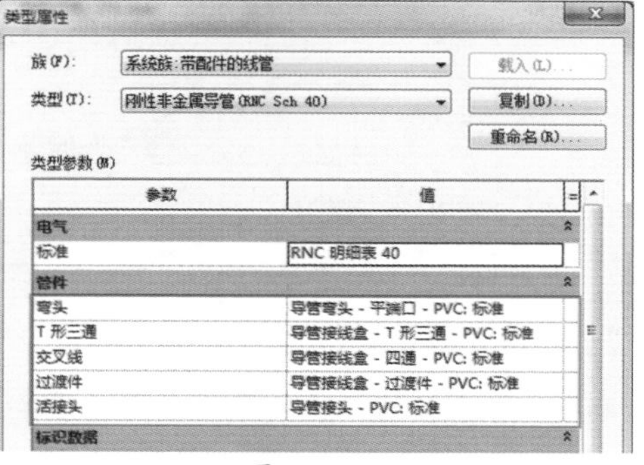

图 11－12

五、导线设置

1. 不同导线的设置方法

在电气施工图绘制中，不同的导线会采用不同的线型图案和颜色来加以区分。下面介绍几种不同的设置方法。

方法一：在“可见性/图形替换”对话栏中（图 11－13），可对当前平面的导线指定线型图案和颜色。该设定会应用于当前平面内的所有导线，但对不同导线（如普通照明导线和应急照明导线）并不能加以区分。

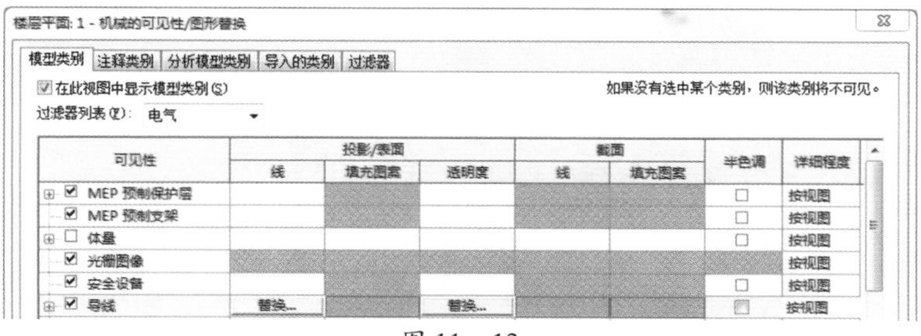

图 11－13

方法二：打开“对象样式”对话栏，在此可对当前项目的所有导线指定线型图案和颜色，该设定会应用于整个项目中各个平面的导线，但对不同导线（如普通照明导线和应急照明导线）并不能加以区分。

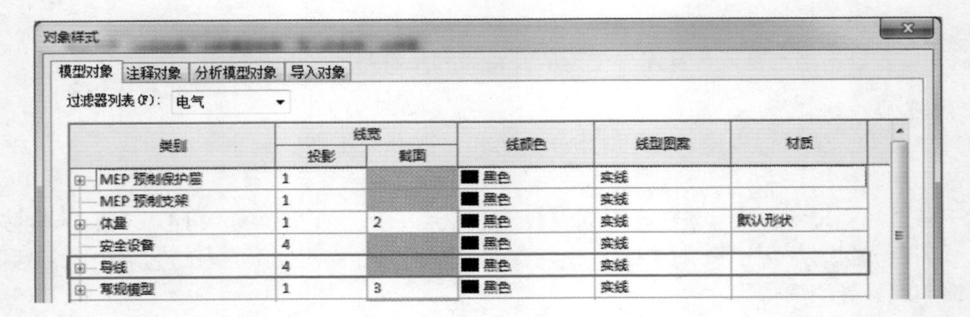

图 11－14

方法三：使用过滤器（过滤器的设置及使用详见本章第二节）

1）在导线“类型属性”对话框中（图 11－15），为不同导线赋予不同的类型名称。

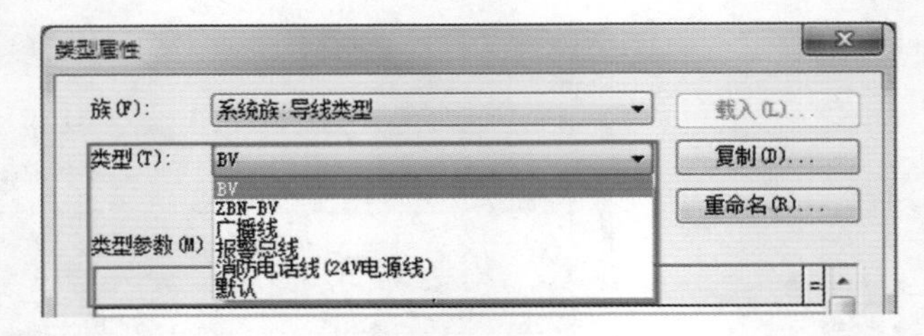

图 11－15

2）为各不同类型名称的导线，以“类型名称”为过滤条件，分别创建过滤器（图 11－16）。

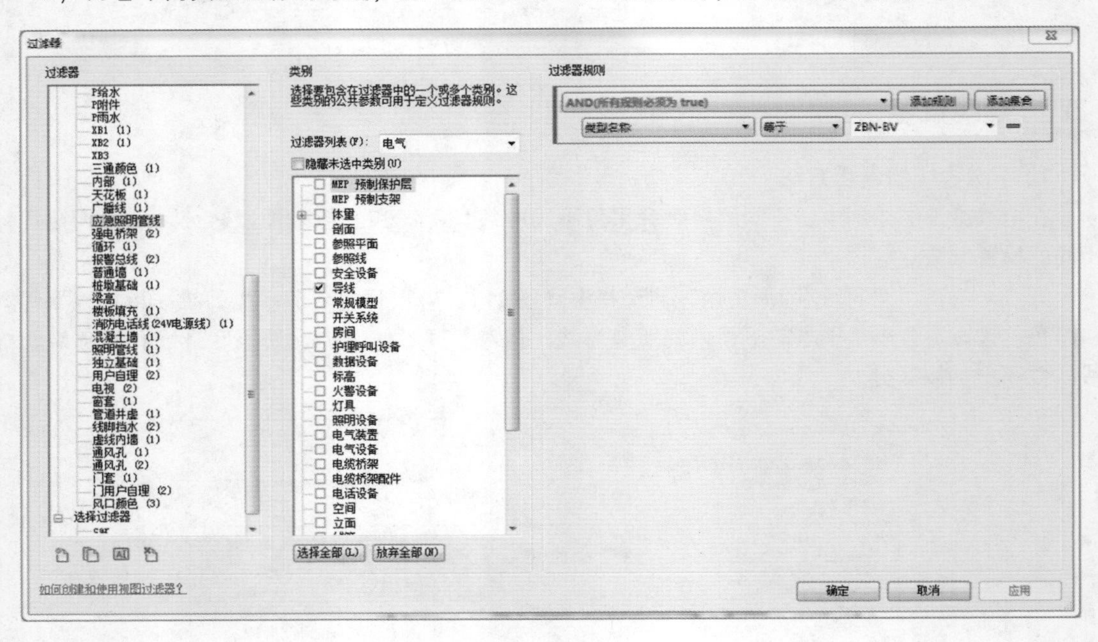

图 11－16

3）将过滤器添加到指定平面中（图 11－17）。

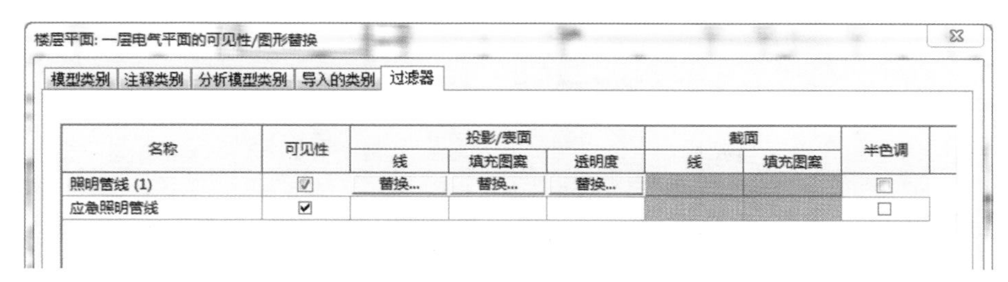

图 11－17

2. 导线的打断显示

不同的规程和视觉样式都会影响导线的打断显示。以“规程”为例，只有在规程为“电气”“机械”和“卫浴”时，交叉导线才会打断显示。同理，以“视觉样式”为例，仅在“隐藏线”“着色”和“一致的颜色”三种模式下，交叉导线才会打断显示。交叉导线的打断间距大小可在“MEP 设置”→“电气设置”→“配线”→“配线交叉间隙”下设置。

3. 导线线型图案设置

在软件中已经包含了常用的线型图案，但有时候其并不能满足本专业的需要，这时就需要新建符合要求的线型图案。

以电气专业的应急照明导线为例，通常采用 DASH 线来表达。但在软件自带的线型中并没有与之相匹配的线型图案，故需要用户自行创建以满足表达需要。具体创建线型图案的步骤为：

1）单击功能区中“管理”→“其他设置”→“线型图案”（图 11－18），弹出“线型图案”对话框。

2）单击“新建”命令，弹出“线型图案属性”对话框（图 11－19），在“名称”栏输入想要创建的线型图案的名称，在“类型”栏选择相应的图案组成，在“值”栏输入相应的数值。本例的参数如图 11－19 所示。

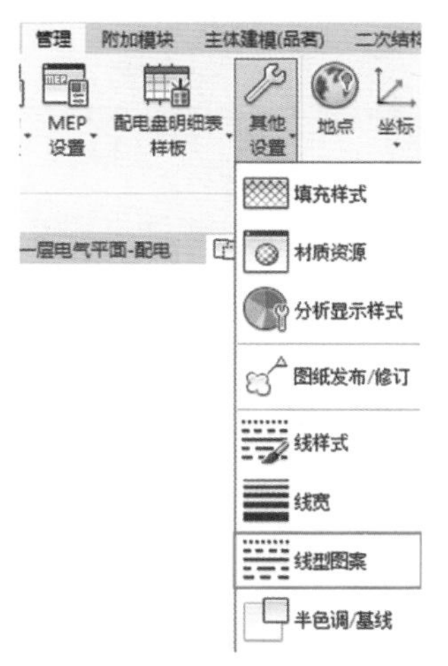

图 11－18

线型图案属性

线型图案由划线、点和空格组成。请在下面定义其次序和长度。
注意：点将绘制为 1.5pt 长的划线。

名称(N)： E-DASH

	类型	值
1	划线	2.5 mm
2	空间	1 mm
3		
4		
5		
6		
7		
8		
9		

确定　取消

图 11－19

4. 线宽的设置

单击功能区中“管理”→“其他设置”→“线宽”，弹出“线宽”对话框。

线宽应由建筑专业（或某专业）统筹考虑设置，各个线宽号对应不同的线宽。各专业只需选择相应的线宽号即可（线宽设置会影响各专业的显示表达，包括图框等）。

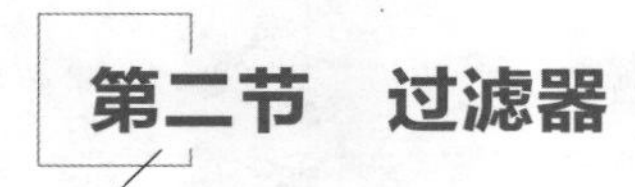

第二节　过滤器

一、过滤器的应用方式及原则

对于在视图中共享公共属性的图元，过滤器提供了替换其图形显示和控制其可见性的方法。若要基于参数值控制视图中图元的可见性或图形显示，可创建“基于规则的过滤器”，即可基于类别参数定义规则的过滤器。目前采用的过滤器基本都是此类。此类过滤器可以在选择集中使用过滤器隔离、隐藏或应用图元的图形设置，可以随时加载过滤器。

过滤器主要应用于各视图，可以将多个选择过滤器应用于同一视图。如果将多个选择过滤器应用于同一视图，则它们的列出顺序可表示优先顺序。距列表顶部最近的选择过滤器优先。

二、过滤器的具体设置

1. 本专业视图过滤器的设置

（1）导线的显示设置　以“普通导线”和“应急照明导线”为例，两者均设置为 4 号线宽，同时，“普通导线”显示为红色、实线，“应急照明导线”显示为紫色、划线。下面介绍设置步骤。

1）创建“普通导线”和“应急照明导线”：打开导线“类型属性”对话框，复制导线类型，并分别命名为“普通导线”和“应急照明导线”。

2）创建过滤器：打开“可见性/图形替换”对话框；选择“过滤器”选项卡，单击“添加”，弹出“添加过滤器”对话框；单击“编辑/新建”创建过滤器，取名为“应急照明导线”（图 11－20）。

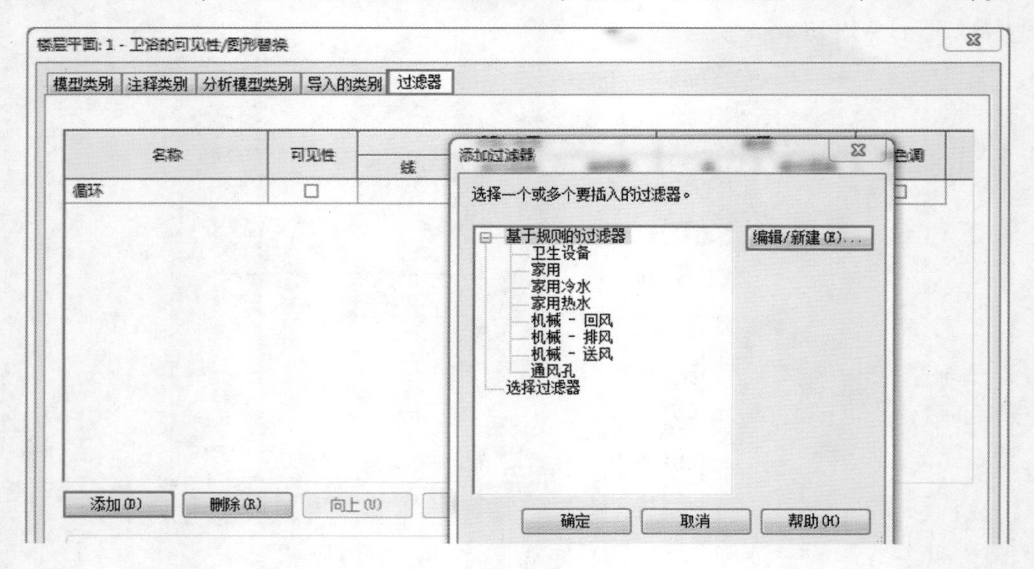

图 11－20

对“应急照明导线”过滤器进行编辑：“过滤器列表”下拉菜单中选择“电气”勾选“导线”，“过滤器规则”设置为“类型名称”等于“应急照明导线”，如图 11－21 所示。

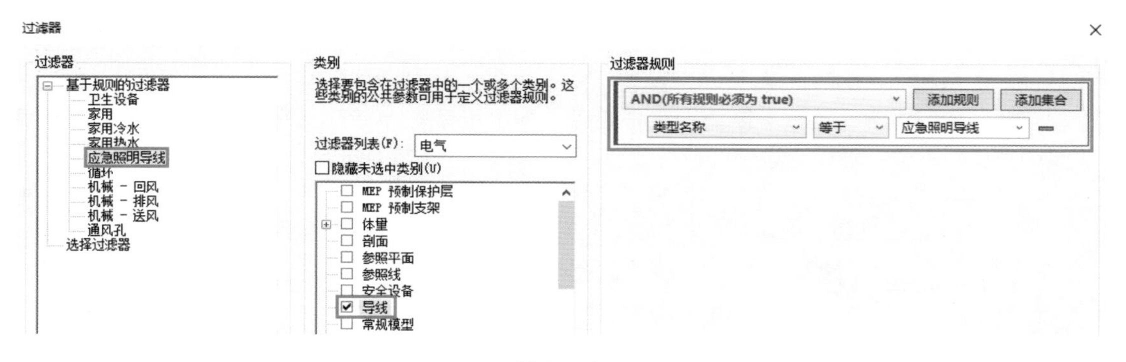

图 11－21

3）把过滤器添加到视图平面：单击“投影/表面”下的“线”按钮，弹出“线图形”对话框，然后按需求设置“宽度”为“4”“颜色”为“RGB 128－000－255”，“填充图案”为“E－DASH”（图 11－22）（“E－DASH”线型在本章第一节“五、导线设置”中已经介绍）。

“普通导线”和“应急照明导线”显示如图 11－23 所示。

（2）桥架的显示设置　类似于导线，桥架的显示也可以通过过滤器来控制。在绘制桥架时，对各桥架赋予不同的设备类型（图 11－24），如消防、非消防、报警、弱电等，然后使用过滤器对桥架的设备类型进行过滤。具体设置方法详见第七章第三节，此处不再赘述。

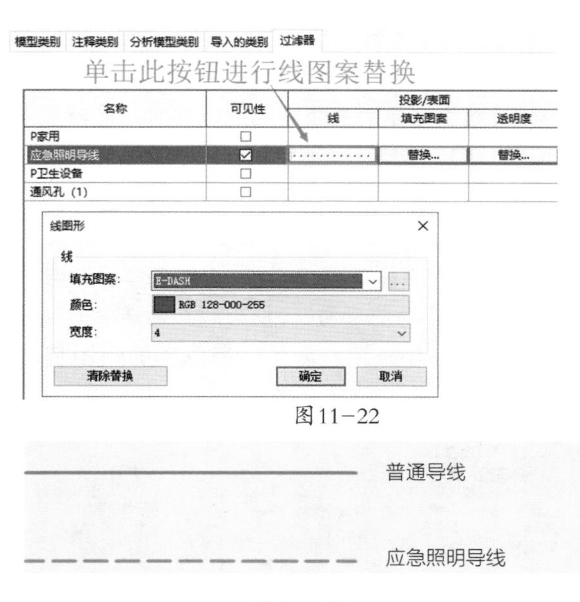

图 11－22

图 11－23

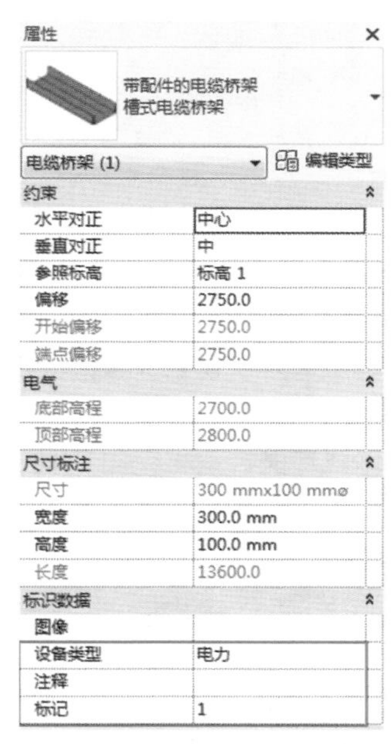

图 11－24

1）过滤器除了用来替换图形显示，还可通过勾选其可见性开关来控制符合该过滤条件的构件在当前平面视图的显隐性。例如，在配电平面图中不需要显示弱电桥架，则在该视图中添加弱电桥架的过滤器，然后关掉该过滤器可见性。

2）过滤器在水暖提电条件中的应用。在电气平面图中，经常需要体现水、暖专业的设备，例如风机、防火阀、水泵、水流指示器、流量开关等。对这些设备，可以为其添加某一参数，然后以该参数为过滤条件创建过滤器，以此达到控制器显隐的目的。

3）平面视图可见性设置。电气专业通常分为照明、插座、配电、消防报警、弱电等不同的平面图。在 Revit 中，所有的三维构件族始终存在于每张平面图中，只能通过控制其在每个视图中的可见性，来达到图面显示的要求。

以照明平面图为例，并不需要显示火警设备、弱电设备等。打开“可见性/图形替换”对话框，只勾选需要在当前视图中显示的设备类型即可，如图 11 - 25 所示。

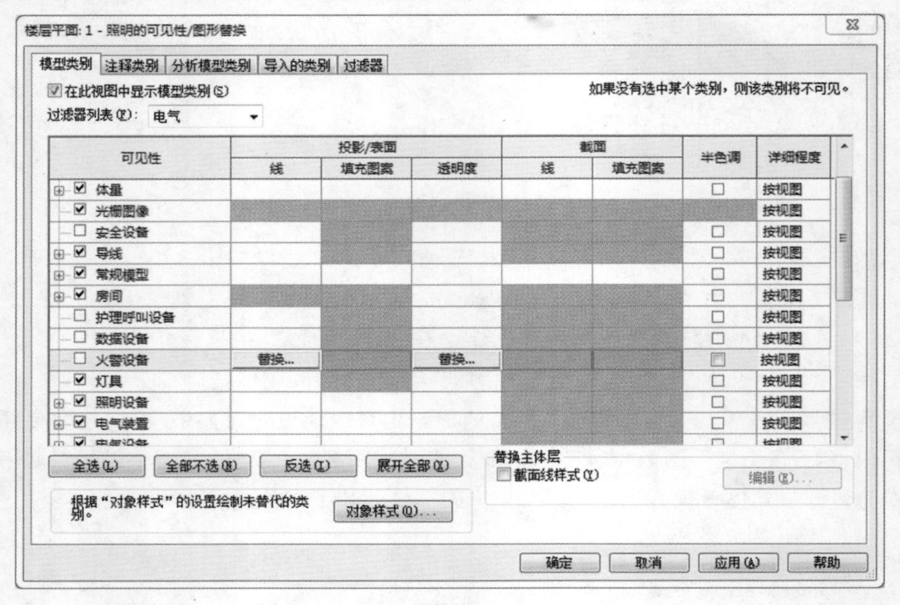

图 11 - 25

4）有时候只需要隐藏个别构件，而在可见性设置中隐藏的是整个类别。这时，可以选中需要隐藏的构件，单击鼠标右键，选择“在视图中隐藏”→“图元”，即可单独隐藏该图元。上述隐藏称为永久隐藏，相对应的还有临时隐藏。临时隐藏在关闭图纸后，下次打开图纸便会恢复显示。

5）视图样板使用介绍。在对过滤器、可见性等设置完成之后，可将当前设置另存为视图样板，之后同类型的平面视图，直接应用该视图样板即可。具体步骤为：“视图”→“视图样板”→“从当前视图创建样板”（图 11 - 26），输入名称，例如“照明平面”，即可成功创建视图样板。

应用视图样板时，点击视图属性栏中的“视图样板”按钮，选择需要应用的视图样板即可（图 11 - 27）。

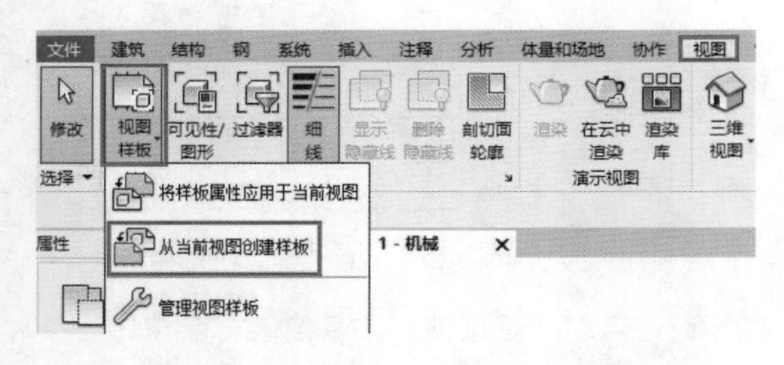

图 11 - 26

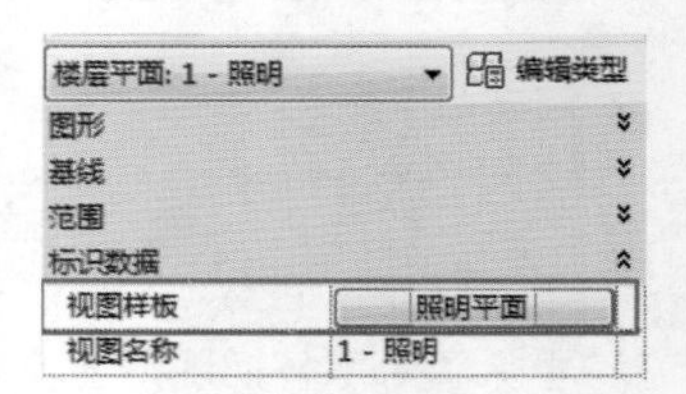

图 11 - 27

2. 提资过滤器的设置

以提建筑配电箱位置为例，建筑专业需要给暗装配电箱预留墙洞，为了让建筑专业能对暗装配电箱一目了然，这就需要电气专业把暗装的配电箱单独过滤出来提给建筑专业，可以通过添加视图过

图 11 - 28

滤器来实现。

为方便起见，仅为暗装的配电箱注明安装方式为“暗装”，其余明装配电箱的“安装方式”栏则空白。

1）选中配电箱，在“属性”栏下“常规”中添加“安装”信息，如图 11－28 所示。

2）以“安装”不等于“暗装”作为过滤条件添加过滤器，如图 11－29 所示。

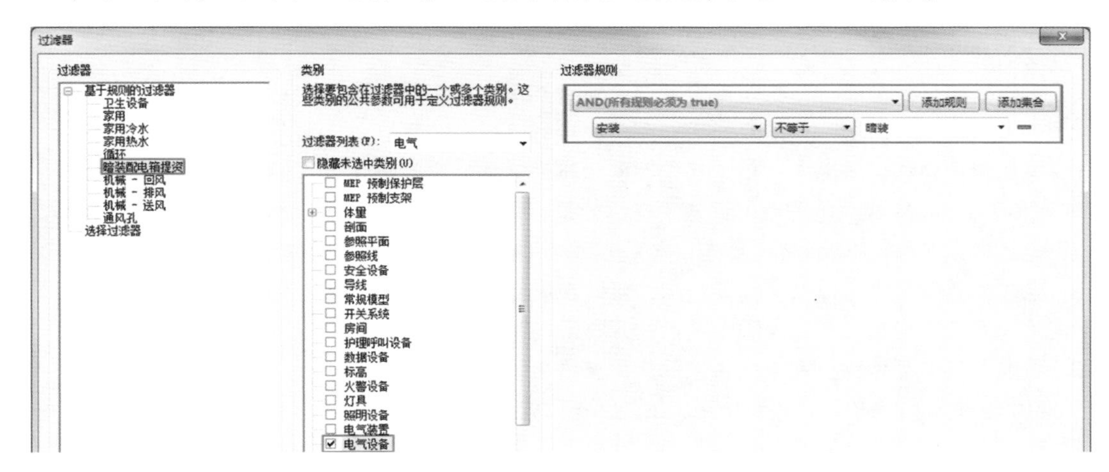

图 11－29

3）将该过滤器添加到提资视图中，并把该过滤器“可见性”取消勾选，便将非暗装配电箱过滤隐藏，如图 11－30 所示。

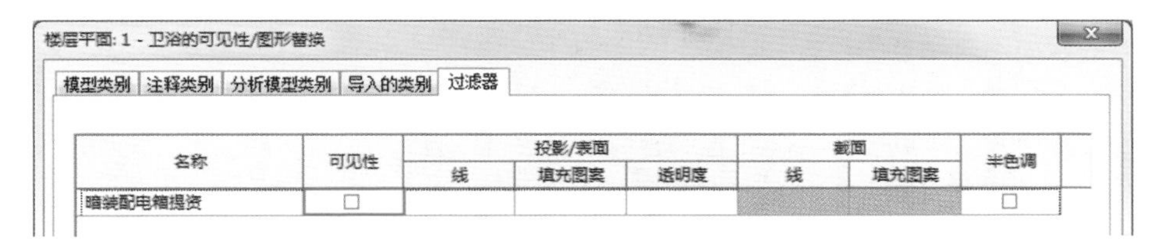

图 11－30

其他提资操作详见第十二章第五节。

设置完成后可保存，后期建模进行使用，详细设置可查看附件“施工图模型样板”。

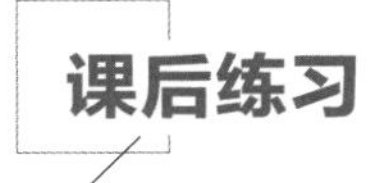

课后练习

1. 下列关于电气设置，“常规”选项卡中参数解释不正确的是（　　）。

A. 电气连接件分隔符：指定用于分隔装置的“电气数据”参数的额定值的符号

B. 配置：单击该值之后，可以从下拉列表中选择“星形”或“三角形”（仅限三相系统）。

C. 按相位命名线路-相位（A、B、C）标签：只有在使用“属性”选项板为导线指定按相位命名线路时才使用这些值

D. 线路序列：指定创建电力线的序列，以便能够按阶段分组创建线路

2. 下列关于 Revit 软件中电压设置说法不正确的是（　　）。

A. “电压定义”表定义了可以指定给项目中的可用配电系统的电压范围
B. 用户可以创建电压定义，并且可以删除当前未在任何配电系统中使用的定义
C. “配电系统”表定义了项目中可用的配电系统
D. 在创建电力系统的过程中，任何时候为配电盘指定相应的配电系统均可

3. 下列关于 Revit 软件中电缆桥架设置中的参数解释不正确的是（　　）。
A. 电缆桥架配件注释尺寸：指定在单线视图中绘制的管件的打印尺寸。该尺寸随着图纸比例改变而改变
B. 电缆桥架尺寸分隔符：指定用于显示电缆桥架尺寸的符号
C. 电缆桥架尺寸后缀：指定附加到电缆桥架尺寸之后的符号
D. 电缆桥架连接件分隔符：指定用于在两个不同连接件之间分隔信息的符号

4. 下列关于 Revit 软件中电缆桥架说法不正确的是（　　）。
A. 电缆桥架升/降注释尺寸：指定在单线视图中绘制的升/降符号的打印尺寸
B. 电缆桥架的尺寸可以根据需要添加、修改或删除尺寸
C. 单线表示：指定在单线视图中使用的升符号和降符号
D. 电缆桥架的配件需要在电缆桥架的实例属性中进行设置

5. 在使用 Revit 软件建模时，绘制电气施工图，不同的导线会采用不同的线型图案和颜色的方法不包括（　　）。
A. 在“可见性/图形替换”对话栏中，可对当前平面的导线指定线型图案和颜色
B. 打开“对象样式”对话栏，在此可对当前项目的所有导线指定线型图案和颜色，该设定会应用于整个项目中各个平面的导线
C. 使用过滤器
D. 给导线添加不同颜色的材质

6. 下列关于 Revit 软件中电气样板文件设置的说法正确的是（　　）。
A. 电气设置中可以对电缆桥架和线管的管件角度进行设置
B. Revit 中没有的电缆桥架和线管的尺寸可以手动添加
C. 导线通过设置可见性在三维中可见
D. 电气样板提资需要添加过滤器来实现

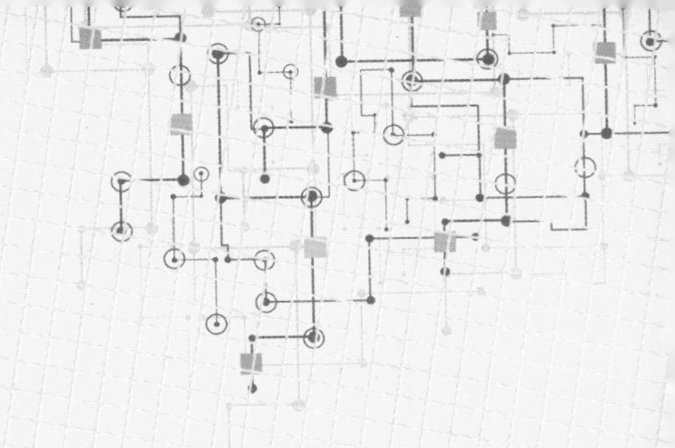

第十二章　电气模型

第一节　创建建模视图

使用第十一章完成的样板创建电气模型，先创建建模视图，并应用第十一章中所做相关“电气建模视图样板”。

第二节　配电系统

将电力系统中从降压配电变电站（高压配电变电站）出口到用户端的这一段系统称为配电系统。配电系统是由多种配电设备（或元件）和配电设施所组成的变换电压和直接向终端用户分配电能的一个电力网络系统。

一、平面设备布置

Revit 中设备分为电气设备、其他设备和照明设备。

1. 电气设备

电气设备包括配电盘和变压器等，可以是基于主体的构件，也可以是非基于主体的构件，放置方法如下。

以基于主体放置的电度表箱为例。先绘制一段建筑墙体。单击“系统”上下文选项卡“电气”面板中的“电气设备”，选择“电度表箱－明装”，选择放置方式为“放置在垂直面上”，单击墙外部边进行放置，之后可根据实际需求修改其放置高度，如图 12－1 所示。

以非基于主体放置的配电柜为例。单击“系统”上下文选项卡“电气”面板中的“电气设备”，选择电气设备，例如配电柜，单击视图中任意位置进行放置，如图 12－2 所示。

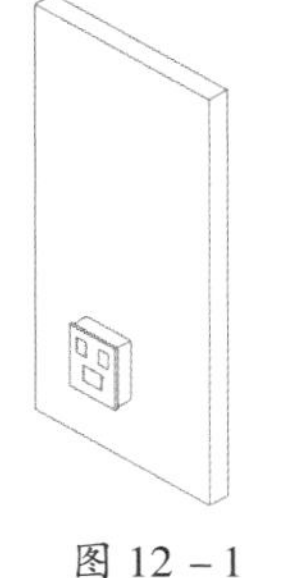

图 12－1

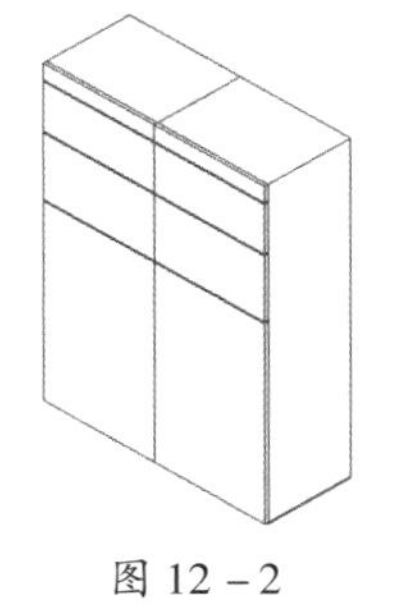

图 12－2

2. 设备

其他设备由电气装置、通讯、数据、火警、照明、护理呼叫、安全、电话等组成。电气装置通常是基于主体的构件，例如必须放在墙上或工作平面上的插座。

以基于主体放置的插座为例。先绘制一段建筑墙体，单击“系统”上下文选项卡“电气”面板的“设备”下拉按钮中的“电气装置”，选择“带保护节点插座－明装”，选择放置方式为“放置在垂直面上”，单击墙外部边进行放置，之后可根据实际需求修改其放置高度，如图 12－3 所示。

3. 照明设备

照明设备是电气模型中不可或缺的构件。照明设备一般为基于主体的构件，放置在天花板或者墙上。

以“低天棚灯具－吸顶式”为例。首先创建天花板，然后单击“系统”上下文选项卡“电气”面板的“照明设备”，选择“低天棚灯具－吸顶式”，选择放置方式为“放置在面上”，单击天花板中心进行放置，如图 12－4 所示。

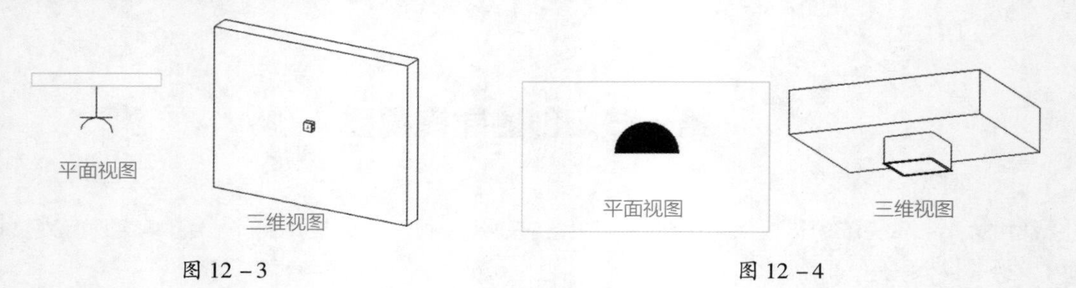

图 12－3　　图 12－4

二、电力系统创建

电力系统的创建方式有两种：自动创建和手动创建。

1. 自动创建

在设备布置完成之后，选中同一回路中的用电设备，创建系统后使用自动生成布局可以自动生成电力系统。由于自动创建电力系统的方式大多数情况下不符合出图要求，所以此处不赘述。

2. 手动创建

手动创建电力系统是在设备布置完成之后，通过手动绘制导线的方式将其连接成为一个系统。具体步骤在“三、导线”中介绍。

三、导线

导线工具可以在平面图中的电气构件之间创建配线，示意各电气设备之间的连接关系。

1. 自动生成导线

按照电力系统创建步骤完成以后，在创建电力系统时，会出现“转换为导线”面板，可以选择“弧形导线”和“带倒角的导线”，如图 12－5 所示，自动生成导线，将设备之间进行连接。

图 12－5

2. 手动绘制导线

单击“系统”上下文选项卡“电气”面板的“导线”下拉按钮，默认导线绘制方式有弧形导线、样条曲线导线和带倒角导线，如图 12－6 所示。

在绘制导线时，会遇到相交的导线，如图 12 - 7 所示。

图 12 - 6　　　　　　　　　　图 12 - 7

选中导线，在“修改 | 导线”上下文选项卡“排列”面板中可以选择“放到最前”、“前移”和“放到最后”“后移”，对导线的上下位置进行调整，如图 12 - 8 所示。

选中下边的导线，单击“放到最前”，效果如图 12 - 9 所示。

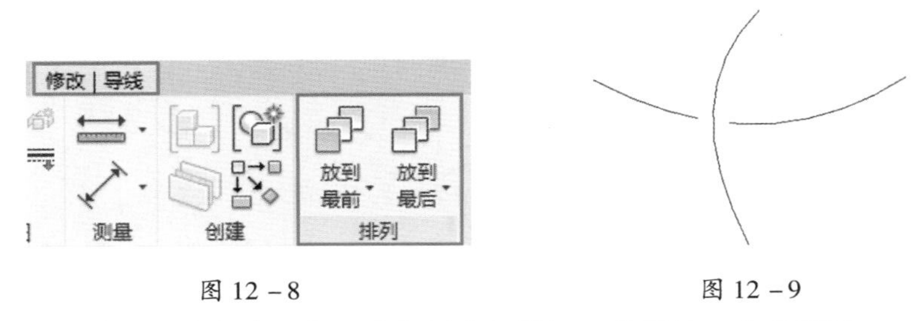

图 12 - 8　　　　　　　　　　图 12 - 9

下面以手动绘制导线创建电力系统为例进行讲解（见附件“办公区域”）。

首先按照设计规范在办公区域合理位置布置照明配电箱 1、四联单控开关和三管格栅荧光灯 - 嵌入（图 12 - 10 的红色框中）。

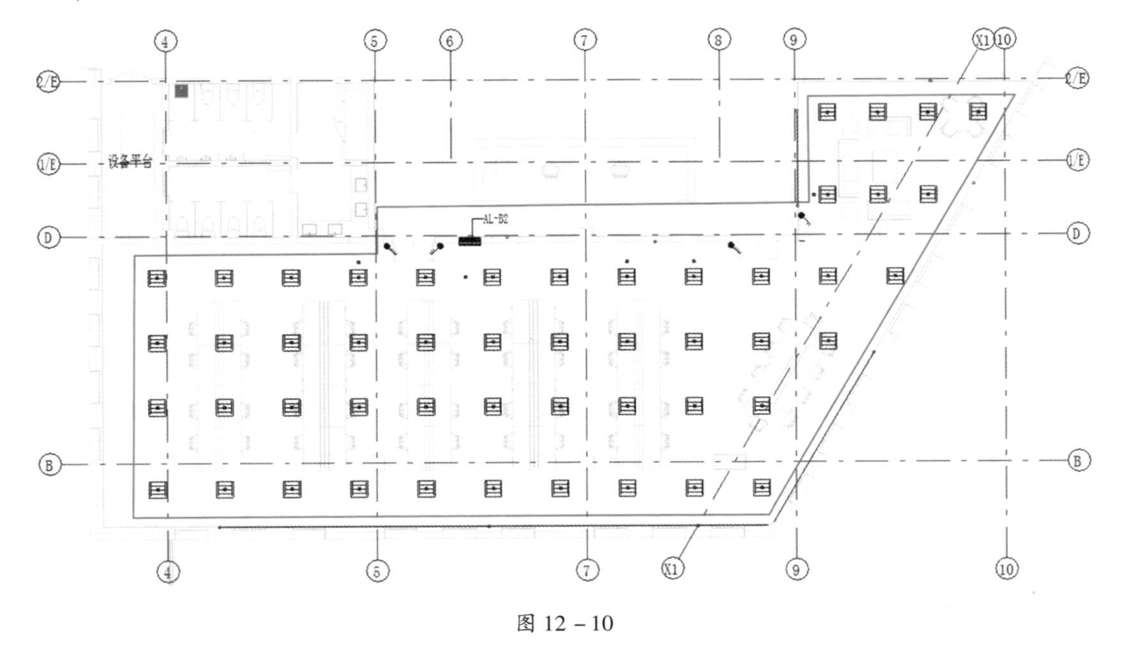

图 12 - 10

选择“电气”面板的“导线”下拉按钮中的“带倒角导线”，将灯具以及开关和照明配电箱相连，形成电力系统，如图 12 - 11 所示。

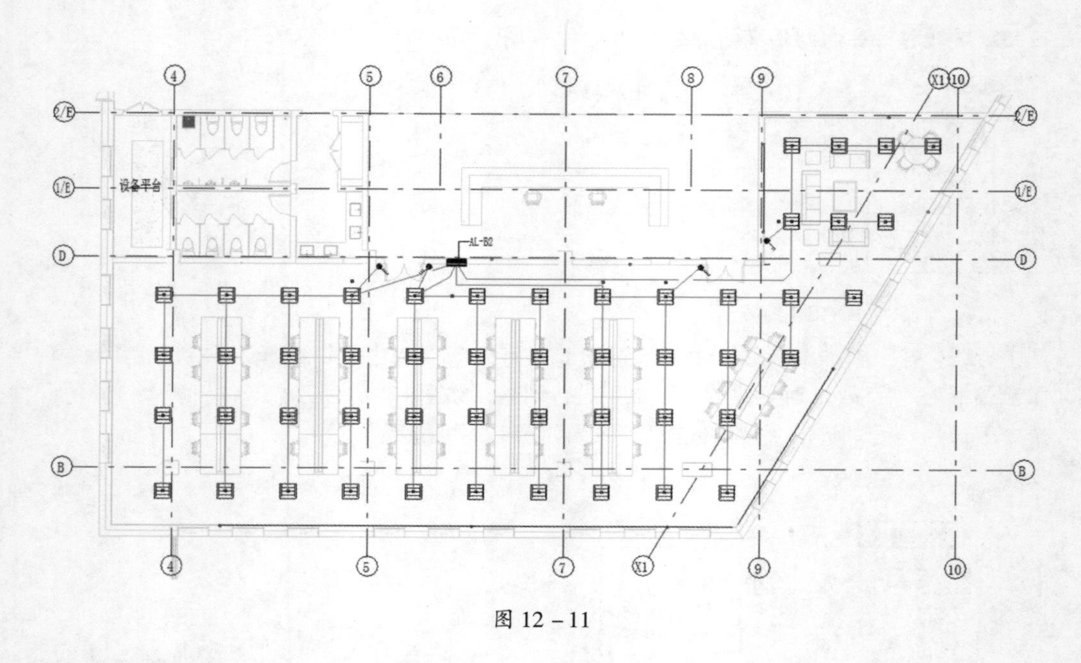

图 12 – 11

四、 桥架和线管

1. 电缆桥架

（1） 电缆桥架的显示　在绘制电缆桥架时，需在“可见性/图形（VV）”中将电缆桥架选为可见。在不同详细程度下电缆桥架的显示也是不同的。以梯级式电缆桥架为例，粗略、中等和精细等详细程度下显示情况见表 12 – 1。

表 12 – 1

详细程度	2D	3D
粗略		
中等		
精细		

电缆桥架分为槽式、托盘式、梯级式和网格式等结构，由支架、托臂和安装附件等组成。建筑物内桥架可以独立架设，也可以敷设在各种建（构）筑物和管廊支架上，应体现结构简单、造型美观、配置灵活和维修方便等特点，全部零件均需进行镀锌处理，例如安装在建筑物外露天的桥架。Revit 中主要包含梯形和槽形两种电缆桥架形状。

（2） 电缆桥架的类型　Revit 中自带的电缆桥架有带配件的电缆桥架和无配件的电缆桥架。带配件的电缆桥架有实体底部电缆桥架、梯级式电缆桥架和槽式电缆桥架三种类型，无配件的电缆桥架有单轨电缆桥架和钢丝网电缆桥架，如图 12 – 12 所示。

（3） 电缆桥架的绘制　选择合适的类型进行绘制即可，绘制方式同给排水管道绘制，详见第八章第三节。

电缆桥架对正：绘制电缆桥架时，在“修改丨放置 电缆桥架”上下文选项卡下单击“放置工具”面板的“对正”命令，弹出“对正设置”对话框（图 12－13），可对电缆桥架的绘制方式进行修改。

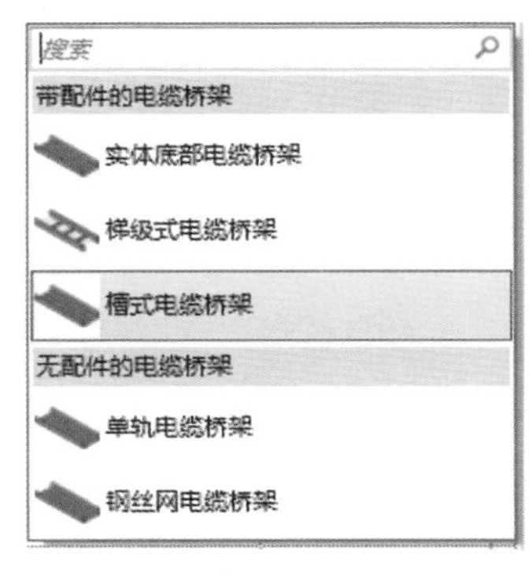

图 12－12

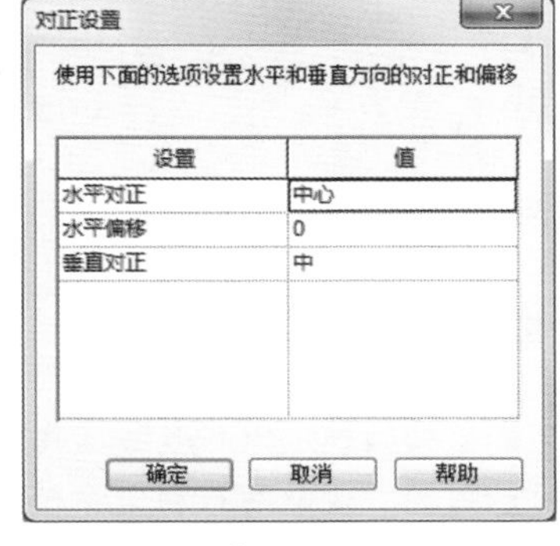

图 12－13

2. 线管

（1）线管的类型　线管的类型类似于电缆桥架，同样有带配件的线管和无配件的线管，如图 12－14 所示。

单击“属性”面板中的“编辑类型”按钮，弹出“类型属性”对话框（图 12－15）可对线管的类型属性进行设置。

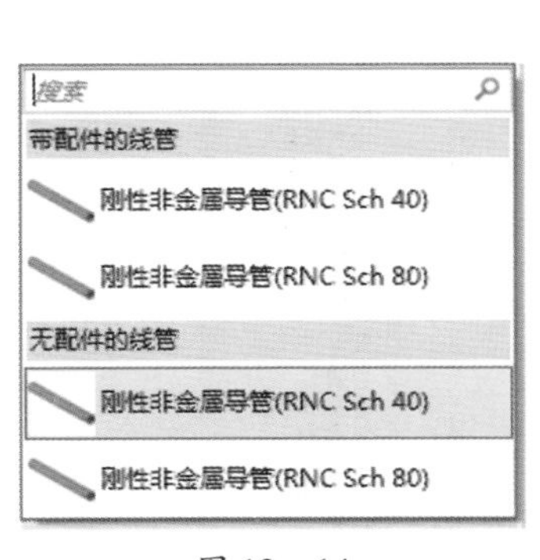

图 12－14

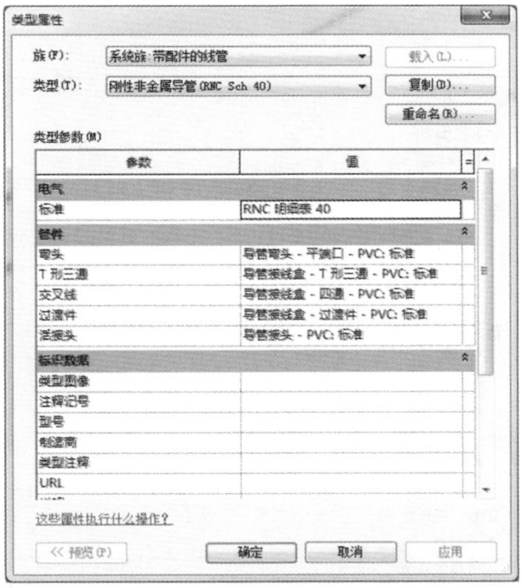

图 12－15

标准：通过选择标准来决定所采用的尺寸列表，与电气设置中的线管尺寸设置标准中的参数相对应。

管件：通过选择样板中所给的系统族来定义线管的管件，其中包含：弯头、T 形三通、交叉线、过渡件、活接头，在绘制过程中会自动生成相对应的管件。

（2）绘制线管　具体绘制方式可参照第八章第三节中管道的绘制。

第三节　照明系统

照明系统作为生活中不可或缺的一部分，在设计时尤为重要。合理的照明系统设计，可以加快工作效率。

一、灯具布置

照明设备在放置时，可以采用按〈空格键〉的方式来切换方向。

二、照度计算

照度计算的目的是按照规定的照度值及其他已知的条件来计算灯泡功率，确定其光源和灯具的数量。我国照度计算的方法主要有利用系数法、单位容量法和逐点计算法三种。任何一种计算方式都只能做到基本上合理，其设计误差控制在 ±10% ~ ±20%。

在 Revit 软件中，通过采用明细表分析的方式，在满足照度要求的基础上，同时完成灯具的选型和布置，具体步骤如下。

1. 添加项目参数“所需照明级别”

通过查找规范，不同的空间类型需要设置不同的照明级别。默认空间不含有所需照明级别的项目参数，所以需要先添加项目参数。

在“管理”选项卡下，单击“设置”面板中的“项目参数”中添加项目参数，具体设置如图 12－16 所示。

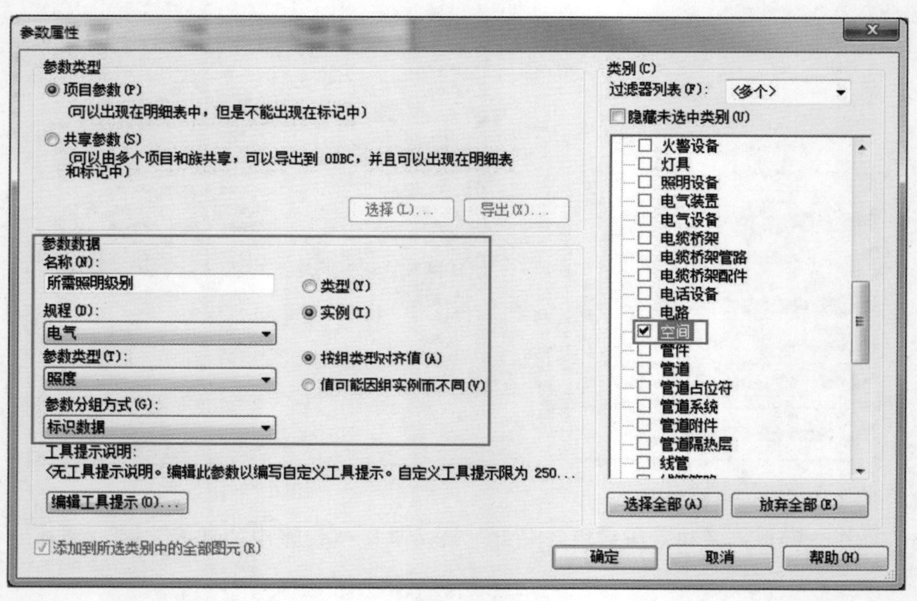

图 12－16

2. 创建“空间照度要求明细表”

在创建“空间照度要求明细表”之前，需要创建名称为“空间照度要求”的关键字明细表来指定各个空间的照度等级。

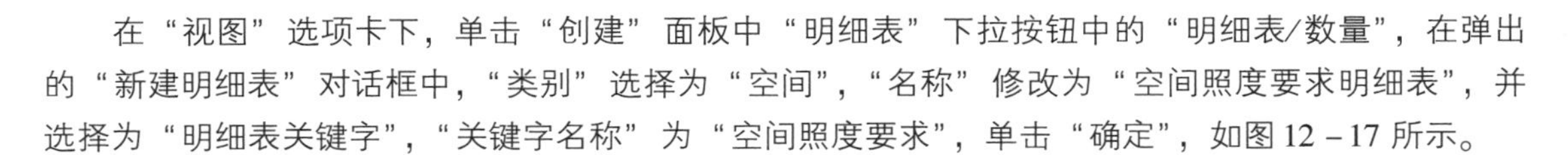

在“视图”选项卡下，单击“创建”面板中“明细表”下拉按钮中的“明细表/数量”，在弹出的“新建明细表”对话框中，“类别”选择为“空间”，“名称”修改为“空间照度要求明细表”，并选择为“明细表关键字”，“关键字名称”为“空间照度要求”，单击“确定”，如图 12－17 所示。

3. 指定空间照度等级

在“可用的字段”中将所“所需照度级别”添加至“明细表字段（按顺序排列）”中，单击“确定”，如图 12－18 所示。

在创建出来的明细表中可将“关键字名称”改为“空间类型”，并单击“修改明细表/数量”上下文选项卡，“行”面板中的“插入数据行”，根据项目中的空间类型来决定插入行的数量。根据查找规范来确定各个房间所需照明级别（表 12－2），完成后如图 12－19 所示。

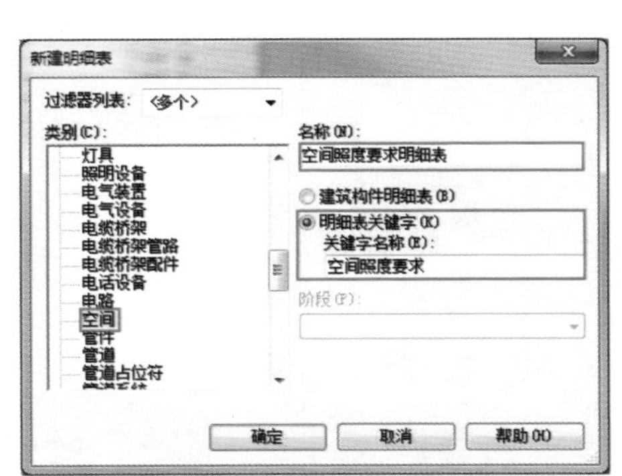

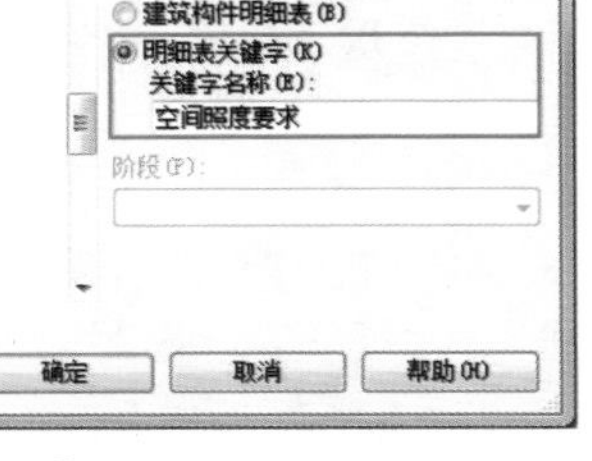

图 12－17

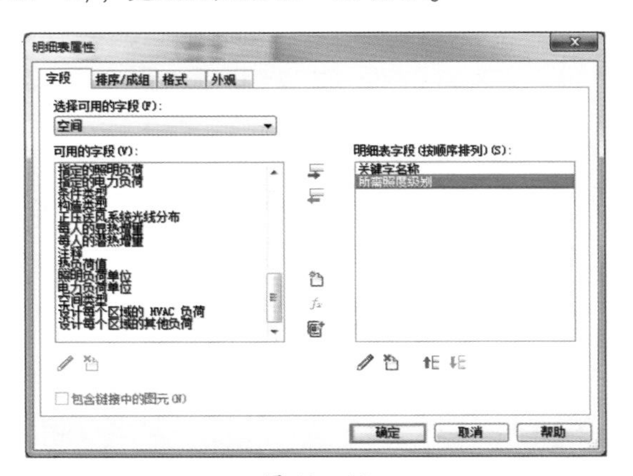

图 12－18

表 12－2

居住建筑每户照明功率密度值（LPD）			
场所名称	照明功率密度/(W/m^2)		对应照度值/lx
	现行值	目标值	
起居室			100
卧室			75
餐厅	7	6	150
厨房			100
卫生间			100
办公建筑每户照明功率密度值（LPD）			
场所名称	照明功率密度/(W/m^2)		对应照度值/lx
	现行值	目标值	
普通办公室	11	6	300
高档办公室、设计室	18	15	500
会议室	11	9	300
营业厅	13	11	300
文件整理、复印、发行室	11	9	300
档案室	8	7	200

在项目中找到相关的空间，在“属性”面板中可以查看对应空间的所需照度级别，如图 12－20 所示。

<空间照度要求明细表>	
A	B
空间类型	所需照度级别
会议室	300 lx
会议室	300 lx
前台	200 lx
办公	300 lx
办公	300 lx
办公	300 lx
办公	300 lx
商场	300 lx
走道	50 lx
走道	50 lx

图 12－19

标识数据	
编号	10
名称	商场
房间编号	10
房间名称	商场
空间照度要求	(无)
图像	
注释	
所需照度级别	300.00 lx

图 12－20

4. 创建空间照度分析明细表

完成空间类型的设置后，需要创建分析明细表来分析各个空间的照度。

在“视图”选项卡下，单击“创建”面板中“明细表”下拉按钮中的“明细表/数量”，在弹出的“新建明细表”对话框中，“类别”选择为“空间”，“名称”修改为“空间照度分析明细表”，单击“确定”，如图 12－21 所示。

在弹出的“明细表属性”对话框中，将如下字段添加至明细表字段，如图 12－22 所示。

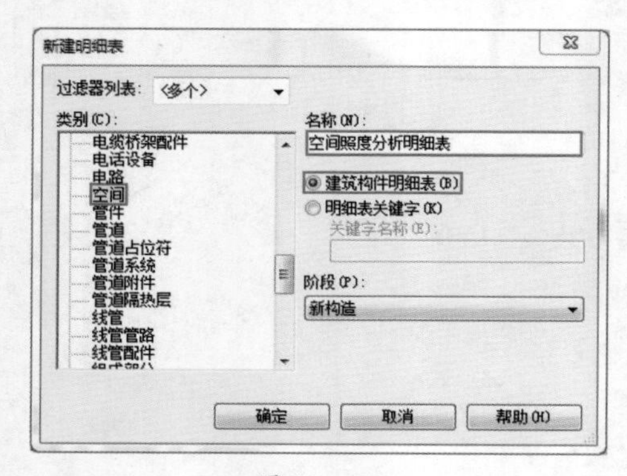

图 12－21

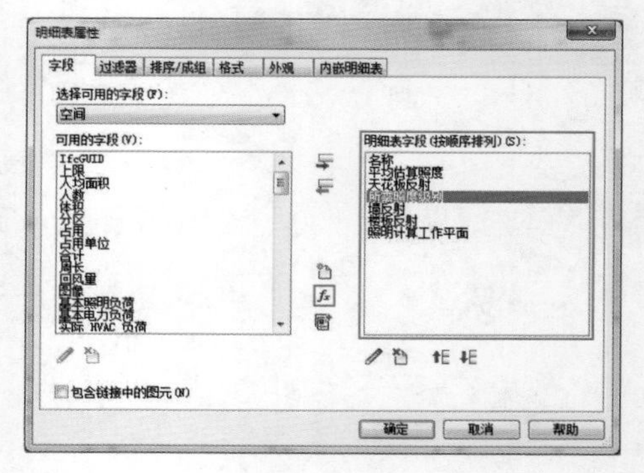

图 12－22

单击“添加计算参数”，在弹出的“计算值”对话框中，“名称”修改为“照度差值”，“规程”选为“电气”，“类型”选为“照度”，“公式”内容为“平均估算照度－所需照度级别”，单击“确定”按钮，如图 12－23 所示。

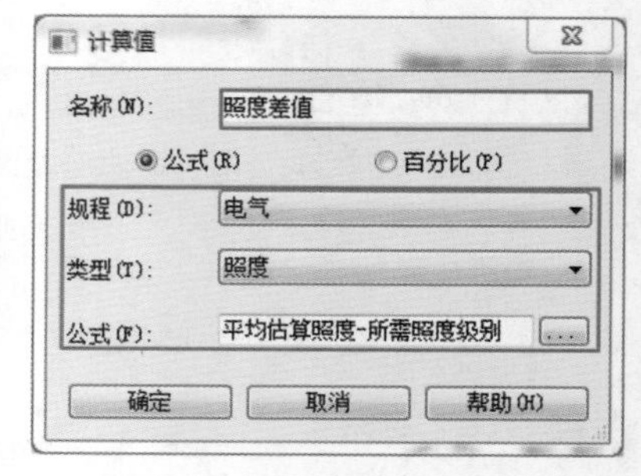

图 12－23

根据上述步骤完成空间照度分析明细表的创建，如图12－24所示。

5. 通过条件格式来统计照度差值过大的空间

单击“属性”面板中“格式”后的“编辑”，在“明细表属性”对话框中选择“照度差值”，单击“条件格式”，在弹出的“条件格式”对话框中，将“测试”选为“不介于”，“值”改为“－30 lx”与“30 lx”（照度差值应根据实际项目进行设定，此处假设为 30 lx），“背景颜色”改为粉色，并单击“确定”，如图 12－25 所示。

<空间照度分析明细表>							
A	B	C	D	E	F	G	H
名称	平均估算照度	天花板反射	所需照度级别	墙反射	楼板反射	照明计算工作平面	照度差值
商场	0 lx	75.00%	300 lx	50.00%	20.00%	762	-300 lx
会议室	0 lx	75.00%	300 lx	50.00%	20.00%	762	-300 lx
办公	0 lx	75.00%	300 lx	50.00%	20.00%	762	-300 lx
办公	0 lx	75.00%	300 lx	50.00%	20.00%	762	-300 lx
前台	0 lx	75.00%	200 lx	50.00%	20.00%	762	-200 lx
办公	0 lx	75.00%	300 lx	50.00%	20.00%	762	-300 lx
走道	0 lx	75.00%	50 lx	50.00%	20.00%	762	-50 lx
会议室	0 lx	75.00%	300 lx	50.00%	20.00%	762	-300 lx
办公	0 lx	75.00%	300 lx	50.00%	20.00%	762	-300 lx
走道	0 lx	75.00%	50 lx	50.00%	20.00%	762	-50 lx

图 12－24

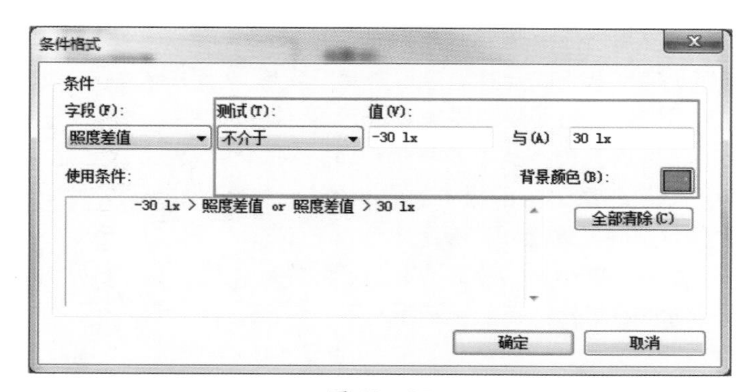

图 12－25

观察明细表颜色的变化，如图 12－26 所示。

<空间照度分析明细表>							
A	B	C	D	E	F	G	H
名称	平均估算照度	天花板反射	所需照度级别	墙反射	楼板反射	照明计算工作平面	照度差值
商场	0 lx	75.00%	300 lx	50.00%	20.00%	762	-300 lx
会议室	0 lx	75.00%	300 lx	50.00%	20.00%	762	-300 lx
办公	0 lx	75.00%	300 lx	50.00%	20.00%	762	-300 lx
办公	0 lx	75.00%	300 lx	50.00%	20.00%	762	-300 lx
前台	0 lx	75.00%	200 lx	50.00%	20.00%	762	-200 lx
办公	0 lx	75.00%	300 lx	50.00%	20.00%	762	-300 lx
走道	0 lx	75.00%	50 lx	50.00%	20.00%	762	-50 lx
会议室	0 lx	75.00%	300 lx	50.00%	20.00%	762	-300 lx
办公	0 lx	75.00%	300 lx	50.00%	20.00%	762	-300 lx
走道	0 lx	75.00%	50 lx	50.00%	20.00%	762	-50 lx

图 12－26

通过显示不同的背景颜色来统计照度差值过大的空间，及时做出调整。

三、 电力系统及开关系统创建

在放置好配电箱、灯具以及开关之后，可以创建电力系统和开关系统。电力系统及开关系统具体创建方式可参考本章第二节，不再赘述。

开关系统有所不同。创建完成电力系统之后，选中所有灯具，单击“修改丨照明设备”上下文选项卡，“创建系统”面板中的“开关”，如图 12－27 所示。

跳转至“修改丨开关系统”上下文选项卡中，单击“系统工具”面板中的“选择开关”，如图 12－28 所示。选择要连接的开关，完成开关系统创建。

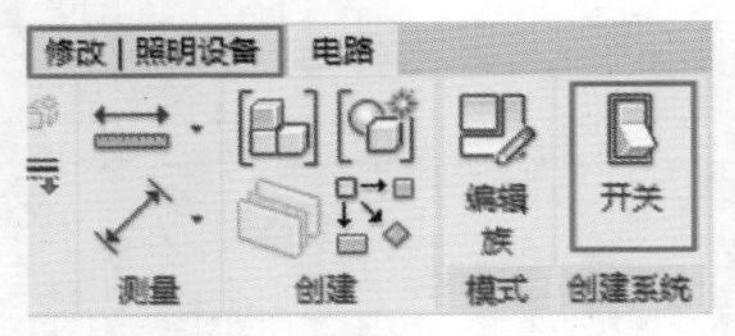

图 12－27

图 12－28

第四节　弱电系统和火警系统

弱电系统是一个集计算机网络、通信、声像处理、数据处理、自动控制于一体的智能化综合管理系统。火警系统属于弱电系统的一种。火警系统包含感烟火灾探测器、报警按钮、报警电话、消火栓起泵按钮、火灾报警器和短路隔离器等设备。

在合理布置完火警设备后，选择其中的一个设备，例如感烟火灾探测器，单击“修改 | 火警设备”上下文选项卡下“创建系统”面板中的“火警”，如图 12－29 所示。创建火警系统的具体操作可参考本章第二节。

图 12－29

弱电系统的具体创建方式可参考本章第二节，不再赘述。

其他具体线路设计可查看附件“施工图模型”。

第五节　水暖专业提资电气专业

提资，主要是指管道模型和暖通模型中有用到电的设备及电气所需相关信息合理体现在电气专业视图中。在 Revit 中用于在模型中保留和查看提资需求、提资信息或设计参数。

一、设置提资视图样板

由于要将管道附件向电气视图中提资，所以从电气建模视图创建视图样板。进入电气建模视图，例如“一层电气平面建模”视图，单击“视图”选项卡下“图形”面板中“视图样板”下拉按钮中的“从当前视图创建样板”，如图 12－30 所示。

弹出“新视图样板”对话框，将“名称”命名为“给排水专业提资电气专业”，单击“确定”，如图 12－31 所示。

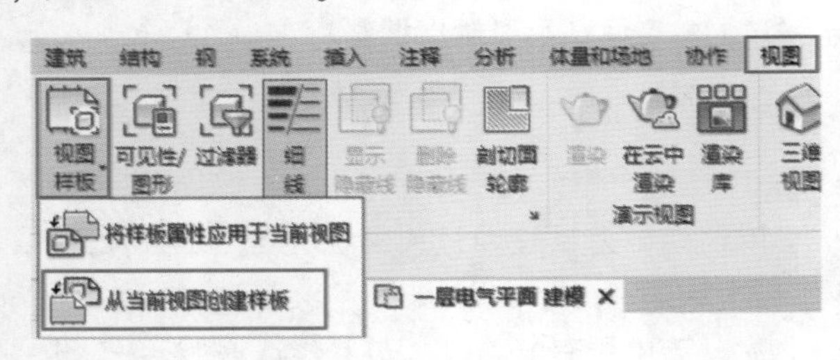

图 12－30

图 12－31

在“视图样板”对话框中，单击“V/G 替换模型”后的“编辑”按钮，弹出“给排水专业提资电气专业的可见性/图形替换”对话框，“过滤器列表”选择“管道”，并勾选“管道附件”的可见性，如图 12－32 所示。

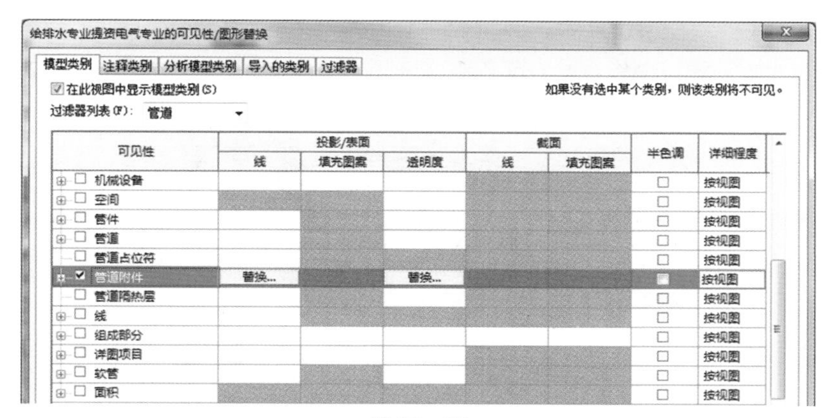

图 12－32

切换至“过滤器”选项卡，单击“添加”，弹出“添加过滤器”对话框，单击“编辑/新建”，如图 12－33 所示。

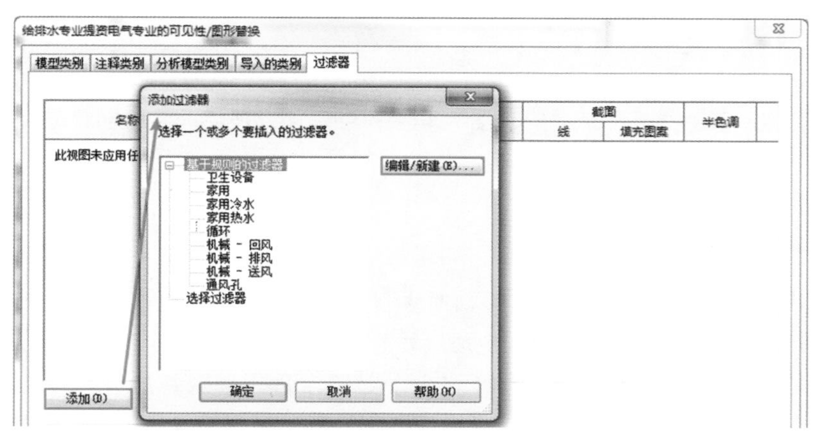

图 12－33

在弹出的“过滤器”对话框中，单击“新建”，弹出“过滤器名称”对话框，将“名称”改为“轴流风机”，“过滤器列表”选择“管道”中的“管道附件”，“过滤器规则”选择“族名称”“不等于”“轴流风机”，设置完成后，单击“确定”，如图 12－34 所示。

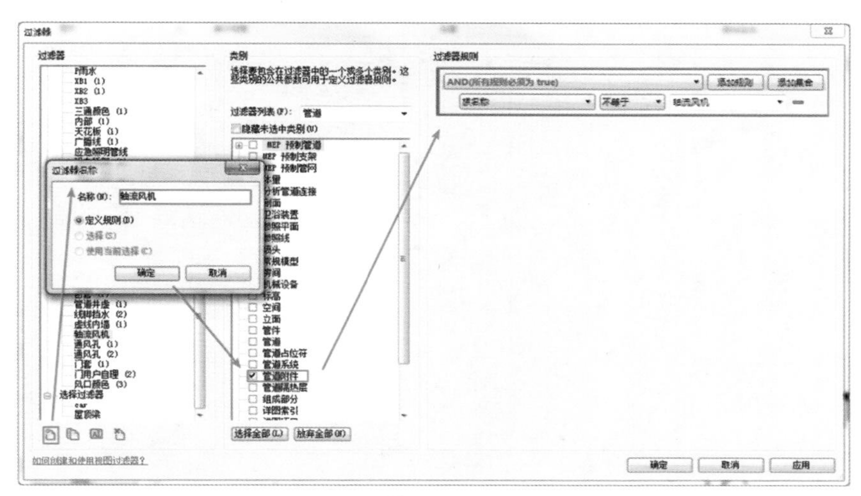

图 12－34

回到“添加过滤器”对话框，选择设置完成的“轴流风机”过滤器，单击“确定”，如图 12－35 所示。

回到“给排水专业提资电气专业的可见性/图形替换”对话框，取消勾选“轴流风机”的可见性，如图 12－36 所示。

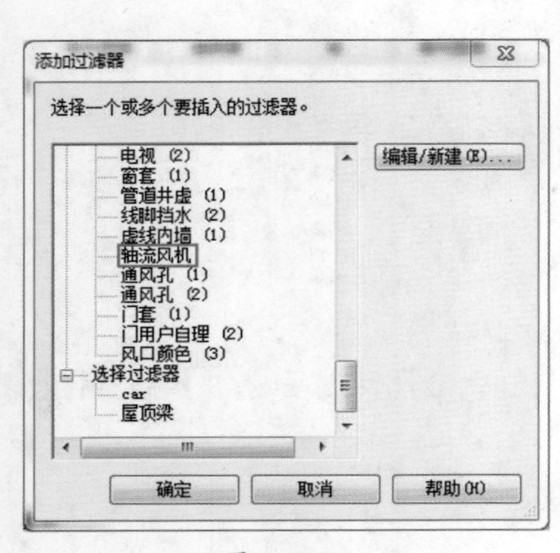

图 12－35

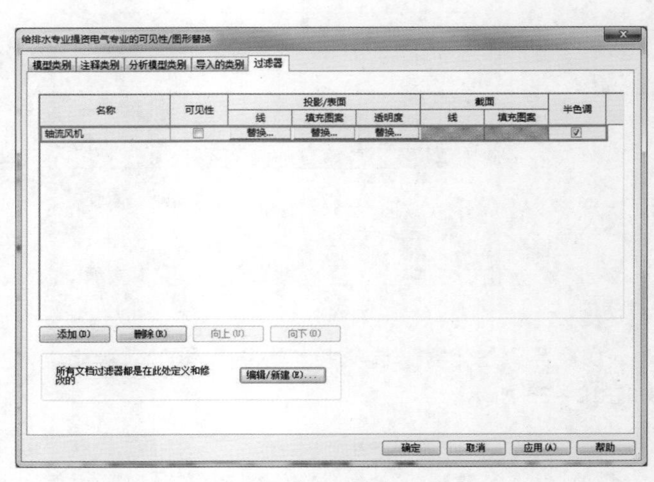

图 12－36

按照上述步骤，视图样板创建完成，接下来需要新建提资视图，并将创建的视图样板应用到提资视图中。

二、创建提资视图

将“一层电气平面 建模”视图进行带细节复制，并命名为“一层电气平面”，并将平面类型改为“提资－E”，完成后如图 12－37 所示。

选择“一层电气平面”视图，单击鼠标右键，选择“应用样板属性”，选择创建的样板，完成提资视图的创建。视图中对应位置会出现轴流风机，如图 12－38 所示。

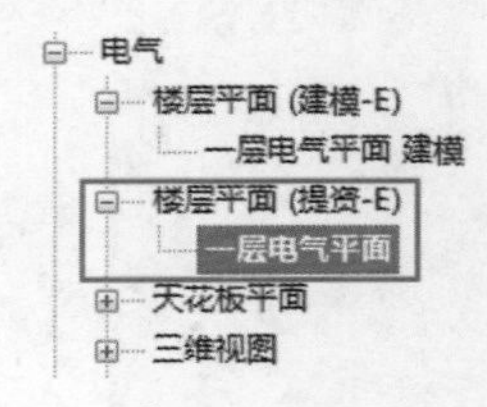

图 12－37

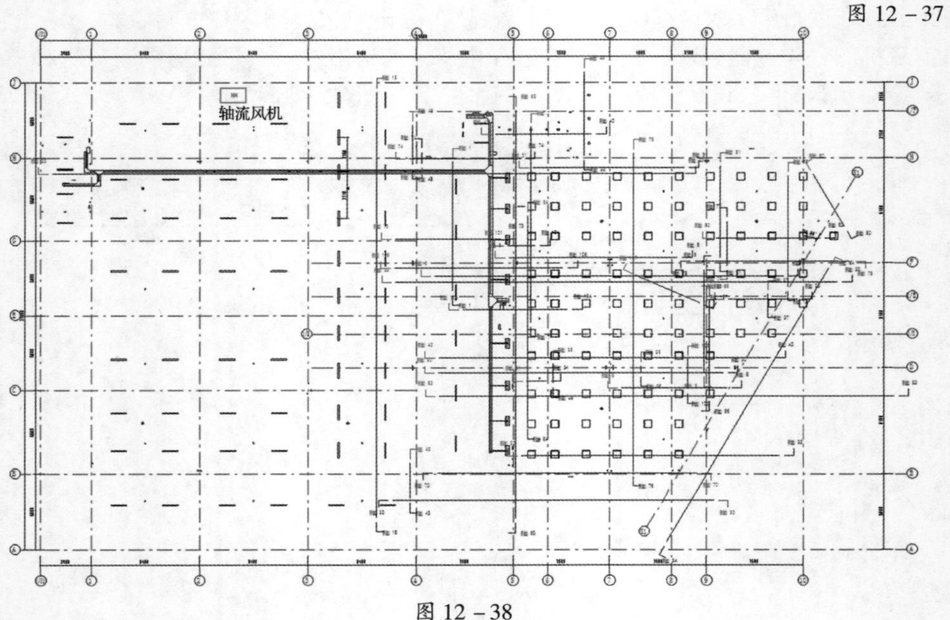

图 12－38

利用“暖通设备功率提资”中写到的创建共享参数、为轴流风机族添加参数和创建提资明细表的步骤为轴流风机的提资做出统计。

在机电设计过程中，暖通专业向电气专业提供机械设备功率等设计参数时，尽管通过文字等注释方式可同样达到提资效果，但其操作比较冗杂。下面通过讲解前期添加参数以便后期提资的方法。

三、添加共享参数

单击“管理”选项卡下“设置”面板中的“共享参数”，在弹出的“编辑共享参数”对话框中，创建名字为“暖通专业提资电气专业”的共享参数，新建名字为“提资”的参数组，并创建“风量大小”“功率”“交/直流”和“控制方向”等共享参数，单击“确定”，如图 12－39 所示。

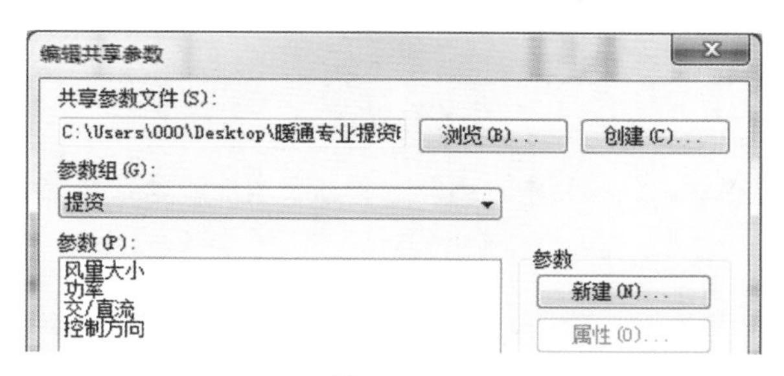

图 12－39

四、为设备添加共享参数

选中要添加提资信息的设备，例如轴流式风机，编辑轴流式风机族，在“族类型”中，将创建的共享参数添加为轴流式风机实例参数。单击“族类型”，在弹出的“族类型”对话框中，单击“新建参数”，弹出“参数属性”对话框，选择“共享参数”，并单击“选择”选择共享参数，例如“风量大小”。“参数分组方式”选为“文字”，并设为“实例”参数，单击“确定”，如图 12－40 所示。

图 12－40

参照上述步骤将“功率”“交/直流”和“控制方向”添加为轴流式风机实例参数，完成后如图 12－41 所示。

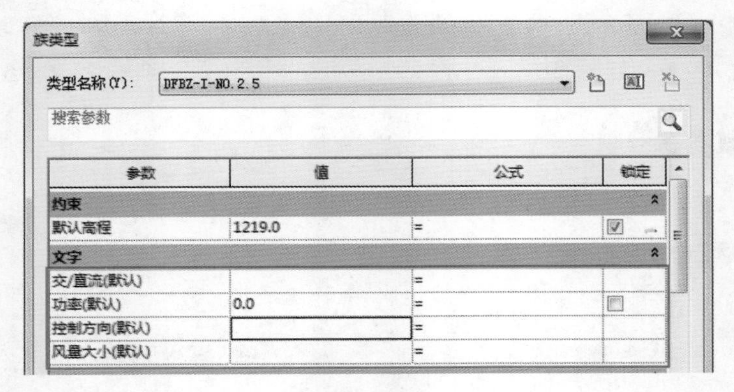

图 12－41

将修改后的轴流式风机载入到项目中，选择“覆盖现有版本及其参数值”。

五、创建标记族

新建族，选择“公制常规标记”族样板并打开，如图 12－42 所示。

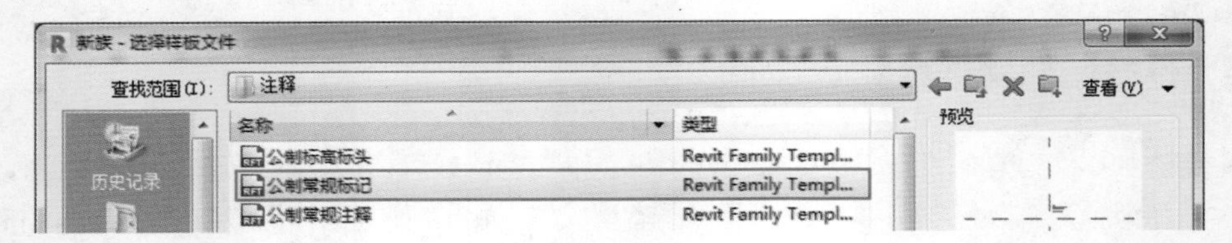

图 12－42

将原有内部注释删除，并单击“创建”选项卡下“文字”面板中的“标签”命令，单击绘图区域，在弹出的“编辑标签”对话框中，单击“添加参数”，弹出“参数属性”对话框，单击“选择”，弹出“共享参数”对话框，选择共享参数，单击“确定”，如图 12－43 所示。

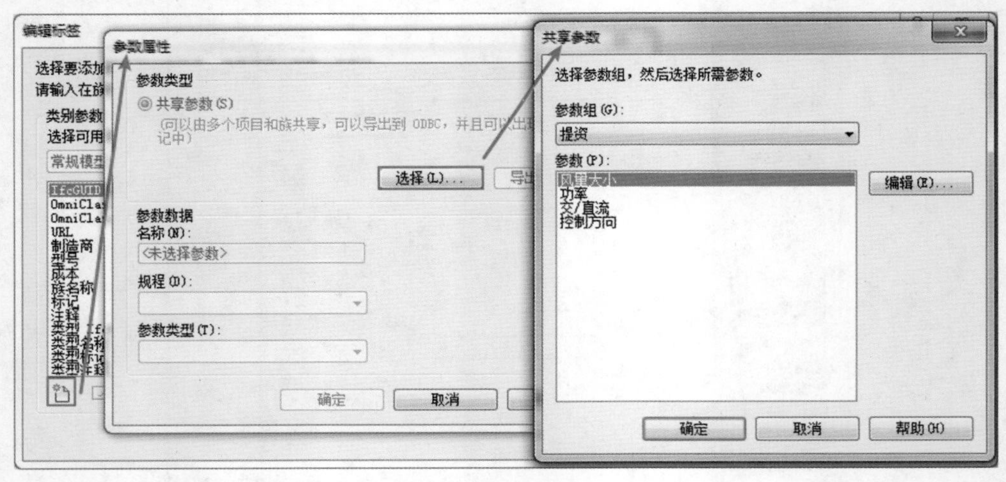

图 12－43

按照上述步骤将共享参数添加至标签，并勾选“断开”，单击“确定”，如图 12－44 所示。

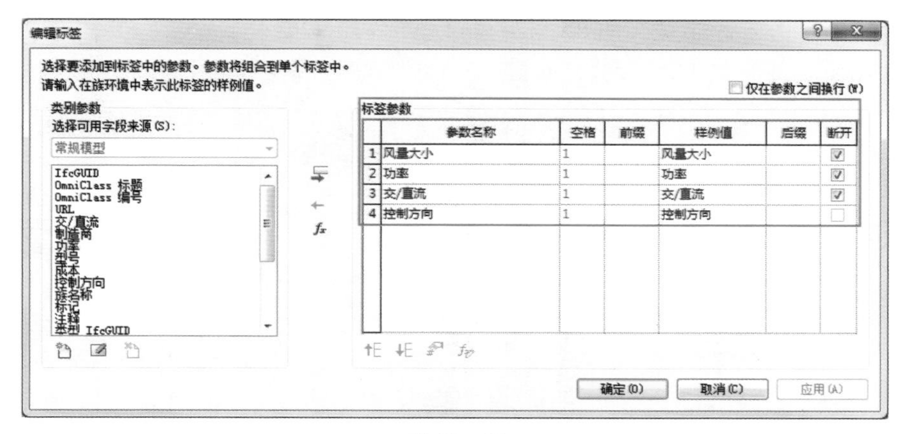

图 12－44

全部完成后如图 12－45 所示。

单击“创建”选项卡下“文字”面板中的“文字”命令，在对应位置添加文字，并用线绘制边框，完成后如图 12－46 所示。

“族类型和族参数”选择为“机电设备标记”，将新建标记族进行保存，命名为“标记－用电设备性能参数标记”。

将新建标记族载入到项目中。选中轴流式风机，在其实例属性中找到添加的参数，并添加相应数值，如图 12－47 所示。

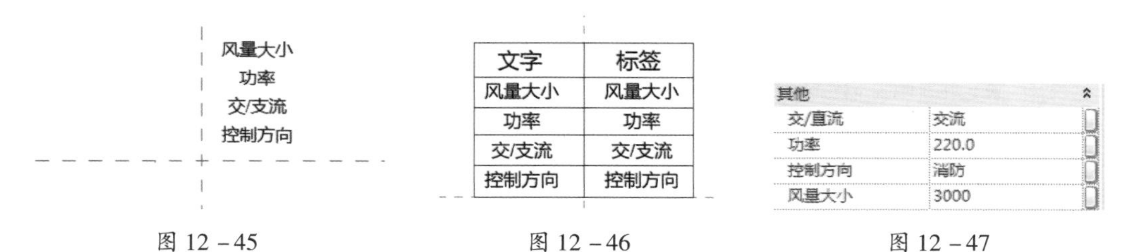

图 12－45　　图 12－46　　图 12－47

各参数在平面图中的效果如图 12－48 所示。

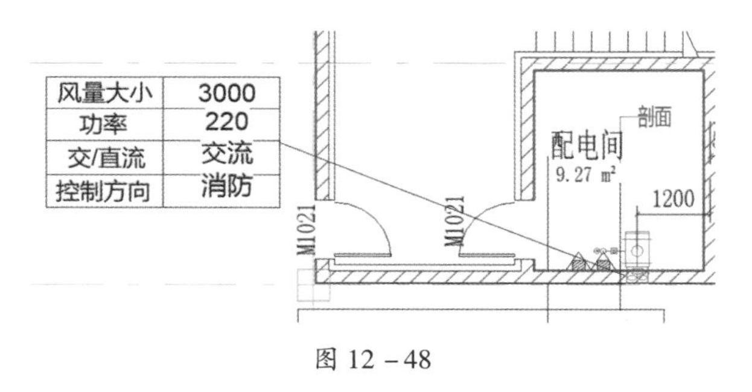

图 12－48

六、创建提资明细表

单击“视图”选项卡下“创建”面板中“明细表”下拉按钮中的“明细表/数量”，选择“类别”为“机械设备”，将“名称”修改为“用电设备提资明细表”，单击“确定”，如图 12－49 所示。

将“族”“类型”“交/直流”“功率”“控制方向”和“风量大小”等字段添加至“明细表字段（按顺序排列）”中，单击“确定”，如图 12－50 所示。

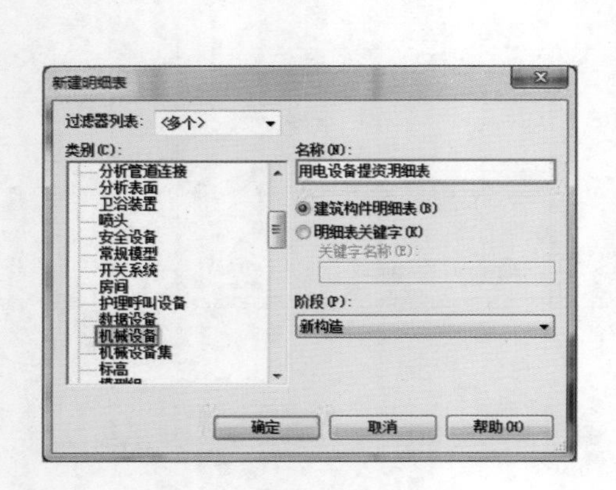

图 12－49

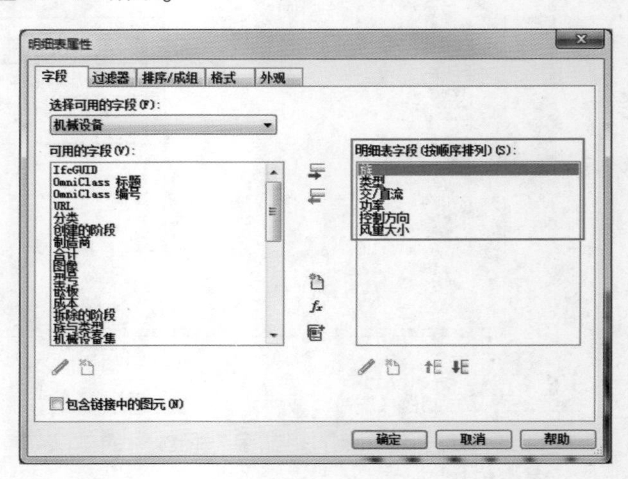

图 12－50

通过在过滤器添加过滤条件，将已添加参数的设备显示出来，用电设备提资。明细表如图 12－51 所示。

<用电设备提资明细表>					
A	B	C	D	E	F
族	类型	交/直流	功率	控制方向	风量大小
轴流式风机 - 壁	DFBZ-I-NO. 2. 5	交流	220	消防	3000
轴流式风机 - 壁	DFBZ-I-NO. 2. 5	交流	220	消防	3000

图 12－51

课后练习

1. 下列关于 Revit 软件中配电系统的说法不正确的是（　　）。
   A. 将电力系统中从降压配电变电站（高压配电变电站）出口到用户端的这一段系统称为配电系统
   B. 配电系统是由多种配电设备（或元件）和配电设施组成的变换电压和直接向终端用户分配电能的一个电力网络系统
   C. 配电系统中包含电气设备和照明设备
   D. 配电系统的创建步骤包含平面设备布置、电力系统创建、创建导线、创建桥架和线管
2. 在使用 Revit 进行正向设计的过程中，水暖专业向其他专业提资是必要的过程，下列关于水暖专业向电专业提资过程的说法不正确的是（　　）。
   A. 创建提资视图样板，需要对其进行相对应的设置，例如可见性设置、过滤器设置
   B. 添加过滤器时，不需要选择要过滤构件的类别
   C. 提资过程中需要添加共享参数，标记构件参数和创建提资明细表中运用到了共享参数
   D. 创建标记时，使用到了文字和标签，文字是为了显示构件要标记的参数，标签是为了对构件参数进行统计

3. 下列关于 Revit 软件中电力系统的创建说法不正确的是（ ）。
   A. 电力系统的创建方式有两种：自动创建和手动创建
   B. 选中同一回路中的用电设备，创建系统后使用自动生成布局可以自动生成电力系统
   C. 手动创建电力系统通过手动绘制导线的方式将其连接成为一个系统
   D. 电力系统创建不可以自动生成导线
4. 下列关于 Revit 软件中导线的说法不正确的是（ ）。
   A. 在创建电力系统时，“转换为导线”面板包含“弧形导线”和“带倒角的导线”
   B. 要对导线进行排列，可以选择“放到最前”“前移”和“放到最后”“后放”工具
   C. 导线工具可以在平面图中的电气构件之间创建配线，示意各电气设备之间的连接关系
   D. 电力系统创建完成不可以自动生成导线
5. 下列不属于电缆桥架结构的是（ ）。
   A. 网架式　　B. 托盘式　　C. 梯级式　　D. 槽式
6. 下列关于电缆桥架的特点说法不正确的是（ ）。
   A. 电缆桥架由支架、托臂和安装附件等组成
   B. 建筑物内桥架可以独立架设，也可以敷设在各种建（构）筑物和管廊支架上
   C. 电缆桥架应体现结构简单，造型美观、配置灵活和维修方便等特点
   D. Revit 中主要包含有梯形、网格式和槽型三种电缆桥架形状
7. 在 Revit 软件设计过程中，绘制电缆桥架的步骤主要有选择电缆桥架类型、（ ）和绘制电缆桥架。
   A. 自动生成布局　　B. 选择电缆桥架尺寸以及偏移
   C. 在机械设置中对电缆桥架进行设置　　D. 绘制电缆桥架时进行对正设置
8. 下列关于 Revit 软件中电缆桥架配件说法正确的是（ ）。
   A. 电缆桥架配件的添加方式有自动添加和手动添加
   B. 电缆桥架配件不需要提前进行设置
   C. 电缆桥架配件不可以进行升级、降级
   D. 电缆桥架配件不可以翻转方向
9. 下列关于 Revit 软件中线管说法不正确的是（ ）。
   A. 线管的类型有带配件的线管和无配件的线管
   B. 线管的管件包含弯头、T 形三通、交叉线、过渡件、活接头五种类型
   C. 平行线管是基于现有的线管进行偏移，不能直接进行绘制
   D. 平行线管垂直数可以设置为 0
10. 下列关于 Revit 软件中照度计算说法不正确的是（ ）。
   A. 照度计算的目的是按照规定的照度值及其他已知的条件来计算灯泡功率，确定其光源和灯具的数量
   B. 照度计算的步骤有添加项目参数“所需照明级别”、创建“空间照度要求明细表”、指定空间照度等级、创建空间照度分析明细表和通过条件格式来统计照度差值过大的空间
   C. 我国照度计算的方法主要有利用系数法和单位容量法两种
   D. 创建名称为“空间照度要求”的关键字明细表的目的是用来指定各个空间的照度等级

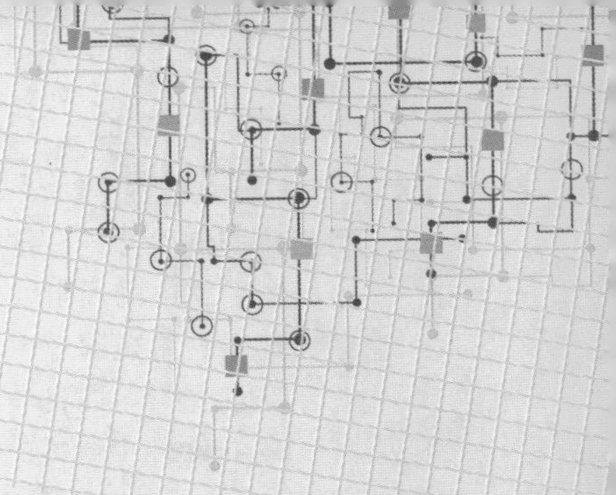

第十三章　管道碰撞检测及优化

现代建筑工程中机电工程系统复杂，子系统多。在其施工前，在竖向、平面上都需要统筹布置，合理优化，其综合成果直接关系到整个工程的质量、工期、投资和最终用户使用效果，因此需要进行管道深化设计，这也是保证机电安装工程质量的必要阶段。本章以金阁工程机电专业就建筑机电工程如何进行碰撞检测、管道优化、综合支吊架布置及抗震支架设置等分析。

第一节　碰撞检测

碰撞检测是 BIM 在设计阶段的协同作用，可以大量减少图纸误差，可以有效防止冲突、提前预判、减少返工、节约成本、大幅度降低建筑变更及成本超预算的风险。其典型工作流程是在设计过程中，采用 Revit 中的碰撞检测工具来协调主要的建筑图元和系统。

一、碰撞的分类

碰撞分为硬碰撞和软碰撞。

1. 硬碰撞（Hard Clash）

硬碰撞就是实体与实体在空间上存在交集。这种碰撞类型在设计阶段极为常见，特别是在各专业间没有统一标高的情况下，发生在结构梁、门窗、砌体与设备管道、电气桥架管道之间的直接碰撞。

2. 软碰撞（Space Clash）

软碰撞又称间隙碰撞，是指实体与实体在空间上虽不存在交集，但两者之间的距离比小于设定的公差，或在施工安装顺序上出现矛盾。该类型碰撞检测主要从安全及安装操作、检修方面考虑，例如水暖管道与电气专业的桥架、母排有间距要求，隔热、隔冷要求，卫生要求等。根据专业之间设定的间距要求，检查间距是否满足设计要求，也可以同时检查管道设备是否影响通行、门窗开启，是否遮挡墙上安装的插座、开关等。

二、碰撞检测的分类

就碰撞检测专业性分类，碰撞检测分为单专业碰撞检测和多专业综合碰撞检测。

1. 单专业碰撞检测

单专业碰撞检查相对简单，只在单一专业内查找碰撞，可以利用 Revit 的碰撞检测功能，也可以把某一专业模型导入 Navisworks 直接进行分析。

2. 多专业综合碰撞检测

多专业综合碰撞检测包括暖通、给排水、电气设备管道之间以及与结构、建筑之间的碰撞检测。检测中为实现准确快速地分析要设置有效碰撞的范围区间，施工中可以直接调整管径小、坡度要求低的管道，模型整合后检查应注意这两点，避免无效的碰撞检测。首先，一个工程建筑物内部的管道实体数量庞大，排布错综复杂，如果一次全部进行碰撞检测，计算机的运行速度和显示都非常慢，为达到较高的显示速度和清晰度的目的，在完成功能的前提下，应尽量减少显示实体的数量，一般以楼层为单位。另一方面考虑到专业画图习惯，还要能同时检查相邻楼层之间的管道设备，例如空调设备管道通常在本层表示，而给水排水专业在本层表示的许多排水管道其物理位置在下一层。

三、 产生碰撞的原因

产生碰撞的原因有三类：原则性碰撞、技术性碰撞和细节性碰撞。原则性碰撞的原因有标高、位置错误或缺失、遗漏项目。技术性碰撞的原因有安装空间不足、管线交叉。细节性碰撞的原因有图纸表达受限、采用示意画法造成理解偏差等。针对不同的碰撞应该采取不同的解决方法。

四、 碰撞检测的实施步骤

下面简要说明碰撞检测的实施步骤。

1）将各专业模型导入一个文件内，建筑、结构、水、暖、电都在同一个模型文件里。

2）选择需要碰撞的图元，运行“碰撞检测”，根据冲突报告解决碰撞，直至消除碰撞。

第二节 管道优化调整

建筑工程的机电系统全部都是由管、线将功能设备连接而成，这些管、线、设备在建筑物内必定要占据一定的空间，而现代建筑的内部空间是有限的，因此，合理布置机电安装工程的管、线、设备就必须进行管道优化调整，从而为施工安装提供便利，减少协调和管理难度。

一、 管道综合优化调整

1. 管道综合优化空间的布置原则

在管道碰撞检测完毕后，就需要对各专业管道进行优化排布。各系统的平面初步排布，总体要求是尽量错开、并排、紧凑安装，且必须有足够的安装检修空间，应遵守的基本原则有：有压管避让无压管；小管道避让大管道；常温水管道避让冷、热水管道；临时管道避让永久管道；新建管道避让原有管道；低压管道避让高压管道；给水管道避让采暖、空调管道；附件少的管道避让附件多的管道等。

2. 管道综合优化的注意事项

安装各种管线工艺要求要注意：热介质管道在上，冷介质管道在下；无腐蚀介质管道在上，腐蚀介质管道在下；气体介质管道在上，液体介质管道在下；保温管道在上，不保温管道在下；高压管道在上，低压管道在下；金属管道在上，非金属管道在下；不经常检修管道在上，经常检修的管道在下。

在综合布置各系统管道时，还需注意几个问题：管道不应遮挡门、窗，应避免通过电动机、配电盘、仪表盘上方；管道综合平衡力求大量管道少交叉，尽可能减少协调和管理难度，具体结合功能要求、现场状况、施工工序要求并做好经济和质量、工效对比分析，细化平衡；经过各专业人员对综合图的检查及协调，并考虑具体安装时的先后顺序、方便程度，重新修正各专业图纸，并再次进行综合图纸的充分检查讨论，然后进行调整、修正，做到机电管道的布置位置、标高正确，布线合理、整齐、美观、经济；管道综合协调过程中应根据实际情况综合布置。

3. 施工中工序的优化

1）垂直立面的排列原则。一般情况下，保温管道排列在上，不保温管道排列在下；不经常检修的管道排列在上，检修频繁的管道排列在下。

2）水平横管的排列原则。一般情况下，大口径管道靠墙壁安装，小口径管道排列在外面；支管少的管道靠墙壁安装，支管多的管道排列在外面；不经常检修的管道靠墙壁安装，经常检修的管道排列在外面。

3）管道间距。管道平面定位要考虑管道的外形尺寸、保温厚度、支架尺寸、安全要求、输送介质温度及其他工艺参数要求相互矛盾的管道、规范要求间距、施工操作空间、预留管道位置、检修通道等诸多因素。管道间距以便于对管道、阀门及保温层进行安装及检修为原则。对于管道的外壁、法兰边缘及保温层外壁等管道凸出的部分距墙壁或柱边的净距离不应小于施工规范要求。

4）考虑机电末端空间。整个管道的布置过程中要考虑到后续送回风口、灯具、烟感探头、喷洒头等的安装，合理地布置吊顶区域机电各末端在吊顶上的分布、电气桥架安装后布线的操作空间以及维修空间，电缆布置的弯曲半径不小于电缆直径的 15 倍。

5）机电系统调试空间。安装是机电工程的关键环节，其质量好坏直接影响机电设备的正常运行。调试是检验安装质量的可靠性关键步骤，管线综合时必须考虑到调试的操作空间。

二、 管道安装与土建综合的协调

机电管道综合图与结构图、建筑图碰撞检测统一协调后，确定各专业在结构上和建筑墙板上的预留洞和预埋件，编制综合留洞图，并由各专业进行会签确认后交给现场施工。按照综合留洞图施工可以最大程度地减少返工、漏留、错留，避免后期大量的填补或开凿作业，节约人工及材料，加快施工进度。

三、 机电末端设备与装修的协调

机电末端设备及附件包括灯具、开关面板、风口、喷淋头等，其安装定位直接关系到功能使用和精装修效果，编制综合吊顶天花图就是将所有机电末端设备与天花吊顶造型图进行综合排布，以合理、对称、美观且不影响机电使用功能为原则。其优化质量直接决定了装饰工程的施工质量和装饰效果，所以综合吊顶天花图必须由机电专业的设计人员配合精装修设计人员来共同完成综合吊顶天花图的排布。

四、管道优化方案及实施

1. 管道优化方案

管道优化方案是指经过科学优化对管道、设备综合排布，使管道、设备整体布局有序、合理、美观，在满足各设备使用功能的前提下，最大程度地提高和满足建筑使用空间，从而做到降本增效。

(1) 管道综合排布策划的组织与实施 机电工程管道优化方案一般由建设单位主导实施，建设单位也可以委托总承包单位组织策划。在机电工程开工之前就应完成各系统的管道、电气线路、机电设备的布置，并与土建专业进行全面协调，结构施工时应做好密切配合，做好预留预埋工作，避免在机电安装施工时在主体结构上开洞，并保证土建和机电施工都能够预留足够的空间。由总承包单位的机电技术负责人组织各专业工程师以及分包单位的专业工程师、设备生产厂家等，进行综合排布策划。对各种管道、线路、设备的位置、走向、交叉点、支吊架(位置、形式)、管道的敷设方式（明敷、暗敷）以及设计要求等进行细致的研究，利用BIM模型形成管道、设备的位置排布详图、节点图、剖面图、支架位置图、支架结构图等，进行机电工程的“深化设计”，必要时还应征得原设计单位的认可。深化设计完成后，施工时各专业工程师、分包单位要严格组织实施，严格按照统一的综合排布详图、节点图施工，工序组织合理穿插。

在施工安装过程中，由总承包单位统一组织实施，分包单位的进度计划必须与总承包单位的进度计划协调一致，由总承包单位确定分包单位的施工顺序、施工时间，按照管道优化方案在时间上、空间上对分包单位进行部署与协调。先定位排水管，排水管为无压管，应保持直线，满足坡度，一般应将其起点（最高点）尽量贴梁底使其尽可能提高，沿坡度方向计算其沿程关键点的标高直至接入立管处。再定位风管（大管），因为各类暖通空调的风管尺寸比较大，需要较大的施工空间，所以接下来应定位各类风管的位置，然后依据风管的空间位置来布置其他管道。风管上方有排水管的，安装在排水管之下；风管上方没有排水管的，尽量贴梁底安装，以保证吊顶高度整体的提高。确定了无压管和大管的位置后，一般将桥架放于水管上方以避免漏水造成漏电等事故。保温管靠里，非保温管靠外；金属管道靠里，非金属管道靠外；大管靠里，小管靠外；支管少、检修少的管道靠里，支管多、检修多的管道靠外；尽量减少翻转弯曲，避免因增加管道沿程阻力而提高设备负荷。

(2) 管道综合排布策划的效果要求

1) 在保证满足管道设计和使用功能的前提下，管道应尽量暗装于管道井、电井内、管廊内、吊顶内。要求明装的管道应尽可能地将管道沿墙、梁、柱的走向成排、分层敷设布置。达到检修操作方便、排布有序、层次分明、走向合理、管道交叉处置得当、安装美观的要求。

2) 正确、合理设置支、吊架，使用共用支、吊架，既能保证管道支吊架符合规范间距，又能降低工程成本。

3) 管道综合排布策划还要与结构、装饰工程进行充分协调，使预留、预埋及时、准确，避免二次剔凿，避免末端设备与装饰工程出现不协调、不统一的问题，并在机电安装工程的系统检测、试验、调试等功能方面完成后进行装修饰面的施工，在观感方面满足装饰要求。

(3) 管道综合排布的部位管道综合策划的重点

1) 屋面、楼层走廊吊顶、地下室设备机房和设备转换层是管道优化的重点。对设备机房（给水泵房、消防泵房、空调机房、变配电室、换热站)、给排水管道井、管廊、吊顶内、卫生间、设

备层、强电井、弱电井、空调井等部位重点进行排布策划。除管道本身的布置以外，还必须与土建专业进行协调，以保证管道的支架安装位置、荷载满足结构荷载规定，同时考虑设备运行时动荷载的效应。设备的基础施工应随结构层施工一同进行，保证基础的牢固。

2）走廊吊顶内部是管道布置最集中的位置，对楼层走廊吊顶内管道的综合布置不但要合理确定各专业管道的标高、位置，使各专业管道具有合理的空间，同时还应对各专业的施工顺序予以确定，从而使各专业工序交叉施工具有合理的时间。

3）管道并排排列时应注意管道之间的间距。同一高度上应尽可能排列更多的管道，还要保证管道之间留有检修的空间。

2. 管道优化方案的实施

下面以本书案例项目工程机电专业综合管道优化中 BIM 技术的应用为例，阐述 BIM 技术应用在管道优化中的具体实施。

（1）项目前期准备　机电工程管道综合优化需要不同专业的工程师相互配合，为项目制作一个统一专属的样板文件，保证各个系统的搭建是建立在同样的轴网及标高上，为各个系统整合检测碰撞做好准备。

（2）各个系统搭建　首先是土建模型的搭建。在机电设备建模设计中，土建模型的搭建是为了创造出一个空间感，后面各个系统的模型搭建只能在这个空间内进行，从而让综合管道布置走向有真实感的存在。本案例中，地下室车库土建模型设计只对地下室完成面、结构柱、结构梁、顶板进行搭建。

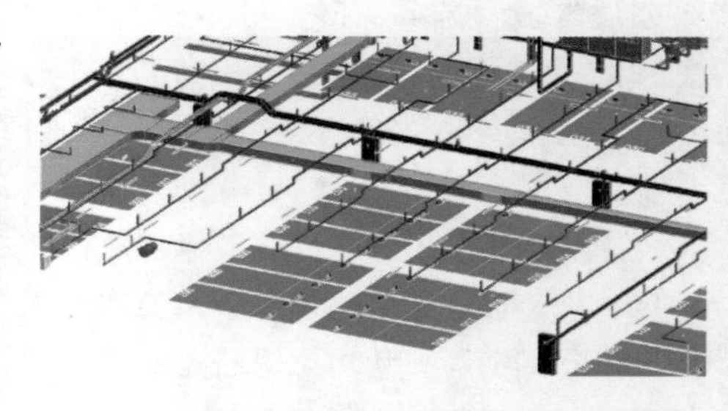

图 13－1

在各个系统的模型建立中，三维立体视图更加真实形象地展现出管道综合布置的走向，方便不同专业的人员沟通交流和认识。通过软件对各个系统定义相应的管材材质，以及相应的颜色，直观地展示出各个系统的存在（图 13－1）。

（3）管线综合模型

1）各专业根据专业图纸各自完成对应楼层单专业 LOD300 模型，如图 13－2 所示。

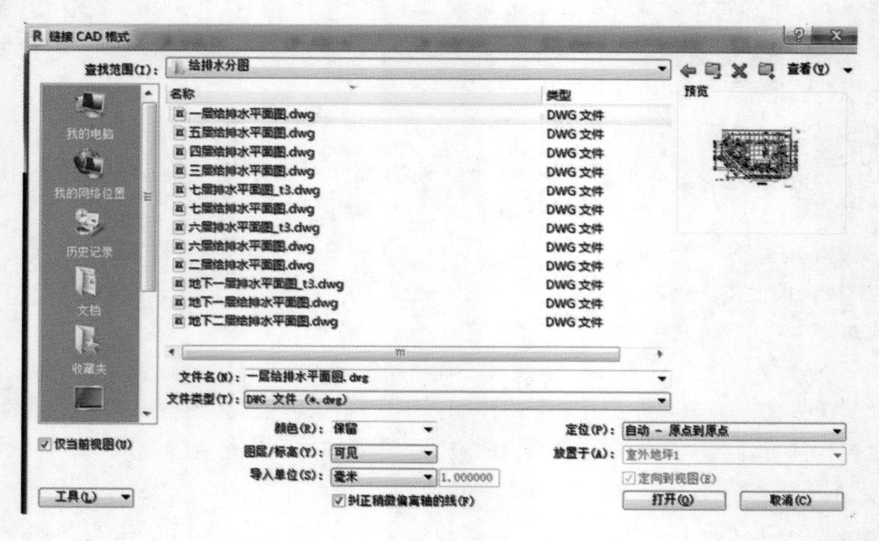

图 13－2

2）由总承包单位负责在服务器上创建中心文件，提供建筑与结构模型，各专业人员上传单专业 LOD300 模型至中心文件。

3）上传完毕后，各专业人员拾取所用工作集以避免其他专业修改本专业管线。

4）由总承包单位提供人员协助各专业人员进行管线排布规划，各专业人员按照所提供的平剖面排布来修改各自专业管线以满足施工及检修等要求。

5）总承包单位协助各专业人员利用 Navisworks 软件进行碰撞检查，排除剩余问题，形成 LOD400 模型。

6）问题排查完毕后进行 CAD 图纸及各专业施工图绘制，在平面定位各专业管道的安装位置及标高。

（4）管道优化排布　管道综合优化是一个 BIM 模型从 LOD300 到 LOD400 深化的过程，此阶段的模型用于预制化生产加工与安装，BIM 的核心之一——综合管线排布对于各个专业都有着不可或缺的作用。

1）综合管线合理布置，提高建筑净空高度，减少二次施工的损失。

2）综合排布机房及楼层平面区域内机电各专业管线，协调机电专业与土建专业、精装修专业的施工冲突。

3）确定管线和预留洞的精确定位，减少对结构施工的影响。

4）弥补原设计的不足，减少因此造成的各种损失。

5）核对各种设备的性能参数，提出完善的设备清单。

6）通过供货商或厂家核定各种设备的订货技术要求，尽快将数据传达给设计人员，检查设备基础、支架是否符合要求，协助结构设计人员绘制大型设备基础图。

7）合理布置各专业机房的设备位置，保证设备的运行维修、安装等工作有足够多的空间完成各种管线的检修和更换工作。

（5）现场应用　利用 Navisworks 的可视化和仿真性分析 BIM 模型。解决方案支持所有项目相关方可靠地整合、分享和审阅详细的三维设计模型，创建并使用与建筑项目有关的相互一致且可计算的信息。制订准确的四维施工进度表，对工期进行模拟以便控制进度；提高工作和协作效率。细化对人、机、材料的协调管理，协助进行造价控制工程，通过施工管理软件进行深度优化施工管理。

第三节　管道综合排布及支吊架布置

一、管道综合排布

综合管道排布应考虑暖通、给排水、强电、弱电、消防、机电等专业安装的空间位置关系以及与装饰专业之间的关系，一般应遵循本章第二节规定的原则并根据实际情况综合布置。

BIM 模型为综合支吊架设计应用提供了极大的便捷；综合支吊架应用使得机电管线排布合理、美观、整齐；提前设计定位，使各专业管线得以良好的协调，提升安装效率、净高；提高工程预制化率，减少支吊架安装工程量和材料损耗。

具体的实施方式如下：

1）用 BIM 技术对机电管道进行三维建模，根据三维模型生成剖面图；生成剖面图时，自动附着、捕捉系统中的管道截面及标高。

2）管道模型的调整与优化。根据空间要求、净高要求及不能调整的管道（例如排水管道）来调整其他管道，包括更改有压管走向（在剖面中上下左右调节位置）、风管形状规格（例如 800 × 750 可改为 1000 ×600）进行等面积换算，既满足风量、风压的参数要求，又可节约吊顶空间；电缆桥架调整还需考虑放置电缆空间与检修空间，根据现场情况，必要时也可以把桥架分改为几根线管道采用综合优化合理排布，以节约相应的空间；弱电电缆与强电电缆合用桥架时，必须有屏蔽抗干扰措施。管道模型的调整与优化完成后，重新生成剖面图。

3）更改完剖面图后通过 BIM 相关软件对更改后的各专业管道再次碰撞检测，检查各管道是否与建筑结构碰撞，各专业间是否碰撞，进行再次协调整与优化，完成最终管道的综合排布图。

①建筑结构作为支吊架的生根点，直接决定支吊架是否牢靠，设备运行是否稳定以及结构是否安全，是否满足机电设备静荷载、运行荷载的要求。机电安装前都必须有清晰的了解，特别是结构荷载是否满足要求，以准确选用适当的锚固方式与安装方式。

②支吊架节点图出图时，剖面图、平面图所表现的位置、标高应保持一致，需要充分考虑管道周围的梁、柱、墙等构件并详细展示在节点图中。标注高度时，一般有压管道标注在管中，排水管道标注在管底，风管、桥架都标注在管底。在管道综合排布过程中，平面图与剖面图调整应同步，如图 13 - 3 所示。

③支吊架应考虑到空调水管、空调风管保温层的厚度，考虑与电气桥架、水管外壁、墙柱的最小净距，考虑支吊架垂直槽钢的放置空间；根据现场实际情况确定各管道间的距离；抗震支吊架还应考虑斜撑形式与斜撑放置的空间位置。

④空调冷、热水管布置时应考虑管道坡度，考虑设备、管道的操作空间及检修空间；水管与桥架的空间位置还应考虑平行净距与交叉净距。

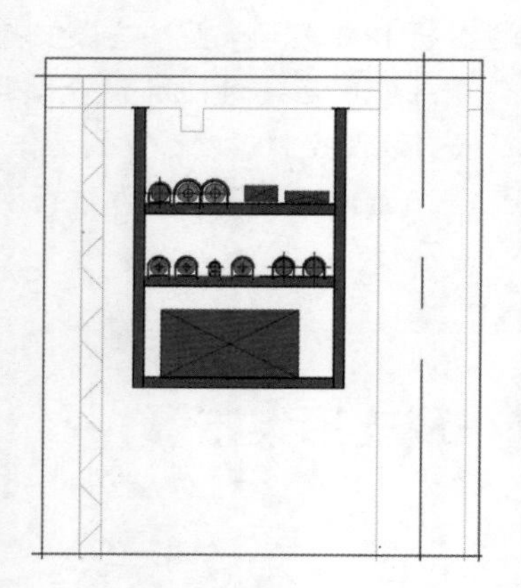

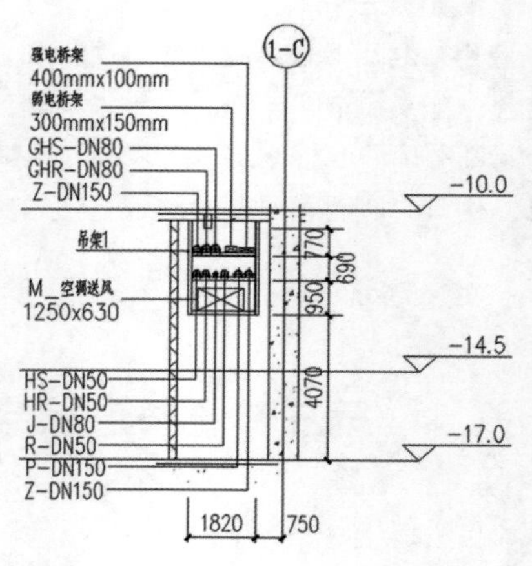

图 13 - 3

二、综合支吊架布置

综合支吊架技术是在公共建筑安装工程中将给水排水、暖通空调、消防、喷淋、强电、弱电等各专业的管道、风道、电缆桥架等“各种管线”的支吊架综合在一起，进行统筹规划设计，整合成一个统一的支吊系统。

机电安装专业做好管道综合优化布置的基础是预先排布综合支吊架，只有合理经济地使用综合支吊架，管道优化布置才能真正在施工现场实现应用。在布置综合支吊架之前应提前与业主、施工单位沟通，明确综合支吊架的制作安装单位，还应明确分包单位使用综合支吊架费用计算以及专业分包单位施工安装的时间、次序等，进行各工序的协调。

1. 支吊架的制作与安装

所有管道的支吊架必须符合规范及设计要求并按照标准图集中的要求制作与安装；管道支架或管卡应固定在楼板上或承重结构上；应按设计要求或标准图集中对管道固定支架的形式进行选择（图 13－4、图 13－5）；支吊架荷载能力必须经过验算。

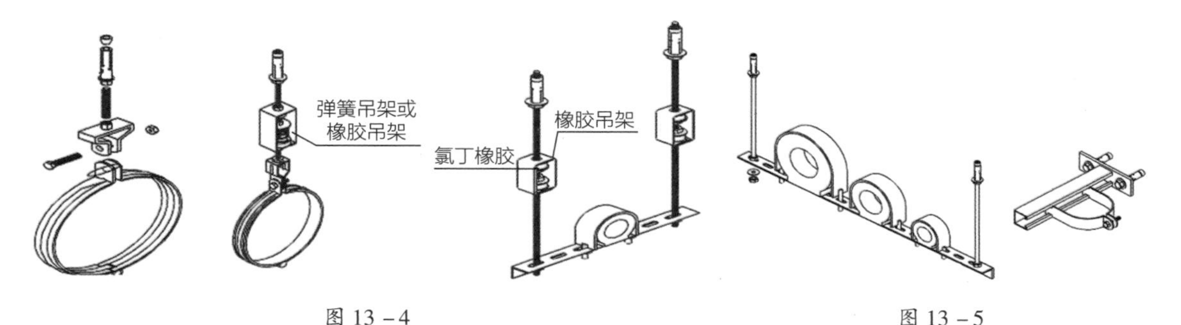

图 13－4　　　　图 13－5

1）在混凝土墙和混凝土柱上安装管道支架时，可以预埋，也可以采用膨胀螺栓。在填充墙设置支架安装用的混凝土块、混凝土带时，也可以采用膨胀螺栓。

2）在墙体（标准砖、多孔砖）或轻型隔断墙等处不宜用膨胀螺栓式管卡；安装时在墙体中打孔洞后，按设计标高计算出两端管底高度，放出坡线，按间距画出支托架位置标记，剔凿墙洞，清理孔洞，将水泥砂浆填入洞深的一半，再将预制好的型钢托架插入洞内，用水泥砂浆把孔洞填实抹平。

3）在轻型隔断墙体中，可采用先把管卡焊在扁钢上（或根据支架荷载大小及墙体强度选用面积不同的钢板），然后再用一块扁钢（或钢板）前后用螺栓紧固并埋设于轻型隔断墙体中。

4）严禁将管道支吊架直接焊接在钢结构承重梁上，必须根据承重梁的承重系数选择合适的支吊架固定方案后才能进行施工，如图 13－6 所示。

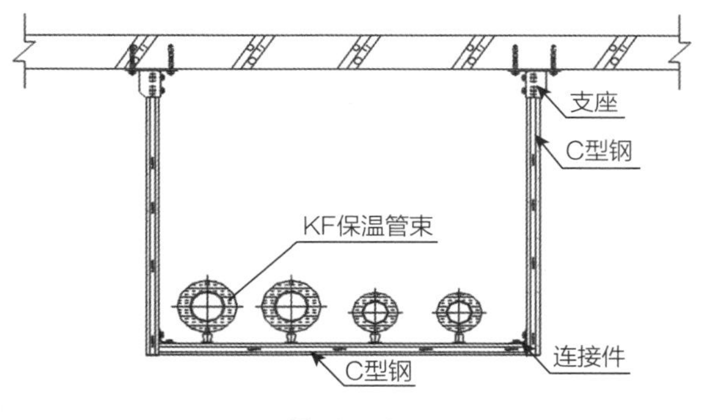

图 13－6

2. 单专业支吊架的布置要求

单专业的管道支吊架在布置过程中要严格执行相关规范给出的相应间距要求，才能保证管道运行过程中的安全。

根据《建筑给水排水及采暖工程施工质量验收规范》（GB 50242—2002），铜管垂直或支架的最大间距见表 13－1，钢管管道支架的最大间距见表 13－2，塑料管及复合管管道支架的最大间距见表 13－3。

表 13－1　铜管垂直或支架的最大间距

公称直径/mm		15	20	25	32	40	50	65	80	100	125	150	200
支架最大间距/m	垂直管	1.8	2.4	2.4	3.0	3.0	3.0	3.5	3.5	3.5	3.5	4.0	4.0
	水平管	1.2	1.8	1.8	2.4	2.4	2.4	3.0	3.0	3.0	3.0	3.5	3.5

表 13-2　钢管管道支架的最大间距

公称直径/mm		15	20	25	32	40	50	70	80	100	125	150	200	250	300
支架最大间距/m	保温管	2	2.5	2.5	2.5	3	3	4	4	4.5	6	7	7	8	8.5
	不保温管	2.5	3	3.5	4	4.5	5	6	6	6.5	7	8	9.5	11	12

表 13-3　塑料管及复合管管道支架的最大间距

管径/mm			12	14	16	18	20	25	32	40	50	63	75	90	110
支架最大间距/m	立管		0.5	0.6	0.7	0.8	0.9	1.0	1.1	1.3	1.6	1.8	2.0	2.2	2.4
	水平管	冷水管	0.4	0.4	0.5	0.5	0.6	0.7	0.8	0.9	1.0	1.1	1.2	1.35	1.55
		热水管	0.2	0.2	0.25	0.3	0.3	0.35	0.4	0.5	0.6	0.7	0.8		

根据《通风与空调工程施工质量验收规范》(GB 50243—2016) 规定，金属风管水平安装，直径或边长小于等于400mm 时，支、吊架间距不应大于4m；直径或边长大于400mm 时，不应大于3m。

根据《建筑电气工程施工质量验收规范》(GB 50303—2015) 规定，当设计无要求时，电缆桥架水平安装的支架间距宜为1.5～3m，垂直安装的支架间距不大于2m。

单专业的管道支吊架型材的选择要满足管道强度和刚度的需要，一般要按照相关图集制作，也有专业厂家制作，有些厂家还有装配式支吊架的产品。管道支吊架制作图集有《金属、非金属风管支吊架》(08k132)、《室内管道支架及吊架》(03S402)、《装配式管道吊挂支架安装图》(03SR417-2)、《管架标准图》(HG/T 21629—1999) 等，图集的内容主要包括常用管道的固定、滑动、防晃和隔振支、吊、托架的制作及安装，成品支、吊架的选用及安装，以及适用于常用的管材等。

3. 多专业综合支吊架的布置要求

多专业综合支吊架的布置，首先要确定有哪些专业工程及各专业安装管线的设计标高及相关施工规范，与现场实际情况相结合进行设计策划，制订出合理的支吊架安装方案；然后根据方案进行支吊架的断面设计、下料、制作、安装。通过各种管线的综合排布，结合综合支吊架的间距和形式，对各专业管线的空间位置进行分配，综合支吊架的间距需经过设计确定。

多专业综合支吊架的设计，多个管线共用一个支吊架，使各种管线的安装达到材料节约、布置紧凑、美观及质量牢固可靠的效果，其中安全与节材是设计重点。管道综合支吊架制作安装的施工流程为：图纸优化、确定管道根数及走向、综合支吊架的设计、测量定位放线、综合支吊架的制作与防腐、综合支吊架的安装、综合支吊架的荷载校验、管道安装。

(1) 综合支吊架的计算间距　综合支吊架的计算间距根据管径不同，一般可定为1.5m、4.0m和6.0m三种。从经济性比较，4.0m的间距比较合理。根据《建筑给水排水及采暖工程施工质量验收规范》(GB 50242—2002)，钢管、铜管、塑料及复合管支架间距大于4.0m 的可以相应减小支吊架型钢的规格，小于4.0m 的可以相应在综合支吊架之间增加辅助支吊架。

(2) 荷载确定　设备自重参照设备出厂合格证及检测报告的具体数据；设备按动载承重计算，风道按风道自重计算，电缆桥架按承载电缆重量及桥架自重之和计算，各类管道重量按保温管与不保温管两种情况计算，管道内介质的重量按照其比重与体积的乘积计算。

（3）计算要求　垂直荷载：考虑制造、安装等因素，采用管架间距的标准荷载乘 1.35 的荷载系数；水平荷载：按垂直荷载的 0.3 倍计算；地震荷载：工程地勘报告载明的地震设防烈度计算地震作用；吊杆及横梁验算：按照《钢结构设计规范》（GB 50017—2003）的有关规定计算。受弯梁挠度和受压构件长细比要符合：受弯梁挠度不宜大于 $L/200$（L 为受弯构件的跨度，对悬臂梁和伸臂梁为悬伸长度的 2 倍），受压构件的允许长细比不宜超过 120。

（4）综合支吊架的选用　管道综合支吊架的设计要考虑支吊架本身的强度与变形。当管径较大时，有关支吊架对于梁、板、柱、钢架等结构强度的影响，须经结构专业设计人员验算；综合支吊架生根点的面积和形状是否满足结构梁、板、柱的荷载；生根点宜选在立柱和主梁等主要构件上，且在主梁上不宜设置荷载较大的悬臂支架。

（5）绘制综合支吊架设计大样　为避免多个专业同时施工，相互间产生矛盾，要先确定施工顺序，一般顺序为：先施工风道、电缆桥架、大直径管道等体量较大的管线，再施工无压管道，最后施工体量较小的其他管线。多层施工时，尽量做到先上层施工，后下层施工。

4. 软件对综合支吊架的选型及校核

（1）支吊架的选型

1）以 MagiCAD for Revit 2019 支吊架软件使用为例，“布置支吊架”功能主要用来进行标准支吊架的设计和布置，按照所固定管段的形状，列举出所有可能安装的支吊架形式（图 13－7）。单击“布置支吊架”功能，选择完需要布置支吊架的管段，会弹出“支吊架安装设置”对话框，如图 13－8 所示。

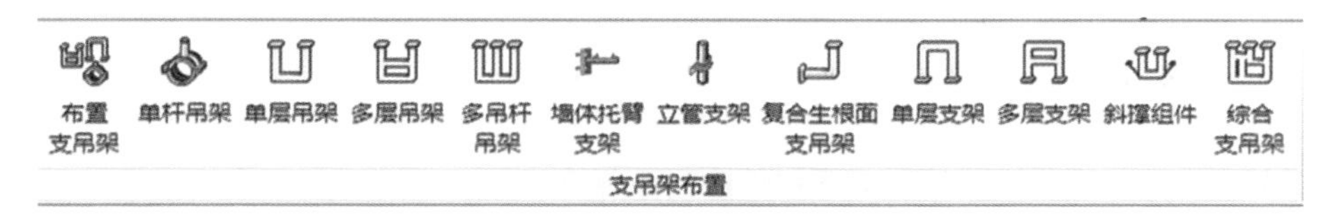

图 13－7

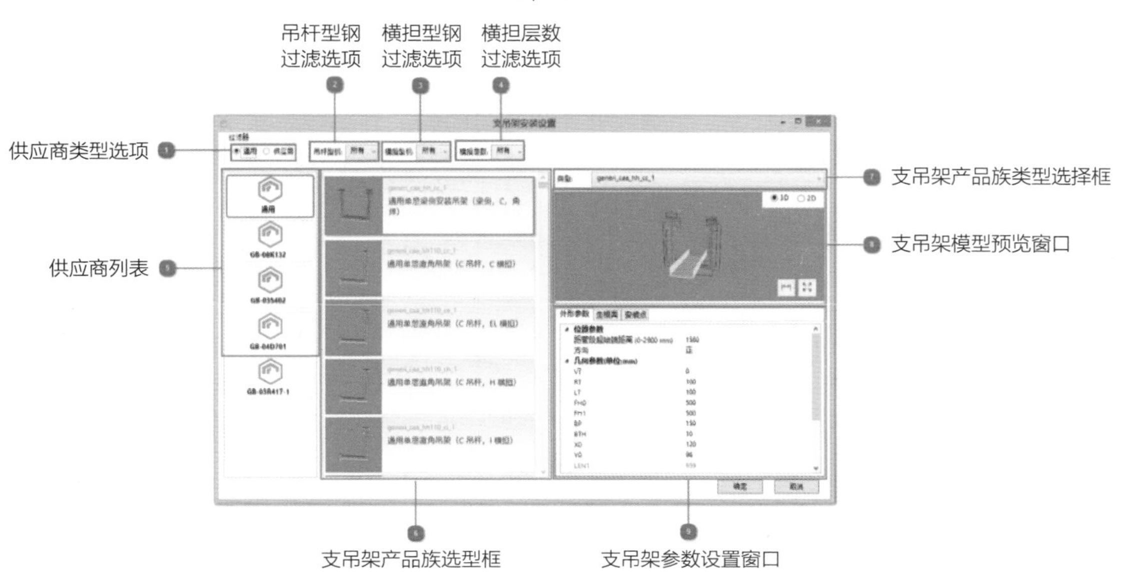

图 13－8

2）可以通过点选的方式切换支吊架的供应商类型、选择支吊架吊杆的型钢类型、选择支吊架横担的型钢类型、选择支吊架横担的层数等。当用户设置好过滤选项后，软件会根据用户选择的管段对象类型，列出当前支吊架产品库中可供选择的产品族。

3）综合支吊架的设计和布置。该功能可以通过标准支吊架的组合，形成新的复杂综合支吊架，从而满足实际项目中复杂的管线综合情况。

4）在支吊架主界面中，添加了“导出安装点”按钮，用户可以将建筑模型中支吊架的安装位置信息导出，用于指导施工过程中的安装定位。导出的安装点文件为 csv（逗号分隔值）格式文件，该文件可以被天宝全站仪直接读取并用于指导安装定位。

（2）支吊架的校核　支吊架的校核步骤如下：

1）根据优化的管综及核对后的间距布置综合支吊架，如图 13－9 所示。

2）校核支吊架，根据所布置的支吊架，填入相应管材的单位质量、各介质密度，检查计算长度是否为支吊架间距，如图 13－10 所示。

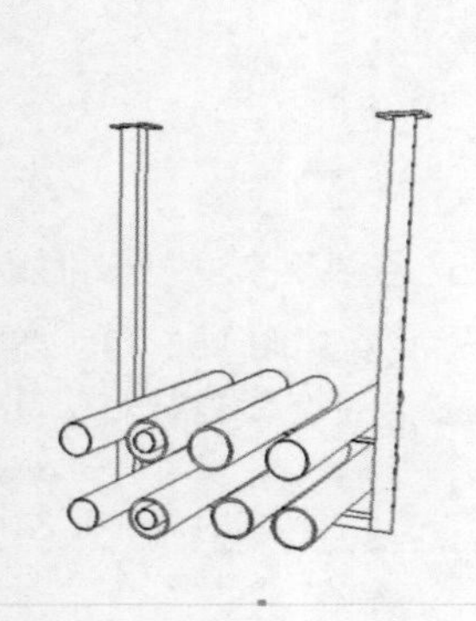

图 13－9

管道荷载

序号	管线类型	规格	荷载	质量(kg)	单位质量(kg/m)	计算长...
N1	管道	DN150	950N	95	38	2.5
N2	管道	DN150	950N	95	38	2.5
N3	管道	DN50	1500N	150	60	2.5

名称	值
管道密度(kg/m3)	不锈钢 -- 8080 Kg/m3
介质密度(kg/m3)	水 -- 999.872 Kg/m3
保温密度(kg/m3)	岩棉保温板 -- 200 Kg/m3
保温厚度(mm)	50

序号	管线类型	规格	荷载	质量(kg)	单位质量(kg/m)	计算长...
N4	管道	DN80	2250N	225	90	2.5

图 13－10

3）根据校核结果调整所选竖杆及横担的规格，如图 13－11、图 13－12 所示。对实际情况来说，预留一部分估量，将校核比值控制在 30% 以下。

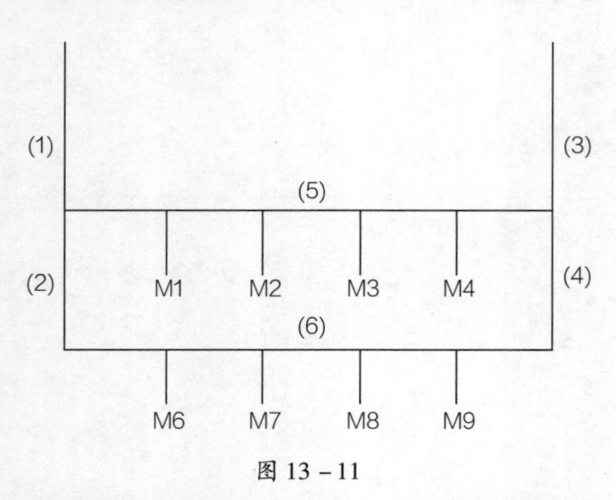

图 13－11

序号	原规格	新规格
(1),(2)	C6.3	C8
(3),(4)	C6.3	C8
(5)	C6.3	C8
(6)	C6.3	C8

图 13－12

变动修改前如图 13－13 所示；变动修改后如图 13－14 所示。

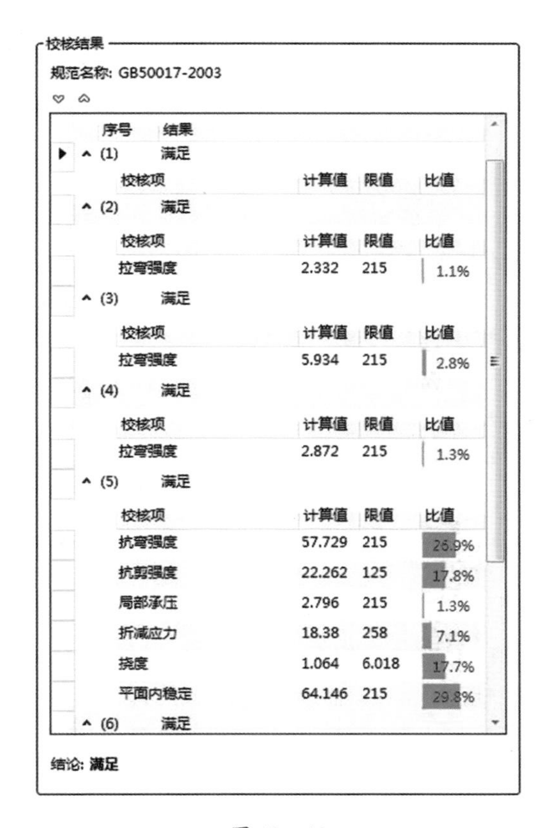

图 13－13

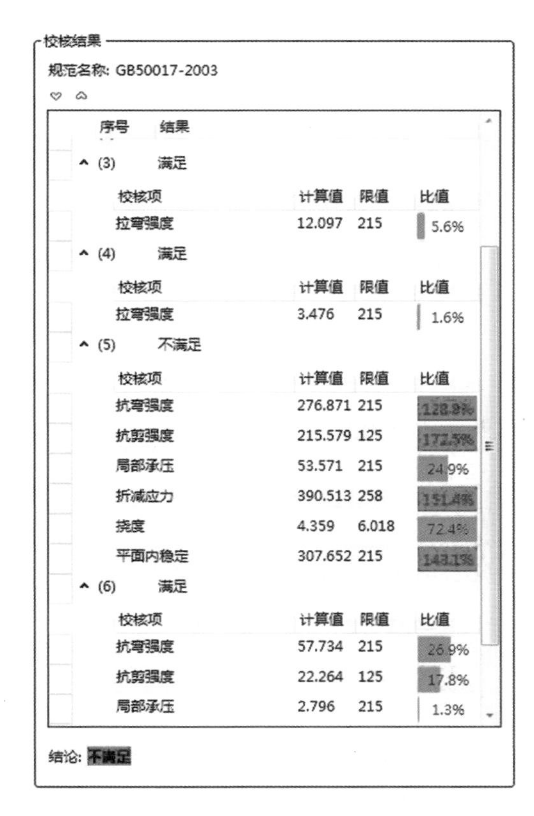

图 13－14

4）校核后，支吊架即可批量布置了，其次内力图与计算书也可相应导出。

5）材料清单的导出。材料清单导出的模板分为三类：精细材料清单、汇总材料清单、标准材料清单。精细材料清单，主要用于统计不同支吊架实例中具体型钢和管卡等构件的详细信息，以供用户进行支吊架的加工和装配等应用；汇总材料清单，主要用于统计不同支吊架族中型钢和管卡等构件的总量，以供用户进行支吊架的概预算等应用；标准材料清单，主要用于统计不同支吊架族的数量和供应商等基础信息。

三、抗震支吊架的布置

《建筑机电工程抗震设计规范》（GB 50981—2014）明确了抗震支吊架的布置要求。根据《中华人民共和国建筑法》和《中华人民共和国防震减灾法》，实行以“预防为主”的方针，经抗震加固后的建筑给水排水、消防、供暖、通风、空调、燃气、热力、电力、通讯等机电工程设施，当遭遇到本地区抗震设防烈度的地震发生时，可以达到减轻地震破坏、减少和尽可能防止次生灾害的发生，从而达到减少人员伤亡及财产损失的目的。抗震设防烈度为6度及6度以上地区的建筑机电工程必须进行抗震设计。机电抗震支吊架是限制附属机电工程设施产生位移，控制设施振动，并将荷载传递至承载结构上的各类组件或装置。抗震支吊架在地震中应对建筑机电工程设施给予可靠保护，承受来自任意水平方向的地震作用。其与建筑结构体牢固连接，以地震力为主要荷载的抗震支撑设施，由锚固体、加固吊杆、抗震连接构件及抗震斜撑组成，涉及地震工程、结构工程、机械工程、机电工程、钢结构工程等多学科多领域知识。

抗震支吊架按受力方向分为纵向、横向支吊架，按结构形式分为单管（杆）抗震支吊架、门型抗震支吊架。

抗震支吊架的斜撑按其支撑形式可分为刚性支撑与柔性支撑两种。刚性支撑斜撑材料一般选择 C 型槽钢、镀锌钢管，因其同时能抵抗拉力与压力，一般以单边撑的形式安装；柔性支撑斜撑材料一般是钢索，只能抗拉力，所以必须以两边对称的形式安装。抗震斜撑按其作用功能划分，又可分为侧向支撑与纵向支撑，侧向支撑用以抵御侧向水平地震力作用，纵向支撑用以抵御纵向水平地震力作用。例如，管道同一点位，既安装侧向支撑又安装纵向支撑，其作用原理是在管道轴心水平面上形成互成 90°的 4 个方向上的支撑，水平地震力从任意方向作用，管道均受到保护。对于成 90°安装的两个刚性支撑，因其同时具有抗拉压能力，所以能对管道做水平方向的保护；对于柔性支撑，则须做水平面上互成 90°的 4 个支撑。

抗震支吊架对斜撑、吊杆的性能要求更加严格，特别是斜撑两端的抗震连接座更需要合理的设计。斜撑上用以与结构体生根的锚栓不仅需要验算其拉拔性能，抗切能力也必不可少；斜撑安装的空间位置是最复杂的，对于楼板板底，一般斜撑与垂直吊杆之间的角度宜为 45°，且不得小于 30°；角度区间分为 30°~45°、45°~60°和 60°~90°，角度的变化也会影响抗震支吊架能承受的作用范围，进而改变其最大间距。

抗震支吊架可以在地震中给予机电各系统充分保护，可以抵抗来自水平方向及垂直方向的地震力的破坏（图 13－15）。根据所保护机电系统的不同，抗震支吊架可分为管道抗震系统、风管抗震系统和电气（包括电气线管、线槽及桥架）抗震系统。

图 13－15

四、BIM 技术在抗震支吊架方面的应用

在设计阶段利用 BIM 技术的协同作用，将普通承重支吊架、成品支吊架和抗震支吊架三种支吊架进行最优化整合，能摘除重复的支吊架，以达到精简预算，提高整体美观程度，做到支吊架的整合优化及预制装配。

在支吊架施工安装时，普通承重支吊架、成品支吊架和抗震支吊架等一般由三方分开安装而成，利用 BIM 技术建模的可视化功能，能直观地看到安装的竣工模拟图，显示成品支吊架的垂直槽钢及抗震支吊架的斜撑杆，各专业协调处理保证各种支吊架有足够的安装空间。

抗震支吊架各个构件通过 BIM 的精确模拟，可以完全在工厂生产线完成，在实际安装过程中只需进行匹配、拼装与紧固。通过模型精确定位，预先在安装位置的结构里放置预埋件，安装时，用相应的连接构件与预埋件进行紧固安装，可以避免锚栓对结构的破坏。

BIM 技术的运用，能根据模拟的三维图纸了解每个支吊架斜撑的具体安装空间，结合管道综合技术从而在设计阶段就能确定每个支吊架斜撑的安装方式与角度，再根据具体的支吊架形式能承受的实际荷载与角度确定支吊架应有的最大间距，给出确定的抗震计算书及可靠的产品选型验算过程。

五、 抗震支吊架的布置原则与安装要求

1. 需要抗震设计的机电工程内容

根据《建筑机电工程抗震设计规范》(GB 50981—2014) 相关规定，建筑机电工程设施抗震设计应以建筑结构设计为基准，对与建筑结构的连接件应采取措施进行设防，主要包含以下主要内容:

1) 悬吊管道中重力 >1.8kN 的设备。

2) *DN*65 以上的生活给水、消防管道系统。

3) 矩形截面面积≥0.38m² 和圆形直径≥0.7m 的风管系统。

4) 对于内径≥60mm 的电气配管及重力≥150N/m 的电缆梯架、电缆槽盒、母线槽。

2. 抗震支吊架的验算

在选择抗震支吊架类型后，应根据抗震支吊架的自身荷载进行抗震支撑节点验算，并调整抗震支吊架间距，直至各点均满足抗震荷载要求，具体验算步骤及内容如下:

1) 逐点划分各抗震支吊架的重力荷载范围，并计算建筑机电工程设施水平地震作用标准值及建筑机电工程设施或构件内力组合设计值。当计算干管侧向支吊架重力荷载时，应将下一级支管同向重力荷载计算在内。

2) 斜撑及抗震连接构件的强度验算。

3) 吊杆的强度验算。

4) 斜撑及吊杆的长细比验算。

5) 各锚固体的强度验算，包括斜撑锚栓、吊杆锚栓等。

6) 管束的强度验算。

(1) 管道抗震系统的布置原则

1) 管道抗震加固侧向间距要求为: 沟槽连接管道、焊接钢管、钎焊铜管等刚性材质的管道，横向吊架间距最大不得超过 12m; 非刚性材质的管道，横向吊架间距最大不得超过 6m。

2) 管道抗震加固纵向间距要求为: 沟槽连接管道、焊接钢管、钎焊铜管等刚性材质的管道，纵向吊架间距最大不得超 24m; 非刚性材质的管道，横向吊架间距最大不得超过 12m。

(2) 风管抗震系统的布置原则

1) 普通刚性风管侧向抗震吊架的最大间距为 9m，普通刚性风管纵向抗震吊架的最大间距为 18m。

2) 玻璃纤维、塑料和其他非刚性材质风管的侧向抗震吊架，最大间距为 4.5m，纵向最大间距为 9m。

(3) 电气抗震系统的布置原则

1) 刚性材质电气线管、线槽及桥架侧向抗震的最大间距不得超过 12m，纵向抗震的最大间距不得超过 24m。

2) 非刚性材质电气线管、线槽及桥架侧向抗震的最大间距不得超过 6m，纵向抗震的最大间距不得超过 12m。

3. 各专业抗震支吊架的安装

对于抗震设防烈度为 6 度至 9 度的建筑机电工程设施抗震设计应达到下列要求：当遭受低于本地区抗震设防烈度的多遇地震影响时，机电工程设施一般不受损坏或不需修理可继续运行；当遭受相当于本地区抗震设防烈度的地震影响时，机电工程设施可能损坏经一般修理或不需修理仍可继续运行；当遭受高于本地区抗震设防烈度的罕遇地震影响时，机电工程设施不至于严重损坏，危及生命。针对上述要求，单专业时，抗震支吊架安装的具体要求见表 13－4；多专业时，综合支吊架安装的具体要求见表 13－5。

表 13－4

系统名称		适用管径	支架间距/m	说明
空调	水管侧撑安装要求	DN65 以上	<12	用于抵抗地震时产生垂直及平行于管道水平地震作用力，防止管道/桥架位移从而破坏管道
	水管双撑安装要求	DN65 以上	<24	
风管	风管侧撑安装要求	$\geqslant 0.38\mathrm{m}^2$	<9	
	风管双撑安装要求	$\geqslant 0.38\mathrm{m}^2$	<18	
给水及消防专业	单管侧撑安装要求	DN65～150	<12	
	单管双撑安装要求	DN65～150	<24	
强电及弱电专业	电缆桥架侧撑安装要求	>150N/m	<12	
	电缆桥架双撑安装要求	>150N/m	<24	

表 13－5

系统名称		适用管径	支架间距/m	说明
多管	侧撑安装要求	DN65 以上	<12	用于抵抗地震时产生垂直及平行于管道水平地震作用力，防止管道/桥架位移从而破坏管道
	双撑安装要求	DN65 以上	<24	
多专业	侧撑安装要求	—	<9	
	双撑安装要求	—	<18	

建筑机电工程设施与建筑结构的连接构件和部件的抗震措施应根据设防烈度、建筑使用功能、建筑高度、结构类型、变形特征、设备设施所处位置和运行要求及《建筑抗震设计规范》（GB 50011—2010）（2016 年版）的有关规定，经综合分析后确定。

课后练习

1. 管线优化时，下列做法正确的是（　　）。
   A. 先定位排水管，应将其起点（最高点）尽量贴梁底使其尽可能提高
   B. 暖通空调的风管尺寸比较大，需要较大的施工空间，所以应优先定位各类风管的位置
   C. 有压管道可以随意翻弯
   D. 水平横管排列时，支管多的管道靠墙壁安装，支管少的管道排列在外面
2. 暖通专业建模中风管距离下方管道至少（　　）。

A. 50mm　　B. 100mm　　C. 150mm　　D. 200mm

3. 给水排水专业建模中室内给水与排水管道交叉敷设时，两管之间的最小净距不小于（　　）。

A. 150mm　　B. 200mm　　C. 300mm　　D. 400mm

4. 下列关于管线避让的原则错误的是（　　）。

A. 有压管让无压管　　B. 小管线让大管线　　C. 热水管避让冷水管　D. 临时管避让永久管

5. 基于 BIM 技术的机电深化设计软件的主要特征不包括（　　）。

A. 内置支持碰撞检查功能　　B. 支持绘制出图

C. 支持机电设计校验计算　　D. 支持机电管线施工模拟

6. 硬碰撞（Hard Clash）冲突检测是指通过建立 BIM 三维空间（　　），在数字模型中提前预警工程项目中不同专业在空间上的冲突/碰撞问题。

A. 建筑模型　　B. 信息模型　　C. 体量模型　　D. 几何模型

7. BIM 在设计阶段，使用碰撞检测工具来协调主要的建筑图元和系统，可以有效防止冲突、提前预判、减少返工、节约成本，大幅度降低建筑变更及成本超预算的风险碰撞检测的类型包括（　　）。

A. Hard Clash 和 Space Clash　　B. Space Clash 和间隙碰撞

C. 软碰撞和间隙碰撞　　D. Hard Clash 和硬碰撞

8. 设置抗震支架的方针是（　　）。

A. 安全第一　　B. 预防为主　　C. 经济高效　　D. 安全适用

9. 抗震支吊架可以在地震中抵抗来自水平及垂直方向的地震力的破坏。根据所保护机电系统的不同，抗震支吊架可分为（　　）。

A. 采暖管道抗震系统、给排水抗震系统和电气抗震系统

B. 通风管道抗震系统、消防抗震系统和电气抗震系统

C. 管道抗震系统、风管抗震系统和电气抗震系统

D. 通风管道抗震系统、消防抗震系统和弱电抗震系统

10. 管道抗震加固侧向间距要求为：刚性材质的管道，横向吊架间距最大不得超过（　　）；柔性材质的管道，横向吊架间距最大不得超过（　　）。管道抗震加固纵向间距要求为：刚性材质的管道，纵向吊架间距最大不得超过（　　）；柔性材质的管道，横向吊架间距最大不得超过（　　）。正确的是（　　）

A. 12m、12m、24m、12m　　B. 6m、12m、24m、8m

C. 12m、12m、10m、8m　　D. 12m、6m、24m、12m

第十四章　图纸出图与表达

Revit 作为一款三维软件，不仅具有三维建模功能，而且也支持二维出图，虽然目前阶段与 Autodesk CAD 相比，其二维图纸表达功能还不是很完善，但是 Revit 建立的模型与图纸的联动性却是 Autodesk CAD 所不能及的。在 BIM 技术日益成熟和逐步推广的情况下，三维设计将会替代传统的二维设计。依据 Revit 现阶段的功能，本章节将总结如何在 Revit 中实现图纸出图与图纸表达。

第一节　出图视图创建

一、建立出图平面视图

1. 创建出图视口

选择需要出图的视图，根据需求进行复制，或者在视图选项卡中新建所需平面视图，完成后修改名称即可。

2. 视口范围设置

当一个视口出图平面过大，需要分成两个视口出图时，先在“项目浏览器”面板点选所需视图，单击鼠标右键选择“复制作为相关”，分别在两个视图属性栏中勾选“范围”中的“裁剪视图”以及“裁剪区域可见”，然后在视图中点选激活视图范围控制框，通过拖拽控制点方式进行视图的裁剪，如图 14－1 所示，分成的两个视口如图14－2所示。

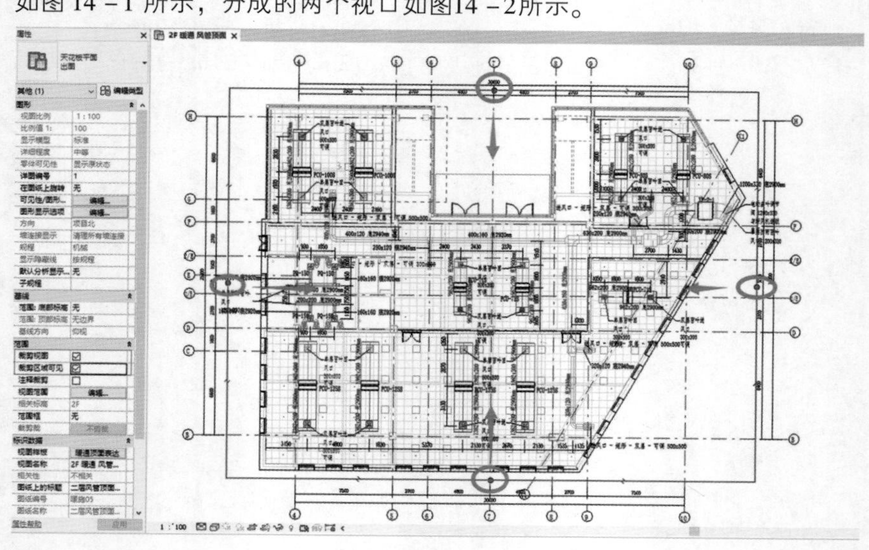

图 14－1

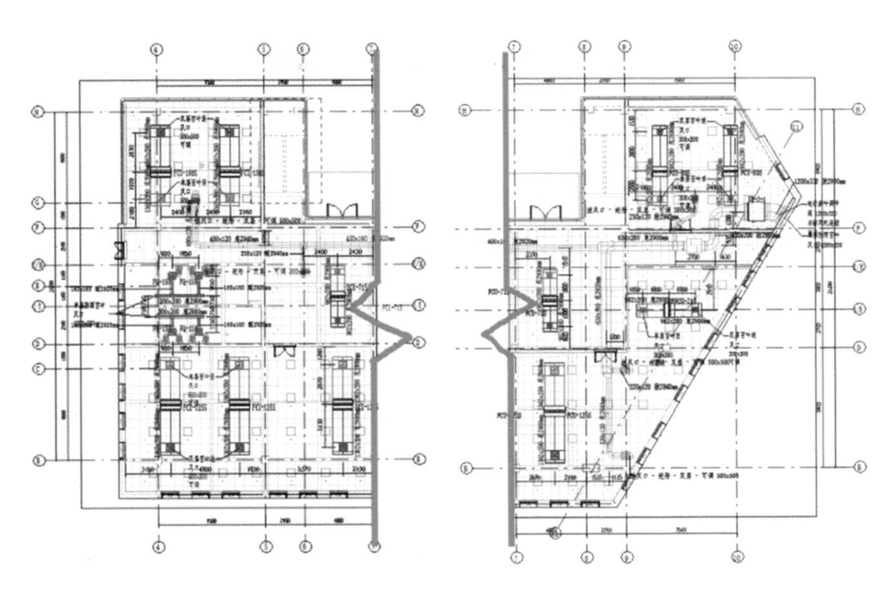

图 14 - 2

二、 出图视图分类修改

此处可将新建视图类型在“编辑类型”中直接修改为“出图”，也可以为视图添加相应参数，之后使用项目浏览器进行对应参数值排序。自行选择一种视图分类方法进行出图视图的分类即可，(详见第六章第三节)

第二节　出图样板制作

为了统一出图标准，统一视图的比例、规程、详细程度以及可见性等视图属性，更快地使机电图纸符合出图标准，Revit 软件提供了“视图样板”功能。创建视图样板的主要方法有两种，第一种是通过功能区的“视图样板”管理设置，第二种是基于项目视图设置创建视图样板。本示例列举暖通空调通风平面和剖面的视图样板设置方法。

一、 平面出图视图样板

1. 新建视图样板

新建“平面出图样板 - 空调通风”视图样板，勾选需要在本视图样板应用的参数，暖通样板主要调整的参数有："视图比例”“详细程度”“V/G 替换模型”“V/G 替换注释”“V/G 替换过滤器”“模型显示”“视图范围”“规程”，具体设置如图 14 - 3 所示。

2. 设置视图比例

“视图比例”设置可按实际出图比例在“值”选项里下拉选择，如果没有所需的视图比例，则选择“自定义”激活“比例值 1:”数值框，手动输入所需数值，详细程度选择“中等”即可，如图 14 - 4 所示。

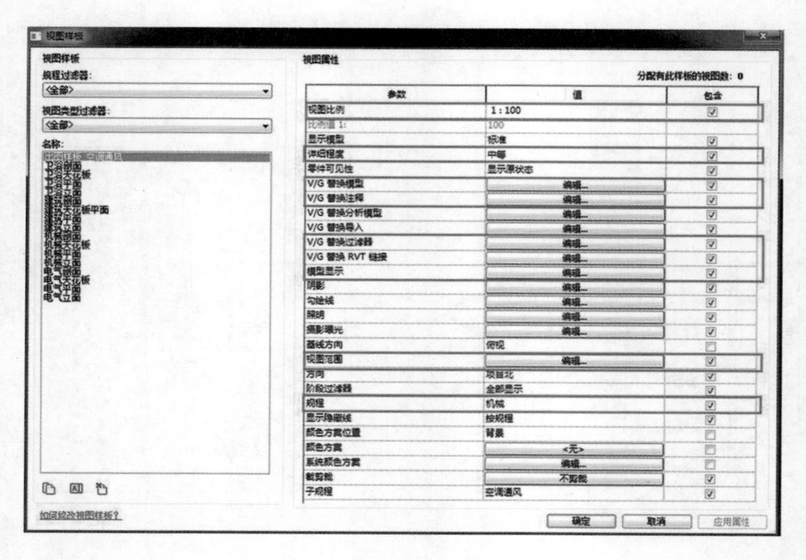

图 14－3

3. 设置模型类别

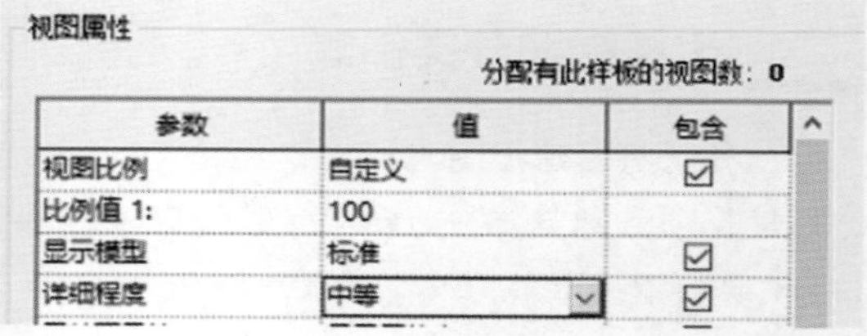

打开“V/G 替换模型”设置选项，相对于通风空调平面，只需要表达暖通风管及其附件管件等，所以要把给排水的管道和电气桥架线槽等构件隐藏。具体操作可按住〈Ctrl〉键，单击连续选中不需要显示的构件，然后取消勾选该选项，如图 14－5所示。由于建筑结构专业底图会在“Revit 链接”选项中使用它们各自的提资视图，所以该处不需要对建筑结构构件的可见性做出处理。

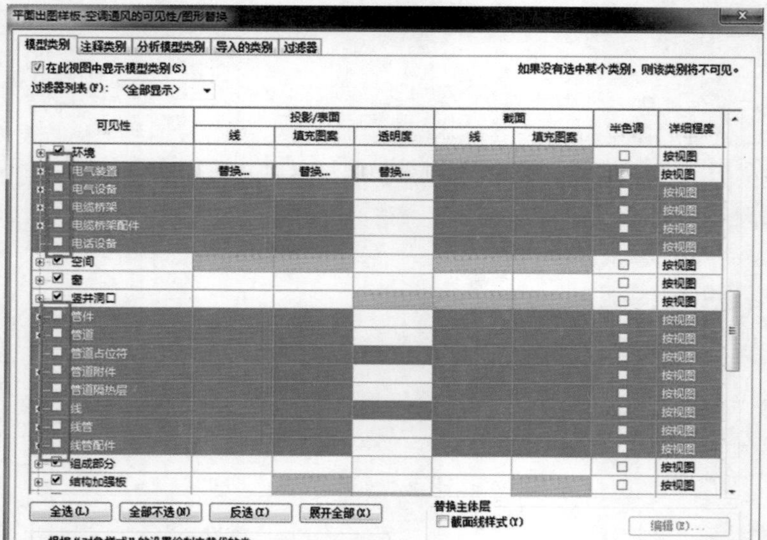

视图属性

分配有此样板的视图数：0

参数	值	包含
视图比例	自定义	☑
比例值 1:	100	
显示模型	标准	☑
详细程度	中等	☑

图 14－4

平面出图样板-空调通风的可见性/图形替换

模型类别 | 注释类别 | 分析模型类别 | 导入的类别 | 过滤器

☑ 在此视图中显示模型类别(S)　　如果没有选中某个类别，则该类别将不可见。

过滤器列表(F): <全部显示>

可见性	投影/表面 线	投影/表面 填充图案	投影/表面 透明度	截面 线	截面 填充图案	半色调	详细程度
☑ 环境						☐	按视图
☐ 电气装置	替换...	替换...	替换...			☐	按视图
☐ 电气设备						☐	按视图
☐ 电缆桥架						☐	按视图
☐ 电缆桥架配件						☐	按视图
☐ 电话设备						☐	按视图
☑ 空间						☐	按视图
☑ 窗						☐	按视图
☑ 竖井洞口						☐	按视图
☐ 管件						☐	按视图
☐ 管道						☐	按视图
☐ 管道占位符						☐	按视图
☐ 管道附件						☐	按视图
☐ 管道隔热层						☐	按视图
☐ 线						☐	按视图
☐ 线管						☐	按视图
☐ 线管配件						☐	按视图
☑ 组成部分						☐	按视图
☑ 结构加强板						☐	按视图

全选(L)　全部不选(N)　反选(I)　展开全部(X)

替换主体层

☐ 截面线样式(Y)　编辑(E)...

根据“对象样式”的设置绘制未替代的类别。　对象样式(O)...

确定　取消　应用(A)　帮助

图 14－5

4. 设置注释类别

在“注释类别”选项卡中可以控制各种注释类别的可见性，具体操作同上，把需要的空调通风的风管相关标记勾选可见性，电气标记以及管道标记等均不需要勾选可见性。另外需要注意的是例如“云线批注”“剖面”“参照平面”“参照线”等这几个类别都不需要在出图视图显示，因此均勾选取消这几个类别的显示，如图 14 –6 所示。

图 14 –6

5. 设置过滤器

在“模型类别”中将风管设为可见，但风管包括送风系统、新风系统、排烟系统等，其中有些系统不需要表达在空调通风平面图中，此时就需要使用“过滤器”进行处理。选择“过滤器”选项，单击“添加”，然后在弹出的“添加过滤器”对话框中双击需要的已经制作好的系统，最后单击“确定”完成过滤器的添加，如图 14 –7 所示。添加完成后可通过勾选“可见性”的参数选项来显示相关的风管系统。

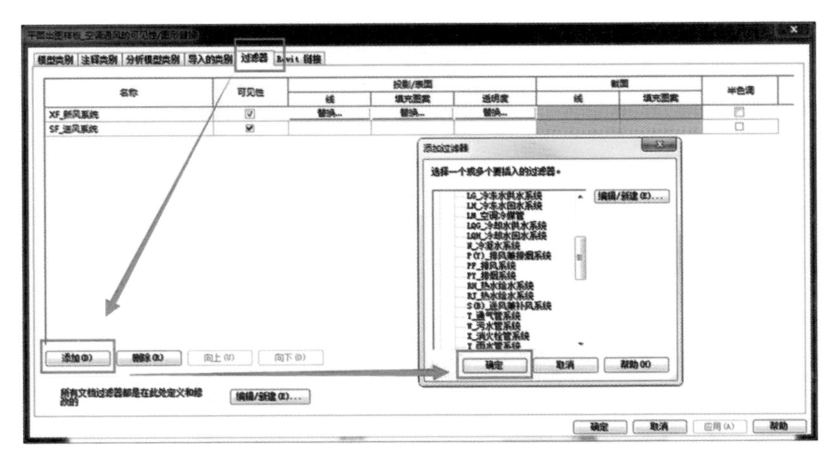

图 14 –7

6. 设置显示样式

设置完过滤器后在“视图样板”设置面板的“视图属性”中单击“模型显示”的“编辑”按

钮，在弹出的“图形显示选项”面板中选择“模型显示”的“样式”为“线框”，单击“应用”，再单击“确认”，如图 14 – 8 所示。

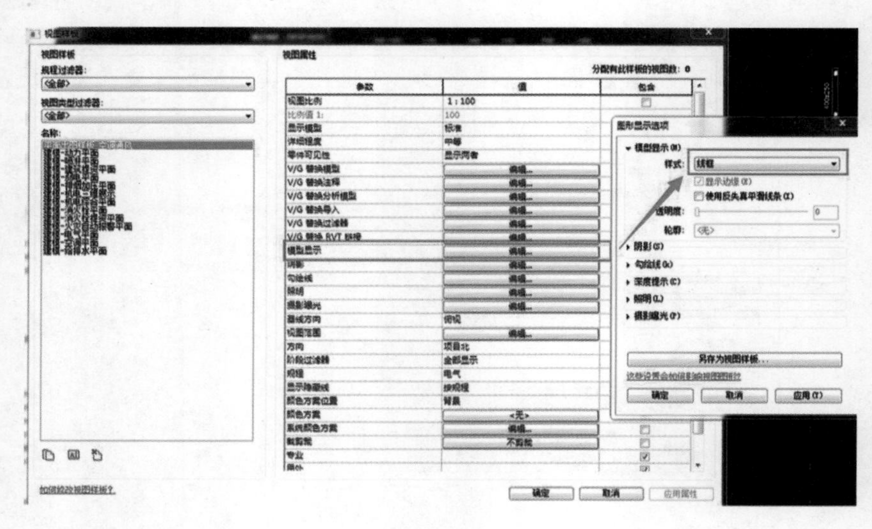

图 14 – 8

7. 设置视图范围

在“视图样板”设置面板的“视图属性”中单击“视图范围”的“编辑”按钮，在“视图范围”对话框中进行修改，具体设置如图 14 – 9 所示。

8. 设置规程

“规程”属性是用来确定规程专有图元在视图中的显示方式，即根据相关规程确定在视图中显示的图元类别、视图标记等。对于暖通、给水排水专业，视图规程选择“机械”，对于电气专业，则选择“电气”。具体操作直接在“视图样板”设置面板里的“规程”下拉列表选择相应规程即可，如图 14 – 10 所示。在完成以上设置后单击“视图样板”上的“确定”完成视图样板的制作。

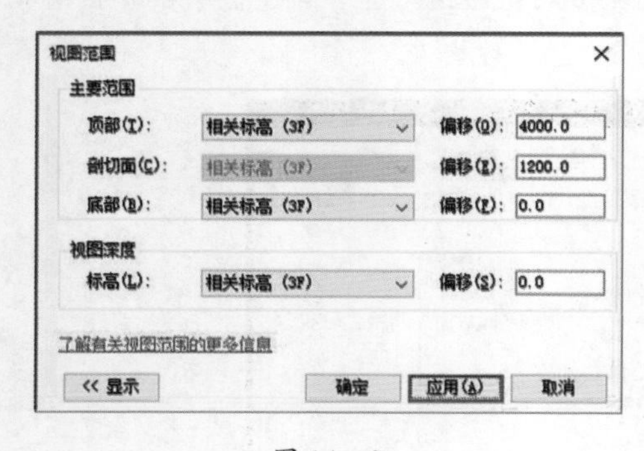

图 14 – 9

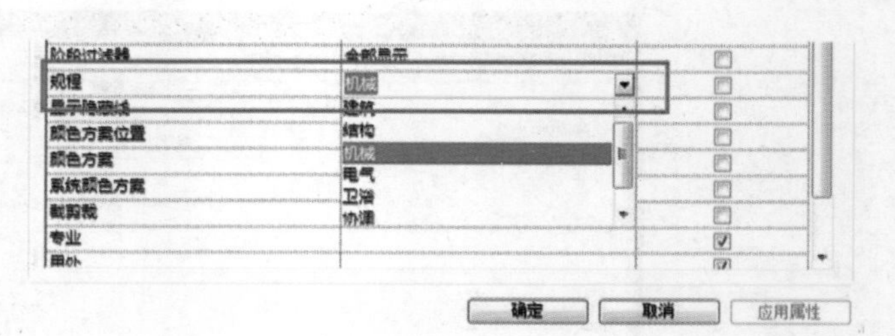

图 14 – 10

二、 剖面出图视图样板

基于项目视图设置创建剖面视图样板，需要在视图中设置好各项参数，然后以设置完整的视图为基础，直接创建视图样板。

1. 创建剖面视图

选择功能区“视图”面板中的“剖面”，如图 14 – 11 所示，在任意位置创建剖面后转到该剖面视图。

2. 设置视图比例、视图详细程度及视觉样式

视图的基本显示设置可在视图控制栏中进行修改，如图 14－12 所示。单击“视图比例”选项，在弹出的比例列表中选择需要的比例，如 1:50；视图详细程度为“精细”；视觉样式选择“隐藏线”。

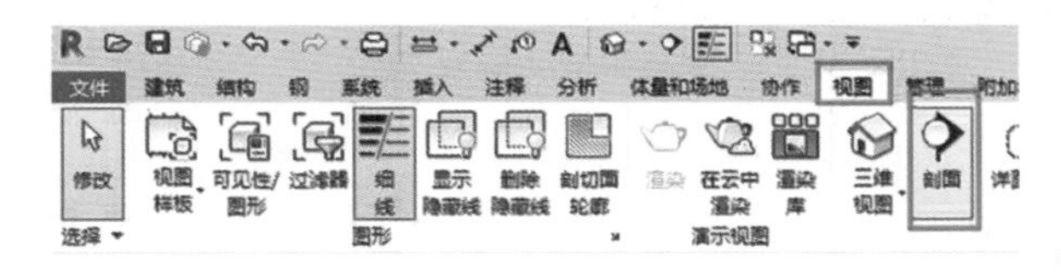

图 14－11

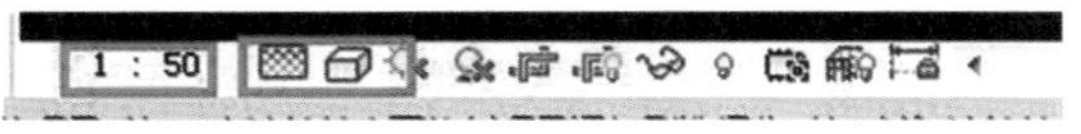

图 14－12

3. 设置模型类别

在剖面视图属性框或者功能区的“视图”界面单击“可见性/图形替换”，在弹出的“可见性/图形替换”对话框的“模型类别”选项卡中单击选择剖面出图所需的风管、管道、电缆桥架及其管件附件和机械设备等相关模型。由于剖面视图反映建筑、结构、机电专业之间的关系，所以还需要在剖面中把墙、柱、楼板、结构框架等基本的主体显示出来。为了更好地区分建筑结构，对建筑结构的模型在“模型类别”中设置填充样式，以墙为例，单击“墙”的“投影/表面”选项，在弹出的“填充样式图形”对话框中选择一种填充图案和颜色，然后单击“确定”，如图 14－13所示。对于截面的填充样式采用同样方法设置，最终效果如图 14－14 所示。

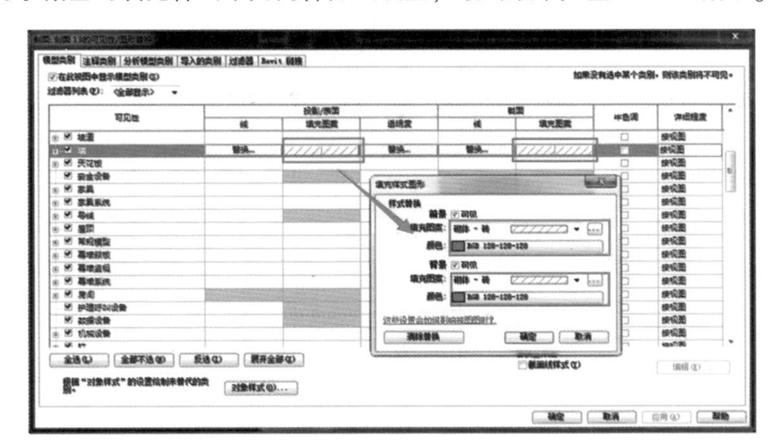

图 14－13

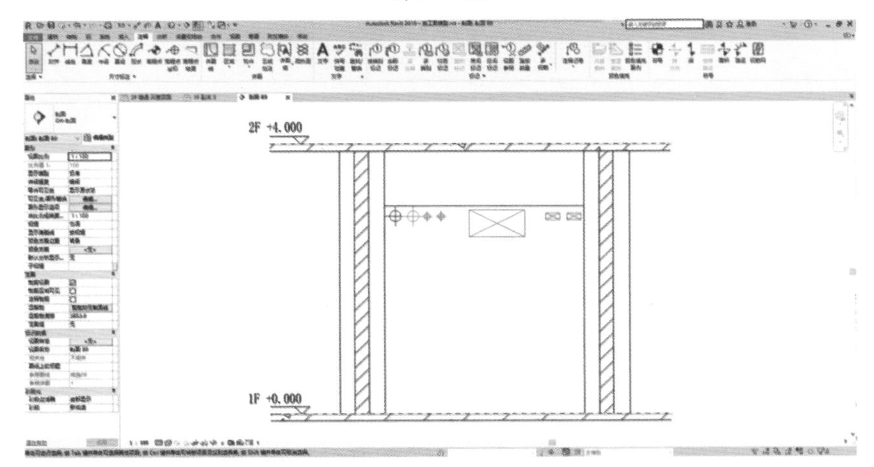

图 14－14

4. 设置注释类别

在“可见性/图形替换”面板的“注释类别”选项卡中，把需要表达的机电相关的注释类别都勾选上。注意在剖面图中不需要显示“剖面”“参照平面”“参照线”这些注释类别，因此需要取消勾选这几类注释的可见性，如图 14－15 所示。

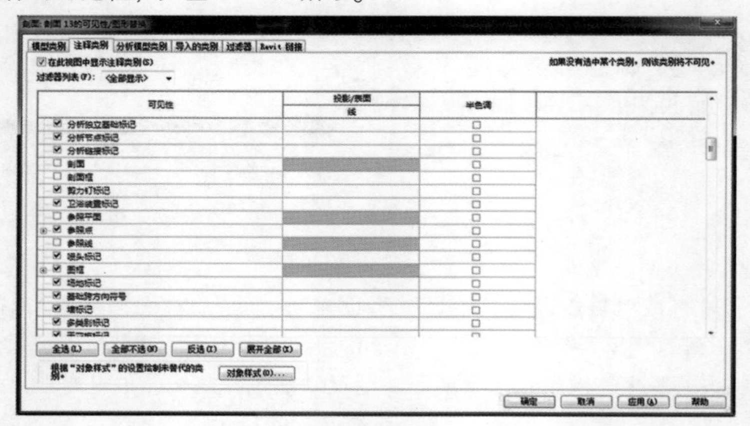

图 14－15

5. 设置过滤器

在“可见性/图形替换”面板的“过滤器”选项卡中，把已经创建的给水排水、暖通、电气各专业的系统分类双击添加进去，然后单击“确定”，如图 14－16 所示。完成过滤器设置后依次单击“应用”“确定”，完成机电剖面出图样板视图的创建。

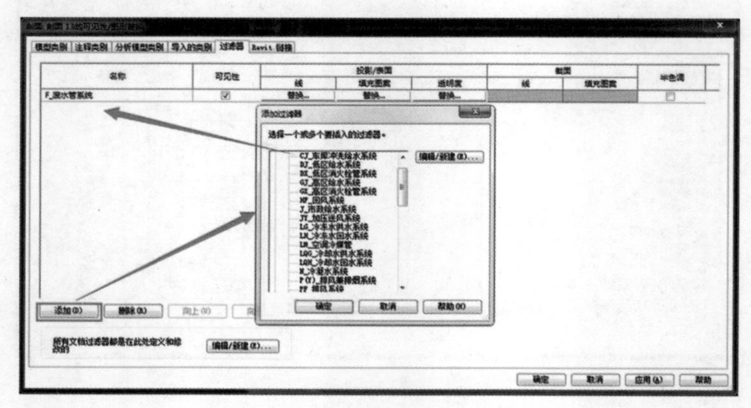

图 14－16

6. 创建样板

在项目浏览器中单击鼠标右键选择该视图使用“通过视图创建视图样板”命令，并对名称进行相应修改。

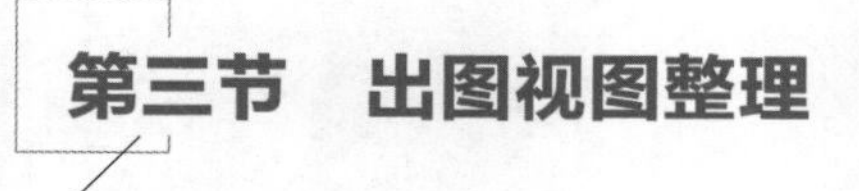

第三节　出图视图整理

一、暖通平面

暖通专业包括了采暖、供热、通风、空调等多个子专业，图纸信息较多，而暖通专业使用

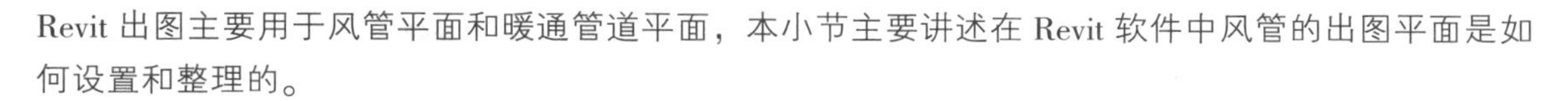

Revit 出图主要用于风管平面和暖通管道平面，本小节主要讲述在 Revit 软件中风管的出图平面是如何设置和整理的。

1. 出图样板基本设置

详细程度：中等。

视觉样式：线框。

视图比例：1:50 ／ 1:100 ／ 1:150 ／ 1:200。

规程：机械。

模型类别可见性：设置管道、电气桥架及其附件设备等为不可见。

注释类别可见性：默认值。

2. 使用视图样板

在“项目浏览器”打开暖通的出图平面，单击视图“属性”面板“标识数据”中的“视图样板”按钮，在弹出的“指定视图样板”对话框中选择需要的暖通专业出图样板，依次单击“应用”“确定”完成视图样板应用，如图 14－17 所示。

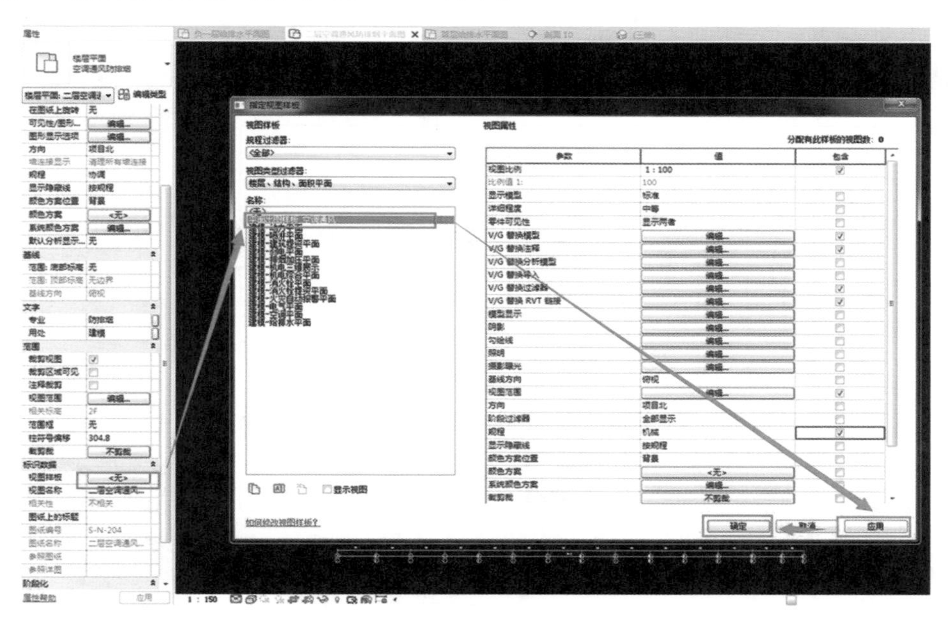

图 14－17

3. 设置视图深度

一般情况下，需要在视图中显示出本层需要出图的所有空调风管及机械设备，修改“视图范围”，如图 14－18 所示。

其中需要注意的是，建筑物内可能存在一些标高不统一的沉降板或管道夹层，有些风管或设备的标高可能超出了项目平面设置的视图深度，这时候视图“属性”面板的“视图范围”已经不能满足需要的视图深度表达，此时可以选择功能区中“视图”面板里的“平面视图”，选择“平面区域”（图 14－19），激活了平面区域的创建环境，使用绘制工具把沉降区域绘制出来，如图 14－20所示。单击选择视图“属性”面板中“视图范围”的“编辑”按钮，在弹出的“视图范围”对话框中根据实际沉降情况单独对该区域进行“视图深度”的设置，如图 14－21 所示。设置完成后单击“确定”，再单击✔完成整个平面区域设置。

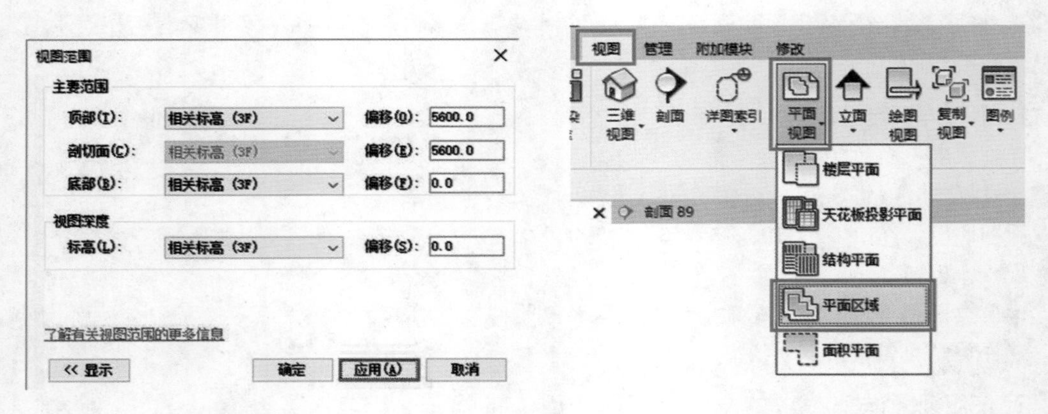

图 14－18　　　　　　　　　　图 14－19

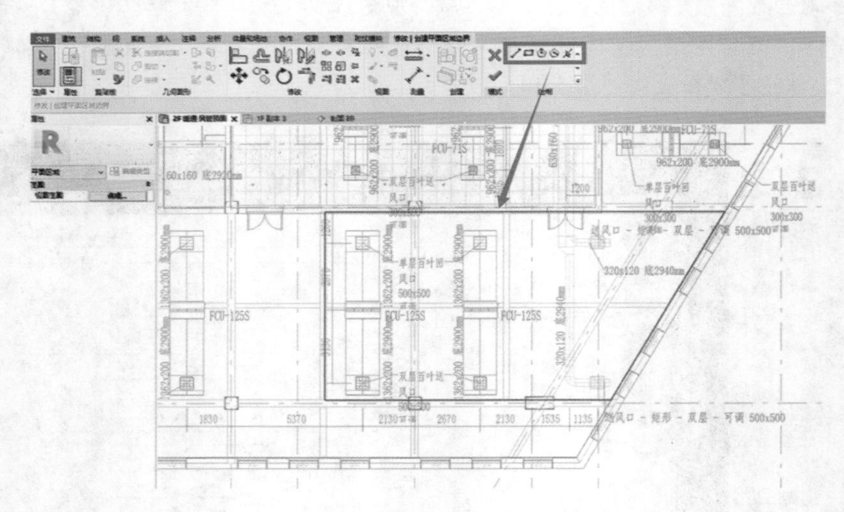

图 14－20

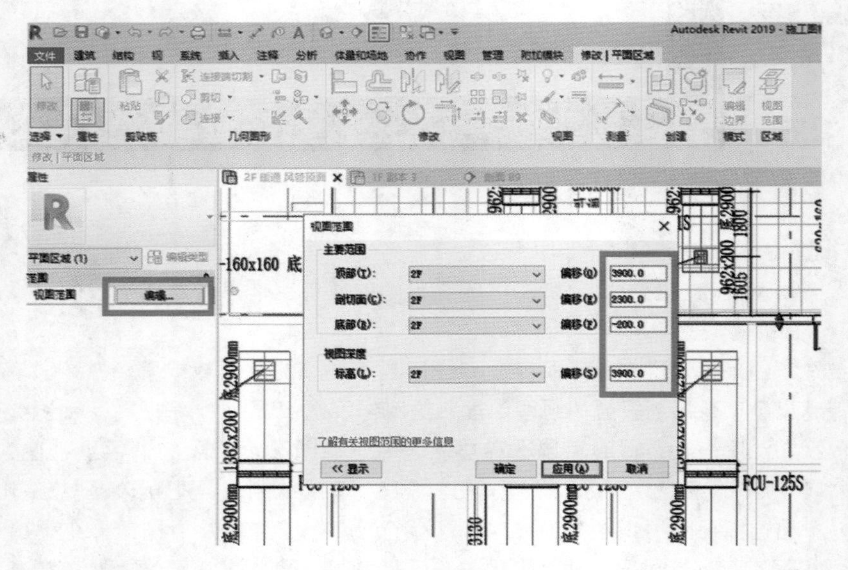

图 14－21

4. 处理底图

1）由于视图样板文件带有通用性，所以有些设置不能完全在视图样板里设置齐全，还需要根据所要出图的内容进行调整。例如，每一层的空调通风平面图的建筑底图都不一样，因此需要对底图单独设置。使用底图的方式有很多种，可以使用“链接 CAD”功能；可以使用在土建模型基础上直接进行空调通风设计；也可以使用“链接 Revit”功能，使用链接模型提供的提资视图作为空调通风的设计底图。Revit 提供三种链接模型的视图显示设置，如图 14－22 所示。如果链接模型已有提资视图，则选择“按链接视图”，激活“链接视图”下拉列表，然后选择相应的提资视图即可。如果链接模型没有可用的提资视图，则可以选择“按主体视图”或“自定义”方式调整底图的显示设置。选择“按主体视图”，则当前链接模型的视图显示设置均遵循主体模型的设置；选择“自定义”选项，所有的视图控制设置均被激活，可以在面板中逐一对各项进行单独设置。使用“链接 Revit”方式提供设计底图的好处是其既保证了模型信息的关联性，也能降低直接在建筑模型里进行空调通风设计时后期体量变大带来的软件运行压力。

图 14－22

2）除了可以使用链接模型建立项目底图，还可使用“dwg”“dgn”等格式文件作为出图底图，具体做法为：单击功能区“插入”选项的“导入 CAD”功能，在弹出的“导入 CAD 格式”对话框中查找到需要导入的底图，一般需要勾选“仅当前视图”，“导入单位”选择“毫米”，“定位”选择“原点到原点”，然后单击“打开”将底图导入至项目中，如图 14－23 所示。

对于导入的底图，可以在“可见性/图形替换”的“导入的类别”中对底图的图层线型、颜色、半色调进行调整，依次单击“应用”“确定”完成编辑，如图 14－24 所示。

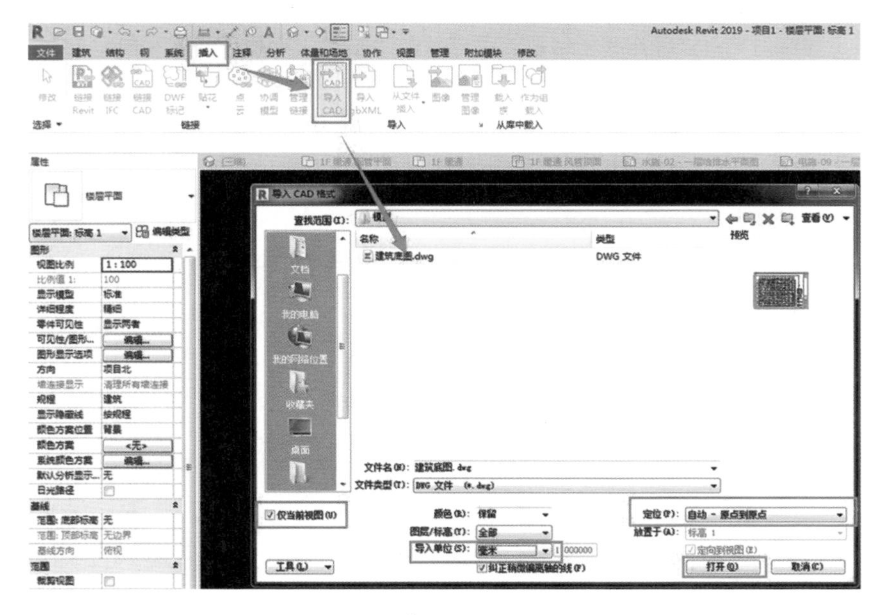

图 14－23

图 14－24

3）完成视图样板应用、底图处理后还需要把一些零碎的图线删除，把作图留下的辅助线、临时线、临时符号等采用过滤器过滤出来，并且删除。

5. 标注暖通出图平面视图

暖通出图平面标注大致分为定位尺寸标注、规格尺寸标注、风管标注、风管附件标注、机械设备标注和其他标注。

1）定位尺寸以及规格尺寸标注，使用功能区"注释"选项的"对齐"标注命令对风管风口机械设备进行定位标注，对于一些机械设备，还需要添加规格尺寸的标注以及设备在房间内的位置定位标注。

2）风管/风管附件标注，选择功能区"注释"选项的"按类别标记"，然后点选风管/风管附件放置标注，放置完成后可点选标记拖动位置，也可勾选"引线"项标出引线，如图 14－25 所示。

3）对于机械设备有时想要表达的信息比较多，而不方便做多个标记族，或者机械设备参数不齐全，可以使用文字注释来说明需要表达的设备信息，单击"注释"选项的"文字"，在"修改 | 放置文字"面板中可以选择引线的方向和形式以及文字对齐方式，如图 14－26 所示。

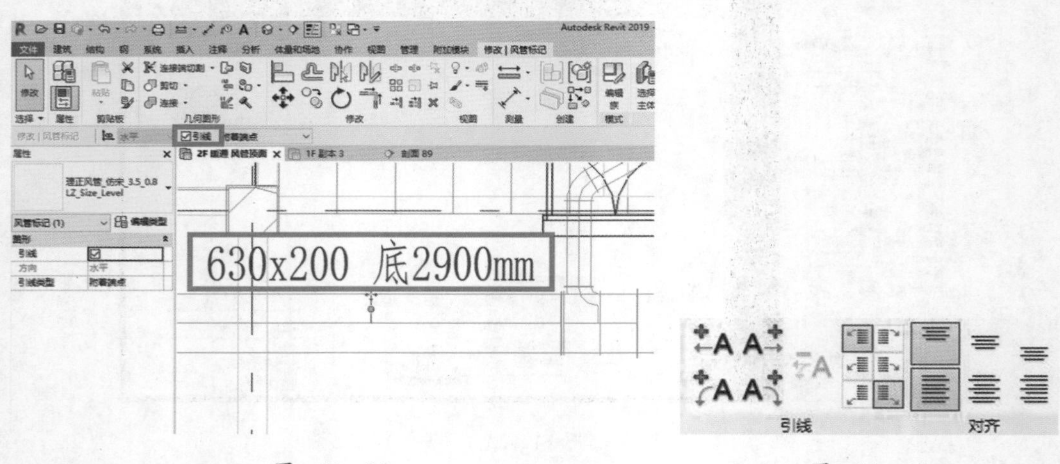

图 14－25　　图 14－26

二、给水排水平面

水专业视图包括了给水排水平面、消防栓平面、喷淋平面等多类平面图。本小节以给水排水平面图为例讲述在 Revit 软件中给水排水专业平面图的出图设置。

1. 出图样板基本设置

详细程度：中等。

视觉样式：隐藏线。

视图比例：1:50/1:100 /1:150 /1:200

规程：机械/卫浴。

模型类别可见性：对空调风管、电气桥架以及其附件设备等无关构件设置为不可见。

注释类别可见性：默认值。

2. 使用视图样板

在“项目浏览器”打开给排水的出图平面，选择视图属性面板的“标识数据”中的“视图样板”按钮，在弹出的指定视图样板对话框中选择需要的给水排水专业出图样板，完成视图样板应用。具体可参考暖通专业。

3. 处理底图

给水排水专业平面出图的底图处理参考暖通专业。完成视图样板应用、底图处理后还需要把一些零碎的图线删除，把作图留下的辅助线、临时线、临时符号等采用过滤器过滤出来，并且删除。

4. 管道、管件及附件的二维表达

在出图视图中当在“中等”详细程度下显示单管时，会看到管道的弯头不是90°的直角，而且立管的图形显示偏大，如图 14－27，这种表达形式与常规出图的表达形式有所不同，常规的表达形式如图 14－28 所示。这与平时的二维平面出图有点不一致，此时需要单击功能区中“管理”面板“MEP 设置”下拉菜单中的“机械设置”，如图 14－29 所示。在弹出的“机械设置”对话框中选中左侧的“管道设置”，将“管件注释尺寸”改为“0. 1mm”，将“管道升/降注释尺寸”改为“1. 2mm”，单击“确定”完成设置，如图 14－30 所示。

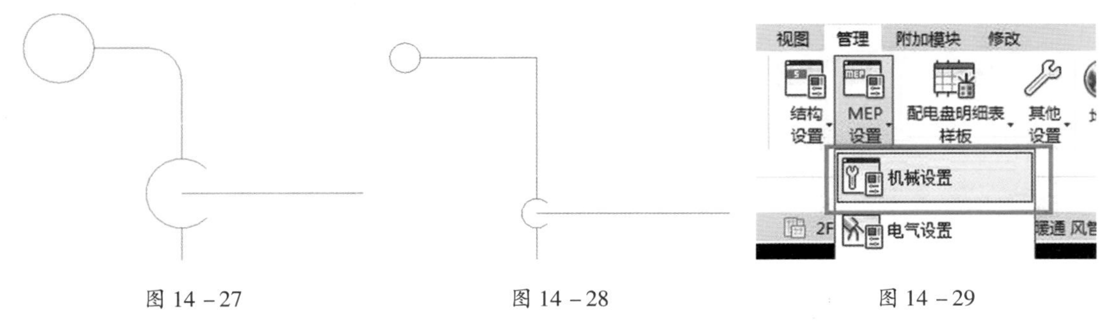

图 14－27　　图 14－28　　图 14－29

对于管道阀门、仪表等这类附件，在出图视图中需要它的二维表达图形随着视图比例的改变而改变，具体做法是选中所有的管道附件，勾选“属性”面板上的“使用注释比例”，如图 14－31 所示，即可使管道附件的二维图形随着比例改变。

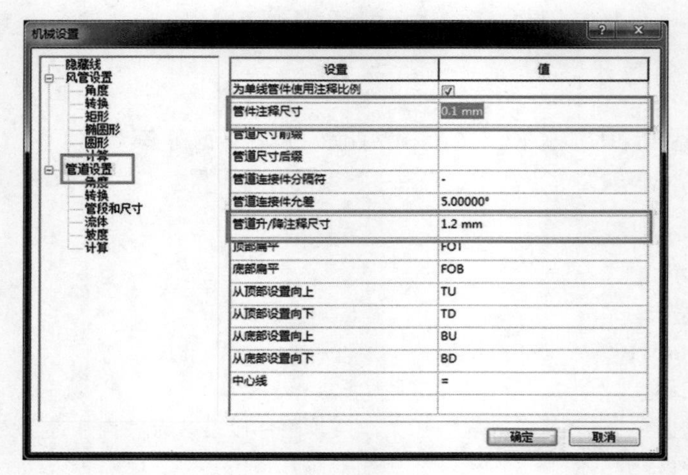

图 14－30

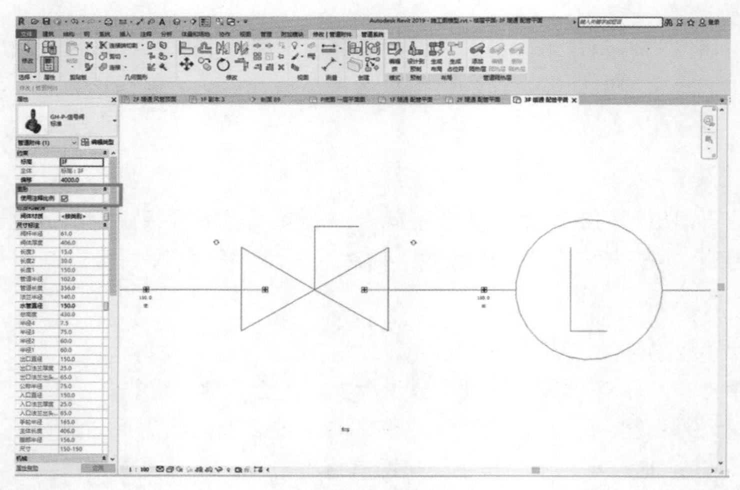

图 14－31

5. 给水排水出图平面视图标注

给水排水出图平面标注大致分为定位尺寸标注、规格尺寸标注、水管标注、水管附件标注、机械设备标注和其他标注。

1）定位尺寸标注和规格尺寸标注方法参考暖通专业，平面图的横管、立管、套管、水泵设备等均需要定位尺寸标注。

2）水管标注和水管附件标注，选择功能区“注释”选项的“按类别标记”（图 14－32），然后点选水管放置标注，放置完成后可点选标记拖动位置，也可勾选“引线项”标出引线，如图 14－33 所示。

图 14－32　　　　图 14－33

3）对于给水排水设备如水泵、储水罐、增压设备等有时想要表达的信息比较多，而不方便做多个标记族，或者机械设备参数不齐全，可以使用文字注释来说明，具体操作参考暖通专业。

三、电气平面

电气专业 Revit 出图主要分为强电平面图和弱电平面图。本小节以强电平面图为例讲述电气专业平面图在 Revit 软件中的出图设置。

1. 出图样板基本设置

详细程度：中等。

视觉样式：线框。

视图比例：1:50 /1:100 /1:150 /1:200。

规程：电气。

模型类别可见性：管道、空调风管及其附件设备等无关模型构件设置为不可见。

注释类别可见性：默认值。

2. 使用视图样板

在“项目浏览器”打开强电的出图平面，单击视图“属性”面板“标识数据”中的“视图样板”按钮，在弹出的“指定视图样板”对话框中选择需要的强电专业出图样板，完成视图样板应用，具体可参考暖通专业。

3. 处理底图

电气专业平面出图的底图创建参考暖通专业。完成视图样板应用、底图处理后还需要把一些零碎的图线删除，把作图留下的辅助线、临时线、临时符号等采用过滤器过滤出来，并且删除。

4. 强电出图平面视图标注

强电出图平面标注大致分为定位尺寸标注、规格尺寸标注、桥架线槽标注、配电箱标注、电气设备标注和其他标注。

1）定位尺寸标注和规格尺寸标注方法参考暖通专业，平面图的插座、灯具、配电箱、母线桥架、供配电设备等均需要定位尺寸标注，供配电房以及变压电房等变配电设备需要规格尺寸标注。

2）桥架/母线/线槽标注，选择功能区“注释”选项的“按类别标记”，然后点选桥架/母线/线槽放置标注，放置完成后可点选标记拖动位置，也可勾选“引线项”标出引线，如图 14－34 所示。

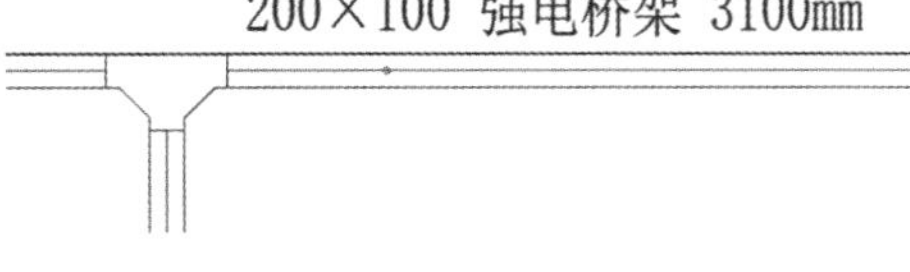

图 14－34

3）对于电气设备有时候想要表达的信息比较多，而不方便做多个标记族，或者电气设备参数不齐全，可以使用文字注释来说明，具体操作参考暖通专业。

四、管线综合彩色平面图和预留孔洞平面图

在设计施工阶段采用管线综合技术能综合考虑机电各专业管线的空间排布，通过采取合理规范的优化调整措施，能有效减少施工中的管线自身或者与建筑结构主体的冲突与碰撞，降低施工成本，减少施工中因各种原因带来的返工损失，同时大大减少了事故隐患，提高了施工质量和生产效率，保证了施工工期。Revit 能导出清晰反映建筑、结构、给水排水、暖通、电气专业间关系

的管线综合彩色平面图、剖面图、轴测图以及孔况图。其与传统的二维出图相比，Revit 出图的图面表达更丰富，表达效果更直观。本小节将介绍如何采用 Revit 软件输出管线综合彩色平面图以及预留孔洞平面图。

1. 管线综合彩色平面图

（1）出图样板基本设置

1）详细程度：精细。

2）视觉样式：着色。

3）视图比例：1:50 /1:100 /1:150 /1:200。

4）规程：协调。

5）模型类别可见性：默认值。

6）注释类别可见性：默认值。

（2）使用视图样板　在“项目浏览器”中打开管线综合的出图平面，单击视图“属性”面板“标识数据”中的“视图样板”按钮，在弹出的“指定视图样板”对话框中选择需要的管线综合出图样板，完成视图样板应用，具体可参考暖通专业。

（3）处理底图　管线综合平面出图的底图创建参考暖通专业。完成视图样板应用、底图处理后还需要把一些零碎的图线删除，把作图留下的辅助线、临时线、临时符号等采用过滤器过滤出来，并且删除。

（4）视图标注　管线综合出图平面标注大致分为定位尺寸标注、管道标注、桥架/线槽/母线标注、风管标注和其他标注。

1）定位尺寸标注方法参考暖通专业，对于管线综合平面图，给排水泵房、暖通机房和电气机房里的对安装准确度要求比较高的设备需要规格尺寸标注。

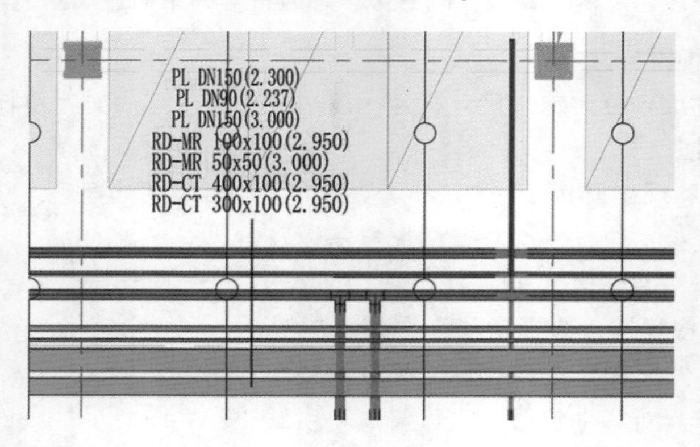

图 14－35

2）对于管线综合的风管、桥架、管道标注，可以采取集中标注，如图 14－35 所示。选择功能区“注释”选项的“按类别标记”，然后点选桥架/风管/管道放置标注，放置完成后可点选标记拖动调整位置，也可勾选“引线项”标出引线。

3）对于一些机房或泵房设备有时候想要表达的信息比较多，而不方便做多个标记族，或者设备参数不齐全，可以使用文字注释来说明，具体操作参考暖通专业。

（5）管线综合平面图的系统颜色方案　由于管线综合平面图的管线数量较多，应对各管线的系统配上不同的颜色予以区分。各类型暖通风管的标记及颜色设定示例见表 14－1，各类型给水管道的标记及颜色设定示例见表 14－2，各类型电气桥架的标记及颜色设定示例见表 14－3。

表 14－1

序号	类型	标记	名称	RGB
1		300mm×200mmBL＋1900	送风管	000－255－000
2		300mm×200mmBL＋1900	排烟管	255－127－000
3		300mm×200mmBL＋1900	排风管	255－127－255
4	R	R *DN*150CL: 1200mm	冷媒管	000－255－255
5	LS	LS *DN*150CL: 1200mm	冷冻水供水管	000－255－255
6	LR	LR *DN*150CL: 1200mm	冷冻水回水管	159－255－127
7	WS	WS *DN*150CL: 1200mm	冷却水供水管	063－000－255
8	WR	WR *DN*150CL: 1200mm	冷却水回水管	127－159－255
9	BS	BS *DN*150CL: 1200mm	补水管	255－255－127
10	L	L *DN*150CL: 1200mm	冷凝水管	255－255－127
11	P	P *DN*150CL: 1200mm	膨胀管	255－063－000
12	Z	Z *DN*150CL: 1200mm	蒸汽管	000－255－191

给水排水：

表 14－2

序号	类型	标记	名称	RGB
1	J	J *DN*100 CL: 1200mm	给水管	000－255－000
2	R	R *DN*150 CL: 1200mm	热水供水管	000－000－255
3	RH	RH *DN*150 CL: 1200mm	热水回水管	000－255－255
4	F	F *DN*150 CL: 1200mm	废水管	255－191－127
5	W	W *DN*150 CL: 1200mm	污水管	255－255－000
6	Y	Y *DN*150 CL: 1200mm	雨水管	000－255－255
7	T	T *DN*150 CL: 1200mm	通气管	000－255－127
8	Z	Z *DN*150 CL: 1200mm	中水管	000－204－153
9	X	X *DN*150 CL: 1200mm	消防管	255－000－000
10	ZP	ZP *DN*150 CL: 1200mm	喷淋管	255－000－255

电气：

表 14－3

序号	类型	标记	名称	RGB
1		弱电－BAS CT200mm×100 BL: 2700mm	弱电桥架	255－128－128
2		弱电－安防 CT200mm×100 BL: 2700mm	安防桥架	000－255－000
3		弱电－消防 CT200mm×100 BL：2700mm	消防弱电桥架	255－000－255
4		弱电－综合布线 CT200mm×100 BL: 2700mm	综合布线桥架	000－255－255
5		强电－消防 CT200mm×100 BL: 2700mm	消防强电桥架	255－000－000
6	X X X X X X X	强电－电力 CT200mm×100 BL: 2700mm	强电桥架	255－255－000
7		母线槽 CT300mm×100 BL: 3350mm	母线槽	255－255－000

2. 预留孔洞平面图

（1）出图样板基本设置

1）详细程度：粗略。

2）视觉样式：线框。

3）视图比例：1:50 /1:100 /1:150 /1:200。

4）规程：协调。

5）模型类别可见性：给水排水、电气和暖通等模型的无关构件信息设为不可见，预留套管设为可见。

6）注释类别可见性：默认值。

（2）底图处理以及视图标注及整理　底图不管是采取链接 CAD 形式、链接 Revit 模型形式还是以中心模型形式建立，由于预留孔洞平面主要反映一些管线设备在穿越结构剪力墙、梁等受力部件时的空间定位，所以在预留孔洞平面的底图需要表达出建筑和结构专业的基本构件，如墙、梁、柱等，一些基本的轴网、房间功能名称等定位信息也需要保留。为了突出预留孔洞的相关信息，需要把底图视图设置为半色调。预留孔洞标注主要是对套管的相关信息进行标注，这些信息应包括但不仅限于套管的类型、管径、管中心标高、套管与套管以及墙、梁、柱的定位尺寸标注。一般而言套管的标注形式分为两种，对于一些相同套管的数量比较少的或者特殊的套管可以直接在平面上标注其信息，如图 14－36 所示。而对于一些信息重复比较多的，可以采用编号的方式对套管进行标注，如图 14－37 所示。编号对应信息如图 14－38 所示。

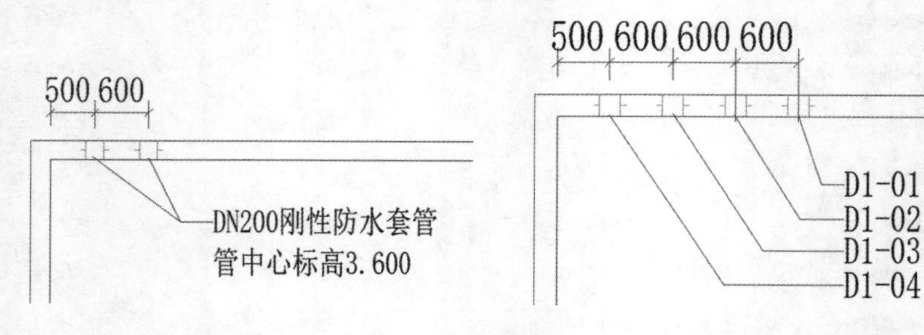

图 14－36　　　　图 14－37

编号	名称	管径（型号）	管中标高	战时功能	备注
D1－01	镀锌钢管	5×DN50	H＋3.0	战时电力	管壁厚大于 2.5mm
D1－02	镀锌钢管	5×DN50	H＋3.0	战时电力	管壁厚大于 2.5mm
D1－03	镀锌钢管	2×DN50	H＋3.0	战时电力	管壁厚大于 2.5mm
D1－04	镀锌钢管	5×DN50 4×DN50	H＋3.0	战时电力	管壁厚大于 2.5mm
D1－05	镀锌钢管	5×DN50	H＋3.0	战时电力	管壁厚大于 2.5mm
D1－06	镀锌钢管	5×DN50	H＋3.0	战时电力	管壁厚大于 2.5mm
D1－07	镀锌钢管	5×DN50	H＋3.0	战时电力	管壁厚大于 2.5mm
D1－08	镀锌钢管	4×DN50	H＋3.0	战时电力	管壁厚大于 2.5mm

图 14－38

预留孔洞平面图是在管线综合基础上创建的，需要待管线合理有序地排布完毕、管线设备位置已确定的情况下去设计预留孔洞平面图。当套管都按照管线位置放置完毕并且标注完成后，就可以使用“可见性/图形替换”中的“模型类别”把管道、桥架、风管、机械设备等相关构件设为不可见，只留下各类套管在视图中。

五、图例视图

Revit 中提供的“图例”视图可以放置于多个图纸中。利用“图例”视图可以制作机电各个专业的图例说明。具体方法如下：

1）在“项目浏览器”中选中“图例”，单击鼠标右键选择“新建图例”，在弹出的“新图例视图”对话框中填写图例的“名称”，在“比例”下拉菜单中选择需要的比例，点击“确定”完成图例视图的创建，如图 14－39 所示。

图 14－39

2）以管道阀门图例为例，创建一个图例表。首先选择功能区“注释”选项的“详图线”命令绘制出需要的图例表框，然后选择“文字”激活文字放置界面，单击图例表框空白处输入表头文字（图 14－40）。选中文字可在“属性”面板的“编辑类型”中通过复制文字类型新增文字样式。

3）最后在功能区单击“注释”选项“构件”下拉菜单的“图例构件”（图 14－41），在族下拉菜单中选取需要的图例构件，在图例表框空白处单击鼠标左键放置，如图 14－42 所示。选中构件符号拖动可调整位置。

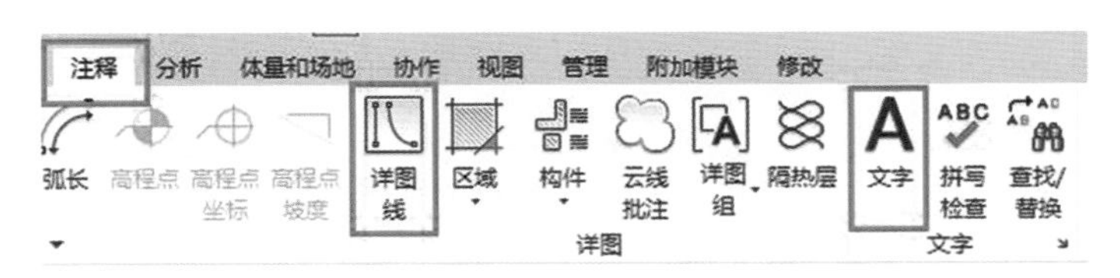

图 14－40

图 14－41

4）完成图例后，可以打开图纸视图，在“项目浏览器”中单击鼠标左键选中新建的图例拖拽至图纸视图中，然后调整好图例位置即可，如图14－43所示。

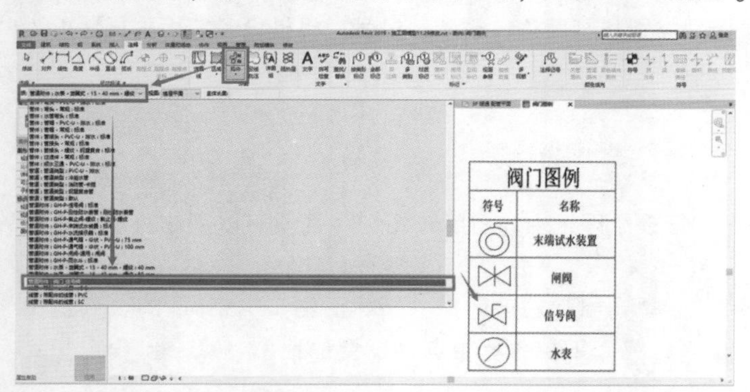

图 14－42

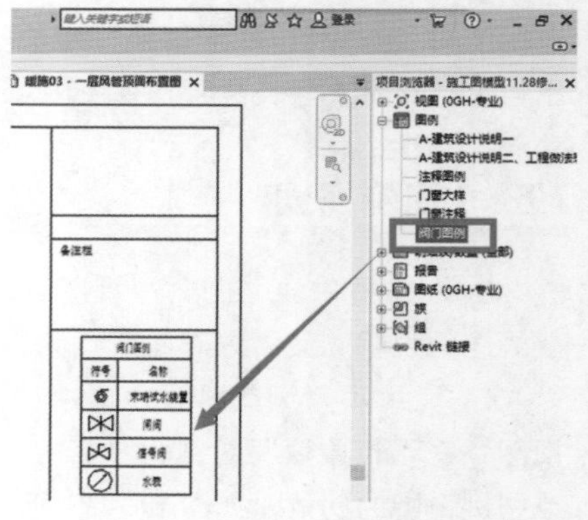

图 14－43

第四节　明细表

当完成了模型的搭建后，可能需要对一些管道、风管、桥架以及阀门附件、机械设备等进行工程量统计，Revit 提供的明细表能够更快速地统计。由于明细表与模型关联，所以后期变更设计模型，明细表可自动实时更新数据。Revit 提供多种明细表视图，如“新建明细表/数量”“图形明细表”“新建材质提取”等，机电专业常用“新建明细表/数量”。明细表实质上也是 Revit 的一类视图，与图例视图一样可以存在于多个图纸中。本节以管道模型统计为例，示范明细表在机电专业中的应用。具体步骤如下：

1）在项目浏览器中单击鼠标右键选择“明细表/数量”，选择“新建明细表/数量”，在弹出的“新建明细表”对话框的“类别”项中选中“管道”，键入明细表“名称”，选“建筑构件明细表”，如果建模时没有分阶段，“阶段”选项按默认即可，然后单击“确定”，如图 14－44 所示。

2）在弹出的“明细表属性”框中双击左边“可用的字段”，将需要的参数字段添加到右边的“明细表字段”中，此例中选择“系统类型”“系统缩写”“材质”“尺寸”“长度”“合计”共六个字段，然后单击“确定”，如图 14－45 所示。

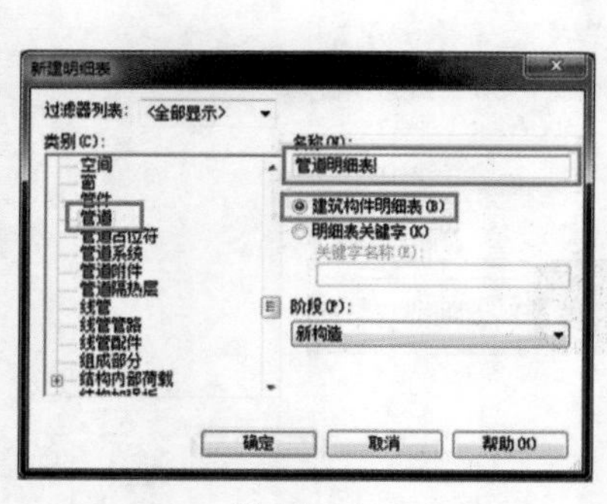

图 14－44

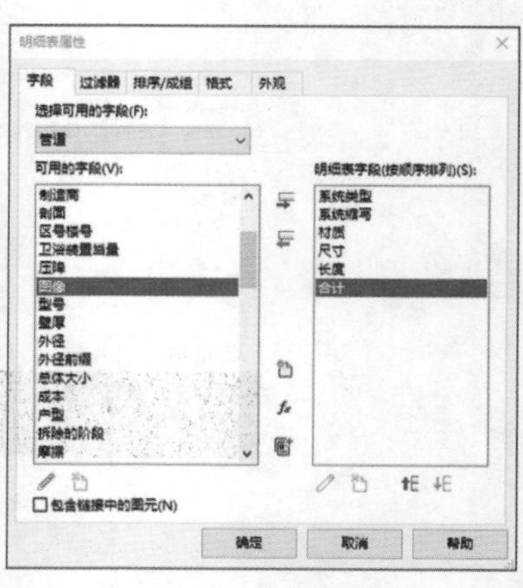

图 14－45

完成字段添加后 Revit 会自动生成管道明细表，如图 14－46 所示。但是明细表内容只是把所有的管道逐一罗列，并没有分类别统计，因此需要添加一些排序条件。

A	B	C	D	E	F
系统类型	系统缩写	材质	尺寸	长度	合计
冷媒系统	LM	铜	50	4491	1
冷媒系统	LM	铜	50	1145	1
冷媒系统	LM	铜	50	3954	1
冷媒系统	LM	铜	50	2342	1
冷媒系统	LM	铜	50	3562	1
冷媒系统	LM	铜	50	268	1
冷媒系统	LM	铜	50	2030	1
冷媒系统	LM	铜	50	2120	1
冷媒系统	LM	铜	50	2048	1
冷媒系统	LM	铜	50	3882	1
冷媒系统	LM	铜	50	[illegible]	1

图 14－46

3）在“明细表属性”对话框中单击“排序/成组”，弹出的对话框会打开并定位到“明细表属性”面板的“排序/成组”选项。依次按“系统缩写”“尺寸”“材质”为“升序”排列，在“自定义总计标题”中键入“总计”作为总计标题名称，取消勾选“逐项列举每个实例”，如图 14－47 所示。单击“确定”后明细表会自动更新明细表统计形式，如图 14－48 所示。

图 14－47

A	B	C	D	E	F
系统类型	系统缩写	材质	尺寸	长度	合计
湿式消防系统		UPVC	75	2. 60	1
排水-废水系统	F	UPVC	50	38. 15	50
排水-废水系统	F	UPVC	75	43. 59	28
排水-废水系统	F	UPVC	110	27. 50	6
	J	钢塑复合	15	116. 00	105
	J	钢塑复合	20	13. 05	13
给水-家用冷水	J	钢塑复合	25	7. 94	11
给水-家用冷水	J	钢塑复合	32	15. 77	6
给水-家用冷水	J	钢塑复合	40	20. 58	16
给水-家用冷水	J	钢塑复合	50	35. 54	10
冷媒系统	LM	铜	50	330. 36	204
空调冷凝水系统	LN	聚氯乙烯，硬质	25	164. 98	111
空调冷凝水系统	LN	铜	25	0. 98	5

图 14－48

如想调整明细表字段的前后顺序，可以在“明细表属性”面板中点击“字段”，通过“↑E ↓E”按钮来移动字段的前后顺序。明细表提供“过滤器”功能，可以通过设置过滤条件来筛选出需要的统计数据，如图 14－49 所示。

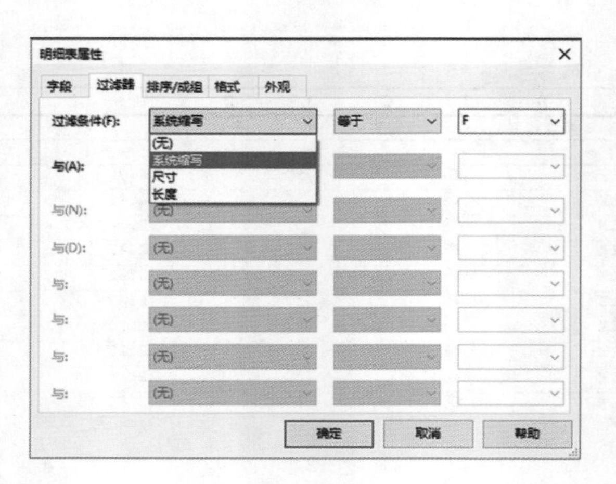

图 14－49

在“明细表属性”面板中的“格式”“外观”选项中，可以对明细表的标题以及内容格式进行简单的调整，如它们的字体样式、对齐方式、网格线型等。

4）如果表中某一项的单位需要修改，可以选中需要更改单位的数据，单击功能区中“修改明细表/数量”选项的“设置单位格式”，勾选“使用项目设置”会默认按项目的单位设置，也可以单独修改单位、保留小数位等，如图 14－50 所示。

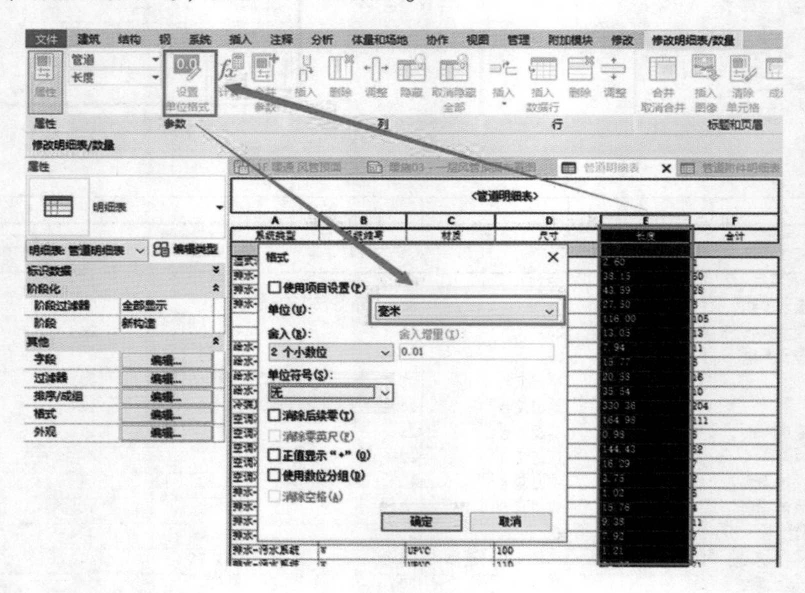

图 14－50

5）在明细表中，可以使用“条件格式”把需要突出显示的数据通过颜色设置突显出来，单击“明细表属性”面板中的“格式”，在弹出的面板中选择一个需要添加条件的字段，如“系统分类”，然后单击“条件格式”，在弹出的“条件格式”对话框中分别设置“系统分类”“等于”“卫生设备”，单击“背景颜色”选择一个颜色，然后单击“确定”完成条件格式设置，如图 14－51所示。

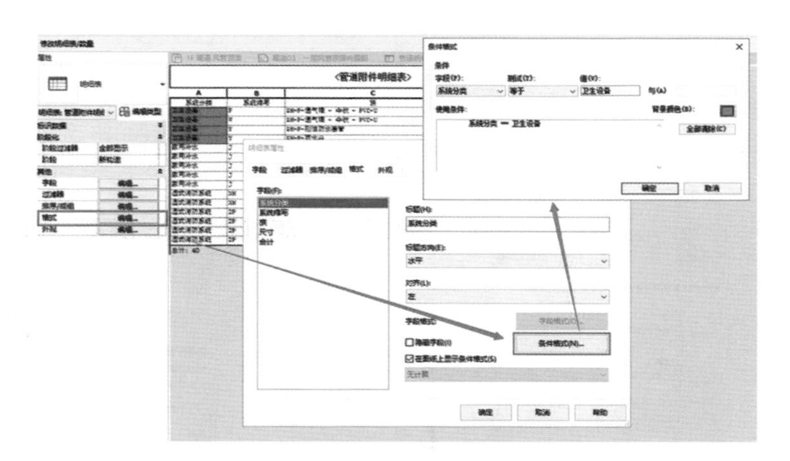

图 14－51

第五节　图纸创建

一、图纸与标题栏

标题栏是一个图纸样板，定义了图纸的大小、外观和其他信息，可以使用族编辑器创建标题栏族。标题栏一般包含以下两种类型信息：

1）项目专有信息。项目专有信息应用于项目中的所有图纸。

2）图纸专有信息。对于项目中的每张图纸，此信息可能会各不相同。

二、添加图纸

单击“视图”选项卡“图纸组合”面板中的“图纸”，在“选择标题栏”中选择“定制 A1 图框”，单击“确定”（图 14－52）。可以看到原来项目样板中设置好的信息已出现在新生成图纸中，可根据需要修改相关信息，将所需视图直接拖拽至图纸中合理布局即可。

图 14－52

第六节　图纸输出

一、打印设置

完成图纸后可以使用 Revit 的“打印”选择需要出图的图纸视图进行打印。打印前需要使用“打印设置”，对一些基本参数进行设置。具体方法为：依次单击“文件”“打印”“打印设置”，如图 14－53 所示。

在弹出的“打印设置”对话框中（图 14－54），选择打印“尺寸”，打印“方向”根据图纸选择“纵向”或者“横向”，“页面位置”选择“中心”，“隐藏线视图”选择“矢量处理”，“缩放”一般选择“匹配页面”即可，“外观”中的“光栅质量”不需要光栅处理，可以不用调整。

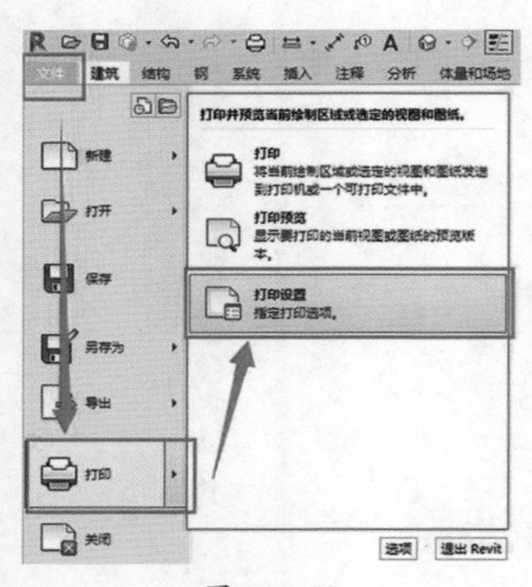

图 14－53

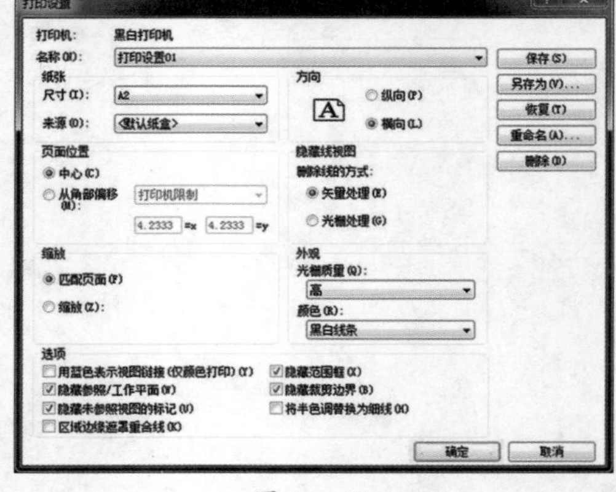

图 14－54

“颜色”选项下拉菜单中有三个选项，选择“黑白线条”，则所有文字、非白色线、填充图案线和边缘会以黑色打印，所有的光栅图像和实体填充图案会以灰度打印；选择“灰度”，则所有的颜色、文字、图像和线都会以灰度打印；选择“颜色”，则会保留打印项目中的所有颜色。

下面“选项”中的一些设置一般按照默认设置即可，当需要显示一些剖面、立面和详图索引视图的视图标记则需要选择这一项。如果在视图中使用了半色调显示某些图元时，需要勾选“将半色调替换为细线”。设置完成后单击“另存为”，在弹出的对话框中命名后单击“确定”完成打印基本设置。

完成打印设置后依次在功能区中点击“文件”“打印”，会弹出“打印”对话框中（图 14－55）。在“打印机”“名称”下拉列表中可以选择已安装的打印机，如果安装了 PDF 浏览器可以选择 PDF 打印机打印。在“文件”选项中有两个选项，当输出 PDF 并且在“打印范围”中选择“所选视图/图纸”时，可以将所选的图纸合并到一个 PDF 或是分开独立的文件输出。“设置”选项的设置方法与图 14－54 所述相同，可以直接选择创建的出图设置。最后单击“确定”完成打印设置。

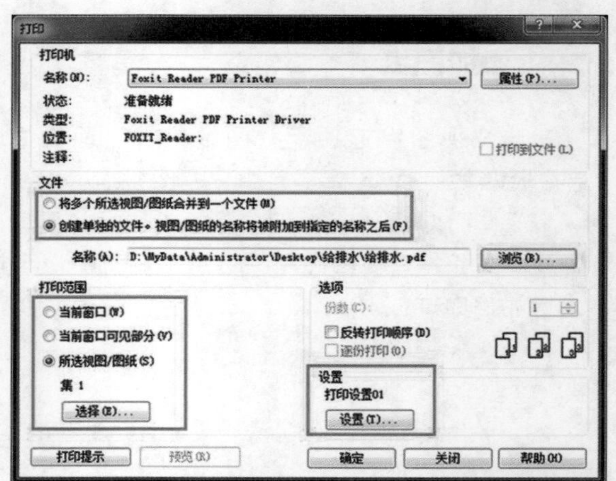

图 14－55

二、输出 CAD 格式文件

为了方便与 AutoCAD、Microstation Revit 等软件信息交互，Revit 支持 DWG、DXF、DGN 及 SAT 等格式输出，可以通过“修改 DWG/DXF 导出设置”设置模型导出为 CAD 时的图层、线、填充图案、字体、CAD 版本等。本小节将讲述图纸输出为 CAD 文件的方法，具体方法如下：

依次打开功能区中的“文件”“导出”“CAD 格式”“DWG”，导出 DWG 格式文件，如图14－56所示。

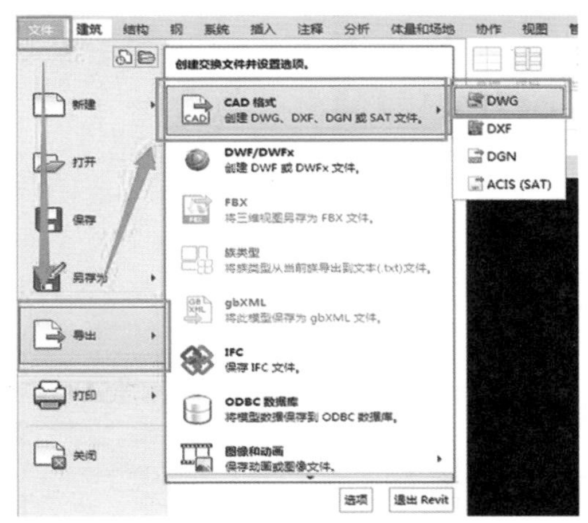

图 14－56

在弹出的“DWG 导出”对话框中选择“选择导出设置”中的修改导出设置，如图 14－57 所示。

在弹出的“修改 DWG/DXF 导出设置”对话框中，需要先新建一个设置模板，单击左下角“”图标，在弹出的“新的导出设置”对话框中键入新名称后单击“确定”，如图 14－58 所示。单击“层”选项，可以看到一个图层设置面板，有两种图层的配置方法，一是建立图层映射标准来批量修改，二是直接对每个图层的颜色线型等逐一修改。

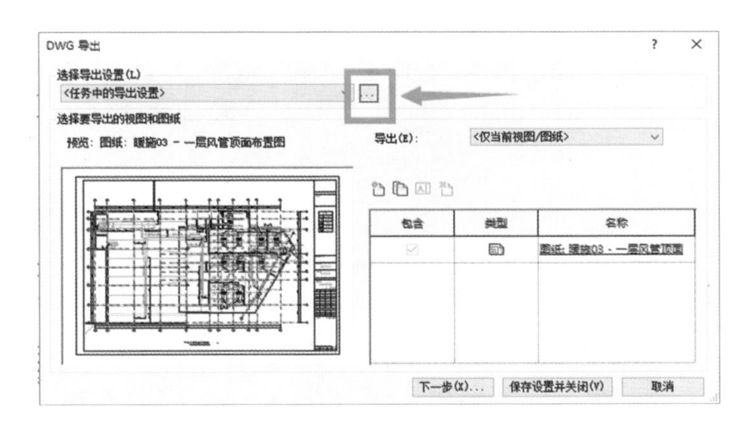

图 14－57

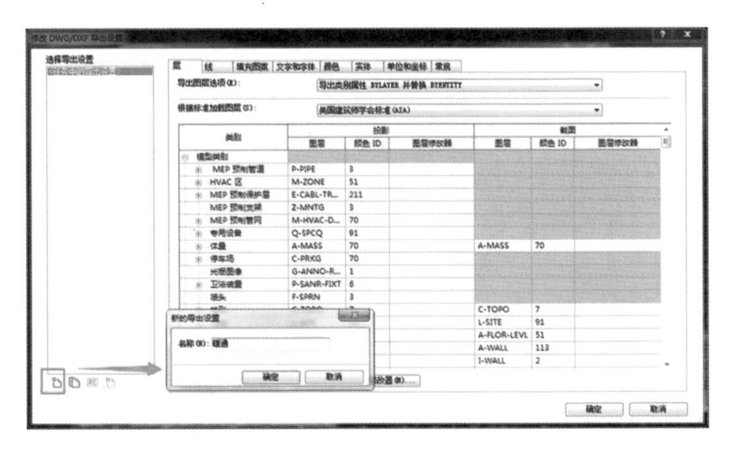

图 14－58

单击“根据标准加载图层”下拉菜单，Revit 提供四种国际图层映射标准（图 14－59），还可以单击“从以下文件加载设置”，通过加载其他 txt 图层配置文件来设置。

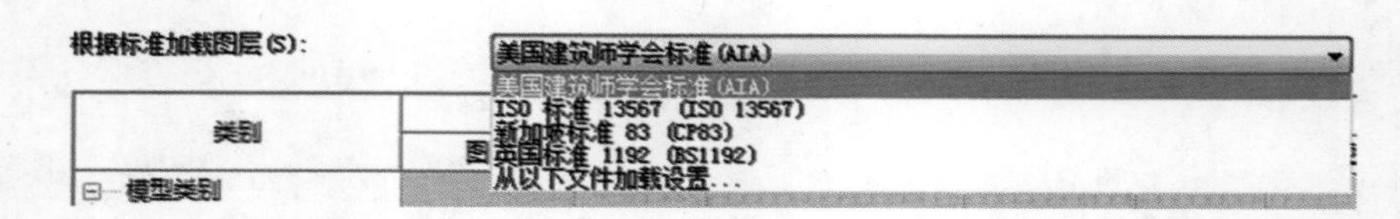

图 14－59

除了通过加载图层映射标准来批量更改图层之外，还可以对每个线型图层逐一修改。例如，暖通导出 CAD 的图层设置，需要将墙、柱等这些底图颜色调为 8 号色，图层自定义为“建筑－底图”，风管、风管管件等则沿用对应系统的颜色和系统命名作为导出图层的颜色和命名。

具体操作如下：选择需要修改名称的类别，选中后在“图层”内的空格直接键入新的图层名称，在“颜色 ID”一栏中键入对应的 CAD 颜色色号，如图 14－60 所示。

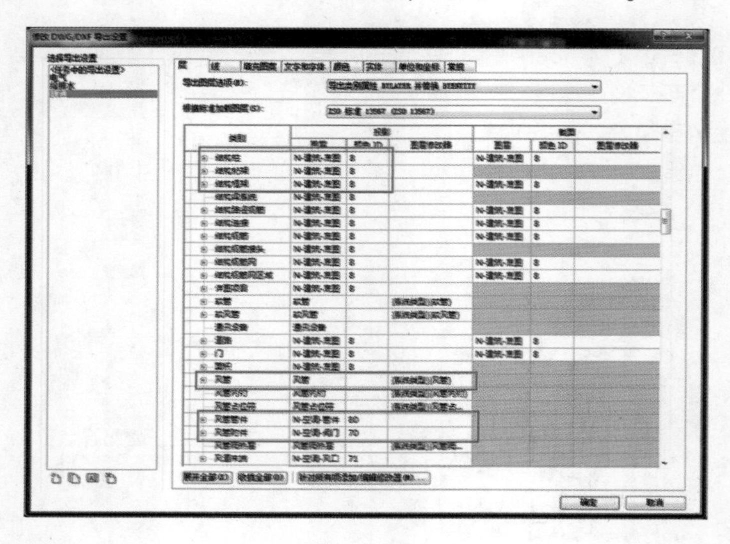

图 14－60

设置完无系统分类的类别后，需要把风管、管件等这类有系统分类的类别直接引用系统内的设置，以风管为例，单击风管类别“图层修改器”下面的“添加/编辑”按钮，在弹出的“添加/编辑图层修改器”对话框中双击左边的“系统类型”将其添加至右边的“添加的修改器”中，然后单击“确定”，如图 14－61 所示。按照 CAD 的制图习惯，像阀门附件这类图元，一般单独创建一个图层，因此给阀门附件直接添加命名和颜色 ID，不需要在“图层修改器”中引用系统的设置。

设置完图层后，还可以对导出的 CAD 的“线”“填充图案”“文字和字体”等参数进行设置，通过加载 DWG 的线型文件和 DWG 的填充图案文件，可以将原来的线型以及填充图案替换成 DWG 的。颜色导出按默认的“索引颜色（255 色）”设置即可。在“单位和坐标”选项可以选择导出 DWG 文件的单位和坐标系的基础，一般按照默认即可。

“常规”选项中可以设置是否导出一些范围框、参照平面、视图标记等，也可以设置默认导出的 CAD 格式版本。在完成了所有的导出设置后，单击“确定”完成导出模板的设置，然后在“DWG 导出”对话框中“选择要导出的视图和图纸”的下拉列表选择新建的设置模板。在“导出”选项中，可以选择仅导出当前的图纸，也可以在下拉列表中选中“任务中的视图/图纸集”，在“按列表显示”中选择“模型中的图纸”，然后勾选需要出图的图纸，如图 14－62 所示。单击“下一步”，键入导出图纸的名称，并且选择导出 DWG 文件格式版本，可以勾选或取消勾选“将图纸上的视图和链接作为外部参照导出”，最后单击“确定”就完成了导出 CAD 文件的操作，如图 14－63 所示。

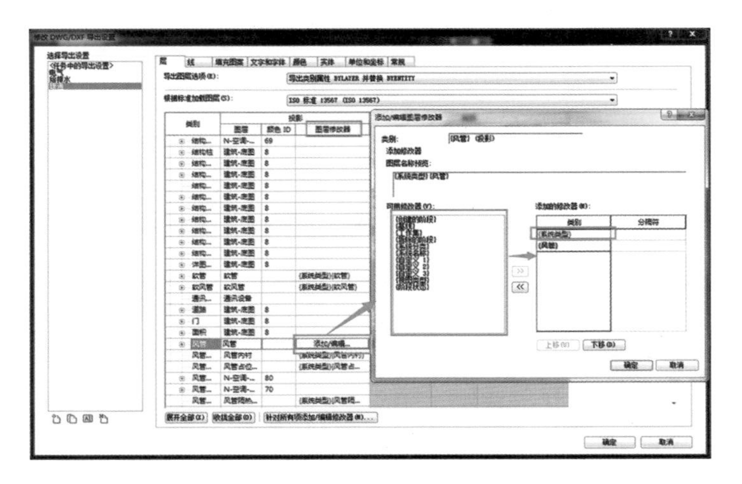

图 14－61

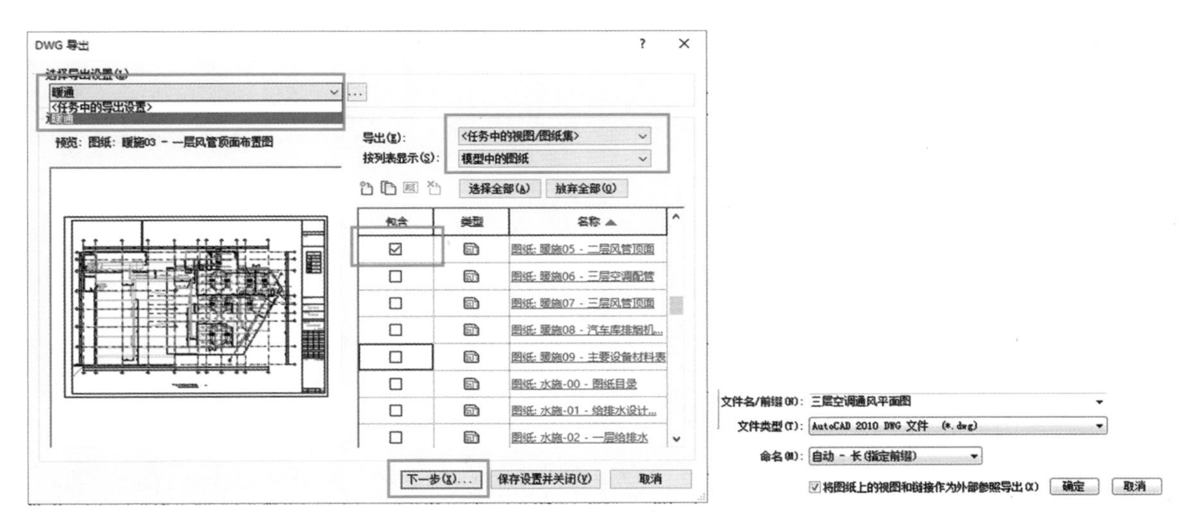

图 14－62　　　　　　　　　　　　　　　　图 14－63

课后练习

1. 在使用 Revit 软件出图时，为便于统一调整图纸标注，同一层平面拆分为几个视口图纸，采用的复制视口方式为(　　)。

   A. 复制　　B. 带细节复制　　C. 复制作为相关　　D. 复制作为相同

2. Revit 软件中视图方向向下的视图范围为（　　）区域。

   A. 顶部至底部　　B. 顶部至底部下方视图深度偏移量处

   C. 顶部至顶部下方视图深度偏移量处　　D. 顶部至剖切面下方视图深度偏移量处

3. Revit 软件中机电平面规程设置，暖通、给水排水、电气专业分别选（　　）规程。

   A. 均选择机械

   B. 均选择协调

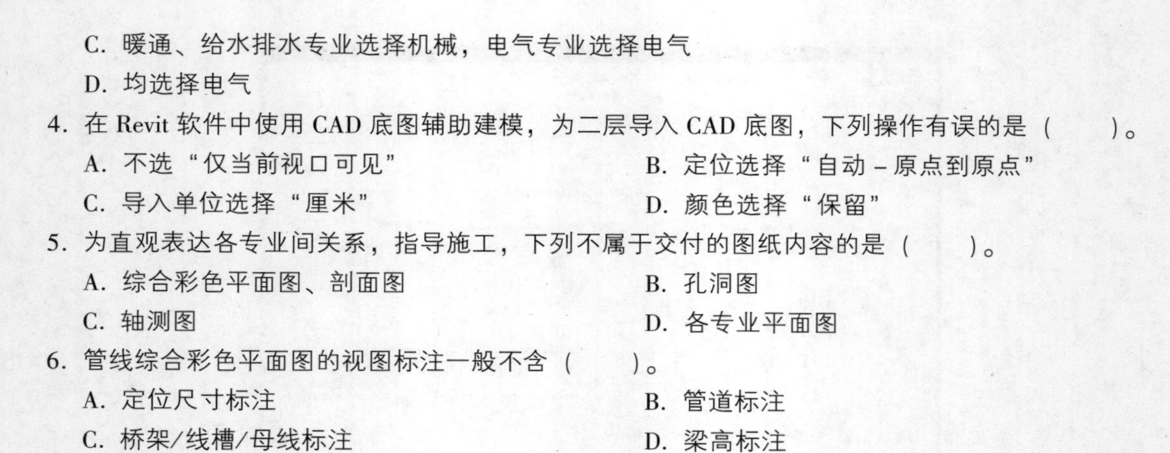

C. 暖通、给水排水专业选择机械，电气专业选择电气

D. 均选择电气

4. 在 Revit 软件中使用 CAD 底图辅助建模，为二层导入 CAD 底图，下列操作有误的是（　　）。

A. 不选“仅当前视口可见”　　B. 定位选择“自动－原点到原点”

C. 导入单位选择“厘米”　　D. 颜色选择“保留”

5. 为直观表达各专业间关系，指导施工，下列不属于交付的图纸内容的是（　　）。

A. 综合彩色平面图、剖面图　　B. 孔洞图

C. 轴测图　　D. 各专业平面图

6. 管线综合彩色平面图的视图标注一般不含（　　）。

A. 定位尺寸标注　　B. 管道标注

C. 桥架/线槽/母线标注　　D. 梁高标注

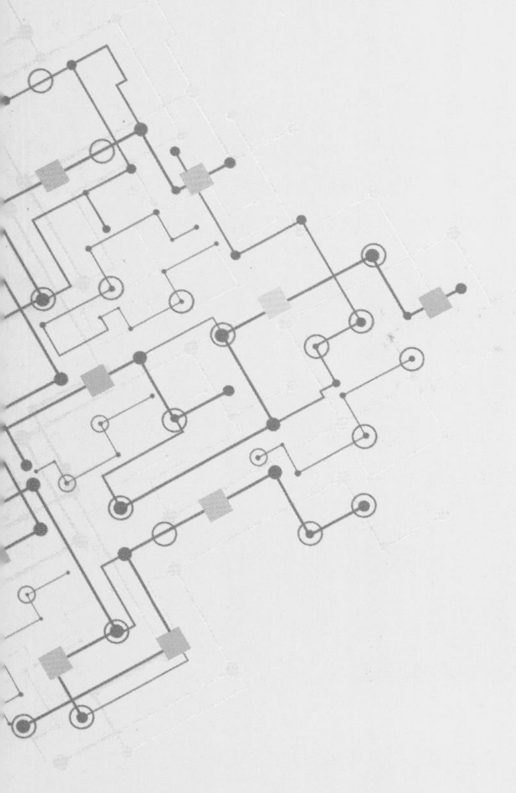

PART 03

第三部分 Bentley AECOsim 案例实操及应用

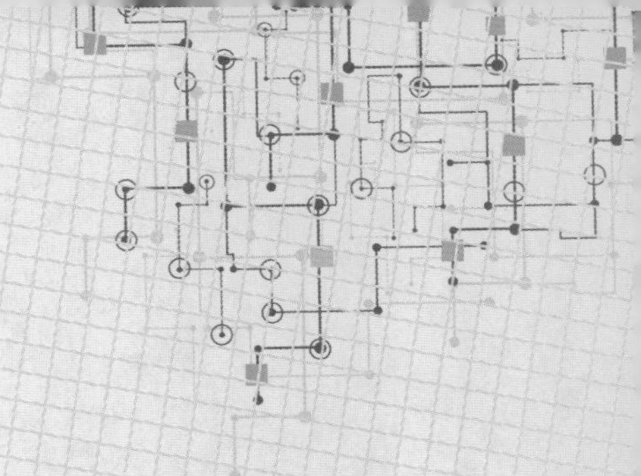

第十五章 Bentley BIM 解决方案及工作流程

第一节 Bentley BIM 解决方案

一、Bentley 解决方案架构

Bentley 是一家具有 30 多年历史的软件公司，主要业务是为基础设施行业提供全生命周期的解决方案。从行业覆盖上来说，几乎涵盖了各个基础设施行业，例如，建筑、工厂、市政、轨道交通、园区、变电、污水处理、新能源、数字城市等。Bentley 公司大约有近 400 种软件产品，覆盖从设计、施工到后期运营维护和退役处理的各个环节，并通过不断地收购和本地研发扩展其产品线，如图 15－1 所示。

图 15－1

BIM 技术在基础设施行业的应用过程就是数字化工作流程的应用过程。从全生命周期的角度，这个工作流程需要基于一个互联的数据环境，通过综合建模环境下的多专业协作工作流程和综合性能环境下的全生命周期应用来实现，如图 15－2 所示。

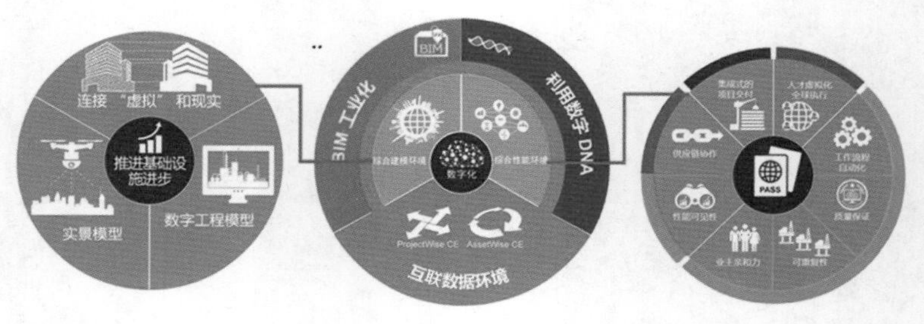

图 15－2

二、互联的数据环境

BIM 数字化工作流程是通过互联的工作环境来实现的，而互联的工作环境又根据数据所处的状态不同，分为综合建模环境和综合性能环境。

1. 综合建模环境

对于综合建模环境来讲，解决的核心问题是“**多专业协作**”，管理对象是过程中的 BIM 数据，需要确保数据被正确创建、被正确移交。在这个工作过程中，需要齐全的专业设计工具、统一的建模平台，同时也需要一个协同的工作平台来进行管理。

对于不同的专业来讲，需要通过不同的专业模块形成“数字工程模型”，而在这个工作过程中，也需要每个专业通过统一的内容创建平台 MicroStation 进行实时的数据协同。

MicroStation 工程内容创建平台（图 15－3）：用来支持多专业的应用工具集，几乎所有的专业应用模块都是基于 MicroStation 的，这就意味着专业间可以实时协同，无需转换。同时 MicroStation 具有非常强的数据兼容性，支持 dwg、skp、obj、fbx、rvt、rfa、ifc 等近 80 多种数据格式。

图 15－3

在 MicroStation 平台上有丰富的专业模块，包括：

AECOsim Building Designer（简称 ABD）：建筑类的专业模块，本书的 Bentley 部分就是以此为核心。

ProStructural：结构专业施工级详细模型应用，包括钢结构和混凝土两个模块。

Staad. Pro、RAM 系列：常用结构分析模块，除此之外，还有很多的结构分析模块，例如 RM 用于桥梁的分析应用。

OpenPlant 系列：工厂类等级驱动类关系系统设计模块，涵盖工艺流程、管道、设备、支吊架、电气仪表等分支专业应用。

OpenRoads 系列：市政交通类专业设计模块，涵盖场地、道路、地下管线、综合管廊等应用。

OpenRail 系列：轨道类设计模块。

Substation 电气系列：包括变电、电缆桥架等系列应用。

上面列举的是常用的模块，截止到 2018 年底，Bentley 有将近 400 个专业模块，对应不同专业的应用需求。

除了通过这些专业的设计工具形成各专业的 BIM 模型以外，也可以利用航拍、无人机、点云等实景数据，通过实景建模的方式形成“实景模型”。从某种意义上讲，在设计、施工阶段建立数字工程模型时，现实中的“物理”模型还不存在，或者只是存在于一部分施工过程中，而实景模型可以将原始的周围环境、施工过程中的状态准确地记录下来。通过与数字工程模型结合，将“虚拟”和“现实”连接起来。图 15－4 是 Bentley 实景建模技术的应用场景。

图 15－4

ProjectWise 协同工作平台（**图 15－5**）：对于多专业协同的数字化工作流程，需要一个协同工作平台对工作过程进行管理，这样才能提高整个项目的效率。ProjectWise 就是这样的角色定位，它可以基于 B/S 和 C/S 结构进行部署，支持云相

图 15－5

关技术的应用。

ProjectWise 可以对基础设施行业多专业协作过程中的工作内容进行分级授权管理，对企业级的工作标准进行统一控制，对工作流程进行自动化控制。

ProjectWise 作为协同工作平台，不仅仅可以与 Bentley 的设计模块协作起来，也可以与其他的软件集成。例如 AutoCAD、Revit、Office 系列等。同时，它可以作为数字化移交的平台，实现构件级的管理，用于将设计、施工的 BIM 数据移交到后期的运维环节。

2. 综合性能环境

对于综合性能环境来讲，解决的核心问题是“**数据综合应用**”，管理对象是运维中的 BIM 数据，需要确保运维数据与实际数据的一致性以及变更过程中的可靠性。例如，当一个水泵被更换时，需要确保运维系统中的对象数据被更新，相关联管道、阀门也做了相应的更新。

AssetWise 资产管理平台（图 15－6）：设计、施工的 BIM 数据最终都要通过数字化移交的方式，移交到后期的运营维护环节。AssetWise 根据运营维护的需求，将设计、施工的 BIM 数据与运营维护的数据进行结合，例如备品备件信息、检修信息、供应商信息等，建立一个满足后期运营维护的“数据模型”。数据模型是指数据之间的逻辑关联关系，而不是指三维的形体模型。

图 15－6

综合性能环境是用来为资产的运营维护服务的。通过建立“数据模型”将三维信息模型数据、财务数据、运维数据、人员管理与培训等运维信息连接起来。通过变更管理、关键设备可靠性、备品备件管理等手段，保证资产 Asset 的可靠性，用于与企业的其他系统进行集成，例如 OA、ERP 等。

综合性能环境是通过人员、流程和技术来保证资产的性能，也就是让资产满足设计要求。这里涉及“关联关系管理”的概念，因为需求不同，构件在运维阶段的关联关系也不同，如图 15－7 所示。例如，一个阀门在运维阶段会与房间产生联系，因为它的关闭会决定房间是否受影响。

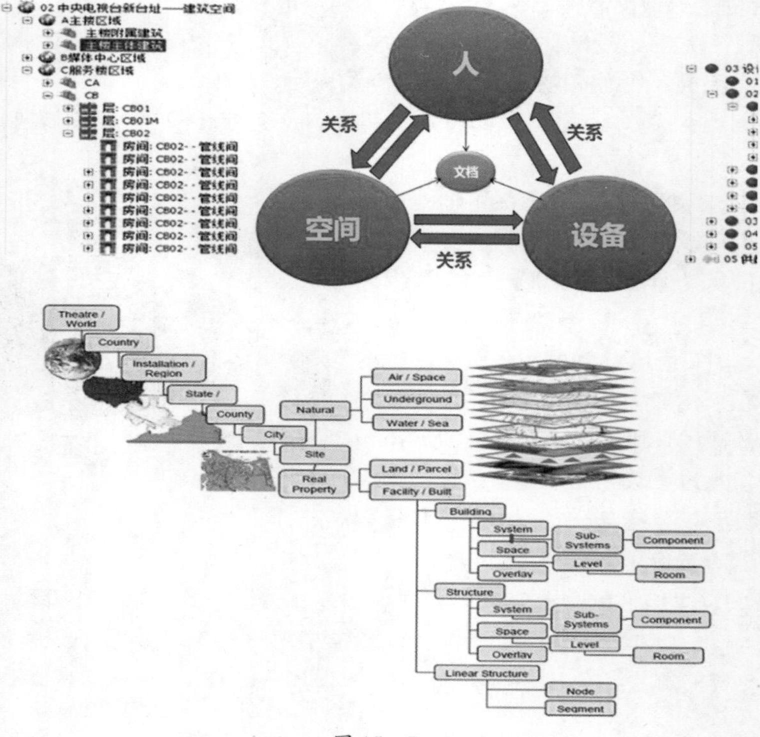

图 15－7

其他的应用系统，例如企业 OA、ERP 系统，也可以从这个运维系统中提取数据，如图 15－8 所示。

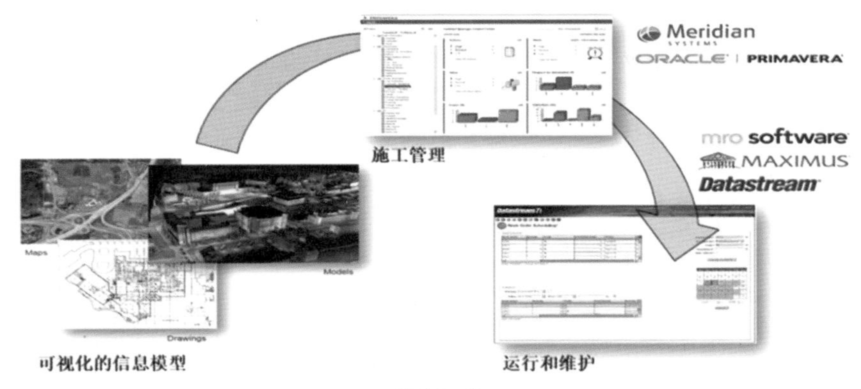

图 15－8

三、 BIM 解决方案应用

对于 BIM 在全生命周期的应用来讲，是通过综合建模环境和综合性能环境来建立数字化的工作流程。

为了实现上述目的，需要对整个 BIM 应用所采用的解决方案进行配置，图 15－9 是一个典型市政工程的 BIM 解决方案应用的案例。除了传统的建筑类专业外，还需要地质、总图等专业的配合。

地质　总图　机电　土建　其他

专业应用工具软件集

地质专业 GeoEngine/gINT
勘测专业 ContextCapture
其他辅助 ContextCapture Planner
总图专业 OpenRoads Series
道路专业 OpenRoads Series
施工专业 OpenRoads Series
水机专业 OpenPlant
电气专业 Substation/BRCM
金结专业 MicroStation/GC
管道分析 AutoPipe
其他辅助 OverHeadline
建筑 AECOsim Architecture
结构建模 AECOsim Structural
混凝土结构配筋 ProConcrete
钢结构详图 ProSteel
钢结构分析计算 STAAD.Pro
暖风水 AECOsim Mechnicalc
能耗分析 Energy Simulation
效果输出 MS/LumenRT
三维校审 Navigator
移动端应用 iApps
施工指导 ipad Navigator/CC
碰撞检查 Detection
安装进度模拟 Schedule Simulation
二次开发商产品 Third Part Products
其他平台 Other Products

工程内容创建平台及项目环境　MicroStation(2D/3D 一体化图形应用平台，EC，项目工作标准配置)

工程数据管理平台　ProjectWise Design integration(协同设计管理环境，非结构化数据管理/文档关系管理/版本管理/项目标准环境管理)

AssetWise(面向对象的工程数据库，任务管理/结构化数据管理/信息关系管理/信息变更管理/流程引擎)

信息模型发布及浏览　Navigator—信息模型综合应用　iModel 2.0—统一的数据结构　移动应用

图 15－9

由图 15－9 可知，Bentley BIM 解决方案分为三个应用层次。

1）“专业应用工具软件集”解决了多专业协作过程中每个专业都有特定的工具软件问题。

2）平台层，是通过 MicroStation、ProjectWise 和 AssetWise 三个平台，解决了全生命周期中协同协作的问题。

3）“信息模型发布及浏览”解决了数据存储与交流的问题，也包括了与其他工程数据的兼容。

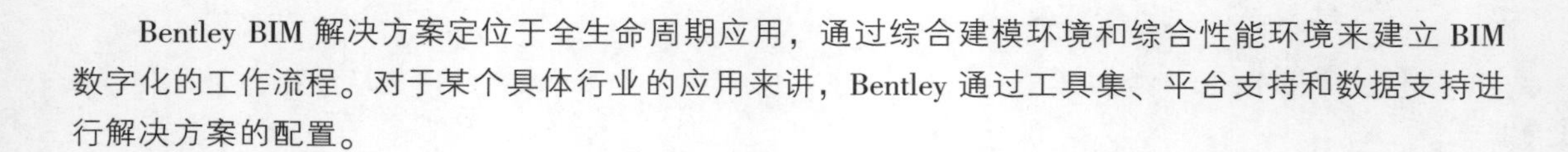

Bentley BIM 解决方案定位于全生命周期应用，通过综合建模环境和综合性能环境来建立 BIM 数字化的工作流程。对于某个具体行业的应用来讲，Bentley 通过工具集、平台支持和数据支持进行解决方案的配置。

第二节 Bentley BIM 设计流程

Bentley BIM 解决方案是基于全生命周期的，包括设计、施工、运维以及某些行业的退役过程。每个环节都有一个数字化的工作流程与之对应。下面以设计环节为例介绍工作流程。

需要注意的是，BIM 的工作过程在于优化工作流程，这也包括不同环节的配合过程。所以，对于设计环节来讲，除了使用设计工具、协同平台外，还需要用到一些运维的工具来校核、检验设计的成果是否符合后期的运维需求。例如，通过空间规划的工具检测建筑设计的空间布置是否满足后期运维的功能需求。

下面以建筑行业为例，说明 Bentley BIM 解决方案的工作过程。

对于一个包含传统建筑专业的综合项目来讲，可以使用不同的工具建立多专业的三维信息模型，如图 15 - 10 所示。

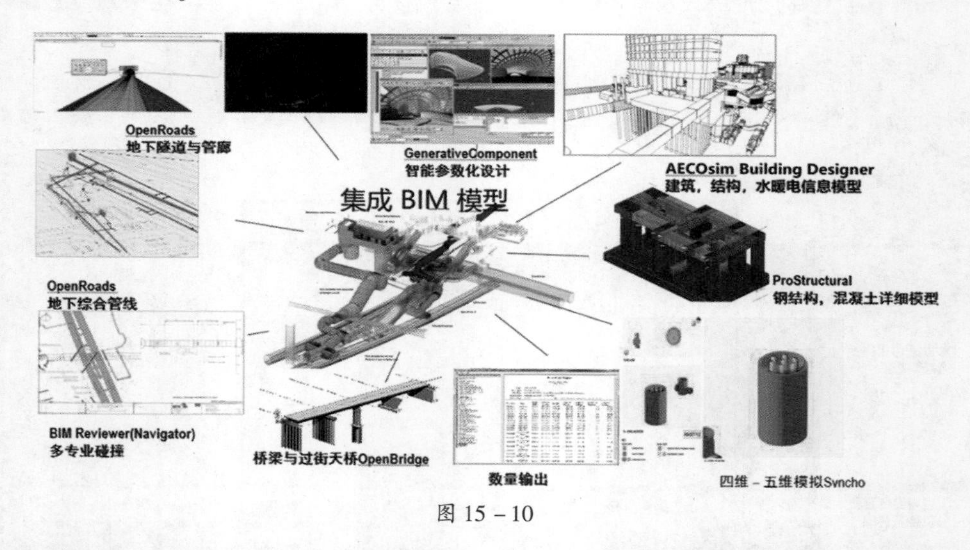

图 15 - 10

不同的软件通过一个协同的工作过程，形成了多专业的三维信息模型，输出相应的设计成果，为后期的施工和运维打好模型基础。

一、建筑专业设计

对于一个建筑项目来讲，需要从场地规划和建筑设计开始。首先需要根据所涉及建筑的外围环境、建筑性能规划来进行综合考量。

应用 Bentley Map、OpenSite 等模块，设计团队可以评估毗邻环境的使用情况对环境的影响，并开始建筑布局的评估，应用 OpenRoads Designer 的场地改造来做雨水控制、道路、停车场和建筑平面布局的评估，如图 15 - 11 所示。在这个过程中，也可以通过实景建模技术形成更加真实的环境场景模型，以优化设计方案。

当整体方案确定后，建筑专业会进行建筑内部的详细设计，包括了不同功能房间的布置、开间布局、具体三维模型的布置等。

当方案布置完成后，可以与规划初期的设计用途进行校核，判断各种功能区域是否满足设计需求，并在此基础上进行优化，如图 15－12 所示。

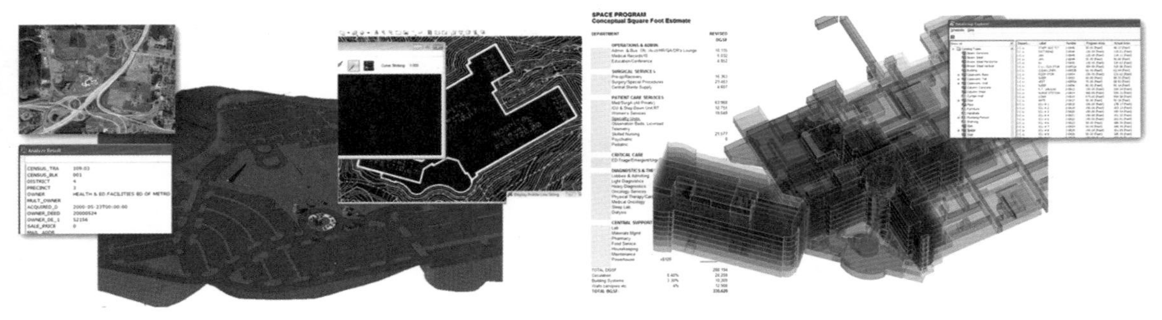

图 15－11　　　　图 15－12

初步设计完成后，可以将设计模型与实景模型相结合，如图 15－13 所示。

也可以输出到 LumenRT 中进行真实场景的展示，也支持虚拟现实技术，如图 15－14 所示。

图 15－13

图 15－14

在 ABD 中，可以采用参数化的设计工具和三维的设计环境，快速地表达设计创意，通过与实景技术的结合，更加有效地考虑与周围环境的协调一致。通过内置的 Luxology 渲染引擎和 LumenRT 表现手段，可以更加真实、容易地表达设计创意。

二、 结构专业设计

结构设计和建筑设计几乎是同时进行的过程，一起探讨整体设计方案，通过基于 ABD 的实时参考技术很容易做到这一点。

当建筑设计方案确定后，结构专业开始利用 ABD 进行详细的结构设计过程。考虑各种荷载因素，结构工程师利用 ABD 建立初步的结构模型后，通过 ISM 文件交换技术，使用 Staad. Pro、RAM 等分析工具进行结构分析。根据分析结果对设计进行调整，如图 15－15 所示。

三、 设备专业设计

设备专业设计包括了暖通、给水排水、消防、燃气等管线的设计内容。对于暖通专业设计来讲，首先需要进行负荷计算，确定每个房间的负荷，以选择合适的暖通设备，通过水利计算，确定相应的管径。

使用 ABD 的 Energy Simulator 可以进行能耗计算和分析模拟，并支持 LEED 认证，计算模块可以直接读取建筑对象的房间对象，只需设置维护结构热工参数和气象数据就可以完成计算过程，如图 15－16 所示。

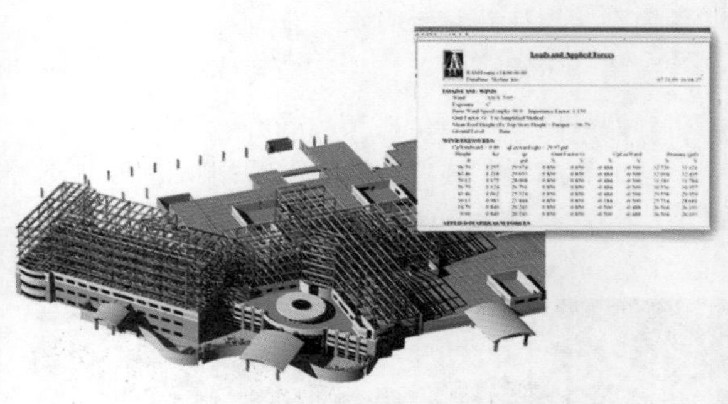

图 15－15

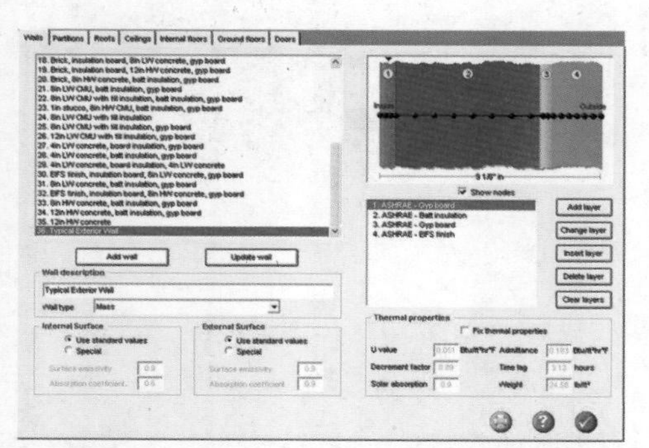

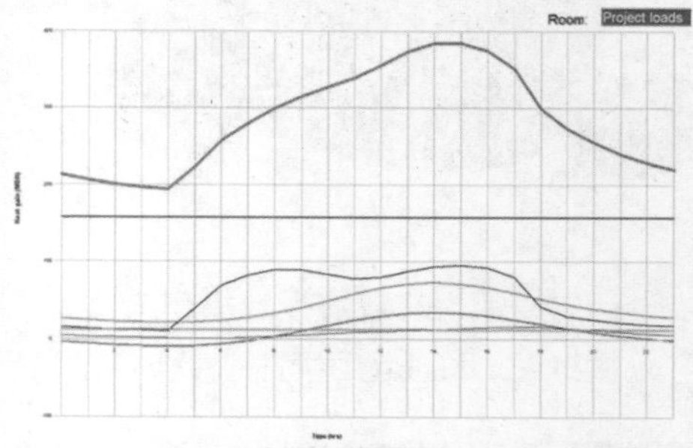

图 15－16

负荷计算完成后，根据计算结果进行参数化的布置，如图 15－17 所示。

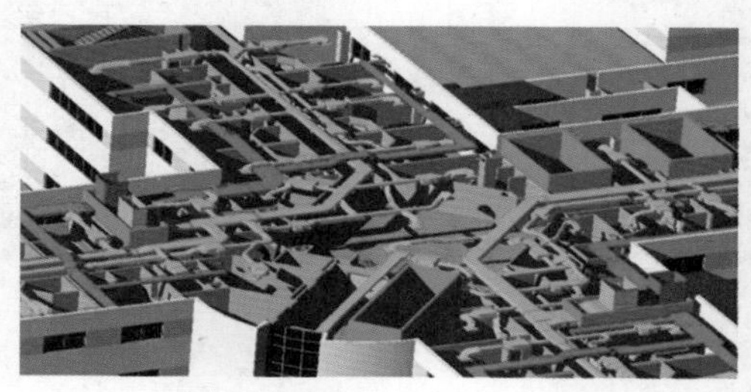

图 15－17

四、 电气专业设计

电气专业设计包括了动力照明设计、火灾报警系统和桥架系统设计。设计的过程，需要参考建筑、结构等专业的三维模型，以精确定位电气设备。对于照明设计过程，可以与 Relux 或者 Acruity Brands 集成，进行照度分析，并根据结果自动布置灯具，如图 15－18 所示。

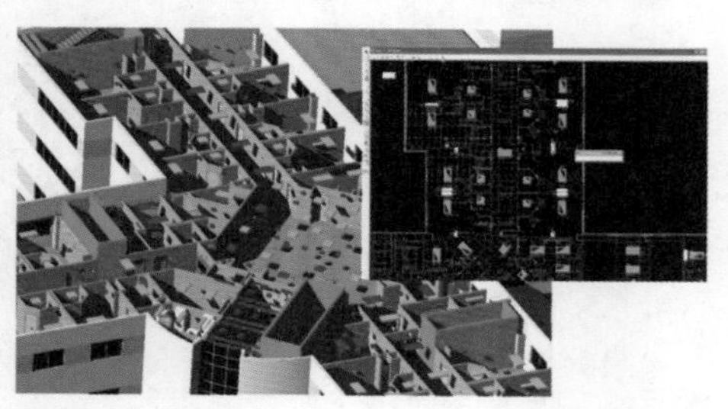

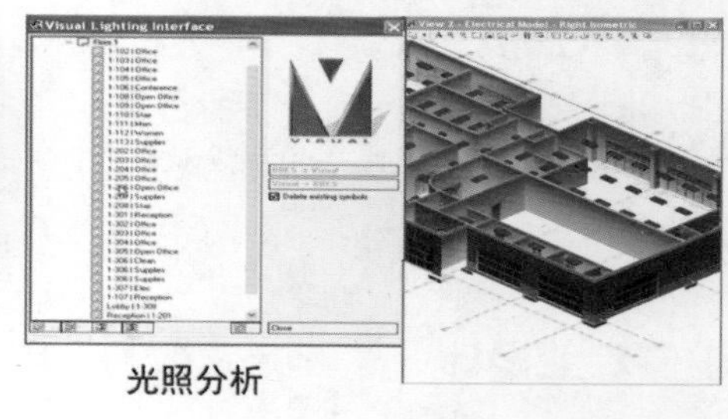

图 15－18

上述是一个简单的建筑项目中各专业的协同工作过程，对于某些特殊的项目，还需要特殊的专业支持。例如，对于医院项目，还包括了医用管道的设计内容，这属于有压力的管道，需要使用 OpenPlant 软件来设计压力管道，并与其他管道类型进行管道综合，如图 15－19 所示。

图 15－19

OpenPlant 是专为具有等级驱动（Spec）概念的压力管道设计的，可以使用 Isometric 自动提取生成系统图。由于 OpenPlant 和建筑系统使用同一个平台 MicroStaion，所以这个过程是实时的协同工作过程。

通过上述设计过程，可以形成一个多专业三维信息模型，如图 15－20 所示。

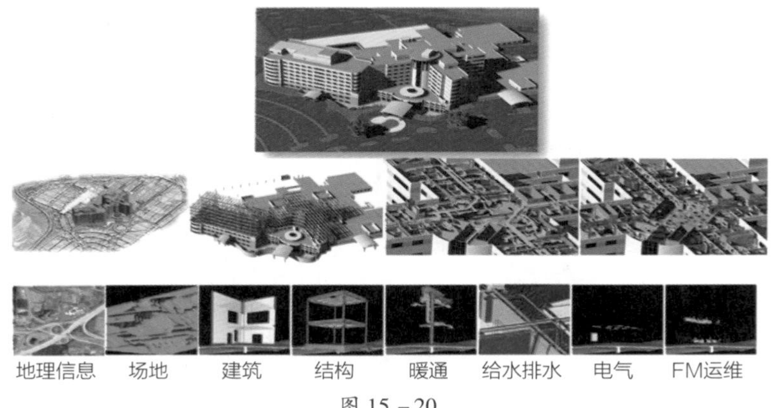

图 15－20

五、协同工作

BIM 的工作流程需要一个系统的工作环境。上述的整个工作过程是基于 ProjectWise 的协同环境下进行的。

综上所述，对于一个 BIM 工作流程来讲，既需要齐全的专业设计工具，又需要协同的工作过程。对于设计过程来讲，需要根据项目需求、人员角色进行工作流程的梳理，工作流程也简称工作流（Workflow），划分为三个部分，分别是建模工作流（图 15－21）、审核工作流（图 15－22）和文档生成工作流（图 15－23）。

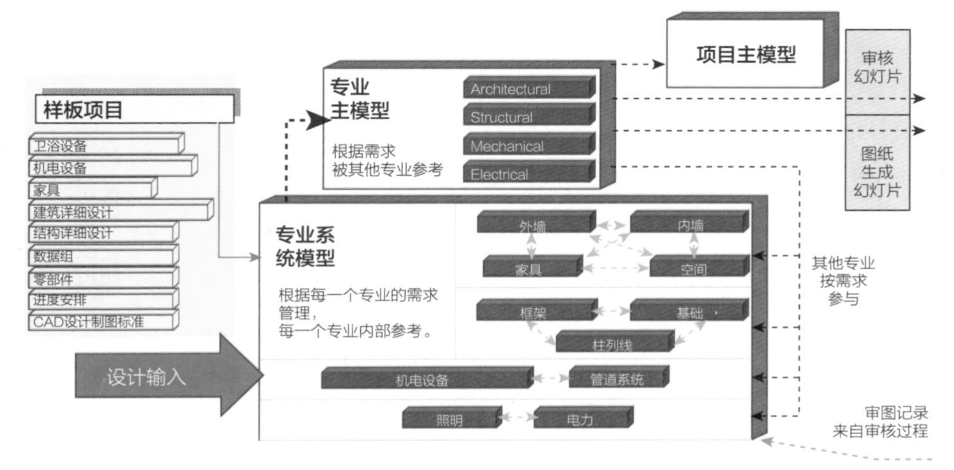

图 15－21

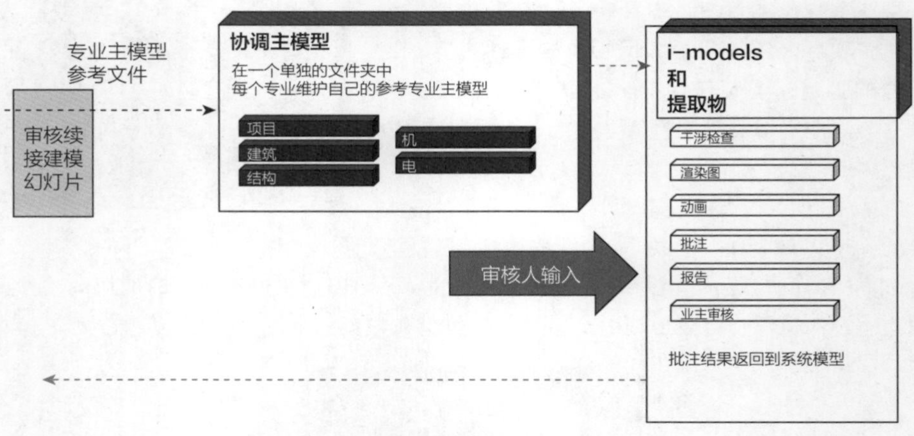

图 15－22

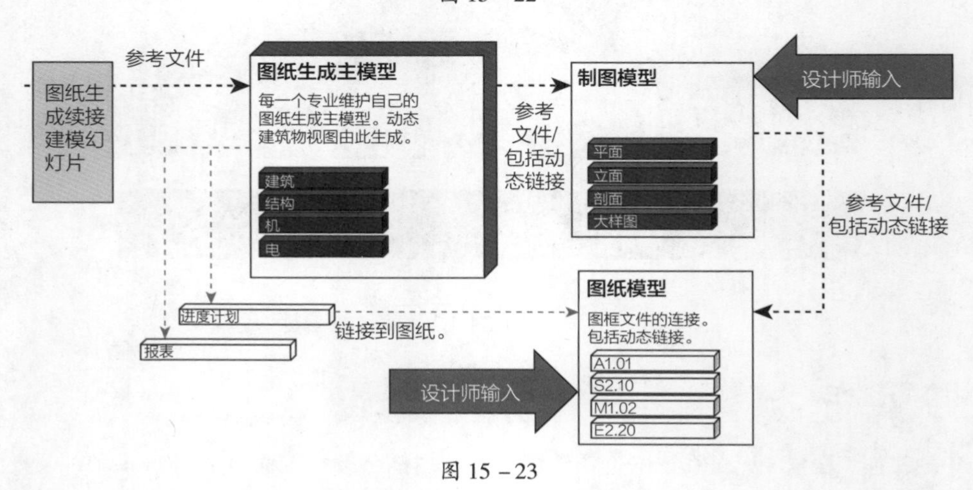

图 15－23

第三节　学习资源

由于篇幅限制，对于 Bentley 的实例操作部分，内容重点放在操作的流程和原则上，对于一些细节内容不再赘述，可以使用如下学习资源掌握更多的内容。

- 微信公众号

可以关注微信公众号“BentleyBIM 问答社区”（非官方）来获取学习资源、软件试用、视频教学及案例分享（图 15－24）。上面也有 Bentley 更多的软件模块试用下载和介绍。

图 15－24

- 图书资料

对于 ABD 的环境定制和整体 BIM 应用流程，可以参考《AECOsim Building Designer 协同设计管理指南》和《Bentley BIM 解决方案应用流程》（图 15－25），目前这两本书都是基于 V8i 版本，但原理一样，后续会陆续更新到 CE 版本。

- 论坛支持

在学习过程中，有问题可以通过中国优先社区：http：//www. bentley. com/ChinaFirst 获得更多的技术支持（图 15－26）。

图 15－25　　图 15－26

课后练习

1．下列关于 Bentley 软件的说法不正确的是（　　）。

A．Bentley 的 AECOsim Building Designer 是建筑类的专业模块

B．OpenRoads 系列包括了变电、电缆桥架等系列应用

C．如果是在工厂或者综合管廊中用到的压力管道，则需要采用基于等级驱动的 OpenPlant 系列

D．结构施工级模型采用 ProStructural，常用的结构类分析采用 Staad. Pro 系列

2．下列关于 Bentley BIM 解决方案中互联的数据环境说法不正确的是（　　）。

A．BIM 数字化工作流程是通过互联的工作环境来实现的，而互联的工作环境又根据数据所处的状态不同，分为综合建模环境和综合性能环境

B．对于综合建模环境来讲，解决的核心问题是“多专业协作”，管理对象是过程中的 BIM 数据

C．对于综合性能环境来讲，解决的核心问题是“数据综合应用”，管理对象是过程中的 BIM 数据

D．对于 BIM 在全生命周期的应用来讲，是通过综合建模环境和综合性能环境来建立数字化的工作流程

3．下列关于 Bentley 通过数字化的方式推动全生命周期的应用解释不正确的是（　　）。

A．Bentley 通过数字化的方式推动全生命周期的应用包含“综合的建模环境”和“综合的性能环境”两点

B．综合的建模环境：需要确保数据被正确创建、被正确移交，需要齐全的专业设计工具、统一的建模平台、协同的工作平台

C．综合的性能环境：需要确保运维数据与实际数据的一致性以及变更过程中的可靠性

D．综合性能环境是通过人员和技术来保证资产的性能

4．Bentley BIM 设计流程不包含（　　）。

A．建筑专业设计过程中通过应用 Bentley Map，设计团队可以评估毗邻地产的使用情况对环境

的影响，并开始建筑布局的评估

B. 建筑专业设计过程中，应用 LumenRT 的场地改造来做雨水控制、道路、停车场和建筑平面布局的评估

C. 结构工程师利用 ABD 建立初步的结构模型后，通过 ISM 文件交换技术，使用 Staad. Pro、RAM 等分析工具进行结构分析

D. 设备专业设计过程中，使用 ABD 的 Energy Simulator 可以进行能耗计算和分析模拟，并支持 LEED 认证，计算模块可以直接读取建筑对象的房间对象

5. 下列关于 Bentley BIM 设计流程中要点的表述不正确的是（　　）。

A. 对于设计环节来讲，除了使用设计工具、协同平台外，还需要用到一些运维的工具来校核、检验设计的成果是否符合后期的运维需求

B. 在 ABD 中，可以采用参数化的设计工具和三维的设计环境，快速地表达设计创意，通过与实景技术的结合，更加有效地考虑与周围环境的协调一致

C. OpenPlant 是专为具有等级驱动（Spec）概念的压力管道设计的，可以使用 Isometric 自动提取生成系统图。由于 OpenPlant 和建筑系统使用同一个平台 MicroStaion，所以这个过程是实时的协同工作过程

D. 对于一个 BIM 工作流程来讲，既需要齐全的专业设计工具，又需要协同的工作过程，所以，完全依靠软件可以完成整个工作流程

6. 在设计过程中，文档生成工作流程不包括（　　）。

A. 协调主模型　　B. 图纸生成主模型　　C. 制图模型　　D. 参考文件

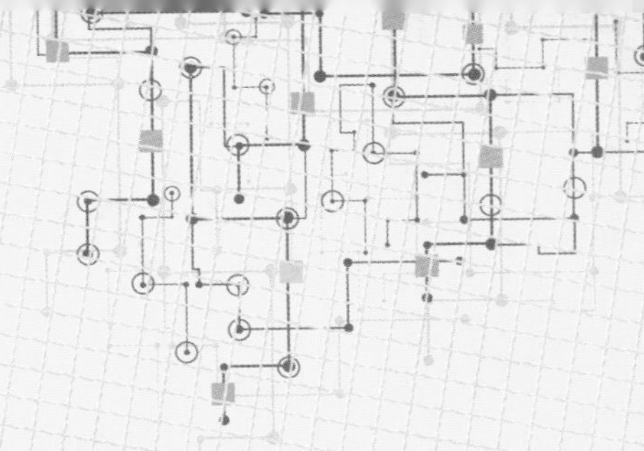

第十六章　AECOsim Building Designer 通用操作

Bentley 所有的建模工具都是基于统一的建模平台 MicroStation，无论安装了 AECOsim Building Designer（简称 ABD）、ProStructural、BRCM、Substation 还是 OpenPlant，MicroStation 都会被自动安装，或者被“内嵌”在专业应用模块里。在某种程度上来说，ABD 只不过是 MicroStation 平台上的一系列针对建筑类应用的插件，所以，所有的 MicroStation 操作在 ABD 里都是有效的，也可以启动单独的 MicroStation，如图 16－1 所示。

由于篇幅限制，不讲解 MicroStation 和 ABD 的全部内容，只是通过一些典型的实例操作讲述应用的原则。

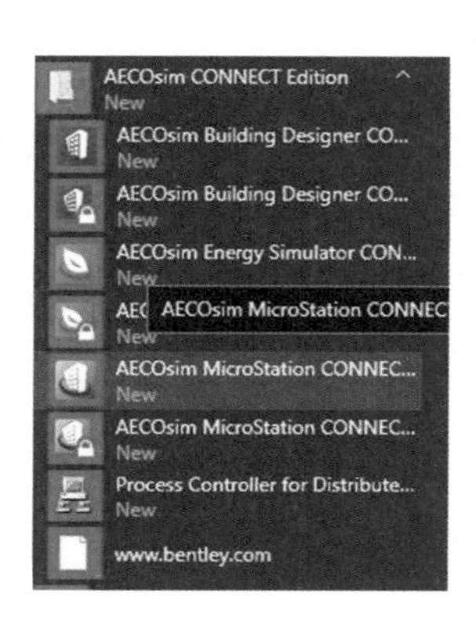

图 16－1

第一节　启动 AECOsim BD

当启动 AECOsim BD 时，系统首先弹出如图 16－2 所示的界面，可以通过相关的链接查看相关的案例、学习课程和一些 Bentley 的新闻公告。如果是商业授权用户，右上角为账号登录状态。单击“头像”，可以进入企业的项目管理站点。

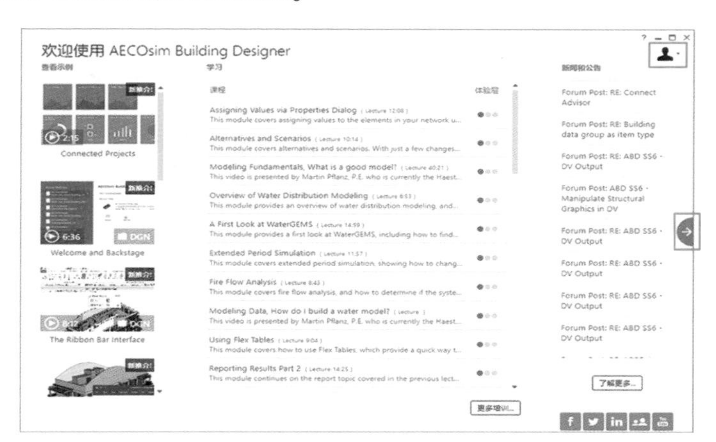

图 16－2

单击图 16－2 中的“向右侧”按钮，进入 ABD 的项目管理界面，在 ABD 中，以项目为单位来组织工作内容，称为工作集 Workset。多个专业的人员使用同一个工作集进行工作，工作集中保存

了大家共同使用的对象类型、标注样式、字体样式、出图模板等。ABD 已经预置了不同国家和地区的工作集模板，工作集的使用，不依赖于 ABD 的语言版本，在英文版的 ABD 上，仍然可以使用具有中国设计环境的工作集。在安装 ABD 时，可以在安装过程中选择需要使用的工作集。在工作时，可以以此为模板，建立自己的工作集来管理自己的项目内容，如图 16－3 所示。

可以建立多个工作集来管理多个工程项目。工作集的标准设计环境，可以通过局域网共享或 ProjectWise 托管的方式，实现工作标准的统一管理。在这里，以预置的中国标准工作集为模板“BuildingTemplate_CN”，新建一个“Building-Project1”的工作集，如图 16－4 所示。

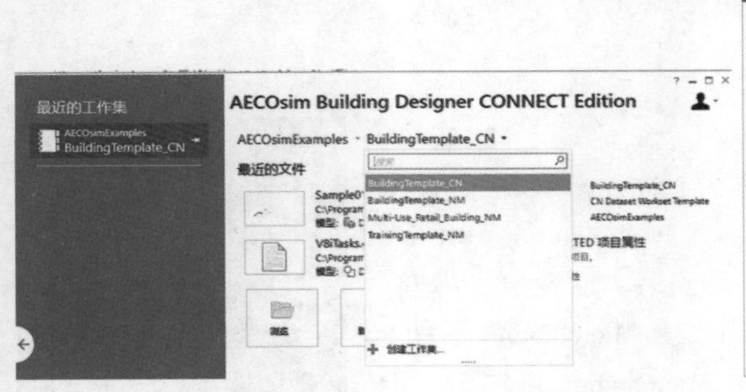

图 16－3

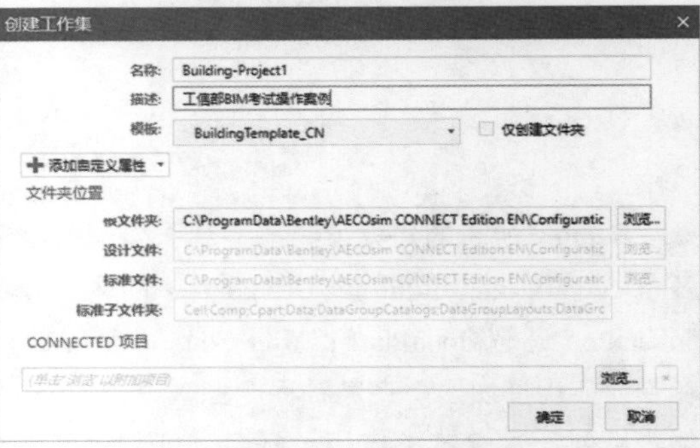

图 16－4

在建立工作集的过程中，系统需要设定工作集的根文件夹，以用来在这个位置存储模型图纸和标准等内容。如果没有 ProjectWise，也可以通过局域网共享的方式来使整个团队达到标准的统一。

然后，通过“浏览”或“新建”按钮，打开或者建立一个文件。在这里，建立一个“Project1-Arch-Floor1”的文件，文件的命名和划分，在后面的章节里会提到，这取决于如何组织工程内容，例如建筑的分层，还是暖通的分系统。

在这里需要注意的是，对于 ABD 的内容组织来讲，可以分为多个文件，以便于提高操作效率，毕竟打开一个大模型非常影响运行速度。整体模型，可以通过参考的方式组装起来。而对于多个文件所引用的“工作标准”，例如，一些库文件是放置在文件外面的。一个项目无论是几十个还是几万个文件，都可以通过指向同一个工作集设置来引用同一组标准。

在初次使用 ABD 时，会出现如下的对话框，这是对构件属性升级的提示，勾选“不再显示该警告”，如图 16－5 所示，然后单击“确定”即可。需要注意的是，这里的兼容提示，是指模型的属性可能用老版本无法显示，因为新版本用了新的工作集环境。而对于 DGN 文件来讲，甚至可以用十年以前的 MicroStation 或者老的应用软件打开。Bentley 在这方面是与其他厂商不同的，它的软件功能升级后不影响文件格式，文件格式可以保持一个非常长的时间周期，一般是 15 年以上。

图 16－5

第二节　AECOsim BD 操作界面

ABD 的操作界面如图 16－6 所示，这是一个基于微软 Ribbon 的标准操作界面，其整体的操作逻辑和 Word 没有太大的区别。ABD 只不过在此基础上增加了一些独有的操作方式，同时按照专业对功能进行组织。

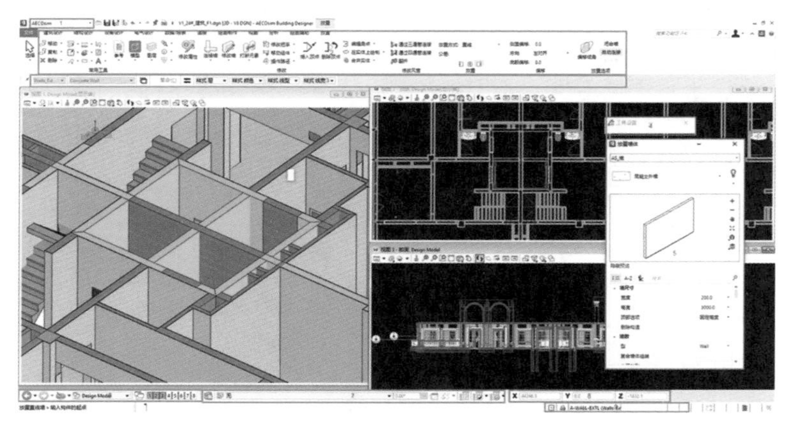

图 16-6

图 16-6 是一个创建墙体的典型 ABD 操作界面，中间是视图区域，每个视图上面都有操作视图的工具条，视图也可以像其他软件一样进行层叠、排列等，在这里不再赘述。

区域 1：功能分类区，通过下拉列表，可以选择 MicroStation 的各类功能以及 ABD 的各类功能，这个列表和功能的组织都是可自定义的。

区域 2：详细功能区，根据功能分类区的选择不同，会有不同的功能组合，当选择不同的工具时，也会有不同的参数设置。

区域 3：ABD 样式设置区，当在区域 5 中选择一类对象时，可以在区域 3 选择一种样式来控制对象的材质、图层、二维图纸表现、统计材料设置等。在 ABD 里，任何对象都用样式来控制所有的表现属性。

区域 4：工具属性设置，这个是 MicroStation 平台具有的公共设置。ABD 是基于 MicroStation 平台的，所以，无论是 MicroStation 的工具还是 ABD 的工具，都可以在这个属性框中设置属性，工具不同，可以设置的属性也不同。

区域 5：ABD 独有的属性设置，在 ABD 里创建对象的过程其实就是从“库”里选择的过程。这个区域可以进行选择，设置一些参数；也可以通过按钮来设置后台的库。需要注意的是，这个库存在于工作集中，并没有存储在文件中。

区域 6：历史记录和视图开关区，可以通过左侧按钮的下拉列表打开最近操作的文件，右侧可以决定打开几个视图。

区域 7：楼层选择，在 ABD 里楼层是个标高位置的概念，与其他的对象没有逻辑的关联，选择一个标高后，对象的定位点就放在这个高度，相当于辅助坐标系 ACS。后续会结合精确绘图来讲如何使用。

区域 8：精确绘图坐标，这是 ABD 的定位核心，在一个三维空间中精确定位，靠的就是 ABD 的精确绘图坐标系，在这个坐标系窗口激活的情况下，可以输入很多的“精确绘图快捷键”，来控制三维空间的精确定位。熟练使用精确绘图坐标，将大大提高在三维空间的操作效率。

区域 9：锁定捕捉设定区域，一些锁定的开关和属性的捕捉的设置。

第三节　内容组织与参考

在 ABD 中，倾向于将不同专业、不同楼层、不同系统、不同部位的模型放在不同的 dgn 文件中，然后通过灵活的参考技术，将不同的模型“组装”在一起。虽然，对 MicroStation 这个平台来讲，具有非常优秀的大模型承载能力，但从操作效率上来说，采用分布式的存储，效率更高。例如，可以建立一个空文件，将一层的建筑、结构、机电等专业的模型参考进来，形成一层的全专业三维信息模型，整个建筑、整个园区也是通过这样的方式，如图 16－7 所示。

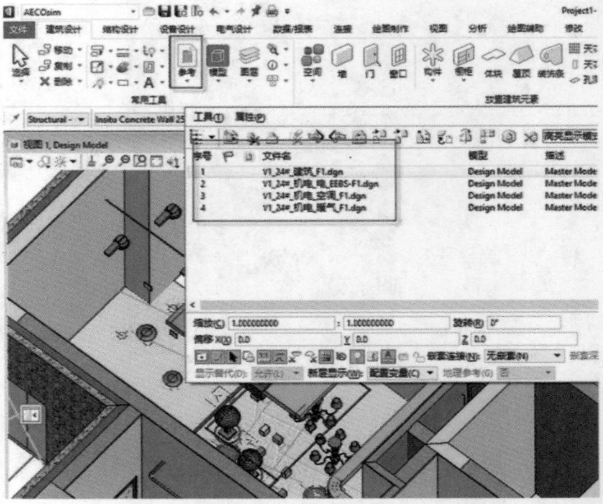

图 16－7

另外，专业之间通过参考的方式可以保持内容的独立和权限控制，同时可以实现实时的协同过程。对于一些大型项目来讲也更具优势。

对于一个项目或者一个专业的多人协作来讲，都是在同一个三维空间中来工作的，对于定位来讲，最简单的方式是参考同一个平面图和同一组标高设置。但对于一个复杂的项目，仍然需要制订一些规则，以下内容供参考。

一、文件划分

传统的建筑项目更倾向于用“层”的概念来进行文件划分，但对于一些外立面的设计，例如玻璃幕墙的设计反而是不对的，因为这样的文件划分会将一个 BIM 对象的“整体”划分为不同的部分，当组装在一起时，会产生中间的接缝。所以，在 BIM 设计模式下，更应该尊重实际的划分原则，图 16－8 是 BIM 设计模式下的实际划分案例。它是将一个建筑的电梯间、外墙、结构对象分成三个文件放置，然后参考在一起，形成整个建筑的模型。而传统意义上，建筑是按照层来划分的。在 BIM 工作流程中，可以采用更加灵活的方式。

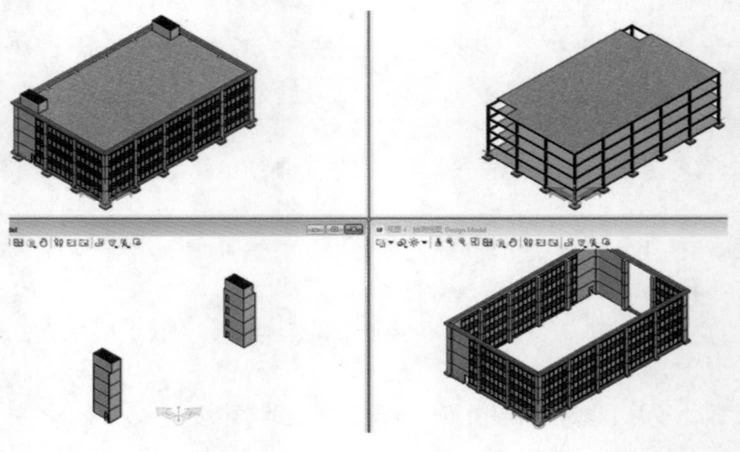

图 16－8

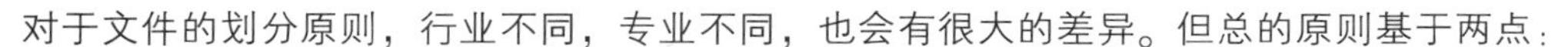

对于文件的划分原则，行业不同，专业不同，也会有很大的差异。但总的原则基于两点：

（1）本专业的应用需求　例如，建筑专业以层为模型的组织单位，将不同层的建筑模型分别放置在不同的文件里。对于建筑管道专业，在层的基础上，还可能分系统进行文件划分。

（2）专业之间的配合关系　在制订本专业的模型划分时，也要考虑到将来被其他专业参考的使用细节，以便于其他专业有针对性地引用某一具体文件，而不是整个模型。

对于文件的层级按照如下原则进行划分：专业、区域、模型文件，例如：厂房－主厂房－208.5 高程 . dgn

二、建议规则

建议规则如果对于一个项目能够形成标准，将大大提高整体协同的效率，由原来的口头交流变成根据规则解读含义。

1. 文件命名

文件命名规则的设定是为了“见名知意”，从而提高专业之间的沟通效率，当引用其他专业的工程内容时，通过名字知道文件里的内容。文件的命名规则和工程内容的组织规则、目录结构类似。文件的命名分为 5 部分，各部分以英文的下划线为分隔符号“_”，如图 16－9 所示。例如：××小区_24#楼_建筑_一层_赵某 . dgn。

图 16－9

对于文件命名，推荐采用英文字符的方式，因为中文的某些符号会有全角和半角之分，而且命名要尽量简短。例如：Sub14-DWL-Arch-F1-YolandaLee. dgn。

2. 文件目录

项目的目录结构设置分为三部分：

1）标准设置。这部分内容是全专业都需要遵守的规定，使用的资源。

2）工作流程。将工作过程分阶段存放相应的内容。

3）专业目录。每个专业都有自己的专业目录，在专业目录里又划分为不同的工作区域，每个工作区域里又根据自己的工作过程分为三维模型、二维图纸、提交条件、轴网布置等。对于 BIM 的工作过程来讲，应该把数据放在同一个位置，采用同一个目录，这才是协同的基础。如果采用 ProjectWise 的协同工作平台，可以为不同的工程师设定不同的权限。例如，建筑工程师对于暖通的目录结构中的数据，只能读取参考，而没有权限更改。图 16－10 是一个典型项目的目录结构，供大家参考。

每个专业下面又划分为不同的区域，并且放置一个目录作为所有专业的文件组装。专业目录结构如图 16－11 所示，专业内部工作流程如图 16－12 所示。

当一个项目很大时，甚至可以进一步划分。例如，可以对某个目录再进行划分，如图 16－13 所示。

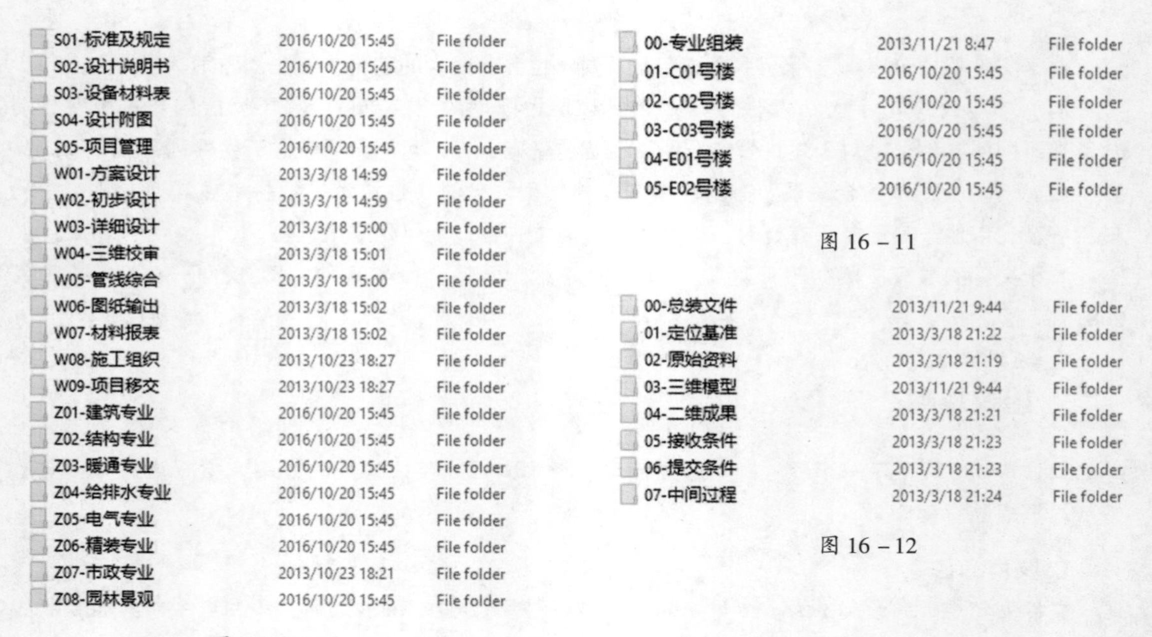

图 16－10

图 16－11

图 16－12

3. 文件组装

整个项目模型的组装按照如下层级进行。

1）基本专业模型文件。它是指某一个专业按照自己的文件划分原则形成最小单位的模型文件。

2）专业区域组装。将基本专业模型文件按区域划分并进行组装，例如：12 号楼建筑专业三维模型组装文件，“12 号楼” 就是一个区域。由于在模型文件的工作过程中会相互参考，为避免重复引用，本层次参考时，“嵌套链接” 设为 “无嵌套”，即 “No Nesting”，如图 16－14 所示。

图 16－13

图 16－14

3）专业总装文件。将不同专业区域的总装文件进行总装，“嵌套链接” =1。

4）全区总装。将各专业总装文件进行总装，“嵌套链接” =2。所以，对于一个 BIM 项目来讲，“嵌套链接” 最大到 2 就可以满足需求，同时在最底层的组装，“嵌套链接” 一定等于 0，有效避免了同一个对象的多次引用，如图 16－15 所示。

在图 16－15 中，模型文件（绿色）工作过程中会相互参考，在进行组装时，“嵌套链接” 等于 0 的情况下，总装文件里只看到 1、2、3 部分，其他的 4、5、6、7、8、9 由于模型文件是参考别人的，所以，在总装文件里看不到；如果 “嵌套链接” 等于 1，那么在总装文件里 4、5、6、7、8、9 就会被看到，但当再次参考 4、5、6 所在的模型文件时，就会出现在总装文件里同一个位置有两个模型，无法发现，这给后续出图、统计材料造成很大影响，如图 16－16 所示。

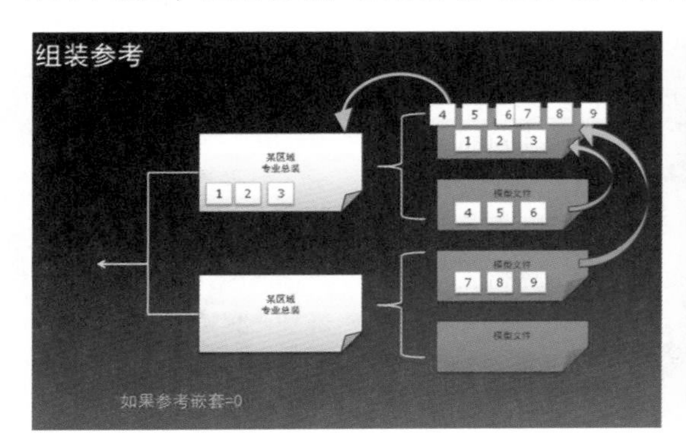

图 16－15

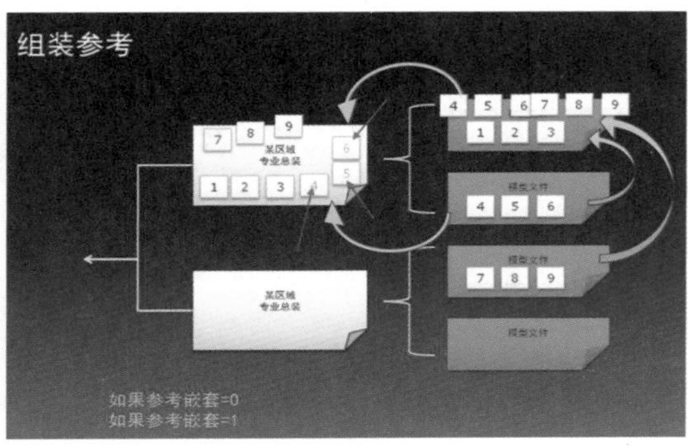

图 16－16

整个项目的目录组织结构如图 16－17 所示。

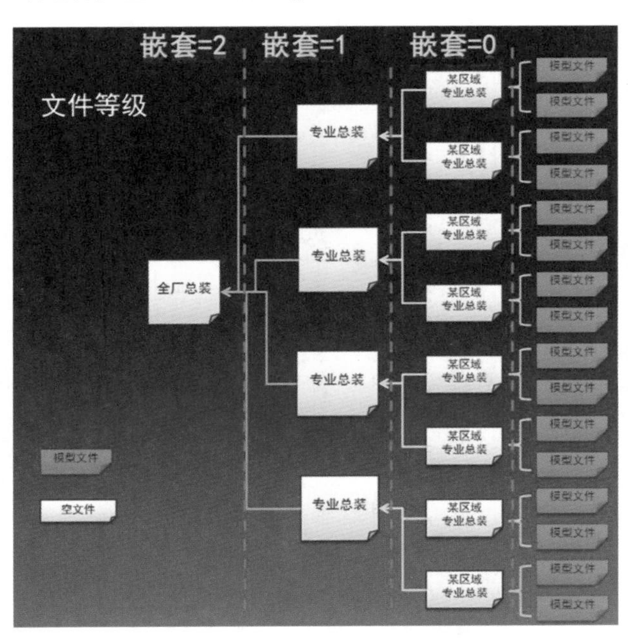

图 16－17

就经验而言，一般组装的层级也不会超过四层，多于四层很大程度上就属于特别复杂的项目。需要注意的是，上面介绍只是一种建议的方式，也可以不分级，但对于一些项目来讲，还是需要遵循规则。

第四节　标准库管理

ABD 工作的过程，就是从一个“库”里选择构件类型、型号，设置参数，然后放置的过程。这个“库”就是工作标准，不仅仅是一些三维信息模型的标准构件库，也保存了输出图纸所需的模板、切图规则、文字样式等。这些内容是保存在工作集里的，其工作过程如图 16－18 所示。

在 ABD 中，放置任何对象的对话框都是类似的，都是从这个“库”选择合适的类型和型号，然后通过定位进行放置，以完成三维信息模型的创建，如图 16－19 所示。

在任何放置界面右上角的灯泡图标都有一个下拉菜单，根据下拉菜单可以进入到“库”的操作界面，也可以通过单击图 16－20 所示的图标命令，进入后台“库”的操作。

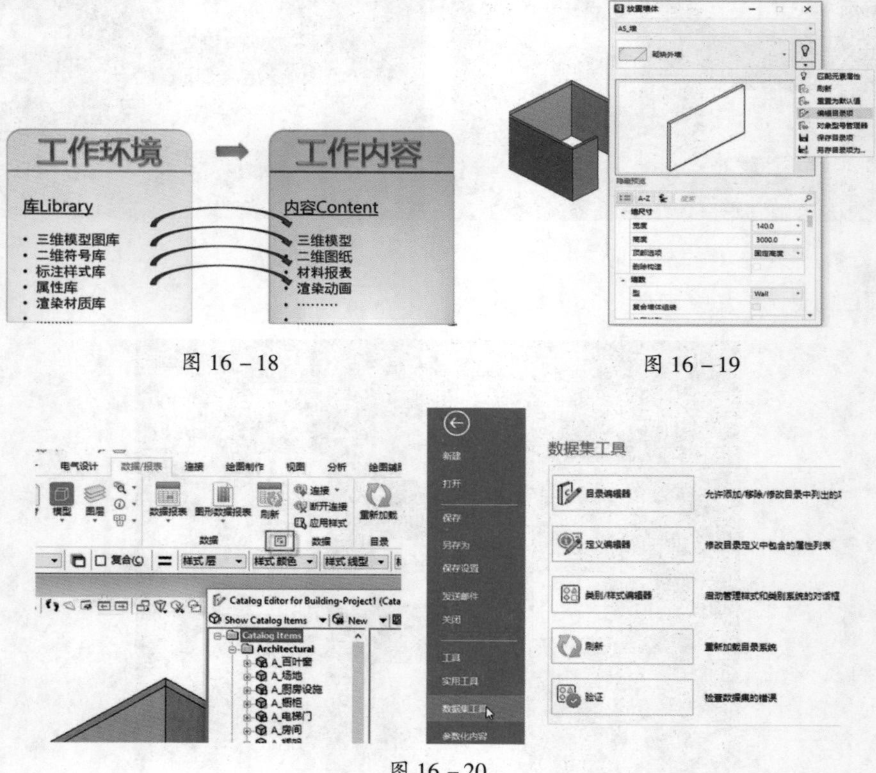

图 16－18

图 16－19

图 16－20

对于一个企业的项目环境来讲，“库”中保存了很多的内容。

第五节　三维建模环境

ABD 的工作环境是一个全三维的工作环境，可以在三维空间中直接定位，也可以像传统的二维设计一样，在一个二维视图中工作。通过定义标高来设定竖直方向的高度。

在这里说明一下，如果在新建文件时，选择了一个二维的模板文件，那么绘图空间就是二维的，没有 Z 坐标存在。

在 ABD 中，通过两种方式的组合来定位。

一、辅助坐标系 ACS

辅助坐标系 ACS 保存在 dgn 文件中，可以被共享。ACS 是 MicroStation 的底层应用，后面讲到的 ABD 的楼层管理器核心就是一组 ACS，只不过是通过楼层来组织。

在图 16－21 中，可以设置多个 ACS，通过双击某个 ACS 将 ACS 激活，当激活某个 ACS 后，需要锁定 ACS，才能使最后的点定位在 ACS 设置的平面上。如果没有锁定，则以捕捉的点为准。需要注意的是，ACS 里的定义是以世界坐标系为定位基点的，而且 ACS 的 Z 轴并不一定是竖直的，任何三个点都可以确定一个坐标系。例如 2m 的 ACS 设置如图 16－22 所示。

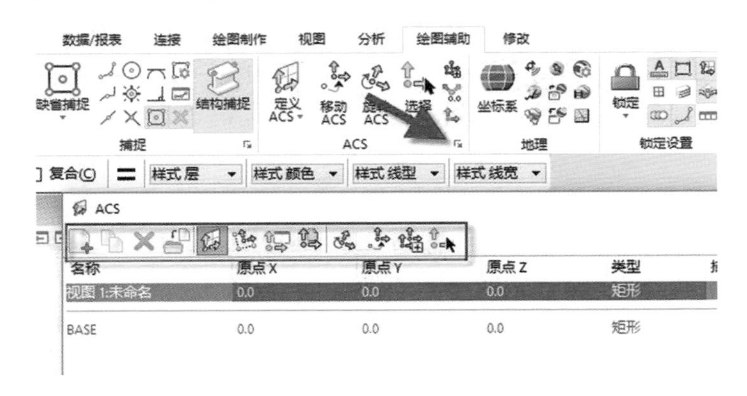

图 16－21

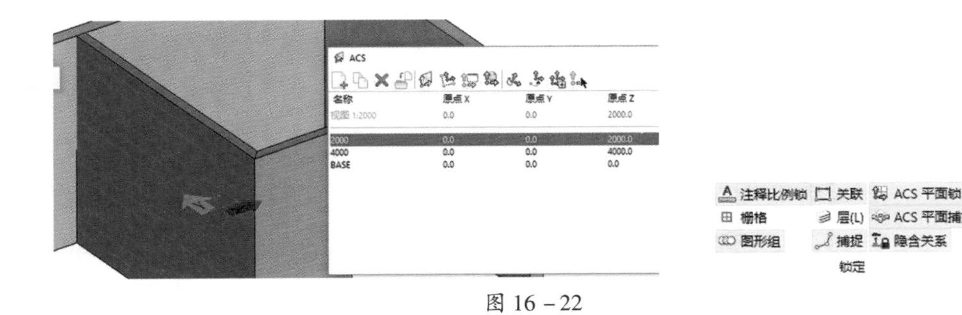

图 16－22

捕捉高度为墙高 3m 以上的点，定位点将落在 2m，如图 16－23 所示。

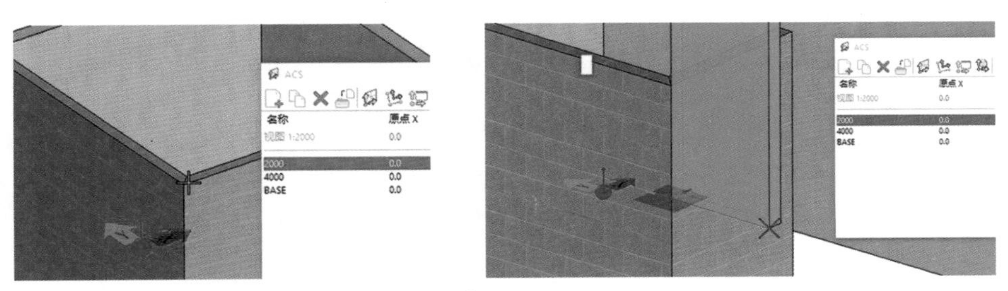

图 16－23

二、 精确绘图坐标系 AccuDraw

使用精确绘图坐标系来控制鼠标移动的方向、距离、角度，也可以通过快捷键来做相应的辅助定位。所以，下面的 X、Y、Z 轴区域在激活的情况下，可以输入数值，以控制绘制对象的尺寸、偏移的距离等（图 16－24）；也可以通过快捷键来控制坐标系的方向。

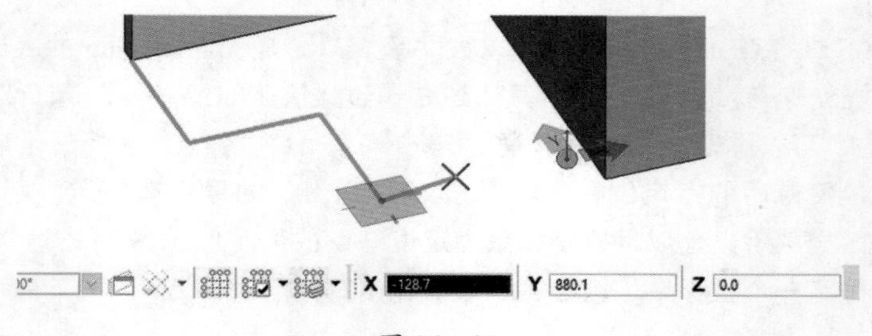

图 16－24

通过 F（ront）快捷键，使精确绘图坐标系与前平面对齐，以在竖直平面定位。

综上所述，通过辅助坐标系 ACS 和精确绘图坐标系 AccuDraw 可以非常灵活地在三维空间中进行定位。

建议学习相关的 MicroStation 定位操作，能提高效率，常用的快捷键主要有：

- 输入基于世界坐标系的点：P、M。
- 调整精确绘图坐标系方向：T、S、F。
- 将精确绘图坐标系放置在捕捉的点上：O，注意 ACS 的锁定情况。
- 基于精确绘图坐标轴旋转：RX、RY、RZ。
- 切换直角坐标系和极坐标系：M。
- 锁定坐标轴：回车键，再次回车解除锁定。
- 锁定当前的坐标值：X、Y、Z、D、A（D、A 应用于极坐标系长度和角度锁定）。

精确绘图快捷键是可以自定义的，是快捷键的一种。在 CE 版本中，下列几个快捷键也常用，如图 16－25 所示。

弹出框

a）空格键：弹出快捷菜单

b）“Shift＋鼠标右键”视图菜单

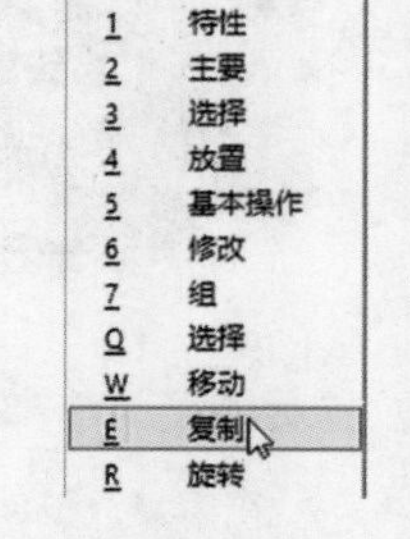

c）“Q”快捷菜单

图 16－25

第六节 楼层管理及轴网

楼层管理器是用来在一个项目里让所有人共享一组标高，它的核心就是存在工作集中的一组 ACS。

轴网是用来在一个项目中让所有人共享一组平面的定位基准的，当创建一个轴网时，系统会定义这个轴网是哪个楼层的轴网。对一个建筑来讲，系统会根据楼层管理器里标高的设置，每层的开间和进深信息创建一组三维的轴网系统。这组轴网在创建模型时可以灵活引用，在切图时也可以自动以合适的样式放置在二维图纸里。

一、 楼层管理

ABD 里的楼层管理分为设置标高和引用标高，分别用“楼层管理器”和“楼层选择器”命令调用，如图 16 – 26 所示。楼层管理器是建立一组标高，楼层选择器是使用标高。

单击“楼层管理器”命令，弹出如图 16 – 27 所示的界面，进行楼层标高的管理，供整个项目的人使用。

图 16 – 26

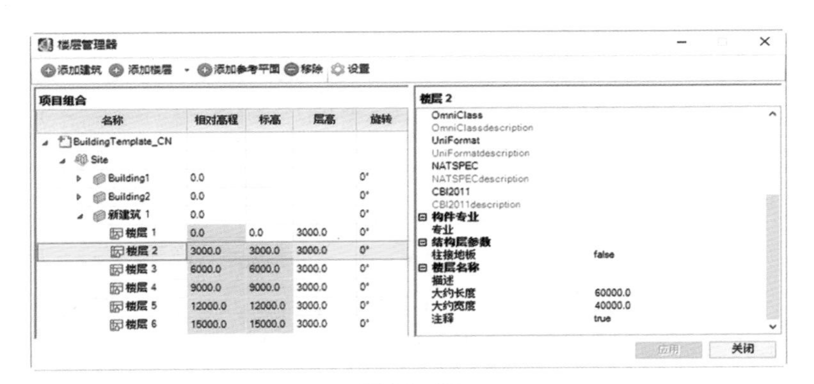

图 16 – 27

1. 楼层管理器

在楼层管理器界面下定义标高时，需要清楚标高的层次关系：Project→Site→Building→Floor→Reference Plan。一个项目（Project）可能分为几个地点（Site），每个地点（Site）上可能会有几个建筑（Building），一个建筑（Building）分为不同的楼层（Floor），每个楼层又可能分为不同的参考平面（Reference Plan），例如天花板的高度，风管的高度层。需要注意的是，这里的层次关系只是指标高的组织方式，与实际的对象没有必然的联系。

每个高度对象都有属性，这样的层次设置一方面便于管理标高，另一方面是为了将来输出到其他的管理系统中而设计的。

选择某个层级时，其上的工具条相应的工具也会亮显。如图 16 – 28 所示，每个标高也有相应的参数设置，在这里不一一说明。

在图 16 – 28 中，左边的“项目组合”是需要定义的高度信息，右边是具体的描述。对于一个建筑整体来讲，都有一个“0 平面”作为相对的标高基点，修改它，整个建筑的楼层实际高度都将调整。在每一层的设置里，只需设置具体的层高，当修改了某个层高的时候，其他的楼层也可以自动进行调整，这就是采用楼层管理器的好处。如图 16 – 29 所示，“24#Building”整个建筑以相对高程 10000mm 作为基准 0 平面（一般作为建筑 1 层的地面标高），那么“B1”层的层高是 3500mm，“B1”层的相对高程为 6500mm，在建筑标注时，标注“B1”层的地面

标高为 -3500mm。

也可以建立典型楼层，如图 16-30 所示。典型楼层相当于常说的标准层，系统会自动生成多个标高，如图 16-31、图 16-32 所示。在后续的应用过程中，这些高程在立面图、剖面图中会被自动标注，也有一些相应的设置，如图 16-33 所示。

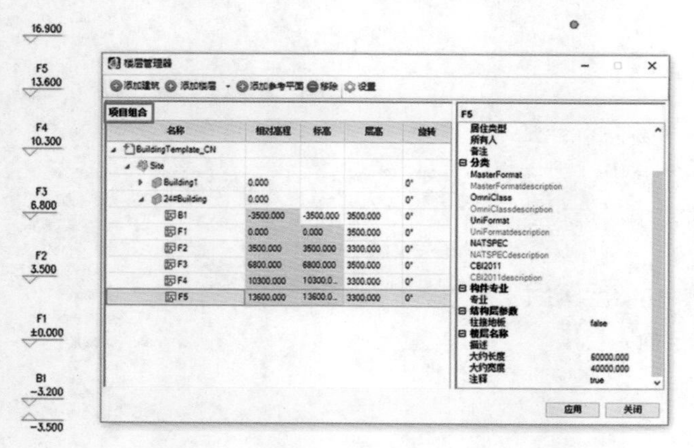

图 16-28

图 16-29

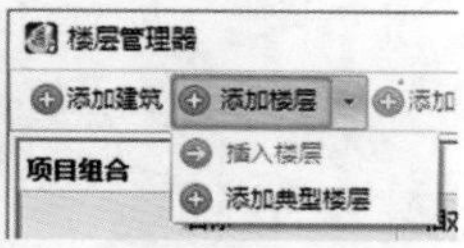

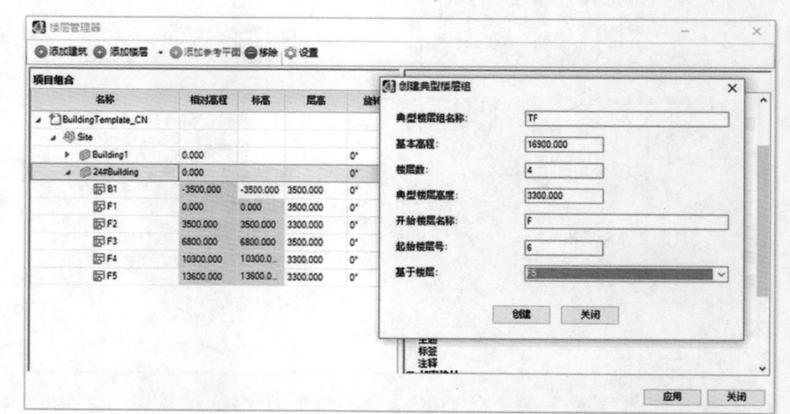

图 16-30

图 16-31

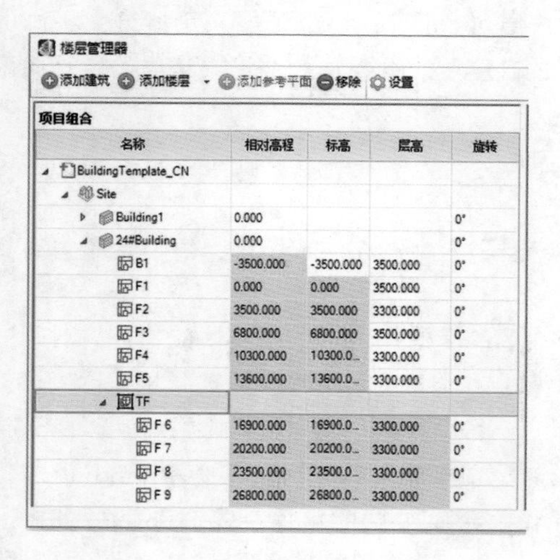

图 16-32

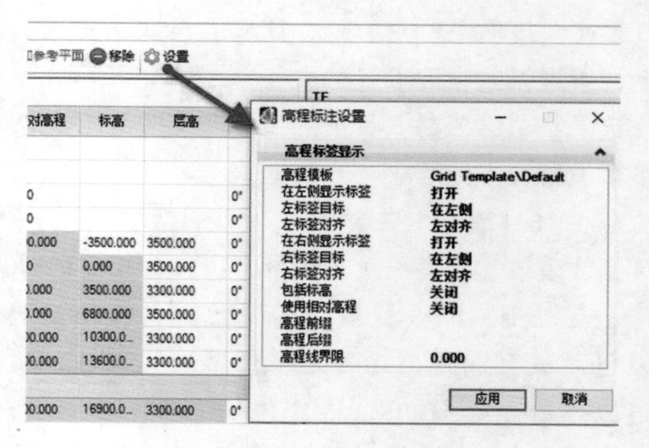

图 16-33

2. 楼层选择器

当建立好楼层标高后，在这个项目环境下，所有的文件都共享同一组标高，这通过楼层选择器来实现。单击“楼层选择器”命令，弹出如图 16－34 所示的界面，默认情况下，这个界面是显示的。

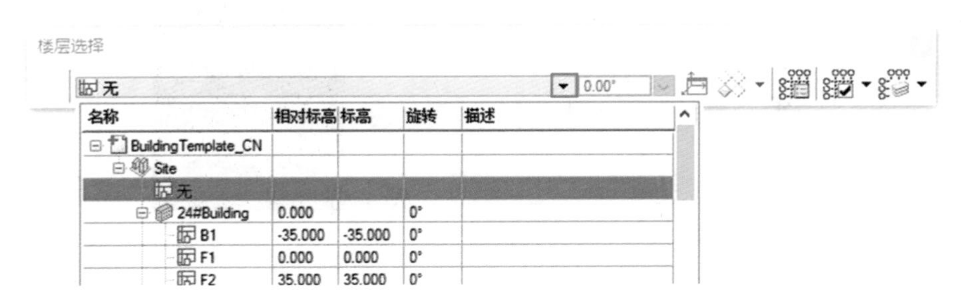

图 16－34

图 16－34 按钮，也可以进入楼层管理器，按钮右侧的下拉列表可以选择标高。

当选择一个楼层标高时，系统其实是“临时”在当前的文件中建立了一个 ACS，当然，它受 ACS 是否锁定的控制，如图 16－35 所示。

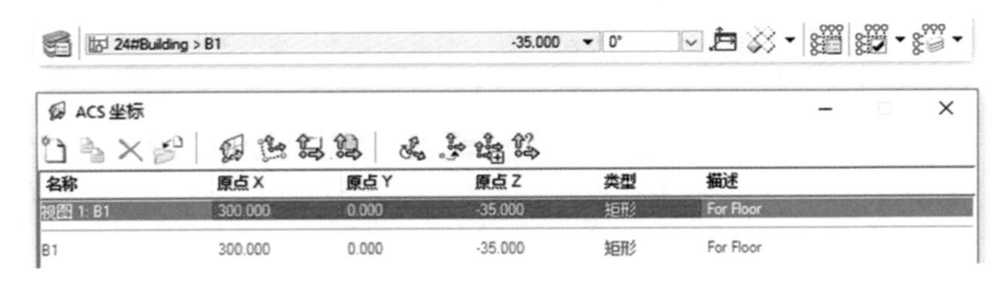

图 16－35

二、轴网

工程项目中常用轴网来定位开间和进深。在以往的二维设计里，期望所有的楼层都使用一个轴网，所以定义了涵盖所有楼层开间和进深的“大而全”的轴网系统。

在三维设计中，这样的操作也没有问题，但需要注意，当定义一个轴网时，对于一个实际的项目来讲，每层开间和进深是不同的，需要一个独特的轴网。这就意味着，需要根据每层开间和进深的不同，为每个楼层在相应的高度上建立一个“空间”的三维轴网系统，这就是轴网与楼层管理器协同工作的原因。

1. 轴网的建立

当启动轴网的命令，建立轴网时，弹出如图 16－36 所示界面，每个轴网都有一个或多个楼层与之对应，若想采用传统的方式，需要注意这个“大而全”的轴网仅仅是放置在某个特定的标高上。

从图 16－36 中可以看到，建立的每个轴网都是指定给某个建筑的某个楼层标高的，在下面的参数区域可以设置。在预览区域，也可以对这个三维轴网的某一层进行预览。

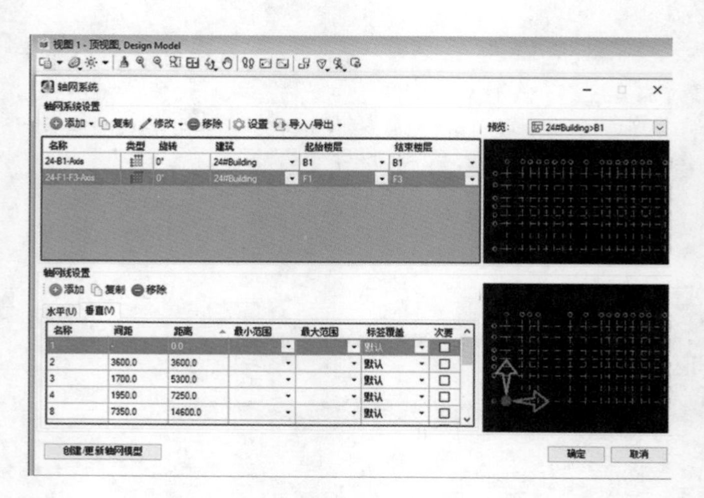

图 16－36

在 ABD 中，可以建立矩形、弧形以及曲线轴网，如图 16－37 所示。

在一个楼层里，可以组合多个轴网进行定位，为方便定位，在某个楼层标高的右键属性菜单里，可以调出“偏移”选项参数，如图 16－38 所示。

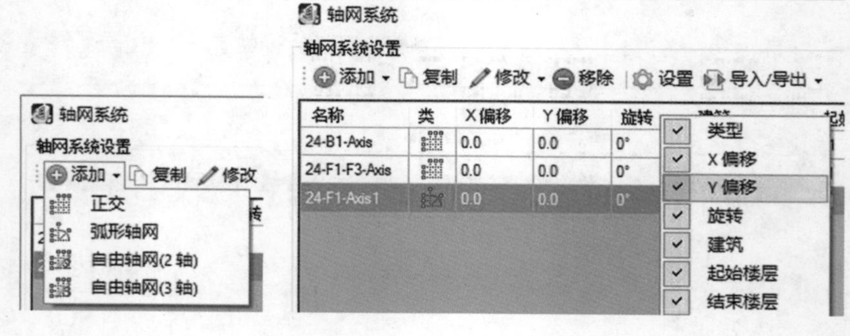

图 16－37　　　　图 16－38

设置的结果如图 16－39 所示。

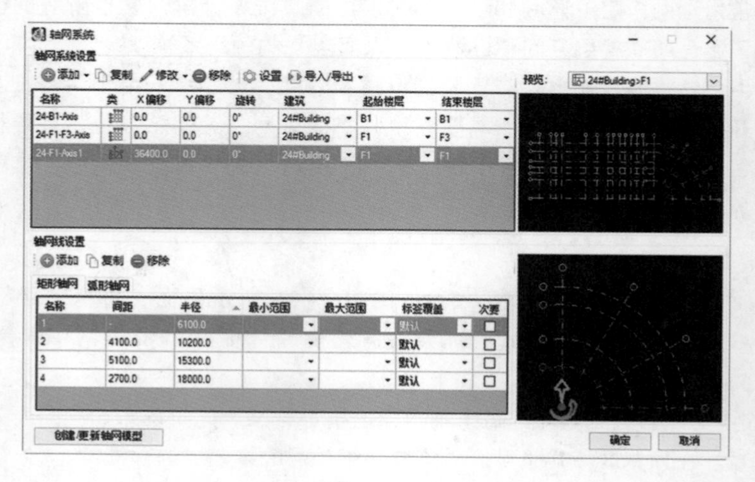

图 16－39

如果选择添加一个曲线轴网时，单击“添加”或“修改”按钮会弹出如图 16－40 所示界面对曲线轴网进行设置。

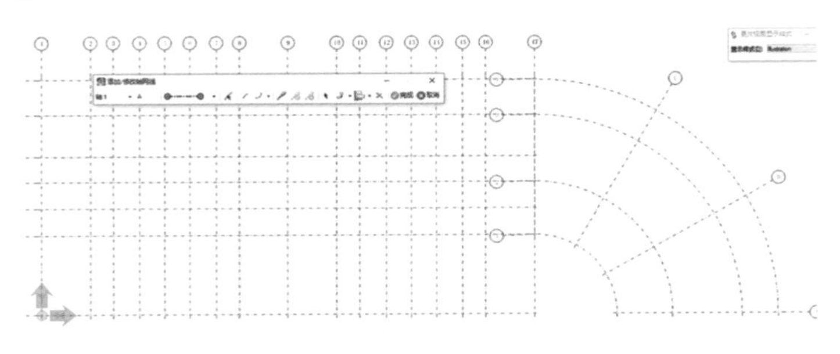

图 16－40

通过绘制轴网、识别轴网等方式进行曲线轴网的布置，其命令如图 16－41、图 16－42 所示。

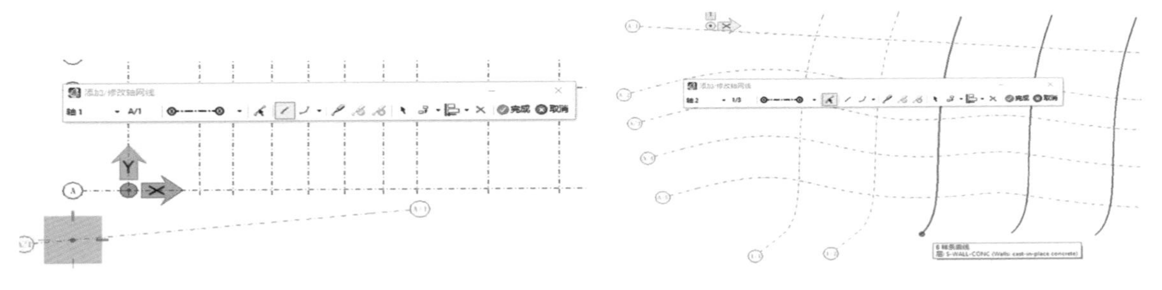

图 16－41　　图 16－42

当轴线的参数设置完毕后，单击对话框下的“创建/更新轴网模型”，可以生成三维轴网，如果只单击“确定”按钮，系统只保存参数，如图 16－43 所示。

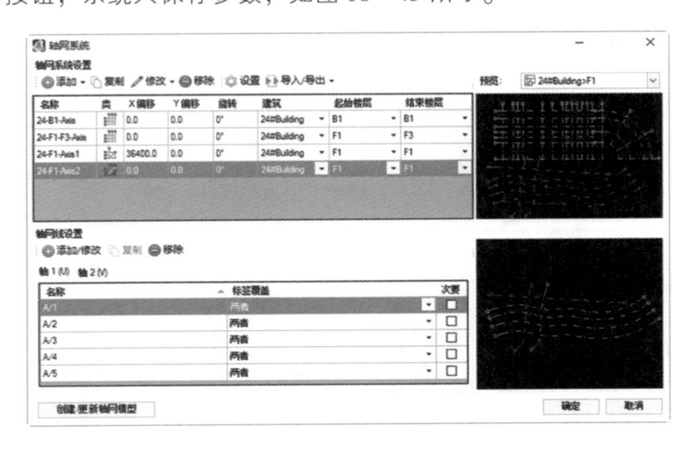

图 16－43

2. 轴网的使用

在创建模型时，需要通过楼层选择设定一个 Z 轴的高度，通过轴网进行平面定位。而在楼层管理器中，选择一个楼层标高时，系统会自动设定高度，把轴网“显示”在相应的标高上，从效果上与参考是一样的，如图 16－44 所示，需要注意，图中没有参考轴网。这就是智能轴网的意义，将来在切图时，轴网也会自动显示在二维图纸上，而不是“真实”的参考。所以，通过“楼层选择器”按钮，可以进行楼层管理器的设定，轴网是否显示等操作。

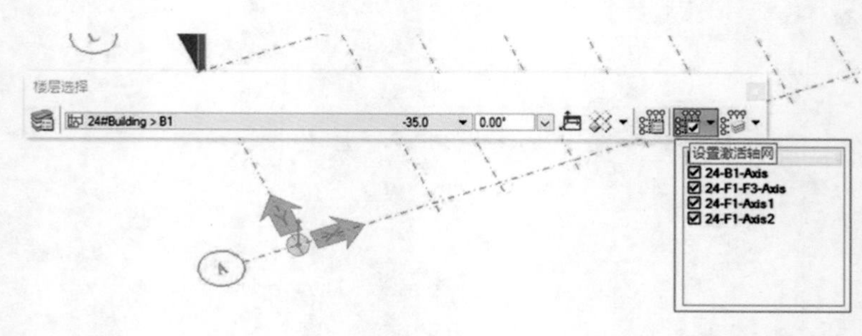

图 16－44

第七节　对象创建与修改

在 ABD 中，模型的建立和修正是通过一系列的创建模型和修改模型来完成的，不同的专业模块具有不同的对象创建和修改工具，这些工具都沿袭类似的操作方式。

一、对象的参数化创建

ABD 中建筑、结构、机电专业的模型创建及修改工具如图 16－45～图 16－47 所示。

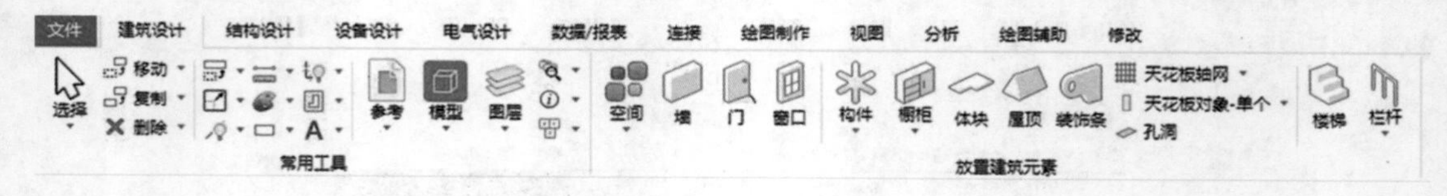

图 16－45

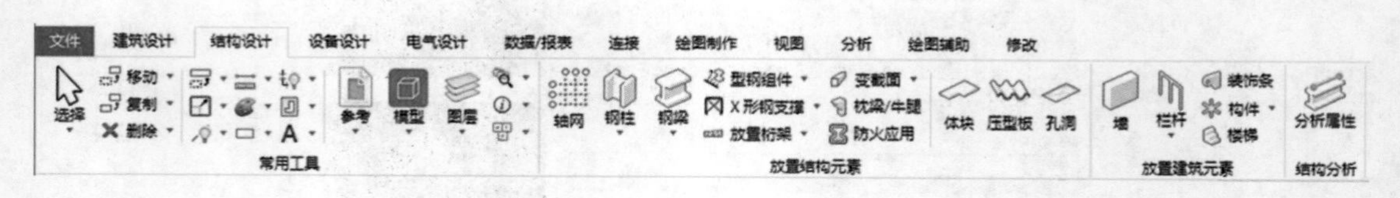

图 16－46

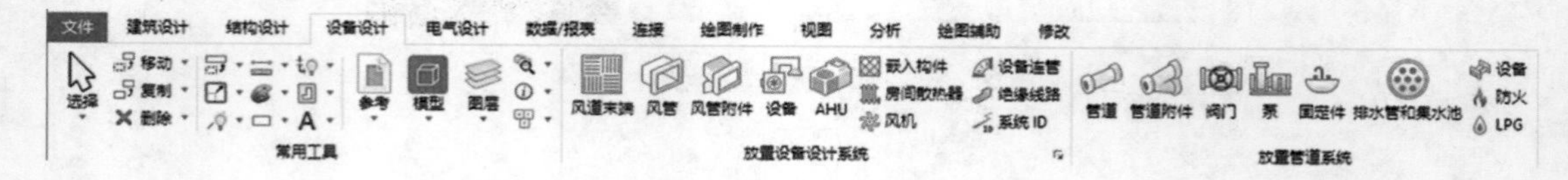

图 16－47

ABD 中，对象的创建过程遵循：选择命令，设置参数，通过空间定位三个步骤。创建的过程同样也是从“库”中选择一种型号进行放置的过程，图 16－48 为选择墙体类型进行放置墙体。

可以在选择完型号后修改参数，但建议修改参数后，把新的参数组合当成一种“新型号”存到库里去，这样就不用整个创建过程都在不停地修改参数，如图 16－49、图 16－50 所示。

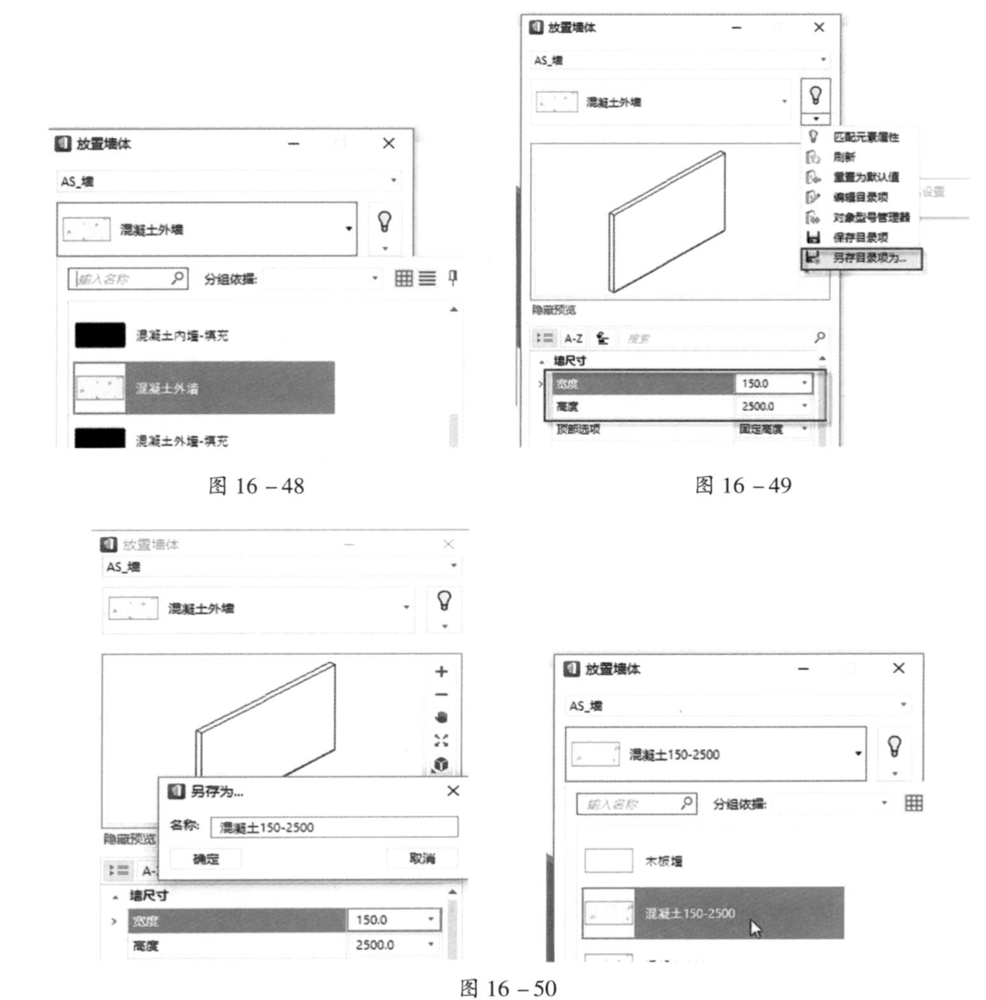

图 16－48　　图 16－49

图 16－50

可以通过“放置选项”和“型号参数”控制放置的过程，如图 16－51 所示。

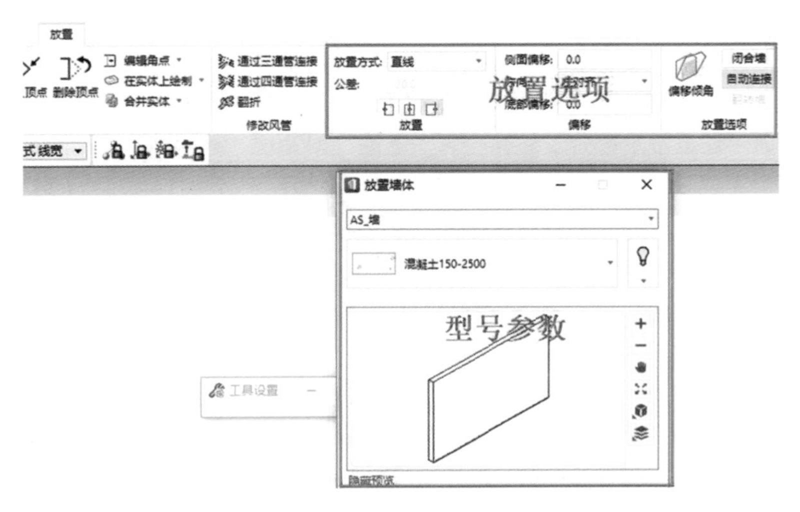

图 16－51

二、 对象的参数化修改

对象的更改选项和创建时的参数控制一样，分为型号属性参数更改和特殊参数更改。有些对象类型有特殊的对象修改命令，例如：门可以修改门扇的开启方向，而这个操作命令对于墙对象而言是无效的。

ABD 的通用修改命令在“修改属性”命令选项卡里，一些命令是针对特定的对象类型的，例如修改墙、修改风管的命令，如图 16－52 所示。

图 16－52

三、 ABD 对象操作原则

对于放置、修改过程，遵循以下原则，任何 ABD 的命令就将会使用。

1. 定位的原则

在 ABD 中，影响定位的因素只有两个：辅助坐标系 ACS 和精确绘图坐标系 AccuDraw。注意 ACS 是否锁定，精确绘图坐标系也可以通过 X、Y、Z、D、A 快捷键来锁轴。

定位的过程为：鼠标捕捉到某个点，如果 ACS 锁定了，那么单击鼠标时，实际点就会落在 ACS 的平面上，也可以使用字母“O”精确绘图快捷键，将精确绘图坐标系放到捕捉到的点上，以此来确定捕捉的点，注意这时并没有单击鼠标的左键。

然后通过 T、S、F 快捷键确定精确绘图坐标系的坐标平面，以此为原点来定位下一点。

2. 命令执行的原则

选择某个放置命令后，系统会显示相应的参数对话框，可以从系统库里选择相应的型号进行放置。如果是修改对象命令，虽然可以直接修改放置所选型号的参数，但修改后的对象型号与系统库中的型号参数会发生变化。

在 BIM 的工作流程中，因为某种具体的型号对应固定的参数，当修改一个对象的“参数”修改时，意味着一种“新型号”的产生，因此应将这种“新型号”放在库里。

无论是放置命令还是修改命令，都有一个“属性”对话框来设置参数。这个“属性”对话框，可以通过鼠标拖动粘连在窗口的边界上，任何对话框都可以通过这样的方式粘连到边界上，如图 16－53 所示。

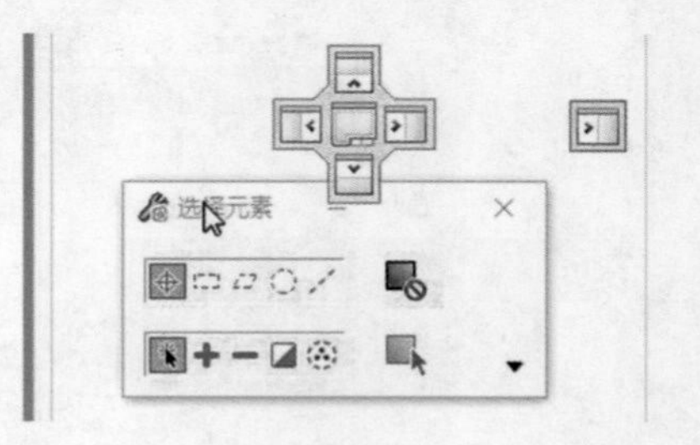

图 16－53

3. 修改对象的操作原则

修改单个对象时，系统会弹出与这个对象相关的修改命令，最常用的就是“修改属性”的命令，也可以通过双击对象来启动这一命令，如图 16－54 所示。通过对象的右键菜单选择相应的修改命令，如图 16－55 所示。

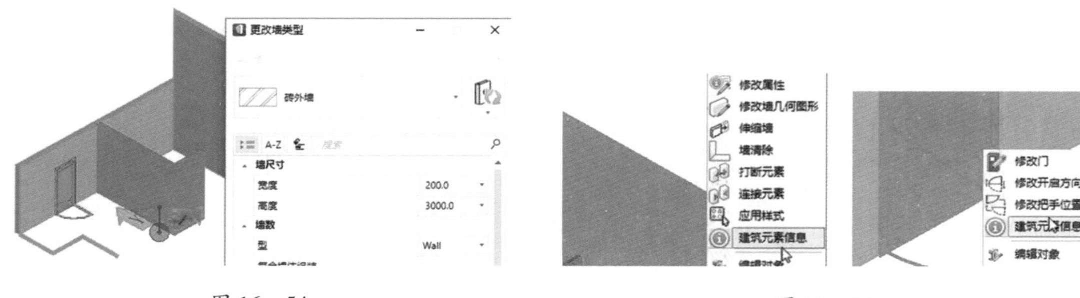

图 16－54　　　　　　　　　　　　　　　　图 16－55

当选择了多个不同类型的对象时，进入修改命令后，系统会首先提示需要同时修改哪类对象，如图 16－56 所示。修改对象的另外一种方式是通过后台的数据库批量更改。放置的任何一个对象，都会作为一条记录存储在后台的数据库中，后面的材料报表统计就是在这个数据库中提取数据而已，如图 16－57 所示。

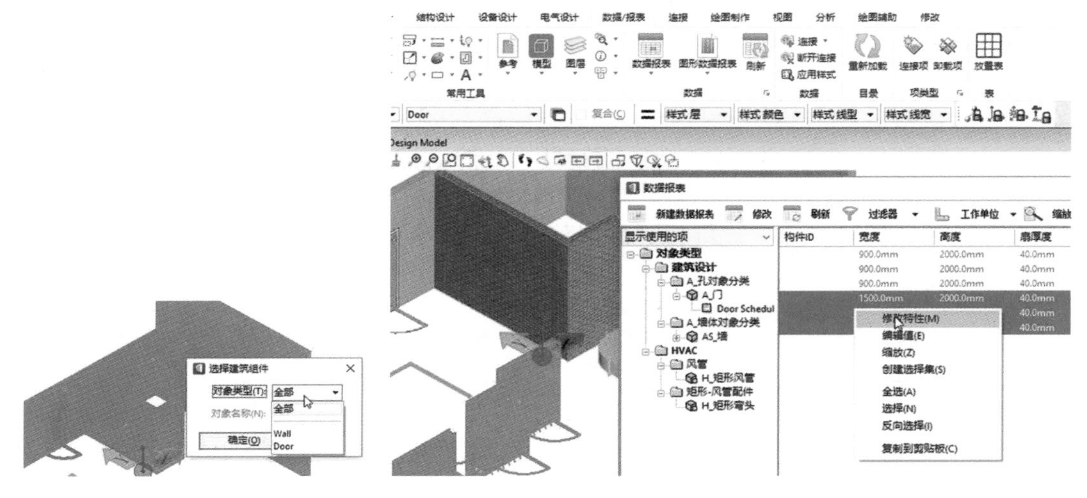

图 16－56　　　　　　　　　　　　　　　　图 16－57

当修改放置的对象时，也可以通过直接修改数据库参数的方式来实现，还可以通过不同参数来批量过滤，然后批量选择，最后批量更改，这个过程和操作 Excel 表类似。

另外，在数据库中操作时，需要确认修改的有效性，最好修改一些非图形参数时在数据库中操作，因为图形参数的修改会涉及其他对象。例如，批量修改风管尺寸，并不能保证连接件自动调整。

ABD 对于数据类型是开放的，可以随便放置一个形体，然后赋予属性作为一个 BIM 对象。所以，可以使用 MicroStation 的任何命令来建立模型。

ABD 中的 MicroStation 的建模工具，注意左上角选择“建模”功能分类，如图 16－58 所示。

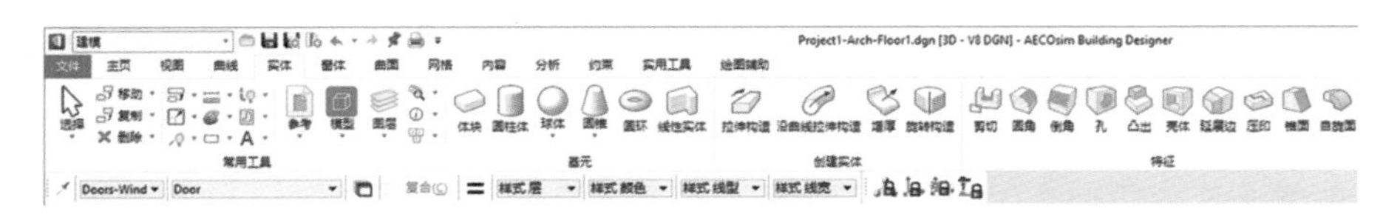

图 16－58

ABD 是基于 Ribbon 进行界面定义的，所以，可以采用 Ribbon 界面通用的定义功能，定义属于自己的操作界面，如图 16－59 所示，此处不再赘述。

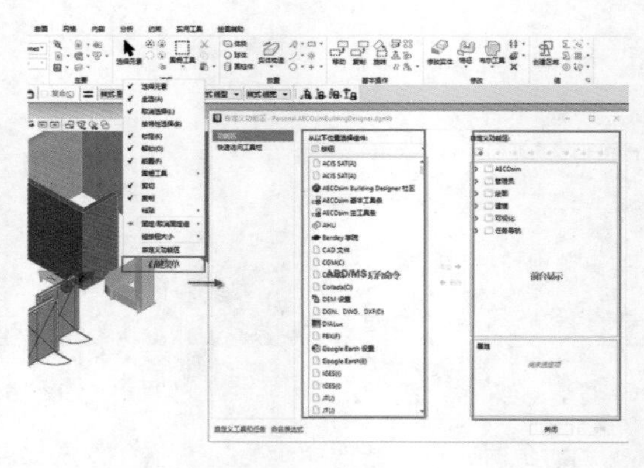

图 16－59

课后练习

1. 下列关于 AECOsim BD 软件基础的介绍，说法不正确的是（　　）。
   A. 当启动 AECOsim BD 时，系统会弹出“欢迎使用 AECOsim Building Designer”界面，可以通过相关的链接查看相关的案例、学习课程和一些 Bentley 的新闻公告
   B. 进入 ABD 的项目管理界面，在 ABD 中，以项目为单位来组织工作内容，称之为工作集 Workset
   C. 可以建立多个工作集来管理多个工程项目。工作集的标准，也可以通过局域网共享，ProjectWise 托管的方式，实现工作标准的统一管理
   D. 在建立工作集的过程中，系统需要设定工作集的根文件夹，以用来在这个位置存储模型图纸和标准等内容。如果没有 ProjectWise，是不能通过局域网共享的方式来使整个团队达到标准的统一
2. 下列不属于 AECOsim BD 操作界面的是（　　）。
   A. 功能分类区　　B. 详细功能区　　C. 工程属性设置　　D. 修改上下文选项卡
3. 在 ABD 中，下列关于内容组织与参考解释正确的是（　　）。
   A. 在 ABD 中倾向于将不同专业、不同楼层、不同系统、不同部位的模型放在不同的 dgn 文件中，然后通过灵活的参考技术，将不同的模型“组装”在一起
   B. 专业之间通过参考的方式可以保持内容的独立和权限控制，同时可以实现实时的协同过程
   C. 对于一个项目或者一个专业的多人协作来讲，都是在不同的三维空间中工作
   D. 对于定位来讲，最简单的方式是参考同一个平面图和同一组标高设置
4. 下列不属于 AECOsim BD 软件中 dgn 文件的命名原则的是（　　）。
   A. 项目名称　　B. 专业名称　　C. 区域名称　　D. 制图员
5. 下列关于 Bentley BIM 初步设计中软件使用解释不正确的是（　　）。
   A. ABD 工作的过程，就是从一个工作标准中选择构件类型、型号、设置参数，然后放置的过程
   B. 在工作标准中，不仅仅是一些三维信息模型的标准构件库，也保存了输出图纸所需的模板、切图规则、文字样式等
   C. 在 ABD 中，影响定位的因素只有辅助坐标系 ACS
   D. 轴网是工程项目中常用的定位方式，用轴网来定位开间和进深
6. 关于 Bentley BIM 设计，下列说法错误的是（　　）。
   A. ABD 中，对象的创建过程遵循了选择命令和设置参数两个步骤
   B. 对象的更改选项和创建时的参数控制一样，分为型号属性参数更改和特殊参数更改
   C. 对于放置、修改过程，需要遵循定位的原则、命令执行的原则、修改对象的操作原则
   D. 修改对象的方式有两种：多选实现批量选择和后台的数据库批量更改

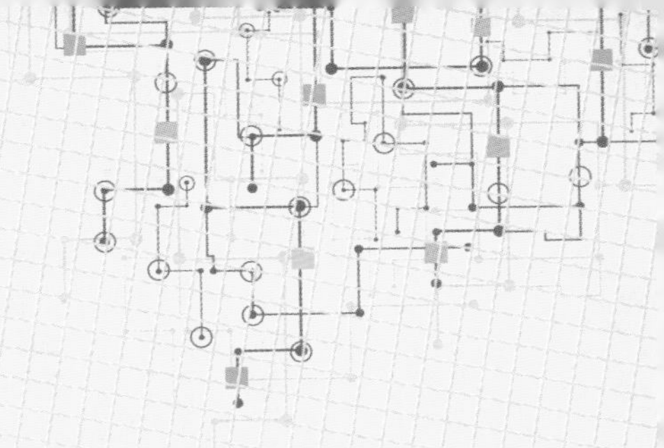

第十七章　建筑设备类对象创建与修改

建筑设备系统从管线类型上分为风管系统对象和水管系统对象，通过图 17－1 的命令进行放置和修改。

图 17－1

对于某些特殊的异形体或者需要自定义的对象，可以通过 MicroStation 底层平台的体、曲面、参数化工具形成三维模型，然后赋予 BIM 类型属性和样式定义，就可以成为一个 BIM 对象。图 17－2是通过 MicroStation 建立了一个三维模型，图 17－3 是为这个对象赋予 BIM 属性，图 17－4 是赋予对象样式以控制其显示方式。在 ABD 中，对象类型是可以任意扩展的，任何企业和个人都可以通过 ABD 提供的工具来扩展自己的 BIM 对象库。

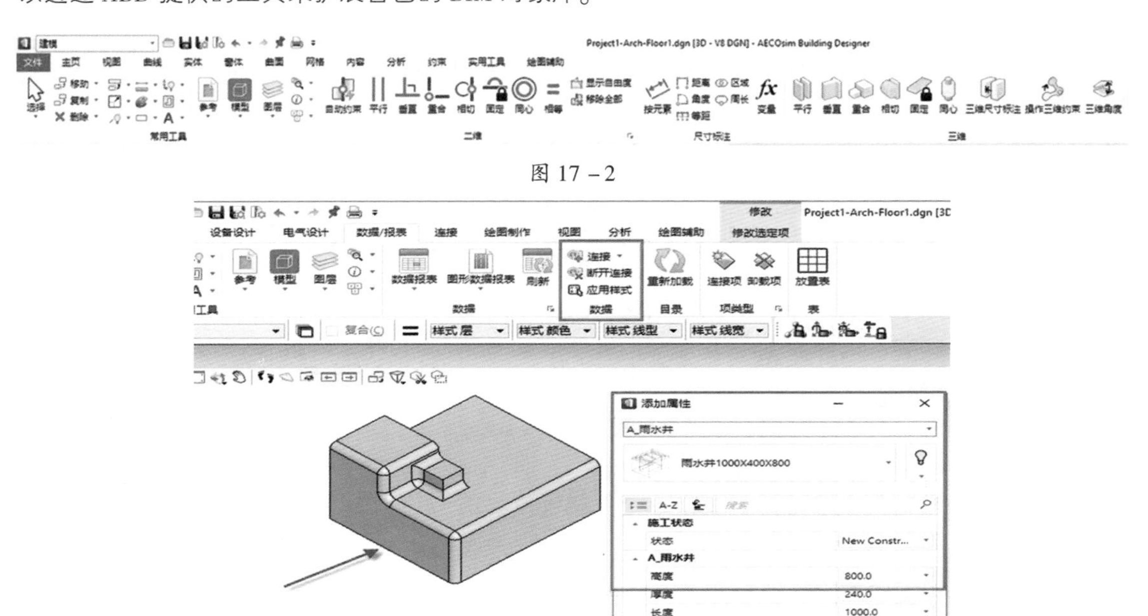

图 17－2

图 17－3

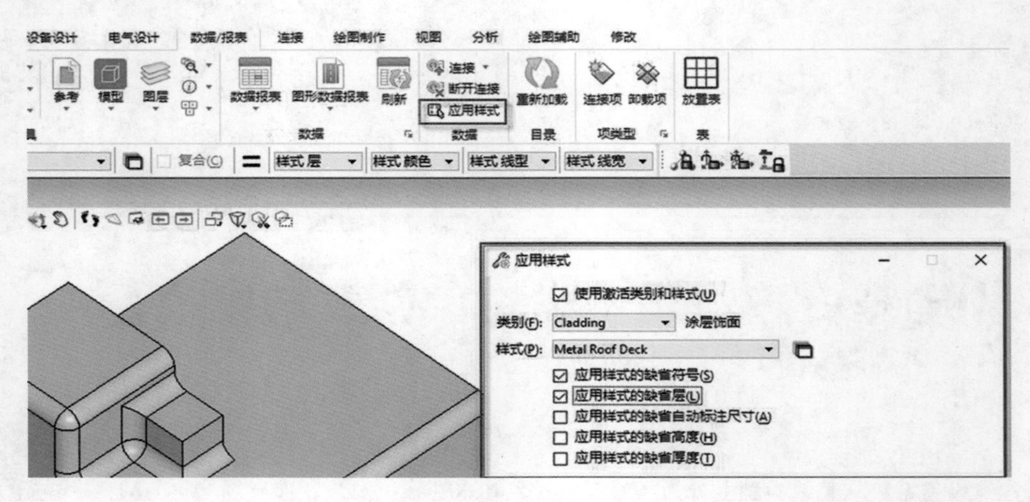

图 17－4

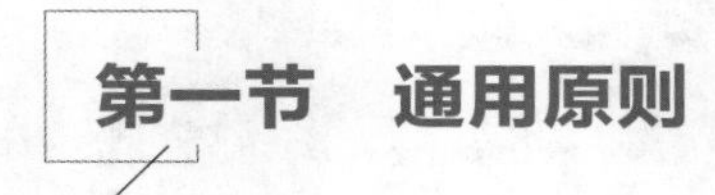

第一节　通用原则

一、快捷键的使用

在建筑设备模块的布置功能里，有 5 个常用的精确绘图快捷键，可以让使用者灵活地控制布置、修改过程。这些快捷键是精确绘图快捷键，需要精确绘图对话框有焦点才可以。

1）RI 插入附件到管线上。

2）RW/RT 旋转对象方向。

3）RR 更改定位接口。

4）RF 长宽参数调换。

5）RS 设置连接对象尺寸。

二、参数来源

在建筑设备模块中进行管线对象布置时，参数有两种来源：自由输入，厂商目录。

对于自由输入的参数设置方式，就是输入需要设定的属性值。而对于厂商目录的参数设置方式，系统是从一个厂商的数据库里提取出数值来使用。

在布置管线对象的属性里有一个“目录属性”（Catalog Name），如图 17－5 所示。

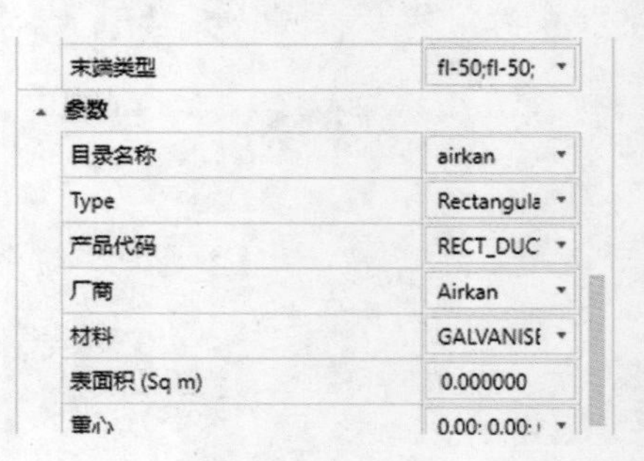

图 17－5

选择了一个厂商目录后就不能自由地输入属性值，而是从一个库里选择一个属性组合的“条目”（item）来设置属性值，如果有多个条目，还会有相应的过滤条件和优先级供使用，如图 17－6 所示。

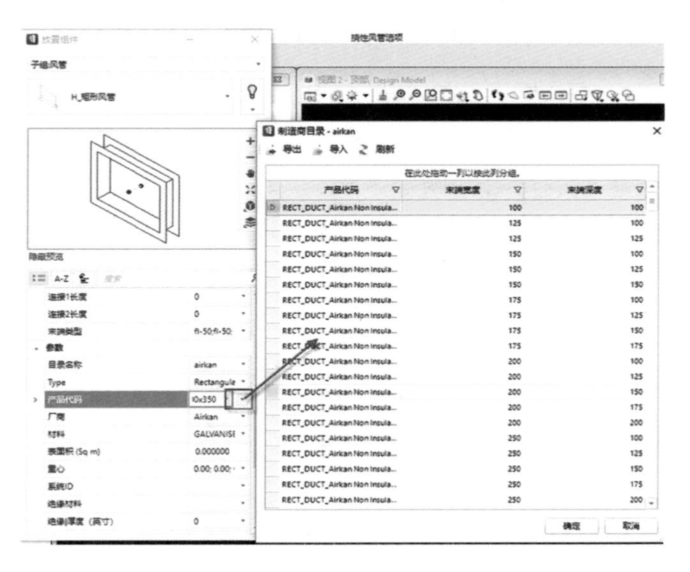

图 17 – 6

三、 参数子菜单

在对象属性（DataGroup 属性）的不同区域有不同的子菜单，图 17 – 7 为阀门的执行机构，图 17 – 8 为类型的子菜单。

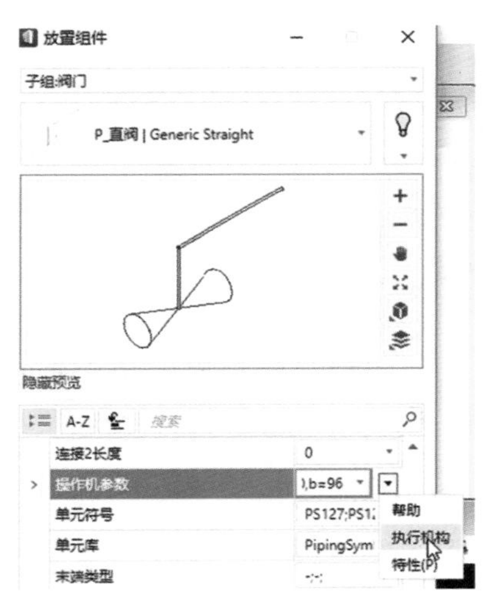

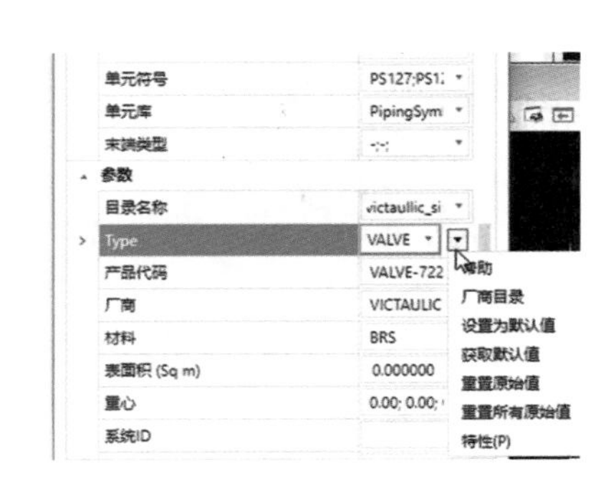

图 17 – 7　　　　　　　　　　　　图 17 – 8

第二节　管线类对象布置原则

管线类对象的布置，是一种“线性”的布置方式，就与绘制一根直线的方式是一样的。风管、水管的布置方式是一致的，图 17 – 9 为布置风管。

对于管线的布置，有两个对话框来设置不同的参数（图 17 – 9），上部对话框设置管线布置的定位基点、布置方式、选项设置等；下部对话框用于选择管线的类型，设置管线的参数。

在布置过程中，通过单击鼠标左键来确定管线的起点和终点。布置过程中，如果更改管道尺寸，可直接修改，系统会根据参数自动生成连接件。对齐方式不同，会影响连接件的尺寸。采用底对齐的方式（图 17－10），在布置过程中生成底对齐的变径连接件（图 17－11）。当布置路径方向发生变化时，系统会自动生成弯头等连接件，如图 17－12 所示。

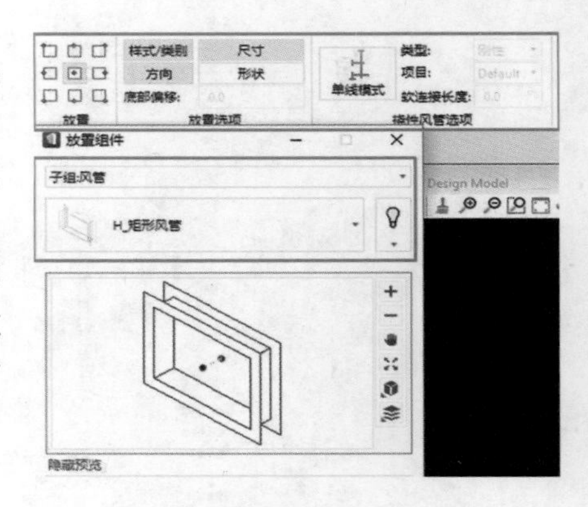

图 17－9

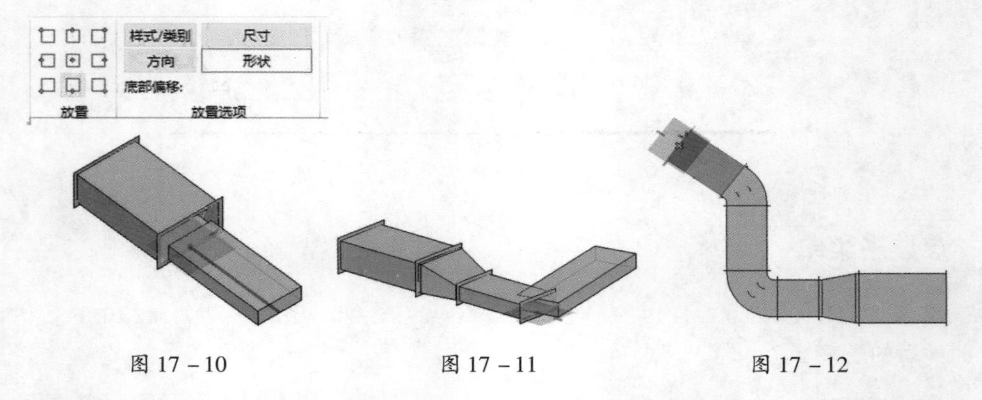

图 17－10　　图 17－11　　图 17－12

水管的布置和风管一样，只是水管没有“方形”，如图17－13所示。

当捕捉到已存在的管道时，系统会根据捕捉的位置来自动生成连接件，如图 17－14 所示。

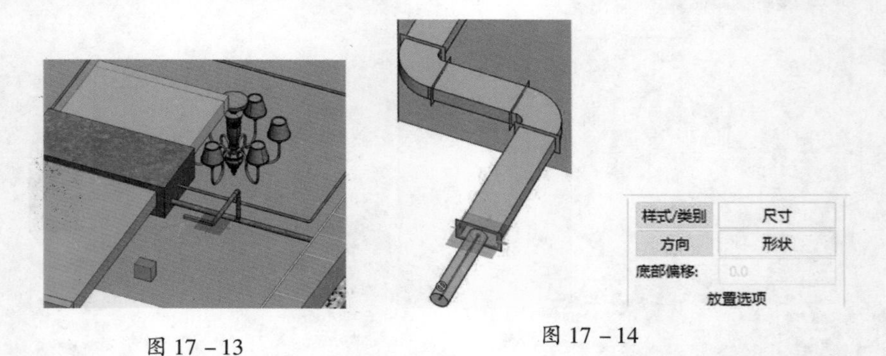

图 17－13　　图 17－14

在图 17－14 中，选择布置圆形风管的命令，而在“放置选项”面板中，没有选择“尺寸”和“形状”选项，捕捉到矩形风管后，系统会自动切换到布置矩形风管的命令，并沿用捕捉到的矩形风管的属性，而不会绘制出“圆管”。如果不选择“尺寸”和“形状”选项，绘制圆形风管时，系统会自动生成天圆地方连接件，如图 17－15 所示。连接件的形状受对齐方式的影响。

如果捕捉到了管线上的点，不管是中部还是利用附近点捕捉的特征点，如图 17－16 所示，系统都会根据两个风管的尺寸、位置、形状自动生成相应的分支三通和其他相关的连接件，如图 17－17 ~ 图 17－19 所示。

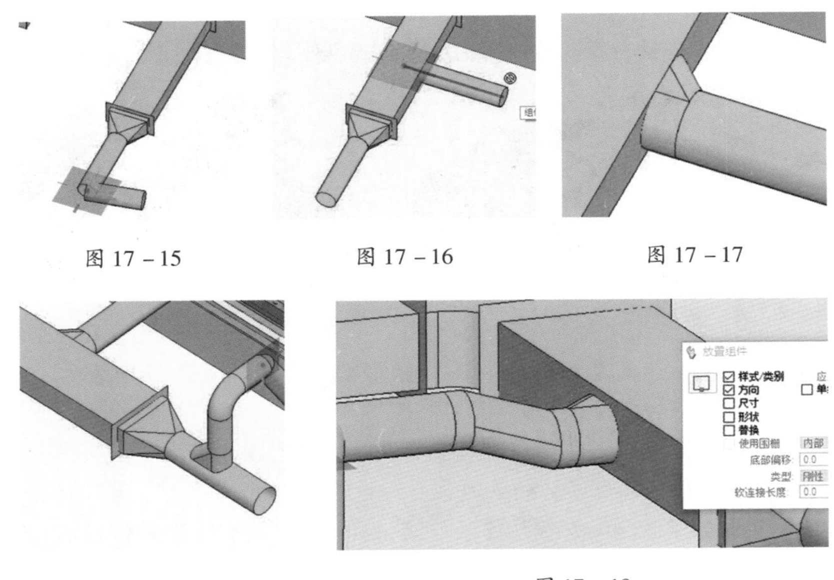

图 17－15　　图 17－16　　图 17－17

图 17－18　　图 17－19

综上所述，如果会定位，使用建筑设备模块可以很容易地在三维空间内布置相应的管道类型，确定管线系统的精确尺寸。

第三节　附件类对象布置原则

附件类对象是附属于管线系统的，例如风阀、水阀、风口格栅等。附件类对象，分为两种。

一、 不打断管线对象的附件类对象

第一种是不打断管线对象的。例如平板阀和侧面的格栅风口，这类对象布置时，首先必须捕捉到管线的端点，然后单击鼠标左键，附件对象与风管粘连，确定位置后，再次单击鼠标左键即可，如图 17－20 所示。

图 17－20

图 17－21

通过 RW/RT 快捷键，分别可以向左或者向右旋转格栅风口，让格栅风口分别放在不同的风管侧面，如图 17－21 所示。确定位置后，单击鼠标左键确认即可。

二、 打断管线对象的附件类对象

第二种是打断管线对象的。例如，在水管上放置一个阀门，这样的附件对象是有接口与管线连接的，类似后面讲到的节点类对象，如图 17－22 所示。在水管上设置了阀门后，原有的水管被打断成两段，成为两个独立的对象。

对于这类对象的布置，仍然需要捕捉到管线的端点，而不是三通的端点，如图 17 – 23、图 17 – 24 所示。此时单击鼠标左键，意味着将阀门放置在端点处，如图 17 – 25 所示。

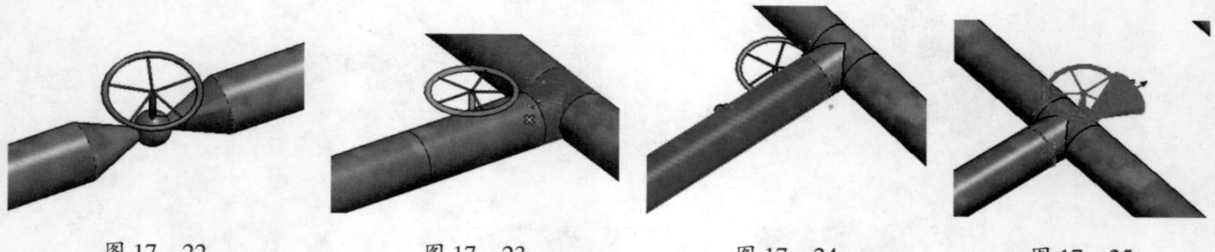

图 17 – 22　　图 17 – 23　　图 17 – 24　　图 17 – 25

如果想插入到管线上，这时就需要用“RI”快捷键，把阀门插入到管线上，而不是放在端点处。

需要注意的是，快捷键“RI”需要在捕捉到管线端点的时候才有效，如果没有捕捉到任何的端点，那么系统无法判断插入到哪根管线上。

当输入“RI”后，附件就会与管线粘连。与第一种对象一样，当确定位置后，系统就会按照附件的长度来打断管线，如果想设置附件的长度，应该在单击位置前进行操作，当确认位置后再去修改附件的长度，这时就会形成如图 17 – 26 所示的状况。

如果此时单击鼠标左键，那么系统就会形成不连接的状态，选择“RS”快捷键，系统就会调整管道的长度，如图 17 – 27 所示。

“RS”快捷键，是指当修改对象参数时，自动调整相连接的其他对象，上面的操作是一个放置操作加一个修改操作。

当删除这个附件对象时，管道会自动连接起来。

无论是第一种对象还是第二种对象，都有“接口”的信息，如图 17 – 28 所示。

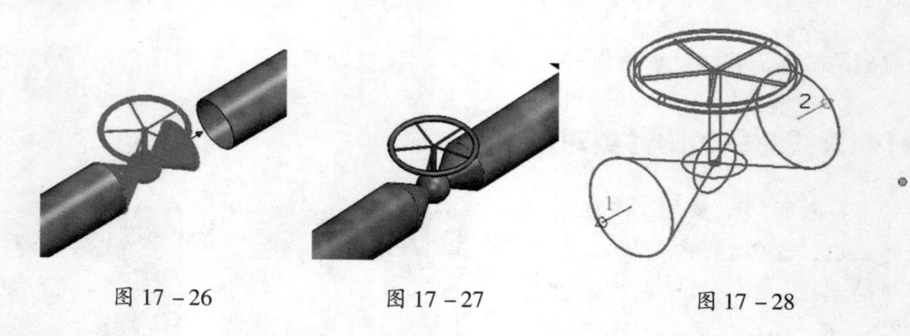

图 17 – 26　　图 17 – 27　　图 17 – 28

第四节　节点类对象布置原则

节点类对象的特点是位于管线系统的连接处，从这个特点考虑，本章第三节的打断风管的附件类对象属于这个范畴。

常用的节点类对象分为连接件和设备，在实际工作中一般通过连接命令自动生成连接件，很少单独布置连接件。如果需要布置单个连接件，在布置的过程中，ABD 首先以第一个接口为定位基点，并通过快捷键来切换定位接口，控制连接件在空间的方向。图 17 – 29 为布置三通，图 17 – 30 为通过“RR”快捷键调换定位接口，图 17 – 31 为通过“RW/RT”快捷键旋转连接件。或者通过“RI”快捷键也可以将一个连接件“插入”到管线内，通过“RR”快捷键来调换定位接口。

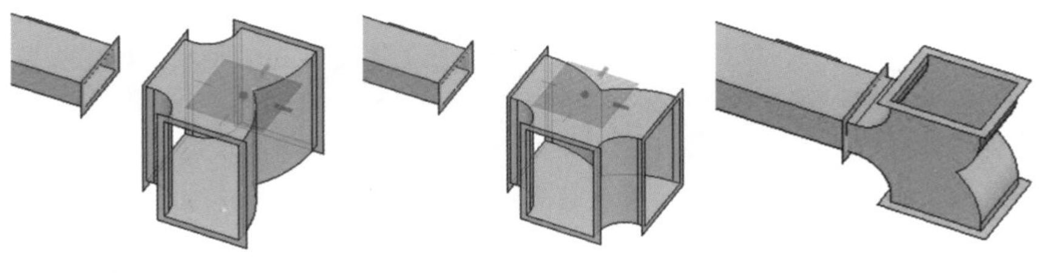

图 17－29　　图 17－30　　图 17－31

需要注意的是，对于变径、弯头、三通、四通等连接件，只有变径的高度和宽度可以同时发生改变。对于弯头、三通、四通等连接件，接口的高度需要保持一致，宽度可以不同。

对于节点类的设备类对象比较简单，在放置时，也是以接口来进行定位，这些接口可以用后面讲到的命令与管线连接。

第五节　管线系统连接与修改

一、参数更改

1）对于管线对象的更改，一般不会批量更改，因为会涉及连接的管道。单个管线对象的更改与其他对象是一样的。

2）当修改管线时，系统会弹出参数修改的对话框，也可以采用在后台的 DataGroup 数据库中选择对象更改的操作。

3）管线形体参数的更改确定后，需要用“RS”快捷键调整关联的管线参数。

4）在建筑设备模块中，还提供了一种图形化的编辑方式，图 17－32 中的视图 8 中可以通过点击数值来更改参数。

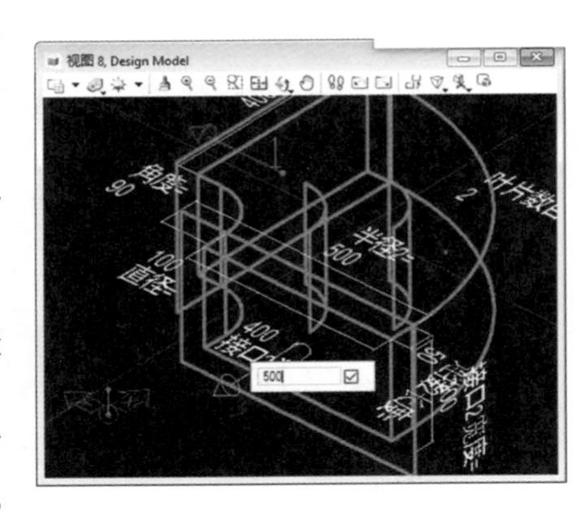

图 17－32

二、管线连接

1）管线的连接和调整是最常用的操作，需要明确管线系统的特点：管线是连接的，对象是有接口的，图 17－33 是管线连接和编辑的常用命令。

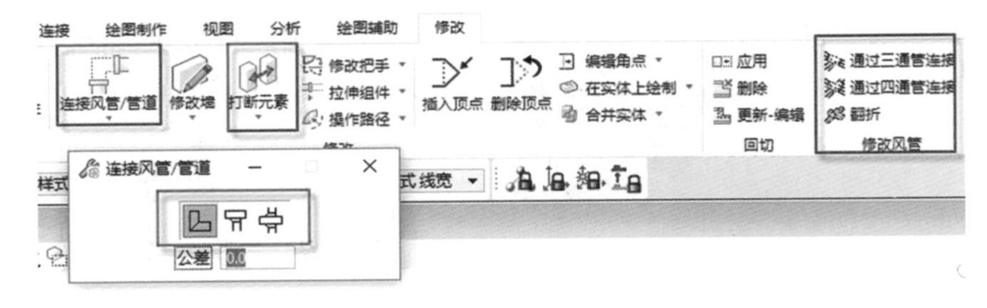

图 17－33

2）管线连接命令，用于连接两个管线，既可以连接相同方向的，也可以连接垂直或者具有一定角度的两根管线。“公差”的参数，用于设定两根管线的高差连接的范围，如果设置为“0”，则表示两根管线的高度必须一致才可以连接。这两根相连的管线，可以是任意的形状、尺寸和位置，系统倾向于用连接件来连接管线系统。图 17－34 表示管线连接前后的状态，图 17－35 表示连接两根具有高差的管道，图 17－36 是自动连接具有高差的主管道和分支管道。

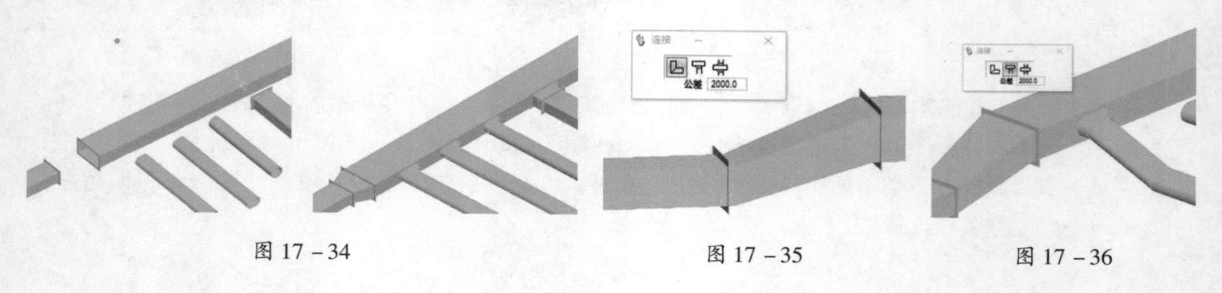

图 17－34　　图 17－35　　图 17－36

三、设备连管

设备连管命令与管线连接命令的差异在于，它根据被连接对象接口或者捕捉点的位置和方向规划“路径”，根据路径、尺寸、形状等参数生成一系列的管线和连接件。图 17－37 是“设备连管”对话框，可以设置连接的路径参数，连接效果如图 17－38 所示。水管连接按照上述操作如图 17－39 所示。

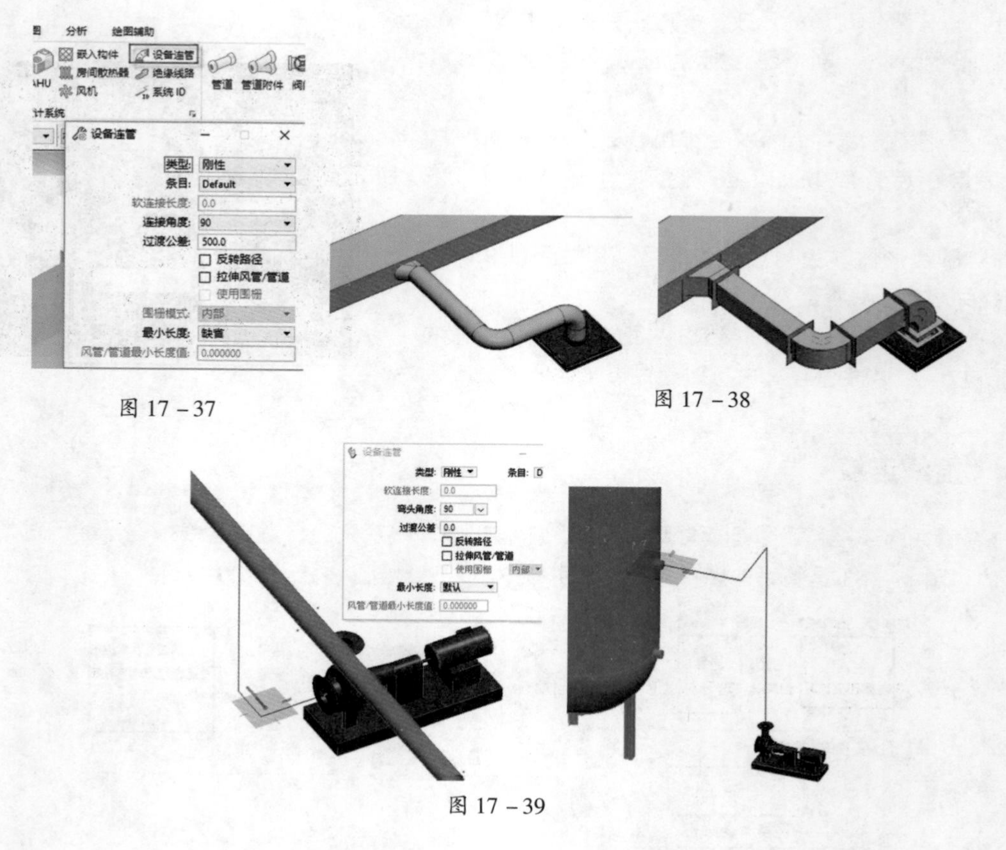

图 17－37　　图 17－38

图 17－39

“拉伸组件”命令没有任何选项，只是对管线进行长度拉伸；打断命令是对管线进行动态打断或者标准长度的打断，如图 17－40 所示。图 17－41 为动态打断，图 17－42 为打断成标准长度。

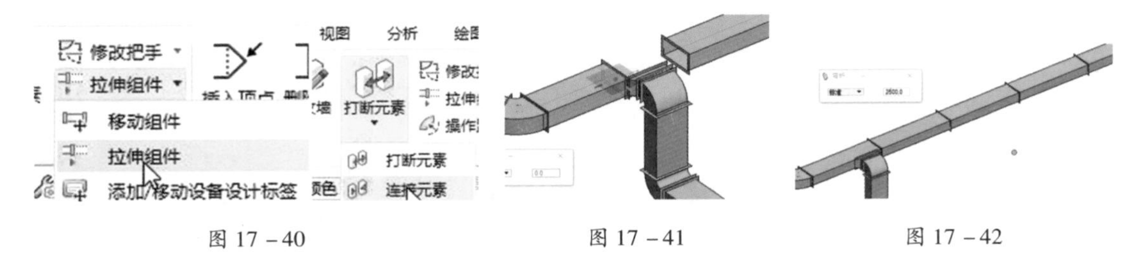

图 17－40　　图 17－41　　图 17－42

四、三通、四通连接

1）三通、四通连接的命令是根据风管的方向选择不同的连接形式，而后形成三通（图 17－43）和四通（图 17－44）连接件。

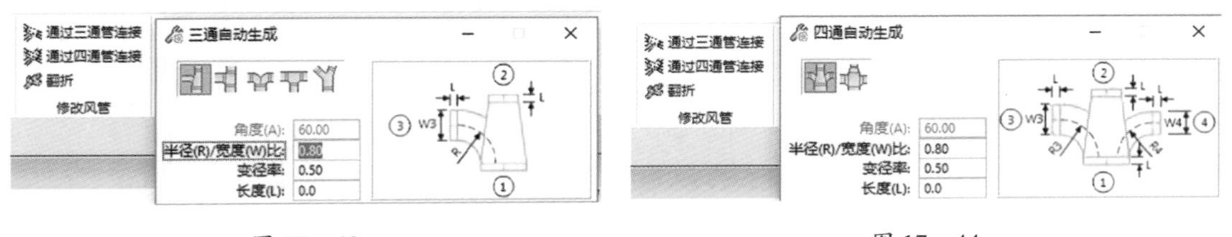

图 17－43　　图 17－44

2）连接的过程，只需设定连接的类型、参数，然后按照次数选择风管即可。

3）很多时候由于风管的高度、管径不符合连接的条件，或者说这样的“三通”或“四通”在工程实际中不存在，系统会给出提示，如图 17－45 所示。

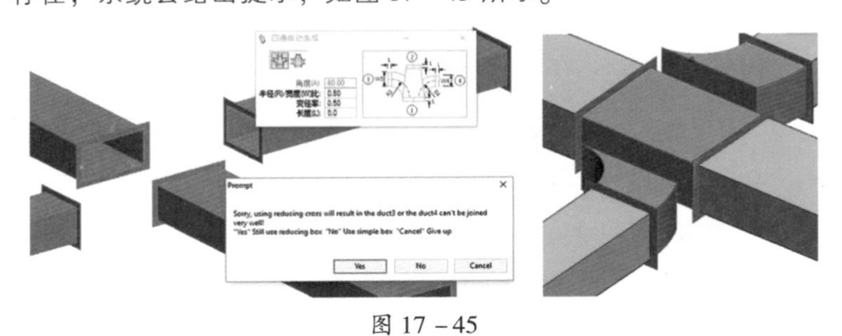

图 17－45

五、跨越管连接

1）跨越管连接用于处理管线之间的交错情况，可以同时处理风管和水管，如图 17－46 所示。

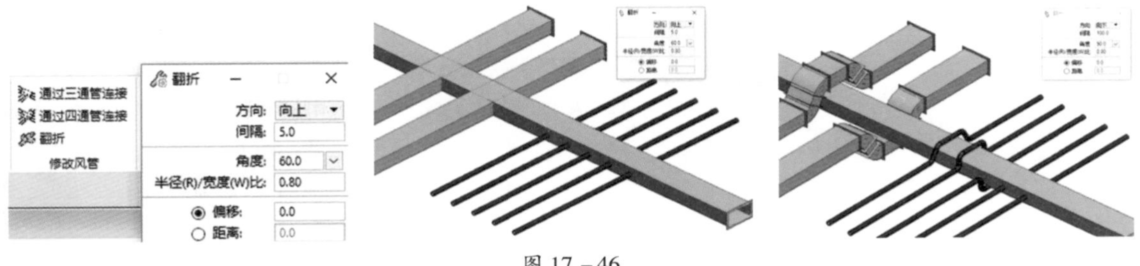

图 17－46

2）在“翻折”对话框中，分别设置向上翻还是向下翻，间隔以及生成弯头的参数控制。

3）操作过程需要选择两组对象。选择被翻折的对象，可以使用〈Ctrl〉键进行多选，如图 17 –47 所示。选择完毕后，单击鼠标左键确认完成被翻折对象的选择。选择需要翻过去的管道（图 17 –48），单击鼠标左键完成操作，如图 17 –49 所示。

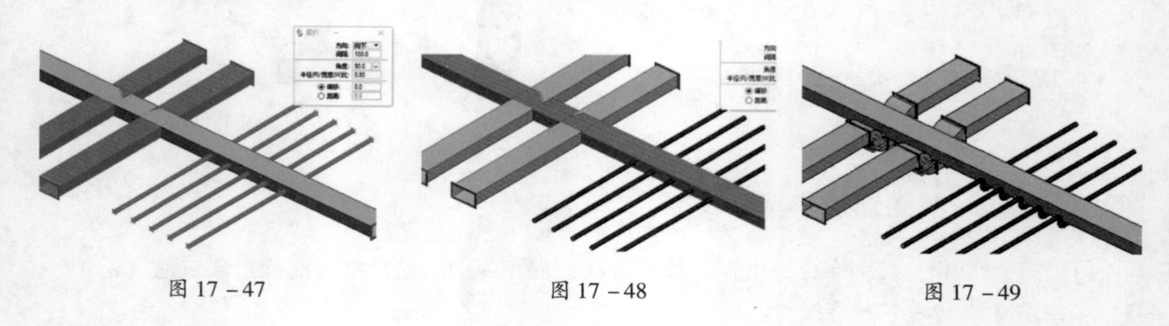

图 17 –47　　图 17 –48　　图 17 –49

课后练习

1. 下列关于 ABD 软件中建筑设备类对象创建与修改说法不正确的是（　　）。
   A. 建筑设备系统从管线类型上分为风管系统对象和水管系统对象
   B. 对于某些特殊的异形体，可以通过 MicroStation 底层平台的体、曲面、参数化工具形成三维模型，只需要赋予 BIM 类型，就可以成为一个 BIM 对象
   C. 建筑设备系统对象分为管线、附件和节点三类
   D. 在 ABD 中，对象类型是可以任意扩展的，任何企业和个人都可以通过 ABD 提供的工具来扩展自己的 BIM 对象库
2. 下列不属于 ABD 软件中建筑设备类对象创建与修改中通用原则的是（　　）。
   A. 快捷键的使用　　B. 参数来源
   C. 参数子菜单　　D. 节点类对象布置原则
3. 下列关于管线类布置原则说法不正确的是（　　）。
   A. 管线类对象的布置，是一种“线性”的布置方式，和绘制一根直线的方式是一样的
   B. 在布置管线过程中，如果更改管道尺寸，可直接修改，系统会根据参数自动生成连接件，对齐方式不同，也会影响连接件的尺寸
   C. 布置管道时，捕捉到已存在的管道时，系统不会自动生成连接件
   D. 如果捕捉到了管线上的点，不管是中部还是利用附近点捕捉的特征点，系统都会根据两个风管的尺寸、位置、形状自动生成相应的分支三通和其他相关的连接件
4. 在 ABD 中，下列关于附件类布置原则与节点类对象的布置原则，说法不正确的是（　　）。
   A. 附件类对象分为不打断管线对象的附件类对象和打断管线对象的附件类对象
   B. 快捷键 RI 是需要在捕捉到管线端点的时候才有效，如果没有捕捉到任何的端点，那么系统无法判断插入到哪根管线上
   C. 三通、四通、弯头等连接件的“高度”都不可以单独调整
   D. 节点类对象的特点是位于管线系统的连接处，打断风管的附件类对象不属于节点类对象

5. 下列关于管线连接的说法不正确的是（　　）。
   A. 管线的连接和调整是最常用的操作，需要明确管线系统的特点：管线是连接的，对象是有接口的
   B. 管线连接命令，用于连接两个管线，可以连接相同方向的，但不可以连接垂直或者具有一定角度的两根管线
   C. 使用管线连接命令，“连接风管/管道”对话框中“公差”的参数，用于设定在两根管线的高差在多大范围内可以连接，如果设置为0，则表示两根管线的高度必须一致
   D. 使用管线连接命令连接两根相连的管线，可以是任意的形状、尺寸和位置，系统倾向于用连接件来连接管线系统
6. 在ABD中，下列关于管道系统连接与修改的说法不正确的是（　　）。
   A. 三通、四通连接的命令是根据风管的方向选择不同的连接形式，而后形成三通和四通连接件
   B. 跨越管连接用于处理管线之间的交错情况，但不可以同时处理风管和水管
   C. 设备连管命令与连接命令的差异在于，它根据被连接对象接口或者捕捉点的位置和方向来规划一个“路径”，根据路径、尺寸、形状等参数生成一系列的管线和连接件
   D. 很多时候由于风管的高度、管径不符合连接的条件，或者说这样的“三通”或“四通”在工程实际中不存在，系统会给出提示

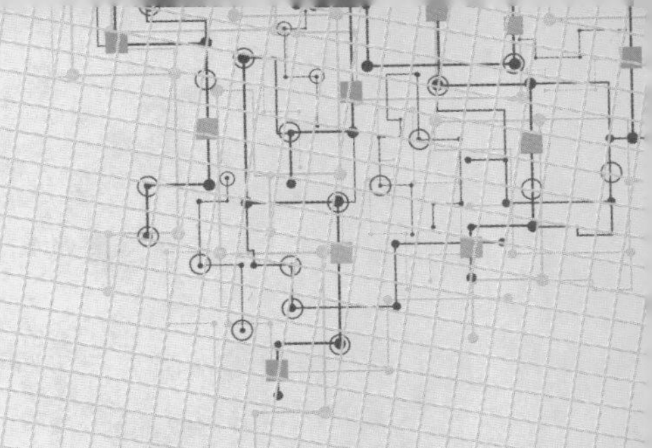

第十八章　建筑电气类对象创建与修改

第一节　电气模块架构

建筑电气模块（以下简称电气模块）包含了照明/动力系统、火灾报警和电缆桥架三个模块的布置功能，以及相应的图纸报表功能。

电气模块的程序架构和运行机制与建筑、结构、建筑设备不同，它采用了相对独立的运行机制，所采用的设置也不相同。所以，当启动 ABD 时，系统默认启动了建筑、结构和建筑设备应用模块，而没有启动建筑电气模块。

对于电气模块来讲，它需要数据库的支持，所以，当启动电气模块时，系统会启动一个数据库来支持其运行，这时会发现在任务条里又启动了一个窗口，这个窗口就是后台运行的数据库程序，不要关闭它，否则系统将无法正常工作，如图 18－1 所示。

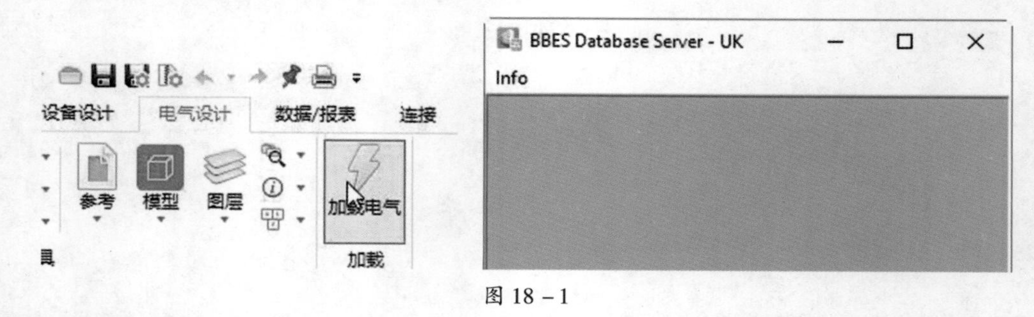

图 18－1

针对前面介绍的三个应用模块，建筑电气模块的不同体现在以下几个方面。

一、工作单位设置

建筑电气模块是以米为工作单位的，当单独启动电气模块创建一个新文件时，系统调用的种子文件为“DesignSeed_Electrical. dgn”，这个文件的工作单位设置为米，而且文件的模型精度也不同，如图 18－2 所示。所以启动 ABD，加载了电气模块后，一定要确保打开的是一个可用的电气专业文件。

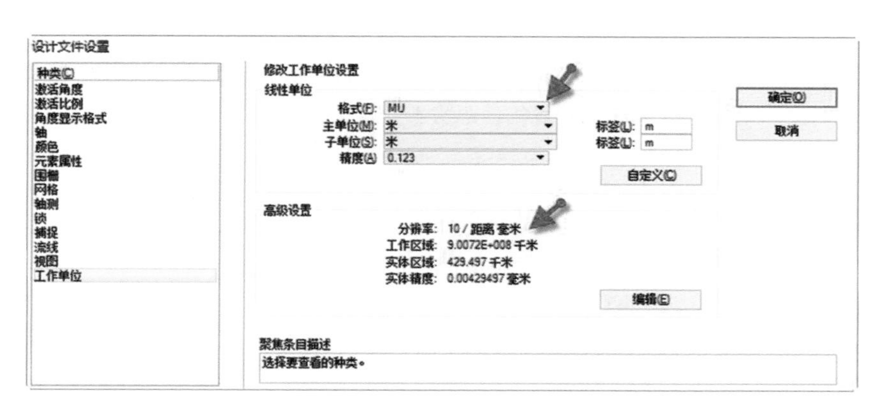

图 18－2

二、 工作机制

一个建筑电气设计项目，也会将不同的楼层、不同的系统放置在不同的 dgn 文件中，但对于建筑电气系统来讲，有很强的“逻辑连接”性，会为每个电气项目建立一个数据库，当新建一个文件时，需要通过注册机制来加入这个项目数据库。

对于一个项目的第一个文件，需要注册以便让系统知道这是一个电气专业文件，而且为电气项目设定一个标准“库”与之对应。进行图 18－3 所示操作，才可以建立一个项目的库来存储相应的工程内容。

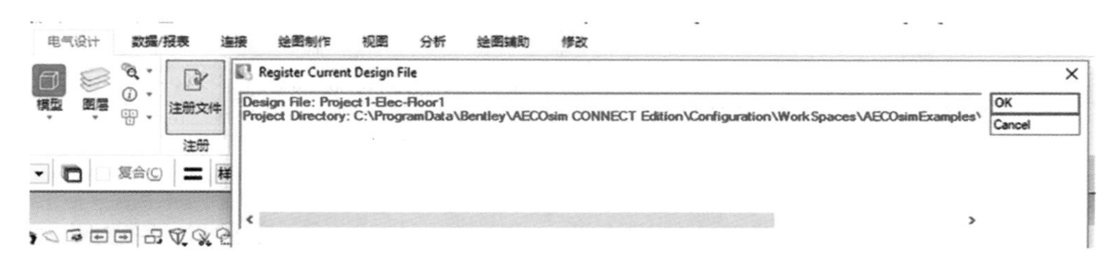

图 18－3

单击图 18－3 中的“OK”按钮后，出现“Drawing Setup”对话框（图 18－4）。这个对话框是对当前文件进行设置，使一个系统的标准库与当前文件进行“关联”。图中的“BS EN60617”就是系统预置的系统库，在这个库中有很多的电气设备库，例如，开关、灯具、探测器等。当然，不同的国家和地区有不同的库与之对应，也可以建立自己的库。在布置的过程中，也可以从不同的标准库里选择建筑电气对象进行布置。

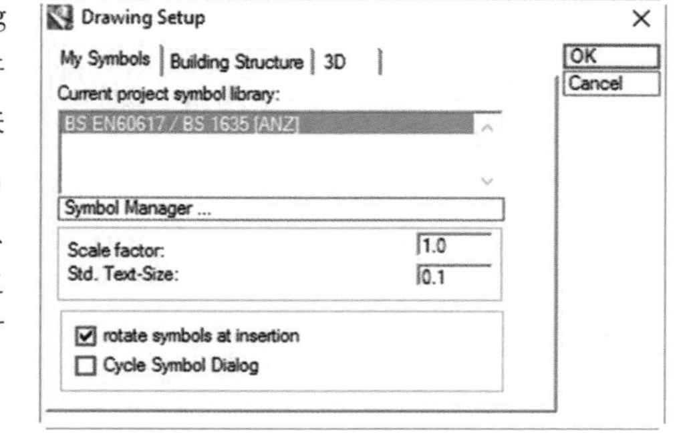

图 18－4

图 18－4 的对话框中有三个选项卡。

1．My Symbols

“My Symbols”选项卡就是设置一个默认的电气对象库。

2．Building Structure

“Building Structure”选项卡主要设置当前项目的楼层组成，如图 18－5 所示。楼层区域的设置是从逻辑上将电气设备进行区分，虽然放置的电气设备对象可以在不同的标高上，也可以放置在不同的文件里，但仍然需要让系统知道，这些电气设备在逻辑上是放置在哪个层上。这里一个层的电气设备可以放置在不同的 dgn 文件里。每注册一个文件，就得设定这个文件里放置的电气设备是哪个逻辑的“层”里的内容，这些设置的信息会被记录在项目的数据库里。

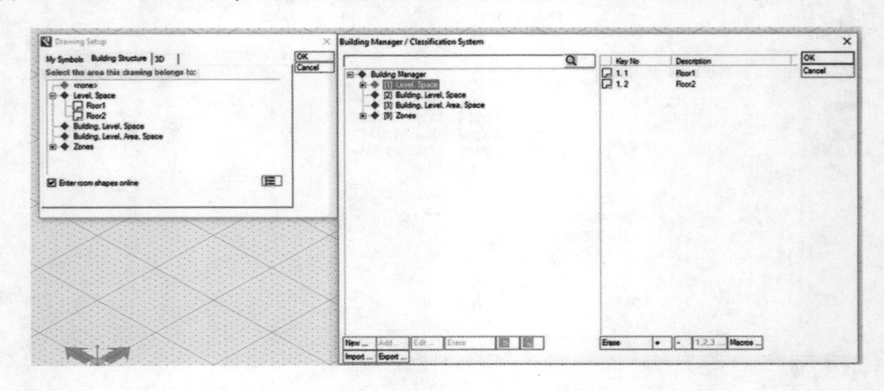

图 18－5

3．3D

在“3D”选项卡里，对放置的电气设备的空间信息进行设置，如图 18－6 所示。

在“Floor Level”里输入的是当前楼层所在的绝对标高，工作单位是米；“Ceiling Height”是当前楼层的相对标高，这是一个在后续电气设备布置过程中被引用的标高。例如，放置一个具体的灯具时，需要确定这个灯具的绝对标高，在放置时，系统就会先读取当前楼层的 Floor Level 设置，然后再去读取设定的相对标高，也就是提取 Ceiling Height 设置。

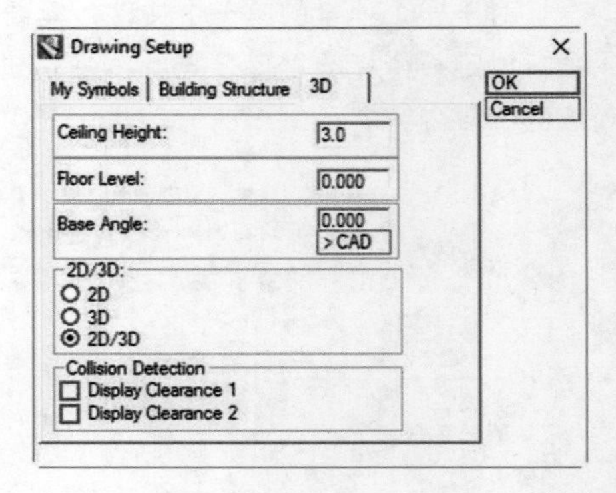

图 18－6

在“2D/3D”里设定的是默认放置的是电气设备对象的 2D 图符还是 3D 形体，还是两者同时放置。结合上面的标高设置，2D 对象将被放置在 Floor Level 设置的高度上，而 3D 对象会被放置在绝对的高度上：Floor Level + Ceiling Height（如果读取天花板高度）。

通过注册了新建立的文件，在 dgn 文件的同目录下，系统会生成一个“_bbes”的目录（图 18－7），在这个目录里有一系列的数据文件来保存项目的信息，如图 18－8 所示。所有项目的数据信息，都会被记录到这个目录的相应数据文件里，加入一个新的电气文件，也是通过注册的方式加入这个项目的数据库里。所以，再建立一个新的电气 dgn 文件时，只需注册即可，系统就会加入目录“_ bbes”的相应数据文件里，如图 18－9 所示。

Projects › BuildingExamples › BookSample_ABD › designs › Electrical Sample

Name	Date modified	Type	Size
_bbes	2016/12/23 21:26	File folder	
Electrical-Floor1.dgn	2016/12/23 21:43	Bentley MicroStati...	242 KB

图 18－7

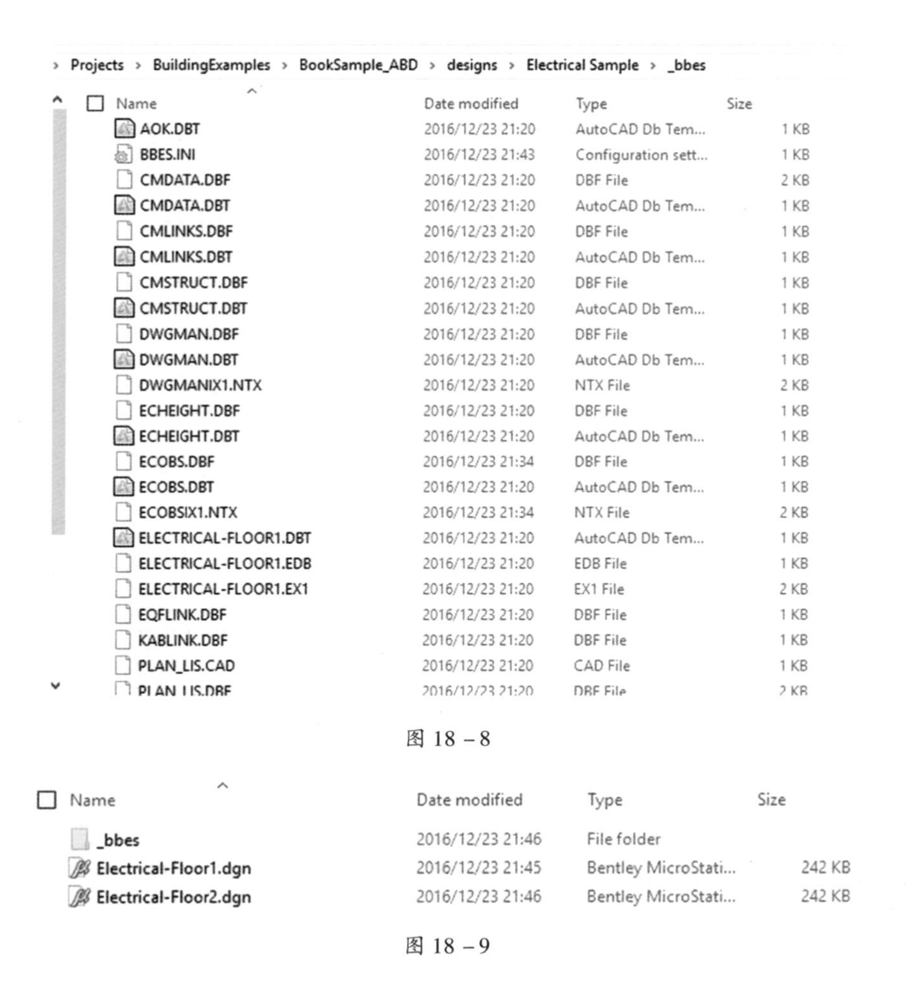

图 18－8

图 18－9

三、 房间的概念

在建筑系列里有房间对象 Space 的概念，在建筑电气模块里也有这样的概念。因为对于一些电气设备来讲，都是以“房间 Space”对象为基本设计对象的。例如，在进行光照计算时，需要考虑一个房间对象四壁的属性以及空间的大小，这与负荷计算有点类似，对于烟感、温感等探测器更是如此，而且在电气模块里，布置电气对象时也有很多基于房间对象来布置的命令，如图 18－10 所示。

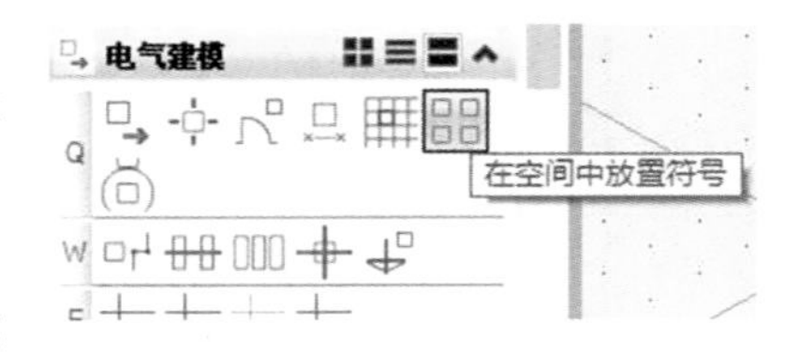

图 18－10

电气设备模块楼层的设定从逻辑关系上应该是“Building→Floor→Space”。所以，当选择一个楼层“Floor”时，系统需要建立一个逻辑的“Space”，如图 18－11 所示。这些房间对象可以在电气模块里建立，也可以从建筑模块或者第三方软件（例如 Revit）中导入。所以，系统提供了导入建筑模块或者第三方软件房间对象的功能。对于建筑模块房间对象的导入是通过以下步骤来实现的：

1）参考具有房间对象的建筑 dgn 文件。

2）选择房间对象，导入，如图 18－12 所示。

3）选择导入的房间对象然后保存，如图 18－13 所示。

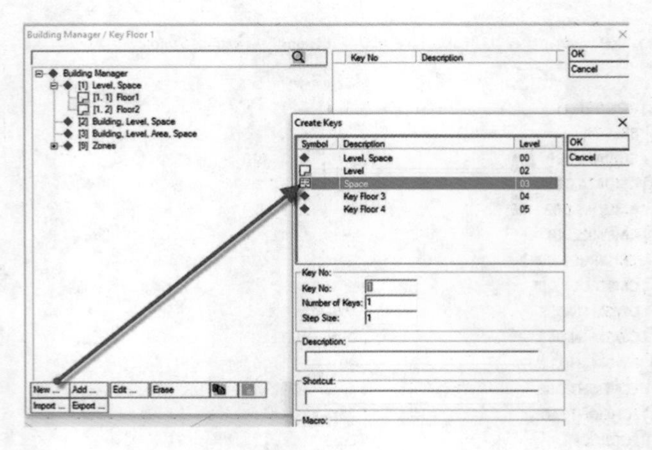

图 18－11

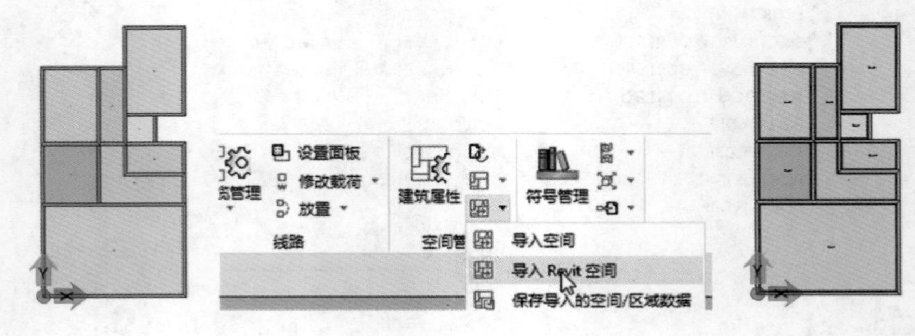

图 18－12　　　　图 18－13

例如，需要将某些电气的“房间对象”放置在某个楼层 Floor 上。图 18－14 通过选中电气房间对象，然后执行“保存导入的空间/区域数据”，在图 18－15 中选择需要保存的楼层，最终形成电气房间对象（图 18－16）。经过上述转化过程，参考了建筑专业的“实体”对象作为电气对象定位的基础，同时，识别了电气的房间对象。

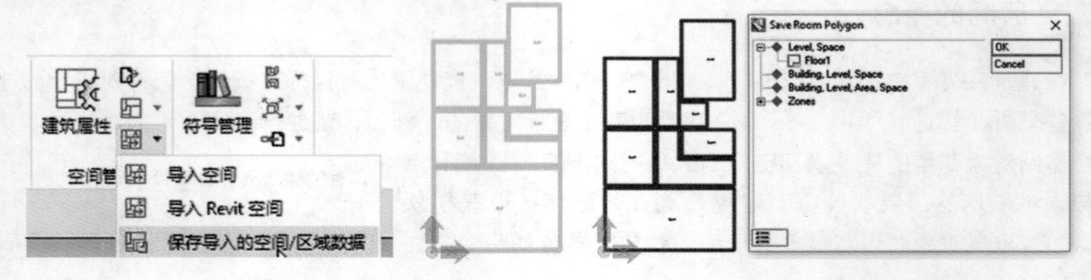

图 18－14　　　　图 18－15

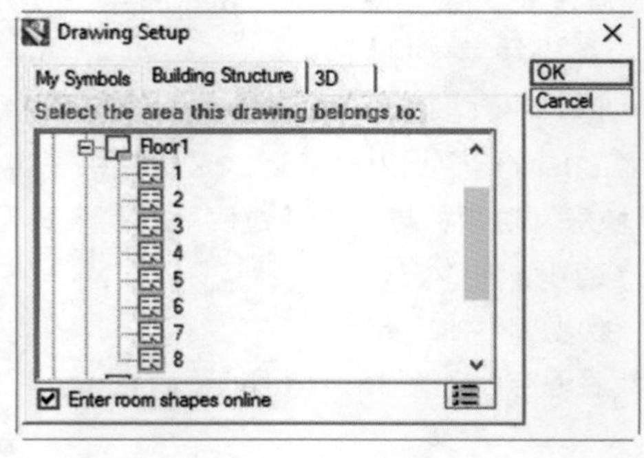

图 18－16

第二节　电气模块工作流程

对于电气模块来讲，将采用以下工作流程。

1）建立一个或者多个符合电气模块的工作文件 dgn，如图 18－17 所示。

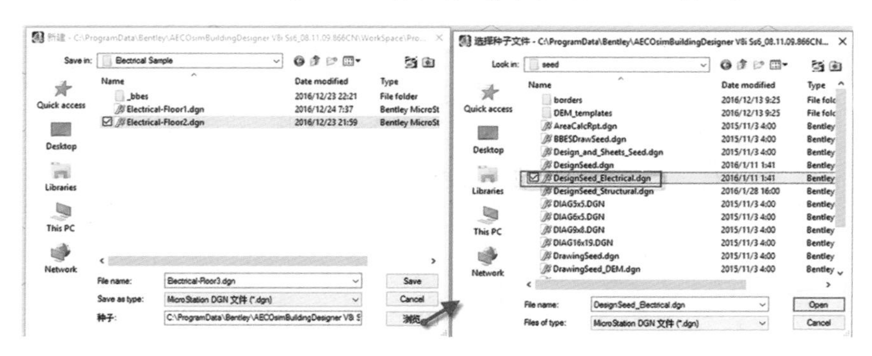

图 18－17

2）注册 dgn 文件为电气模块工作文件，如图 18－18 所示。

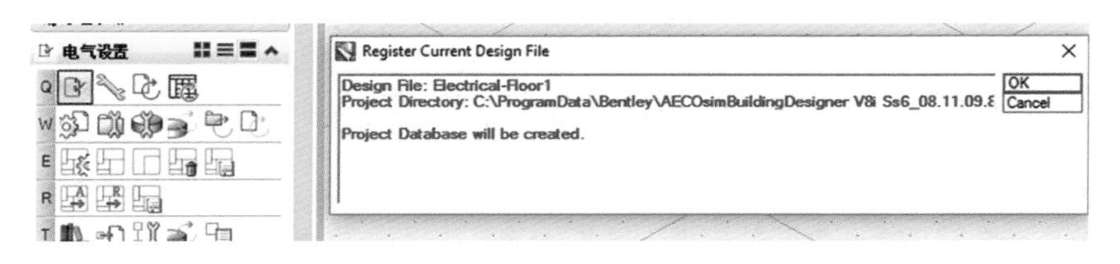

图 18－18

3）设定系统工作的库和标高楼层，如图 18－19 所示。

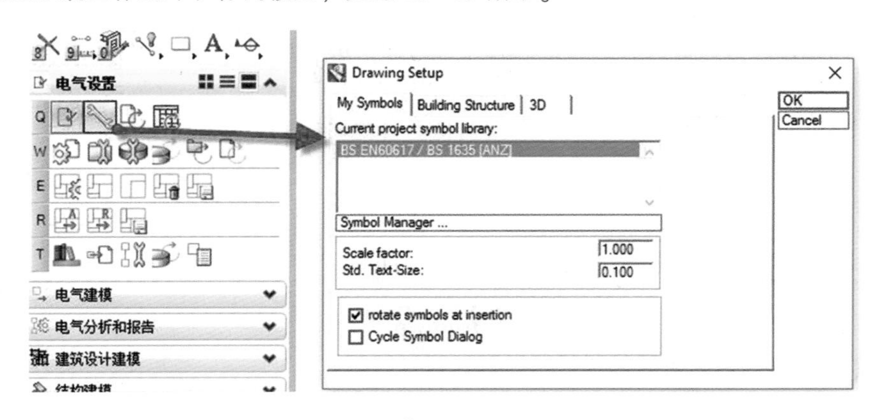

图 18－19

除以上设置，系统还提供了一系列的命令对这个项目所用到的库、文件的设置信息进行编辑和调整。

4）导入或者新建房间对象，如图 18－20 所示。需要注意的是，这些房间是电气模块自己的房间对象，更注重逻辑关系，这也是电气专业的特点所在。

5）放置电气对象。放置的操作，也是从一个系统的库里选择，然后设定高度等参数后进行放

置。系统提供了许多类型的电气对象，主要包含照明动力系统，火灾报警系统，电缆桥架系统及相应的支吊架、辅助线等附属设施，如图 18－21 所示。

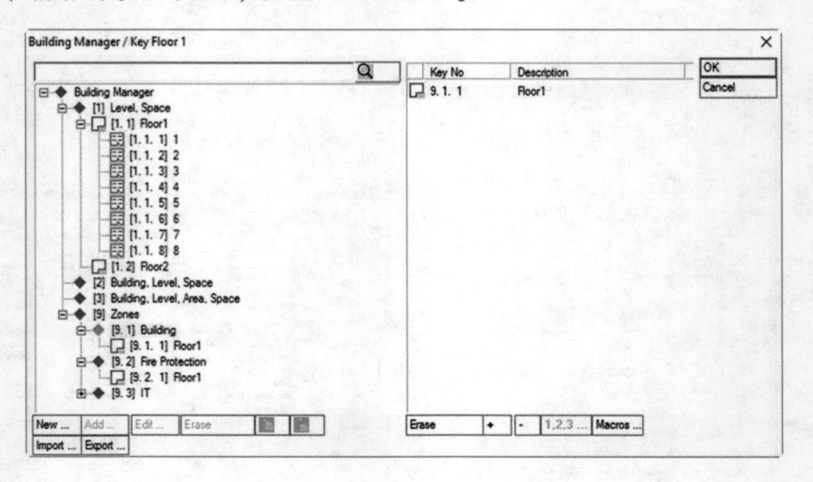

图 18－20

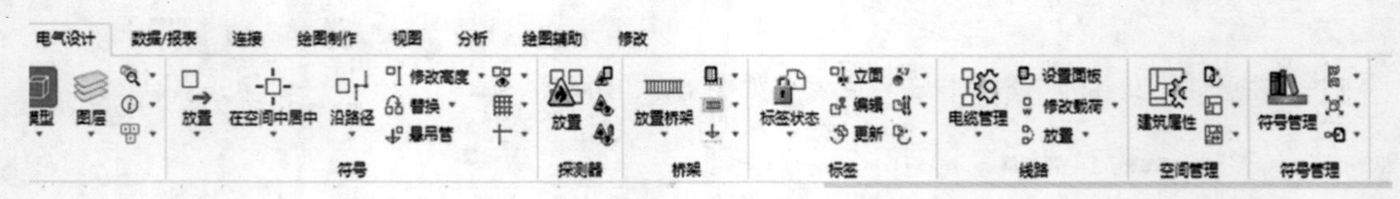

图 18－21

在放置电气对象的对话框里，当选择一个对象时，系统默认这个对象具有一个电气类型属性，说明这个对象是一个灯具、一个开关或者一个集线器，因为不同类型的电气设备具有不同的系统属性，如图 18－22 所示。例如，在进行照度计算时，一个火灾报警的探测器是无法被识别的，因为它不是一个灯具 Lighting。

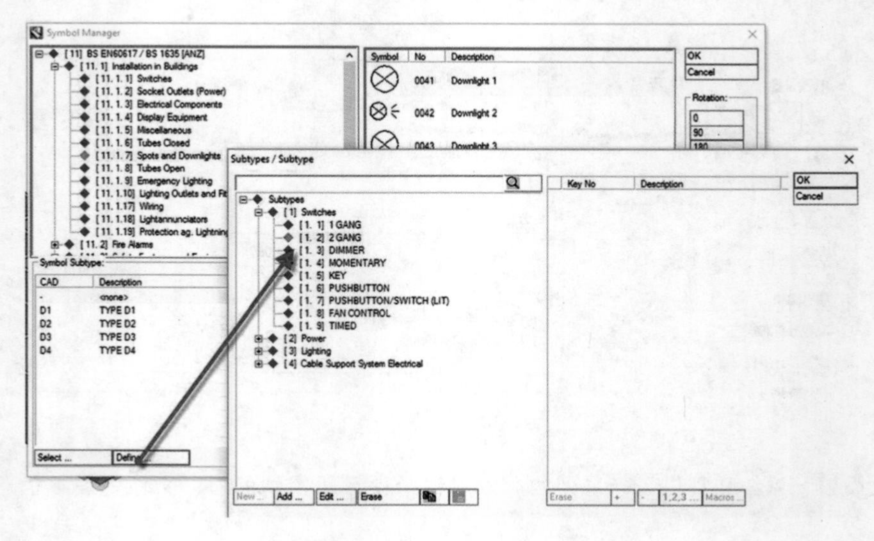

图 18－22

6）报表统计及出图。报表统计的过程就是从项目的数据库里输出数据。无论是电气对象还是电缆布置，都被存储在项目的数据库里，如图 18－23 所示。

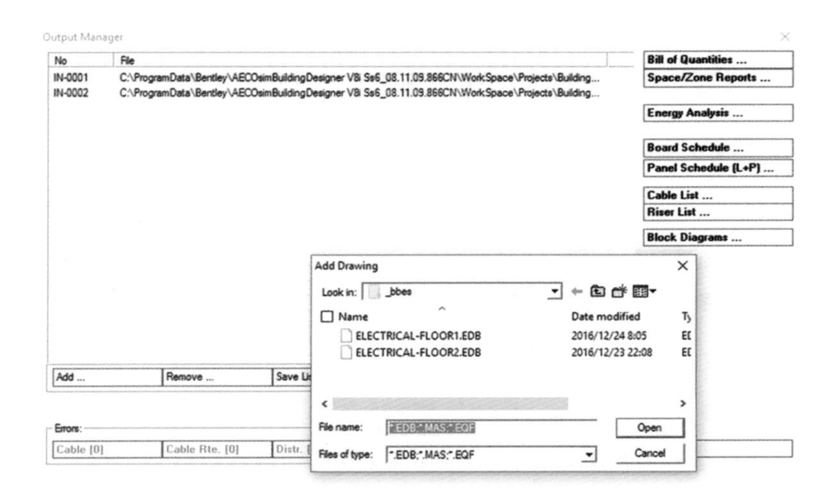

图 18－23

新建文件时的注册过程，就是为文件建立相应的数据库，统计时，只需加入这些数据文件就可以统计相应的材料信息。

第三节　电气对象放置与修改

明确项目数据库的架构后，就是电气对象的放置过程，也就是从设置的标准库里选取一个对象，然后根据标高的设定、2D/3D 的设置来放置电气对象，如图 18－24、图 18－25 所示。

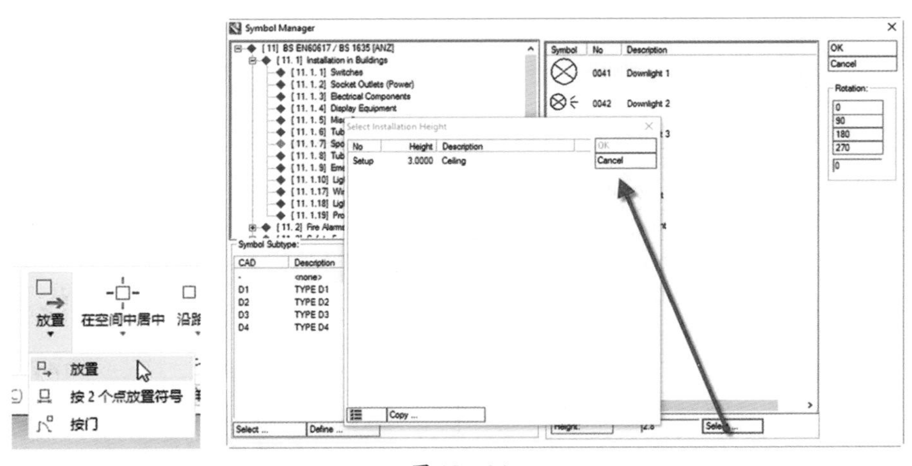

图 18－24

在电气设备的库中，每个对象包含了二维图幅和三维形体，在后续的定义过程中也是按照这个模式来进行的。

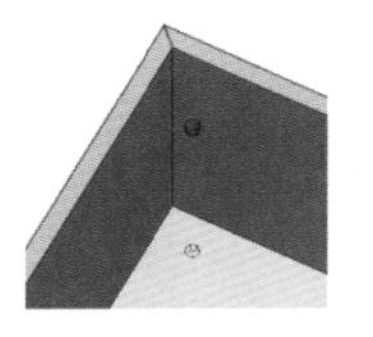

图 18－25

按照上述的布置原则，照明、动力系统和火灾报警系统都是采用相同的方式。电缆桥架由于是线性的对象，布置界面有点差异，但大体原则类似，同时配合相应的修改、编辑命令。

一、照明动力探测器布置

探测的布置方式较为简单，涉及的命令如图 18－26 所示。

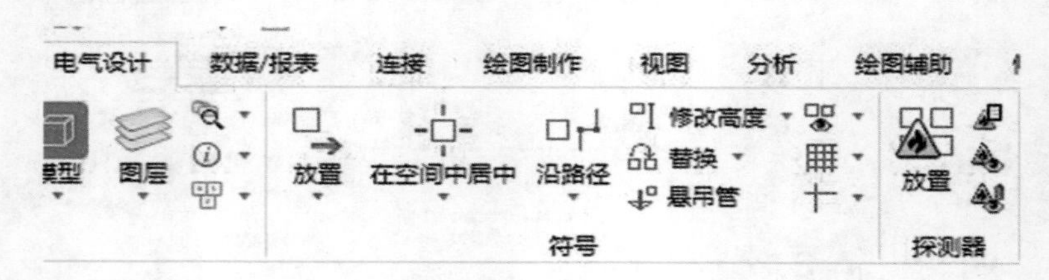

图 18－26

不同命令的差别在于布置的方式不同，可以根据房间布置或根据路径布置。在选择房间时，需要注意，第一点用鼠标左键，第二点用鼠标右键，如图 18－27 所示，之后选择电力对象和布置参数，如图 18－28 所示。布置完成后如图 18－29 所示。可以为这些电力对象布置吊架，如图 18－30所示。

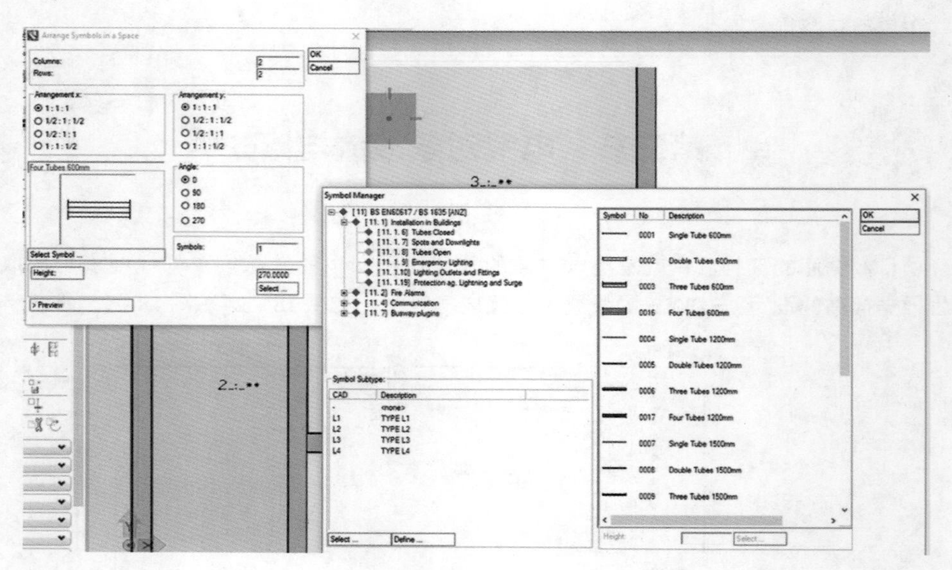

图 18－28

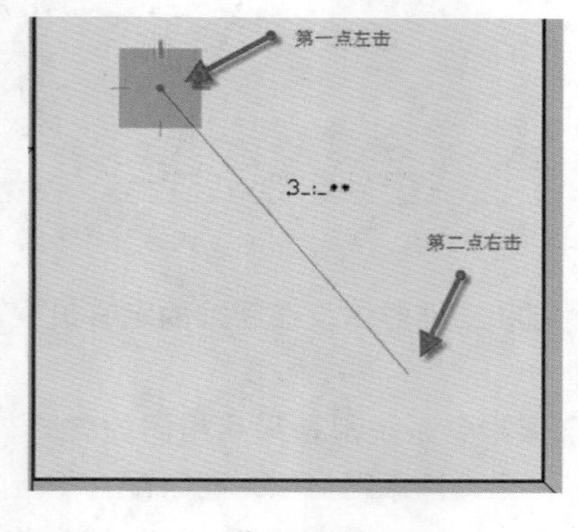

图 18－27

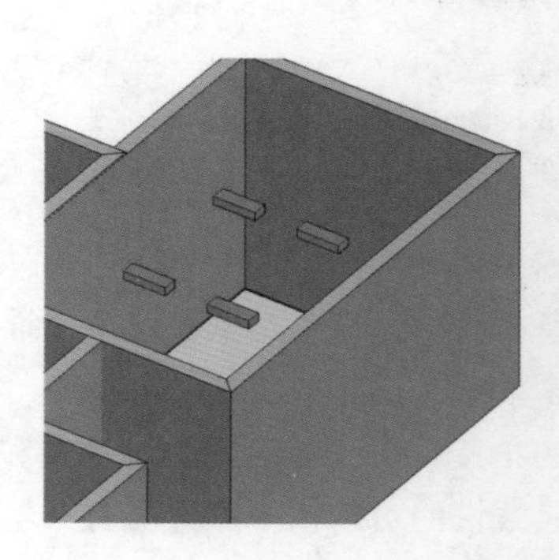

图 18－29

对于烟感和温感等探测器来讲，是以房间对象为放置基础，所以选择房间后，系统会弹出如图 18－31 所示界面，设置好参数后放置即可。

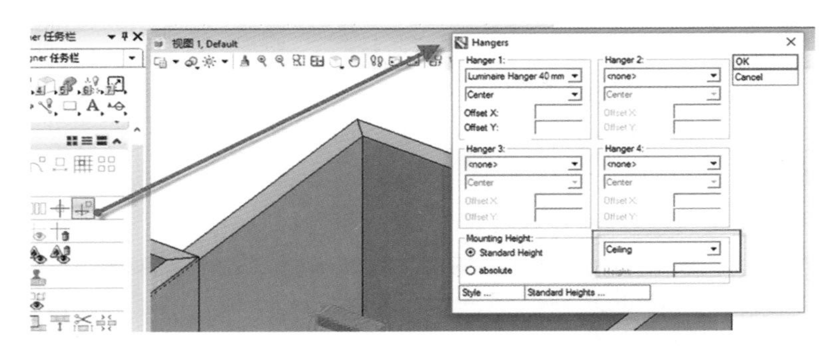

图 18－30

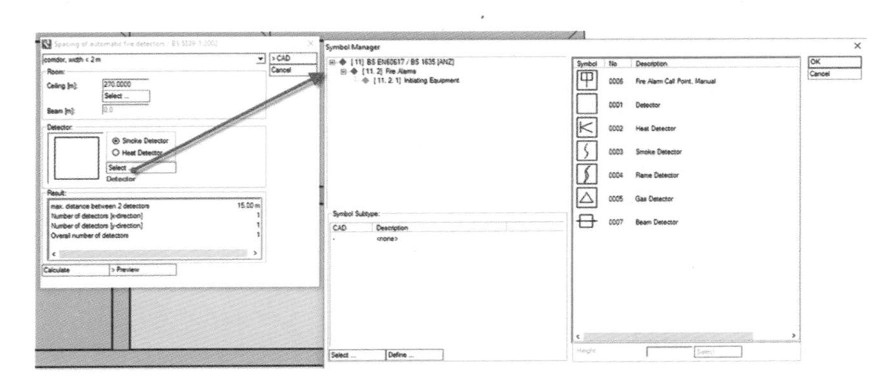

图 18－31

图 18－32

可以通过图 18－32 中的图标对火灾报警对象进行修改、删除以及显示它的探测范围。

除了这些常规的放置方式，系统还提供了沿线布置（图 18－33）、居中布置等布置方式。

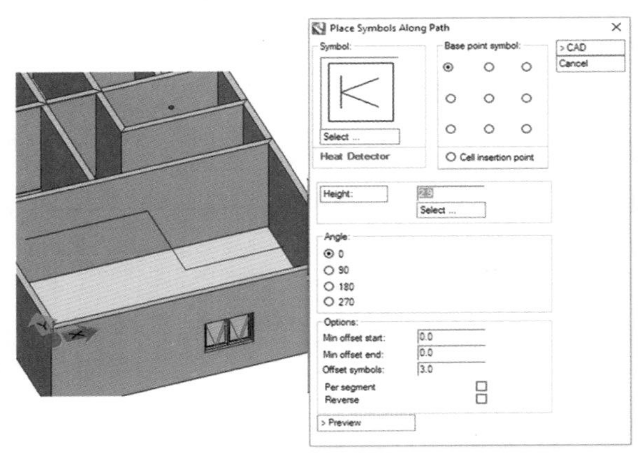

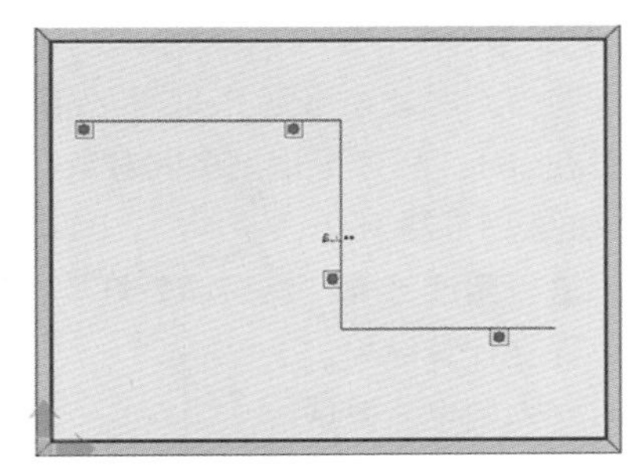

图 18－33

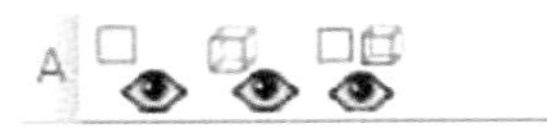

图 18－34

对于已经放置好的对象而言，系统其实是放置了一个 2D 图幅加一个 3D 形体。在设计过程中，可以通过图 18－34 中的图标让系统只显示二维图幅，或者只显示三维形体，或者两者都显示。

二、 电气对象更改

当电气对象布置完毕后，系统同样可以对电气设备进行更改。如果是位置的更改，直接采用 MicroStation 的操作即可，如图18－35所示，但是由于电气设备有2D 图幅和 3D 模型，一些特殊的操作还要通过特殊的命令来实现，如图 18－36 所示。

图 18－36

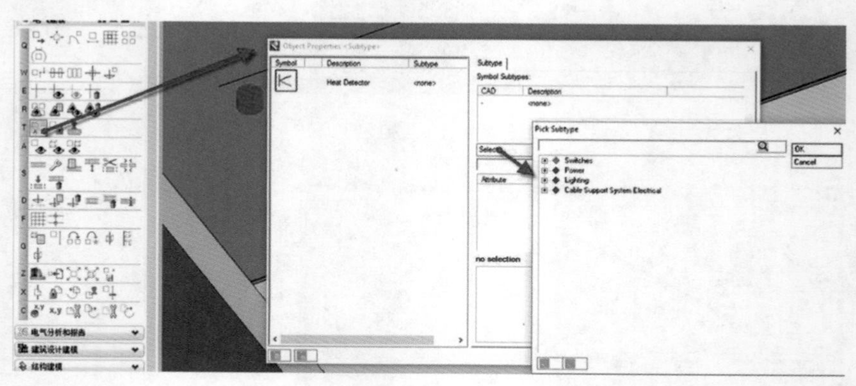

图 18－35

三、 照度计算与灯具布置

为了让布置的灯具满足光照强度的需求，需要进行光照计算，或者通过光照计算的结果来布置灯具。在电气模块里，提供了第三方照度计算的接口，如图 18－37 所示。

图 18－37

需要注意的是，照度对象是以房间对象为计算基础的，它的工作过程如下。

1） 将房间对象输出到 Relux 程序。

2） 在 Relux 程序里识别房间对象，然后放置灯具，如图 18－38 所示。

3） 进行照度计算，然后调整灯具布置。

4） 保存计算结果。

5） 导入到电气模块。

6） 根据计算结果，在电气模块里选择灯具进行布置，如图 18－39 所示。图 18－39 中的 “Setup Analysis” 按钮用于选择 Relux 的安装目录，因为导出后，系统要启动 Relux 进行照度计算。设置完毕后，单击 “BBES－＞Relux” 按

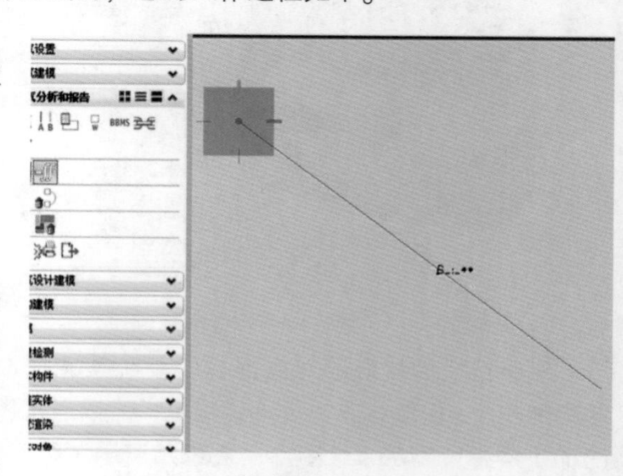

图 18－38

钮，系统就会自动将房间对象输出到 Relux 里进行照度计算，如图 18－40 所示。

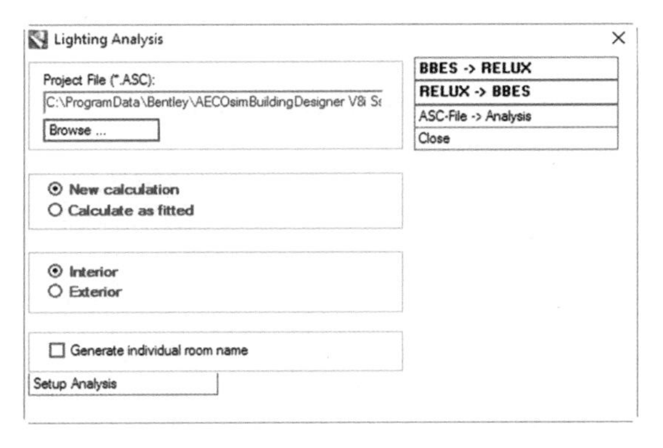

图 18－39

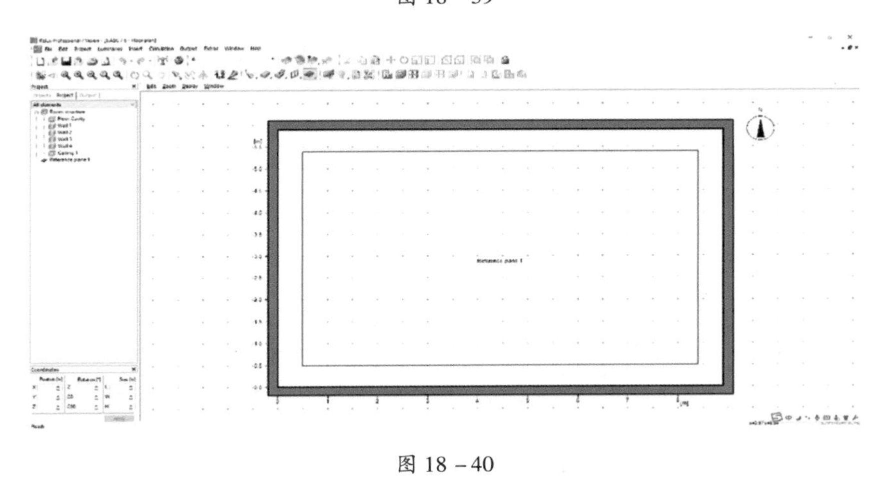

图 18－40

在 Relux 界面的左边（图 18－40），有对计算项目的设置，具体操作信息可以参阅 Relux 的帮助文件或者学习资料。

图 18－41 中的“Objects”选项卡，可以为照度计算添加灯具或者其他设施。“Project”选项卡用于设置照度计算的房间信息，如图 18－42 所示。照度计算完毕后，可以在“Output”选项卡查看计算结果，如图 18－43 所示。

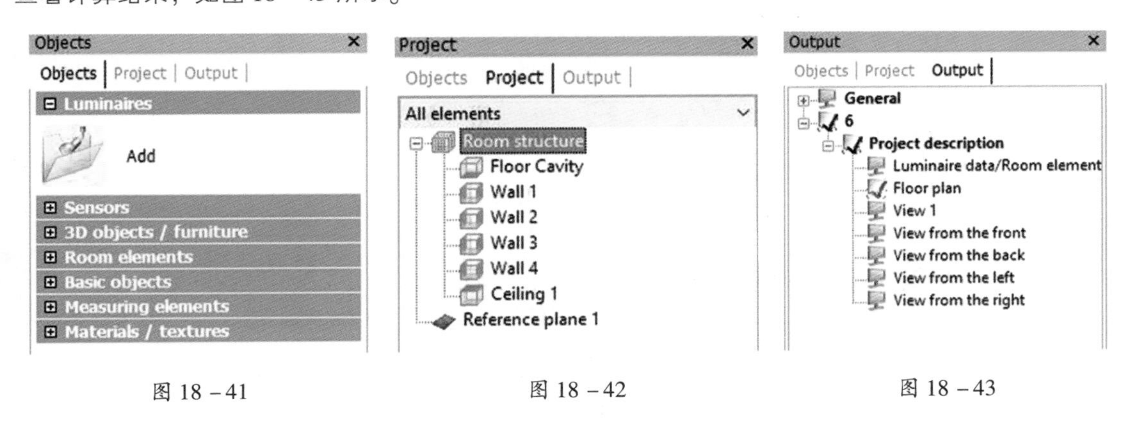

图 18－41　　　　图 18－42　　　　图 18－43

添加灯具的操作步骤如下：

1）在图 18－44 中单击“add”按钮。

2）在图 18－45 中添加可以使用的灯具。

3）在图 18－46 中，将可以使用的灯具添加到项目中，以供照度计算使用。

4）在图 18－47 中，用“EasyLux”进行照度计算。

5）在图 18－48 中，系统根据灯具的选择进行布置并进行照度计算。图 18－49 是计算的结果，也可以在菜单“Output”中查看多种形式的计算结果，如图 18－50 所示。计算完毕后，单击“Save”保存按钮。

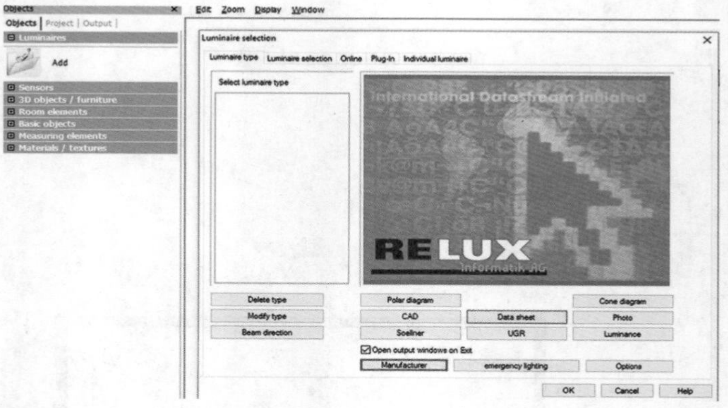

图 18－44

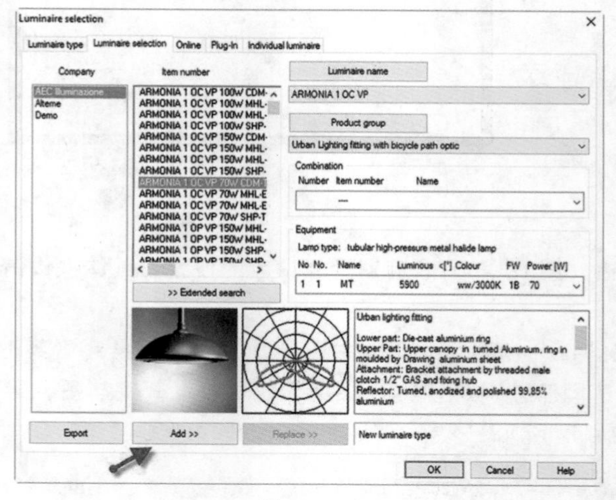

图 18－45

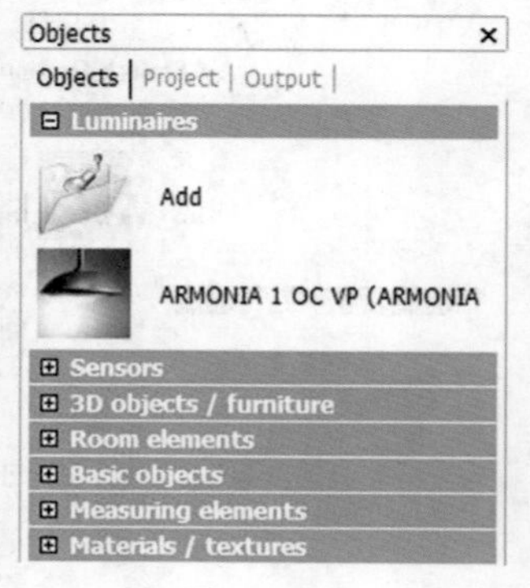

图 18－46

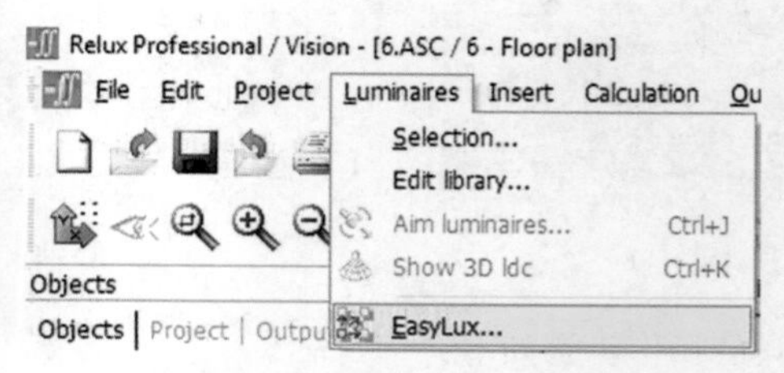

图 18－47

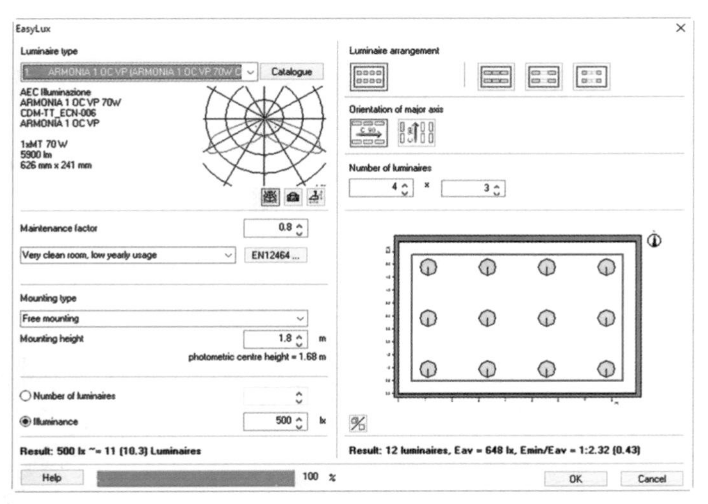

图 18－48

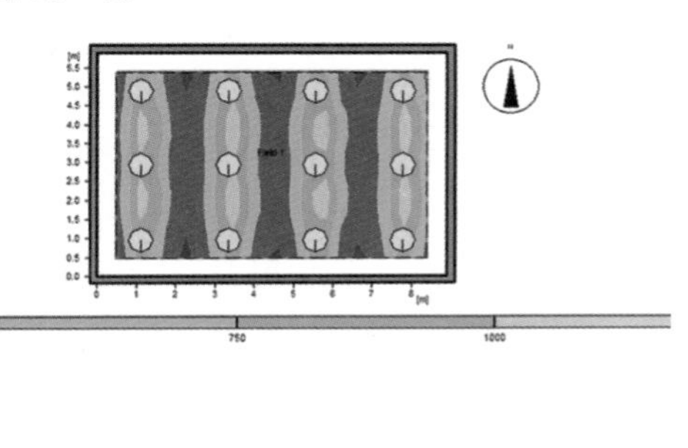

图 18－49

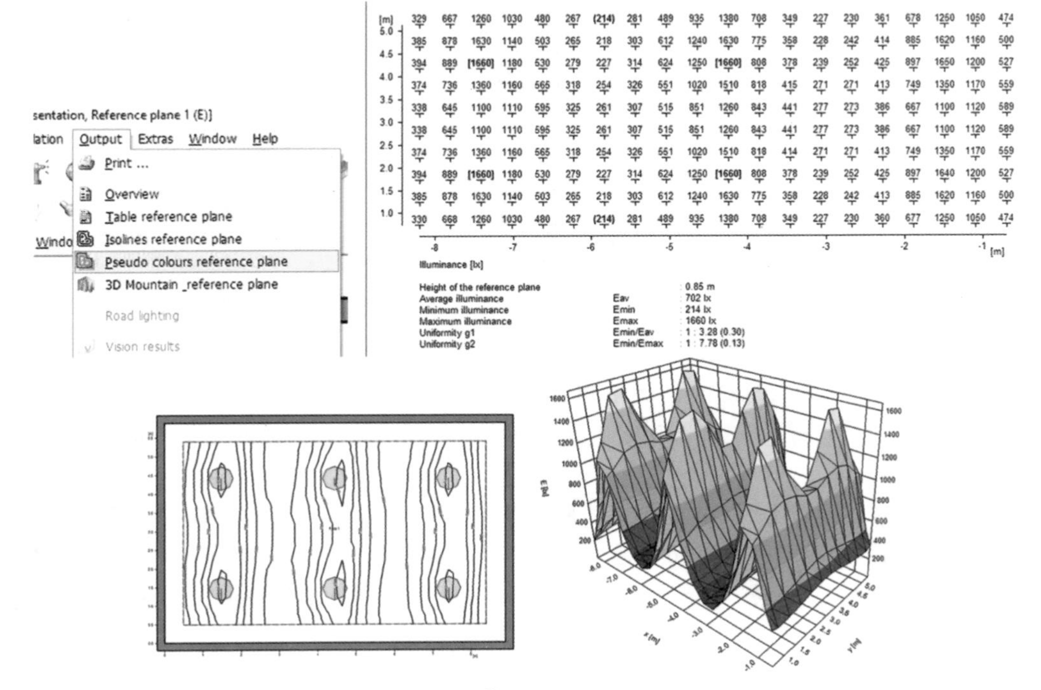

图 18－50

6）在电气模块的 Relux 界面里单击按钮“RELUX - > BBES”，系统会弹出“Symbol Manager”对话框，选择与照度计算结果匹配的灯具，单击“symbol”按钮，进入系统库里选择合适的灯具，完成布置工作，选择对应灯具（图 18 - 51），确认后，自动根据计算结果布置好灯具，如图 18 - 52 所示。

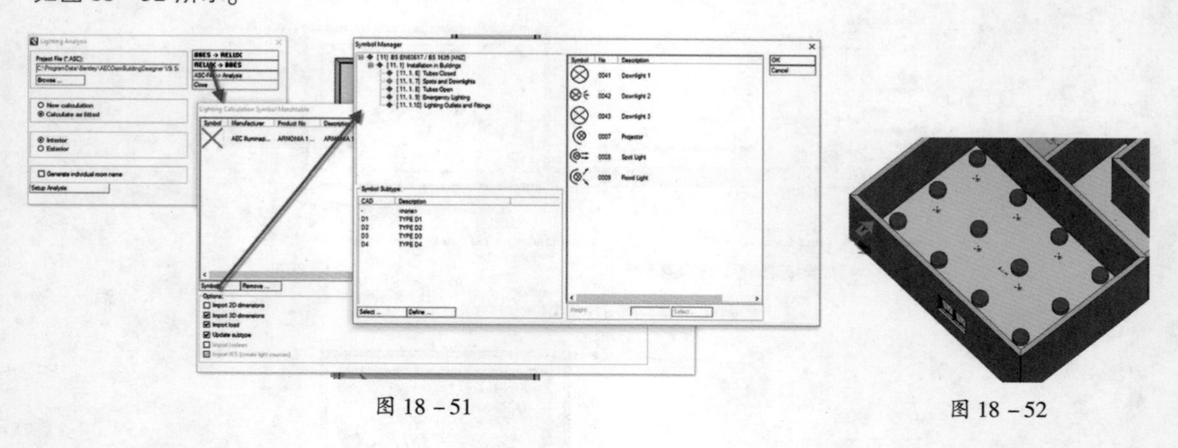

图 18 - 51　　图 18 - 52

四、电缆桥架布置

系统提供了电缆桥架的布置功能，这里的电缆桥架是指建筑电力的桥架，而对于工业领域的电缆桥架和电缆敷设功能，是由 Bentley 的 BRCM 软件提供的，也就是 Bentley Raceway and Cable Tray 电缆桥架和电缆敷设。

在建筑电气模块里，系统提供了一系列的桥架布置功能，图 18 - 53 为不同的桥架布置、编辑命令，图 18 - 54 为桥架布置的属性设置对话框。

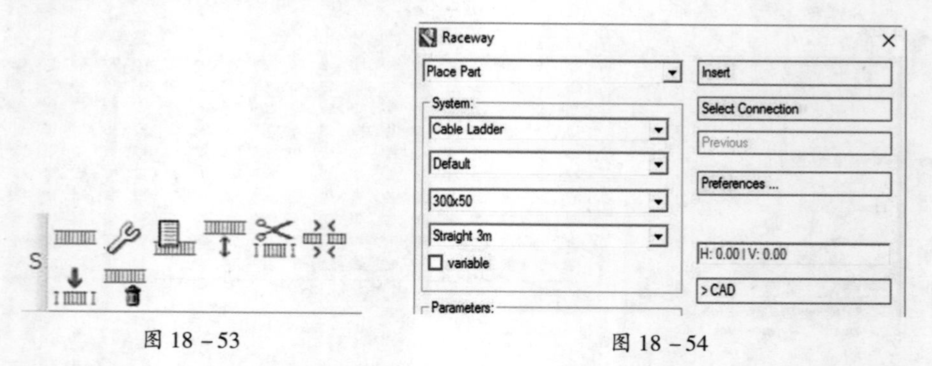

图 18 - 53　　图 18 - 54

桥架布置界面就是从一个系统库里选择不同的桥架对象类型进行放置，例如，三通、四通等，与风管有点类似。当桥架方向改变时，系统也可以自动生成弯头。对于直线的布置，需要选择“Variable”选项，这样系统就像绘制直线一样绘制桥架，不然就只是按照上面界面的选择，布置一根 3 米长的桥架。

在图 18 - 55 中，设置完桥架的布置参数后，单击“Insert”。单击鼠标左键确定桥架的起点和终点后，回到布置界面，如图 18 - 56 所示。如果想继续直线布置，单击“Insert”按钮，如果想向上翻，就选择一个弯头，如图 18 - 57 所示。设置需要翻到的高度，然后单击“Insert”按钮，如图 18 - 58 所示。回到直线端布置，单击“Insert”，如图 18 - 59 所示。图 18 - 60 是直线段桥架的布置

过程，图 18 – 61 是最终布置的桥架。

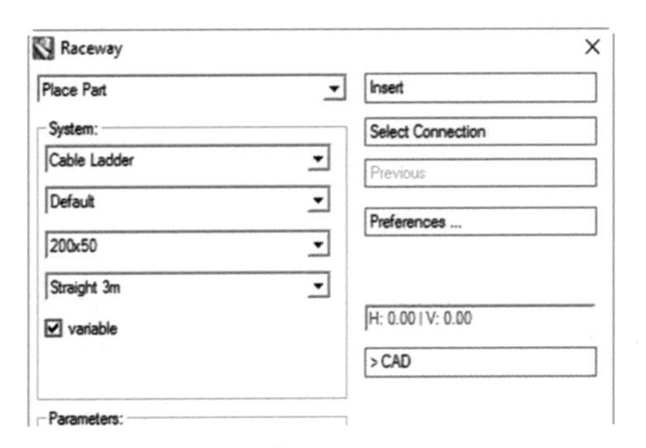

图 18 – 55

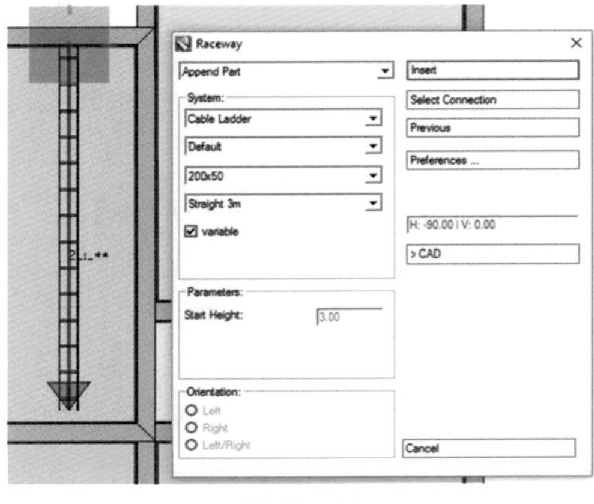

图 18 – 56

图 18 – 57

图 18 – 58

图 18 – 59

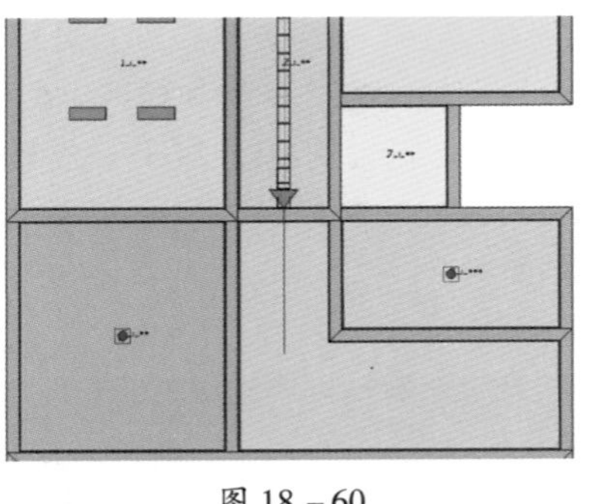

图 18 – 60

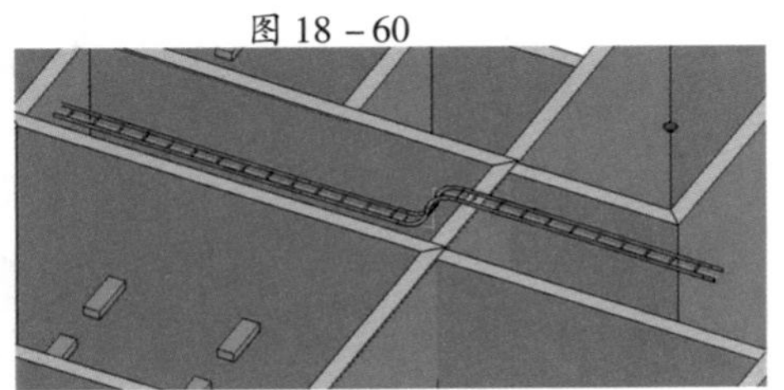

图 18 – 61

若需要接着已经布置好的桥架继续布置桥架，系统有捕捉点的操作，这个捕捉不仅仅是指 MicroStation 的精确捕捉，更是让系统知道桥架之间的连接关系。在图 18－62 中，选择连接点。

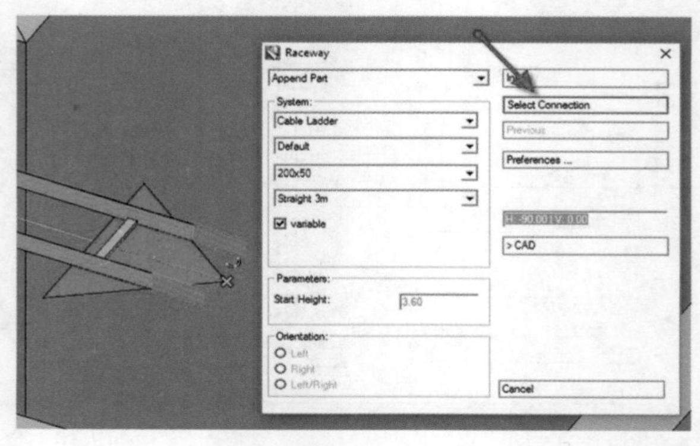

图 18－62

除了创建命令，系统还提供一些修改的命令。图 18－63 为修改桥架参数，图 18－64 为打断桥架。

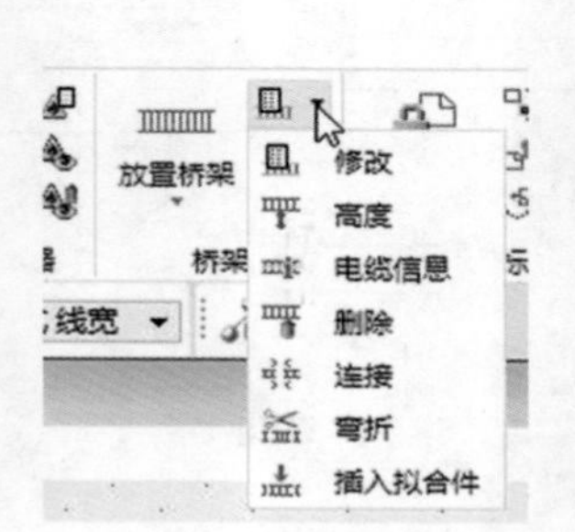

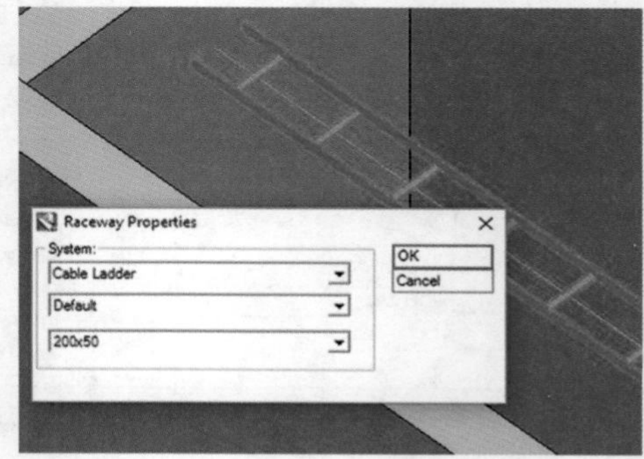

图 18－63

也可以在已有的桥架上，插入一些三通或者四通，来形成桥架的分支，如图 18－65 所示。

电缆桥架在电气模块里更多的是空间占位，现在用户还不能通过定制的方式来增加桥架类型，只能由 Bentley 的开发人员进行扩充。所以，对于一些复杂的桥架类型，建议使用 MicroStation 的功能进行自定义放置，以解决三维空间占位的需求。

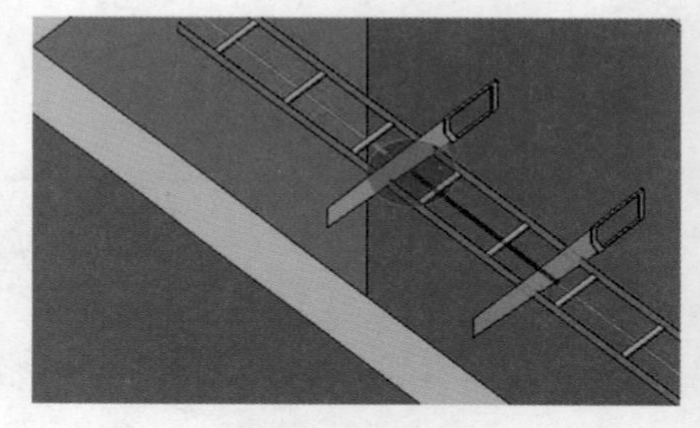

图 18－64

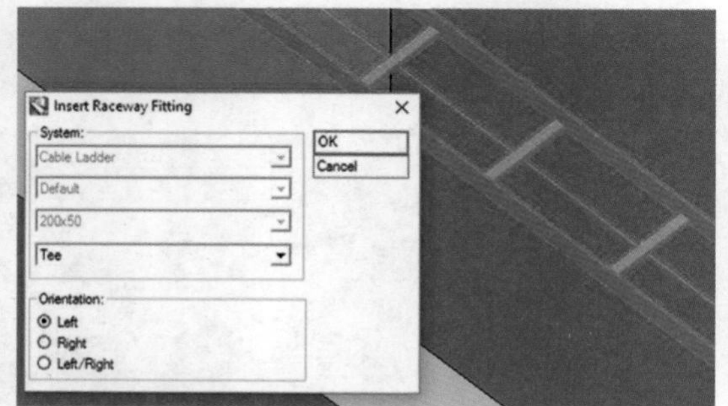

图 18－65

五、电缆放置

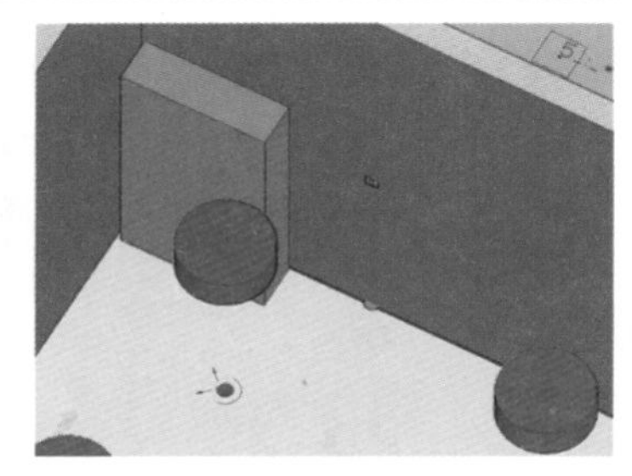

图 18－66

系统提供了电缆的放置功能，电缆放置功能与电缆统计是两个概念。电缆放置是在平面图上放置连接的二维线条，表明电气设备之间的连接关系。如图 18－66 所示，创建一个配电箱，然后连接开关和灯具等电气设备。在电缆统计功能里，需要先创建不同的回路（创建回路时，可以以放置的电缆来进行创建回路），然后再进行统计。

放置二维电缆、回路，如图 18－67 所示。系统连接的是二维的图幅，如图 18－68 所示。

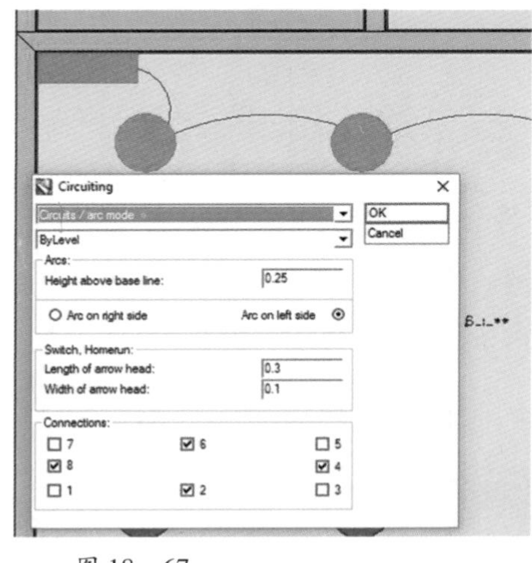

图 18－67

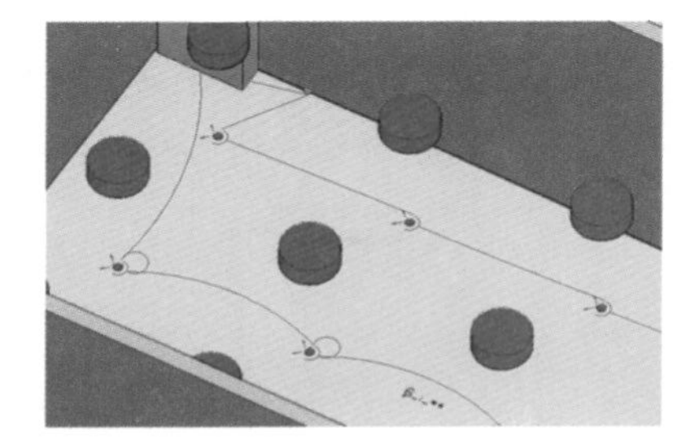

图 18－68

第四节　电缆统计

电缆统计是指根据电气设备放置的位置、连接的回路、设定的电缆参数来进行电缆统计。电缆管理界面，如图 18－69 所示。

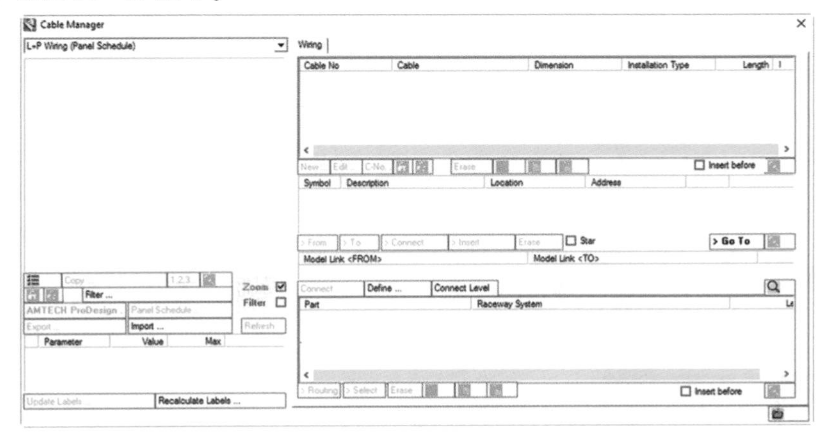

图 18－69

在电缆管理的界面里，是将逻辑的回路与电气设备连接起来。电缆统计分为如下几个步骤：

1）选择一个控制箱，让系统知道在三维中有这样一个回路输出的设备。设定控制箱信息，如图 18－70 所示，控制箱的类型为“Distribution”，可以通过“Link”按钮设定与逻辑回路的连接。

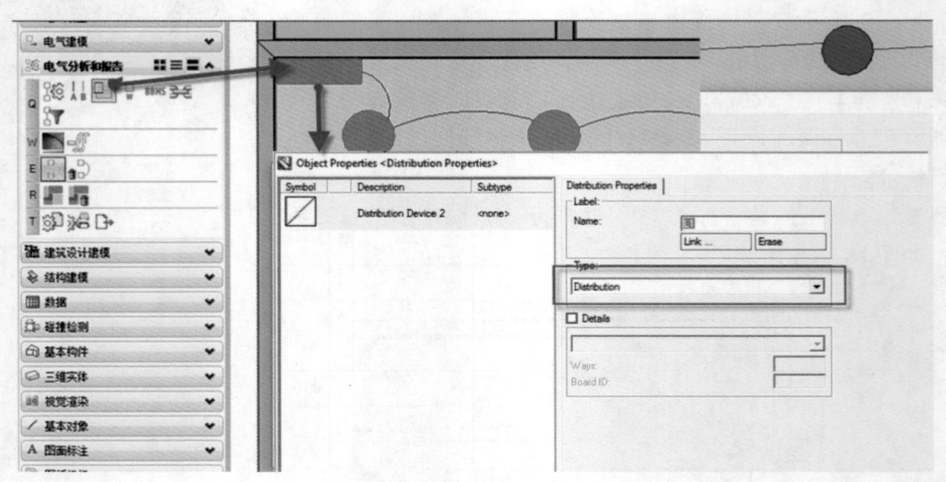

图 18－70

2）定义逻辑回路，并设定每个回路的信息。定义回路，如图 18－71 所示。定义回路的荷载信息等，如图 18－72 所示。设置完毕的回路，如图 18－73 所示。

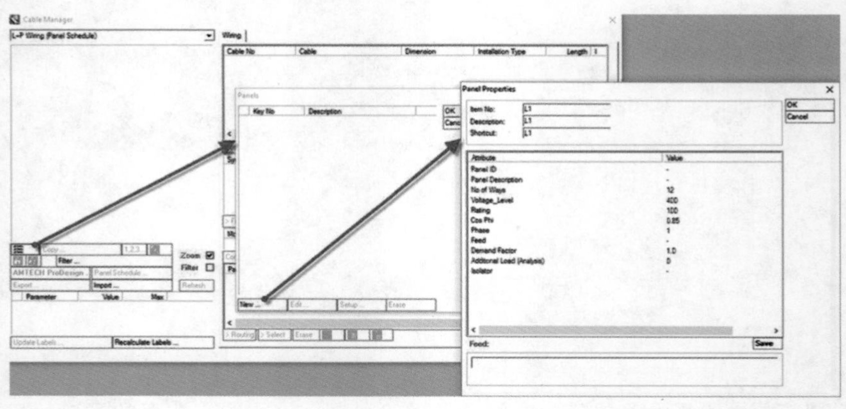

图 18－71

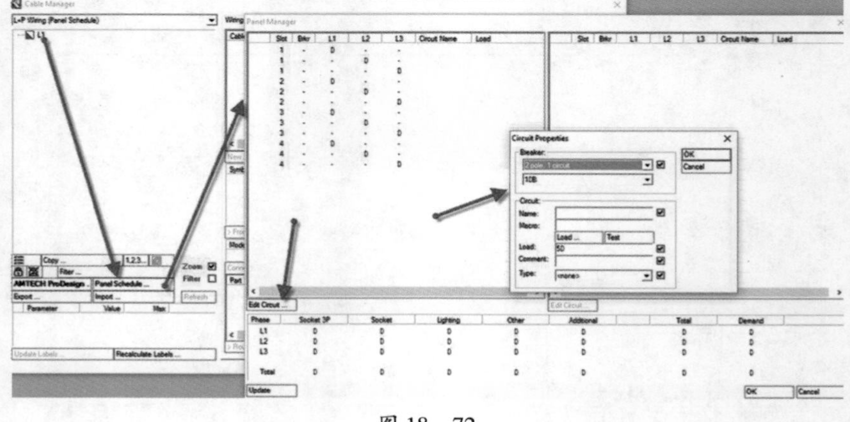

图 18－72

3）定义回路的电缆参数。单击图 18－73 中的“New”按钮，可以给每个回路设置电缆参数，如图 18－74 所示。

4）连接物理设备。通过上述设置后，已经形成了逻辑的回路，只需要连接物理的电气设备即可。连接物理设备按钮“Connect”，如图 18－75 所示。物理设备连接完毕，如图 18－76 所示。

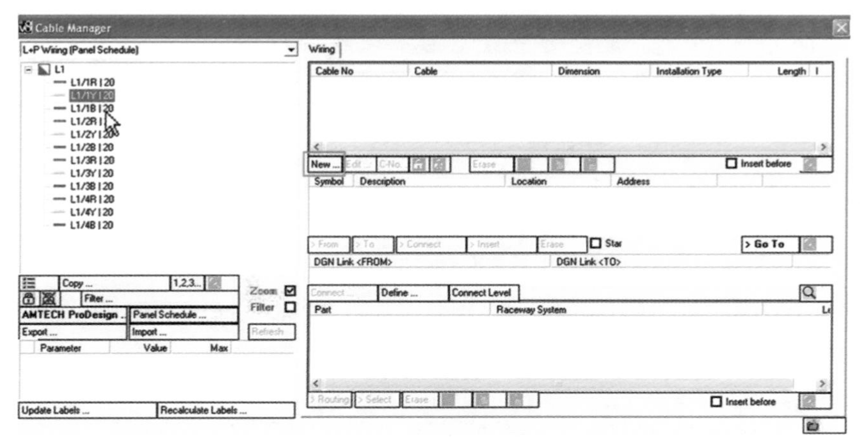

图 18－73

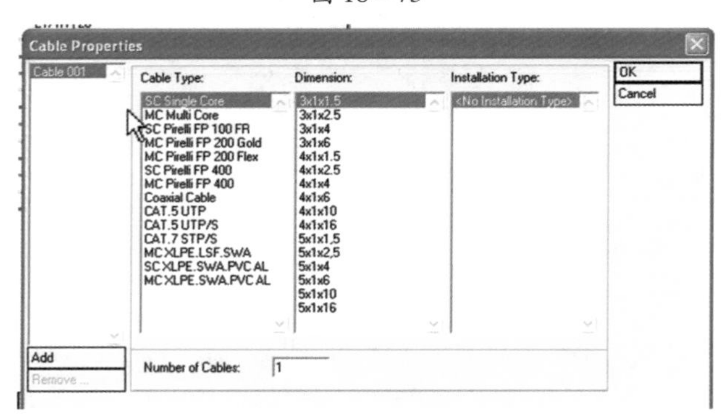

图 18－74

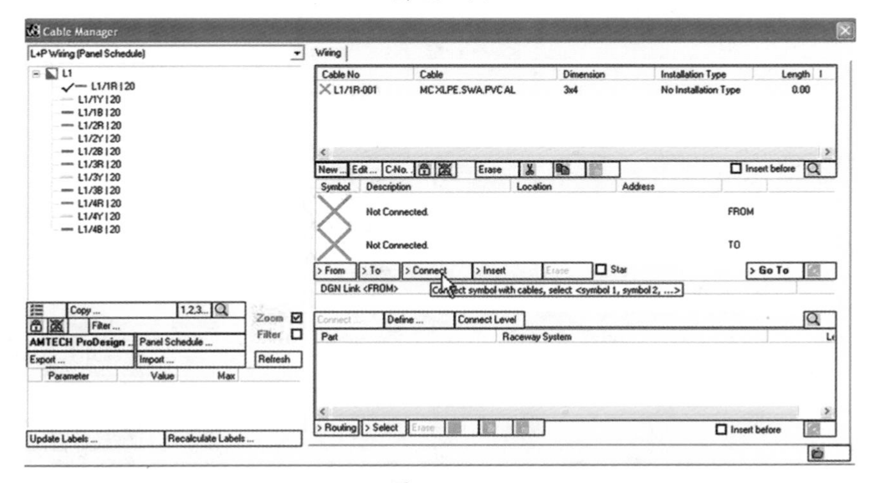

图 18－75

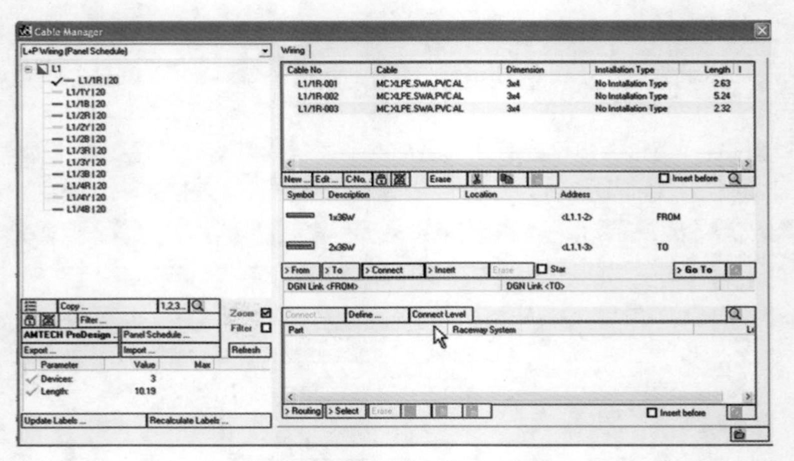

图 18 －76

对于跨楼层的回路，需要在楼层里放置一个特殊的电气对象，然后用连接跨楼层的电气设备。放置跨楼层对象，如图 18 －77 所示。

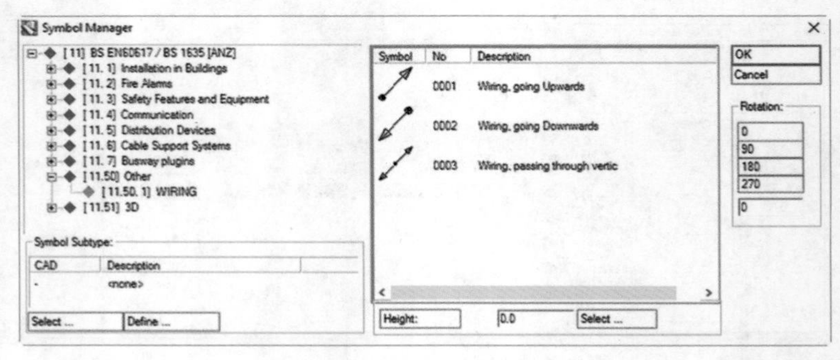

图 18 －77

5）根据设置的楼层高度，系统会自动统计电缆。通过上面的定义、连接操作，系统已经将逻辑回路和物理的电气设备进行连接，并定义了每条回路的电缆参数，然后就可以进行统计了。统计界面如图 18 －78 所示。点击“Cable List”按钮，如图 18 －79 所示。统计的电缆结果如图 18 －80 所示。

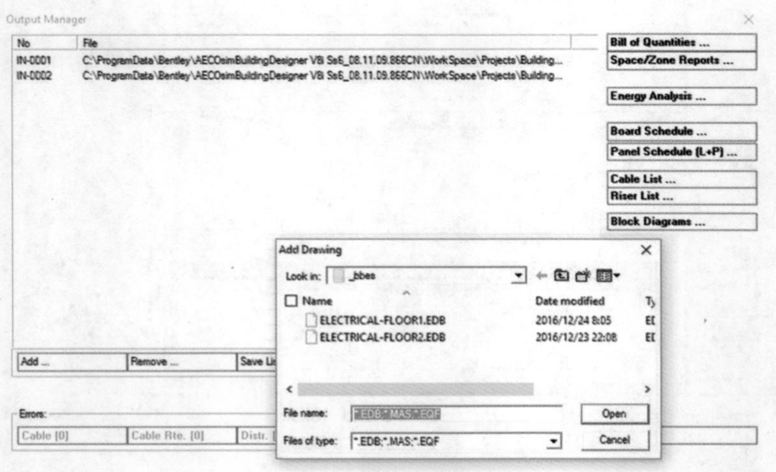

图 18 －78

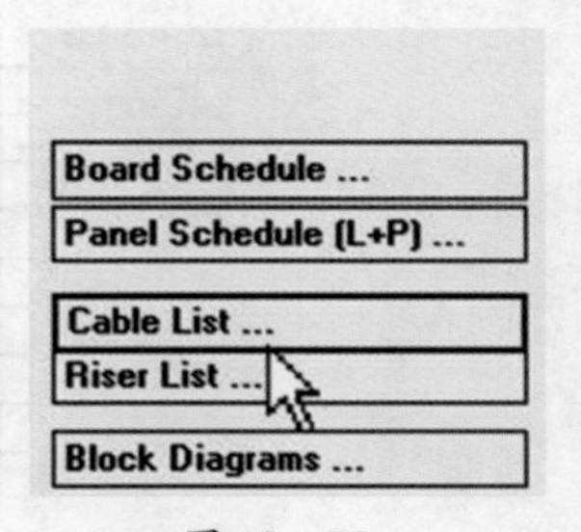

图 18 －79

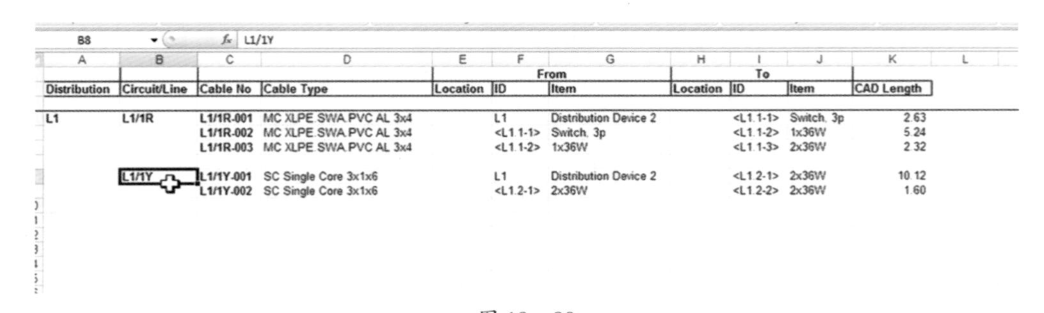

Distribution	Circuit/Line	Cable No	Cable Type	From Location	From ID	From Item	To Location	To ID	To Item	CAD Length
L1	L1/1R	L1/1R-001	MC XLPE SWA PVC AL 3x4		L1	Distribution Device 2		<L1.1-1>	Switch, 3p	2.63
		L1/1R-002	MC XLPE SWA PVC AL 3x4		<L1.1-1>	Switch, 3p		<L1.1-2>	1x36W	5.24
		L1/1R-003	MC XLPE SWA PVC AL 3x4		<L1.1-2>	1x36W		<L1.1-3>	2x36W	2.32
	L1/1Y	L1/1Y-001	SC Single Core 3x1x6		L1	Distribution Device 2		<L1.2-1>	2x36W	10.12
		L1/1Y-002	SC Single Core 3x1x6		<L1.2-1>	2x36W		<L1.2-2>	2x36W	1.60

图 18－80

第五节　电气对象库的定义

在电气模块里，系统提供一个标准库供用户使用，库里定义了很多电气对象。当放置电气设备时，需要先设定一个标准库。当系统提供多个电气标准库时，可以按需要选择。

电气标准库的选择如图 18－81 所示。

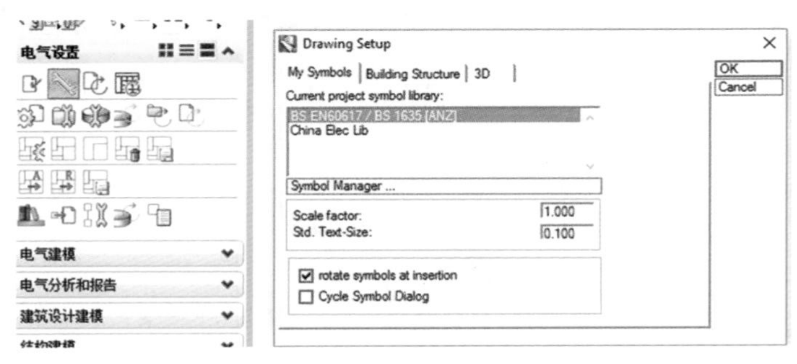

图 18－81

对于电气标准库来讲，可以自己定义标准库，也可以修改已有的标准库。当建立一个库时，需要按照如下的层次结构进行定义：

库 Lib→ 组 Group→分组 SubGroup→对象 Symbol。

电气标准库结构如图 18－82 所示。

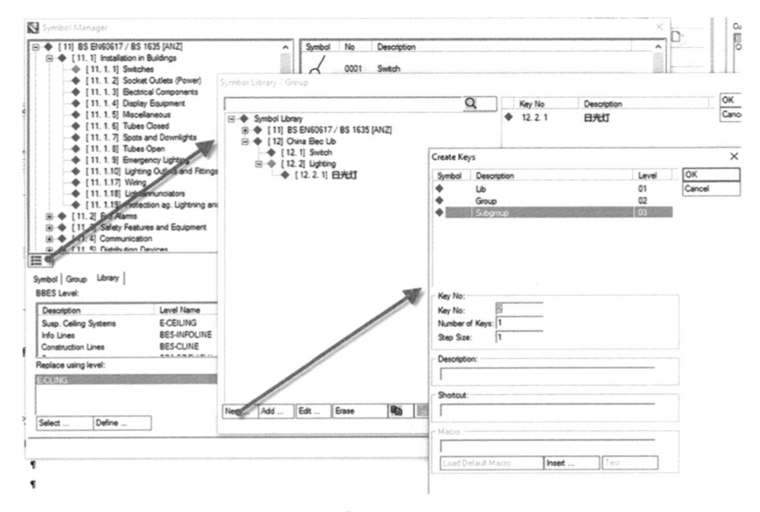

图 18－82

而对于每个电气对象 Symbol 来讲，首先建立一个逻辑的电气对象，然后再与一个 2D 的图幅以及 3D 的模型挂接即可，同时设定这个电气对象的类型和图层。无论是 2D 的图幅还是 3D 的模型，都是通过 MicroStation 的 Cell 来表达的。所以首先需要创建好 2D 图幅和 3D 形体的单元 Cell，然后再放到电气标准库里。

定义一个电气对象，如图 18－83 所示。识别放置的 2D 图符，如图 18－84 所示。设置对象所在的图层，如图 18－85 所示。通过选择“Select”按钮，选择不同的设定，如图 18－86 所示。对象的描述信息如图 18－87 所示。设置完毕的属性，如图 18－88 所示。

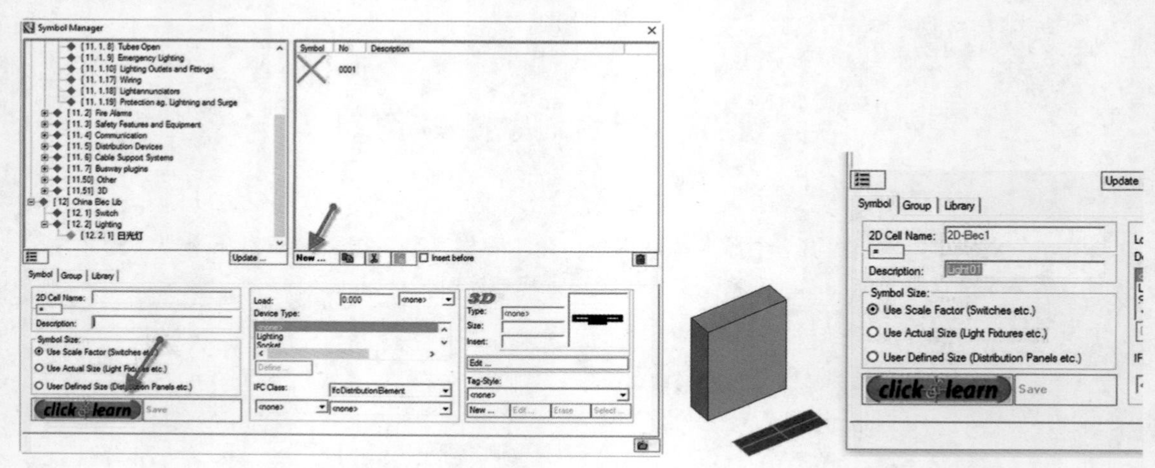

图 18－83　　　　图 18－84

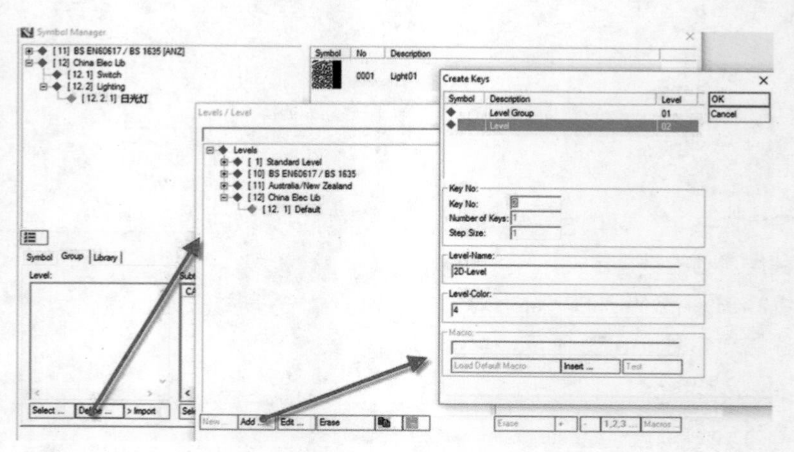

图 18－85

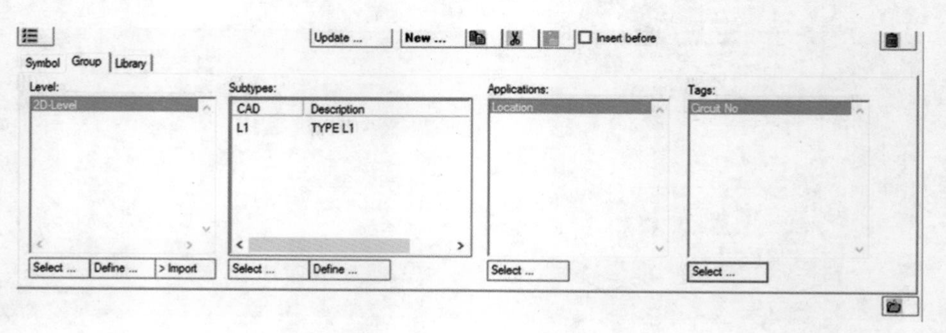

图 18－86

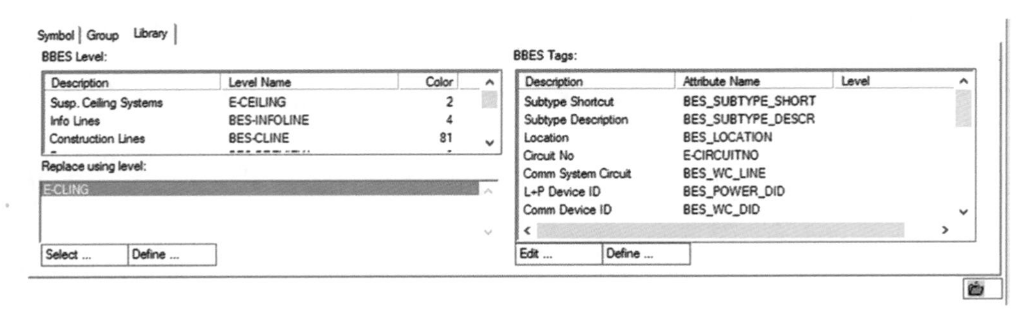

图 18－87

图 18－88

上面设置的是一个 2D 的电气对象，如果需要设置三维显示，如图 18－89 所示。单击 "Edit" 按钮，可为电气对象选择不同的三维类型，可以是一个常规的正方体、圆柱体，也可以是一个导入到库里的 Symbol。为对象设置三维显示，如图 18－90 所示。

图 18－89

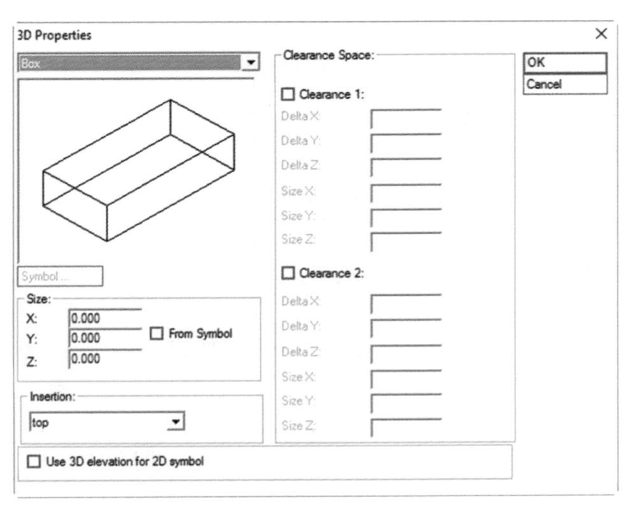

图 18－90

如果选择一个 BBES 的 symbol 作为三维显示，需要提前将一个三维的 Cell 放置到库中作为一个三维的对象，一般情况下，会单独建立一个目录用来放置这些三维的对象。图 18－91 为定义一个三维电气对象的界面，定义的对象可以在图 18－92 的界面中选择。

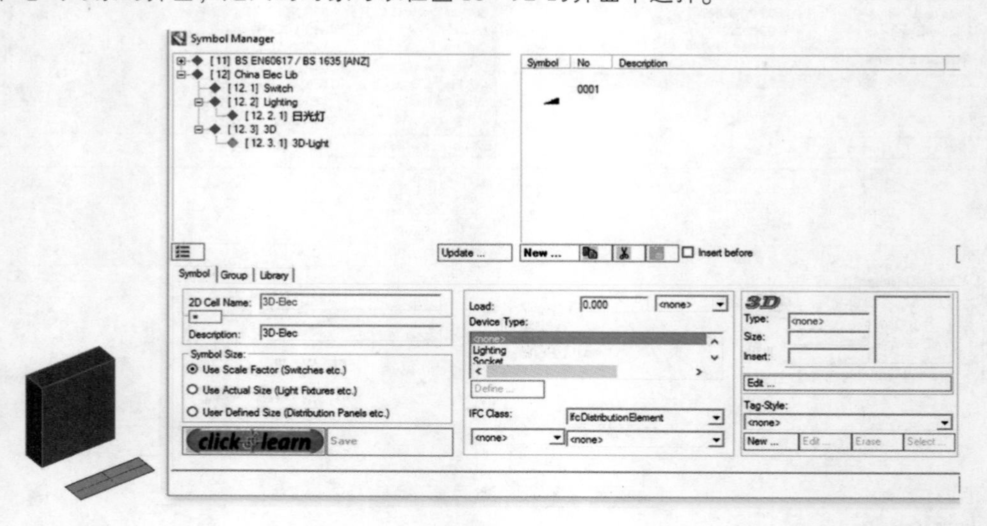

图 18－91

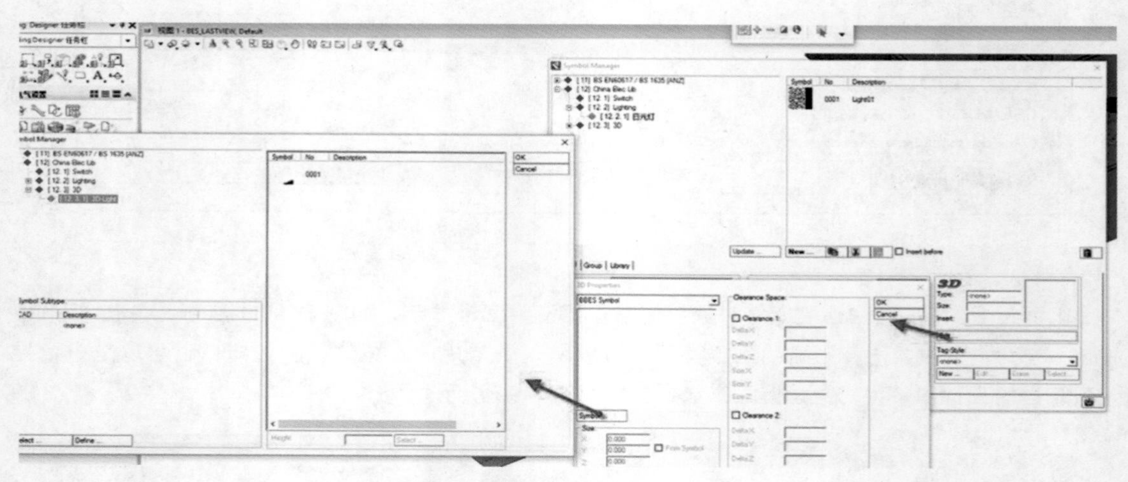

图 18－92

通过上述方式就定义了一个电气对象。在布置电气对象时，文件设置里应该先选择这个库才可以进行以上操作，如图 18－93 所示。

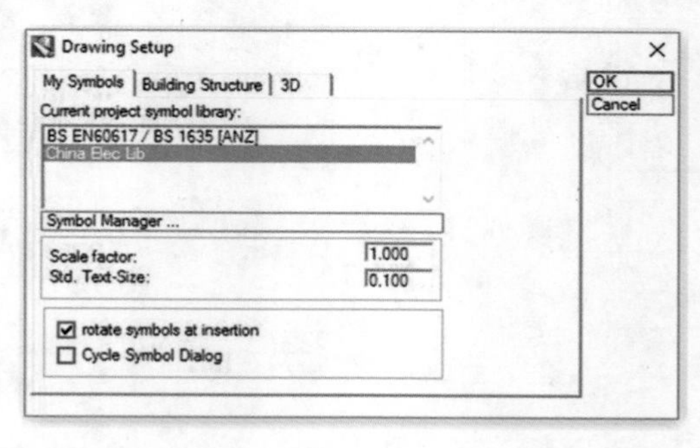

图 18－93

课后练习

1. 下列关于 ABD 中电气模块架构说法不正确的是（　　）。
   A. 电气模块包含了照明/动力系统、火灾报警和电缆桥架三个模块的布置功能，以及相应的图纸报表功能
   B. 电气模块的程序架构和运行机制和建筑、结构、建筑设备不同，它采用了相对独立的运行机制
   C. 当启动电气模块时，系统会启动一个数据库来支持其运行，这时会发现在任务栏里又启动了一个窗口，可以关闭这个窗口，不影响系统运行
   D. 建筑电气的不同体现在工作单位设置、工作机制、房间的概念
2. 下列关于电气架构的设置说法不正确的是（　　）。
   A. 建筑电气模块是以米为工作单位的
   B. 在建筑系列里有房间对象 Space 的概念，在建筑电气模块里也有这样的概念
   C. 建筑模块的房间对象的导入包括参考具有房间对象的建筑 dgn 文件、选择房间对象并导入和选择导入的房间对象然后保存
   D. 对于建筑电气系统来讲，需要为每个电气项目建立一个数据库，当新建一个文件时，可直接加入这个项目数据库
3. 下列关于 ABD 中不属于电气模块工作流程的是（　　）。
   A. 建立一个或者多个符合电气模块的工作文件 dgn
   B. 注册 dgn 文件为建筑模块工作文件
   C. 导入或者新建房间对象
   D. 统计报表及出图
4. 下列关于 ABD 中电气模块工作流程和电气对象放置与修改的说法不正确的是（　　）。
   A. 放置电气对象：放置的操作是从一个系统的库里选择，然后设定高度等参数后进行放置
   B. 统计报表及出图：报表统计的过程是从项目的数据库里输出数据
   C. 电气对象放置：从标准库里选取一个对象，然后根据标高的设定、2D/3D 的设置来放置电气对象
   D. 电气对象放置中包含照明和火灾报警系统的放置，不包含动力系统的放置
5. 为了让布置的灯具满足光照强度的需求，合理布置灯具，需要进行光照计算，下列关于照度计算步骤的说法不正确的是（　　）。
   A. 将房间对象输出到 Relux 程序
   B. 在 Relux 里识别房间对象，然后放置灯具
   C. 不需要导入到电气模块
   D. 根据计算结果，在电气模块里选择灯具进行布置
6. 在 ABD 中，电缆统计的步骤正确的有（　　）。
   A. 选择一个控制箱，作为系统中回路输出的设备
   B. 定义逻辑回路，不需要设定每个回路的信息
   C. 定义回路的电缆参数
   D. 统计电缆

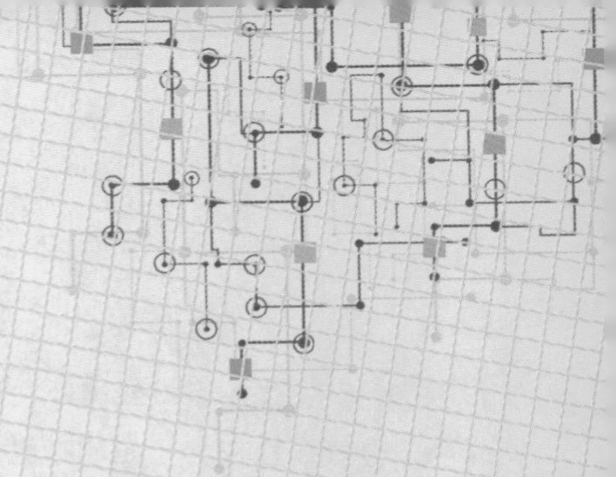

第十九章　数据管理与报表输出

创建和修改信息模型的过程，其实也是修改后台数据库里的每条记录。对于数据的统计，只是将这些数据导出来，可以通过图 19－1 的系列命令进行数据统计和报表输出，不同专业的不同工程量统计需求，采用不同的命令。

数据统计被分成两种类型：以个数为统计基础的“数据报表”和以工程量定义为统计基础的“统计工程量”。

“数据报表”统计的基础是根据对象属性为过滤条件进行分类统计，模型中每个被赋予属性的对象都是一个独立的个体。

“统计工程量”统计的基础是以某种工程量为基础，然后从不同的对象中提取相同的工程量。例如，某种标号的混凝土会用在楼梯上，也可以用在墙体上。工程量是在对象的样式里来定义的。在图 19－2 的数据报表中，可以查询 BIM 对象的数据，也可以对其进行编辑和修改，前台模型的属性也会自动更新。

图 19－1　　　　图 19－2

第一节　数据报表

前台的每一个 BIM 对象，在后台都有一个数据项，可以根据属性的差异进行过滤，然后进行修改、统计等批量操作，也可以将这些数据输出为报表。

创建一个报表输出，包括以下几个步骤：

1）创建统计报表，选择需要统计的对象类型，在图 19－3 中，单击“新建编排”命令，然后选择需要统计的对象类型，可以选择多种对象类型，但需要保证它们在一起被统计时有意义，如图 19－4 所示。

图 19－3

需要注意，创建的报表输出设定是保存在一个 xml 文件里，可以选择系统已有的文件，也可以新建一个 xml 文件。同时需要设定这个文件是项目用，还是整个公司用。

2）选择需要统计的对象类型（图 19－4）和特性（图 19－5）。在图 19－6 中，设定过滤条件，将符合条件的对象过滤出来。例如，只统计高度大于 2.2m 的门对象，并在图 19－7 中设定统计结果的排序条件，以及每种属性的数字格式（图 19－8）。

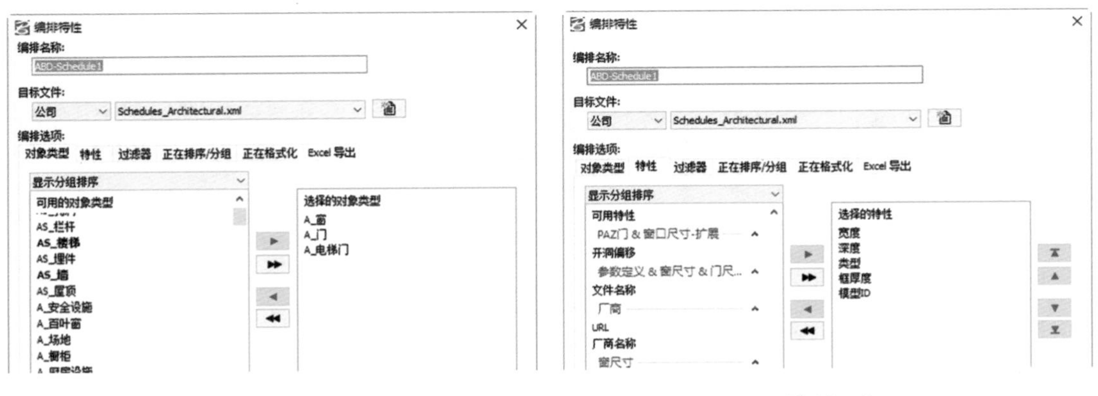

图 19－4　　　　图 19－5

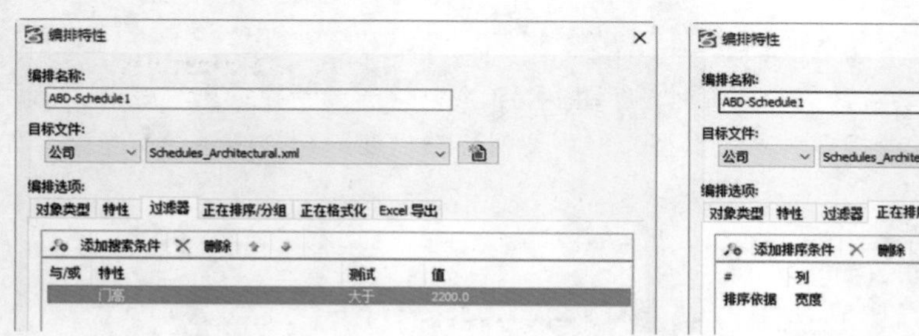

图 19－6

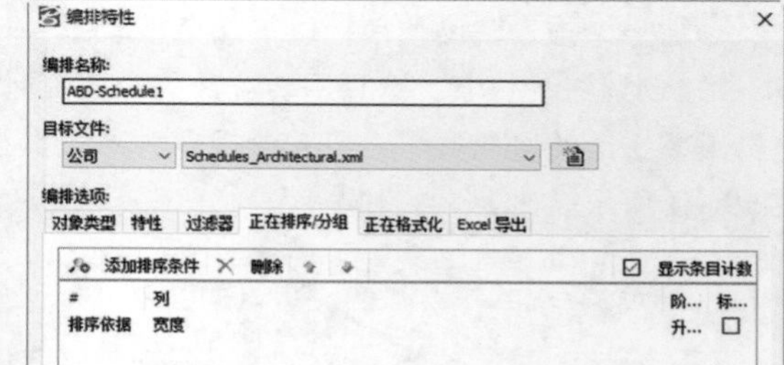

图 19－7

3）选择一个 Excel 表作为报表的模板，如图 19－9 所示。报表的模板是通过一个 Excel 文件来定义的，系统只是将这些数据输出到 Excel 的单元格里，“选择的特性”与 Excel 文件是相对应的（图 19－10）设定以哪个单元格开始，可以自定义模板，如图 19－11 所示。系统在安装目录中也预置了很多模板，以与默认的报表定义配合。

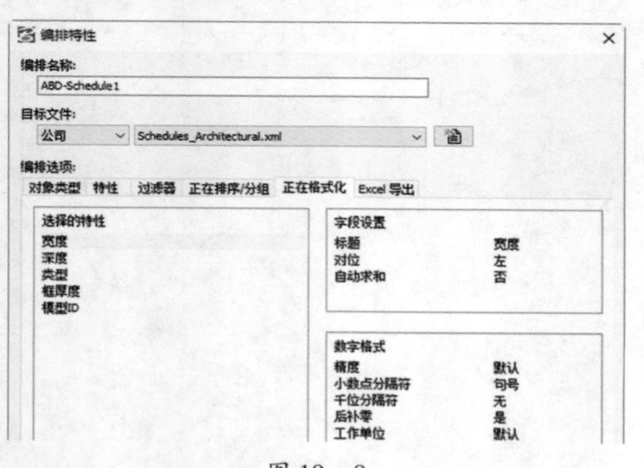

图 19－8

图 19－9

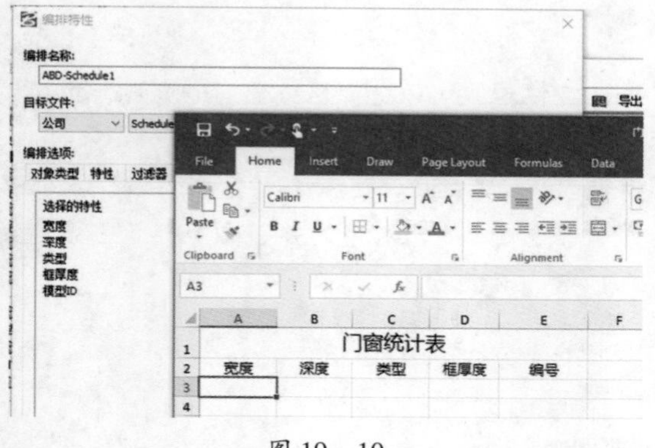

图 19－10

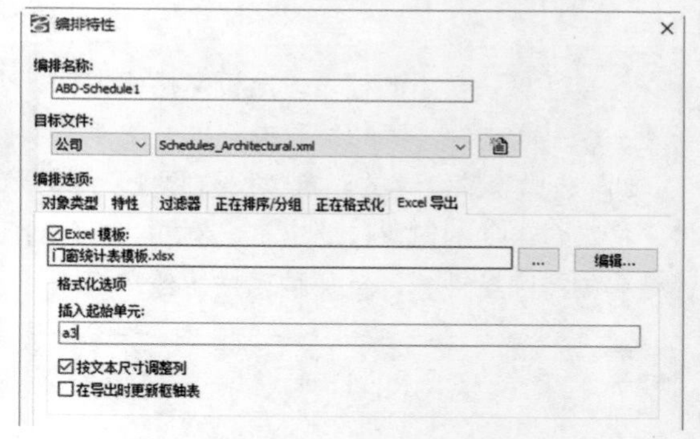

图 19－11

4）设置完毕后，可以将报表导出。将所有的数据导出去时，也可以通过 Excel 的数据透视表来统计。

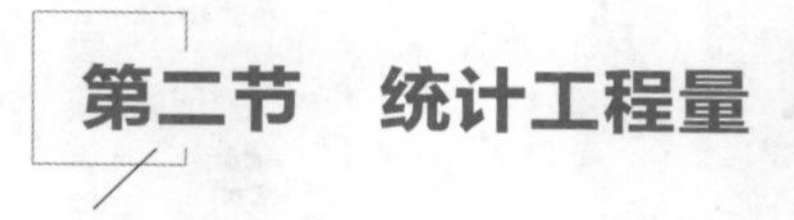

第二节 统计工程量

以体积、长度等工程量为基准的统计方式，大多应用在建筑、结构专业。在 ABD 中，工程量的设定只有对象样式的一部分。针对这类统计，特别是建筑、结构专业，需要首先检查对象的工程量定义是否有效。在图 19 – 12 中，可以采用“验证样式”的工具，对当前文件的模型是否具有正确的工程量定义做验证。如果模型不具有正确的工程量定义（样式定义），就会出现图 19 – 13 的提示。可以通过图 19 – 14 的工具，对这些对象赋予正确的工程量定义。每种工程量的定义是通过样式来实现的，如图 19 – 15 所示。

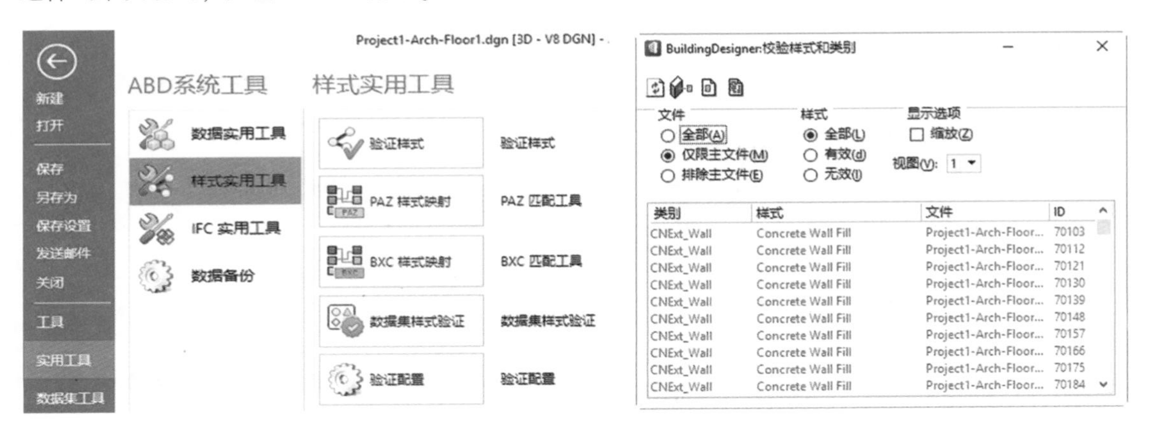

图 19 – 12　　　　　　　　　　　　　　　　图 19 – 13

图 19 – 14

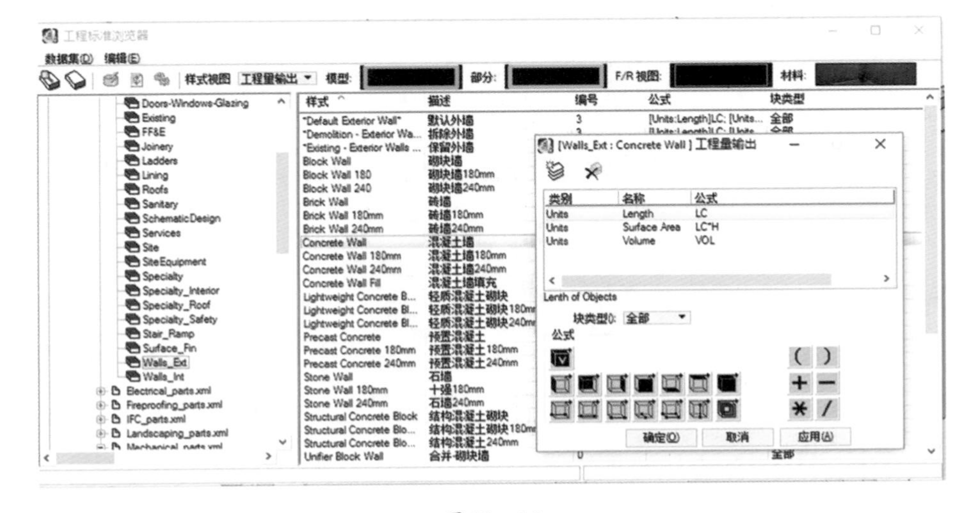

图 19 – 15

当样式没有问题后，就可以通过工程量统计的命令进行输出，如图 19－16 所示。可以通过图 19－17 的界面，设定统计的选项。

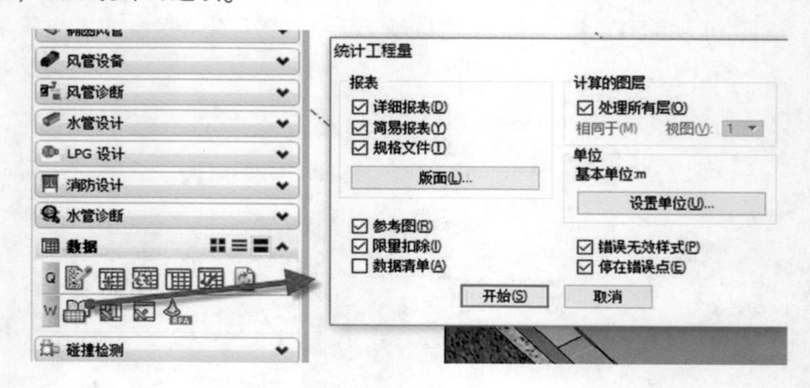

图 19－16

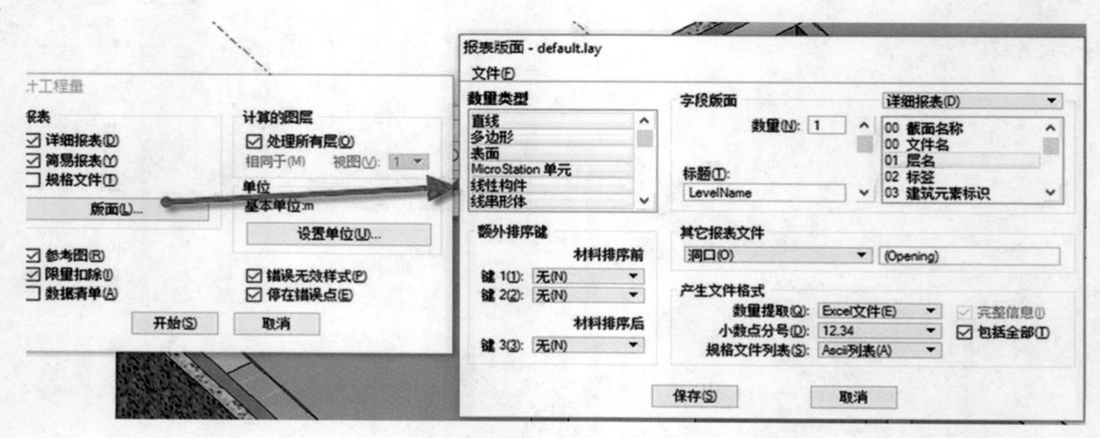

图 19－17

统计过程中，如果有错误，系统会给出提示，如图 19－18 所示，并可以查看详细的错误细节。图 19－19 所显示的错误是由于对象不具有合适的工程量定义，所以统计出现了错误。如果一切设置正常，就会出现图 19－20 和图 19－21 所示的统计结果。

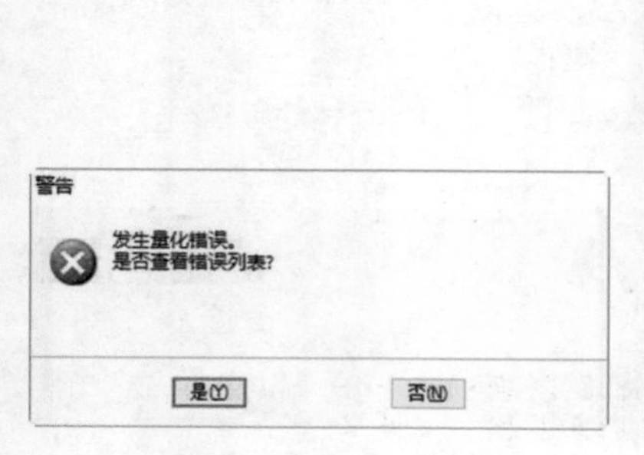

图 19－18

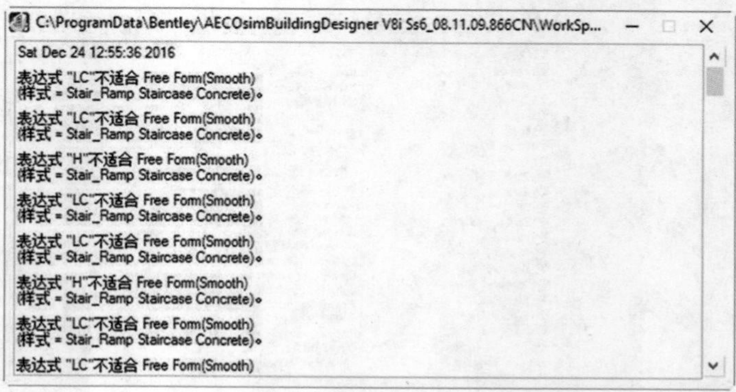

图 19－19

S-SLAB-CONC	82578	Structural - Concrete	Slabs	混凝土板	Concrete	1	Concrete	0.083 m3	0	199.5 kg	
S-SLAB-CONC	82600	Structural - Concrete	Slabs	混凝土板	Concrete	1	Concrete	0.079 m3	0	189 kg	
S-SLAB-CONC	82619	Structural - Concrete	Slabs	混凝土板	Concrete	1	Concrete	0.083 m3	0	199.5 kg	
S-SLAB-CONC	83209	Structural - Concrete	Slabs	混凝土板	Concrete	1	Concrete	0.079 m3	0	189 kg	
S-SLAB-CONC	83228	Structural - Concrete	Slabs	混凝土板	Concrete	1	Concrete	0.083 m3	0	199.5 kg	
S-SLAB-CONC	83250	Structural - Concrete	Slabs	混凝土板	Concrete	1	Concrete	0.079 m3	0	189 kg	
S-SLAB-CONC	83269	Structural - Concrete	Slabs	混凝土板	Concrete	1	Concrete	0.083 m3	0	199.5 kg	
S-COLS-CONC	89732	Structural - Concrete	Insitu Concrete Column	混凝土柱	Concrete	1	Concrete	0.56 m3	0	1344 kg	5.
S-COLS-CONC	89905	Structural - Concrete	Insitu Concrete Column	混凝土柱	Concrete	1	Concrete	0.56 m3	0	1344 kg	5.
S-SLAB-CONC	90032	Structural - Concrete	Slabs	混凝土板	Concrete	1	Concrete	0.079 m3	0	189 kg	
S-SLAB-CONC	90051	Structural - Concrete	Slabs	混凝土板	Concrete	1	Concrete	0.079 m3	0	189 kg	
S-SLAB-CONC	90070	Structural - Concrete	Slabs	混凝土板	Concrete	1	Concrete	0.083 m3	0	199.5 kg	
S-SLAB-CONC	90092	Structural - Concrete	Slabs	混凝土板	Concrete	1	Concrete	0.083 m3	0	199.5 kg	
S-SLAB-CONC	90114	Structural - Concrete	Slabs	混凝土板	Concrete	1	Concrete	0.079 m3	0	189 kg	
S-SLAB-CONC	90133	Structural - Concrete	Slabs	混凝土板	Concrete	1	Concrete	0.083 m3	0	199.5 kg	
S-SLAB-CONC	90155	Structural - Concrete	Slabs	混凝土板	Concrete	1	Concrete	0.079 m3	0	189 kg	
S-SLAB-CONC	90174	Structural - Concrete	Slabs	混凝土板	Concrete	1	Concrete	0.083 m3	0	199.5 kg	
S-COLS-CONC	90196	Structural - Concrete	Insitu Concrete Column	混凝土柱	Concrete	1	Concrete	0.56 m3	0	1344 kg	5.
S-COLS-CONC	94046	Structural - Concrete	Insitu Concrete Column	混凝土柱	Concrete	1	Concrete	0.56 m3	0	1344 kg	5.
S-COLS-CONC	94066	Structural - Concrete	Insitu Concrete Column	混凝土柱	Concrete	1	Concrete	0.56 m3	0	1344 kg	5.
S-COLS-CONC	94086	Structural - Concrete	Insitu Concrete Column	混凝土柱	Concrete	1	Concrete	0.56 m3	0	1344 kg	5.
S-COLS-CONC	94304	Structural - Concrete	Insitu Concrete Column	混凝土柱	Concrete	1	Concrete	0.56 m3	0	1344 kg	5.
S-SLAB-CONC	94337	Structural - Concrete	Slabs	混凝土板	Concrete	1	Concrete	0.083 m3	0	199.5 kg	
S-SLAB-CONC	94546	Structural - Concrete	Slabs	混凝土板	Concrete	1	Concrete	0.079 m3	0	189 kg	

图 19－20

	A	B	C	D	E	F	G	H
1	Fam.	Component	Description	Quantity	Unit	Unit Price	Total	
2	Concrete	1	Concrete	12.672	m^3	0	0	
3	Units	Length	Lenth of Objects	1013.02	m^3	0	0	
4	Units	Surface Area	Surface Area of Objects	3536.417	m^3	0	0	
5	Units	Volume	Volume of Objects	314.632	m^3	0	0	
6					Grand Total		0	
7								

图 19－21

课后练习

1. 下列关于 ABD 中数据管理与报表输出的说法不正确的是（　　）。
   A. 数据统计被分成以个数为统计基础的“数据报表”、以工程量定义为基础的“统计工程量”和“前面有模型，后台有数据”三种类型
   B. “数据报表”统计的基础是模型中每个被赋予属性的对象都是一个独立的个体，统计的基础也是根据对象属性为过滤条件进行分类统计
   C. “统计工程量”统计的基础是以某种工程量为统计基础，然后从不同的对象中提取相同的工程量
   D. 信息模型与后台数据库一一对应
2. 下列有关数据报表的说法错误的是（　　）。
   A. 前台的每一个 BIM 对象，在后台都有一个数据项，可以根据属性的差异进行过滤，然后进行修改、统计等批量操作，也可以将这些数据输出为报表
   B. 创建的报表输出设定是保存在一个 xml 文件里，可以选择系统已有的文件，也可以新建一个 xml 文件
   C. 报表的模板是通过一个 Excel 文件来定义的，系统不会自动将这些数据输出到 Excel 的单元格里，需要手动添加
   D. 将所有的数据导出去，通过 Excel 的数据透视表来统计

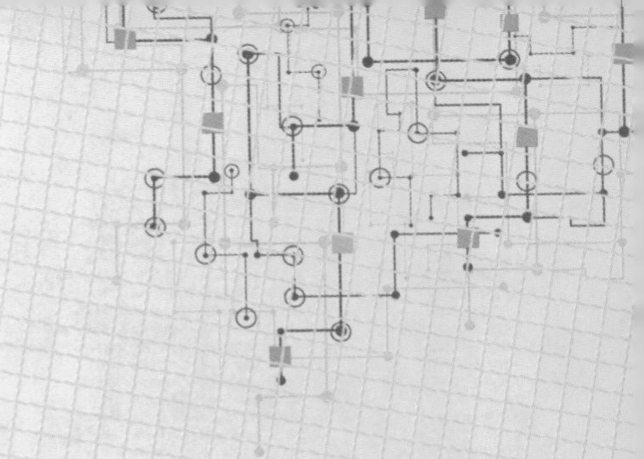

第二十章　图纸输出

一、图纸输出原理

当建立了三维信息后，可以通过不同的切图模板输出不同类型的二维切图 Drawing，然后再组合成可供打印的图纸 Sheet。三维设计到二维出图的工作流程如图 20－1 所示。

在 MicroStation 的底层提供了动态视图 Dynamic View 的切图技术，将三维模型输出为二维图纸。而 ABD 只不过是在此基础上增加了一些专业的切图规则，例如，给墙体填充图案，管道变成单线等。

从图纸的表现来讲，其实就是确定一个切图的位置和一个切图的深度，将其合为一个视图 View 作为 Drawing，然后在 Drawing 里进行标注，最后再放到 Sheet 里进行出图。

图 20－2 显示的是从文件组织角度建议的切图流程。

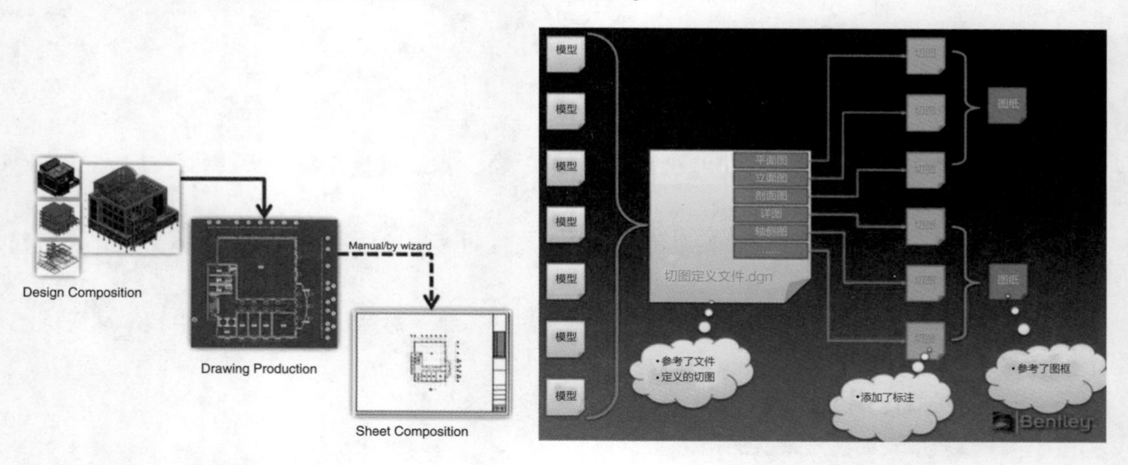

图 20－1　　　　　　　　　　　　图 20－2

二、图纸输出过程

以平面图和剖面图图纸类型为例说明图纸输出的过程。假定，输出为一张平面图、两张剖面图，然后把这三种切图放在同一张 A1 的图纸上。

在二维的设计流程里，倾向于将所有的文件都放在同一个文件夹里，这其实并不规范。基于分布式的文件组织方式，应将不同的内容放在不同的目录里，如图 20－3 所示。需要区分设计 Design，切图 Drawing 到最后组成 Sheet 的流程，如图 20－4 所示。

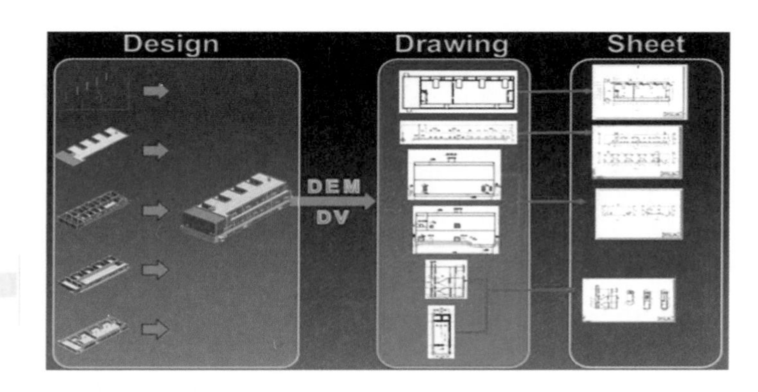

图 20－3　　　　图 20－4

三维工作的图纸输出和二维设计的图纸输出的差异在于：在二维设计时，平、立、剖面图是绘制出来的，而在三维设计中，这些图是通过三维信息模型输出的。

图纸的输出过程的步骤包括：模型组织，切图定义及输出，切图标注及调整，组图输出。

1. 模型组织

建立了一个模型后，可以在这个文件里定义图纸，然后输出。但仍然倾向于建立一个空白的文件，然后把需要切图的模型组织在一起，如图 20－5 所示。

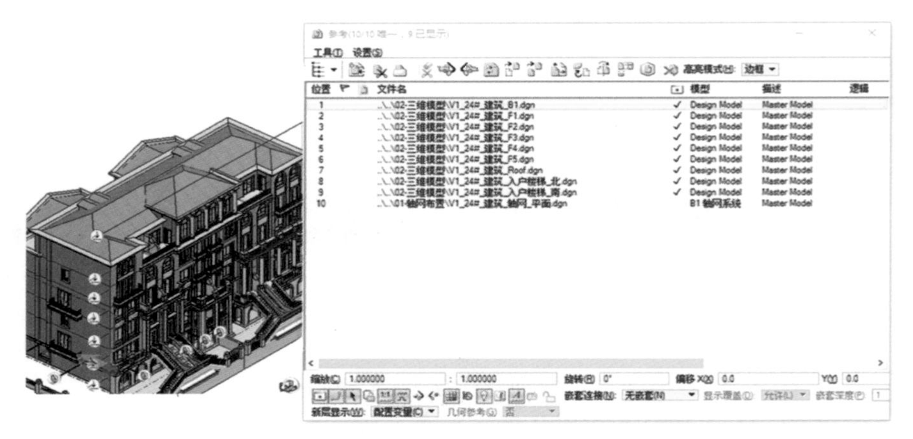

图 20－5

对于不参与切图的模型，可以通过图层显示的功能对参考文件里的图层进行关闭，如图 20－6 所示。

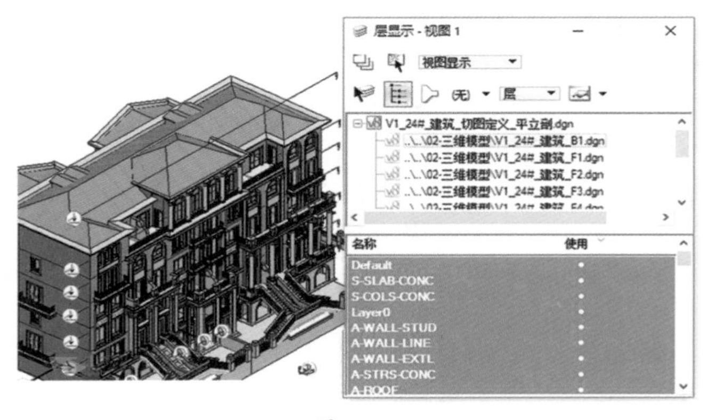

图 20－6

2. 切图定义及输出

当模型组装完毕后，就要定义切图的参数，然后进行切图输出的过程。

1）选择切图工具及切图模板，如图 20－7 所示。不同的切图工具对应不同的切图模板，切图模板里设定了一些规则来控制切图的输出。在图 20－8 中选择合适的切图模板。

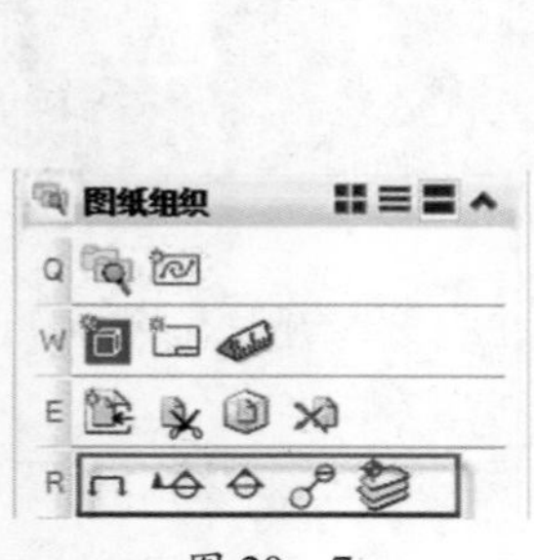

图 20－7

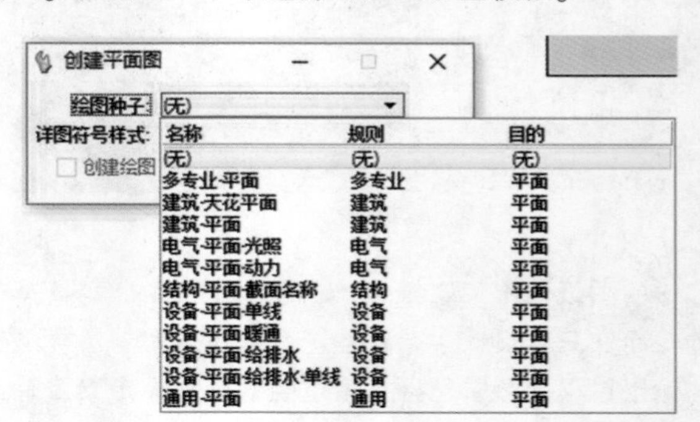

图 20－8

2）选择切图模板后，在模型中定义切图的位置和切图的深度。首先要将模型调整到相应的视图上，例如在前视图中定义平面图的切图位置和方向。对于阶梯剖的情况，需要用〈Ctrl〉+鼠标左键的形式确定阶梯剖的折点，如图 20－9 所示。

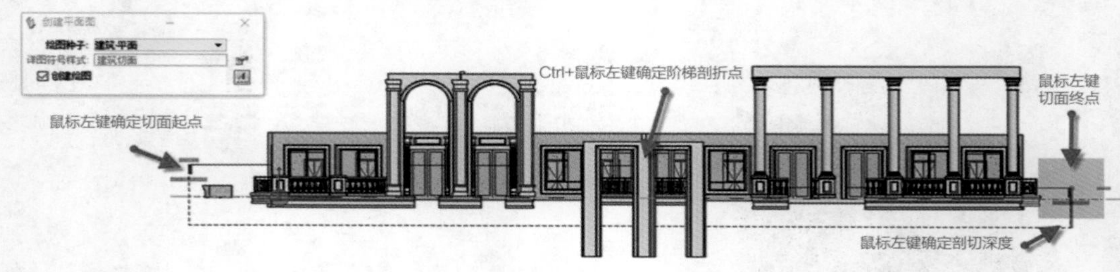

图 20－9

3）确定了切面的位置和深度后，弹出“创建绘图”对话框，如图 20－10 所示。在图 20－10 中的“创建绘图模型”的输出为 Drawing，而“创建图纸模型”的输出为 Sheet，可以将这些对象都放在当前的 dgn 文件中，也可以放置在不同的 dgn 文件中，以下操作是放置在当前文件中。

如果选择了“创建图纸模型”，创建完毕后，系统就生成了一个平面的切图 Drawing，同时建立了一张图纸来放置这个切图，如图 20－11 所示。勾选图 20－10 中的“打开模型”，将在创建完毕后打开最终的图纸文件，如图 20－12 所示。这个自动放置的图纸已经在切图模板里设置好图幅大小、并参考了图框。

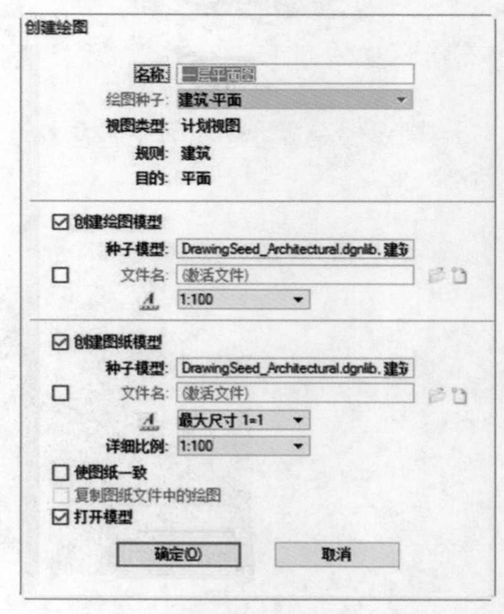

图 20－10

图 20－11

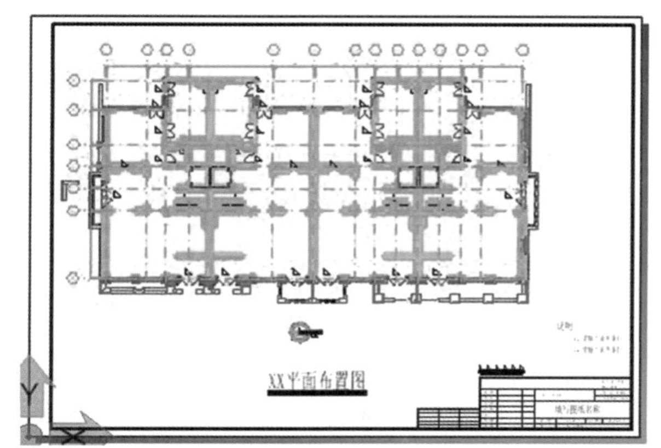

图 20－12

在这个案例中，将平、立、剖面图都放置在一张图纸 Sheet 上，所以，在定义好切图的位置和深度后，只生成切图 Drawing，而不生成 Sheet，如图 20－13 所示，不勾选“创建图纸模型”选项。

在图 20－13 的对话框中，需要注意注释比例的设置。Drawing 和 Sheet 肯定是存在某个 dgn 的 Model 里，而 Model 有个属性是注释比例用来控制注释对象的大小，这个比例就是常说的出图比例。

按照相同的方式创建剖面图，完成后生成不同的 Drawing，如图 20－14 和图 20－15 所示。

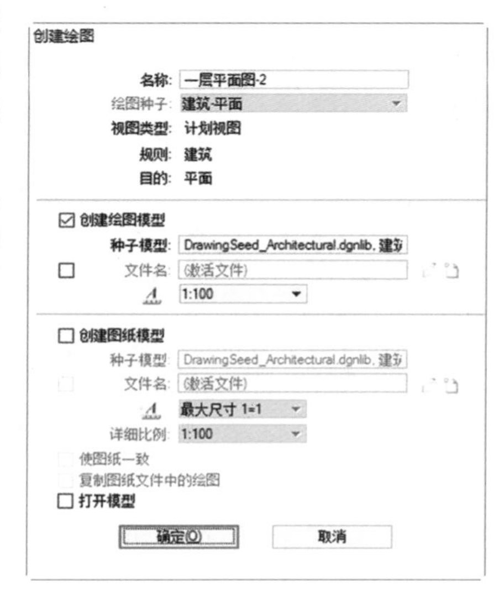

图 20－13

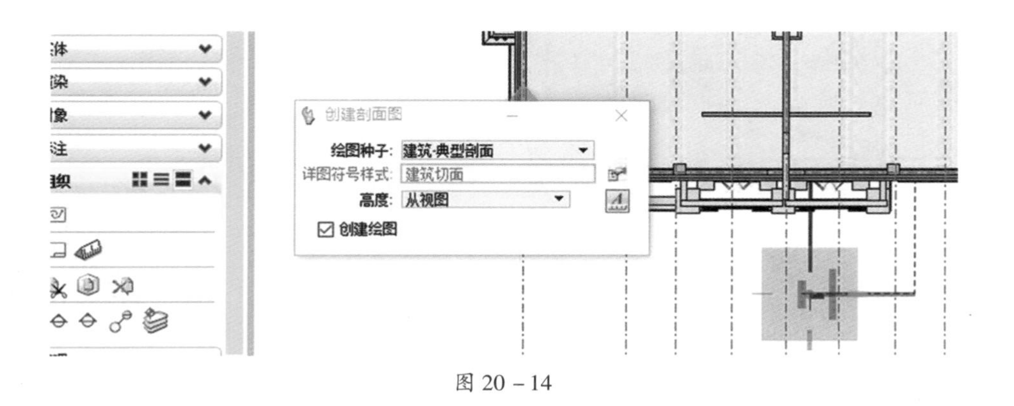

图 20－14

这些切图的定义是以 View 的方式保存在定义文件里，这就是 MicroStation 的动态视图原理。动态视图是一种更高级的 View，保存在 dgn 文件中，如图 20－16 所示。

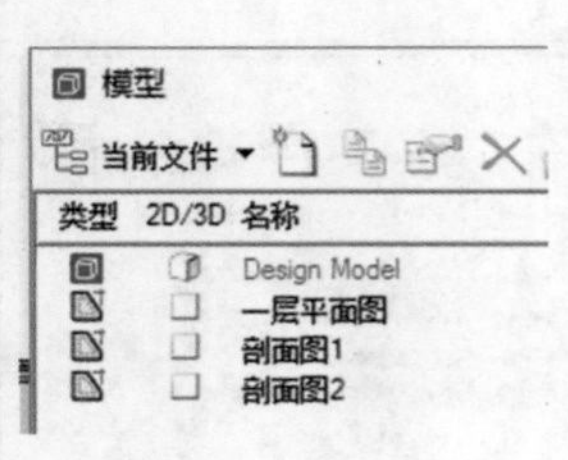

图 20－15　　图 20－16

需要注意的是，动态视图和普通视图属于不同的 View 类型，可以通过图标看出差异。

3. 切图标注及调整

通过上述过程，将三维信息模型输出为二维图纸，如图 20－17 所示。

图 20－17 的切图是直接从三维模型中切出来的，在视图属性中有很多的设定参数。不同类型的图纸定义如图 20－18 所示，每一个切图定义属性中的切图规则控制如图 20－19 所示。

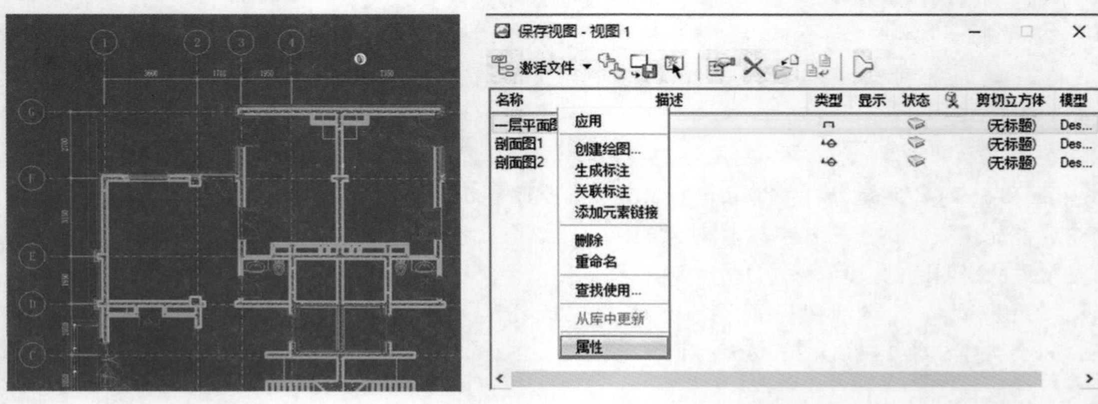

图 20－17　　图 20－18

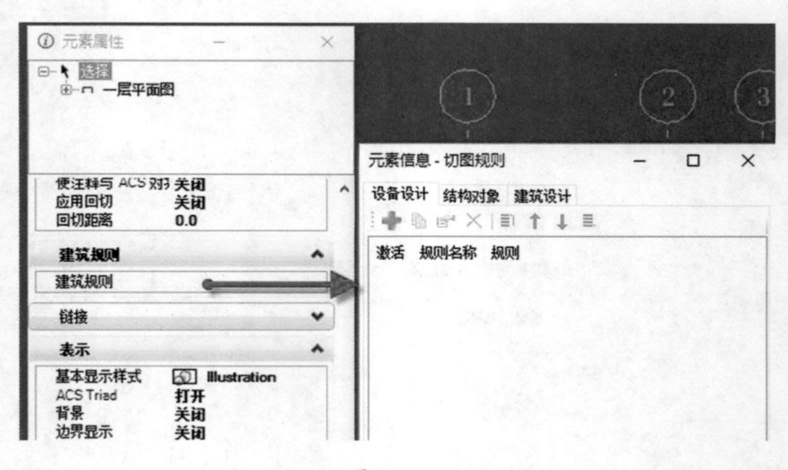

图 20－19

在每一个切图模板里，设定了上述参数后，当切图模板被调用时，这些切图设置也会被自动应用。

三维模型与切图的关联关系为 Model →View→Drawing。对 Drawing 的更改不影响 View 的定义，当然也不会影响标准库里的切图模板。其实，一个 View 定义形成后，可以输出多个 Drawing，这多个 Drawing 可以具有不同的切图参数。当然，同一个 View 生成的多个 Drawing，默认情况下是一样的。也可以用更改的 Drawing 参数来更新 View 定义，并不影响其他 Drawing 的输出。

打开一个 Drawing 后，可以通过图 20－20 修改 Drawing 的显示，这是 MicroStation 控制参考显示的命令，但它对于一个 Drawing 类型的 model 有更多的选项。

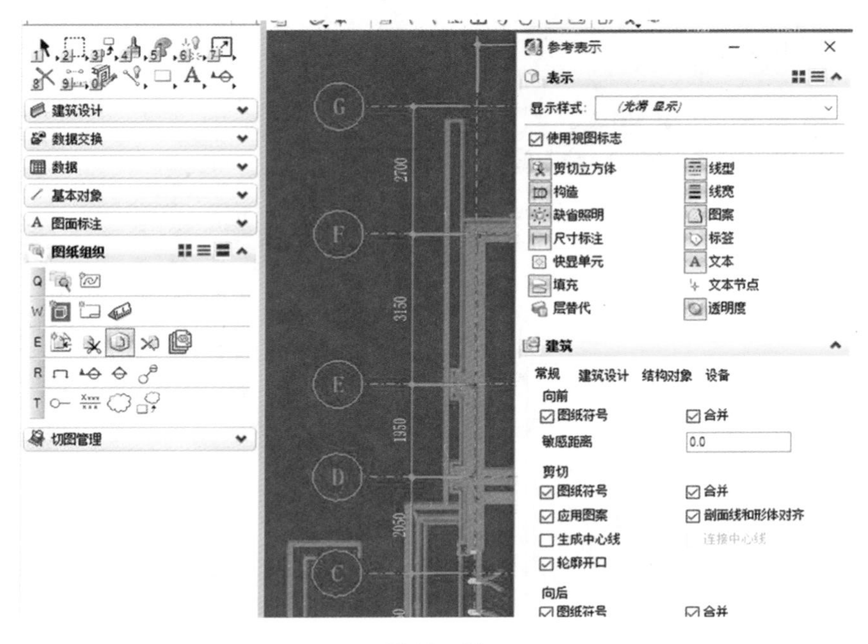

图 20－20

在图 20－20 的对话框里，为不同的专业模块设置了不同的规则定义，设定规则后，就会影响当前的 Drawing 输出。例如，通过取消勾选图 20－20 中的“应用图案”可不显示填充图案，如图 20－21 所示。

在 Drawing 里设置的参数，可以选择将这些设定更新到原始的切图定义中，也可以从原始的切图定义中读取默认的参数来覆盖当前的修改，如图 20－22 所示。

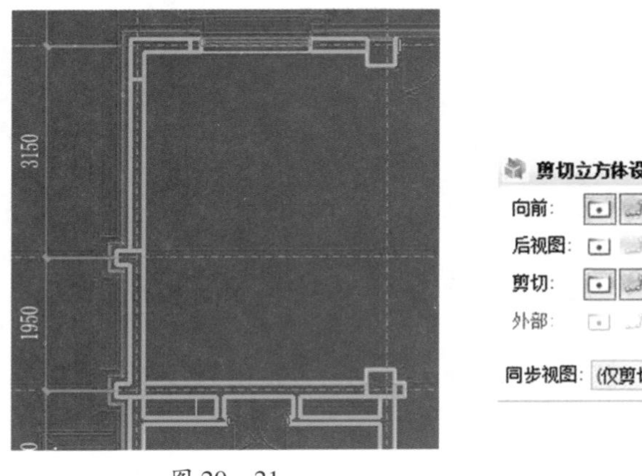

图 20－21

图 20－22

设置完毕后，可以使用一些标注工具来进行必要的标注操作，如图 20－23 所示。对于轴网的显示，也是一个切图的设定，让系统去“读取”轴网的数据，而不需要真的去参考一个真实的轴网文件，可通过勾选“显示轴网系统”来实现，如图 20－24 所示。

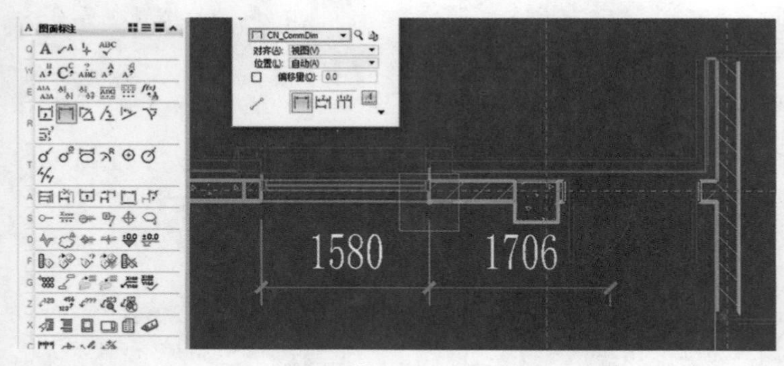

图 20－23

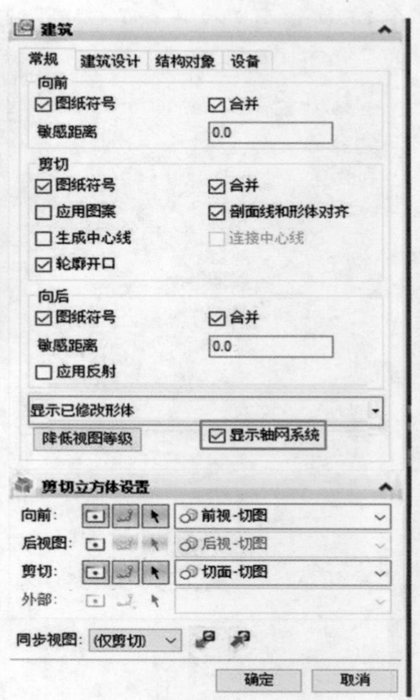

图 20－24

使用一系列的标注工具，对切图进行标注后，就形成了一张切图。需要注意的是，这些注释对象的大小是受注释比例控制的，如图 20－25 所示。

4. 组图输出

在自动出图过程中，系统会自动生成一张默认图幅大小的图纸。然后把 Drawing 放置在图纸 Sheet 上。但在实际工程中，更倾向于手工布置图纸，也就是手工建立一个 Sheet 图纸，然后把标注好的 Drawing 放置到这个 Sheet 里，新建一张图纸 Sheet 的对话框，如图 20－26 所示。

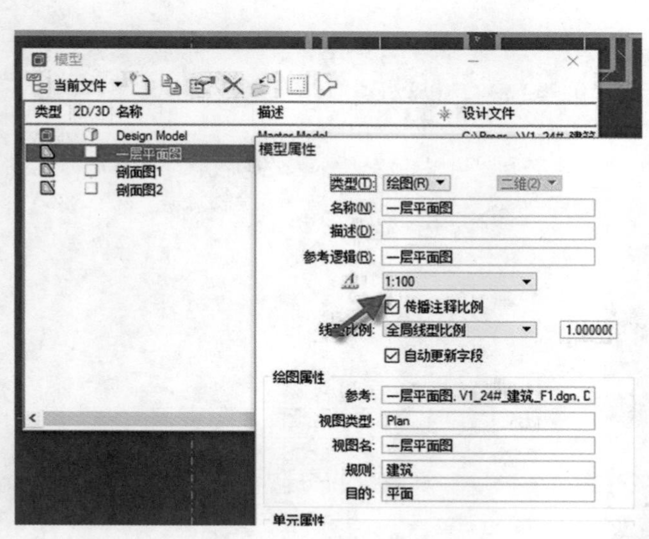

图 20－25

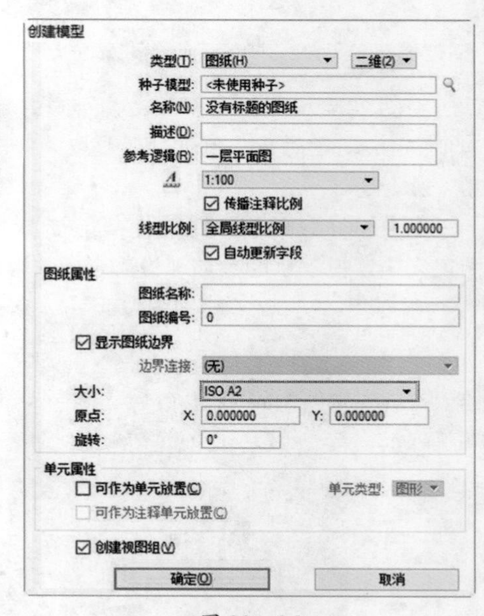

图 20－26

新建图纸，就是类似于 AutoCAD 新建布局的过程。每个 Sheet 具有固定大小的图幅设定，可以被打印程序所识别，也可以进行批打印。

在这个图纸里，需要设定图幅、参考图框，标题栏信息。对于一个企业来讲，图框等信息都是固定的，所以可以创建一个文件作为图纸的种子文件（图 20－27），在创建图纸的时候选择它即可，如图 20－28 所示。生成的空白图纸如图 20－29 所示。

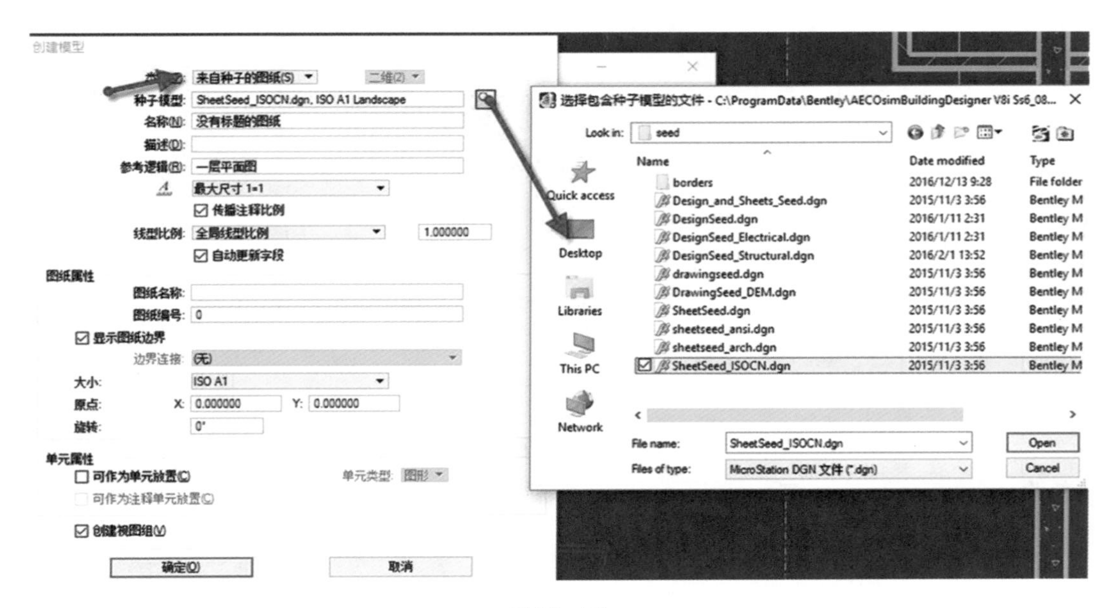

图 20－27

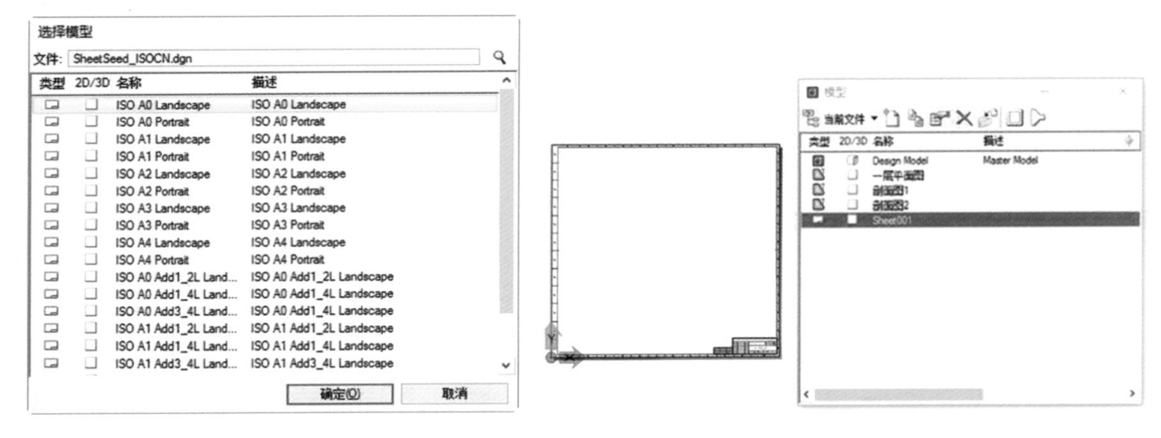

图 20－28　　　　图 20－29

接下来需要将标注好的 drawing 参考进来，可以用参考的命令，也可以在 Model 里拖动，然后放置在 sheet 里，系统就会弹出图 20－30 所示的对话框，选择“推荐”的方式，然后在 Sheet 里确定放置的位置，如图 20－31 和图 20－32 所示。

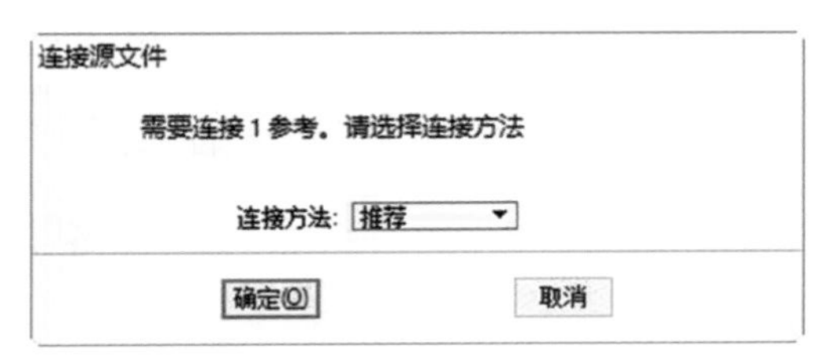

图 20－30

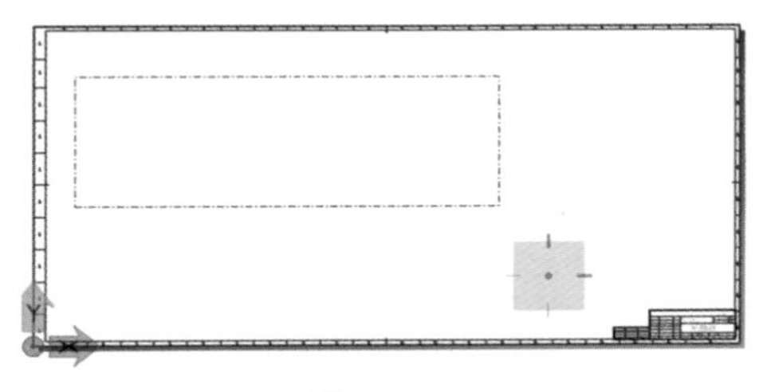

图 20－31

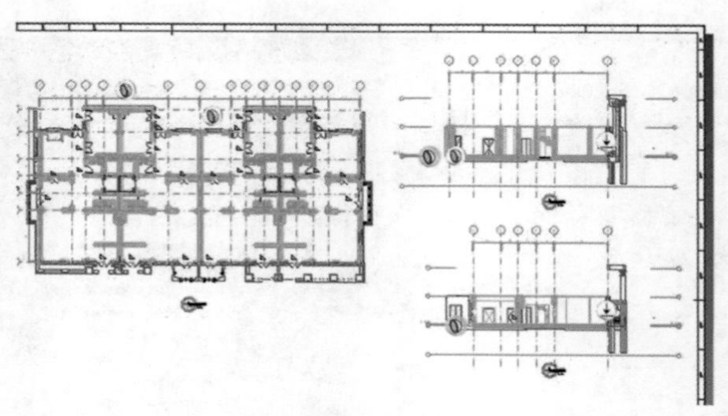

图 20－32

在上述 Design－＞Drawing－＞Sheet 的图纸输出过程中，将组图文件，Drawing 的输出以及图纸都放置在一个 dgn 文件中，当项目规模增大时，建议将不同的 Drawing 和 Sheet 都放置在单独的 dgn 文件里，每个 dgn 文件里只有一个 Model，这样效率会更高，如图 20－33～图 20－35 所示。

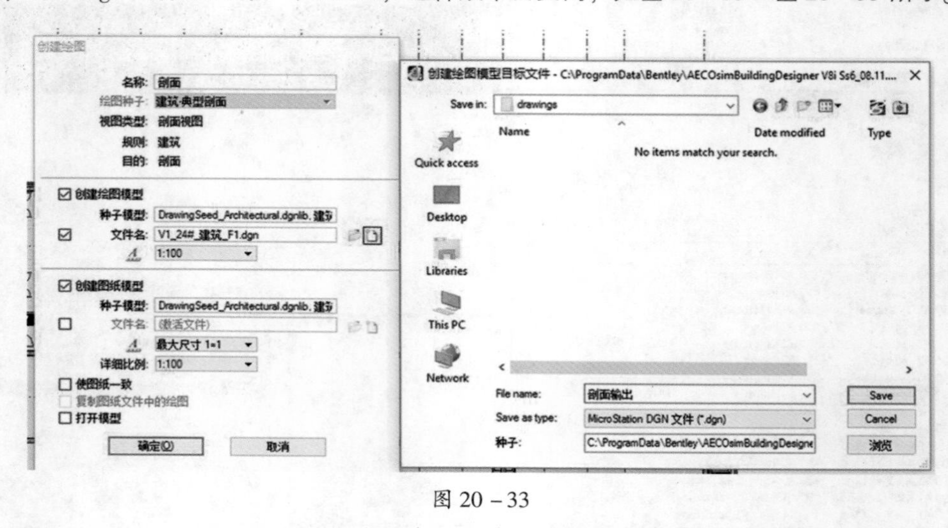

图 20－33

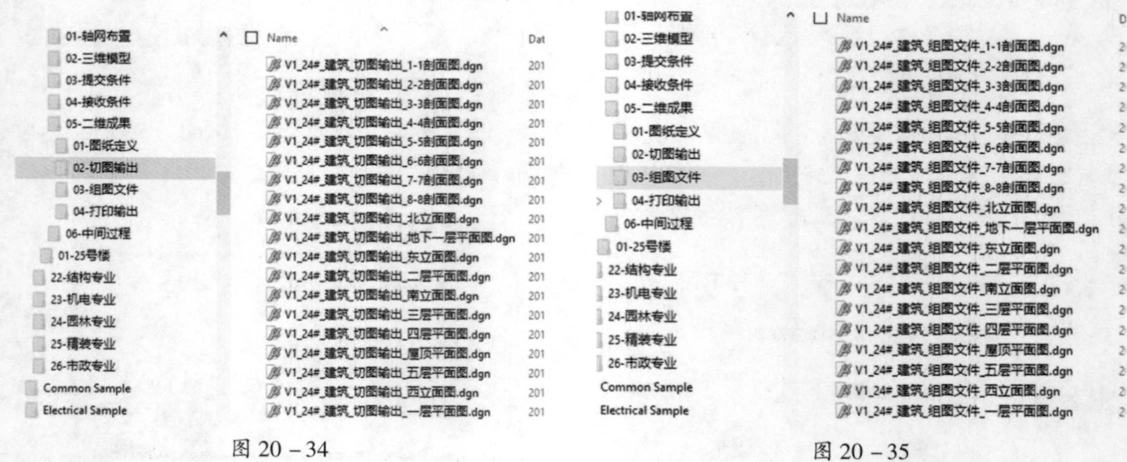

图 20－34　　　　图 20－35

明白了上述原理后，便可更加灵活地输出切图。切图的定义不一定非要在模型里进行，在已经放置好的 Drawing 和 Sheet 上都可以放置其他的切图输出，因为只是定义位置，这与在模型中定义是一样的，如图 20－36 和图 20－37 所示，可以在一个图纸 Sheet 里定义新切图的位置和范围。

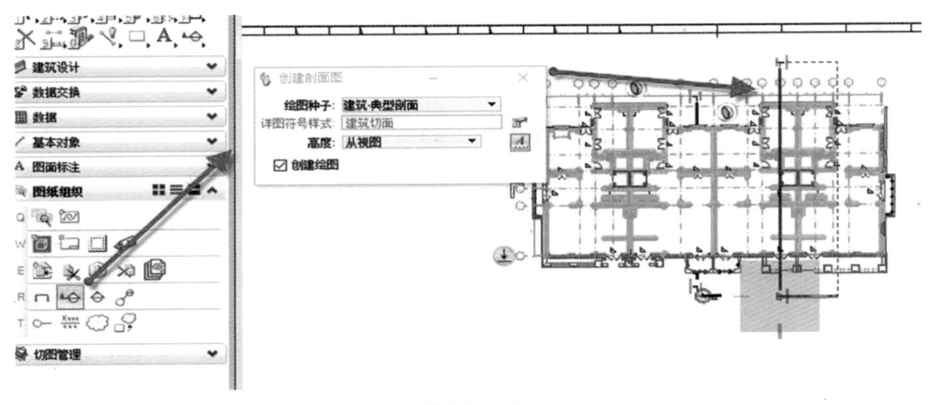

图 20-36

可以采用相同的方式将这个 Drawing 放置在 Sheet 里，当用移动的命令在 Sheet 里移动切图的符号时，切图 Drawing 也会自动更新，如图 20-38 所示。可以在 Sheet 里移动切图符号，对应的切图将自动更新。

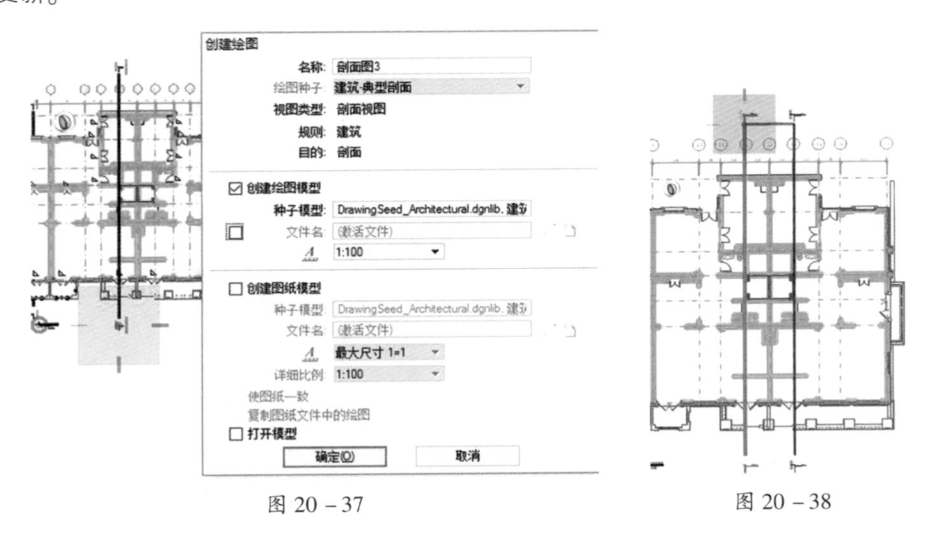

图 20-37　　　　图 20-38

三、图纸与模型的集成

在定义切图时，无论是在 Design、Drawing 还是在 Sheet 里，切图的位置都有相应的符号，如图 20-39～图 20-41 所示。

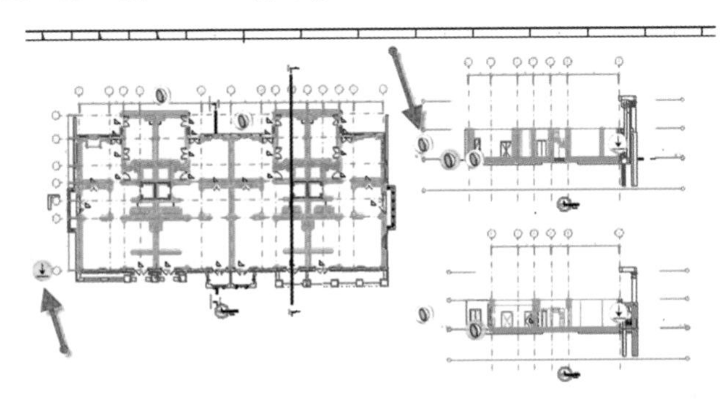

图 20-39

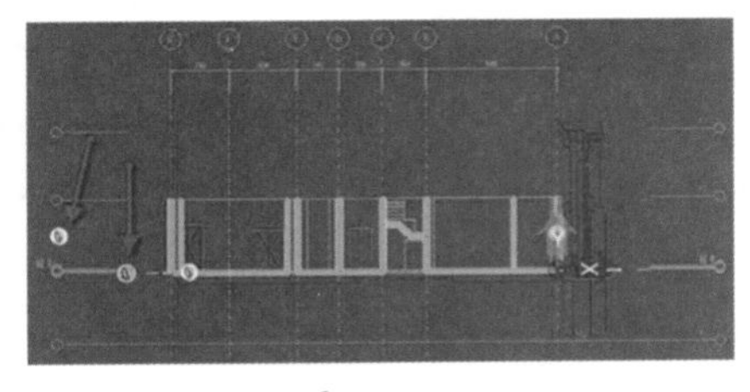

图 20-40

如果这些符号不显示的话，可以在“视图属性”中打开相应的设置，如图 20－42 所示。

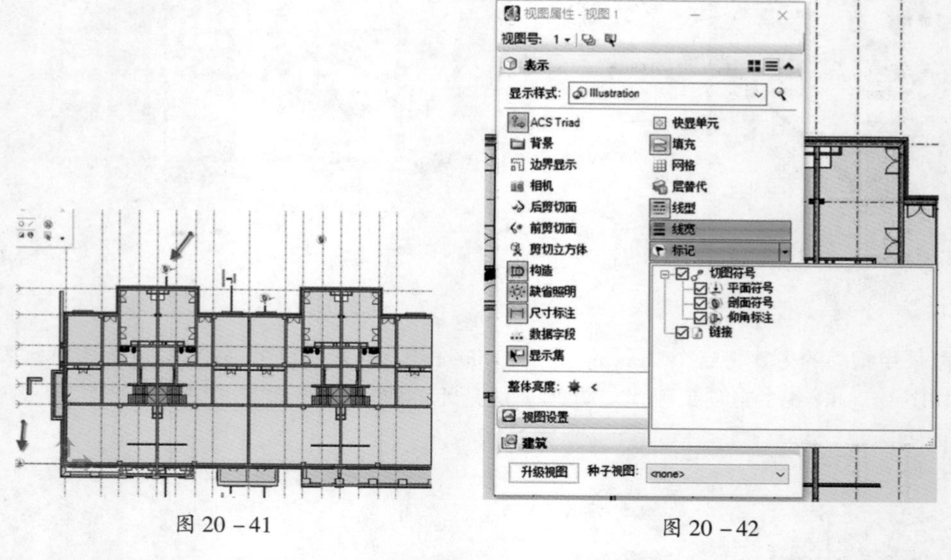

图 20－41　　图 20－42

当把鼠标放置在切图标记上时，可以通过链接进入相应的模型和图纸，也可以将二维图纸显示在三维模型上，如图 20－43 所示，选择显示图纸后最终的效果如图 20－44 所示。

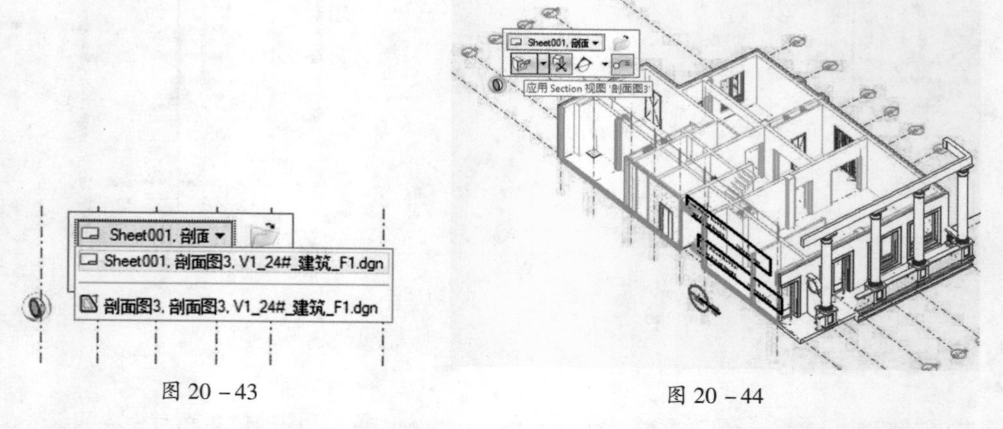

图 20－43　　图 20－44

通过上述方式可以将模型和图纸链接起来，也可以校核两者的一致性，推敲某些设计细节。

四、图纸输出与工作环境

从工作环境 WorkSpace 中选取切图模板，然后进行切图输出定义。

结合工作环境的架构和图纸输出的流程，总结如下。

在三维工作过程中，工作环境和工作流程的关系如图 20－45 所示。在工作环境中，选择切图定义，对三维模型进行切图操作（图 20－46），生成切图定义（图 20－47）。在这个过程中，切图定义和最后的切图成果之间的关系，如图 20－48～图 20－50 所示。

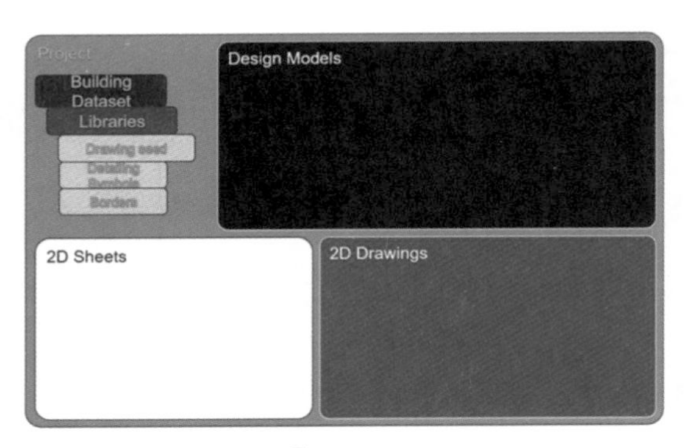

图 20－45

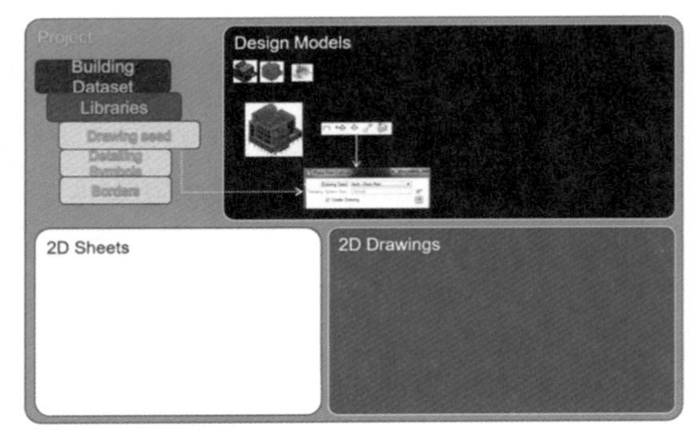

图 20－46

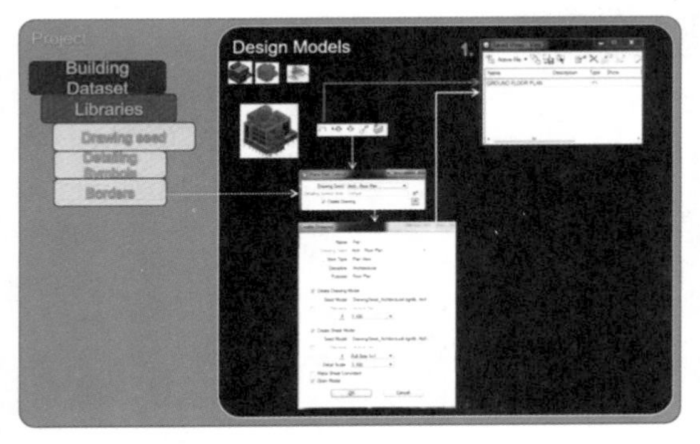

图 20－47

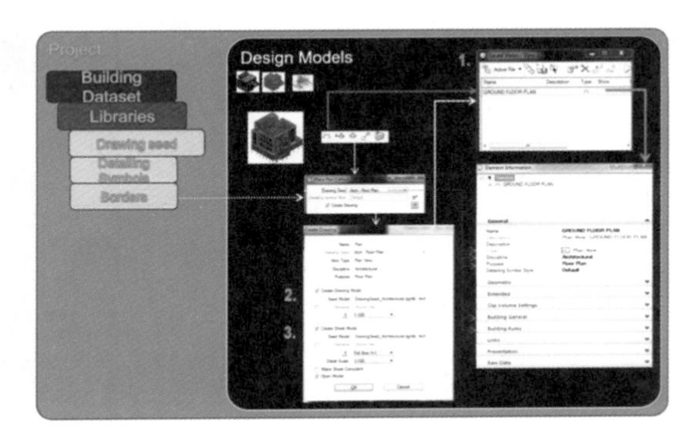

图 20－48

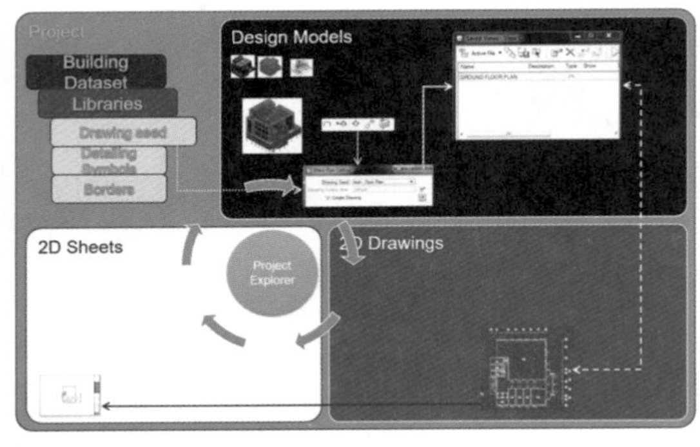

图 20－49

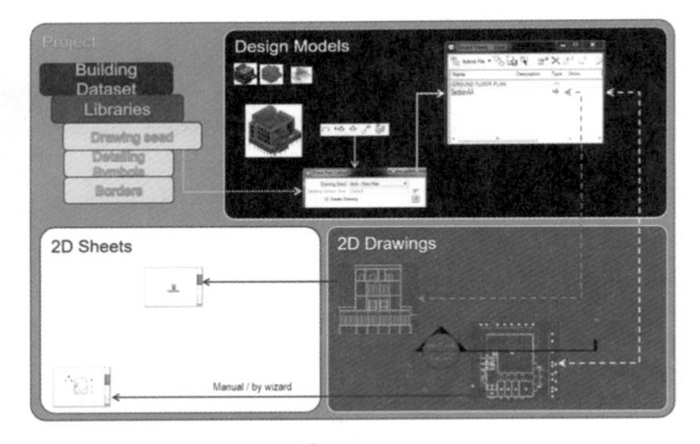

图 20－50

所以，对于 BIM 的三维设计过程来说，三维模型、二维图纸以及各个细节的二维图元定义都有密切的联系，如图 20－51 和图 20－52 所示。首先需要了解这个流程，然后才能有针对性地控制整个工作过程。

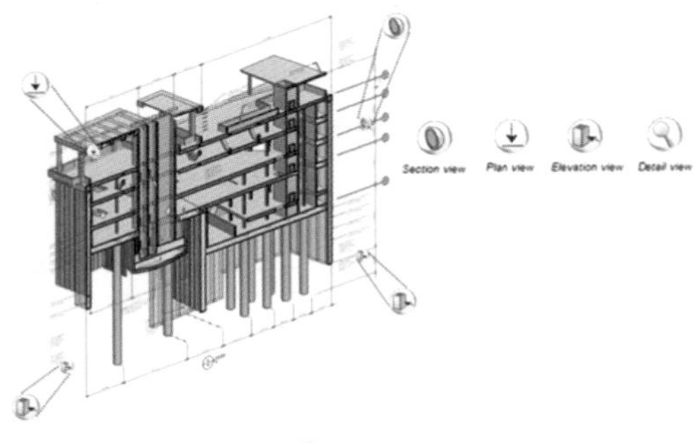

图 20－51

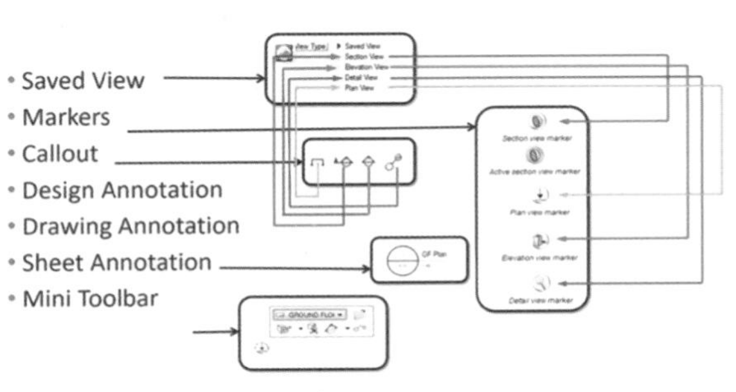

图 20－52

五、切图规则

在切图模板的定制过程中或者在 Drawing 的显示控制中，都会用到一些切图的规则控制。对于建筑、结构和设备模块，切图规则的定义不尽相同。建筑规则控制的是将对象的一些属性自动标注出来，它的规则和对象标注 DataGroup Annotiation 命令的设定有一定的联系，而暖通和结构的对象更像是一种“线性对象”，切图规则是控制单双线的设置以及一些属性的显示。

在切图模板中或者更改 Drawing 时，都可以进入“应用切图规则”的界面，如图 20－53 所示。在图 20－53 的右面是应用规则的界面，而不是定义的界面。在这个界面里，上面是过滤条件，下面是规则的名称。不同的模块，过滤条件也不同，如图 20－54 所示。

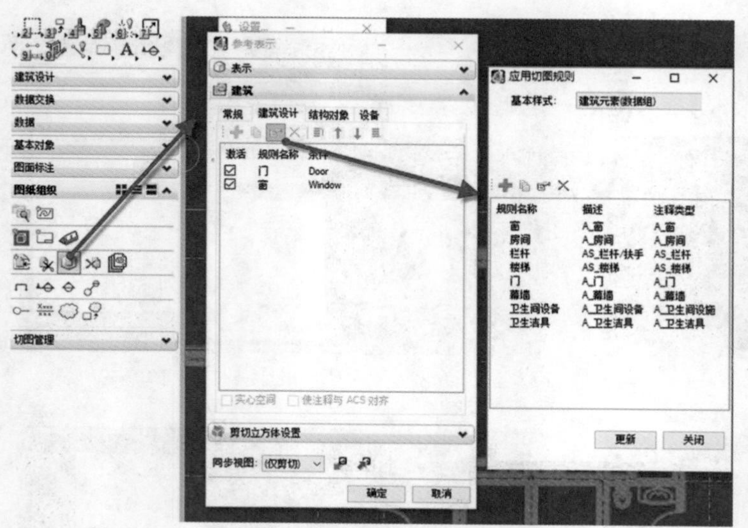

图 20－53

图 20－54

“结构对象”进入定义切图规则的界面操作如图 20－55 所示，“设备设计”进入定义切图规则的界面如图 20－56 所示。

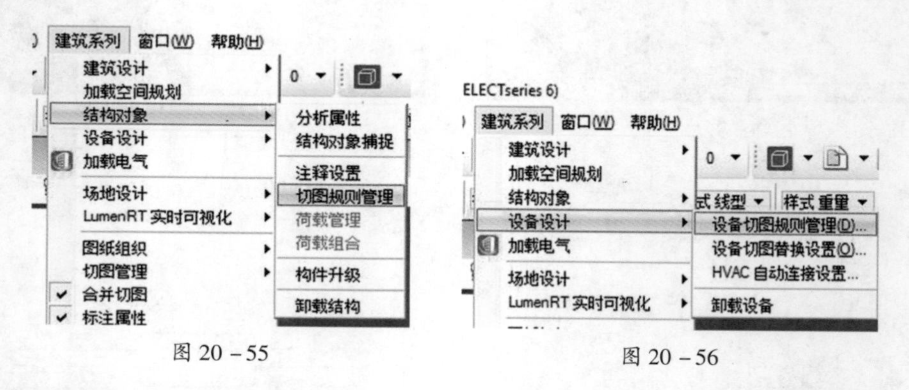

图 20－55　　　　图 20－56

不同模块的切图规则有不同的含义。

1. 建筑切图规则

建筑的切图规则主要是根据对象类型自动放置对象属性。对象的属性定义是受对象标注的工具定义，如图 20－57 所示。所以，在建筑切图规则的定义里，只是定义选取哪个注释单元来标注属性。

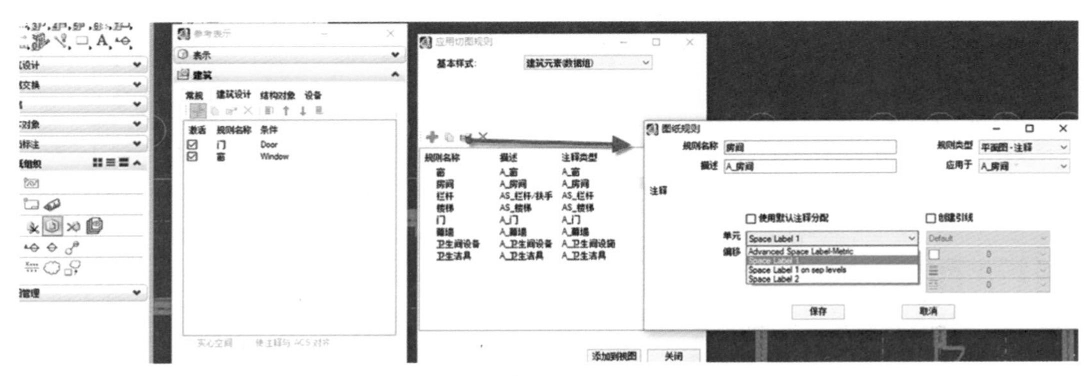

图 20－57

2. 结构切图规则

结构的切图规则需要设定单线、双线及自动标注的标签（图 20－58、图 20－59），还要设定规则应用的切图类型（图 20－60、图 20－61），因为对于剖面图来讲，有时需要特定的规则参数。

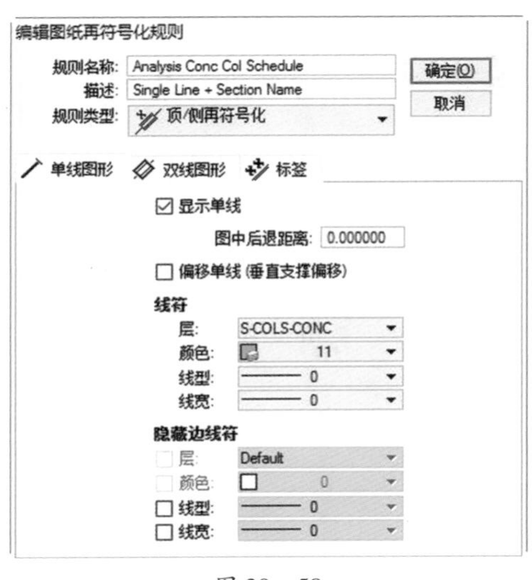

图 20－58

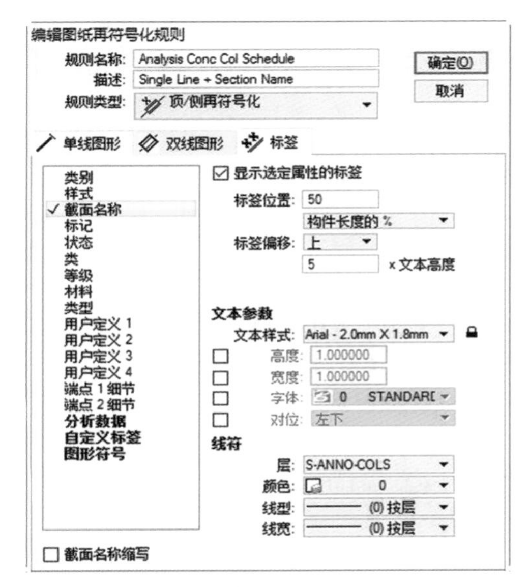

图 20－59

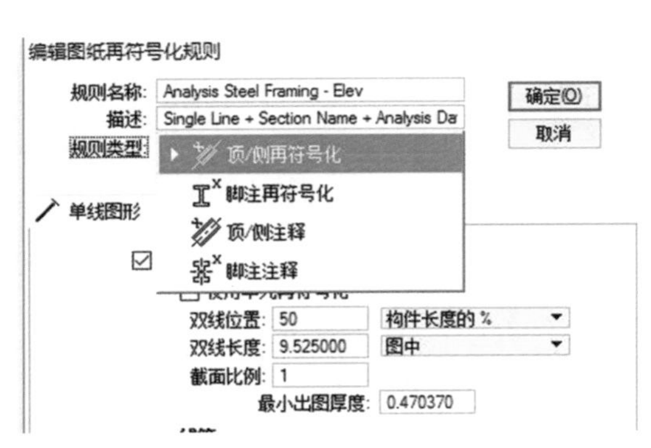

图 20－60

图 20－61

3. 设备切图规则

建筑设备的切图规则设置与结构类似，也是单双线设置及标签的设定，如图 20 – 62 所示。图 20 – 62 表达的是线性对象在切图时，线性方向和垂直方向的切图规则设定。图纸的 “平面剖切” 是指线性对象被垂直方向剖切时，需要显示的符号。

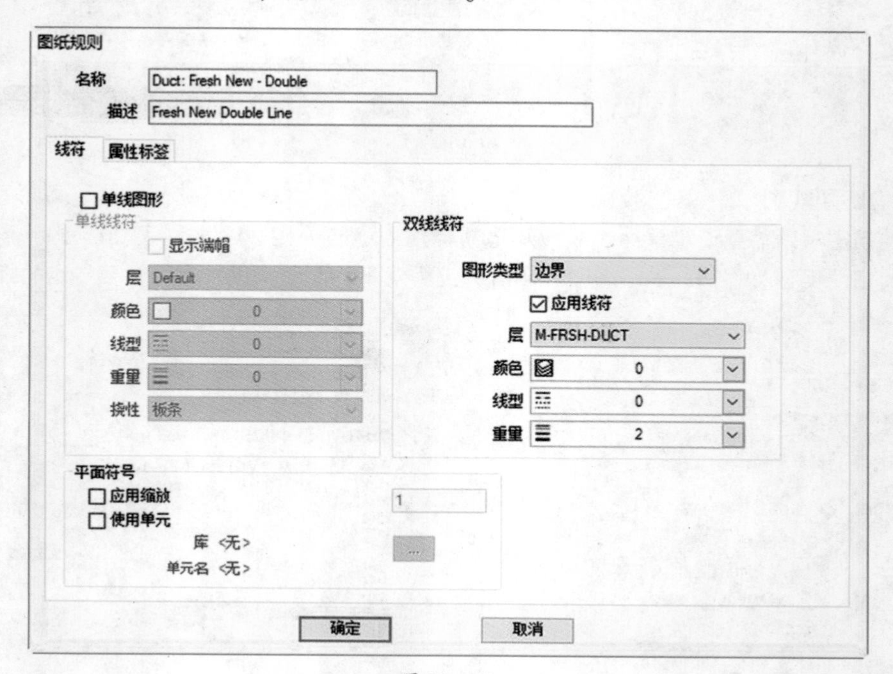

图 20 – 62

上述切图规则可以被内置在切图模板里，也可以在控制 Drawing 显示时进行调整和编辑，以控制最终的图纸输出，所以，切图规则就是三维模型和二维图纸之间的翻译器，通过定义翻译器将三维模型表达为不同要求的二维图纸。

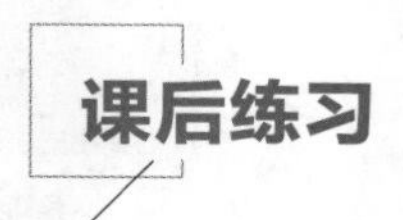

1. 下列关于 ABD 中图纸输出原理的说法不正确的是（　　）。

   A. 建立了三维信息后，可以通过不同的切图模板输出不同类型的二维切图 Drawing，然后再组合成可供打印的图纸 Sheet

   B. ABD 软件中含有动态视图 Dynamic View 的切图技术，可以将三维模型输出为二维图纸

   C. 从图纸的表现来讲，是确定一个切图的位置和一个切图的深度，将其合为一个视图 View 作为 Drawing，然后在 Drawing 里进行标注，然后再放到 Sheet 里进行出图

   D. 图纸输出原理的流程为模型、添加切图定义文件、添加标注和添加图框

2. 下列关于图纸输出过程的说法不正确的是（　　）。

   A. 将三种切图放在同一张 A1 的图纸上出图时，在二维的设计流程里，将所有的文件都放在同

一个文件里，是规范的出图方式

B. 将三种切图放在同一张 A1 的图纸上出图时，在二维的设计流程里，基于分布式的文件组织方式，将不同的内容放在不同的目录里

C. 图纸输出的步骤包含模型组织、切图定义及输出、图纸标注及调整和组图输出

D. 三维工作的图纸输出和二维设计的图纸输出的差异在于：在二维设计时，平、立、剖面图是绘制出来的，而在三维设计中，平立剖是通过三维信息模型输出的

3. 切图定义及输出的步骤有选择切图工具和（　　）。

A. Model －> View －> Drawing　　B. 切图标注及调整

C. 选择切图模板　　D. 组图输出

4. 下列关于选择切图模板的说法不正确的是（　　）。

A. 不同的切图工具对应不同的切图模板，切图模板里设定了一些规则来控制切图的输出

B. 将模型调整到相应的视图上，在选择切图模板后，对模型切图的位置和切图的深度没影响

C. Drawing 和 Sheet 存在某个 dgn 的 Model 里，而 Model 中"详细比例"是指注释比例，用来控制注释对象的大小，也就是出图比例

D. 切图的定义是以 View 的方式保存在定义文件里，这就是 MicroStation 的动态视图的原理

5. 下列关于切图规则的说法不正确的是（　　）。

A. 建筑、结构和设备模块，切图规则的定义没有区别

B. 建筑规则控制的是将对象的一些属性自动标注出来，它的规则和对象标注 DataGroup Annotiation 命令的设定有一定的联系

C. 暖通和结构的对象更像是一种"线性对象"，切图规则是控制他们单双线的设置以及一些属性的显示

D. 在切图模板中或者更改 Drawing 时，都可以进入切图规则的应用界面

参 考 文 献

[1] Autodesk Asia Pte Ltd. Autodesk Revit 2013 族达人速成［M］. 上海：同济大学出版社，2013.
[2] Autodesk Asia Pte Ltd. Autodesk Revit 2015 机电设计应用宝典［M］. 上海：同济大学出版社，2015.
[3] 许蓁，丁洁. BIM 应用·设计［M］. 上海：同济大学出版社，2016.
[4] 廖小烽，王君峰. 建筑设计火星课堂·Revit2013/2014［M］. 北京：人民邮电出版社，2016.
[5] 上海市住房和城乡建设管理委员会. 上海市建筑信息模型技术应用指南（2017 版）［EB/OL］. 2017-06.
[6] 浙江省住房与城乡建设厅. 浙江省建筑信息模型（BIM）技术应用导则［EB/OL］. 2017-06.